水利工程渗流分析理论与实践

陈益峰 著

科学出版社
北京

内 容 简 介

水利水电工程建设有力地推动了渗流力学的发展，但也不断地对渗流分析与控制理论提出新的挑战。本书面向重大水利水电工程渗流分析与安全控制需求，系统阐述岩土介质渗流的基本理论和数学模型、岩体的渗透特性及其演化规律、岩体的非达西渗流特性及其参数确定方法、岩土介质的非饱和渗流特性及其参数估算、渗流场的数值模拟方法与防渗排水优化设计方法等内容。针对复杂的工程实践问题，本书通过丰富的工程案例，阐明地质条件的利用、渗流模型的选取、渗流参数的取值、定解条件的确定、防渗排水的优化等基本问题，力求理论严谨，方法易行。本书部分插图附有彩图二维码，扫码可见。

本书适合水利、水电、土木、交通、矿山、石油等领域的科研人员阅读，也可以作为高等学校和科研院所相关专业高年级本科生与研究生的教学参考书。

图书在版编目（CIP）数据

水利工程渗流分析理论与实践/陈益峰著. —北京：科学出版社，2022.4
ISBN 978-7-03-071420-6

Ⅰ.① 水…　Ⅱ.① 陈…　Ⅲ. ① 水利工程-渗流　Ⅳ. ① TV

中国版本图书馆 CIP 数据核字（2022）第 024275 号

责任编辑：何　念　张　湾/责任校对：高　嵘
责任印制：彭　超/封面设计：无极书装

科学出版社 出版
北京东黄城根北街 16 号
邮政编码：100717
http://www.sciencep.com
武汉中科兴业印务有限公司印刷
科学出版社发行　各地新华书店经销
*
开本：787×1092　1/16
2022 年 4 月第　一　版　　印张：22 3/4
2022 年 4 月第一次印刷　　字数：536 000
定价：228.00 元
（如有印装质量问题，我社负责调换）

前言 FOREWORD

渗流力学是研究多孔介质中流体运动规律的一门交叉学科，渗流理论在水利、土木、石油、化工、资源、环境、水文地质等领域得到了广泛的研究和应用。近30年来，我国水利水电工程和引调水工程建设取得了举世瞩目的成就，这些重大工程建设一方面有力地推动了渗流力学的发展，另一方面也不断地对渗流分析与控制理论提出新的挑战。挑战主要来自如下三个方面。

一是研究对象的复杂性。水工渗流的研究对象不仅仅包括土和松散堆积物，更主要的是裂隙岩体和可溶岩地层。因此，水工渗流既要研究孔隙介质的渗流问题，又要研究裂隙介质和溶隙介质的渗流问题。

二是运行环境的特殊性。水利水电工程地处深切峡谷，地质条件复杂，施工扰动强烈，运行环境恶劣，不仅场址区岩体的渗透特性具有复杂的时空分布与演化规律，而且岩体渗流常呈现饱和流与非饱和流交替、达西流态与非达西流态并存的复杂现象。

三是渗流模拟的困难性。在水利水电工程勘察、施工和运行过程中，场址区的渗流场是不断演变的，演变过程受水文地质条件、运行环境和防渗排水系统共同控制，影响范围可达数千米至数十千米。防渗排水系统的精细模拟是实现水利水电工程防渗安全评价和渗流控制优化设计的关键。

因此，水工渗流分析、模拟与控制面临岩体渗透特性如何描述和表征，岩体非达西渗流参数和非饱和水力参数如何确定，防渗排水系统如何精细模拟和优化，渗流分析模型如何选取，以及防渗安全如何评价等一系列基础性问题。本书通过严谨的建模、翔实的数据和丰富的工程案例，试图为重大水利水电工程渗流分析、模拟、反演和评价提供一套严谨的理论与可行的方法。

作者是在重大工程实践问题的推动下从事渗流研究的，主要研究工作大致可分为三个部分。第一部分研究工作始于2006年，主要解决强烈开挖扰动和复杂防渗排水条件下渗流场的高效数值模拟问题。对此，研究了峡谷区岩体渗透特性及其演化规律，构建了反映岩体结构和变形影响的渗透系数张量模型；同时，将郑宏教授建立的有自由面稳定渗流问题的Signorini型变分不等式分析方法从椭圆型拓展为抛物型，并与排水孔子结构技术和复杂渗流边界条件的处理结合，在统一的算法框架下高效解决了稳定/非稳定、饱和-非饱和渗流过程的数值模拟和反演分析问题。第二部分研究工作始于2011年，主要解决高渗压梯度条件下的渗流场分析与防渗安全评价问题。对此，通过研究岩体非达西渗流的成因和规律，从高压压水试验、抽水试验和统计分析三条技术途径，系统地提出和阐述了岩体非达西渗流参数的确定方法，并探讨了高渗压梯度条件下岩体的非达西渗流效应与水力耦合效应的竞争机制。第三部分研究工作始于 2012 年，以可视化观测技术为主要手段，研究了多孔裂隙介质中多相渗流的细观机制和宏观规律。这项工作经过近 6 年的探索，才于 2017 年发表第一篇论文。本书主要总结前两个部分的研究成果。

本书共分 6 章。第 1 章简要介绍岩土介质的类型、渗流的基本规律及常用的渗流数学模型；第 2 章阐述岩体渗透特性的空间分布及其在开挖扰动和泥沙充填、淤塞作用下的演化规律；第 3 章阐述岩体的非达西渗流特性及非达西渗流参数的确定方法；第 4 章介绍岩土介质的非饱和渗流特性及非饱和水力参数的确定方法；第 5 章详述渗流场的数值模拟和反演分析方法；第 6 章概述岩土介质渗透稳定性的评价方法及防渗排水的优化设计方法。

本书的研究工作得到了周创兵教授的悉心指导和胡冉教授、杨志兵教授的鼎力协助。作者的一批博士和硕士研究生（如毛新莹、白正雄、胡冉、张勤、张萍、周嵩、李毅、邓云瑞、胡少华、郑华康、刘武、张枫、郑海圣、车富强、张璇、方舒、王敏、洪佳敏、魏凯、孟如真、唐文嘉、周佳庆、刘明明、陈东斌、李星、马恒臻、贺香兰、王旭辉、李波、李博勇、凌晓鸣、廖震、于浩、周兵奇、曾俊、卢文頔、徐毓威、王一凡、王昇、叶雨柯、任旺等）深度参与了本书的研究工作，并付出了辛勤的劳动。井兰如教授、郑宏教授和邵建富教授也对作者的研究给予了诸多的指导与鼓励。本书的研究工作还得到了国家自然科学基金项目（51925906、51988101、51222903）和国家重点研发计划课题（2018YFC0407001）的资助，以及中国长江三峡集团有限公司、中国电建集团成都勘测设计研究院有限公司、中国电建集团华东勘测设计研究院有限公司、中国电建集团中南勘测设计研究院有限公司、中国电建集团贵阳勘测设计研究院有限公司、贵州省水利水电勘测设计研究院等单位的支持。在此，作者谨向以上个人和单位致以衷心的感谢！

由于作者的研究水平有限，书中难免存在不足和疏漏之处，敬请读者批评指正。

陈益峰

2021 年 8 月 14 日

于武昌珞珈山

目录 CONTENTS

第 1 章

岩土介质渗流的基本理论

岩土渗流是流体在岩土介质中的流动现象。研究岩土渗流的根本目的是揭示地下水的赋存和运动规律，实现渗流过程的有效控制或地下水资源的高效利用。岩土介质中各种复杂的流动现象实质上是流体与介质之间相互作用的结果，其渗流规律和运动过程受介质特性、流体性质与流动条件等因素的共同控制。从介质类型上看，岩土渗流有孔隙介质渗流、裂隙介质渗流和多重介质渗流之分；从流动状态上看，岩土渗流有单相渗流和多相渗流、达西渗流和非达西渗流、稳定渗流和非稳定渗流之分。图 1.0.1 给出了岩土渗流模型的一种简洁分类。岩土渗流的主要研究内容包括渗流的机理与基本规律、岩土介质的渗透特性与本构模型、渗流场的模拟与分析方法，以及渗流场的控制与优化设计技术等。本章简要概述岩土介质的类型与结构特征、岩土介质渗流的基本概念和规律、渗流的连续性方程和定解条件，以及水利工程中常用的渗流分析模型。

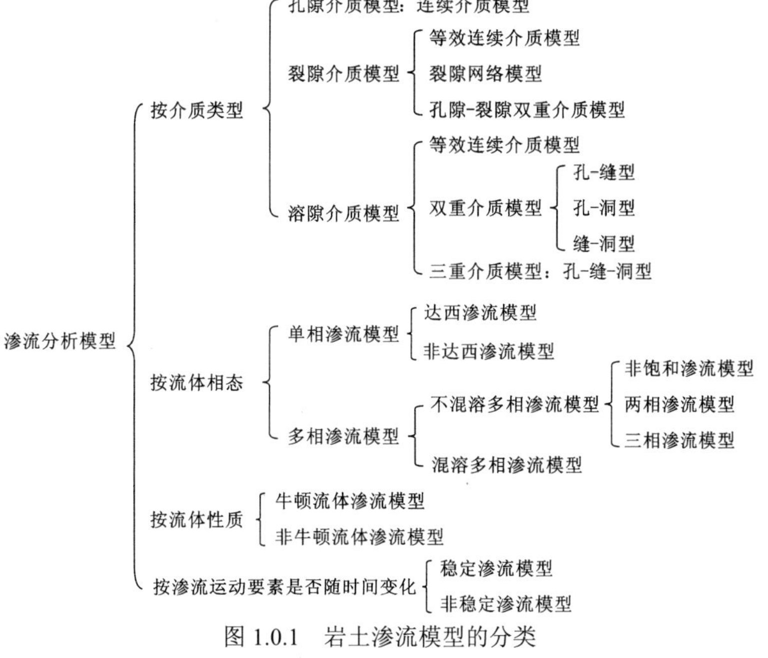

图 1.0.1　岩土渗流模型的分类

1.1 岩土介质的类型与结构特征

1.1.1 概述

岩土的成因和类型不同，其组成成分、结构特征和胶结程度差异极大，渗透特性、储水能力及在流体作用下抵抗变形、潜蚀和破坏的能力也呈现出极大的差异。广义上，岩土介质均可视为多孔介质，但在工程中，岩土介质多依据其空隙特征划分为孔隙介质、裂隙介质和溶隙介质三种基本类型。孔隙介质以孔隙为流体的主要储集和流动空间，如自然界中各类未胶结的土和堆积物；裂隙介质以裂隙和各种地质结构面为流体的主要储存场所与运移通道，一般特指裂隙岩体；溶隙介质则是指含有溶蚀孔缝和洞穴的可溶岩体。相应地，赋存于这三类介质中的地下水分别称为孔隙水、裂隙水和岩溶水。不少情况下，岩土介质复杂的结构特征和流动特性难以采用单一的介质类型描述。例如，裂隙岩体常被概化为双重介质，以描述地下水在岩石孔隙系统中的缓慢流动和裂隙系统中的快速流动；而岩溶含水层常被概化为三重介质，以分别描述地下水在岩石孔隙、溶蚀裂隙及岩溶管道中的不同流动特性。此外，在不同的地层和同一地层的不同地段，地下水的赋存结构与介质类型也可能表现出明显的差异。然而，无论岩土介质的类型多么复杂多样，孔隙渗流、裂隙渗流和管道流动是岩土介质渗流的基本形式。

岩土介质中的空隙类型多样，形态各异，大小不一，这些空隙既是流体储集的场所，又是流体流动的通道。孔隙是空隙的一种类型，但在广义上孔隙和空隙常互换使用。介质中空隙的总体积与介质表观体积之比称为孔隙率，但就流体的储存和流动而言，只有相互连通的空隙才是有意义的，将孤立、封闭的空隙排除在外的孔隙率称为有效孔隙率。孔隙率是表征岩土介质储水能力和传输特性的重要参数，孔隙率越大，介质储存流体的空间体积越大，但并不意味着介质的过流能力越强。流体通过岩土介质的能力称为渗透性，渗透性不仅与空隙的数量和体积有关，还与空隙的形状、大小、喉道尺寸及连通特性密切相关。根据渗透性的强弱，岩土介质可粗略划分为透水介质、半透水介质和不透水介质，如图 1.1.1 所示。但需要说明的是，完全不透水的地层是不存在的，不透水是指地层的透水性足够弱，因而在水文地质上可视为相对隔水层，在工程上可作为防渗的依

<table>
<tr><td>渗透性</td><td colspan="4">透水</td><td colspan="4">半透水</td><td colspan="5">不透水</td></tr>
<tr><td>土体</td><td colspan="2">分选性良好的砾石</td><td colspan="3">砂砾石、中粗砂</td><td colspan="4">粉细砂、粉土、黄土、壤土、粉质黏土</td><td colspan="4">黏土、膨润土</td></tr>
<tr><td>岩石/岩体</td><td colspan="4">裂隙发育岩体</td><td colspan="3">裂隙中等发育岩体</td><td colspan="2">新鲜砂岩</td><td colspan="2">新鲜灰岩、白云岩</td><td colspan="2">新鲜花岗岩</td></tr>
<tr><td>κ/m²</td><td>10^{-7}</td><td>10^{-8}</td><td>10^{-9}</td><td>10^{-10}</td><td>10^{-11}</td><td>10^{-12}</td><td>10^{-13}</td><td>10^{-14}</td><td>10^{-15}</td><td>10^{-16}</td><td>10^{-17}</td><td>10^{-18}</td><td>10^{-19}</td></tr>
<tr><td>K/(m/s)</td><td>10^{0}</td><td>10^{-1}</td><td>10^{-2}</td><td>10^{-3}</td><td>10^{-4}</td><td>10^{-5}</td><td>10^{-6}</td><td>10^{-7}</td><td>10^{-8}</td><td>10^{-9}</td><td>10^{-10}</td><td>10^{-11}</td><td>10^{-12}</td></tr>
</table>

图 1.1.1 岩土介质类型及其渗透特性

修改自 Bear（1972），K 和 κ 分别表示渗透系数与渗透率

托。因此，岩土介质的类型和空隙结构特征不仅是研究岩土渗透特性与渗流规律的基础，而且是研究岩土渗透稳定性和渗流控制策略的关键。

1.1.2　孔隙介质

孔隙介质由固相颗粒和颗粒之间的孔隙组成，固相颗粒构成介质的骨架，而孔隙则构成流体储集和运移的空间。地表上广泛分布的各类土体、各种未胶结的松散堆积物、地质构造中的充填物，以及土质防渗体和人工堆石料，均属于孔隙介质。裂隙不发育的沉积岩，如黏土岩和碎屑岩，也常被视为孔隙介质。此外，在不少情况下，为了简化问题，常将裂隙岩体和可溶岩体概化为等效多孔介质。岩土的孔隙结构一般从固相颗粒的矿物成分、形状、大小和空间组合关系，以及孔隙的形状、大小和连通特性两个方面加以研究。孔隙结构不仅影响岩土介质的渗透特性和渗流规律，而且决定了未胶结松散土体渗透变形和破坏的形式。

1. 粒径组成及颗粒级配曲线

孔隙介质的成因不同，其固相颗粒的矿物成分、粒径大小、形状和密实程度也不同。例如，经河流搬运和沉积作用形成的冲积物，往往具有较好的磨圆度、分选性和较明显的层理；而由重力或地表水流搬运形成的崩坡积物，磨圆度和分选性较差，局部往往呈架空结构，且一般不具有层理。未胶结的松散堆积物、构造充填物和土质防渗体的粒径可按表 1.1.1 进行分组，各粒径范围的组成情况和相对含量可采用颗粒级配曲线描述，如图 1.1.2 所示。

表 1.1.1　土的粒径划分　　（单位：mm）

巨粒		粗粒						细粒	
漂石（块石）	卵石（碎石）	砾石			砂粒			粉粒	黏粒
		粗砾	中砾	细砾	粗砂	中砂	细砂		
>200	(60，200]	(20，60]	(5，20]	(2，5]	(0.5，2]	(0.25，0.5]	(0.075，0.25]	(0.005，0.075]	≤0.005

土的颗粒级配曲线表征了小于某粒径（$d_{\hat{\gamma}}$）的土粒质量占土样总质量的百分数（$\hat{\gamma}$），它是描述土颗粒粗细、颗粒分布的均匀程度及颗粒级配优劣的重要工具。工程上常用的代表性粒径有 d_{10}、d_{30}、d_{60} 等。d_{10} 表示小于该粒径的土粒质量占土样总质量的 10%，是细粒部分的代表性粒径，称为有效粒径；d_{60} 是粗粒部分的代表性粒径，称为控制粒径；d_{30} 则称为连续粒径。颗粒级配曲线的形态和级配的优劣可采用不均匀系数 C_u 与曲率系数 C_c 描述，它们定义为

$$C_u = \frac{d_{60}}{d_{10}} \tag{1.1.1}$$

$$C_c = \frac{d_{30}^2}{d_{60}d_{10}} \tag{1.1.2}$$

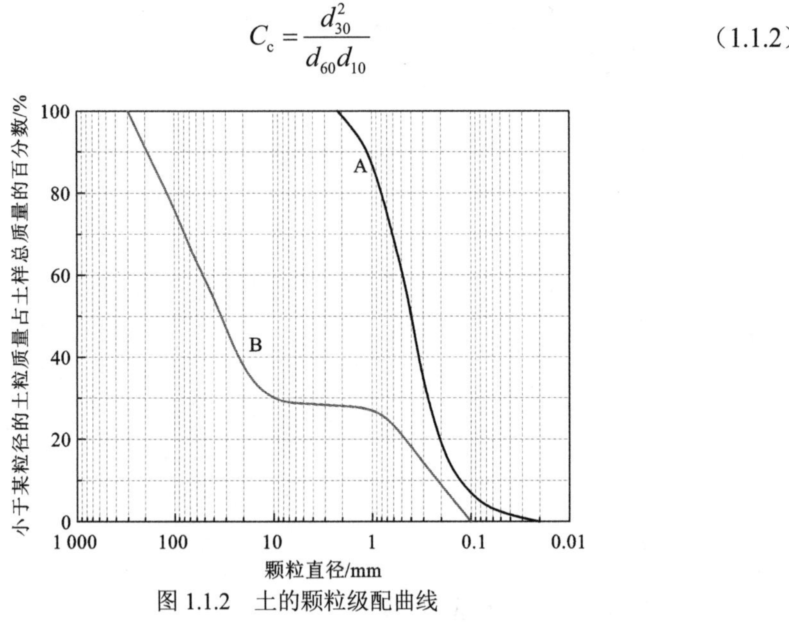

图 1.1.2　土的颗粒级配曲线

不均匀系数 C_u 表征了土颗粒的均匀程度和粒径级数的多少，C_u 越小，土颗粒越均匀，粒径级数越少，级配曲线越陡；反之，C_u 越大，土颗粒越不均匀，级配曲线越平缓，且在扰动条件下土颗粒越容易分离成粗、细两部分。工程上通常将 $C_u \leqslant 5$ 的土称为均匀土，而将 $C_u>5$ 的土称为不均匀土。曲率系数 C_c 表征了颗粒级配曲线的形状和级配优劣，当 $C_c<1$ 或 $C_c>3$ 时，级配曲线往往存在平缓台阶，在该范围内缺少中间粒径；而当 $C_c=1\sim3$ 时，土的组成粒径齐全，级配连续。

因此，工程上常用 C_u 和 C_c 两个指标对土的级配优劣进行划分，即当 $C_u>5$ 且 $C_c=1\sim3$ 时，土的级配连续，不存在平缓台阶，属于级配优良土，土的密实度较大，工程性质也较好，如图 1.1.2 中的曲线 A 所示；而当上述两个条件不能同时满足时，土颗粒粗细不均，存在平缓台阶和不连续粒径，属于级配不良土，如图 1.1.2 中的曲线 B 所示。对于级配不良土，一般以某粒径范围内土粒含量小于或等于 3%为原则，来界定级配曲线上的平缓台阶，进而以该粒径范围内的最小粒径，或者最大与最小粒径的平均值为区分粒径 d_f，将土的颗粒组成划分为粗粒和细粒两个部分。对于级配优良土，区分粒径可按式（1.1.3）估算：

$$d_f = \sqrt{d_{70}d_{10}} \tag{1.1.3}$$

式中：d_{70} 表示小于该粒径的土粒质量占土样总质量的 70%。

区分粒径 d_f 实际上就是土的细粒部分的界限粒径，其对应的土粒含量即细粒含量。细粒含量对土的密实度、渗透性和渗透稳定性均具有重要的影响，当细粒含量大于粗粒的孔隙体积时，粗粒孔隙被细粒完全填充，粗粒和细粒形成有机整体，土体具有较大的密实度和较低的渗透性，渗透破坏以流土为主；反之，当细粒含量较小时，土的密实度较小，渗透性较大，在渗流作用下细粒容易在粗粒孔隙中移动，从而形成管涌破坏。

2. 孔径分布及孔隙水的特征

土的固相颗粒内部和颗粒之间，以及由若干颗粒黏结形成的团粒内部和团粒之间，均存在孔隙，因而孔隙的形态和大小往往是极不均一的。连通孔隙中的细小部分称为喉道，喉道的形态、大小和孔喉的组合关系对土的渗透性具有重要影响，因而土的渗透性不完全取决于孔隙率，还与孔隙的连通性及孔喉系统的特征尺寸密切相关。例如，黏性土颗粒极细小，且多呈片状或团聚体结构，孔隙率大，但孔径极小，连通性差，因而黏性土的渗透性极低（图 1.1.1）；而对于宽级配或不良级配土，土颗粒分粗粒和细粒两部分，当细粒含量足够大时，粗粒之间的孔隙被细粒完全填充，土的渗透性取决于细粒孔隙的特征尺寸，反之，则与粗粒孔隙尺寸相关。

岩土介质的孔隙尺寸分布可通过压汞法或扫描电子显微镜等技术测定，并用孔径分布曲线表征，如图 1.1.3 所示。粉土和砂土等粗粒土粒间联结微弱，孔隙以粒间孔隙为主，孔隙多呈单峰分布，且孔隙越均匀，孔径分布曲线越窄；黏性土多具有团聚体结构，土体内部同时存在粒间小孔隙和团聚体间大孔隙，因而孔隙常呈双峰分布，且孔径分布范围较宽；不连续级配土因具有细粒间小孔隙和粗粒间大孔隙，孔隙也常呈双峰或多峰分布。孔隙分布对土的持水性具有重要影响，土颗粒的亲水性越强，孔径越小，则土的持水能力越强。

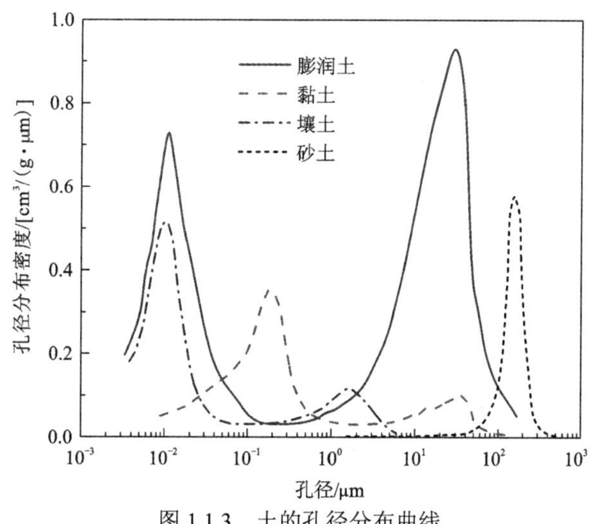

图 1.1.3　土的孔径分布曲线

孔隙是地下水赋存的主要结构类型之一，赋存于孔隙介质中的地下水称为孔隙水。与其他介质类型相比，孔隙介质具有较好的均质性和各向同性，因而孔隙水的分布和运移也具有相对均匀、连续的特点，是连续介质力学模型最为适用的地下水类型。孔隙水广泛分布于地表松散堆积物和河床覆盖层中，以包气带水、潜水或承压水的形式存在。孔隙含水层中的地下水一般具有完整、统一的地下水面，而包气带中的孔隙水多处于非饱和或局部饱和状态。包气带是降水和地表水渗入地下的重要通道，对水分的垂向运移具有分散、均化和延滞作用。

1.1.3 裂隙介质

岩体是经历漫长的内、外动力地质作用形成的，由岩石块体和地质结构面组成的，具有一定结构特征和赋存环境的地质体。地下水渗流场、地应力场和地温场是岩体的主要赋存环境，因而岩体与赋存环境之间存在复杂的物质、动量和能量交换关系。结构面的发育特征和空间组合关系不仅决定了岩体的结构特征，而且在很大程度上决定了岩体的力学特性和渗流特性。通常情况下，结构面是地下水的主要赋存和运移场所，因而岩体均可被概化为裂隙介质，尤其是孔隙不发育的岩层，如花岗岩、石英岩、大理岩等结晶岩地层。但对于孔隙较发育的岩层，如粉砂岩、砂岩、砾岩等碎屑岩地层，空隙包含孔隙和裂隙两个系统。孔隙系统径流缓慢，但往往对岩层储水起主导作用；裂隙系统导水性强，是地下水径流的主干通道。为了描述孔隙和裂隙系统对地下水赋存与运动的不同贡献，这类地层常被概化为孔隙-裂隙双重介质。

1. 岩体结构面

岩体结构面是在漫长的地质作用过程中（成岩过程中或成岩之后）形成的各种物质分异面或地质界面。按其成因类型，岩体结构面可大致划分为原生结构面、构造结构面和次生结构面三大类。原生结构面是在成岩过程中形成的地质界面，包括：沉积结构面，如反映沉积间歇性的层理、层面、不整合面和原生软弱夹层等；火成结构面，如侵入体与围岩的接触界面、流动构造面、冷凝节理、软弱蚀变带和岩浆间歇性喷溢形成的接触界面等；变质结构面，如板理、片理、片麻理和片岩软弱夹层等。构造结构面是受内动力地质作用形成的破裂面或破碎带，包括节理、劈理、断层、层间错动带等。次生结构面是在地表或近地表条件下，因风化、卸荷等外动力地质作用和人类工程活动形成的结构面。风化裂隙和卸荷裂隙的发育程度与张开度具有随埋深的增大明显减小的特点，因而自地表向下，岩体的完整性增强，渗透性降低，呈现出明显的分带特征，这种分带特征在河谷地区尤为明显。

岩体结构面的成因不同，其发育规模也差异极大。根据破裂面或破碎带的宽度和延伸长度，结构面的发育规模可划分为五级（I～V），如表 1.1.2 所示。I、II 级结构面包括区域性断裂和延伸千米之上的大断层、层间错动带和接触破碎带等，破碎带宽度大于 1 m，一般构成区域或工程场址区的水文地质边界（隔水边界或补给边界）或主干渗流通道。III 级结构面的延伸长度为 100～1 000 m，破碎带宽度为 0.1～1 m，常构成局部隔水边界或优势渗流通道。IV 级结构面多由延伸长度在百米之内的小断层和长大裂隙组成，可构成地下水渗流的优势通道。V 级结构面由节理裂隙组成，规模较小，但数量众多，不但是地下水的主要流动通道和赋存场所，而且决定了岩体的结构特征和渗透特性。

表 1.1.2　岩体结构面分级

级别	规模		水文地质意义
	破碎带宽度/m	破碎带延伸长度/m	
I	>10	区域性断裂	构成水文地质边界或主干渗流通道
II	(1，10]	>1 000	构成水文地质边界或主干渗流通道
III	(0.1，1]	(100，1 000]	构成局部隔水边界或优势渗流通道
IV	≤0.1	≤100	构成优势渗流通道
V	节理裂隙		构成裂隙流动网络，往往决定岩体的结构特征和渗透特性

注：结构面分级标准摘自《水力发电工程地质勘察规范》(GB 50287—2016)（中华人民共和国住房和城乡建设部，2016）。

由此可见，结构面根据其发育规模，可分别构成岩体渗流的控制边界、优势通道或流动网络，因而是理解和把握岩体渗透特性与渗流行为的关键。尽管结构面的成因类型和发育特征极为复杂，但在统计上还是服从一定规律的。结构面的发育特征通常采用产状、间距、延伸长度、张开度、粗糙度、优势节理组数、连通性、充填状况及充填物等指标描述，结构面的发育特征决定了岩体的流动网络结构和渗透特性。结构面自身的渗透性取决于张开度、粗糙度和充填状况，工程上常根据充填物的黏粒含量将结构面划分为岩块岩屑型、岩屑夹泥型、泥夹岩屑型和泥型，对应的黏粒质量分别为少或无、小于10%、10%～30%和大于 30%（中华人民共和国住房和城乡建设部，2016）。显然，结构面的充填状况、胶结程度和充填物类型不同，其渗透特性和渗透稳定性也不相同。

2. 岩体的结构特征

岩体是由结构面和岩块共同组成的，由于结构面规模不一、产状各异、疏密不均，由这些结构面切割形成的岩块也是形状各异、块度不等的。结构面组数越多，密度越大，岩块的块度越小。相应地，岩体的工程性质也由结构面和岩性共同决定，对于软弱岩石，岩性对岩体工程性质的影响往往是主要的；而对于坚硬岩石，结构面往往对岩体的工程性质起控制性作用。工程上通常采用岩石饱和单轴抗压强度 UCS 来表征岩石的坚硬程度，并将岩石划分为软质岩和硬质岩，其中软质岩又划分为极软岩、软岩和较软岩，硬质岩又划分为中硬岩和坚硬岩，如表 1.1.3 所示。

表 1.1.3　岩石坚硬程度分类

岩质类型	硬质岩		软质岩		
	坚硬岩	中硬岩	较软岩	软岩	极软岩
UCS/MPa	>60	(30，60]	(15，30]	(5，15]	≤5

注：划分标准摘自《工程岩体分级标准》(GB/T 50218—2014)（中华人民共和国住房和城乡建设部，2014）和《水力发电工程地质勘察规范》(GB 50287—2016)（中华人民共和国住房和城乡建设部，2016）。

岩体的完整程度受结构面的发育程度控制，工程上一般根据结构面的发育组数、间距或岩体完整性系数，将岩体的完整程度定性或定量地划分为完整、较完整、完整性差、较破碎和破碎 5 类，如表 1.1.4 所示。其中，岩体完整性系数定义为岩体弹性纵波速度与岩石弹性纵波速度之比的平方。岩体的结构类型取决于结构面的发育程度、空间组合关系及岩体的完整程度，工程上一般将岩体结构划分为块状结构、层状结构、镶嵌结构、碎裂结构和散体结构 5 个大类和 13 个亚类，如表 1.1.5 所示。岩体的结构类型和完整程度不仅影响岩体的渗透性，而且对地下水的赋存状态和运动规律也具有重要影响。例如，块状结构和厚层状结构岩体中的地下水多呈脉状、层状或网状分布和运移，在空间上往往具有高度的不均匀性和方向性；而碎裂结构和散体结构岩体中的地下水分布则可能相对均匀，岩体的各向异性程度也较弱，地下水的赋存结构更接近孔隙介质。此外，在高渗透压力条件下，岩体的扩张变形和劈裂破坏也与岩体的完整程度密切相关（Chen et al.，2015a）。

表 1.1.4　岩体完整程度分类

岩体完整程度	完整	较完整		完整性差		较破碎	破碎
结构面发育组数	1～2	1～2	2～3	2～3	2～3	>3	无序
结构面平均间距/cm	>100	(50，100]	(30，50]	(10，30]	≤10	≤10	—
结构面发育程度	不发育	轻度发育	中等发育	较发育	发育	很发育	—
岩体完整性系数	>0.75	(0.55，0.75]		(0.35，0.55]		(0.15，0.35]	≤0.15

注：划分标准摘自《水力发电工程地质勘察规范》（GB 50287—2016）（中华人民共和国住房和城乡建设部，2016）。

表 1.1.5　岩体结构类型

类型	亚类	岩体结构特征
块状结构	整体状结构	岩体完整，呈巨块状，结构面不发育，间距大于 100 cm
	块状结构	岩体较完整，呈块状，结构面轻度发育，间距一般为 50～100 cm
	次块状结构	岩体较完整，呈次块状，结构面中等发育，间距一般为 30～50 cm
层状结构	巨厚层状结构	岩体完整，呈巨厚层状，结构面不发育，间距大于 100 cm
	厚层状结构	岩体较完整，呈厚层状，结构面轻度发育，间距一般为 50～100 cm
	中厚层状结构	岩体较完整，呈中厚层状，结构面中等发育，间距一般为 30～50 cm
	互层状结构	岩体较完整或完整性差，呈互层状，结构面较发育或发育，间距一般为 10～30 cm
	薄层状结构	岩体完整性差，呈薄层状，结构面发育，间距一般小于 10 cm
镶嵌结构	镶嵌结构	岩体完整性差，岩块嵌合紧密—较紧密，结构面较发育—很发育，间距一般为 10～30 cm
碎裂结构	块裂结构	岩体完整性差，岩屑或泥充填，嵌合中等紧密—较松弛，结构面较发育—很发育，间距为 10～30 cm
	碎裂结构	岩体较破碎，岩屑或泥充填，嵌合较松弛—松弛，结构面很发育，间距一般小于 10 cm
散体结构	碎块状结构	岩体破碎，岩块夹岩屑或泥，嵌合松弛
	碎屑状结构	岩体极破碎，岩屑或泥夹岩块，嵌合松弛

注：划分标准摘自《水力发电工程地质勘察规范》（GB 50287—2016）（中华人民共和国住房和城乡建设部，2016）。

3. 岩体的渗透性分级

岩体的渗透性主要取决于结构面的发育特征和空间组合关系，结构面的组数越多，发育越密集，张开度越大，连通性越强，岩体的渗透性越强。岩体的渗透性与岩体的完整程度是高度相关的，从完整岩体到破碎岩体，岩体的渗透性显著增强，各向异性显著弱化。此外，在河谷地区，岸坡岩体的渗透性还与岩体的风化、卸荷程度存在明显的相关性，岩体的风化、卸荷程度越大，岩体的渗透性越强。一般地，随着埋深的增大，结构面的发育程度减弱，且结构面在高地应力作用下多呈紧密闭合或胶结状态，因此岩体的渗透性显著减弱（Chen et al.，2018a）。通常情况下，岩块的渗透性很小（图 1.1.1），因而其对岩体渗透性的贡献很小。但对于结构面极不发育的极完整岩体，岩块的渗透性与裂隙网络的等效渗透性可能处于同一量级，此时则不应忽略岩块的渗透性。

在水利水电工程中，岩体的渗透性主要采用渗透系数 K 和透水率 q 两个指标来表征。其中，渗透系数 K 表示单位水力梯度作用下通过岩体的渗透速度，工程上一般以 cm/s 为单位；透水率 q 则是通过钻孔压水试验测定的，表示在单位试验压力作用下，通过单位长度试段压入岩体的流量，其单位为 Lu①。根据岩体的渗透系数和透水率，工程上一般将岩体的渗透性从弱到强划分为极微透水、微透水、弱透水、中等透水、强透水和极强透水 6 个等级，如表 1.1.6 所示，表 1.1.6 中还给出了各渗透性等级对应的土体类型。依据岩体的渗透性分级，可对工程岩体进行渗透性分区。在工程实践中，岩体的渗透性分区往往与岩体的风化或卸荷分带具有良好的一致性。岩体的渗透性分区不仅是确定岩体渗流参数代表性取值的基础，而且是水利水电工程防渗设计的重要依据。为了满足防渗设计的需要，工程上还经常将弱透水岩体进一步细分为弱透水下段（1 Lu≤q＜3 Lu）和上段（3 Lu≤q＜10 Lu），将中等透水岩体也进一步细分为中等透水下段（10 Lu≤q＜30 Lu）和上段（30 Lu≤q＜100 Lu）。

表 1.1.6　岩体的渗透性分级

渗透性等级	分级标准		岩体特征	对应的土体类型
	渗透系数 K /（cm/s）	透水率 q /Lu		
极微透水	$K<10^{-6}$	$q<0.1$	完整岩体，含等价开度小于 0.025 mm 裂隙的岩体	黏土
微透水	$10^{-6}\leqslant K<10^{-5}$	$0.1\leqslant q<1$	含等价开度为[0.025，0.05）mm 裂隙的岩体	黏土—粉土
弱透水	$10^{-5}\leqslant K<10^{-4}$	$1\leqslant q<10$	含等价开度为[0.05，0.1）mm 裂隙的岩体	粉土—细粒土质砂
中等透水	$10^{-4}\leqslant K<10^{-2}$	$10\leqslant q<100$	含等价开度为[0.1，0.5）mm 裂隙的岩体	砂—砂砾
强透水	$10^{-2}\leqslant K<1$	$q\geqslant 100$	含等价开度为[0.5，2.5）mm 裂隙的岩体	砂砾—砾石、卵石
极强透水	$K\geqslant 1$		含连通孔洞或等价开度大于等于 2.5 mm 裂隙的岩体	粒径均匀的巨砾

注：划分标准摘自《水力发电工程地质勘察规范》(GB 50287—2016)（中华人民共和国住房和城乡建设部，2016）。

① 1 Lu=1 L/（min·m·MPa）。

4. 裂隙水的特征

赋存于裂隙介质中的地下水称为裂隙水，裂隙水的分布和运移与结构面的发育特征、岩体的结构类型及渗透特性密切相关，具有显著的不均一性和方向性。规模较大的断层、接触带和层间错动带往往对地下水的运移起控制作用，构成地下水赋存的脉状结构和流动的主干网络；规模较小的原生、次生和构造裂隙则构成渗流的次级裂隙网络，径流强度取决于裂隙的张开度和连通性。根据埋藏条件，裂隙水也有包气带水、潜水和承压水之分，但受地层分布、岩性条件和构造发育特征等因素的共同影响，裂隙潜水常常难以形成统一、完整的潜水面，或者呈现潜水多层发育、潜水与局部承压水互层发育等复杂特征。岩体中的相邻部位也常因缺乏水力联系而出现地下水位或水量差别巨大的现象，这正是工程实践中常见的相邻钻孔水位相差悬殊、相邻洞段涌渗水高度不均的原因。

图 1.1.4 给出了白鹤滩水电站坝址区左岸玄武岩裂隙水的赋存特征（Chen et al., 2020）。坝址区出露的岩性主要为峨眉山组玄武岩，河床及缓坡台地分布有第四系松散堆积物。玄武岩中发育的主要地质构造有 F_{13}、F_{14}、F_{17} 等断层，C_2、C_3、C_{3-1} 等层间错动带和 LS_{331} 等层内错动带。根据岩体的风化、卸荷程度及节理裂隙的发育特征，玄武岩的渗透性以中等透水、弱透水和微透水为主。与介质类型相对应，地下水的赋存结构主要有松散堆积物孔隙结构和玄武岩裂隙结构两大类，而玄武岩裂隙结构又可划分为块裂

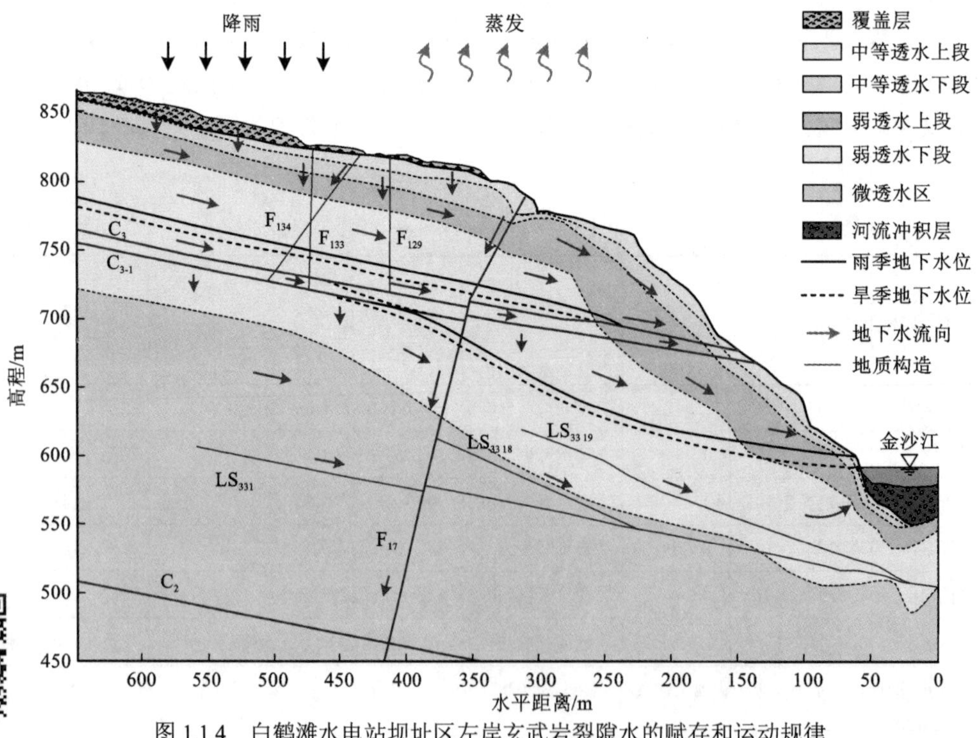

图 1.1.4　白鹤滩水电站坝址区左岸玄武岩裂隙水的赋存和运动规律

结构、网络裂隙结构和脉状结构三个亚类。块裂结构位于岸坡浅表，主要由风化、卸荷裂隙组成，多具有中等或强透水性，裂隙水流接受大气降水和上层孔隙水补给，进而下渗并补给下层地下水，或者向岸坡和金沙江河谷排泄，水循环交替作用活跃，季节性变化强烈。网络裂隙结构主要由原生和构造裂隙组成，多为弱透水或微透水，水力联系强弱不均，地下水主要由块裂和脉状水流补给，水位相对稳定，但分布不连续，难以形成统一的地下水面。脉状结构则由断层和层间、层内错动带组成，构成渗流的主干通道，且由于层间错动带 C_3 和 $C_{3\text{-}1}$ 具有顺层向导水、垂直向阻水的性质，地下水下渗困难，出现了地下水多层分布现象。

1.1.4 溶隙介质

溶隙介质又称溶穴介质，是指经水的化学溶蚀和机械潜蚀作用形成的，具有独特岩溶形态的可溶岩体，岩溶不发育的可溶岩体一般也被视为裂隙介质或孔隙-裂隙双重介质。溶隙是可溶岩体中各种溶孔、溶隙、溶洞和溶蚀空腔的统称，溶隙的规模和形态具有高度的不均一性和方向性，因而溶隙介质也具有高度的非均质性和各向异性。溶蚀孔隙、溶蚀裂隙和溶蚀管道是三类最基本的岩溶形态，因而根据岩溶的发育特征和问题的性质，溶隙介质也常被概化为孔隙-裂隙（孔-缝型）双重介质、孔隙-管道（孔-洞型）双重介质、裂隙-管道（缝-洞型）双重介质或孔隙-裂隙-管道（孔-缝-洞型）三重介质。

1. 岩溶发育条件及规律

岩溶又称喀斯特，是可溶性岩石经水的化学溶蚀作用及机械潜蚀、冲蚀和坍塌作用而形成的各种独特地貌形态和水文地质现象的总称。岩溶形态极为复杂多样，在地表表现为溶沟、石芽、石林、峰丛、溶丘、洼地、盲谷等形态；在地下则有落水洞、溶蚀漏斗、竖井及溶孔、溶隙、溶洞、暗河等垂直和水平溶蚀形态。岩溶是在复杂的地表地质作用过程中形成和发展的，可溶的透水岩层是岩溶发育的物质基础，而具有侵蚀性的水流则是岩溶发育的外部条件。最常见的可溶性岩石是碳酸盐岩，如石灰岩、白云岩、大理岩等。岩溶发育程度分极强、强烈、中等和微弱 4 个等级。一般情况下，岩层的质地越纯，厚度越大，透水性越强，水中侵蚀性 CO_2 的含量越高，水循环交替作用越强烈，岩溶的发育程度越高。

岩溶的发育受地层组合关系、构造发育特征、地壳升降运动及气候、地形、植被等因素的影响极为显著，因而岩溶的空间分布也呈现出不均一性、成层性和垂直分带性等复杂特征。岩溶分布的不均一性受地质构造和地层组合关系控制，断层破碎带、裂隙密集带、褶皱核部等部位常形成岩溶强烈发育地带。在可溶岩与非可溶岩互层发育地段，地层界面上部常因非可溶岩的阻水作用而形成集中的岩溶带。岩溶发育的成层性与地壳升降运动和岩溶地下水排泄基准面的变动有关，表现为不同时期形成的近水平溶洞和近垂直管道相互交错、成层出现。岩溶发育的垂直分带性则与地下水的循环交替和溶蚀作用强度有关，自地表向下，裂隙发育程度减弱，水循环交替作用变缓，水中侵蚀性 CO_2 不断消耗，水的溶蚀能力不断减小，因而岩溶的发育程度逐渐减弱。

2. 岩溶水的特征及水文地质概念模型

赋存于溶隙介质中的地下水称为岩溶水，又称喀斯特水。由于岩溶发育和空间分布的高度非均匀性，岩溶水的赋存和运移极为复杂，时空分布极不均衡，对大气降水的反应往往极为灵敏，水位和水量随季节变化的幅度较大。规模较大的溶蚀构造、溶洞和岩溶管道是岩溶水的富集部位和径流的集中通道，常出现有压流与无压流并存、层流与紊流交替、伏流与明流相互衔接等现象。在岩溶化程度微弱地段，地下水以基岩裂隙水的形式赋存，径流缓慢，富水性较差，甚至完全无水。因此，在不同岩溶层组，或者在同一岩溶层组的不同地段和不同时段，富水性和水位、水量均可能呈现极大的差异。由此可见，岩溶地区地下水渗流场的准确模拟在技术上是十分困难的，而且还时常面临水文地质资料匮乏的难题（如地下岩溶形态未查明、含水层性质不明确、水文地质边界不确定等）。

根据地形地貌、岩溶发育特征、含水层和隔水层的分布与组合关系，以及地下水的补给、径流和排泄条件，可将研究区域划分为一个或若干个水文地质单元，每个水文地质单元均具有清晰的水文地质边界与统一的补给、径流和排泄条件。水文地质边界一般由地形边界（地表和地下水分水岭）、地质边界（相对隔水层或阻水断裂构造）和水文边界（地表水体、泉水溢出带）等组成。针对每个水文地质单元，根据地层分布、岩溶发育特征和地下水水动力条件，又可进一步将地下水系统划分为覆盖层孔隙水、表层岩溶带岩溶水、包气带岩溶水、饱水带岩溶水和下部岩溶带岩溶水等若干子系统。依据各子系统的水循环过程和水动力条件，可构建各子系统的水量平衡方程，进而通过降雨量和泉排泄量数据率定模型参数，建立该水文地质单元从补给到排泄的水量均衡模型。这种水量均衡模型称为集总式概念性水文地质模型，这类模型不仅能够在宏观上总体把握岩溶地下水的循环过程和水量交换关系，而且对水文地质资料的依赖程度较低。

图 1.1.5 给出了贵州省夹岩水利枢纽工程水打桥隧洞区鼠场水文地质单元的水循环过程和水文地质概念模型。工程概况及水文地质条件详见 3.4.4 小节。该水文地质单元的地下水系统由覆盖层孔隙水、表层岩溶带岩溶水、下部岩溶带岩溶水 3 个子系统组成，水文地质概念模型则包含 4 层结构，前 3 层与地下水子系统相对应，第 4 层结构则用于反映隧洞建设对地下水排泄量的袭夺作用。覆盖层具有较强的透水性，大气降水一部分渗入覆盖层，经覆盖层蓄水空间调蓄后除少量通过蒸散发返回大气层外，其余水分渗入表层岩溶带；另一部分通过落水洞、竖井和溶蚀裂隙汇入地下暗河，以快速流的形式进入下部岩溶带；还有一部分形成地表径流，通过溪流汇入地表河流。表层岩溶带具有较强的透水性和调蓄功能，地下水经表层岩溶带进一步调蓄后渗入下部岩溶带。下部岩溶带中的地下水存在三种主要运动形式：一是溶蚀管道中的快速流；二是长大溶蚀裂隙中

的中间流；三是岩石基质中的慢速流（基流）。三者的径流速度、径流量大小及对降雨的响应灵敏度均存在显著区别。天然条件下，下部岩溶带的地下水主要经鼠场暗河以泉的形式集中排泄，部分则以潜流形式向地表河流排泄；在隧洞施工过程中，隧洞涌水将袭夺部分泉排泄量，比例为 19%～25%（Zheng et al.，2021；Zhou et al.，2021）。

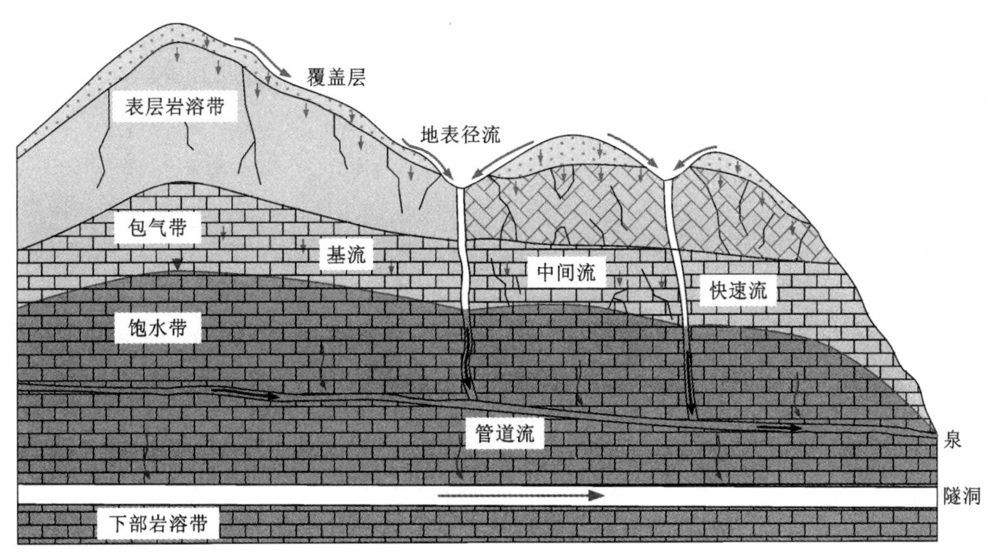

（a）水循环过程示意图

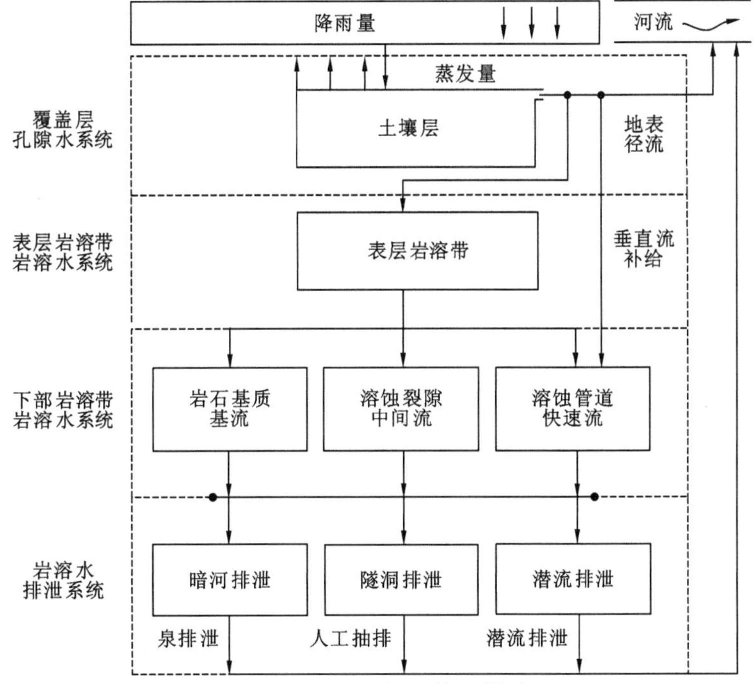

（b）水文地质概念模型

图 1.1.5　夹岩水利枢纽工程水打桥隧洞区鼠场水文地质单元的水循环过程和水文地质概念模型

1.2 岩土介质渗流的基本规律

1.2.1 概述

流体在岩土介质中的流动现象称为渗流。岩土介质由固相基质和空隙系统组成，因而在细观尺度上，流体和固相基质分别占据不同的空间，流体是在固相基质围限的空隙中赋存和运动的，不仅流线高度曲折，而且局部的流动形态极为复杂。在宏观尺度上，流体在介质中的运动规律集中体现为通过一定表观体积的流体平均流速与水力梯度或压力梯度之间的关系。这个表观体积是介质固相体积和空隙体积之和，该体积就细观尺度而言足够大，因而包含足够多的介质物质组成和空隙结构信息，对介质的宏观性质具有充分的代表性；但就宏观尺度而言又足够小，因而能反映介质一个材料点的宏观性质。由这样的表观体积构成的介质单元称为代表性体积单元（representative volume element，RVE），因而在渗流中着重研究流体在 RVE 尺度上的平均运动规律。显然，渗流的宏观规律是由介质的细观结构及细观尺度上流体与介质的相互作用决定的，这样的宏观规律一旦确立，就可以描述流体在包含固相和空隙的整个 RVE 上的平均运动性质，从而避免描述介质空隙系统中每个流动细节时存在的困难。

当岩土介质中的空隙完全被一种流体占据时，这种渗流称为单相渗流或饱和渗流，流体既可以是液体（如地下水、石油），又可以是气体（如天然气、煤层气），还可以是不存在相界面的混合流体，但流体的相态不同，可压缩性和黏滞性等性质差异显著。单相渗流是水利、土木等工程技术领域面临的主要渗流问题，同时也是研究岩土介质中各种复杂流动现象和溶质运移过程的基础。单相渗流是在流体的重力和压力梯度的驱动下发生的，随着压力梯度的增大，渗流的流态也将发生变化。当渗流速度与压力梯度呈线性关系时，黏滞力对渗流运动起主导作用，流态为层流，相应的渗流称为线性渗流或达西渗流；而当渗流速度与压力梯度偏离线性关系时，惯性力对渗流的影响逐渐增大，流态转变为过渡流或紊流，相应的渗流称为非线性渗流或非达西渗流。此外，流体的性质（如水泥浆液等非牛顿流体）及介质的变形、损伤和破坏也可以使渗流规律偏离线性关系，从而进一步加大岩土渗流的复杂性。

另外，当介质中的空隙同时被两种或多种存在相界面的流体占据时，这种渗流称为多相渗流。多相渗流现象广泛存在于自然界和人类工程活动中，如包气带中的水-气渗流（或非饱和渗流）和油气藏注水开采过程中的油-水两相渗流、水-气两相渗流或油-水-气三相渗流。多相渗流不仅与介质的组成结构和各相流体的性质有关，还受控于介质的表面湿润性和流体之间的相界面特性，因而多相渗流具有极为复杂的流态特征。流体相界面的形态特征及其稳定性受毛细力、黏滞力和重力共同控制，具有复杂的失稳机制。相界面的不稳定性是岩土多相渗流呈现毛细指流、黏性指流、毛细—黏性过渡区指流及优势沟槽流等复杂流动模式的根本原因，而流动模式及其转变又将显著影响岩土介质的宏观多相渗流特性和渗流过程（Wu et al.，2021；Lan et al.，2020；Xue et al.，2020；Yang et al.，2019a，2019b；Hu et al.，2019a，2019b，2018a，2018b；Chen et al.，2018b，2018c，2017)。需要指出的是，岩土多相渗流也包括两种或多种可混溶流体的流动问题。

1.2.2　线性渗流规律

1. 达西定律

1856 年，法国工程师达西通过饱和砂柱中的渗流试验，发现了孔隙介质中渗流速度与水力坡降存在如下线性关系：

$$v = -K\frac{\mathrm{d}h}{\mathrm{d}l} = KJ \tag{1.2.1}$$

式中：v 为渗流速度（m/s）；$J=-(\mathrm{d}h/\mathrm{d}l)$，为水力坡降；$h$ 为测压水头（m）；l 为流体流动方向上的长度（m）；K 为渗透系数（m/s）。

式（1.2.1）即达西定律，它反映出介质中的渗流速度与渗透路径上单位长度内的能量损失呈线性关系。其中，渗流速度 v 刻画了介质在整个过流截面上相对于固相颗粒的表观流速，定义为（Coussy，2004）

$$v = \phi(v_{\mathrm{f}} - v_{\mathrm{s}}) \tag{1.2.2}$$

式中：v_{f}为流体在介质孔隙中的真实流速；v_{s}为介质的变形速率；ϕ为介质的孔隙率。若介质的 RVE 的体积为 V，其内部连通孔隙体积为 V_{v}，则介质的孔隙率$\phi= V_{\mathrm{v}}/V$。

介质中的渗流运动较为缓慢，速度水头可以忽略不计，因此渗流运动受控于测压水头 h：

$$h = z + \frac{p}{\rho g} \tag{1.2.3}$$

式中：z 为位置高程（m）；p 为孔隙水压力（Pa）；ρ为流体密度（kg/m^3）；g 为重力加速度（m/s^2）。

在渗流分析中，常将测压水头 h 称为总水头，将式（1.2.3）等号右端第二项 $p/(\rho g)$ 称为压力水头。

由式（1.2.1）～式（1.2.3）可知，在达西定律中，不仅渗流速度 v 是定义在包含固相和孔隙的表观截面积上的，而且水力坡降 $J=-(\mathrm{d}h/\mathrm{d}l)$也由流动方向上的表观长度 L 定义。流体在介质中的真实流动路径是高度曲折的，其实际长度 L_{t} 显然大于表观长度 L。通常采用迂曲度τ表征岩土介质中流体流动路径的弯曲程度，定义为（Carman，1937）

$$\tau = \left(\frac{L_{\mathrm{t}}}{L}\right)^2 \tag{1.2.4}$$

式中：$\tau>1$，为渗流路径的迂曲度；L 为介质的表观长度（m）；L_{t} 为渗流路径的实际长度（m）。

渗透系数 K 是表征介质透水能力的重要水文地质参数，它不仅取决于介质孔隙的几何特征及连通特性，还与流体的密度和黏滞性等物理性质有关。显然，介质中的孔隙尺寸越大，连通性越强，渗透系数越大。

介质的渗透性还可以采用渗透率κ（m^2）来表征，它只取决于介质的几何特征，而与流体性质无关。渗透系数K与渗透率κ的关系如下：

$$K = \frac{\rho g}{\mu}\kappa = \frac{g}{\nu}\kappa \tag{1.2.5}$$

式中：μ为流体的动力黏滞系数（Pa·s）；ν为流体的运动黏滞系数（m^2/s），$\nu=\mu/\rho$。

由量纲分析可知，介质的渗透率κ与孔隙网络的特征长度ℓ的平方成正比，即

$$\kappa = \ell^2\delta(\phi) \tag{1.2.6}$$

式中：$\delta(\phi)$为反映介质孔隙结构的参数。

若多孔介质的颗粒由规则圆球填充而成，则参数$\delta(\phi)$常用如下 Kozeny-Carman 方程表达：

$$\delta(\phi) = \frac{\phi^3}{(1-\phi)^2} \tag{1.2.7a}$$

由此可得，若已知多孔介质在孔隙率为ϕ_0时的渗透系数K_0或渗透率κ_0，则当介质的孔隙率变为ϕ时，其渗透系数K或渗透率κ可以表达为

$$\frac{K}{K_0} = \frac{\kappa}{\kappa_0} = \left(\frac{\phi}{\phi_0}\right)^3\left(\frac{1-\phi_0}{1-\phi}\right)^2 \tag{1.2.7b}$$

式（1.2.7b）为在多孔介质中得到广泛应用的 Kozeny-Carman 方程。

对于圆管中的层流运动，由 Hagen-Poiseuille 定律可得

$$K = \frac{gd^2}{32\nu} \quad 或 \quad \kappa = \frac{d^2}{32} \tag{1.2.8a}$$

式中：d为管径。因此，若介质中的孔隙网络视为由孔径为d的毛细管束组成，则有

$$K = \frac{\phi g d^2}{32\nu} \quad 或 \quad \kappa = \frac{\phi d^2}{32} \tag{1.2.8b}$$

即$\ell=d$，$\delta(\phi)=\phi/32$，ϕ为孔隙率。

对于光滑平行板中的层流运动，由 Poiseuille 定律可得

$$K = \frac{ge^2}{12\nu} \quad 或 \quad \kappa = \frac{e^2}{12} \tag{1.2.9a}$$

式中：e为开度，即两平行板之间的间隙。由式（1.2.1）可知，平行板中的单宽流量$q_w=(gJ/12\nu)e^3$，即$q_w \propto e^3$，这一关系被称为立方定律。

对于裂隙介质，若流动网络视为由一组平行的光滑平直裂隙组成，裂隙间距为s，则有

$$K = \frac{ge^3}{12\nu s} \quad 或 \quad \kappa = \frac{e^3}{12s} \tag{1.2.9b}$$

即$\ell=e$，$\delta(\phi)=\phi/12$，$\phi=e/s$，为裂隙率（即孔隙率）。需要指出的是，岩体中真实裂隙的两壁都是粗糙、起伏的，其开度定义为裂隙相邻岩壁间的垂直距离，这种开度一般称为力学开度。力学开度在裂隙面内是随位置变化的，且难以精确测量，即$e=e(x, y)$，(x, y)

表示裂隙面内点的坐标。在渗流分析中，通常采用水力开度 e_h 描述粗糙裂隙的导水能力，其定义为与开度分布为 $e(x, y)$的粗糙裂隙具有相同导水能力的光滑平行板的开度。水力开度可通过裂隙渗流试验，简便地由立方定律计算得到，其值一般小于裂隙的平均力学开度。这样，粗糙裂隙的渗透特性仍然可由式（1.2.9）描述，只需将其中的 e 替换为水力开度 e_h。例如，对于始端开度为 e_s、终端开度为 e_e 的楔形裂隙，其等效水力开度为（Jing et al.，2001；Iwai，1976）

$$e_h = \frac{1}{2}(e_s + e_e)\left[\frac{16r_e^2}{(1+r_e)^4}\right]^{1/3} \tag{1.2.9c}$$

式中：$r_e=e_s/e_e$，为始端开度 e_s 与终端开度 e_e 之比。

尽管渗透率κ只取决于介质的几何性质，但试验研究表明，由气体渗透试验估计的κ往往高于由液体渗透试验得到的κ。这种现象称为 Klinkenberg 效应（Klinkenberg，1941），与气体分子在介质孔隙壁面的滑移有关。定义气体分子的平均自由路程λ_f 与孔隙直径 d 之比为 Knudsen 数 Kn，即 $Kn=\lambda_f/d$。当气体压力 p 越低时，气体越稀薄，平均自由路程λ_f越大，Knudsen 数越趋近于 1，渗透系数也就越大。气体渗透系数的这种变化规律可采用 Klinkenberg 公式描述：

$$K_a = \frac{g}{\nu_a}\kappa\left(1+\frac{p_{ca}}{p}\right) \tag{1.2.10}$$

式中：K_a 为气体渗透系数（m/s）；κ为介质的本征渗透率（m^2）；p 为气体压力（Pa）；ν_a 为气体运动黏滞系数（m^2/s）；p_{ca} 为特征压力（Pa），与气体和孔隙网络的几何性质有关。

将式（1.2.3）和式（1.2.5）代入式（1.2.1），可得达西定律的另外一种常见形式：

$$v = -\frac{\kappa}{\mu}\left(\frac{dp}{dl}+\rho g\frac{dz}{dl}\right) \tag{1.2.11}$$

式（1.2.1）和式（1.2.11）适用于沿 l 方向的一维流动情况。若沿水平方向流动，则式（1.2.11）等号右端第二项消失。对于各向同性介质中的三维流动，达西定律可以表达为

$$\boldsymbol{v} = -K\nabla h \quad 或 \quad \boldsymbol{v} = -\frac{\kappa}{\mu}(\nabla p - \rho\boldsymbol{g}) \tag{1.2.12}$$

式中：$\boldsymbol{v}$ 为渗流速度矢量（m/s）；$\boldsymbol{g}$ 为重力加速度矢量（m/s^2）；∇为梯度算子。

对于各向异性介质，为了反映渗流运动的方向性，需要引入渗透系数张量 $\boldsymbol{K}$ 或渗透率张量$\boldsymbol{\kappa}$，此时达西定律表达为

$$\boldsymbol{v} = -\boldsymbol{K}\nabla h \quad 或 \quad \boldsymbol{v} = -\frac{\boldsymbol{\kappa}}{\mu}(\nabla p - \rho\boldsymbol{g}) \tag{1.2.13}$$

式中：$\boldsymbol{K}$ 为渗透系数张量（m/s）；$\boldsymbol{\kappa}$为渗透率张量（m^2）。

2. 渗透系数张量

渗透系数张量是一个二阶对称、正定张量，具有 6 个独立分量，它将水力坡降矢量空间映射到渗流速度矢量空间。例如，对于层状岩体，层面是岩体的优势渗流通道，其渗透系数张量 $\boldsymbol{K}$ 可以表达为

$$\boldsymbol{K}=K_{\mathrm{f}}(\boldsymbol{\delta}-\boldsymbol{n}\otimes\boldsymbol{n}) \tag{1.2.14}$$

式中：$\boldsymbol{n}$ 为层面的单位法矢量；$\boldsymbol{\delta}$为二阶单位张量；K_{f} 为层面的等效渗透系数，由式(1.2.9b)计算。

如图 1.2.1 所示，考虑任意水力坡降矢量 $\boldsymbol{J}$。显然，$\boldsymbol{J}$ 可在层面和与之正交的层面法向两个方向上进行分解，即 $\boldsymbol{J}=J_n\boldsymbol{n}+\boldsymbol{J}_t$，$J_n$ 为 $\boldsymbol{J}$ 在层面法向方向上的分量大小，$\boldsymbol{J}_t$ 为 $\boldsymbol{J}$ 在层面内的分量。将 $\boldsymbol{J}=-\nabla h$ 和式（1.2.14）代入式（1.2.13）可得 $\boldsymbol{v}=K_{\mathrm{f}}\boldsymbol{J}_t$。这表明无论水力坡降作用在哪个方向上，渗流运动始终发生在层面内，因而渗透系数张量反映了岩体渗流的各向异性特征。需要指出的是，为了阐述方便，式（1.2.14）忽略了岩体在垂直层面方向上的渗透性，因而相应的 $\boldsymbol{K}$ 是半正定的。若叠加上岩石对渗透性的贡献，$\boldsymbol{K}$ 的正定性即可得到保证。

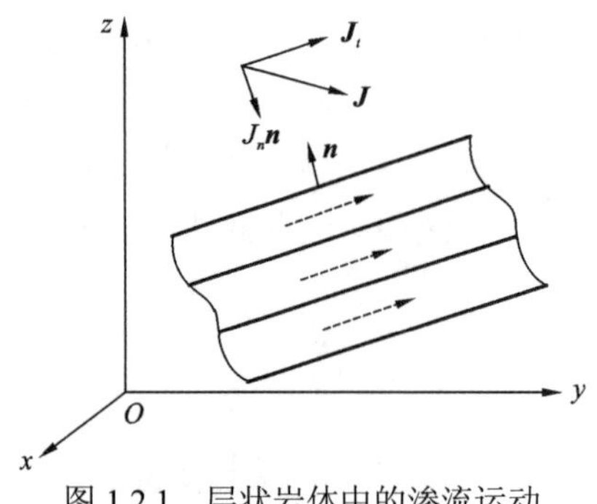

图 1.2.1　层状岩体中的渗流运动

渗透系数张量 $\boldsymbol{K}$ 对称、正定，因此存在三个大于零的渗透系数主值 K_1、K_2、K_3。渗透系数主值及其方向可通过求解如下特征方程得到：

$$\det(\boldsymbol{K}-\lambda_K\boldsymbol{\delta})=0 \tag{1.2.15}$$

式中：λ_K 为 $\boldsymbol{K}$ 的特征值。

为了进一步阐述渗透系数张量的几何意义，将直角坐标系与渗透系数主值方向重合，如图 1.2.2 所示。对于空间渗流场中的任一流线 l，由式（1.2.1）可得其切向流速 v_l：

$$v_l=-K_l\frac{\partial h}{\partial l} \tag{1.2.16}$$

式中：K_l 为切向方向 l 上的渗透系数。

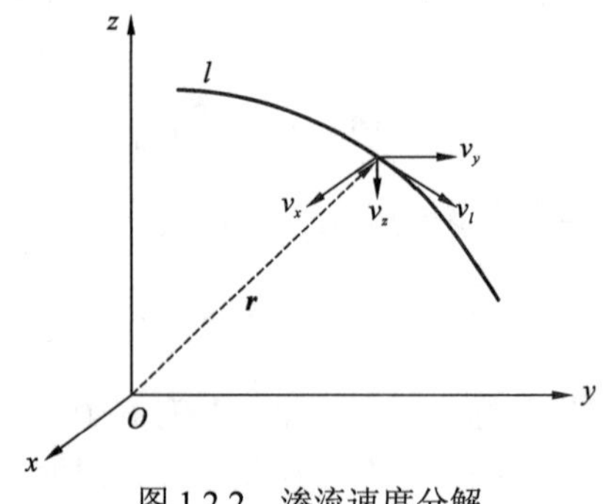

图 1.2.2　渗流速度分解

在直角坐标系下，切向流速 v_l 在各坐标轴方向上的分量为

$$\begin{cases} v_x = -K_1 \dfrac{\partial h}{\partial x} = v_l \cos\alpha_1 \\ v_y = -K_2 \dfrac{\partial h}{\partial y} = v_l \cos\alpha_2 \\ v_z = -K_3 \dfrac{\partial h}{\partial z} = v_l \cos\alpha_3 \end{cases} \tag{1.2.17}$$

式中：α_1、α_2、α_3 分别为切向流速与坐标轴的方向角。

由于

$$\frac{\partial h}{\partial l} = \frac{\partial h}{\partial x}\frac{\partial x}{\partial l} + \frac{\partial h}{\partial y}\frac{\partial y}{\partial l} + \frac{\partial h}{\partial z}\frac{\partial z}{\partial l} = \frac{\partial h}{\partial x}\cos\alpha_1 + \frac{\partial h}{\partial y}\cos\alpha_2 + \frac{\partial h}{\partial z}\cos\alpha_3 \tag{1.2.18}$$

将式（1.2.16）和式（1.2.17）代入式（1.2.18），可得

$$\frac{1}{K_l} = \frac{\cos^2\alpha_1}{K_1} + \frac{\cos^2\alpha_2}{K_2} + \frac{\cos^2\alpha_3}{K_3} \quad 或 \quad \frac{r^2}{K_l} = \frac{x^2}{K_1} + \frac{y^2}{K_2} + \frac{z^2}{K_3} \tag{1.2.19}$$

式中：$\boldsymbol{r}$ 为坐标点(x, y, z)的矢径，$r=(x^2+y^2+z^2)^{1/2}$。

式（1.2.19）表明，渗透系数张量在空间上是以三个渗透系数主值的平方根为半轴的渗透椭球，反映了因岩土介质结构、构造特征而表现出的各向异性性质。渗透椭球还常被用于判别岩土介质在 RVE 尺度上渗透系数张量是否存在，以及等效连续介质模型是否适用。

此外，根据达西定律[式（1.2.13）]，流体在岩土介质中的黏性流动所产生的能量耗散率 $\boldsymbol{\Phi}$ 为

$$\boldsymbol{\Phi} = \boldsymbol{J}\cdot\boldsymbol{v} = (-\nabla h)\cdot\boldsymbol{K}(-\nabla h) = \boldsymbol{v}\cdot\boldsymbol{K}^{-1}\boldsymbol{v} \geqslant 0 \tag{1.2.20}$$

因此，渗透系数张量的正定性还是确保黏性流动能量耗散非负的必要条件。

3. 达西定律的适用范围

达西定律描述了渗流速度与水力坡降成正比的线性流动规律，但试验研究表明，随着渗流速度的增大，流体流动将显著偏离这种线性关系。因此，达西定律仅适用于黏滞力占主导的层流运动。地下水的流态一般采用雷诺数 Re 表征，在多孔介质中，雷诺数定义为

$$Re = \frac{\rho v d}{\mu} \tag{1.2.21a}$$

式中：ρ为流体密度（kg/m^3）；μ为流体动力黏滞系数（Pa·s）；v 为渗流速度（m/s）；d 为介质的特征长度（m），常取固相颗粒的平均粒径或孔隙网络的喉道直径。

对于裂隙介质，雷诺数定义为

$$Re = \frac{\rho v e_{\mathrm{h}}}{\mu} = \frac{\rho q_{\mathrm{w}}}{\mu} = \frac{\rho Q}{\mu w} \tag{1.2.21b}$$

式中：w 为裂隙宽度（m）；e_{h} 为裂隙的水力开度（m）；v 为渗流速度（m/s）；$q_{\mathrm{w}}=ve_{\mathrm{h}}$，

为裂隙的单宽流量（m^2/s）；$Q=q_w w=ve_h w$，为通过裂隙的流量（m^3/s）。

随着雷诺数 Re 或渗流速度 v 的增大，流体的惯性效应逐步趋于显著，甚至起主导作用，因而渗流流态也将从黏滞力占主导的层流向惯性力占主导的紊流过渡。因此，对于特定介质，理论上存在一个临界雷诺数 Re_c，当 $Re < Re_c$ 时，达西定律适用；而当 $Re > Re_c$ 时，达西定律将产生显著偏差。

表 1.2.1 统计了文献中给出的裂隙介质的临界雷诺数。由表 1.2.1 可知：①裂隙介质的临界雷诺数小至 0.001，大至数百，这既与裂隙介质几何特征的复杂性和多样性有关，又与流态判别的主观性有关；②正是由于裂隙介质的临界雷诺数的变化范围极大，在实际应用中，很难简单地采用临界雷诺数对渗流流态进行判别；③裂隙渗流的临界雷诺数远小于管流的临界雷诺数，通常在临界雷诺数达到 10，甚至更低的情况下，渗流就已显著偏离达西定律。因此，在裂隙介质中，非达西渗流是一种常见现象。

表 1.2.1　裂隙介质的临界雷诺数 Re_c 统计

参考文献	介质类型	开度/μm	Re_c	确定方法	说明
Romm（1966）	平板裂隙	—	500	室内试验	紊流出现
Louis（1969）	人造粗糙平板裂隙	—	500	室内试验	非达西流态开始出现
Witherspoon 等（1980）	粗糙玄武岩、花岗岩和大理岩裂隙	4～250	100	室内试验	高于此标准，立方定律失效
Zimmerman 和 Bodvarsson（1996）	二维正弦裂隙	—	1、25	理论分析	Re=1 为线性雷诺方程的上限；Re>25 时，非达西流态趋于显著
Skjetne 等（1999）	二维裂隙	—	7	数值模拟	以偏离达西流态 10%为界
Zimmerman 和 Yeo（2000）	二维正弦裂隙	—	10	数值模拟	Re=10 时，开始出现非达西流态
Brush 和 Thomson（2003）	三维裂隙	250～1 000	Re<1，$Re\langle e\rangle/l_c$<1，$Re\sigma_e/\langle e\rangle$<1	数值模拟	$\langle e\rangle$、l_c、σ_e 分别为裂隙平均开度、开度关联长度和开度均方差。低于此标准时，惯性效应可忽略不计
Konzuk 和 Kueper（2004）	粗糙灰岩裂隙	381（均值）	2.8～14.3	室内试验	至少在此范围内，非达西流态开始出现
Zimmerman 等（2004）	三维裂隙	149（均值）	1～10、20	数值模拟	Re=1～10 对应弱惯性区；Re>20 对应 Forchheimer 型强惯性区
Qian 等（2007）	人造粗糙平板裂隙	1 000～2 500	245～759	室内试验	紊流出现
Chen 等（2009）	人造粗糙平板裂隙	2 000～6 000	650～700	室内试验	紊流出现
Ranjith 和 Viete（2011）	天然花岗岩裂隙	0.73～2.69	3.5～4.0	室内试验	流体为气体，在低围压下达西流态的范围为 Re<4，在高围压下达西流态的范围为 Re≤3.5
Quinn 等（2011a）	白云岩含水层	42～313	0.4～5.76	现场试验	各压水试段内的裂隙系统概化为一条裂隙

续表

参考文献	介质类型	开度/μm	Re_c	确定方法	说明
Radilla 等（2013）	透明复制裂隙	419、623	0.27、0.19	室内试验	高于此标准，出现强惯性流态
Zhang 和 Nemcik（2013）	粗糙砂岩裂隙	6.14～18.95	3.5～24.8	室内试验	以偏离达西流态 10%为界，Re_c 的范围对应于裂隙围压范围 1.0～3.5 MPa
Javadi 等（2014）	粗糙花岗岩裂隙	—	0.001～25	室内试验	以偏离达西流态 10%为界，Re_c 的范围对应于裂隙剪切位移范围 0～20 mm
Chen 等（2015a）	碎屑岩、花岗岩含水层	—	25～66	现场试验	裂隙成组发育
Zhou 等（2015）	粗糙花岗岩、砂岩裂隙	2.4～46	0.026～9.2	室内试验	以偏离达西流态 10%为界，Re_c 随裂隙粗糙度和围压的变化而变化
Wang 等（2016）	三维粗糙裂隙	500	1.8～45.7	数值模拟	以偏离达西流态 5%为界

1.2.3 非线性渗流规律

1. Forchheimer 定律

当 $Re > Re_c$ 时，达西定律不再适用，此时需要采用非线性渗流定律描述介质中的渗流规律。应用最为广泛的非线性渗流定律有两种：一是 Izbash 定律（Izbash，1931），二是 Forchheimer 定律（Forchheimer，1901）。其中，Izbash 定律又称为幂次律、Missbach 定律或 Darcy-Missbach 定律，其表达式如下：

$$-\frac{\mathrm{d}h}{\mathrm{d}l}=\left(\frac{v}{K}\right)^{m_i} \tag{1.2.22a}$$

$$-\nabla h=\left(\frac{|\boldsymbol{v}|}{K}\right)^{m_i-1}\frac{\boldsymbol{v}}{K} \tag{1.2.22b}$$

式中：K 为渗透系数（m/s）；m_i 为非达西指数，$1\leqslant m_i\leqslant 2$，表征渗流的非线性程度。当 $m_i=1$ 时，为达西流；当 $m_i=2$ 时，为紊流；当 $1<m_i<2$ 时，为过渡流。式（1.2.22a）适用于一维流，式（1.2.22b）适用于各向同性介质中的三维流。

研究表明，Izbash 定律对试验数据具有良好的拟合精度。但需要指出的是：①Izbash 定律是纯经验拟合公式，其物理意义不清晰，尤其当 m_i 取常数时，K 的取值有别于达西定律中的渗透系数，应理解为某种平均化后的唯象量；②Izbash 定律得到广泛应用的原因是其形式简单，尤其是在建立非达西井流模型时，具有突出的优势，然而这种优势仅在 m_i 取常数时存在；③Izbash 定律仅在 $m_i=1$ 时退化为达西定律。对于井流问题，随着半径的增大，渗流速度不断减小，流态转变为达西流；但当 m_i 取常数时，Izbash 定律无法退化为达西定律。因此，在实际应用中，m_i 不能视为常数，而与流速或雷诺数相关。

Forchheimer 定律又称为二次律，可由 Navier-Stokes 方程简化得到（Irmay，1958），因而具有较严格的理论背景和物理意义，其表达式为

$$-\frac{\mathrm{d}h}{\mathrm{d}l}=\frac{v}{K_{\mathrm{v}}}+\frac{v^2}{K_{\mathrm{i}}} \tag{1.2.23a}$$

$$-\nabla h=\frac{\boldsymbol{v}}{K_{\mathrm{v}}}+\frac{|\boldsymbol{v}|\boldsymbol{v}}{K_{\mathrm{i}}} \tag{1.2.23b}$$

式中：K_{v} 为黏性渗透系数（m/s）；K_{i} 为惯性渗透系数（$\mathrm{m}^2/\mathrm{s}^2$）。式（1.2.23a）适用于一维流，式（1.2.23b）适用于各向同性介质中的三维流。

需要指出的是，在非稳态渗流条件下，Forchheimer 定律是与渗流速度 v 的时间变化率相关的（Irmay，1958），即式（1.2.23a）应改写为

$$-\frac{\mathrm{d}h}{\mathrm{d}l}=\frac{v}{K_{\mathrm{v}}}+\frac{v^2}{K_{\mathrm{i}}}+c_{\mathrm{F}}\frac{\partial v}{\partial t} \tag{1.2.24}$$

式中：c_{F} 为系数。

但在实际应用中，均不考虑式（1.2.24）等号右端增加的瞬态项 $c_{\mathrm{F}}(\partial v/\partial t)$，即无论渗流是稳态的，还是非稳态的，Forchheimer 定律均采用式（1.2.23）进行描述。忽略瞬态项的原因有两个：一是瞬态项的量值不重要，且仅在流动初期的数秒内起作用（Irmay，1958）；二是瞬态项的引入额外增加了水文地质参数确定的难度和不确定性（Chen et al.，2019）。

如图 1.2.3 所示，Forchheimer 定律的实质是将渗流运动过程中产生的能量损失表达为黏性损失和惯性损失之和。当 $K_{\mathrm{i}}\to\infty$ 或 $v\to 0$ 时，惯性损失项消失，Forchheimer 定律退化为达西定律。由式（1.2.23a）可得

$$\frac{1}{K_{\mathrm{v}}}=\lim_{v\to 0}\frac{\mathrm{d}J}{\mathrm{d}v} \tag{1.2.25}$$

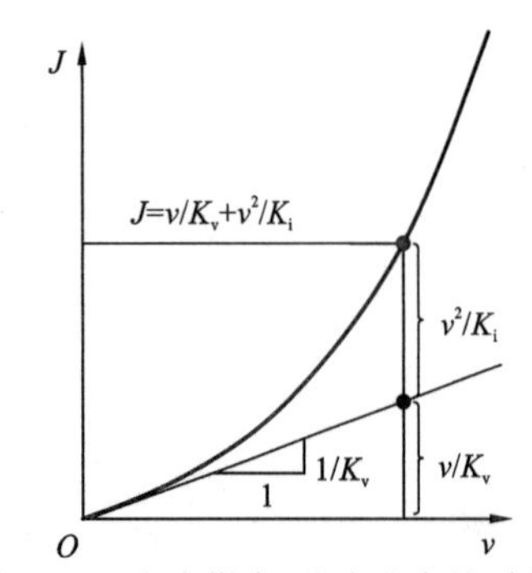

图 1.2.3　水力梯度-渗流速度关系曲线

式中：$J=-\mathrm{d}h/\mathrm{d}l$，为水力坡降。因此，黏性渗透系数 K_{v} 与 J-v 关系曲线的初始斜率成反比，表征了介质的本征渗透特性，其意义与达西定律中的渗透系数 K 完全相同，因而黏性渗透系数又称达西渗透系数，K_{v} 越小，黏性损失越大；而惯性渗透系数 K_{i} 则表征了介质中的渗流相对于达西流的偏离程度，K_{i} 越小，惯性损失越大，非线性程度越高，非达西流越容易发生。

在文献中，Forchheimer 定律还常被表达为如下形式：

$$-\frac{\mathrm{d}h}{\mathrm{d}l}=\frac{v}{K}+\beta v^2 \tag{1.2.26a}$$

$$-\frac{\mathrm{d}h}{\mathrm{d}l}=\frac{v}{K_{\mathrm{v}}}+\left(\frac{v}{K_{\mathrm{i}}^{*}}\right)^2 \tag{1.2.26b}$$

$$-\frac{\mathrm{d}}{\mathrm{d}l}(p+\rho gz)=\frac{\mu}{\kappa_{\mathrm{v}}}v+\frac{\rho}{\kappa_{\mathrm{i}}}v^2 \tag{1.2.26c}$$

式中：ρ和μ为流体的密度（kg/m^3）和动力黏滞系数（Pa·s）；g 为重力加速度（m/s^2）；z 为垂直坐标（m）；$K=K_v$，为达西渗透系数（m/s）；$\beta=1/K_i$，为非达西系数或惯性系数（s^2/m^2）；$K_i^*=K_i^{1/2}$，也为惯性渗透系数（m/s），但具有与 K_v 相同的量纲；κ_v 和κ_i 分别为介质的黏性渗透率（m^2）和惯性渗透率（m），两者与 K_v 和 K_i 的关系为

$$K_v=\frac{\rho g}{\mu}\kappa_v,\qquad K_i=g\kappa_i \tag{1.2.27}$$

当渗流出现非达西流态之后，若还采用达西定律进行描述，则介质的渗透系数是随渗流速度或水力坡降的变化而变化的，这样的渗透系数称为表观渗透系数，定义为

$$-\frac{\mathrm{d}h}{\mathrm{d}l}=\frac{v}{K_{app}} \tag{1.2.28a}$$

式中：K_{app} 为表观渗透系数（m/s）。对比式（1.2.23a）和式（1.2.28a），可得

$$K_{app}=\left(\frac{1}{K_v}+\frac{v}{K_i}\right)^{-1} \tag{1.2.28b}$$

式（1.2.28b）表明，表观渗透系数 K_{app} 不仅取决于黏性渗透系数 K_v 和惯性渗透系数 K_i，而且与渗流速度 v 有关。当介质的渗流参数（K_v、K_i）一定时，渗流速度 v 越大，表观渗透系数 K_{app} 越小，且恒有 $K_{app}\leqslant K_v$，如图 1.2.4 所示。因此，当渗流出现显著的非达西效应时，若忽略渗流的非线性而仍然采用达西定律进行描述，并按表观渗透系数 K_{app} 描述介质的透水能力，则介质的渗透特性可能被显著低估，这一现象已在文献中得到广泛揭示（Chen et al.，2019；Liu et al.，2017；Chen et al.，2015b；Quinn et al.，2013，2011b；Elsworth and Doe，1986）。

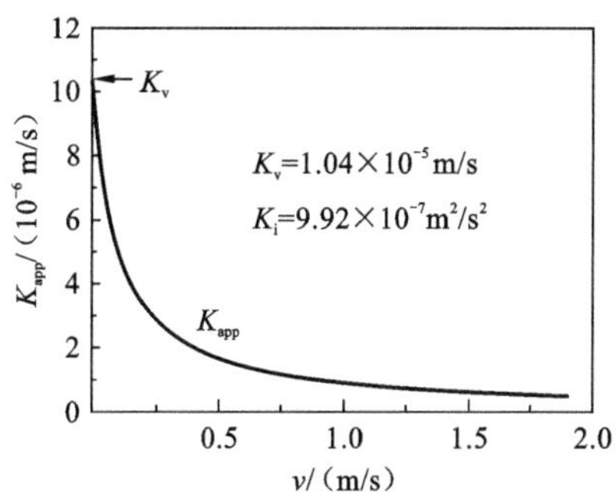

图 1.2.4 表观渗透系数-渗流速度关系曲线

2. Forchheimer 数与非线性程度因子

对于服从 Forchheimer 定律的渗流运动，常采用 Forchheimer 数 Fo 或非线性程度因子 α_{ND} 表征渗流的非线性程度。Forchheimer 数 Fo 定义为 Forchheimer 定律[式(1.2.23a)]中非线性坡降项与线性坡降项之比：

$$Fo=\frac{v^2/K_i}{v/K_v}=\frac{K_v}{K_i}v \tag{1.2.29a}$$

非线性程度因子α_{ND} 定义为 Forchheimer 定律[式（1.2.23a）]中非线性坡降项与总坡降之比：

$$\alpha_{ND}=\frac{K_v v}{K_i+K_v v}=\frac{Fo}{1+Fo} \tag{1.2.29b}$$

显然，Fo 和 α_{ND} 均表征了水流惯性效应的强弱程度，当介质的渗流参数 K_v 和 K_i

一定时，两者均随流速的增大而增大。对于非线性程度因子，当$\alpha_{ND}=0$时，水流流态为达西流；当$\alpha_{ND}=1$时，水流流态为紊流。在实际应用中，常常选取$\alpha_{ND}=5\%$或$\alpha_{ND}=10\%$作为水流流态从达西流转变为非达西流的判据（Javadi et al.，2014；Zhang and Nemcik，2013；Zeng and Grigg，2006）。该判据尽管具有一定的主观性，但与雷诺数相比，应用更加简便。

引入介质的特征长度ℓ，由式（1.2.5）和式（1.2.6）可知，介质的黏性渗透系数可以表达为$K_v=g\ell^2\delta(\phi)/\nu$。将其和式（1.2.29b）代入雷诺数的定义式$Re=\rho v\ell/\mu$，消去渗流速度$v$，可得介质的临界雷诺数$Re_c$的表达式，为

$$Re_c=\frac{\alpha_{ND}}{1-\alpha_{ND}}\frac{K_i}{g\ell\delta(\phi)}=\frac{\alpha_{ND}}{1-\alpha_{ND}}\frac{\kappa_i}{\ell\delta(\phi)} \tag{1.2.30}$$

由式（1.2.8）和式（1.2.9）可知，对于圆管，$\ell\delta(\phi)=d/32$；对于由毛细管束组成的多孔介质，$\ell\delta(\phi)=\phi d/32$；对于单裂隙，$\ell\delta(\phi)=e_h/12$；对于由平行裂隙组成的裂隙介质，$\ell\delta(\phi)=e_h^2/(12s)$。

式（1.2.30）表明：①临界雷诺数Re_c与非线性程度因子α_{ND}有关，反映了临界雷诺数是一种主观判据；②Re_c与介质的惯性渗透率κ_i成正比，κ_i越小，Re_c越小，非达西流越容易发生；③Re_c与介质流动网络的特征尺度ℓ相关，当介质的变形、溶蚀或吸附导致其流动网络的特征尺度发生变化时，临界雷诺数也发生变化。与式（1.2.21）相比，式（1.2.30）具有更强的实用性，只要给定非线性程度因子α_{ND}，并已知介质的惯性渗透率κ_i和几何特征参数$\ell\delta(\phi)$，便可求出临界雷诺数Re_c。

1.2.4 非饱和渗流规律

1. 基本概念

在1.2.2小节和1.2.3小节中，概述了多孔裂隙介质中饱和渗流的基本规律。当介质中的空隙同时被两种或两种以上互不混溶的流体占据时，对于任何一种流体而言，介质都是处于非饱和状态的，此时介质中的渗流称为两相渗流或多相渗流。典型的两相渗流包括地表包气带中的水-气两相渗流及油气注采过程中的油-水两相渗流和水-气两相渗流等。在不少情况下，人们只关心两相流体中某一相流体的运动规律，而忽略另外一相流体的压力变化，这种渗流称为非饱和渗流。非饱和渗流主要针对水-气两相渗流，如包气带、库水消落带及黏土心墙中的水分运移问题。

互不混溶的两相流体在介质表面的湿润能力是存在差别的，湿润性较强的一相称为湿润相，另一相则称为非湿润相。例如，对于岩土介质中的非饱和渗流，水是湿润相，而空气则是非湿润相。为了描述各相流体在介质空隙中占据的体积大小，需要引入饱和度的概念，饱和度一般定义在湿润相流体上。设介质的 RVE 的体积为V，空隙体积为V_v，空隙中水占据的体积为V_w，则介质的孔隙率和饱和度分别为

$$\phi = \frac{V_{\mathrm{v}}}{V}, \qquad S = \frac{V_{\mathrm{w}}}{V_{\mathrm{v}}} \tag{1.2.31a}$$

式中：ϕ为孔隙率；S为饱和度。

岩土介质中水占据的体积大小还常常用体积含水量θ来表征，定义为介质的 RVE 的空隙中水的体积与 RVE 的体积之比，即

$$\theta = \frac{V_{\mathrm{w}}}{V} = \phi S \tag{1.2.31b}$$

岩土介质中的非饱和渗流与介质空隙中水、气流体之间的界面形态及其推进过程密切相关。受液体表面张力的影响，流体之间的界面是弯曲的，因而相界面两侧的流体之间存在压力差。这个压力差称为毛细管压力或毛细压力，定义为非湿润相流体（空气）压力与湿润相流体（水）压力之差：

$$p_{\mathrm{c}} = p_{\mathrm{a}} - p_{\mathrm{w}} \tag{1.2.32}$$

式中：p_{c}为毛细压力（Pa）；p_{a}为孔隙气压力（Pa）；p_{w}为孔隙水压力（Pa）。

毛细压力的大小与介质的湿润性、孔隙尺寸及界面张力等因素有关。若流体界面呈球形，则由弯液面上力的平衡条件有

$$p_{\mathrm{c}} = \frac{2\sigma}{r}\cos\vartheta \tag{1.2.33a}$$

式中：σ为液体的表面张力；r为孔隙半径；ϑ为接触角。接触角表征了固相表面湿润性的强弱，定义为固、液、气三相界面处自固-液界面切线经液体内部到气-液界面切线之间的夹角。一般认为，当$\vartheta<65°$时，液体对固相表面是润湿的；当 $105°<\vartheta<180°$时，液体对固相表面是非润湿的；而当$65°<\vartheta<105°$时，液体对固相表面是中等润湿的。

若流体界面呈任意曲面形态，则有

$$p_{\mathrm{c}} = \sigma\left(\frac{1}{r_1} + \frac{1}{r_2}\right) \tag{1.2.33b}$$

式中：r_1和r_2为弯液面的主曲率半径，两者所在的方向相互正交。

对于光滑平行板裂隙，当流体界面在裂隙平面内的曲率可以忽略不计时，毛细压力p_{c}可以表达为

$$p_{\mathrm{c}} = \frac{2\sigma}{e}\cos\vartheta \tag{1.2.34a}$$

式中：e为平行板裂隙的开度。

对于粗糙裂隙，粗糙度可导致裂隙中流体之间的界面呈现极为复杂的形态（Hu et al.，2019b；Glass et al.，2003），流体界面某个局部的毛细压力可近似表达为（Yang et al.，2012）

$$p_{\mathrm{c}} = \sigma\left(\frac{2\cos\vartheta}{e(x,y)} + \frac{1}{r_{\mathrm{in}}}\right) \tag{1.2.34b}$$

式中：x和y为界面位置坐标；$e(x,y)$为界面处裂隙的局部开度；r_{in}为界面在裂隙平面内的曲率半径，其大小与裂隙粗糙度和开度的空间关联长度等因素有关。

式（1.2.33）和式（1.2.34）即 Young-Laplace 方程，它是理解岩土介质持水特性及多相渗流过程的重要理论基础。在毛细压力 p_c 作用下，地下水将在潜水面之上的包气带中产生毛细上升现象，形成毛细带，毛细带的厚度即毛细上升高度或毛细压力水头 $h_c=p_c/(\rho_w g)$，ρ_w 为水的密度，g 为重力加速度。由 Young-Laplace 方程可知，毛细上升高度与介质的孔隙尺寸成反比，孔隙尺寸越小，毛细上升高度越大。

在非饱和渗流分析中，一般忽略地层中孔隙气压力 p_a 的变化，并将其视为基准零压力。这样，由式（1.2.32）可知，孔隙水压力 $p_w=-p_c<0$。这说明，地下水在潜水面处的压力为零，而毛细带中的孔隙水压力为负值，相应的压力水头 $h_w=p_w/(\rho_w g)$也为负值，称为负压水头。负压水头也称为基质势，基质势是由流体和介质之间的黏附力及流体的内聚力产生的，促使地下水从饱和带向非饱和带运移。基质势在量值上等于毛细压力水头的相反数，即 $h_w=-h_c<0$。相应地，毛细压力 p_c 也称为基质吸力，毛细压力水头 h_c 也称为吸力水头。引入基质势的概念后，无论是在饱和带，还是在非饱和带，地下水的总水头均可统一按式（1.2.3）表达，即

$$h=z+h_w=z+\frac{p_w}{\rho_w g} \tag{1.2.35}$$

式中：h 为总水头；z 为位置高程；h_w 在饱和带为压力水头（$h_w \geqslant 0$），在非饱和带为负压水头（$h_w<0$）。

式（1.2.35）表明，在饱和带，基质势消失，地下水的总水头由重力势和压力势组成；而在非饱和带（即包气带），压力势消失，地下水的总水头则由重力势和基质势组成。

2. Darcy-Buckingham 定律

当岩土介质处于非饱和状态时，介质中的孔隙空间仅有部分被水占据，其余被空气占据。孔隙系统中的气体对水流的影响有三个方面：一是减小了水流的有效过流截面；二是部分通道被气泡阻隔，减小了孔隙系统的连通性；三是增大了水流路径的迂曲度。因此，与饱和渗流相比，非饱和条件下介质的渗透性减弱，渗流速度也相应减小。一般认为，非饱和渗流的流态为层流，渗流速度与水力梯度也呈线性关系，但介质的非饱和渗透特性不仅取决于介质的结构特征，而且与饱和度有关。通过引入与饱和度相关的相对渗透率的概念，可直接将达西定律[式（1.2.12）和式（1.2.13）]推广应用于描述非饱和渗流的宏观运动规律。

对于各向同性介质，有

$$\boldsymbol{v}=-k_r K\nabla h \quad 或 \quad \boldsymbol{v}=-\frac{k_r\kappa}{\mu}(\nabla p-\rho\boldsymbol{g}) \tag{1.2.36a}$$

式中：$\boldsymbol{v}$ 为渗流速度矢量（m/s）；p 为水压力（Pa）；$\boldsymbol{g}$ 为重力加速度矢量（m/s^2）；ρ 为水的密度（kg/m^3）；μ为水的动力黏滞系数（Pa·s）；K 为介质的饱和渗透系数（m/s）；κ 为介质的饱和渗透率（m^2）；k_r 为水的相对渗透率，可表达为饱和度 S 或毛细压力 p_c 的函数。显然，$k_r \leqslant 1$，且仅当 $S=1$ 时，$k_r=1$。

对于各向异性介质，有

$$\boldsymbol{v}=-k_{\mathrm{r}}\boldsymbol{K}\nabla h \quad \text{或} \quad \boldsymbol{v}=-\frac{k_{\mathrm{r}}\boldsymbol{\kappa}}{\mu}(\nabla p-\rho\boldsymbol{g}) \tag{1.2.36b}$$

式中：$\boldsymbol{K}$ 为介质的饱和渗透系数张量（m/s）；$\boldsymbol{\kappa}$为介质的饱和渗透率张量（m^2）。

由于 Buckingham（1907）最早将达西定律拓展到非饱和介质，式（1.2.36）通常称为 Darcy-Buckingham 定律，它描述了非饱和介质中的水分运移规律，但不考虑孔隙气体压力及其变化对水分运移的影响。事实上，在岩土介质吸湿过程中，随着饱和度的增大，部分气体可能被截留在孔隙中，局部形成较大的孔隙气体压力，并对水分运移过程产生明显的阻滞和延缓作用（Hu et al.，2016，2011）。当需要同时描述非饱和介质中水、气两相流体的运动规律时，式（1.2.36）可改写为

$$\boldsymbol{v}^{\mathrm{w}}=-\frac{k_{\mathrm{rw}}\boldsymbol{\kappa}}{\mu_{\mathrm{w}}}(\nabla p_{\mathrm{w}}-\rho_{\mathrm{w}}\boldsymbol{g}) \tag{1.2.37a}$$

$$\boldsymbol{v}^{\mathrm{a}}=-\frac{k_{\mathrm{ra}}\boldsymbol{\kappa}}{\mu_{\mathrm{a}}}(\nabla p_{\mathrm{a}}-\rho_{\mathrm{a}}\boldsymbol{g}) \tag{1.2.37b}$$

式中：$\boldsymbol{v}^{\mathrm{w}}$ 和 $\boldsymbol{v}^{\mathrm{a}}$ 分别为水和气体的渗流速度矢量（m/s）；p_{w} 和 p_{a} 分别为孔隙水压力和孔隙气压力（Pa）；ρ_{w} 和ρ_{a} 分别为水和气体的密度（$\mathrm{kg/m^3}$）；μ_{w} 和μ_{a} 分别为水和气体的动力黏滞系数（Pa·s）；k_{rw} 和 k_{ra} 分别为水和气体的相对渗透率。式（1.2.37b）中，重力对气体运动的影响常可忽略不计。

式（1.2.36）和式（1.2.37）中，流体的相对渗透率与介质饱和渗透系数（或渗透率）的乘积，如 $k_{\mathrm{r}}K$ 和 $k_{\mathrm{r}}\kappa$等，称为介质的非饱和渗透系数（或渗透率）。换句话说，流体的相对渗透率是介质非饱和渗透系数与饱和渗透系数之比，因而与饱和度有关。水和气体的相对渗透率 k_{rw} 和 k_{ra} 分别为水相饱和度 S 与气相饱和度 $1-S$ 的函数，且对于特定的饱和度（$0<S<1$），一般恒有 $k_{\mathrm{rw}}+k_{\mathrm{ra}}<1$。相对渗透率与饱和度或体积含水量的函数关系，即 k_{r}-S 关系曲线或 k_{r}-θ关系曲线，是非饱和渗流分析的重要本构关系之一。

此外，在非饱和渗流或水–气两相渗流分析中，还需要引入基质势（或基质吸力 p_{c}）与饱和度 S 或体积含水量θ之间的函数关系。该函数关系实质上表征了孔隙中流体的能量状态与质量之间的联系，称为土水特征曲线，该曲线也是非饱和渗流分析中不可或缺的重要本构关系。

3. 土水特征曲线

土水特征曲线又称为水分特征曲线或毛管压力曲线，它描述了非饱和岩土介质的基质势（或基质吸力 p_{c}）与体积含水量θ之间的函数关系，反映了不同基质势下岩土介质的储水或持水特性。土水特征曲线可采用张力计法、轴平移法、湿度控制法等技术进行测量，典型的土水特征曲线如图 1.2.5 所示。土水特征曲线的形态受介质的矿物成分、孔隙结构、密实状态和温度等因素的影响，其中矿物成分和孔隙结构是最主要的影响因素，其他因素往往是通过这两个基本因素起作用的。土水特征曲线存在两个特征点，分别对应于介质的进气值 p_{e} 和残余体积含水量θ_{r}。其中，进气值 p_{e} 是指空气开始进入介质最大孔隙时的基质吸力，当 $p_{\mathrm{c}}<p_{\mathrm{e}}$ 时，$\theta\to\theta_{\mathrm{s}}$，其中，$\theta_{\mathrm{s}}$ 为饱和体积含水量；而残

余体积含水量θ_r定义为介质的体积含水量不再随吸力的增大而明显降低的体积含水量临界值。由这两个特征点，可将土水特征曲线分为边界效应区、过渡区和残余区，如图 1.2.5 所示。

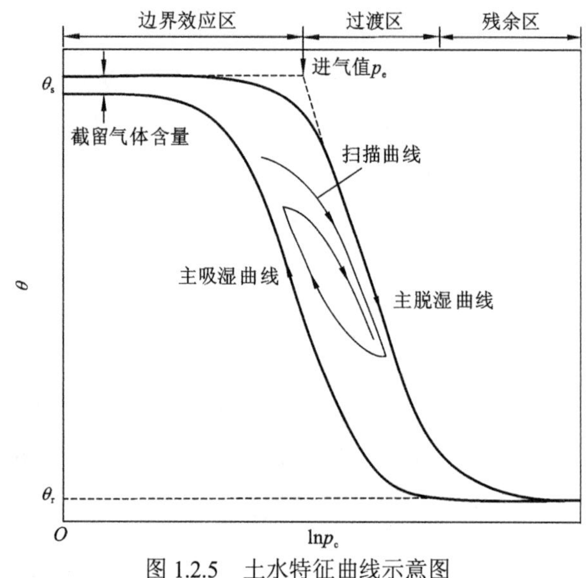

图 1.2.5　土水特征曲线示意图

土水特征曲线的另一个显著特征是在干湿循环过程中，介质的体积含水量和吸力之间并非一一对应，这种性质称为毛细滞回。通常将介质第一次脱湿和吸湿过程中测得的土水特征曲线称为主脱湿曲线和主吸湿曲线，两者形成一个滞回圈，称为主滞回圈。在后续的干湿循环过程中测得的曲线称为扫描曲线，扫描曲线均位于主滞回圈内。土水特征曲线的滞回性与介质的孔径分布、孔隙中截留的空气分布及脱湿和吸湿过程中动态接触角的差异等因素有关。一般情况下，岩土介质均表现出一定的亲水性，因而在脱湿过程中，当吸力超过进气值时，大孔隙中的水分优先排出，但排水过程受到孔隙喉道的控制；而在吸湿过程中，水分优先占据小孔隙，但吸水过程也受到大孔隙中截留的空气的制约。因此，脱湿曲线总是高于吸湿曲线，即在相同的吸力下，脱湿过程的体积含水量大于吸湿过程的体积含水量。在脱湿过程中，当介质的体积含水量达到稳定的残余体积含水量时，吸湿曲线与脱湿曲线趋于重合；而在吸湿过程中，当介质趋于饱和时，由于孔隙中存在截留的空气，体积含水量将低于饱和体积含水量θ_s。由式（1.2.31）可知，饱和体积含水量在理论上是等于介质的孔隙率的，即$\theta_s=\phi$。

土水特征曲线的滞回性意味着岩土介质的干湿循环过程通常是不可逆的，即干湿循环过程伴随着能量耗散。但在不少应用中，为了简化分析，常常忽略土水特征曲线的滞回性。此外，由于残余体积含水量θ_r的存在，体积含水量的取值范围为$\theta_r\sim\theta_s$，饱和度的取值范围则为$S_r\sim 1$，其中S_r为残余体积含水量对应的残余饱和度。为便于应用，常引入有效饱和度的概念，定义为

$$S_e = \frac{\theta - \theta_r}{\theta_s - \theta_r} = \frac{S - S_r}{1 - S_r} \tag{1.2.38}$$

式中：S_e 为有效饱和度，其取值范围为 0～1。

基于试验观测数据和土水特征曲线的形态，人们提出了一系列土水特征曲线的经验模型，常用的有指数模型、幂函数模型、对数的幂函数模型等几种形式。例如，Gardner（1958）给出的指数模型形式简单，因而在解析分析和数值模拟中得到了广泛应用：

$$S_e = e^{-\gamma h_c} \tag{1.2.39}$$

式中：$h_c=-h_w$，为吸力水头（m），h_w 为负压水头（m）；γ 为介质的孔隙分布参数（m^{-1}）。该模型仅在一定吸力范围内具有较好的拟合效果。

Brooks 和 Corey（1964）建立了一个与孔径分布指数λ相关的数学模型，简称 BC 模型：

$$S_e = \begin{cases} 1, & h_c < h_e \\ \left(\dfrac{h_e}{h_c}\right)^{\lambda}, & h_c \geqslant h_e \end{cases} \tag{1.2.40}$$

式中：h_e 为进气值 p_e 对应的吸力水头（m）；λ为孔径分布指数。λ越大，土水特征曲线越陡，即饱和度随吸力变化得越快，脱湿和吸湿过程越迅速。BC 模型仅适用于吸力较低的情况，因而较适用于粗粒土。此外，BC 模型采用分段函数形式，其导数（即容水度）在 $h_c=h_e$ 处不连续，因而当介质趋于饱和时，数值计算易出现不稳定现象。

van Genuchten（1980）提出了一种幂函数形式的 3 参数土水特征曲线模型，简称 VG 模型：

$$S_e = [1 + (\alpha h_c)^n]^{-m} \tag{1.2.41}$$

式中：α、n、m 为介质参数。$\alpha=1/h_e$，即空气开始进入介质最大孔隙时的进气值的倒数（m^{-1}），它控制了土水特征曲线边界效应区的范围；n 与介质的孔隙分布有关，它控制了土水特征曲线过渡区的斜率；m 则影响曲线的整体对称性，在实际应用中常取 $m=1-1/n$。VG 模型光滑连续，且对试验数据具有较广的拟合范围，因而得到了广泛的应用。

土水特征曲线对负压水头（$h_w=-h_c$）的导数称为容水度，即

$$C = -\frac{dS_e}{dh_c} \tag{1.2.42}$$

式中：C 为容水度（m^{-1}），是负压水头的函数，表示在某个负压水头下，单位负压水头变化所产生的体积含水量或饱和度的变化量。容水度具有重要的物理意义，它是构建非饱和渗流连续性方程的重要参量。

上述土水特征曲线模型一般包含 4～5 个参数。例如，VG 模型在一般情况下包含 5 个参数（θ_r、θ_s、α、n、m），但若取 $m=1-1/n$，则包含 4 个独立参数。这些参数均取决于土体的类型和性质，但即使对于同一种土体，采用不同的数据集进行拟合，得到的参数也具有较大的变异性。通常情况下，α的变异性最大，n 的变异性最小，两者之间依次为θ_r和θ_s。

需要指出的是，土水特征曲线模型尽管是针对土壤（孔隙介质）提出的，但也被广泛应用于岩石和裂隙岩体（裂隙介质）。不少学者通过数值模拟认为，只要能够合理确定岩体的代表性参数，VG 模型是可以较好地模拟裂隙岩体中的非饱和渗流过程的（Liu et al.，1998；Peters and Klavetter，1988）。

4. 相对渗透率曲线

在多相渗流条件下，岩土介质允许每一相流体通过的能力称为有效渗透率。相对渗透率又称相对渗透系数，定义为某相流体的有效渗透率与介质的绝对渗透率（即饱和渗透率）之比。有了相对渗透率的概念，岩土介质中某相流体的有效渗透率$\kappa_{e\xi}$即可表达为该相流体的相对渗透率 $k_{r\xi}$与介质的绝对渗透率κ的乘积，即$\kappa_{e\xi}=k_{r\xi}\kappa$，这里下标$\xi$表示$\xi$相流体。相对渗透率的影响因素众多，包括流体的饱和度及饱和历史，介质的孔隙结构及其非均质性，流体的湿润性、黏度比、毛细管数和温度等（Blunt，2017）。其中，饱和度是最主要的影响因素，随着饱和度的减小，流体的有效过流截面和渗流路径的连通性减小，渗流路径的迂曲度增大，因而相对渗透率显著减小。

相对渗透率可以通过稳态法或非稳态法等技术进行测量。通过拟合试验数据，可获得相对渗透率曲线。多数情况下，相对渗透率均可采用有效饱和度的幂函数形式描述：

$$k_{rw}=S_e^A \tag{1.2.43a}$$

$$k_{ra}=(1-S_e)^B \tag{1.2.43b}$$

式中：S_e为介质的有效饱和度；k_{rw}和 k_{ra}分别为水和气体的相对渗透率；A 和 B 为拟合系数。式（1.2.43）表明，随着有效饱和度 S_e的增大，水的相对渗透率 k_{rw}增大，而气体的相对渗透率 k_{ra}减小。最简单的情况是取 $A=1$ 和 $B=1$，此即 Gardner 模型（Gardner，1958）。

通过将孔隙系统概化为孔径不同的毛细管束，依据 Hagen-Poiseuille 定律和 Young-Laplace 方程，并考虑试样相邻剖面之间孔隙的连通概率和渗流路径的迂曲度，可建立以毛细压力 p_c为被积函数的相对渗透率模型，经典的模型有 Burdine 模型（Burdine，1953）和 Mualem 模型（Mualem，1976）等。进一步地，将土水特征曲线模型代入这些模型，即可获得以有效饱和度 S_e为变量的相对渗透率解析模型。但当土水特征曲线模型的形式较为复杂时，可能难以得到相对渗透率的解析公式，此时可通过数值积分获得相对渗透率曲线。

在实际工程中得到广泛应用的相对渗透率模型有 BC 模型（Brooks and Corey，1964）和 VG 模型（van Genuchten，1980），其中 BC 模型的表达式如下：

$$k_{rw}=S_e^{(2+3\lambda)\lambda} \tag{1.2.44a}$$

$$k_{ra}=(1-S_e)^2[1-S_e^{(2+\lambda)/\lambda}] \tag{1.2.44b}$$

式中：λ 为介质的孔径分布指数。

VG 模型的表达式为

$$k_{rw}=S_e^{1/2}[1-(1-S_e^{1/m})^m]^2 \tag{1.2.45a}$$

$$k_{\mathrm{ra}} = (1 - S_{\mathrm{e}})^{1/2}(1 - S_{\mathrm{e}}^{1/m})^{2m} \tag{1.2.45b}$$

式中：m 为介质参数，$m=1-1/n$。

在非饱和渗流分析中，只考虑水相渗流，因而相对渗透率 k_{r} 按式（1.2.43）～式（1.2.45）中的 k_{rw} 取值，即 $k_{\mathrm{r}}=k_{\mathrm{rw}}$。

1.3　岩土介质渗流的控制方程

1.3.1　概述

岩土介质中的渗流及地下水运动是受水流连续性方程控制的，但由于岩土介质类型与结构特征、水文地质条件和边界条件，以及问题的性质和工程需求等方面的差异，由连续性方程可以衍生出一系列渗流分析模型（图 1.0.1）。从岩土介质类型及其结构特征上看，渗流分析模型可分为连续介质模型、离散网络模型和双重或多重介质模型。这些模型均有其各自的适用条件，也均具有明显的优缺点。例如，连续介质模型适用于孔隙介质或等效多孔介质，计算效率高，在解决工程渗流问题，尤其是大尺度渗流问题中得到了广泛的应用，但对局部范围内流动细节的描述能力不足；离散网络模型适用于裂隙介质，但在裂隙网络几何参数获取等方面存在困难，且一般需要辅以大量的随机分析，计算量大，因而多应用于较小尺度的渗流场分析；双重或多重介质模型对裂隙介质或溶隙介质具有较好的适用性，但同样面临裂隙网络和岩溶管道几何参数获取及不同流动系统之间的流量交换关系确定等方面的难题。事实上，渗流分析结果的准确性不仅仅取决于渗流分析模型的选取是否合理，还取决于地质条件在计算模型中的表征是否准确，以及渗流参数和边界条件的确定是否符合实际。因此，这些模型并无绝对的优劣之分，关键在于模型、参数和分析条件能否客观地表征实际的场地条件。

另外，依据岩土介质的饱和状态，渗流分析模型可分为饱和渗流（即单相渗流）分析模型、饱和-非饱和渗流分析模型和水-气两相渗流分析模型，更复杂的情况有多相多组分渗流分析模型、渗流与溶质运移耦合模型及渗流-变形-温度多场耦合模型等。此外，根据渗流状态是否随时间发生变化，渗流分析模型有稳定渗流分析模型和非稳定渗流分析模型之分。在水利工程中，最常用的渗流分析模型有稳定渗流分析模型、非稳定渗流分析模型和饱和-非饱和渗流分析模型，前两个模型一般针对饱和渗流。稳定渗流分析模型不考虑渗流速度、压力、水头等渗流运动要素随时间的变化，适用于特定设计工况下的长期渗流特性评价，因而在工程设计中得到了广泛应用；非稳定渗流分析模型可以描述重力水的运动过程，能模拟自由面变化范围内地下水的储存和释放，甚至能够近似模拟降雨入渗对地下水的补给，对库水涨落及降雨入渗过程中地下水的变化过程有较好的描述能力；饱和-非饱和渗流分析模型可以描述包括重力水和毛细水在内的地下水水分运移与降雨入渗—蒸发循环过程，因而在理论上对地下水运动具有较强的模拟能力。这些模型的适用条件和模拟能力不同，需要确定的水文地质参数和计算效率也存在差异，从稳定/非稳定渗流分析模型到饱和-非饱和渗流分析模型，所需的水文地质参数增多，确定水文地质参数的难度增大，计算、分析的效率也明显降低。

本节介绍工程上常用的稳定/非稳定渗流分析模型和饱和-非饱和渗流分析模型，并简要介绍水-气两相渗流分析模型。这些模型均是建立在连续介质力学或多孔介质力学质量守恒和线性动量守恒基础上的，通过将质量、动量和能量守恒原理应用于不同的介质类型或定义在不同的相物质及其占据的空间上，不难类似地导出离散网络、双重介质和三重介质等渗流分析模型，以及渗流与变形、渗流与溶质运移、渗流-变形-温度等多场耦合模型（周创兵 等，2008）。为了便于运用质量守恒方程，首先简要介绍物质运动的描述方法。

在流体力学中，研究流体运动的方法有两种，一是 Lagrangian 法，二是 Eulerian 法。Lagrangian 法以流体质点为研究对象，研究空间内每个流体质点的运动要素的变化过程，进而获得该空间内所有流体质点的运动规律；Eulerian 法则专注于空间中的各个定点，研究其运动要素随时间和空间的变化。物质在初始时刻 t_0 的位形（位置和形态）称为初始位形，在当前时刻 t 的位形称为当前位形，如图 1.3.1 所示。在 Lagrangian 法中，每个质点的运动轨迹参考于初始位形，因而在描述变形体的运动时较为方便；而对于流体的运动，Eulerian 法则更为简便。在 Cartesian 坐标系下，若某个质点的初始位置坐标为 $\boldsymbol{X}$，当前位置坐标为 $\boldsymbol{x}$，则其运动方程可以表达为

$$\boldsymbol{x}=\boldsymbol{x}(\boldsymbol{X},t) \tag{1.3.1}$$

式中：t 为时间。

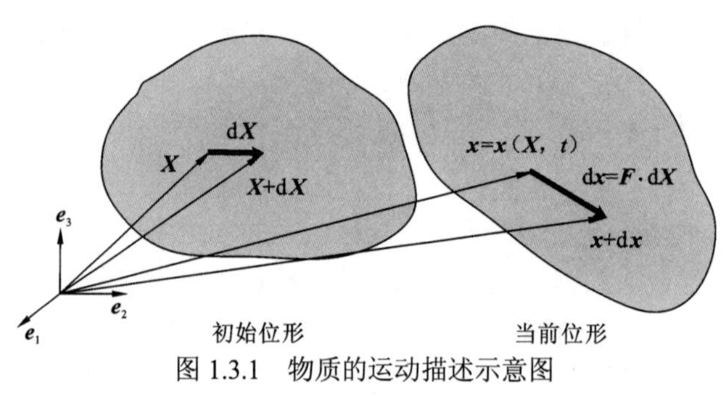

图 1.3.1　物质的运动描述示意图

$\boldsymbol{e}_1$、$\boldsymbol{e}_2$、$\boldsymbol{e}_3$ 为坐标轴的单位基矢量

式（1.3.1）给出了初始位形中质点 $\boldsymbol{X}$ 的运动轨迹，即建立了初始位形中 $\boldsymbol{X}$ 与当前位形中 $\boldsymbol{x}$ 之间的映射关系。如图 1.3.1 所示，对于初始位形中从质点 $\boldsymbol{X}$ 到其邻域质点 $\boldsymbol{X}+\mathrm{d}\boldsymbol{X}$ 之间的微矢量 $\mathrm{d}\boldsymbol{X}$，在当前位形中将被变换为从质点 $\boldsymbol{x}$ 到其邻域质点 $\boldsymbol{x}+\mathrm{d}\boldsymbol{x}$ 之间的微矢量 $\mathrm{d}\boldsymbol{x}$，两者之间的关系为

$$\mathrm{d}\boldsymbol{x}=\boldsymbol{F}\cdot\mathrm{d}\boldsymbol{X} \tag{1.3.2}$$

式中：$\boldsymbol{F}$ 为变形梯度张量，

$$\boldsymbol{F}=\nabla_X\boldsymbol{x},\qquad F_{ij}=\frac{\partial x_i}{\partial X_j} \tag{1.3.3a}$$

式中：∇_X 为对初始位形坐标 $\boldsymbol{X}$ 的梯度算子。

定义质点的变形为 $\boldsymbol{u}=\boldsymbol{x}-\boldsymbol{X}$，则变形梯度张量还可以表达为

$$\boldsymbol{F}=\boldsymbol{\delta}+\nabla_X\boldsymbol{u},\qquad F_{ij}=\delta_{ij}+\frac{\partial u_i}{\partial X_j} \tag{1.3.3b}$$

式中：$\boldsymbol{\delta}$ 为 Kronecker delta 张量，即当 $i=j$ 时，$\delta_{ij}=1$，当 $i\neq j$ 时，$\delta_{ij}=0$。

类似地，对于初始位形中的微元体 $\mathrm{d}\Omega_0=\mathrm{d}\boldsymbol{X}_1\cdot(\mathrm{d}\boldsymbol{X}_2\times\mathrm{d}\boldsymbol{X}_3)$，在当前位形中将被变换为 $\mathrm{d}\Omega_t=\mathrm{d}\boldsymbol{x}_1\cdot(\mathrm{d}\boldsymbol{x}_2\times\mathrm{d}\boldsymbol{x}_3)$，两者之间的关系为

$$\mathrm{d}\Omega_t=J_{\mathrm{F}}\mathrm{d}\Omega_0 \tag{1.3.4}$$

式中：$J_{\mathrm{F}}=\det\boldsymbol{F}$，为变形梯度张量 $\boldsymbol{F}$ 的 Jacobian 行列式。

若材料微元为多孔介质，则有

$$n_{\mathrm{e}}\mathrm{d}\Omega_t=\phi\mathrm{d}\Omega_0 \tag{1.3.5}$$

式中：n_{e} 为介质的 Eulerian 孔隙率，参考于当前位形；ϕ为介质的 Lagrangian 孔隙率，参考于初始位形。

将式（1.3.4）代入式（1.3.5）可得，$\phi=J_{\mathrm{F}}n_{\mathrm{e}}$。在小变形条件下，$J_{\mathrm{F}}\approx1+\varepsilon_{\mathrm{v}}$，$\varepsilon_{\mathrm{v}}$ 为介质的体积应变。于是，有

$$\phi=J_{\mathrm{F}}n_{\mathrm{e}}\approx(1+\varepsilon_{\mathrm{v}})n_{\mathrm{e}}\approx n_{\mathrm{e}} \tag{1.3.6}$$

即在小变形条件下，可不区分介质的 Eulerian 孔隙率和 Lagrangian 孔隙率，而统一用ϕ表示。

在最一般的情况下，多孔介质是由固相 s、液相 w 和气相 a 组成的三相体。显然，介质空间中的某个物理量f是空间坐标 $\boldsymbol{x}$ 和时间 t 的函数，即 $f=f(\boldsymbol{x},t)$。介质中ξ相质点的物理量f对时间的全导数称为物质导数，定义为

$$\frac{\mathrm{d}^{\xi}f}{\mathrm{d}t}=\frac{\partial f}{\partial t}+\frac{\partial f}{\partial x_i}\frac{\mathrm{d}^{\xi}x_i}{\mathrm{d}t}=\frac{\partial f}{\partial t}+\boldsymbol{v}_{\xi}\cdot\nabla f \tag{1.3.7}$$

式中：$\mathrm{d}^{\xi}(\cdot)/\mathrm{d}t$ 为关于ξ相的物质导数；$\boldsymbol{v}_{\xi}=\mathrm{d}^{\xi}\boldsymbol{x}/\mathrm{d}t$，为介质中 $\boldsymbol{x}$ 位置处ξ相质点的运动速度（ξ=s、w、a）。

1.3.2　稳定/非稳定渗流分析模型

1. 非稳定渗流的控制方程

在很多情况下，地下水是存在地下水位面的，地下水位面又称潜水面或自由面。自由面将研究区域Ω划分为两个区域，即自由面之下的饱和区Ω_{w}和自由面之上的非饱和区Ω_{d}，即$\Omega=\Omega_{\mathrm{w}}\cup\Omega_{\mathrm{d}}$。对于饱和区中的非稳定渗流，在$\Omega_{\mathrm{w}}$中任取一个微元体 $\mathrm{d}\Omega_t$，则水流的连续性方程可以表达为

$$\frac{\mathrm{d}^{\mathrm{w}}}{\mathrm{d}t}\int_{\Omega_t}\rho_{\mathrm{w}}\phi\mathrm{d}\Omega_t=0 \tag{1.3.8}$$

式中：ρ_{w} 为水的密度；ϕ为孔隙率；$\phi\mathrm{d}\Omega_t$ 为微元体中孔隙水占据的体积；$\mathrm{d}^{\mathrm{w}}(\cdot)/\mathrm{d}t$ 为关于水流的物质导数。

对式（1.3.8）等号左端交换求导和积分运算次序，并展开，有

$$\int_{\Omega_t}\left[\frac{\mathrm{d}^{\mathrm{w}}}{\mathrm{d}t}(\rho_{\mathrm{w}}\phi)\mathrm{d}\Omega_t+\rho_{\mathrm{w}}\phi\frac{\mathrm{d}^{\mathrm{w}}}{\mathrm{d}t}(\mathrm{d}\Omega_t)\right]=0 \tag{1.3.9}$$

由式（1.3.7）可得

$$\frac{\mathrm{d}^{\mathrm{w}}}{\mathrm{d}t}(\rho_{\mathrm{w}}\phi)=\frac{\partial}{\partial t}(\rho_{\mathrm{w}}\phi)+\boldsymbol{v}_{\mathrm{w}}\cdot\nabla(\rho_{\mathrm{w}}\phi) \tag{1.3.10}$$

式中：$\boldsymbol{v}_{\mathrm{w}}$为介质孔隙中的水流速度。

注意到 $\mathrm{d}\Omega_t=\mathrm{d}\boldsymbol{x}_1\cdot(\mathrm{d}\boldsymbol{x}_2\times\mathrm{d}\boldsymbol{x}_3)$，因而有

$$\frac{\mathrm{d}^{\mathrm{w}}}{\mathrm{d}t}(\mathrm{d}\Omega_t)=\nabla\cdot\boldsymbol{v}_{\mathrm{w}}\mathrm{d}\Omega_t \tag{1.3.11}$$

将式（1.3.10）和式（1.3.11）代入式（1.3.9），可得

$$\int_{\Omega_t}\left[\frac{\partial}{\partial t}(\rho_{\mathrm{w}}\phi)+\nabla\cdot(\rho_{\mathrm{w}}\phi\boldsymbol{v}_{\mathrm{w}})\right]\mathrm{d}\Omega_t=0 \tag{1.3.12}$$

在式（1.3.12）中，控制体积Ω_t的选取是任意的，因而在饱和区Ω_{w}内，有

$$\frac{\partial}{\partial t}(\rho_{\mathrm{w}}\phi)+\nabla\cdot(\rho_{\mathrm{w}}\phi\boldsymbol{v}_{\mathrm{w}})=0 \tag{1.3.13}$$

注意到渗流速度$\boldsymbol{v}$的定义［式（1.2.2）］，式（1.3.13）可以改写为

$$\frac{\partial}{\partial t}(\rho_{\mathrm{w}}\phi)+\nabla\cdot(\rho_{\mathrm{w}}\boldsymbol{v}+\rho_{\mathrm{w}}\phi\boldsymbol{v}_{\mathrm{s}})=0 \tag{1.3.14}$$

引入关于介质固相 s 的物质导数 $\mathrm{d}^{\mathrm{s}}(\cdot)/\mathrm{d}t$，则有

$$\frac{\mathrm{d}^{\mathrm{s}}}{\mathrm{d}t}(\rho_{\mathrm{w}}\phi)+\nabla\cdot(\rho_{\mathrm{w}}\boldsymbol{v})+\rho_{\mathrm{w}}\phi\nabla\cdot\boldsymbol{v}_{\mathrm{s}}=0 \tag{1.3.15}$$

式中：$\boldsymbol{v}_{\mathrm{s}}$为介质固相或骨架的变形速率。

介质固相的质量守恒方程可以表述为

$$\frac{\mathrm{d}^{\mathrm{s}}}{\mathrm{d}t}\int_{\Omega_t}\rho_{\mathrm{s}}(1-\phi)\mathrm{d}\Omega_t=0 \tag{1.3.16}$$

式中：ρ_{s}为介质固相的密度。

假定介质的变形主要发生在孔隙中，即固相颗粒的可压缩性可以忽略不计，则由式（1.3.16）可得

$$\frac{\mathrm{d}^{\mathrm{s}}\phi}{\mathrm{d}t}=(1-\phi)\nabla\cdot\boldsymbol{v}_{\mathrm{s}} \tag{1.3.17}$$

水的可压缩性可以表达为

$$\frac{1}{\rho_{\mathrm{w}}}\frac{\mathrm{d}^{\mathrm{s}}\rho_{\mathrm{w}}}{\mathrm{d}t}=\beta_{\mathrm{w}}\frac{\mathrm{d}^{\mathrm{s}}p}{\mathrm{d}t}=\rho_{\mathrm{w}}g\beta_{\mathrm{w}}\frac{\mathrm{d}^{\mathrm{s}}h}{\mathrm{d}t} \tag{1.3.18}$$

式中：β_{w}为水的体积压缩系数；$h=z+p/(\rho_{\mathrm{w}}g)$，为总水头，$p$为孔隙水压力，$z$为垂直位置坐标，$g$为重力加速度。

在小变形条件下，有$\dfrac{\mathrm{d}^{\mathrm{s}}}{\mathrm{d}t}(\cdot)\approx\dfrac{\partial}{\partial t}(\cdot)$及$\nabla\cdot\boldsymbol{v}_{\mathrm{s}}\approx\dfrac{\partial\varepsilon_{\mathrm{v}}}{\partial t}$，其中，$\varepsilon_{\mathrm{v}}$为介质的体积应变。将这

两个关系式连同式（1.3.17）和式（1.3.18）代入式（1.3.15），可得

$$\rho_{\mathrm{w}}\left(\frac{\partial\varepsilon_{\mathrm{v}}}{\partial t}+\rho_{\mathrm{w}}g\phi\beta_{\mathrm{w}}\frac{\partial h}{\partial t}\right)+\nabla\cdot(\rho_{\mathrm{w}}\boldsymbol{v})=0 \tag{1.3.19}$$

式（1.3.19）包含介质体积应变ε_{v}的变化率，适用于非稳定渗流与变形的耦合分析。当不对介质进行显式的变形分析时，需要将ε_{v}表达为水头 h 的函数。对于固相颗粒不可压缩的介质，规定应力以拉为正，则有效应力原理可以表达为

$$\mathrm{d}\boldsymbol{\sigma}=\mathrm{d}\boldsymbol{\sigma}'-\mathrm{d}p\boldsymbol{\delta} \tag{1.3.20}$$

式中：$\boldsymbol{\sigma}$为总应力张量；$\boldsymbol{\sigma}'$为有效应力张量；$\boldsymbol{\delta}$ 为 Kronecker delta 张量，即二阶单位张量。

进一步地，假定地下水位或孔隙水压力的变化不引起介质总应力的变化（即 $\mathrm{d}\boldsymbol{\sigma}=\mathbf{0}$），则有

$$\frac{\partial\varepsilon_{\mathrm{v}}}{\partial t}=\beta_{\mathrm{s}}\frac{1}{3}\frac{\partial\sigma'_{ii}}{\partial t}=\beta_{\mathrm{s}}\frac{\partial p}{\partial t}=\rho_{\mathrm{w}}g\beta_{\mathrm{s}}\frac{\partial h}{\partial t} \tag{1.3.21}$$

式中：β_{s} 为岩土介质的体积压缩系数；σ'_{ii} 为有效应力第一不变量，即$\sigma'_{ii}=\sigma'_{11}+\sigma'_{22}+\sigma'_{33}$。

将式（1.3.21）代入式（1.3.19），可得非稳定渗流的控制方程：

$$\rho_{\mathrm{w}}S_{\mathrm{s}}\frac{\partial h}{\partial t}+\nabla\cdot(\rho_{\mathrm{w}}\boldsymbol{v})=0 \tag{1.3.22}$$

式中：S_{s} 为介质的储水率，用于表征在孔隙水压力变化过程中，在单位体积介质内，因介质的压缩和水的膨胀所释放或储存的水量，定义为

$$S_{\mathrm{s}}=\rho_{\mathrm{w}}g(\beta_{\mathrm{s}}+\phi\beta_{\mathrm{w}}) \tag{1.3.23}$$

ρ_{w} 自身的变化量很小，因而式（1.3.22）可以简化为

$$S_{\mathrm{s}}\frac{\partial h}{\partial t}+\nabla\cdot\boldsymbol{v}=0 \tag{1.3.24}$$

式（1.3.24）是非稳定渗流控制方程的常用表达形式。将达西定律[式（1.2.13）]代入，可得以水头 h 为基本变量的偏微分方程：

$$S_{\mathrm{s}}\frac{\partial h}{\partial t}=\nabla\cdot(\boldsymbol{K}\nabla h) \quad 或 \quad S_{\mathrm{s}}\frac{\partial h}{\partial t}=\frac{\partial}{\partial x_i}\left(K_{ij}\frac{\partial h}{\partial x_j}\right) \tag{1.3.25}$$

式中：K_{ij} 为渗透系数张量 $\boldsymbol{K}$ 的分量（$i,j=1,2,3$）。

若将 Forchheimer 定律[式（1.2.23b）]代入式（1.3.24），可以得到非达西流条件下非稳定渗流的偏微分方程。

2. 延拓至全域的非稳定渗流控制方程

在非稳定渗流模型中，区域Ω上的渗流实际上仅发生在自由面Γ_{f}之下的饱和区Ω_{w}中，而自由面Γ_{f}之上的非饱和区Ω_{d}则被视为干区，如图 1.3.2 所示。因此，式（1.3.25）是定义在饱和区Ω_{w}上的。然而，自由面Γ_{f}和饱和区Ω_{w}的位形在实际问题中是事先未知且随时间变化的，这使问题的求解出现困难。求解含有自由面的渗流问题的数值模拟方法主要有两类，一类是变网格法，另一类是固定网格法。变网格法需要在每一个迭代步中确定Ω_{w}的位形并调整计算网格，这无疑是极为烦琐和低效的；而固定网格法的基本思

路是将非稳定渗流的定义域从饱和区Ω_w延拓至包含干区Ω_d的全域$\Omega=\Omega_w\cup\Omega_d$，进而通过扩展压力水头方法（Desai and Li，1983；Bathe and Khoshgoftaar，1979）或变分不等式方法（Chen et al.，2011；Zheng et al.，2005；Kikuchi，1977），消除干区Ω_d中的虚拟渗流速度。固定网格法克服了变网格法烦琐、低效的局限性，并为渗流-变形耦合分析提供了极大的便利。下面介绍非稳定渗流连续性方程定义域的延拓。

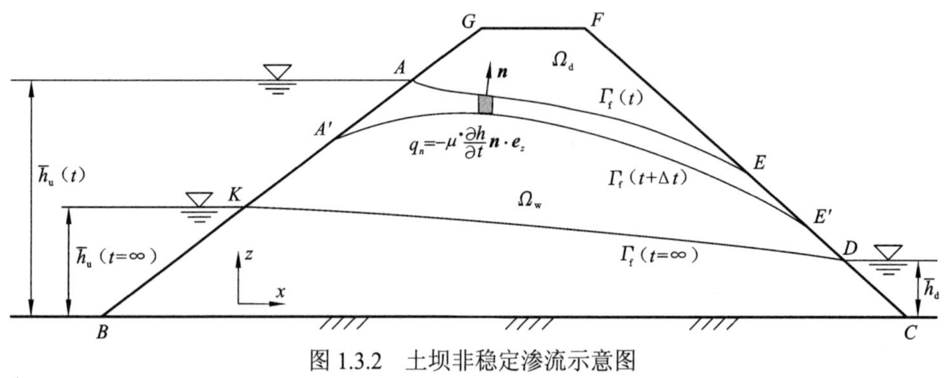

图 1.3.2　土坝非稳定渗流示意图

$\bar{h}_u$为上游水头；$\bar{h}_d$为下游水头

在非稳定渗流分析中，水头h仅在饱和区Ω_w有定义，即$\Omega_w=\{\boldsymbol{x}|h\geqslant z\}$。在自由面$\Gamma_f$上，有$\Gamma_f=\{\boldsymbol{x}|h=z\}$，这里$\boldsymbol{x}=\{x,y,z\}^T$，表示空间坐标。在自由面$\Gamma_f$之上的干区$\Omega_d$，水头$h$是没有定义的。借鉴负压水头的概念，可首先将水头$h$从饱和区$\Omega_w$延拓至全域$\Omega$，这样水头函数$h(\boldsymbol{x},t)$在干区$\Omega_d$就有了定义，即$\Omega_d=\{\boldsymbol{x}|h<z\}$。但与非饱和渗流不同，干区$\Omega_d$上由水头$h$产生的渗流场是虚假的，需要通过数学处理予以消除。

引入定义在全域Ω上的 Heaviside 函数：

$$H(h-z)=\begin{cases}0, & h\geqslant z \text{ 或 } \boldsymbol{x}\in\Omega_w\\ 1, & h<z \text{ 或 } \boldsymbol{x}\in\Omega_d\end{cases}\tag{1.3.26}$$

式中：H为 Heaviside 函数，它是压力水头$h-z$的二值函数，在饱和区Ω_w为 0，在干区Ω_d为 1。

通过 Heaviside 函数及水头的延拓，可将达西定律［式（1.2.13）］重新定义为

$$\boldsymbol{v}=-(1-H)\boldsymbol{K}\nabla h=-\boldsymbol{K}\nabla h+\boldsymbol{v}_0\tag{1.3.27}$$

式中：$\boldsymbol{v}$为渗流速度矢量；$\boldsymbol{K}$为渗透系数张量；$h=z+p/(\rho_w g)$，为水头，p为孔隙水压力，z为垂直位置坐标，ρ_w为水的密度，g为重力加速度；$\boldsymbol{v}_0$为为了消除干区Ω_d上的虚假渗流场而引入的虚拟流速，定义为

$$\boldsymbol{v}_0=H\boldsymbol{K}\nabla h\tag{1.3.28}$$

这样，达西定律的定义域就从饱和区Ω_w延拓至全域Ω上。在全域Ω上，非稳定渗流的连续性方程［式（1.3.15）］则被改写为

$$\frac{\mathrm{d}^s}{\mathrm{d}t}\left[(1-H)\rho_w\phi\right]+\nabla\cdot(\rho_w\boldsymbol{v})+(1-H)\rho_w\phi\nabla\cdot\boldsymbol{v}_s=0\tag{1.3.29}$$

引入定义在自由面Γ_f上的 Dirac delta 函数δ_{Γ_f}，则 Heaviside 函数H的物质导数可以

表达为

$$\frac{\mathrm{d}^{\mathrm{s}}H}{\mathrm{d}t}=-\delta_{\Gamma_{\mathrm{f}}}\frac{\mathrm{d}^{\mathrm{s}}h}{\mathrm{d}t} \tag{1.3.30}$$

式中：Γ_{f}为自由面，即饱和区Ω_{w}与干区Ω_{d}的分界面。在图 1.3.2 中，当 $t=t_0$ 时，$\Gamma_{\mathrm{f}}=AE$；当 $t=t_0+\Delta t$ 时，$\Gamma_{\mathrm{f}}=A'E'$；而当 $t=\infty$时，$\Gamma_{\mathrm{f}}=KD$。式（1.3.30）中的负号是由 Heaviside 函数的定义[式（1.3.26）]引入的。

将式（1.3.30）代入式（1.3.29），可将式（1.3.22）改写为

$$\rho_{\mathrm{w}}\phi\delta_{\Gamma_{\mathrm{f}}}\frac{\partial h}{\partial t}+(1-H)\rho_{\mathrm{w}}S_{\mathrm{s}}\frac{\partial h}{\partial t}+\nabla\cdot(\rho_{\mathrm{w}}\boldsymbol{v})=0 \tag{1.3.31}$$

在式（1.3.31）中，等号左端第一项表征了在自由面或地下水位变化过程中，饱和区Ω_{w}与干区Ω_{d}之间的水量交换。在地下水位上升过程中，这部分水量等于地下水位上升范围内岩土介质从干燥状态进入饱和状态（即饱和过程）所消耗的水量；而在地下水位下降过程中，则等于地下水位下降范围内岩土介质从饱和状态进入干燥状态（即释水过程）所释放的水量。考虑到岩土介质均具有一定的持水性，这部分水量不可能达到孔隙体积的大小，因而式（1.3.31）中的孔隙率ϕ宜用给水度μ^*代替。给水度是一个重要的水文地质参数，是指在重力作用下单位体积的饱水介质所释放出的水的体积，其量值一般小于孔隙率，即$\mu^*\leqslant\phi$。这样，式（1.3.31）可以改写为

$$\rho_{\mathrm{w}}\mu^*\delta_{\Gamma_{\mathrm{f}}}\frac{\partial h}{\partial t}+(1-H)\rho_{\mathrm{w}}S_{\mathrm{s}}\frac{\partial h}{\partial t}+\nabla\cdot(\rho_{\mathrm{w}}\boldsymbol{v})=0 \tag{1.3.32}$$

忽略ρ_{w}自身的微小变化，式（1.3.32）可以简化为

$$\mu^*\delta_{\Gamma_{\mathrm{f}}}\frac{\partial h}{\partial t}+(1-H)S_{\mathrm{s}}\frac{\partial h}{\partial t}+\nabla\cdot\boldsymbol{v}=0 \tag{1.3.33}$$

式（1.3.33）含有 Dirac delta 函数，不便于应用。通过将自由面Γ_{f}视为全域Ω上的内部边界，对式（1.3.33）在饱和区Ω_{w}与干区Ω_{d}上分别进行积分运算，并运用散度定理和 Dirac delta 函数的性质，可得

$$\int_{\Gamma_{\mathrm{f}}}\left(q_n+\mu^*\frac{\partial h}{\partial t}\boldsymbol{n}\cdot\boldsymbol{e}_z\right)\mathrm{d}S+\int_{\Omega}\left[(1-H)S_{\mathrm{s}}\frac{\partial h}{\partial t}+\nabla\cdot\boldsymbol{v}\right]\mathrm{d}\Omega=0 \tag{1.3.34}$$

式中：$\boldsymbol{e}_z$为垂直向单位矢量，$\boldsymbol{e}_z=\{0, 0, 1\}^{\mathrm{T}}$，其引入是考虑到自由面变化过程中，重力水的排出或吸入主要发生在垂直方向；$\boldsymbol{n}$ 为自由面Γ_{f}的单位外法线矢量，由饱和区Ω_{w}指向干区Ω_{d}；q_n为自由面Γ_{f}法线方向上的流速，即饱和区Ω_{w}与干区Ω_{d}之间的流量交换。

式（1.3.34）等号左端第一项实质上表征了非稳定渗流传播锋面上的 Rankine-Hugoniot 跳跃条件（Coussy，2004），即自由面变化范围内岩土介质因释放或吸收地下水所产生的流量条件。这一项可等价地表达为自由面Γ_{f}上的内部边界条件：

$$q_n(\boldsymbol{x},t)=q_n\big|_{\Omega_{\mathrm{w}}}-q_n\big|_{\Omega_{\mathrm{d}}}=-\mu^*\frac{\partial h}{\partial t}\boldsymbol{n}\cdot\boldsymbol{e}_z\quad(\boldsymbol{x}\in\Gamma_{\mathrm{f}}) \tag{1.3.35}$$

由式（1.3.34）可知，通过引入内部边界条件[式（1.3.35）]，式（1.3.33）可等价地表达为

$$(1-H)S_s\frac{\partial h}{\partial t}+\nabla\cdot\boldsymbol{v}=0 \tag{1.3.36a}$$

式（1.3.33）和式（1.3.36a）的区别在于自由面Γ_f上的流量条件，在式（1.3.33）中，该条件被视为非稳定渗流的源汇项；而在式（1.3.36a）中，则被表达为内部边界条件。将达西定律[式（1.3.27）]代入式（1.3.36a），可得

$$(1-H)S_s\frac{\partial h}{\partial t}=\nabla\cdot[(1-H)\boldsymbol{K}\nabla h] \tag{1.3.36b}$$

式（1.3.36）即定义在全域$\Omega=\Omega_w\cup\Omega_d$上的非稳定渗流控制方程。

3. 非稳定渗流数学模型

1）定解条件及问题描述

在非稳定渗流的控制方程式（1.3.36）中，水头 h 是空间和时间的函数，即 $h=h(\boldsymbol{x},t)$。h 的解答取决于其定解条件，包括初始条件和边界条件。其中，初始条件为

$$h(\boldsymbol{x},t_0)=h_0(\boldsymbol{x})\quad(\boldsymbol{x}\in\Omega) \tag{1.3.37}$$

式中：t_0 为初始时刻；h_0 为初始水头分布；$\boldsymbol{x}=\{x,y,z\}^{\mathrm{T}}$，为全域$\Omega$上的空间坐标。

式（1.3.36）应满足的边界条件有如下 4 类。

（1）水头边界条件，又称第一类边界条件或 Dirichlet 条件。与水位已知的地表或地下水体有直接水力联系的边界均为已知水头边界，其边界条件可以表达为

$$h(\boldsymbol{x},t)=\bar{h}(t)\quad(\boldsymbol{x}\in\Gamma_h) \tag{1.3.38}$$

式中：Γ_h 为水头边界；$\bar{h}$ 为Γ_h 上的已知水头，一般是随时间变化的。在图 1.3.2 中，有$\Gamma_h(t=t_0)=AB\cup CD$，$\Gamma_h(t=\infty)=BK\cup CD$。

（2）流量边界条件，又称第二类边界条件或 Neumann 条件，其表达式如下：

$$q_n(\boldsymbol{x},t)=-\boldsymbol{n}\cdot\boldsymbol{v}=\bar{q}(t)\quad(x\in\Gamma_q) \tag{1.3.39}$$

式中：Γ_q 为流量边界；$\boldsymbol{n}$ 为边界上的单位外法线矢量；$\boldsymbol{v}$ 为渗流速度矢量；q_n 为通过边界单位面积上的流量，即法线方向上的流速，规定以流入为正，流出为负；$\bar{q}$ 为Γ_q 上的已知流量。对于隔水边界，有$\bar{q}=0$。在图 1.3.2 中，有$\Gamma_q=BC$。

（3）潜在溢出面边界条件，这类边界条件在工程中是极为常见的。如图 1.3.2 所示，t 时刻，在边界 $DEFGA$ 上，自由面 AE 之下的部分（即 DE）属于饱和区Ω_w的边界，其上将有渗流溢出，这部分边界称为溢出面边界；自由面 AE 之上的部分（即 $EFGA$）属于干区Ω_d的边界，是没有渗流溢出的，因而 $DEFGA$ 统称为潜在溢出边界。然而，自由面及溢出面在任意 t 时刻的位置是事先未知的，需要通过渗流场的求解才能确定。事实上，自由面及溢出面的确定是非稳定渗流场求解的难点之一，只有正确指定 $DEFGA$ 边界上的条件，渗流场才能得到准确求解，自由面和溢出面的位置才能得到准确确定。

这类边界条件常被视为第三类边界条件或水头与流量的混合边界条件，在物理意义上是不够明确的。Zheng 等（2005）针对含有自由面的稳定渗流问题，将达西定律和控制方程延拓至全域$\Omega=\Omega_w\cup\Omega_d$上，并将潜在溢出边界条件严格地表达为 Signorini 型互补

条件，从而为利用变分不等式分析方法准确、高效地求解含有自由面的渗流问题奠定了理论基础。事实上，潜在溢出边界条件的 Signorini 型互补形式同样适用于延拓至全域的非稳定渗流问题（Chen et al.，2011）。

在全域Ω上，设潜在溢出边界为Γ_s，自由面Γ_f将Γ_s划分为两部分，Γ_f之下的部分为Γ_{sw}，之上的部分为Γ_{sd}，即$\Gamma_s=\Gamma_{sw}\cup\Gamma_{sd}$。如图 1.3.2 所示，在 t 时刻，有$\Gamma_{sw}=DE$，$\Gamma_{sd}=EFGA$；在 $t+\Delta t$ 时刻，则有$\Gamma_{sw}=DE'$，$\Gamma_{sd}=E'FGA'$。在Γ_{sw}上，显然有 $h=z$（即 $p=0$）和 $q_n<0$（即有流量溢出）；而在Γ_{sd}上，则有 $h<z$（即 $p<0$）和 $q_n=0$（即无流量溢出）；在Γ_{sw}和Γ_{sd}的交界点（即 E）处，则同时满足 $h=z$（即 $p=0$）和 $q_n=0$，该点称为溢出点。将Γ_{sw}和Γ_{sd}上的边界条件合并，可知潜在溢出边界Γ_s应满足如下条件：

$$h(\boldsymbol{x},t)\leqslant z,\quad q_n(\boldsymbol{x},t)\leqslant 0,\quad [h(\boldsymbol{x},t)-z]\cdot q_n(\boldsymbol{x},t)=0\quad (x\in\Gamma_s)\qquad(1.3.40)$$

式（1.3.40）称为 Signorini 型互补条件，即在潜在溢出边界Γ_s上，水头满足 $h\leqslant z$，流量满足 $q_n\leqslant 0$，除溢出点外两者必有且仅有一个条件取等号。式（1.3.40）具有很强的非线性，该条件的处理及溢出边界的确定是非稳定渗流场求解的难点和关键所在。在任意 t 时刻，溢出面一旦确定，该时刻的渗流场及自由面的位置也就随之确定。

（4）自由面边界条件。由式（1.3.34）可知，当非稳定渗流的控制方程采用式（1.3.36）来表达时，自由面Γ_f还应满足如下内部边界条件：

$$h(\boldsymbol{x},t)=z,\quad q_n(\boldsymbol{x},t)=-\mu^*\frac{\partial h}{\partial t}\boldsymbol{n}\cdot\boldsymbol{e}_z\quad(\boldsymbol{x}\in\Gamma_f)\qquad(1.3.41\text{a})$$

式（1.3.41a）中，第一式为自由面的定义，第二式为自由面上的流量条件，即式（1.3.35）。

需要指出的是，在非稳定渗流模型中，非饱和区被视为干区Ω_d，因而无法模拟降雨入渗过程。但若引入降雨入渗补给系数λ_{ri}，并将入渗流量 $q_n=\lambda_{ri}I(t)$集中到自由面Γ_f上，则可近似模拟降雨入渗对非稳定渗流过程的影响。在此情况下，自由面边界条件应改写为

$$h(\boldsymbol{x},t)=z,\quad q_n(\boldsymbol{x},t)=\left[\lambda_{ri}I(t-\tau_d)-\mu^*\frac{\partial h}{\partial t}\right]\boldsymbol{n}\cdot\boldsymbol{e}_z\quad(\boldsymbol{x}\in\Gamma_f)\qquad(1.3.41\text{b})$$

式中：I 为降雨强度；λ_{ri} 为降雨入渗补给系数；τ_d 为降雨从地表抵达地下水位面的延滞时间，$\tau_d\geqslant 0$。降雨入渗补给系数定义为降雨入渗补给量与降雨量之比，是研究大气水、地表水与地下水三者之间相互转化的重要水文地质参数，其量值与包气带岩性、地下水埋深、降雨强度和历时、土壤前期含水量及地形地貌、植被等因素有关。当不考虑雨水在包气带下渗的延滞效应时，可取$\tau_d=0$。

综上所述，非稳定渗流初边值问题的偏微分方程提法可以表述为：在全域Ω上求水头函数 $h(\boldsymbol{x},t)$，使其满足控制方程式（1.3.36），以及初始条件式（1.3.37）和边界条件式（1.3.38）～式（1.3.41）。非稳定渗流模型涉及的主要参数包括渗透系数张量 $\boldsymbol{K}$、储水率 S_s、给水度μ^*和降雨入渗补给系数λ_{ri} 等。由于潜在溢出边界条件式（1.3.40）具有很强的非线性，非稳定渗流计算分析的难点主要体现在渗流自由面和溢出面的确定及自由面边界条件式（1.3.41）的处理两个方面。

2）非稳定渗流场的性质

非稳定渗流的偏微分方程属于抛物型方程。由式（1.3.33）及其定解条件式（1.3.37）～式（1.3.40），并结合抛物型偏微分方程的极值原理和强极值原理，可以证明：若Γ_q为隔水边界，则在边界Γ_h上水位持续上升的蓄水过程中，水头h必在上游边界上取得最大值；反之，在边界Γ_h上水位持续下降的排水过程中，水头h必在下游边界或渗流场内部的排水边界上取得最小值。

在式（1.3.33）中，令$f_{\rm s}=-\mu^*\delta_{\Gamma_{\rm f}}\partial h/\partial t$，则对于蓄水过程，有$f_{\rm s}\leqslant 0$。于是，由抛物型偏微分方程的极值原理可知，$h$在边界上或在初始时刻$t_0$取得最大值。同时，由强极值原理（或边界点引理）可知，若h在t时刻、边界某点处取得最大值，则在该点必有$q_n(t)>0$。显然，由于Γ_h上的水位持续上升，h不可能在初始时刻t_0取得最大值。此外，由于在Γ_q上满足$q_n(t)=0$且在$\Gamma_{\rm s}$上满足$q_n(t)\leqslant 0$，h也不可能在流量边界Γ_q和潜在溢出边界$\Gamma_{\rm s}$上取得最大值。因此，在任意t时刻，h只可能在上游边界上取得最大值。

反之，在排水过程中，有$f_{\rm s}\geqslant 0$。于是，由抛物型偏微分方程的极值原理可知，h在边界上或在初始时刻t_0取得最小值。同时，由强极值原理（或边界点引理）可知，若h在t时刻、边界某点处取得最小值，则在该点必有$q_n(t)<0$。但由于Γ_h上的水位持续下降，h不可能在初始时刻t_0取得最小值。其次，由于在Γ_q上满足$q_n(t)=0$，h也不可能在流量边界Γ_q上取得最小值。对于潜在溢出边界$\Gamma_{\rm s}$，若$\Gamma_{\rm s}$高于下游边界水位，则h也不可能在$\Gamma_{\rm s}$上取得最小值。但若渗流场内部存在排水边界，且低于下游边界水位，则h将在$\Gamma_{\rm s}$上取得最小值。因此，在任意t时刻，h只可能在下游边界或内部排水边界上取得最小值。

需要指出的是，当蓄水过程和排水过程交替进行时，上述性质不再成立。此时，$f_{\rm s}$可能在自由面的部分边界上为正，而在其余部分为负，因而h可能在全域Ω内部取得最大值或最小值。

4. 稳定渗流数学模型

1）数学模型及问题描述

在上述非稳定渗流问题的偏微分方程提法中，令$\partial h/\partial t=0$，则式（1.3.36）和式（1.3.38）～式（1.3.41）立即退化为定义在全域Ω上的稳定渗流问题的控制方程及边界条件，退化后的偏微分方程提法与Zheng等（2005）所建立的稳定渗流问题的偏微分方程提法完全一致。

在全域$\Omega=\Omega_{\rm w}\cup\Omega_{\rm d}$上，稳定渗流的控制方程为

$$\nabla\cdot\boldsymbol{v}=0 \quad 或 \quad \nabla\cdot[(1-H)\boldsymbol{K}\nabla h]=0 \tag{1.3.42}$$

其边界条件如下。

（1）水头边界条件：

$$h(\boldsymbol{x})=\bar{h} \quad (\boldsymbol{x}\in\Gamma_h) \tag{1.3.43}$$

式中：$\bar{h}$为水头边界Γ_h上的已知水头。

（2）流量边界条件：

$$q_n(\boldsymbol{x}) = -\boldsymbol{n}\cdot\boldsymbol{v} = \bar{q} \quad (\boldsymbol{x}\in\Gamma_q) \tag{1.3.44}$$

式中：$\bar{q}$ 为流量边界Γ_q上的已知流量，规定以流入为正，流出为负。

（3）潜在溢出面边界条件：

$$h(\boldsymbol{x}) \leqslant z, \quad q_n(\boldsymbol{x}) \leqslant 0, \quad [h(\boldsymbol{x})-z]\cdot q_n(\boldsymbol{x}) = 0 \quad (x\in\Gamma_s) \tag{1.3.45}$$

式中：Γ_s为潜在溢出边界。式（1.3.45）即稳定渗流潜在溢出边界上的 Signorini 型互补条件（Zheng et al.，2005），该条件显然是具有很强的非线性的。

（4）自由面边界条件：

$$h(\boldsymbol{x}) = z, \quad q_n(\boldsymbol{x}) = 0 \quad (\boldsymbol{x}\in\Gamma_f) \tag{1.3.46}$$

式中：Γ_f为自由面。式（1.3.46）表明，在稳定渗流问题中，自由面满足两个基本条件：一是水压力为零，即 $h=z$ 或 $p=0$；二是饱和区Ω_w与干区Ω_d之间不存在流量交换，即 $q_n=0$。

稳定渗流边值问题的偏微分方程提法可类似地表述为：在全域Ω上求水头函数 $h(\boldsymbol{x})$，使其满足控制方程式（1.3.42）及边界条件式（1.3.43）～式（1.3.46）。稳定渗流分析仅需确定渗透系数张量 $\boldsymbol{K}$，难点同样是渗流自由面和溢出面的确定。显然，稳定渗流的偏微分方程是椭圆型的，由椭圆型偏微分方程的极值原理和强极值原理可知，若Γ_q为隔水边界，则水头 h 的最大值必出现在上游边界上，最小值必出现在下游边界或渗流场内部的排水边界上。

2）稳定渗流自由面的几何性质

上述稳定渗流问题的偏微分方程提法显然是建立在连续介质力学的质量守恒原理和线性动量守恒原理上的。根据连续介质力学原理和自由面上的边界条件，可导出稳定渗流自由面的如下两个基本几何性质（Chen et al.，2011；陈益峰 等，2010）：①稳定渗流自由面在任一均匀介质内部必连续光滑；②稳定渗流自由面在任一均匀介质内部不产生回弯，除非自由面穿过渗透性相差悬殊的两种介质之间的界面。这里回弯是指从上游往下游方向，自由面出现非单调下降的现象。

如图 1.3.3（a）所示，若自由面在 P 点出现不光滑的折点，P 点两侧自由面在 P 点处的单位外法线矢量分别为 $\boldsymbol{n}_1$ 和 $\boldsymbol{n}_2$（$\boldsymbol{n}_1\neq\boldsymbol{n}_2$），则由式（1.3.46）可知，在 P 点处应有 $q_n=-\boldsymbol{n}_1\cdot\boldsymbol{v}=-\boldsymbol{n}_2\cdot\boldsymbol{v}=0$，即有 $\boldsymbol{v}=\boldsymbol{0}$，这与 P 点在自由面上矛盾。因此，性质①成立。

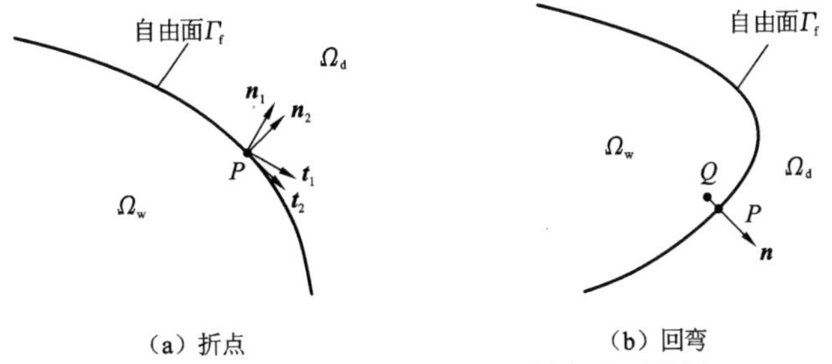

图 1.3.3　均匀介质内部不合理的自由面特征

$\boldsymbol{t}_1$、$\boldsymbol{t}_2$ 为切矢量

如图 1.3.3（b）所示，若自由面出现回弯，对于回弯段上的任一点 P，其单位外法线矢量为 $\boldsymbol{n}$，在 P 点邻域、外法线负方向上任取一点 Q，则在 Q 点处的孔隙水压力必满足 $p>0$，且当 $Q\to P$ 时，有 $\nabla p\to-\hat{\varepsilon}\boldsymbol{n}$，其中 $\hat{\varepsilon}>0$。由达西定律及 $\boldsymbol{K}$ 对称、正定可知，在 P 点处将有 $q_n=\boldsymbol{n}\cdot\boldsymbol{K}[\nabla p/(\rho_w g)+\nabla z]<0$，这与式（1.3.46）矛盾。这表明，自由面的回弯可能对应于稳定渗流的某个未收敛的中间解，但不可能是稳定渗流的最终收敛解。

如图 1.3.4 所示，若存在一倾向上游的材料界面（如混凝土面板堆石坝中面板与垫层之间的接触界面），上游侧介质的渗透系数为 K_1，下游侧介质的渗透系数为 K_2，则根据介质界面上任一点处水头相等和法向流速相等两个条件，可得如下渗流折射定律：

$$\frac{\tan\theta_1}{\tan\theta_2}=\frac{K_1}{K_2} \tag{1.3.47}$$

式中：θ_1 和 θ_2 分别为界面两侧流速方向与界面法线方向的夹角。

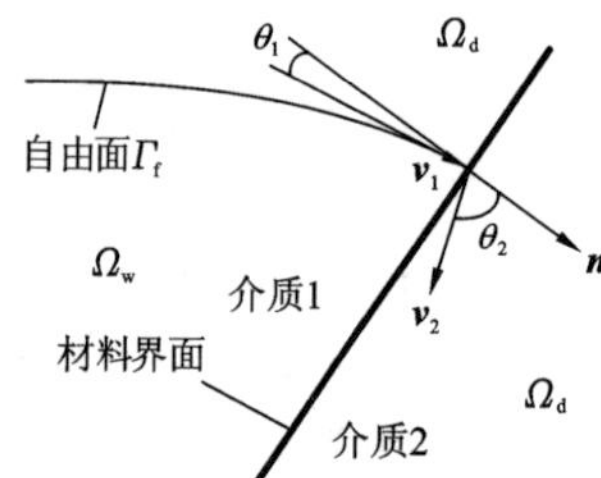

图 1.3.4　自由面穿过介质界面可能出现的回弯现象

$\boldsymbol{v}_1$、$\boldsymbol{v}_2$ 分别为介质 1 和介质 2 中的渗流速度

若界面两侧介质的渗透性相差悬殊，且 K_1 很小（如混凝土面板，为 10^{-9}～10^{-7} cm/s）、K_2 很大（如垫层，为 10^{-3}～10^{-2} cm/s），则由式（1.3.47）可得 $\theta_2\to 90°$。此性质对自由面上的点显然也是成立的，这意味着当自由面穿过界面时将发生折射，产生回弯，并在下游侧介质中紧贴界面下降。该现象的实际物理意义是，当上游侧介质的渗透性弱，而下游侧介质的渗透性强时，透过界面的渗流量有限，下游侧介质不可能进入饱和渗流状态。因此，性质②也成立。

在进行稳定渗流分析时，若发现自由面的上述两个几何性质不成立，即自由面在某些概化的均质地层中出现折点或回弯，则意味着渗流计算方法存在数值稳定性问题，渗流计算并未收敛，相应的计算结果仅是自由面迭代过程中某个未收敛的中间解。因此，稳定渗流自由面的上述两个几何性质可为渗流场计算成果的合理性评价提供直观的判据。

1.3.3　饱和-非饱和渗流分析模型

1. 控制方程

与饱和状态下的非稳定渗流不同，饱和-非饱和渗流是自然地定义在包含饱和区和非饱和区的全域 Ω 上的，如图 1.3.5 所示。由式（1.2.35）可知，在饱和-非饱和渗流中，水头 h 在饱和区与非饱和区是连续的，两者之间由地下水的零压面区分，即在饱和区有

$p \geqslant 0$，而在非饱和区有 $p<0$。在域内任取一微元体 $\mathrm{d}\Omega_t$，则饱和–非饱和渗流的连续性方程可以表达为

$$\frac{\mathrm{d}^{\mathrm{w}}}{\mathrm{d}t}\int_{\Omega_t}\rho_{\mathrm{w}}\phi S\mathrm{d}\Omega_t=0 \tag{1.3.48}$$

式中：ρ_{w} 为水的密度；ϕ为孔隙率；S 为饱和度；$\phi S\mathrm{d}\Omega_t$ 为微元体中孔隙水占据的体积。

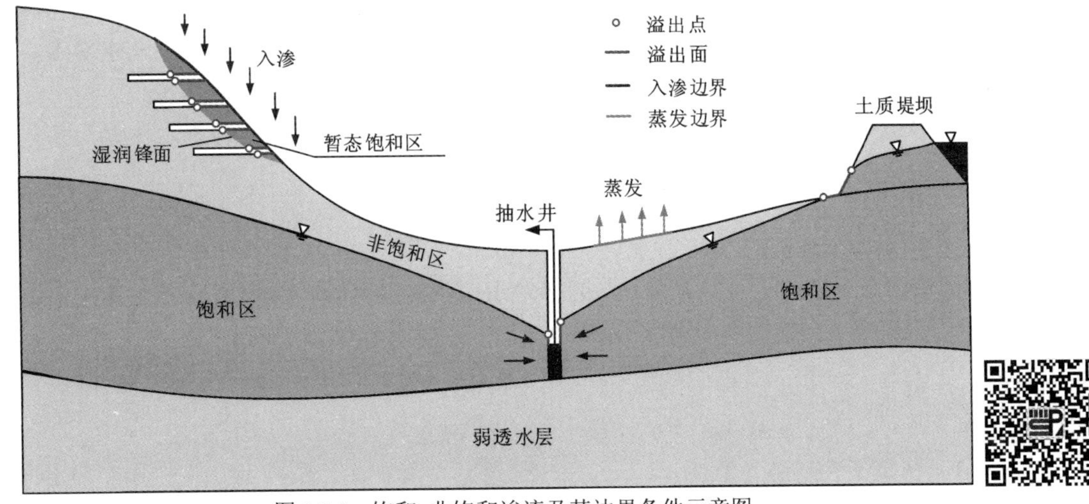

图 1.3.5　饱和–非饱和渗流及其边界条件示意图

在饱和区，恒有 $S=1$，因而式（1.3.48）退化为式（1.3.8）及其导出形式[式（1.3.24）]。在非饱和区，则有 $S_{\mathrm{r}} \leqslant S<1$，$S_{\mathrm{r}}$ 为岩土介质的残余饱和度。在非饱和区，水密度的变化可予以忽略，因而有 $\mathrm{d}^{\mathrm{w}}\rho_{\mathrm{w}}/\mathrm{d}t=0$。注意到容水度的定义[式（1.2.42）]，以及非饱和渗流速度 $\boldsymbol{v}$ 的定义 $\boldsymbol{v}=\phi S(\boldsymbol{v}_{\mathrm{w}}-\boldsymbol{v}_{\mathrm{s}})$（$\boldsymbol{v}_{\mathrm{w}}$ 和 $\boldsymbol{v}_{\mathrm{s}}$ 分别为孔隙水的实际流速和介质固相的变形速率），则通过与 1.3.2 小节类似的推导过程，可得非饱和区的渗流控制方程：

$$S\frac{\partial \varepsilon_{\mathrm{v}}}{\partial t}+\phi C(S)\frac{\partial h}{\partial t}+\nabla\cdot\boldsymbol{v}=0 \tag{1.3.49}$$

式中：ε_{v} 为介质的体积应变；$C(S)$为容水度（m^{-1}），定义为 S-h_{c} 形式的土水特征曲线斜率的相反数，即曲线对负压水头（$h_{\mathrm{w}}=-h_{\mathrm{c}}=h-z$）的导数；$h=z+p/(\rho_{\mathrm{w}}g)$，为总水头（m），$z$ 为垂直坐标（m），p 为孔隙水压力（Pa），g 为重力加速度（$\mathrm{m/s^2}$）。

与式（1.3.19）类似，式（1.3.49）考虑了介质体积变形对非饱和渗流的影响，因而适用于非饱和渗流与变形的耦合分析。若忽略介质体积变形和孔隙率变化对非饱和渗流的影响，式（1.3.49）可简化为

$$C(\theta)\frac{\partial h}{\partial t}+\nabla\cdot\boldsymbol{v}=0 \tag{1.3.50}$$

式中：$\theta=\phi S$，为介质的体积含水量；$C(\theta)$也为容水度（m^{-1}），但定义为θ-h_{c} 形式的土水特征曲线斜率的相反数。

土水特征曲线常以 S_{e}-h_{c} 的形式给出，其斜率的相反数为 $C(S_{\mathrm{e}})$。由式（1.2.38）可知，由有效饱和度 S_{e}、饱和度 S 和体积含水量θ定义的容水度之间的关系为 $C(S)=(1-S_{\mathrm{r}})C(S_{\mathrm{e}})$，

$C(\theta)=(\theta_s-\theta_r)C(S_e)$，$\theta_s$、$\theta_r$分别为饱和体积含水量和残余体积含水量。

将式（1.3.50）与式（1.3.24）结合起来，即得饱和-非饱和渗流的控制方程，又称 Richards 方程（Richards，1931）：

$$[C(\theta)+\omega S_s]\frac{\partial h}{\partial t}+\nabla\cdot\boldsymbol{v}=0 \tag{1.3.51a}$$

式中：ω为饱和区指示符号，在饱和区为 1，即当 $p\geqslant 0$ 时，$\omega=1$；在非饱和区为 0，即当 $p<0$ 时，$\omega=0$。这样，式（1.3.51a）等号左端第一项的系数在饱和区取储水率 S_s，而在非饱和区取容水度 $C(\theta)$。

将 Darcy-Buckingham 定律[式（1.2.36）]代入式（1.3.51a），可得以水头 h 为基本变量的抛物型偏微分方程：

$$[C(\theta)+\omega S_s]\frac{\partial h}{\partial t}=\nabla\cdot(k_r\boldsymbol{K}\nabla h) \tag{1.3.51b}$$

式中：$\boldsymbol{K}$ 为介质的渗透系数张量；k_r 为相对渗透率。k_r 和 C 均为体积含水量θ或有效饱和度 S_e 的函数，且在饱和区有 $k_r=1$，$C=0$。

2. 定解条件及问题描述

1）初始条件与边界条件

饱和-非饱和渗流控制方程式（1.3.51）应满足如下初始条件：

$$h(\boldsymbol{x},t_0)=h_0(\boldsymbol{x})\quad(\boldsymbol{x}\in\varOmega) \tag{1.3.52}$$

式中：t_0 为初始时刻；h_0 为初始水头分布；$\boldsymbol{x}=\{x,y,z\}^{\mathrm{T}}$，为全域$\varOmega$上的空间坐标。在非饱和区，若已知初始体积含水量$\theta_0$的分布，则可通过土水特征曲线转化为 h_0 的分布。

式（1.3.51）还应满足如下 4 类边界条件。

（1）水头边界条件，即第一类边界条件或 Dirichlet 条件，其表达式为

$$h(\boldsymbol{x},t)=\bar{h}(t)\quad(\boldsymbol{x}\in\varGamma_h) \tag{1.3.53}$$

式中：$\varGamma_h$为水头边界；$\bar{h}$ 为$\varGamma_h$上的已知水头。

（2）流量边界条件，即第二类边界条件或 Neumann 条件，其表达式如下：

$$q_n(\boldsymbol{x},t)=-\boldsymbol{n}\cdot\boldsymbol{v}=\bar{q}(t)\quad(\boldsymbol{x}\in\varGamma_q) \tag{1.3.54}$$

式中：$\varGamma_q$为流量边界，属于饱和区边界；$\boldsymbol{n}$ 为边界上的单位外法线矢量；$\boldsymbol{v}$ 为渗流速度；$\bar{q}$ 为$\varGamma_q$上的已知流量，规定以流入为正，流出为负。对于隔水边界，有$\bar{q}=0$。

（3）溢出边界条件，表达式为

$$q_n(\boldsymbol{x},t)=-\boldsymbol{n}\cdot\boldsymbol{v}\leqslant 0,\quad h(\boldsymbol{x},t)=z\quad(\boldsymbol{x}\in\varGamma_s) \tag{1.3.55}$$

式中：$\varGamma_s$为溢出边界，属于饱和区边界；z 为垂直坐标。

（4）非饱和区流量边界条件，表达式为

$$q_n(\boldsymbol{x},t)=-\boldsymbol{n}\cdot\boldsymbol{v}=\bar{q}(t),\quad h(\boldsymbol{x},t)<z\quad(\boldsymbol{x}\in\varGamma_u) \tag{1.3.56}$$

式中：$\varGamma_u$ 为非饱和区流量边界，包括蒸发边界$\varGamma_e$ 和入渗边界$\varGamma_i$，即$\varGamma_u=\varGamma_e\cup\varGamma_i$；$\bar{q}$ 为$\varGamma_u$上的已知流量，对于蒸发边界$\varGamma_e$，$\bar{q}<0$，对于入渗边界$\varGamma_i$，$\bar{q}>0$。

对比式（1.3.54）和式（1.3.56）可知，前者属于饱和区边界条件，后者属于非饱和区边界条件，如图 1.3.5 所示。这里，将饱和区溢出边界条件[式（1.3.55）]和非饱和区流量边界条件[式（1.3.56）]统称为第三类边界条件，记为$\Gamma_\mathrm{T}=\Gamma_\mathrm{s}\cup\Gamma_\mathrm{e}\cup\Gamma_\mathrm{i}$。

2）第三类边界条件的统一互补形式

第三类边界条件[式（1.3.55）和式（1.3.56）]含有不等式，因而具有强非线性。此外，边界条件之间还存在复杂的转换关系，这进一步增大了饱和-非饱和渗流边界条件处理的难度。如图 1.3.5 所示，在边坡经历反复的降雨—蒸发循环过程中，坡面在降雨初期为入渗边界Γ_i。但随着降雨的持续进行，坡面产生径流或积水，并在边坡浅表形成暂态饱和区，此时坡面转化为水头边界Γ_h，坡脚附近部分边界还可能转化为溢出边界Γ_s。在降雨结束之后，坡面迅速或逐渐从入渗边界Γ_i、水头边界Γ_h或溢出边界Γ_s转化为蒸发边界Γ_e。当边坡内部存在排水边界时，这些排水边界则在蒸发边界Γ_e和溢出边界Γ_s之间转化。

因此，如何在计算过程中准确确定边界的类型及其转化关系，是饱和-非饱和渗流分析的难点之一，也是决定数值模拟算法收敛性的关键因素之一。对于入渗边界Γ_i，若将雨水入渗过程与坡面产流过程统一考虑，并假定坡面产流后存在积水深度h_p（$h_\mathrm{p}\geqslant 0$），则不难发现：在坡面产流之前，入渗率q_n是等于降雨强度I的，即当压力水头$h_\mathrm{w}<h_\mathrm{p}$时，$q_n=I$，$\Gamma_\mathrm{i}$属于流量边界；而在坡面积水之后，入渗率$q_n$小于降雨强度$I$，即当$h_\mathrm{w}=h_\mathrm{p}$时，$q_n<I$，$\Gamma_\mathrm{i}$属于水头边界。将这两个方面的条件合并，可知入渗边界满足如下 Signorini 型互补条件（Borsi et al.，2006）：

$$h_\mathrm{w}(\boldsymbol{x},t)\leqslant h_\mathrm{p},\quad q_n(\boldsymbol{x},t)\leqslant I(t),\quad (h_\mathrm{w}-h_\mathrm{p})\cdot(q_n-I)=0\quad (\boldsymbol{x}\in\Gamma_\mathrm{i}) \tag{1.3.57a}$$

式中：$h_\mathrm{w}=h-z$，为压力水头；h_p为坡面积水深度；$I(t)$为随时间变化的降雨强度。

对于蒸发边界Γ_e，随着蒸发的持续，表层土壤的体积含水量将持续减小，负压水头将持续增大，但由于土壤存在残余体积含水量，地表在蒸发过程中，土壤的负压水头不可能低于某个极限值h_d，即$h_\mathrm{w}\geqslant h_\mathrm{d}$；同时，地表的蒸发率也不可能超过其蒸发强度$R_\mathrm{e}$，即$q_n\geqslant R_\mathrm{e}$，这里需要注意的是，通过边界的流量$q_n$以蒸发（流出）为负，入渗（流入）为正。因此，蒸发边界条件也可以表达为如下 Signorini 型互补条件：

$$h_\mathrm{w}(\boldsymbol{x},t)\geqslant h_\mathrm{d},\quad q_n(\boldsymbol{x},t)\geqslant R_\mathrm{e},\quad (h_\mathrm{w}-h_\mathrm{d})\cdot(q_n-R_\mathrm{e})=0\quad (\boldsymbol{x}\in\Gamma_\mathrm{e}) \tag{1.3.57b}$$

式中：h_d为土壤的极限负压水头，与土壤的性质及温度和湿度有关；R_e为地表的蒸发强度。式（1.3.57b）表明，在蒸发边界上，蒸发率等于蒸发强度，或者负压水头达到土壤的极限值，两者只能满足其中之一。

综合式（1.3.57）和式（1.3.55）不难发现，包括入渗边界Γ_i、蒸发边界Γ_e和溢出边界Γ_s在内的第三类边界条件，可统一表达为如下 Signorini 型互补条件（Hu et al.，2017）：

$$\varpi(h_\mathrm{w}-h^*)\leqslant 0,\quad \varpi(q_n-q^*)\leqslant 0,\quad (h_\mathrm{w}-h^*)\cdot(q_n-q^*)=0\quad (\boldsymbol{x}\in\Gamma_\mathrm{T}) \tag{1.3.58}$$

式中：$\Gamma_\mathrm{T}=\Gamma_\mathrm{s}\cup\Gamma_\mathrm{e}\cup\Gamma_\mathrm{i}$；$\varpi$为边界类型指示符号；$h^*$和$q^*$分别为边界上容许达到的压力水头与流量极限值。在入渗边界Γ_i上，有$\varpi=1$，$h^*=h_\mathrm{p}$，$q^*=I$；在蒸发边界Γ_e上，有$\varpi=-1$，$h^*=h_\mathrm{d}$，$q^*=R_\mathrm{e}$；在溢出边界Γ_s上，有$\varpi=1$，$h^*=0$，$q^*=0$。

在第三类边界条件Γ_T中，入渗、蒸发、溢出三种类型的边界条件的转化关系如图1.3.6所示。具体而言，在降雨过程中（$I>0$），地表蒸发边界Γ_e将转化为入渗边界Γ_i，入渗边界上的条件最初表现为入渗率为I的流量边界条件。当坡面产生地表径流或积水之后，坡面浅表层将形成暂态饱和区，入渗边界上的条件转化为$h_w=h_p$的水头边界条件，此后若有部分坡段（尤其是坡脚）产生溢出，即满足$q_n<0$，则入渗边界Γ_i转化为溢出边界Γ_s。在停雨之后（$I=0$），地表入渗边界Γ_i将转化为蒸发边界Γ_e。当溢出边界Γ_s出现负压（$h_w<0$）时，该部分溢出边界也将转化为蒸发边界Γ_e。对于位于渗流场内部的排水孔或排水洞边界而言，若忽略蒸发影响，则其边界恒为溢出边界Γ_s；若考虑蒸发影响，则其边界在溢出边界Γ_s和蒸发边界Γ_e之间转化，此时Γ_s上边界条件的流量部分消失。当边界出现负压（$h_w<0$）时，该部分边界为蒸发边界Γ_e，否则为溢出边界Γ_s。

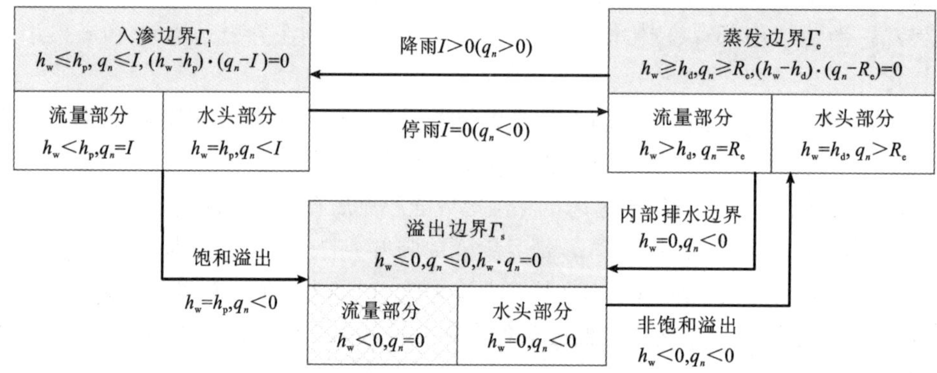

图1.3.6　饱和-非饱和渗流第三类边界条件的转化关系

式（1.3.58）不仅简化了第三类边界条件的转化关系，而且为运用互补算法解决饱和-非饱和渗流的边界非线性问题提供了极大便利，对于改善饱和-非饱和渗流数值模拟的收敛性具有重要意义。

综上所述，饱和-非饱和渗流初边值问题的偏微分方程提法可以表述为：在全域Ω上求水头函数$h(\boldsymbol{x}, t)$，使其满足控制方程式（1.3.51），以及初始条件式（1.3.52）与边界条件式（1.3.53）、式（1.3.54）和式（1.3.58）。饱和-非饱和渗流模型涉及的主要参数包括渗透系数张量$\boldsymbol{K}$、储水率S_s、土水特征曲线（S_e-h_c曲线）和相对渗透率曲线（k_r-S_e曲线）等。饱和-非饱和渗流分析的难点有两个：一是土水特征曲线具有很强的非线性，尤其当负压水头趋近于进气值时，数值模拟的不稳定性显著增强；二是边界条件的非线性强，且转化关系复杂，从而进一步增大了饱和-非饱和渗流数值模拟的难度。由此可见，从稳定/非稳定渗流到饱和-非饱和渗流，参数确定的难度及数值模拟的难度均显著增大。

1.3.4　水-气两相渗流分析模型

1. 控制方程

当岩土介质中的孔隙同时被水、气两相流体占据时，介质的RVE的体积V是由固

相体积 V_s、液相体积 V_w 和气相体积 V_a 共同组成的，三者互不重叠，各自占据相应的空间，体积比例分别为 $1-\phi$、ϕS 和 $\phi(1-S)$，ϕ 和 S 分别为孔隙率与饱和度。但在多孔介质力学的描述中，固相、液相和气相三相均被铺展到整个表观体积 V 中，三相之间是相互重叠的。其中，液相和气相的相互作用通过毛细压力 $p_c=p_a-p_w$［式（1.2.32）］联系起来，p_w 和 p_a 分别为孔隙水压力与孔隙气压力。

对于全域 Ω 内的任一微元体 $\mathrm{d}\Omega_t$，水、气两相流体的质量守恒方程分别为

$$\frac{\mathrm{d}^{\mathrm{w}}}{\mathrm{d}t}\int_{\Omega_t}\rho_{\mathrm{w}}\phi S\mathrm{d}\Omega_t=0 \tag{1.3.59a}$$

$$\frac{\mathrm{d}^{\mathrm{a}}}{\mathrm{d}t}\int_{\Omega_t}\rho_{\mathrm{a}}\phi(1-S)\mathrm{d}\Omega_t=0 \tag{1.3.59b}$$

式中：ρ_w 和 ρ_a 分别为水与气体的密度。

水的可压缩性采用式（1.3.18）描述。假定气体为理想气体，则其状态方程为

$$\rho_{\mathrm{a}}=\frac{p_{\mathrm{a}}M_{\mathrm{a}}}{RT} \tag{1.3.60a}$$

式中：p_a 为气体压力；M_a 为气体的摩尔质量；T 为热力学温度；R 为普适气体常数。

在等温条件下，由式（1.3.60a）可得

$$\frac{1}{\rho_{\mathrm{a}}}\frac{\mathrm{d}^{\mathrm{a}}\rho_{\mathrm{a}}}{\mathrm{d}t}=\frac{1}{p_{\mathrm{a}}}\frac{\mathrm{d}^{\mathrm{a}}p_{\mathrm{a}}}{\mathrm{d}t}=\beta_{\mathrm{a}}\frac{\mathrm{d}^{\mathrm{a}}p_{\mathrm{a}}}{\mathrm{d}t} \tag{1.3.60b}$$

式中：$\beta_a=1/p_a$，为气体的体积压缩系数。

在水–气两相渗流问题中，土水特征曲线采用 S_e-p_c 的形式描述。根据式（1.2.38）和式（1.2.42），有

$$\frac{\mathrm{d}S}{\mathrm{d}t}=C(p_{\mathrm{c}})\left(\frac{\mathrm{d}p_{\mathrm{w}}}{\mathrm{d}t}-\frac{\mathrm{d}p_{\mathrm{a}}}{\mathrm{d}t}\right) \tag{1.3.61}$$

式中：$C(p_c)=-\mathrm{d}S/\mathrm{d}p_c=-(\mathrm{d}S_e/\mathrm{d}p_c)/(1-S_r)$，为容水度，$S_e$ 为有效饱和度，S_r 为残余饱和度。

注意到渗流速度的定义：$\boldsymbol{v}^{\mathrm{w}}=\phi S(\boldsymbol{v}_{\mathrm{w}}-\boldsymbol{v}_{\mathrm{s}})$，$\boldsymbol{v}^{\mathrm{a}}=\phi(1-S)(\boldsymbol{v}_{\mathrm{a}}-\boldsymbol{v}_{\mathrm{s}})$，$\boldsymbol{v}^{\mathrm{w}}$ 和 $\boldsymbol{v}^{\mathrm{a}}$ 分别为液相和气相的渗流速度，$\boldsymbol{v}_{\mathrm{w}}$、$\boldsymbol{v}_{\mathrm{a}}$ 和 $\boldsymbol{v}_{\mathrm{s}}$ 分别为孔隙中水、气的实际流速及介质固相的变形速率，则由 1.3.2 小节类似的推导过程，可得水–气两相渗流的控制方程组：

$$\rho_{\mathrm{w}}S\frac{\partial\varepsilon_{\mathrm{v}}}{\partial t}+\rho_{\mathrm{w}}\phi(S\beta_{\mathrm{w}}+C)\frac{\partial p_{\mathrm{w}}}{\partial t}-\rho_{\mathrm{w}}\phi C\frac{\partial p_{\mathrm{a}}}{\partial t}+\nabla\cdot(\rho_{\mathrm{w}}\boldsymbol{v}^{\mathrm{w}})=0 \tag{1.3.62a}$$

$$\rho_{\mathrm{a}}(1-S)\frac{\partial\varepsilon_{\mathrm{v}}}{\partial t}-\rho_{\mathrm{a}}\phi C\frac{\partial p_{\mathrm{w}}}{\partial t}+\rho_{\mathrm{a}}\phi[(1-S)\beta_{\mathrm{a}}+C]\frac{\partial p_{\mathrm{a}}}{\partial t}+\nabla\cdot(\rho_{\mathrm{a}}\boldsymbol{v}^{\mathrm{a}})=0 \tag{1.3.62b}$$

式（1.3.62）的适用条件是介质经受小变形且不计固相颗粒变形，适用于水–气两相渗流与变形的耦合分析。若介质的变形（由孔隙变形产生）也予以忽略，则式（1.3.62）简化为

$$\rho_{\mathrm{w}}\phi(S\beta_{\mathrm{w}}+C)\frac{\partial p_{\mathrm{w}}}{\partial t}-\rho_{\mathrm{w}}\phi C\frac{\partial p_{\mathrm{a}}}{\partial t}+\nabla\cdot(\rho_{\mathrm{w}}\boldsymbol{v}^{\mathrm{w}})=0 \tag{1.3.63a}$$

$$-\rho_{\mathrm{a}}\phi C\frac{\partial p_{\mathrm{w}}}{\partial t}+\rho_{\mathrm{a}}\phi[(1-S)\beta_{\mathrm{a}}+C]\frac{\partial p_{\mathrm{a}}}{\partial t}+\nabla\cdot(\rho_{\mathrm{a}}\boldsymbol{v}^{\mathrm{a}})=0 \tag{1.3.63b}$$

将式（1.2.37）代入，即得以孔隙水压力 p_{w} 和孔隙气压力 p_{a} 为基本变量的水–气两相渗流的偏微分方程组：

$$\rho_{\mathrm{w}}\phi(S\beta_{\mathrm{w}}+C)\frac{\partial p_{\mathrm{w}}}{\partial t}-\rho_{\mathrm{w}}\phi C\frac{\partial p_{\mathrm{a}}}{\partial t}=\nabla\cdot\left[\frac{\rho_{\mathrm{w}}k_{\mathrm{rw}}\boldsymbol{\kappa}}{\mu_{\mathrm{w}}}(\nabla p_{\mathrm{w}}-\rho_{\mathrm{w}}\boldsymbol{g})\right] \tag{1.3.64a}$$

$$-\rho_{\mathrm{a}}\phi C\frac{\partial p_{\mathrm{w}}}{\partial t}+\rho_{\mathrm{a}}\phi[(1-S)\beta_{\mathrm{a}}+C]\frac{\partial p_{\mathrm{a}}}{\partial t}=\nabla\cdot\left[\frac{\rho_{\mathrm{a}}k_{\mathrm{ra}}\boldsymbol{\kappa}}{\mu_{\mathrm{a}}}(\nabla p_{\mathrm{a}}-\rho_{\mathrm{a}}\boldsymbol{g})\right] \tag{1.3.64b}$$

式中：$\boldsymbol{\kappa}$为介质的渗透率张量（m^2）；k_{rw} 和 k_{ra} 分别为水与气体的相对渗透率；μ_{w} 和μ_{a} 分别为水和气体的动力黏滞系数（Pa·s）。

2. 定解条件及问题描述

在全域Ω内，水–气两相渗流控制方程组[式（1.3.64）]应满足如下初始条件：

$$p_{\mathrm{w}}(\boldsymbol{x},t_0)=p_{\mathrm{w}0}(\boldsymbol{x})\quad(\boldsymbol{x}\in\Omega) \tag{1.3.65a}$$

$$p_{\mathrm{a}}(\boldsymbol{x},t_0)=p_{\mathrm{a}0}(\boldsymbol{x})\quad(\boldsymbol{x}\in\Omega) \tag{1.3.65b}$$

式中：t_0 为初始时刻；$p_{\mathrm{w}0}$ 为初始水压力分布；$p_{\mathrm{a}0}$ 为初始气体压力分布；$\boldsymbol{x}$ 为全域Ω上的空间坐标。

在域边界$\partial\Omega$上，式（1.3.64）还应满足如下边界条件。

（1）Dirichlet 边界条件，其表达式为

$$p_{\mathrm{w}}(\boldsymbol{x},t)=\overline{p}_{\mathrm{w}}(t)\quad(\boldsymbol{x}\in\Gamma_{\mathrm{w}p}) \tag{1.3.66a}$$

$$p_{\mathrm{a}}(\boldsymbol{x},t)=\overline{p}_{\mathrm{a}}(t)\quad(\boldsymbol{x}\in\Gamma_{\mathrm{a}p}) \tag{1.3.66b}$$

式中：$\Gamma_{\mathrm{w}p}$ 为水压边界；$\overline{p}_{\mathrm{w}}$ 为$\Gamma_{\mathrm{w}p}$ 上的已知水压力；$\Gamma_{\mathrm{a}p}$ 为气压边界；$\overline{p}_{\mathrm{a}}$ 为$\Gamma_{\mathrm{a}p}$ 上的已知气体压力。

（2）Neumann 边界条件，其表达式如下：

$$q_{\mathrm{w}}(\boldsymbol{x},t)=-\boldsymbol{n}\cdot\boldsymbol{v}^{\mathrm{w}}=\overline{q}_{\mathrm{w}}(t)\qquad(\boldsymbol{x}\in\Gamma_{\mathrm{w}q}) \tag{1.3.67a}$$

$$q_{\mathrm{a}}(\boldsymbol{x},t)=-\boldsymbol{n}\cdot\boldsymbol{v}^{\mathrm{a}}=\overline{q}_{\mathrm{a}}(t)\qquad(\boldsymbol{x}\in\Gamma_{\mathrm{a}q}) \tag{1.3.67b}$$

式中：$\boldsymbol{n}$ 为边界上的单位外法线矢量；$\boldsymbol{v}^{\mathrm{w}}$ 和 $\boldsymbol{v}^{\mathrm{a}}$ 分别为水与气体的渗流速度；$\Gamma_{\mathrm{w}q}$ 为水流量边界；$\overline{q}_{\mathrm{w}}$ 为$\Gamma_{\mathrm{w}q}$ 上的已知水流量，对于隔水边界，有 $\overline{q}_{\mathrm{w}}=0$；$\Gamma_{\mathrm{a}q}$ 为气体流量边界；$\overline{q}_{\mathrm{a}}$ 为$\Gamma_{\mathrm{a}q}$ 上的已知气体流量，对于气密边界，有 $\overline{q}_{\mathrm{a}}=0$。边界上的流量均规定以流入为正，流出为负。

在数学上，水–气两相渗流问题可以表述为：在全域Ω上求水压力函数 $p_{\mathrm{w}}(\boldsymbol{x},t)$和气体压力函数 $p_{\mathrm{a}}(\boldsymbol{x},t)$，使其满足控制方程组式（1.3.64），以及初始条件式（1.3.65）和边界条件式（1.3.66）、式（1.3.67）。水–气两相渗流模型涉及的主要参数包括介质的渗透率张量$\boldsymbol{\kappa}$、土水特征曲线 $S_{\mathrm{e}}(h_{\mathrm{c}})$与相对渗透率曲线 $k_{\mathrm{rw}}(S_{\mathrm{e}})$和 $k_{\mathrm{ra}}(S_{\mathrm{e}})$等。水–气两相渗流分析的难点主要体现在两个方面：一是土水特征曲线和相对渗透率曲线带来的非线性；二是气体可

压缩性带来的非线性。

至此，在多孔介质力学框架下，介绍了稳定渗流、非稳定渗流、饱和-非饱和渗流及水-气两相渗流问题的建模方法和数学模型，其他渗流分析模型也不难根据岩土介质的类型和问题的性质采用类似的方法进行建模。例如，通过将质量守恒方程[类似于式（1.3.8）或式（1.3.48）]定义在裂隙空间$\Omega=\Omega_f$中，并引入裂隙渗流定律（达西定律或 Forchheimer 定律），即可建立裂隙网络渗流模型。若将质量守恒方程定义在$\Omega=\Omega_p\cup\Omega_f$中，$\Omega_p$和$\Omega_f$分别为介质的孔隙-基质空间和裂隙空间，并引入孔隙系统和裂隙系统的渗流定律及两者之间的流量交换关系，即可导出孔隙-裂隙双重介质模型。各类渗流模型的数值模拟方法详见第 5 章。

参 考 文 献

陈益峰, 周创兵, 毛新莹, 等, 2010. 水布垭地下厂房围岩渗控效应数值模拟与评价[J]. 岩石力学与工程学报, 29(2): 308-318.

中华人民共和国住房和城乡建设部, 2014. 工程岩体分级标准: GB/T 50218—2014[S]. 北京: 中国计划出版社.

中华人民共和国住房和城乡建设部, 2016. 水力发电工程地质勘察规范: GB 50287—2016[S]. 北京: 中国计划出版社.

周创兵, 陈益峰, 姜清辉, 等, 2008. 复杂岩体多场广义耦合分析导论[M]. 北京: 中国水利水电出版社.

BATHE K J, KHOSHGOFTAAR M R, 1979. Finite element free surface seepage analysis without mesh iteration[J]. International journal for numerical and analytical methods in geomechanics, 3(1): 13-22.

BEAR J, 1972. Dynamics of fluids in porous media[M]. New York: Elsevier.

BLUNT M J, 2017. Multiphase flow in permeable media: A pore-scale perspective[M]. Cambridge: Cambridge University Press.

BORSI I, FARINA A, PRIMICERIO M, 2006. A rain water infiltration model with unilateral boundary condition: Qualitative analysis and numerical simulations[J]. Mathematical method in the applied sciences, 29(17): 2047-2077.

BROOKS R H, COREY A T, 1964. Hydraulic properties of porous media[R]. Fort Collins: Colorado State University.

BRUSH D J, THOMSON N R, 2003. Fluid flow in synthetic rough-walled fractures: Navier-Stokes, Stokes, and local cubic law simulations[J]. Water resources research, 39(4): 1085-1100.

BUCKINGHAM E, 1907. Studies on the movement of soil moisture[R]. Washington D.C.: USDA Bureau of Soils.

BURDINE N T, 1953. Relative permeability calculations from pore size distribution data[J]. Journal of petroleum technology, 5(3): 71-78.

CARMAN P C, 1937. Fluid flow through granular beds[J]. Transaction of institution of chemical engineering,

15: 150-166.

CHEN Z, QIAN J Z, LUO S H, et al., 2009. Experimental study of friction factor for groundwater flow in a single rough fracture[J]. Journal of hydrodynamics, 21(6): 820-825.

CHEN Y F, HU R, ZHOU C B, et al., 2011. A new parabolic variational inequality formulation of Signorini's condition for non-steady seepage problems with complex seepage control systems[J]. International journal for numerical and analytical methods in geomechanics, 35(9): 1034-1058.

CHEN Y F, HU S H, HU R, et al., 2015a. Estimating hydraulic conductivity of fractured rocks from high-pressure packer tests with an Izbash's law-based empirical model[J]. Water resources research, 51(4): 2096-2118.

CHEN Y F, LIU M M, HU S H, et al., 2015b. Non-Darcy's law-based analytical models for data interpretation of high-pressure packer tests in fractured rocks[J]. Engineering geology, 199: 91-106.

CHEN Y F, FANG S, WU D S, et al., 2017. Visualizing and quantifying the crossover from capillary fingering to viscous fingering in a rough fracture[J]. Water resources research, 53(9): 7756-7772.

CHEN Y F, LING X M, LIU M M, et al., 2018a. Statistical distribution of hydraulic conductivity of rocks in deep-incised valleys, Southwest China[J]. Journal of hydrology, 566: 216-226.

CHEN Y F, GUO N, WU D S, et al., 2018b. Numerical investigation on immiscible displacement in 3D rough fracture: Comparison with experiments and the role of viscous and capillary forces[J]. Advances in water resources, 118: 39-48.

CHEN Y F, WU D S, FANG S, et al., 2018c. Experimental study on two-phase flow in rough fracture: Phase diagram and localized flow channel[J]. International journal of heat and mass transfer, 122: 1298-1307.

CHEN Y F, LI B Y, LIU M M, et al., 2019. A Forchheimer's law-based analytical model for constant-rate tests with linear flow pattern[J]. Advances in water resources, 128: 1-12.

CHEN Y F, YU H, MA H Z, et al., 2020. Inverse modeling of saturated-unsaturated flow in site-scale fractured rocks using the continuum approach: A case study at Baihetan dam site, Southwest China[J]. Journal of hydrology, 584: 124693.

COUSSY O, 2004. Poromechanics[M]. New York: Wiley.

DESAI C S, LI G C, 1983. A residual flow procedure and application for free surface in porous media[J]. Advances in water resources, 6(1): 27-35.

ELSWORTH D, DOE T W, 1986. Application of non-linear flow laws in determining rock fissure geometry from single borehole pumping tests[J]. International journal of rock mechanics and mining sciences & geomechanics abstracts, 23(3): 245-254.

FORCHHEIMER P, 1901. Wasserbewegung durch boden[J]. Zeitschrift des vereins deutscher ingenieure, 45: 1782-1788.

GARDNER W R, 1958. Some steady-state solutions of unsaturated moisture flow equations with application to evaporation from a water table[J]. Soil science, 85(4): 228-232.

GLASS R J, RAJARAM H, DETWILER R L, 2003. Immiscible displacements in rough-walled fractures: Competition between roughening by random aperture variations and smoothing by in-plane curvature[J].

Physical review E, 68(6): 061110.

HU R, CHEN Y F, ZHOU C B, 2011. Modeling of coupled deformation, water flow and gas transport in soil slopes subjected to rain infiltration[J]. Science China technological sciences, 54(10): 2561-2575.

HU R, CHEN Y F, LIU H H, et al., 2016. A coupled two-phase fluid flow and elastoplastic deformation model for unsaturated soils: Theory, implementation and application[J]. International journal for numerical and analytical methods in geomechanics, 40(7): 1023-1058.

HU R, CHEN Y F, ZHOU C B, et al., 2017. A numerical formulation with unified unilateral boundary condition for unsaturated flow problems in porous media[J]. Acta geotechnica, 12(2): 277-291.

HU R, WAN J, YANG Z, et al., 2018a. Wettability and flow rate impacts on immiscible displacement: A theoretical model[J]. Geophysical research letters, 45(7): 3077-3086.

HU R, WU D S, YANG Z, et al., 2018b. Energy conversion reveals regime transition of imbibition in a rough fracture [J]. Geophysical research letters, 45(17): 8993-9002.

HU R, LAN T, WEI G J, et al., 2019a. Phase diagram of quasi-static immiscible displacement in disordered porous media[J]. Journal of fluid mechanics, 875: 448-475.

HU R, ZHOU C X, WU D S, et al., 2019b. Roughness control on multiphase flow in rock fractures[J]. Geophysical research letters, 46(21): 12002-12011.

IRMAY S, 1958. On the theoretical derivation of Darcy and Forchheimer formulas[J]. Transactions American geophysical union, 39(4): 702-707.

IWAI K, 1976. Fluid flow in simulated fractures[J]. American institute of chemical engineers journal, 2: 259-263.

IZBASH S, 1931. O filtracii kropnozernstom materiale[M]. Leningrad: USSR.

JAVADI M, SHARIFZADEH M, SHAHRIAR K, et al., 2014. Critical Reynolds number for nonlinear flow through rough-walled fractures: The role of shear processes[J]. Water resources research, 50(2): 1789-1804.

JING L, MA Y, FANG Z, 2001. Modeling of fluid flow and solid deformation for fractured rocks with discontinuous deformation analysis (DDA) method[J]. International journal of rock mechanics and mining sciences, 38(3): 343-355.

KIKUCHI N, 1977. Seepage flow problems by variational inequalities: Theory and approximation[J]. International journal for numerical and analytical methods in geomechanics, 1(3): 283-297.

KLINKENBERG L J, 1941. The permeability of porous media to liquids and gases[J]. API drilling production practice, 2(2): 200-213.

KONZUK J S, KUEPER B H, 2004. Evaluation of cubic law based models describing single-phase flow through a rough-walled fracture[J]. Water resources research, 40(2): W02402.

LAN T, HU R, YANG Z, et al., 2020. Transitions of fluid invasion patterns in porous media[J]. Geophysical research letters, 47(20): e2020GL089682.

LIU H H, DOUGHTY C, BODVARSSON G S, 1998. An active fracture model for unsaturated flow and transport in fractured rocks[J]. Water resources research, 34(10): 2633-2646.

LIU M M, CHEN Y F, ZHAN H, et al., 2017. A generalized Forchheimer radial flow model for constant rate tests[J]. Advances in water resources, 107: 317-325.

LOUIS C, 1969. A study of groundwater flow in jointed rock and its influence of the stability of rock masses[R]. London: Imperial College.

MUALEM Y, 1976. A new model for predicting the hydraulic conductivity of unsaturated porous media[J]. Water resources research, 12(3): 513-522.

PETERS R R, KLAVETTER E A, 1988. A continuum model for water movement in an unsaturated fractured rock mass[J]. Water resources research, 24(3): 416-430.

QIAN J, ZHAN H, LUO S, et al., 2007. Experimental evidence of scale-dependent hydraulic conductivity for fully developed turbulent flow in a single fracture[J]. Journal of hydrology, 339(3/4): 206-215.

QUINN P M, PARKER B L, CHERRY J A, 2011a. Using constant head step tests to determine hydraulic apertures in fractured rock[J]. Journal of contaminant hydrology, 126(1): 85-99.

QUINN P M, CHERRY J A, PARKER B L, 2011b. Quantification of non-Darcian flow observed during packer testing in fractured sedimentary rock[J]. Water resources research, 47(9): W09533.

QUINN P M, PARKER B L, CHERRY J A, 2013. Validation of non-Darcian flow effects in slug tests conducted in fractured rock boreholes[J]. Journal of hydrology, 486(12): 505-518.

RADILLA G, NOWAMOOZ A, FOURAR M, 2013. Modeling non-Darcian single- and two-phase flow in transparent replicas of rough-walled rock fractures[J]. Transport in porous media, 98(2): 401-426.

RANJITH P G, VIETE D R, 2011. Applicability of the 'cubic law' for non-Darcian fracture flow[J]. Journal of petroleum science and engineering, 78(2): 321-327.

RICHARDS L A, 1931. Capillary conduction of liquids through porous mediums[J]. Physics, 1(5): 318-333.

ROMM E S, 1966. Fluid flow in fractured rocks[M]. Moscow: Nedra Publishing House.

SKJETNE E, HANSEN A, GUDMUNDSSON J S, 1999. High-velocity flow in a rough fracture[J]. Journal of fluid mechanics, 383: 1-28.

VAN GENUCHTEN M T, 1980. A closed-form equation for predicting the hydraulic conductivity of unsaturated soils[J]. Soil science society of America journal, 44(5): 892-898.

WANG M, CHEN Y F, MA G W, et al., 2016. Influence of surface roughness on non-linear flow behaviors in 3D self-affine rough fractures: Lattice Boltzmann simulations[J]. Advances in water resources, 96: 373-388.

WITHERSPOON P A, WANG J S Y, IWAI K, et al., 1980. Validity of cubic law for fluid flow in a deformable rock fracture[J]. Water resources research, 16(6): 1016-1024.

WU D S, HU R, LAN T, et al., 2021. Role of pore-scale disorder in fluid displacement: Experiments and theoretical model[J]. Water resources research, 57(1): e2020WR028004.

XUE S, YANG Z, HU R, et al., 2020. Splitting dynamics of liquid slugs at a T-junction[J]. Water resources research, 56(8): e2020WR027730.

YANG Z, NIEMI A, FAGERLUND F, et al., 2012. A generalized approach for estimation of in-plane curvature in invasion percolation models for drainage in fractures[J]. Water resources research, 48(9): W09507.

YANG Z, MEHEUST Y, NEUWEILER I, et al., 2019a. Modeling immiscible two-phase flow in rough fractures from capillary to viscous fingering[J]. Water resources research, 55(3): 2033-2056.

YANG Z, XUE S, ZHENG X, et al., 2019b. Partitioning dynamics of gravity-driven unsaturated flow through simple T-shaped fracture intersections[J]. Water resources research, 55(8): 7130-7142.

ZENG Z, GRIGG R, 2006. A criterion for non-Darcy flow in porous media[J]. Transport in porous media, 63(1): 57-69.

ZHANG Z, NEMCIK J, 2013. Fluid flow regimes and nonlinear flow characteristics in deformable rock fractures[J]. Journal of hydrology, 477(16): 139-151.

ZHENG H, LIU D F, LEE C F, et al., 2005. A new formulation of Signorini's type for seepage problems with free surfaces[J]. International journal for numerical methods in engineering, 64(1): 1-16.

ZHENG X, YANG Z, WANG S, et al., 2021. Evaluation of hydrogeological impact of tunnel engineering in a karst aquifer by coupled discrete-continuum numerical simulations[J]. Journal of hydrology, 597: 125765.

ZHOU J Q, HU S H, FANG S, et al., 2015. Nonlinear flow behaviors at low Reynolds number through rough-walled fractures subjected to normal compressive loading[J]. International journal of rock mechanics and mining sciences, 80: 202-218.

ZHOU B Q, YANG Z, HU R, et al., 2021. Assessing the impact of tunnelling on karst groundwater balance by using lumped parameter models[J]. Journal of hydrology, 599: 126375.

ZIMMERMAN R W, BODVARSSON G S, 1996. Hydraulic conductivity of rock fractures[J]. Transport in porous media, 23(1): 1-30.

ZIMMERMAN R W, YEO I W, 2000. Fluid flow in rock fractures: From the Navier-Stokes equations to the cubic law [C]//Dynamics of Fluids in Fractured Rock. Washington D.C.: American Geophysical Union.

ZIMMERMAN R W, AL-YAARUBI A, PAIN C C, et al., 2004. Non-linear regimes of fluid flow in rock fractures[J]. International journal of rock mechanics and mining sciences, 41: 163-169.

第2章

岩体的渗透特性及其演化规律

岩体是由众多成因多样、规模不一、产状各异的结构面及由这些结构面切割形成的岩块共同组成的地质体。因此，岩体的渗透特性不仅仅与岩石的性质有关，更主要地，其受控于岩体的结构面及其网络的发育特征。在工程建设、运行过程中，岩体受开挖、灌浆、填筑及蓄水等作用而发生变形、损伤、潜蚀或填充，使得岩体流动网络的几何形态和连通特性发生变化，进而在宏观上导致岩体渗透特性的显著变化。揭示岩体渗透特性的时空分布与演化规律，不仅是岩体渗流分析与模拟的前提，还是工程渗流控制与长期安全性评价的关键。本章介绍岩石渗透性的快速测试技术及其数据解析方法、岩石在损伤过程中的渗透特性演化规律，并重点讨论岩体渗透特性的空间分布特征及演化规律。

2.1 岩石渗透特性的快速测试与解析方法

2.1.1 概述

岩石的渗透特性取决于岩石中的孔隙、微裂纹和层理、叶理等组成的网络特征及连通特性，并与岩石的类型、风化程度和应力状态密切相关。与岩体结构面相比，新鲜岩石的渗透性往往极低，但岩石渗透特性的研究也具有重要意义：一方面，岩石的渗透系数为岩体渗透系数的估计提供了可靠的下界；另一方面，对于结构面不发育的完整岩体或结构面紧密闭合的深部岩体，岩体的渗透系数与岩石的渗透系数往往处于同一个数量级。此外，当岩石的应力状态发生变化时，岩石的渗透性也将随岩石的变形和损伤而发生显著变化，进而对岩体的渗透特性产生影响。

岩石渗透性的室内测试方法可分为稳态法和瞬态法。稳态法是在试样的两端施加一定或变化的流体压差，通过测量渗透流量来计算试样的渗透系数，传统的定水位法和变水位法就属于此类方法。一般认为，稳态法适用于渗透率大于 1 mD（$=0.987\times10^{-15}\ \text{m}^2$）的中、高渗透性岩石。对于低渗透性岩石，该方法则存在试验耗时长、密封难、流量测量精度低等缺点。与稳态法不同，瞬态法是在试样的一端以一定的流量注入流体或直接施加压力脉冲，通过测量试样两端的压力差随时间的变化来计算试样的渗透系数，瞬态压力脉冲法和周期振荡法就属于此类方法。该方法常用于低或极低渗透性岩石，试验流体可选用气体（如氮气、氦气等）、水或煤油，由于气体具有黏滞性小、不易与试样发生物理作用和化学反应等优点，该方法被广泛应用于低渗透性岩石的渗透性测试。

瞬态压力脉冲法最早由 Brace 等（1968）提出，用于测量 Westerly 花岗岩的渗透率，但其数据解析模型假定流体压缩系数不随压力变化且不考虑试样内孔隙的存储效应，因而该方法仅适用于试验流体采用低压缩性流体的情形。随后，该方法被广泛应用于低渗透性岩石的渗透率和孔隙率测试，并发展了一系列考虑试样孔隙存储效应的试验数据分析方法（Trimmer，1981），以及考虑气体压缩性和滑移效应的渗透率解析模型（Liu et al.，2017；Liang et al.，2001）。

2.1.2 瞬态气压脉冲法原理

与其他渗透试验方法相比，瞬态气压脉冲法对于测量低渗透性岩石的渗透性优势明显，具有理论成熟、原理简单、测试速度快、测量精度高等突出优点。瞬态气压脉冲试验原理如图 2.1.1 所示。圆柱状岩样两端分别与两个气体容器连接，采用高纯度试验气体驱除试样孔隙及进、出口端容器中的空气，然后施加初始气体压力 P_0，使试样内部及进、出口端容器中的气体压力达到平衡。在 t_0 时刻，对进口端容器瞬时施加气体压力增量ΔP_u，为了避免试样中不同位置的气体压力相差过大，ΔP_u 一般不超过初始气体压力 P_0 的 10%。在ΔP_u 的作用下，在试样轴向方向产生压力梯度，促使进口端容器中的气体经试样孔隙网络向出口端容器流动，导致进口端容器的气体压力 P_u 逐渐衰减，而出口端容器的气体压力 P_d 逐渐增大，最终进、出口端容器的气体压力均趋于平衡压力 P_f。在试验过程中，记录进、出口端容器气体压力的平衡过程，并维持气体温度稳定。试验气体通常选用惰性气体，如氮气等。

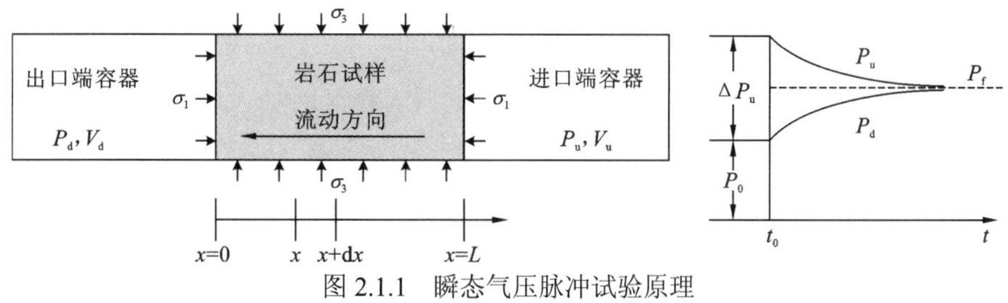

图 2.1.1　瞬态气压脉冲试验原理

此外，在试验过程中，还可对试样施加轴压 σ_1 和围压 σ_3，用来模拟岩石所处的地应力环境。若逐级调整试样的应力状态，并在每个应力状态下重复上述渗透试验，则可以方便地测量某个特定应力路径下岩石渗透性的变化。围压 σ_3 的施加可确保岩石试样与橡胶套紧密接触，避免在试验过程中沿试样与橡胶套之间的接触面发生渗漏。因此，瞬态气压脉冲试验系统通常集成在常规三轴试验机上，如图 2.1.2 所示，系统组成包括轴压伺服、围压伺服和孔压伺服及数据采集处理系统等。

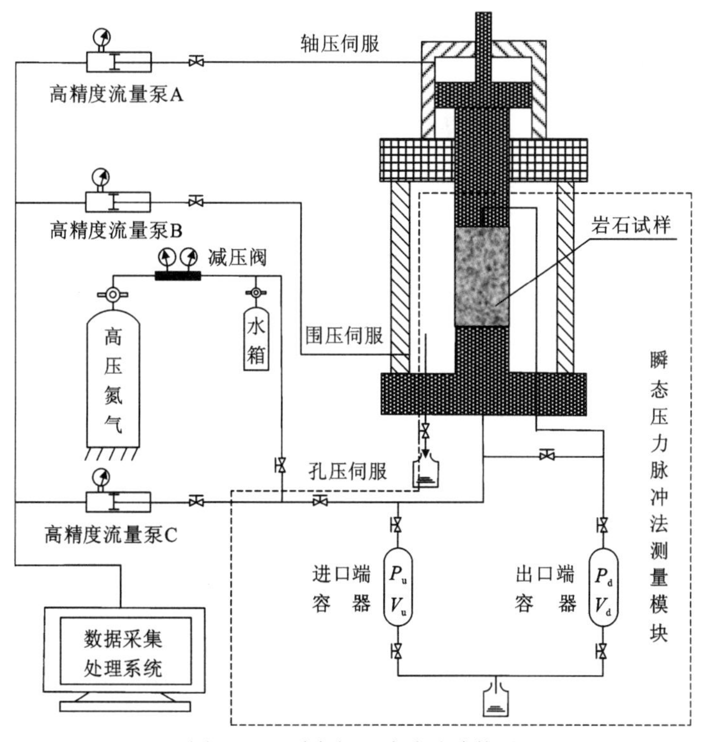

图 2.1.2　瞬态气压脉冲试验装置

试样进、出口端气体压力的平衡过程与岩石的渗透率、试样和容器的尺寸及流体的性质有关。利用进口端气体压力的变化过程，岩石试样的渗透率可通过如下公式计算（Brace et al.，1968）：

$$P_u - P_f = \Delta P_u \frac{V_d}{V_u + V_d} e^{-\theta t} \tag{2.1.1a}$$

$$\theta = \frac{\kappa A_s}{\mu C_f L}\left(\frac{1}{V_u} + \frac{1}{V_d}\right) \tag{2.1.1b}$$

式中：κ为岩石的渗透率（m^2）；P_u 为进口端容器的气体压力（Pa）；P_f 为达到平衡时的气体压力（Pa）；ΔP_u 为瞬时施加在进口端容器的气体压力增量（Pa）；V_u、V_d 分别为进、出口端容器的体积（m^3）；μ为试验气体的动力黏滞系数（Pa·s）；C_f为流体的压缩系数（Pa^{-1}）；A_s为试样的横截面面积（m^2）；L 为试样长度（m）。

2.1.3　岩石渗透率与孔隙率的解析公式

1. 问题描述

如图 2.1.1 所示，沿试样轴线建立一维坐标系，原点位于试样出口端，正方向指向进口端。进口端气体压力的突增，导致气体从进口端流向出口端，并引起试样内部孔隙气体压力的上升。在 dt 时段内，试样内部任意微段 dx 的气体质量增量满足如下守恒方程：

$$-d(A_s \rho v)dt = d(A_s \rho \phi dx) \tag{2.1.2}$$

式中：A_s为试样的横截面面积（m^2）；ρ为气体的密度（kg/m^3）；v 为气体的渗流速度（m/s）；ϕ为试样的孔隙率。

假设试验气体为理想气体，则其状态方程为

$$\rho = \frac{MP}{RT} \tag{2.1.3}$$

式中：P 为气体压力（Pa）；M 为气体的摩尔质量（kg/mol）；T 为气体的热力学温度（K）；R 为普适气体常数[$Pa \cdot m^3/(mol \cdot K)$]。

假设气体在试样中的流动服从达西定律，并忽略重力影响，有

$$v = -\frac{\kappa}{\mu}\frac{\partial P}{\partial x} \tag{2.1.4}$$

式中：κ为试样的渗透率（m^2）；μ为气体的动力黏滞系数（Pa·s）。

将式（2.1.3）和式（2.1.4）代入式（2.1.2），可得气体在试样中流动的控制方程：

$$d\left(\frac{\kappa}{\mu} P \frac{\partial P}{\partial x}\right)dt = d(\phi P dx) \tag{2.1.5}$$

考虑到通常情况下$\Delta P_u \leqslant 10\% P_0$，因而可忽略气体的动力黏滞系数和试样的渗透率在试验过程中的变化。此外，当岩石的压缩模量较大（如花岗岩和大理岩的压缩模量可达数十吉帕）时，试样在试验过程中因气体压力变化（通常小于 1 MPa）产生的体积变化（一

般小于 10^{-4}）可忽略不计，即认为试样的孔隙率在试验过程中保持不变。对于压缩模量较低的岩石（如页岩），只要施加的气压增量ΔP_u足够小，孔隙率在试验过程中的变化也可以忽略不计。这样，式（2.1.5）可以简化为

$$\frac{\kappa}{2\mu}\frac{\partial^2 P^2}{\partial x^2}=\phi\frac{\partial P}{\partial t} \tag{2.1.6}$$

结合气体状态方程[式（2.1.3）]，试验过程中试样上、下游断面的边界条件可以表示为

$$\frac{\mathrm{d}P_\mathrm{d}}{\mathrm{d}t}-\frac{\kappa A_\mathrm{s}}{2\mu V_\mathrm{d}}\frac{\partial P^2}{\partial x}=0 \quad (x=0) \tag{2.1.7a}$$

$$\frac{\mathrm{d}P_\mathrm{u}}{\mathrm{d}t}+\frac{\kappa A_\mathrm{s}}{2\mu V_\mathrm{u}}\frac{\partial P^2}{\partial x}=0 \quad (x=L) \tag{2.1.7b}$$

式中：L 为圆柱体试样的长度（m）。

在 t_0 时刻，瞬态气压脉冲试验满足如下初始条件：

$$P(x,0)=P_0 \quad (0<x<L) \tag{2.1.8a}$$

$$P_\mathrm{d}(0)=P_0 \quad (x=0) \tag{2.1.8b}$$

$$P_\mathrm{u}(0)=P_0+\Delta P_\mathrm{u} \quad (x=L) \tag{2.1.8c}$$

其中，$P_\mathrm{d}(t)=P(0,t)$，$P_\mathrm{u}(t)=P(L,t)$。

2. 渗透率计算模型

瞬态压力脉冲试验过程中，气体流动的控制方程[式（2.1.6）]是一个非线性方程，难以直接求解。研究表明（Trimmer，1981；Brace et al.，1968），若试样的孔隙体积远小于进、出口端的容器体积，则式（2.1.6）的等号左端项近似为零，其物理意义为气体压力的平方（P^2）在试样轴线方向上的梯度不随位置发生变化，即

$$\frac{\partial P^2}{\partial x}=\frac{P_\mathrm{u}^2(t)-P_\mathrm{d}^2(t)}{L} \tag{2.1.9}$$

由气体状态方程[式(2.1.3)]和试验系统中的气体质量守恒条件($\rho_\mathrm{u}V_\mathrm{u}+\rho_\mathrm{d}V_\mathrm{d}$=定值)，可得进、出口端容器的气体压力存在如下关系：

$$\rho_\mathrm{u}(t)V_\mathrm{u}+\rho_\mathrm{d}(t)V_\mathrm{d}=P_\mathrm{fa}(V_\mathrm{u}+V_\mathrm{d}) \tag{2.1.10a}$$

$$P_\mathrm{fa}=\frac{\rho_\mathrm{u}(0)V_\mathrm{u}+\rho_\mathrm{d}(0)V_\mathrm{d}}{V_\mathrm{u}+V_\mathrm{d}} \tag{2.1.10b}$$

式中：ρ_u和ρ_d分别为进、出口端容器气体的密度；P_fa为近似的最终平衡压力。

将式（2.1.9）和式（2.1.10）代入式（2.1.7），可得进、出口端容器的气体压力随时间的变化：

$$\ln\left[\frac{P_\mathrm{u}(t)-P_\mathrm{fa}}{P_\mathrm{u}(0)-P_\mathrm{fa}}\right]-\ln\left[\frac{(V_\mathrm{d}-V_\mathrm{u})P_\mathrm{u}(t)+(V_\mathrm{u}+V_\mathrm{d})P_\mathrm{fa}}{(V_\mathrm{d}-V_\mathrm{u})P_\mathrm{u}(0)+(V_\mathrm{u}+V_\mathrm{d})P_\mathrm{fa}}\right]=-\theta t \tag{2.1.11a}$$

$$\ln\left[\frac{P_\mathrm{d}(t)-P_\mathrm{fa}}{P_\mathrm{d}(0)-P_\mathrm{fa}}\right]-\ln\left[\frac{(V_\mathrm{u}-V_\mathrm{d})P_\mathrm{d}(t)+(V_\mathrm{u}+V_\mathrm{d})P_\mathrm{fa}}{(V_\mathrm{u}-V_\mathrm{d})P_\mathrm{d}(0)+(V_\mathrm{u}+V_\mathrm{d})P_\mathrm{fa}}\right]=-\theta t \tag{2.1.11b}$$

将式（2.1.10）代入式（2.1.11a）和式（2.1.11b），可得

$$\ln\left[\frac{P_{\mathrm{u}}(t)-P_{\mathrm{d}}(t)}{P_{\mathrm{u}}(0)-P_{\mathrm{d}}(0)}\right]-\ln\left[\frac{P_{\mathrm{u}}(t)+P_{\mathrm{d}}(t)}{P_{\mathrm{u}}(0)+P_{\mathrm{d}}(0)}\right]=-\theta t \tag{2.1.11c}$$

其中，

$$\theta=\frac{\kappa P_{\mathrm{fa}}}{\mu L^{2}}\left(\frac{V_{\mathrm{s}}}{V_{\mathrm{u}}}+\frac{V_{\mathrm{s}}}{V_{\mathrm{d}}}\right) \tag{2.1.12}$$

式中：$V_s=A_sL$，为试样的体积。

由式（2.1.11）可知，式（2.1.11a）仅包含进口端容器的气体压力数据，式（2.1.11b）仅包含出口端容器的气体压力数据，而式（2.1.11c）则同时运用了进、出口端容器的气体压力数据，且该式与 Liang 等（2001）采用扰动法得到的表达式一致。数值模拟表明（Liu et al.，2017），在低渗透性岩石瞬态气压脉冲试验过程中，进口端容器的气体压力随时间的延续呈现显著下降趋势，且孔隙率越大，下降幅度越明显；而出口端容器气体压力的上升则具有显著的延滞现象，且孔隙率越大，延滞效应越明显，如图 2.1.3（a）和（b）所示。在解析公式的推导过程中，引入了近似的气体压力分布函数[式（2.1.9）]，即假定试样内部气体压力平方的梯度沿试样轴向均匀分布，因而在试验初期，解析公式将低估试样上游端的渗透梯度及从进口端容器流入试样的气体质量，进而高估进口端容器的气体压力[图 2.1.3（a）]。同时，该近似公式还忽略了试验初期试样孔隙网络对流入气体的存储效应，从而也高估了进入出口端容器的气体质量及出口端容器的气体压力[图 2.1.3（b）]。

数值模拟还表明，最终平衡压力的近似值 P_{fa} 是式（2.1.11a）和式（2.1.11b）产生误差的重要原因[图 2.1.3（c）]。式（2.1.11c）不包含 P_{fa}，因而其较另外两个表达式精度高。此外，式（2.1.11c）与数值解的偏差主要发生在试验初期的极短时间内，因而在试验数据拟合时，将高估参数 θ 和渗透率 κ。因此，在进行试验数据分析时，可忽略试验初期短时间内的数据，并在等式右端引入微小的截距 y_0 来修正解析模型与试验初期数据之间存在的偏差：

$$\ln\left[\frac{P_{\mathrm{u}}(t)-P_{\mathrm{d}}(t)}{P_{\mathrm{u}}(0)-P_{\mathrm{d}}(0)}\right]-\ln\left[\frac{P_{\mathrm{u}}(t)+P_{\mathrm{d}}(t)}{P_{\mathrm{u}}(0)+P_{\mathrm{d}}(0)}\right]=-\theta t+y_{0} \tag{2.1.13}$$

式（2.1.13）即低渗透性岩石的渗透率计算公式。y_0 仅用于校正模型在试验初期的误差，从而提高渗透率计算的精度。由于式（2.1.13）等号左端项不包含最终平衡压力 P_f 或 P_{fa}，且试验数据大多在试验开始不久就与时间 t 呈良好的线性关系，试验无须持续到最终平衡状态即可解析得到试样的渗透率，从而缩短了试验时间，发挥了瞬态气压脉冲法快速、高效的优势。

由式（2.1.11）和式（2.1.13）还可以看出，在给定气体压力（P_0 和 ΔP_u）条件下，进口端容器气体压力的衰减速率、出口端容器气体压力的上升速率及进、出口端容器的气体压力差的衰减速率均与参数 θ 呈正相关关系；另外，对于特定的试验装置及岩石试样（即 θ 一定），ΔP_u 越小，试验达到稳定状态所需的时间越短。因此，为缩短试验时间，

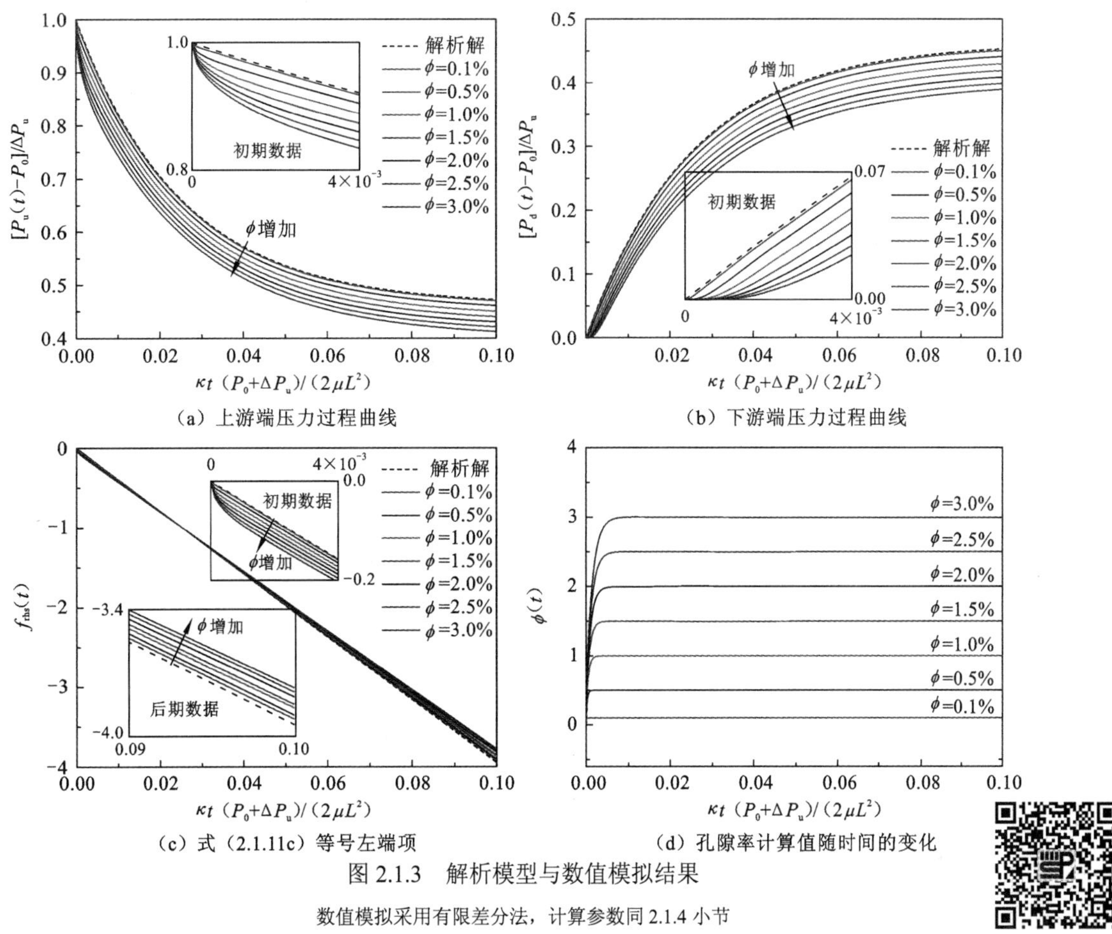

(a) 上游端压力过程曲线　(b) 下游端压力过程曲线

(c) 式 (2.1.11c) 等号左端项　(d) 孔隙率计算值随时间的变化

图 2.1.3　解析模型与数值模拟结果

数值模拟采用有限差分法，计算参数同 2.1.4 小节

可采用θ较大的试验系统（即采用体积较小的进、出口端容器及直径大、长度短的岩石试样），并在上游端施加较小的瞬态气体压力增量ΔP_u。然而，θ的增大会导致式（2.1.9）的近似程度和适用性变差。因此，试验系统的设计（即θ的确定）应兼顾试验耗时长短和数据解析精度。

3. 孔隙率估算模型

孔隙率是表征岩石中流体流动和存储能力的基本参数，其测试方法主要有压汞试验、低温氮气吸附试验、低温 CO_2 吸附试验及核磁共振测试等。通过建立孔隙率估算模型，可由瞬态气压脉冲试验同时确定试样的渗透率和孔隙率。

由试验系统中的气体质量守恒条件[式（2.1.2）]及气体状态方程[式（2.1.3）]，可得

$$P_0(V_u+V_d+\phi V_s)+\Delta P_u V_u = P_u(t)V_u + P_d(t)V_d + \phi A_s\int_0^L P(x,t)\mathrm{d}x \tag{2.1.14}$$

由于试样内部气体压力分布函数 $P(x,t)$的精确解难以获得，式（2.1.14）也难以精确求解。类似地，引入压力分布的近似解[式（2.1.9）]，并将其代入式（2.1.14），即可解出试样的孔隙率：

$$\phi(t)=\frac{P_0(V_u+V_d)+\Delta P_u V_u-P_u(t)V_u-P_d(t)V_d}{V_s\left\{\frac{2}{3}[P_u^2(t)+P_u(t)P_d(t)+P_d^2(t)]/[P_u(t)+P_d(t)]-P_0\right\}} \tag{2.1.15}$$

式（2.1.15）采用进、出口端容器的气体压力计算试样的孔隙率，由于近似压力分布函数[式（2.1.9）]的引入，孔隙率的计算值将随时间发生变化，但这种变化仅出现在试验初期。在试验开始不久且远未达到最终平衡状态时，由式（2.1.15）计算得到的孔隙率便趋于真实值，且孔隙率越小，所需时间越短[图 2.1.3（d）]。在以往的研究中，有不少学者（Finsterle and Persoff，1997）采用进、出口端容器的初始气体压力和最终平衡压力计算试样的孔隙率，这种计算方法显然要求试验持续到最终平衡状态，因而效率较低。

4. 滑移效应的表征

在 1.2.1 小节中，已经提到气体渗透试验存在滑移效应，且气体压力越小，滑移效应越显著。气体渗透过程中的滑移效应采用 Klinkenberg 公式（Klinkenberg，1941）描述：

$$\kappa_a=\kappa\left(1+\frac{p_{ca}}{P}\right) \tag{2.1.16}$$

式中：κ_a 为介质的气体渗透率（m^2）；κ为本征渗透率（m^2）；P 为气体压力（Pa）；p_{ca} 为特征压力（Pa），也称为 Klinkenberg 系数，取决于气体及试样的物理性质。

运用式（2.1.13）直接对试验数据进行解析，所得到的渗透率为试样的气体渗透率 κ_a。为了获得某个应力状态下，试样的本征渗透率κ和特征压力 p_{ca}，可开展一系列不同初始压力 P_{0i} 和压力增量ΔP_{ui}（$\Delta P_{ui}<10\%P_{0i}$，$i=1, 2, \cdots$）下的瞬态气压脉冲试验，并通过式（2.1.13）解析得到相应的气体渗透率κ_{ai}和近似平衡压力 P_{fai}。将数据点绘制到 κ_a-$1/P_{fa}$ 平面内，并对其进行线性拟合，得$\kappa_a=\hat{a}+\hat{b}/P_{fa}$，进而得$\kappa=\hat{a}$，$p_{ca}=\hat{b}/\hat{a}$，其中 $\hat{a}$ 和 $\hat{b}$ 为拟合系数。

试验研究表明，对于特定的气体，试样的本征渗透率κ与特征压力 p_{ca}之间常常存在如下幂次关系：

$$p_{ca}=\hat{\alpha}\kappa^{-\hat{\beta}} \tag{2.1.17}$$

式中：$\hat{\alpha}$、$\hat{\beta}$ 为拟合系数。例如，Jones（1972）、Tanikawa 和 Shimamoto（2006）与 Li 等（2009）分别针对低渗透性砂岩开展了氮气渗透试验，并给出了 $\hat{\alpha}$ 和 $\hat{\beta}$ 的最优拟合参数为（0.048，0.36）、（0.053，0.37）和（0.032，0.43），其中试样的渗透率κ的单位为 mD（1 mD=0.987×10^{-15} m^2）。

若已知某种岩石的κ、p_{ca}满足式(2.1.17)，并已知系数 $\hat{\alpha}$ 和 $\hat{\beta}$ 的值，则可将式(2.1.13)中的 P_u 和 P_d 分别替换为 P_u+p_{ca} 与 P_d+p_{ca}，进而通过迭代计算得到试样的本征渗透率κ。

2.1.4 试验及结果分析示例

以变质砂岩在三轴应力作用下的瞬态气压脉冲试验为例，介绍低渗透性岩石渗透率和孔隙率估算模型的运用，以及三轴压缩过程中岩石渗透率的变化规律。

1. 试验概况

岩样取自锦屏一级水电站坝址区中三叠统—上三叠统杂谷脑组深黑色变质砂岩（$T_{2\sim3}z$），主要矿物成分包括石英、绢云母、方解石和斜长石，天然密度为2.66～2.70 g/cm^3，采用抽真空-液体静力称量法测得岩石的孔隙率为 2.86%～4.35%。

试验仪器采用法国 TOP INDUSTRIE 公司生产的三轴仪，其压力自动伺服装置可施加最大围压 60 MPa、最大轴向偏应力 375 MPa、最大孔隙流体压力 40 MPa。渗透试验装置由高压钢瓶、气阀、气体减压阀和连通管道等组成，最大进气压力为 20 MPa，气体减压阀可提供 0.1～10 MPa 的出气压力，试验流体可选用氮气或蒸馏水，两者的渗透率测量范围分别为 10^{-22}～10^{-16} m^2 和 10^{-18}～10^{-12} m^2。数据采集记录装置由压力数据采集传感器、轴向线性可变差动变压器（linear variable differential transformer，LVDT）位移传感器及环向应变计、高性能数据采集板等组成。

岩石瞬态气压脉冲试验的步骤如下：①将试样置于 105 ℃烤箱中连续烘烤 24 h，之后在真空冷却塔中冷置 24 h，确保试样处于干燥状态；②将冷置后的试样放入特制的橡胶皮套中包裹绝油，将其安装在三轴室内，并连接应变及位移传感器；③合上三轴室，同步施加轴压σ_1和围压σ_3至围压设定值，使试样处于三向等压状态，并维持室温恒定；④通过操作气阀，用高纯氮气饱和试样；⑤施加初始气体压力至设定值（P_0）；⑥在进口端瞬时施加气体压力增量ΔP_u，开展瞬态气压脉冲试验；⑦逐级增大轴压σ_1，在轴压达到试样峰值强度的80%之前采用压力控制(1 MPa/min)，之后切换为应变控制(1×10^{-5} s^{-1})。在每一级轴压达到设定值后，重复瞬态气压脉冲试验，直至试样破坏。

试验的相关参数如下：进口端容器体积 $V_u=1.76\times10^{-5}$ m^3，出口端容器体积 $V_d=2.05\times10^{-5}$ m^3。初始气体压力 $P_0\approx4$ MPa，气体压力增量$\Delta P_u=0.4$ MPa。试样为标准圆柱体，长度 $L=0.1$ m，直径 $d=0.05$ m。室温为（23.2 ± 0.2）℃，该温度条件下氮气的动力黏滞系数为$\mu=1.78\times10^{-5}$ Pa·s。此外，试验未进行气体滑移效应的测量，在进行试验数据分析时，滑移效应按式（2.1.17）近似考虑，拟合参数取$\hat{\alpha}=0.043$ 和$\hat{\beta}=0.39$（Liu et al.，2017）。

2. 试验成果分析

不失一般性，仅讨论$\sigma_3=8$ MPa 的试验结果。图 2.1.4 给出了偏应力为 0 和 30 MPa 条件下，试样进、出口端容器气体压力（P_u和 P_d）在瞬态气压脉冲作用后的变化过程曲线。从图 2.1.4 中可以看出，P_u和 P_d的变化规律与图 2.1.3 给出的解析曲线一致，且渗透率解析模型可以很好地拟合 f_{lhs}-t 试验曲线（$R^2>0.98$），这里f_{lhs}表示式（2.1.13）的等号左端项。此外，试验初期数据产生的误差截距 y_0很小（$y_0<9.0\times10^{-2}$），表明试样的孔隙率较低。

图 2.1.4 还给出了利用 0～t 内的试验数据解析得到的岩石渗透率和孔隙率曲线。其中，κ-t 曲线在试验初期快速下降并很快趋于稳定，达到稳定的临界时间 t_κ在 200 s 之内，

体现了渗透率解析公式（2.1.13）在低渗透率岩石渗透率快速测试中的优势。ϕ-t 曲线则在试验初期快速上升，在达到峰值后逐渐下降并趋于稳定，这与解析解或数值解的变化趋势有所不同，其原因与解析模型对试样内部压力分布的假设有关，该假设将高估试样内部的平均压力及进口端容器的气体压力，进而低估试样的孔隙率。但随着试验的持续，试样内部的实际压力分布与模型假设趋于一致，因而ϕ-t 曲线在试验开始不久便趋于稳定，达到稳定的临界时间 t_ϕ晚于 t_κ，但一般不超过 600 s。在 t_κ和 t_ϕ时刻，进、出口气体压力差约减小至初始值的 1/2 和 1/6，试验远未达到最终平衡状态，但岩石的渗透率和孔隙率已得到可靠辨识。

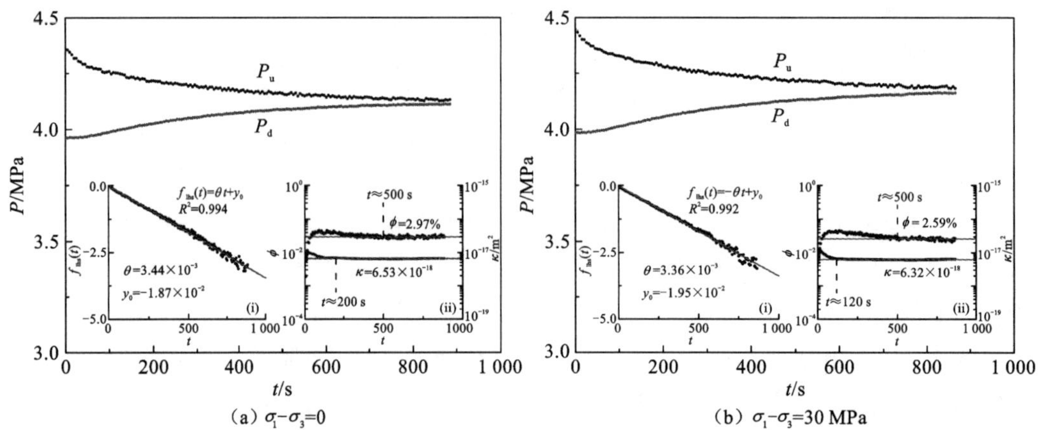

图 2.1.4　不同偏应力条件下锦屏一级水电站变质砂岩的瞬态气压脉冲试验曲线

插图（i）为式（2.1.13）等号左端项 $f_{lhs}(t)$的试验曲线及拟合曲线；插图（ii）为利用 0～t 内的试验数据计算得到的渗透率和孔隙率

图 2.1.5 给出了锦屏一级水电站变质砂岩试样在偏应力逐级增大过程中渗透率的计算结果。在各向等压（$\sigma_1=\sigma_3=8$ MPa）条件下，岩样的初始渗透率为 $6.50\times10^{-18}\,m^2$。随着偏应力的增大，岩样的渗透率先略有降低，然后基本保持稳定，最后进入快速增大阶段。渗透率的这种变化规律与三轴压缩过程中岩石孔隙和微裂纹的压密闭合、弹性变形及损伤扩展阶段是一一对应的，但由于变质砂岩的变质程度较低，岩石孔隙形态以微孔隙为主，故岩石在压缩过程中渗透率的变化范围较小。此外，图 2.1.5 中还对比了 Brace 等（1968）和 Liang 等（2001）两个模型对岩石渗透率的估算结果，发现 Brace 等（1968）由于忽略了气体的压缩性，对试验数据的拟合程度较低，且将明显高估岩石的渗透率；Liang 等（2001）与式（2.1.13）均考虑了气体的压缩性，两者的计算结果基本一致，但由于式（2.1.13）修正了模型假设与试验初期数据之间的偏差，数据拟合效果略优于 Liang 等（2001）。

图 2.1.6 给出了试样孔隙率随偏应力的变化曲线，表明各向等压条件下岩样的初始孔隙率约为 2.97%，与采用抽真空-液体静力称量法测到的孔隙率（2.86%～4.35%）一致。随着偏应力的增加，岩样的孔隙率在 1.5%～4.0%变化，均值为 2.72%，孔隙率与渗透率之间未表现出明显的相关关系，其原因可能与岩石空隙网络中存在死端裂纹有关。死端裂纹对岩石渗透性无贡献，但其萌生、扩展和变形对岩石孔隙率有一定的影响。

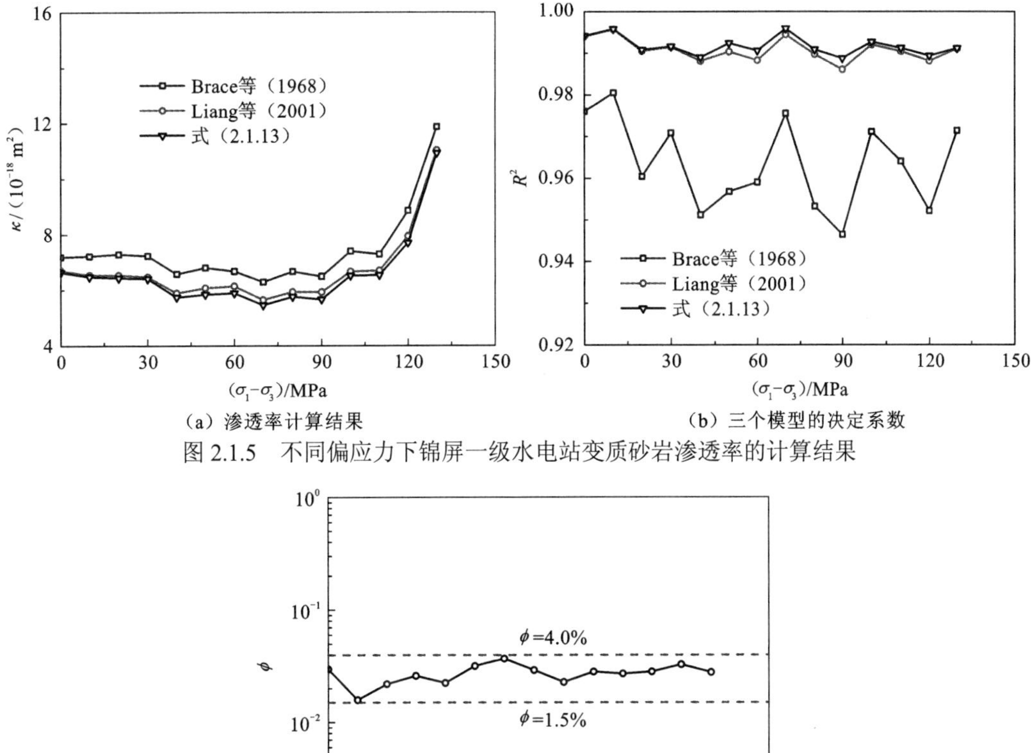

（a）渗透率计算结果　　（b）三个模型的决定系数

图 2.1.5　不同偏应力下锦屏一级水电站变质砂岩渗透率的计算结果

图 2.1.6　不同偏应力下锦屏一级水电站变质砂岩孔隙率的计算结果

2.2　岩石的损伤及渗透特性演化规律

2.2.1　概述

岩石内部空隙的数量、形状、大小、分布及其相互连通关系决定了岩石的渗透特性。按其空隙性质，岩石可大致分为孔隙型、裂隙型和溶隙型三类，分别以碎屑岩、结晶岩和碳酸盐岩为代表。以这三种基本类型为基础，还可衍生出孔缝型、孔洞型、缝洞型等岩石空隙类型。一般意义上，岩石的孔隙率泛指岩样中所有相互连通的孔隙、微裂纹、微孔洞的空间体积与岩样体积之比，它表征了岩石空隙总体积的大小，但无法刻画孔隙结构的所有特征。例如，泥页岩及致密砂岩、粉砂岩等沉积岩往往具有较高的孔隙率，但由于孔隙及喉道尺寸小，渗透率低，孔隙构成流体的主要储集空间；致密花岗岩和大理岩等结晶岩孔隙率极低，微裂纹对岩石的渗透性起控制作用，并构成流体的主要流动通道。

岩石总是处于一定的赋存环境中，当岩石的应力、温度和流体压力发生变化时，岩石发生变形或损伤，其孔隙结构和连通特性也相应地发生变化，进而使岩石的渗透特性发生显著变化。例如，在高温作用下，由于矿物颗粒热膨胀特性的差异，岩石内部将产生微裂纹，且随着温度的升高，微裂纹的数量和宽度显著增大，而长度基本保持不变，这种热损伤总体具有各向同性特征。另外，岩石在受压或开挖过程中，偏应力的增大也将导致微裂纹的萌生和扩展，且这种微裂纹的发育具有显著的方向性，因而相应的损伤也表现出显著的各向异性。尽管微裂纹对岩石孔隙率的贡献甚小，但与孔隙相比，微裂纹的形态更为扁平，因而其对应力作用极为敏感，易于发生闭合或张开，且微裂纹的萌生和扩展可显著增强岩石空隙网络的连通性。因此，岩石的损伤对渗透性的变化具有重要的影响。试验研究表明，在三轴压缩或开挖扰动作用下，坚硬岩石的损伤可使渗透率变化达 2～4 个数量级（Chen et al.，2014a；Souley et al.，2001）。

通过试验和理论分析，人们对损伤演化过程中岩石渗透性的变化规律开展了大量研究。构建岩石渗透率演化模型的方法有多种：一种是通过曲线拟合，建立岩石渗透率变化与孔隙率、体积应变、偏应力或声波波速、声发射累计计数等物理力学参量的相关关系。这类模型一般较为直观，且形式较为简单，但难以表征岩石渗透性演化的内在机理，模型的泛化能力较弱。另一种是以损伤内变量为纽带，或者通过宏观唯象方法，将岩石渗透率变化与微裂纹长度（Souley et al.，2001）、微裂纹密度分布（Oda et al.，2002）、微裂纹开度（Shao et al.，2005）或孔隙尺寸分布（Arson and Pereira，2013）等内变量联系起来；或者通过适当的均匀化方法，建立反映岩石细观结构变化的渗透率模型（Chen et al.，2014a；Zhou et al.，2011；Jiang et al.，2010a）。这类模型较好地反映了脆性岩石渗透性演化的细观机制，但存在细观参数数量较多、率定较为复杂等缺点。

2.2.2 岩石应力-变形曲线与渗透率演化规律

1. 应力-应变曲线与特征应力

坚硬岩石在单轴或三轴压缩条件下典型的应力-应变曲线如图 2.2.1 所示，曲线的峰前部分一般可划分为如下 4 个阶段（Martin and Chandler，1994）：第 I 阶段为微裂纹压密闭合阶段，该阶段的主要特征是在较低的应力水平下，岩石内部的初始微裂纹随着应力的增大逐渐压密闭合，直至应力达到多数微裂纹趋于闭合时对应的微裂纹闭合应力 σ_{cc}。该阶段的轴向应力-应变曲线呈上凹趋势，因而岩石的轴向刚度也随应力的增大逐渐增大。该阶段是否显现与微裂纹的发育密度、几何形态和空间分布密切相关。对于微裂纹不发育的孔隙型岩石，压密段通常不明显，但对于原生微裂纹发育或经历强烈采样扰动的结晶岩，压密段则非常明显。当岩样的应力超过 σ_{cc} 时，应力-应变曲线进入第 II 阶段，即线弹性阶段。该阶段的应力-应变曲线呈线性关系，岩石弹性模量 E^s 和泊松比 ν^s 等力学参数均由该线性关系确定。

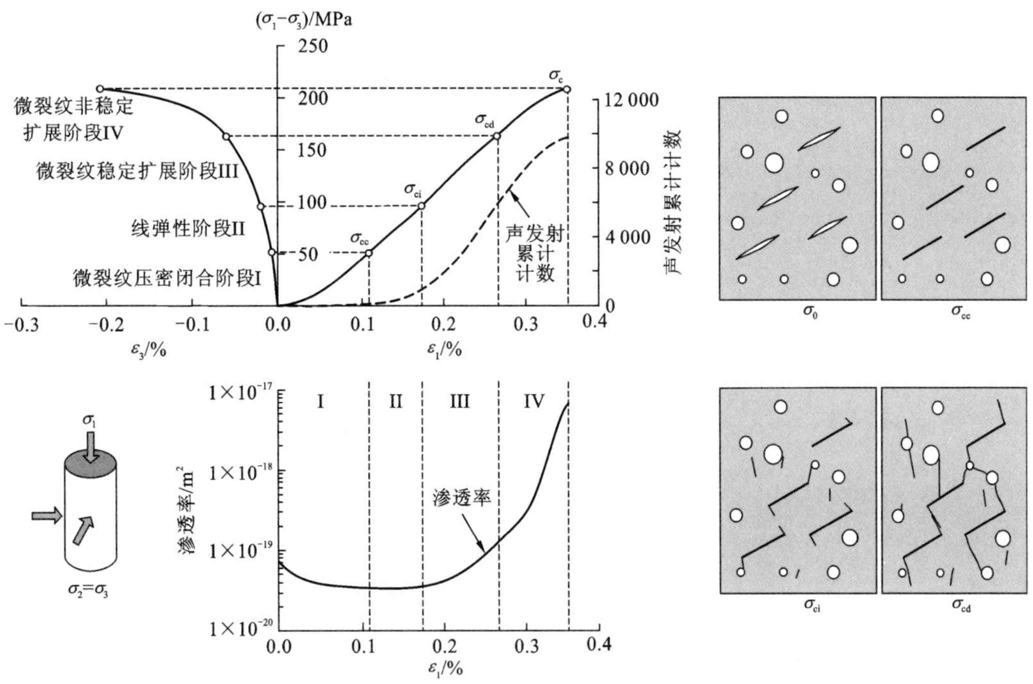

图 2.2.1　脆性岩石典型的应力-应变曲线与损伤演化过程

σ_0 表示初始应力状态

当岩样的应力达到起裂应力σ_{ci}时，新的微裂纹开始萌生、扩展，应力-应变曲线开始呈现非线性，此即第 III 阶段。该阶段微裂纹的扩展方向基本上与最大主应力平行，且当荷载维持不变时，微裂纹将停止扩展，因而称之为微裂纹稳定扩展阶段。此后，当应力达到岩石的损伤强度σ_{cd}后，微裂纹由稳定扩展转向不稳定扩展，岩样相应地从体积收缩转向体积扩容，岩石刚度弱化，应力-应变曲线表现出强烈的非线性。与第 III 阶段不同，在第 IV 阶段，即使荷载维持不变，岩石内部的微裂纹仍将继续扩展，直至试样破坏。若荷载进一步增大，岩石内部的微裂纹将连通、汇合，进而形成宏观破裂面，直至试样达到峰值强度σ_c。

根据试验条件和研究需要，岩石的特征应力（σ_{cc}、σ_{ci}、σ_{cd} 和σ_c）可采用轴向应力σ_1 或偏应力$\sigma_1-\sigma_3$ 定义，并可直接通过岩石的应力-应变曲线确定（Martin and Chandler，1994），或者通过加载过程中的声发射变化特征来确定（Eberhardt et al.，1998）。例如，Martin 和 Chandler（1994）提出了确定岩石特征应力的体积应变法，该方法将岩石总的体积应变 $\varepsilon_v=\varepsilon_1+2\varepsilon_3$（$\varepsilon_1$、$\varepsilon_3$ 分别表示轴向和径向应变）分解为弹性体积应变 ε_v^e 和与微裂纹有关的非弹性体积应变 ε_v^c。其中，弹性体积应变由 Hooke 定律计算，即 $\varepsilon_v^e=(1-2\nu^s)(\sigma_1+2\sigma_3)/E^s$，弹性常数 E^s 和 ν^s 由应力-应变曲线的线性段确定；而非弹性体积应变显然等于总体积应变减去弹性体积应变，即 $\varepsilon_v^c=\varepsilon_v-\varepsilon_v^e$。如图 2.2.2 所示，岩石微裂纹闭合应力$\sigma_{cc}$对应于微裂纹充分闭合、微裂纹体积应变趋于零时的应力；起裂应力σ_{ci} 对应于微裂纹开始萌生、微裂纹体积应变开始增大时的应力；而损伤强度σ_{cd} 则由总体积应变从收缩转向扩容的反弯点确定。

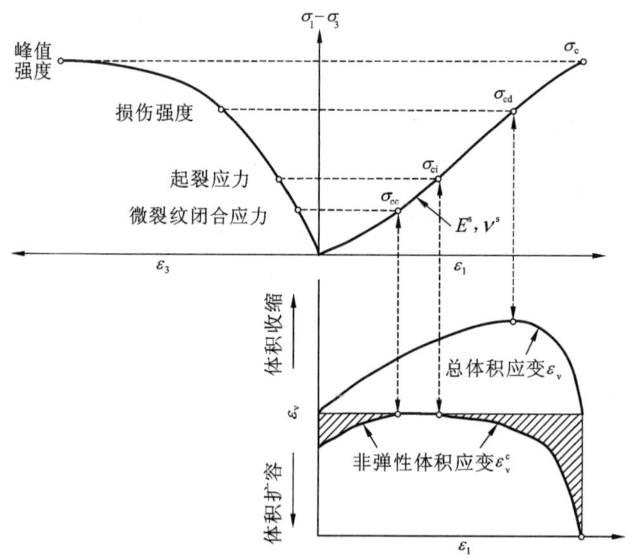

图 2.2.2　脆性岩石特征应力的确定方法（Martin and Chandler，1994）

2. 声发射特征

声发射是岩石在应力作用下，内部微裂纹萌生、扩展，孔隙结构碎裂，矿物颗粒错动、滑移产生非弹性变形而引起的低能量弹性波。岩石在单轴或三轴压缩过程中的声发射特征可通过声发射监测系统采集，其特征参数包括振铃计数和能量大小等。以北山花岗岩为例，图 2.2.3 给出了脆性岩石在单轴压缩过程中的应力-应变曲线及声发射特征（Chen et al.，2014b）。由图 2.2.3 可知，在试样加载初期，试样内部初始微裂纹压密闭合，试样的声发射计数较少，且能量释放率较低。当应力接近起裂应力σ_{ci}时，试样内部新的微裂纹开始萌生，声发射计数突然增加。当应力超过起裂应力σ_{ci}时，随着微裂纹数量的增加和扩展，能量释放率显著增大并维持在较高水平。试样的能量释放率在损伤强度σ_{cd}附近达到最大，并在应力达到峰值强度σ_c后迅速降低。

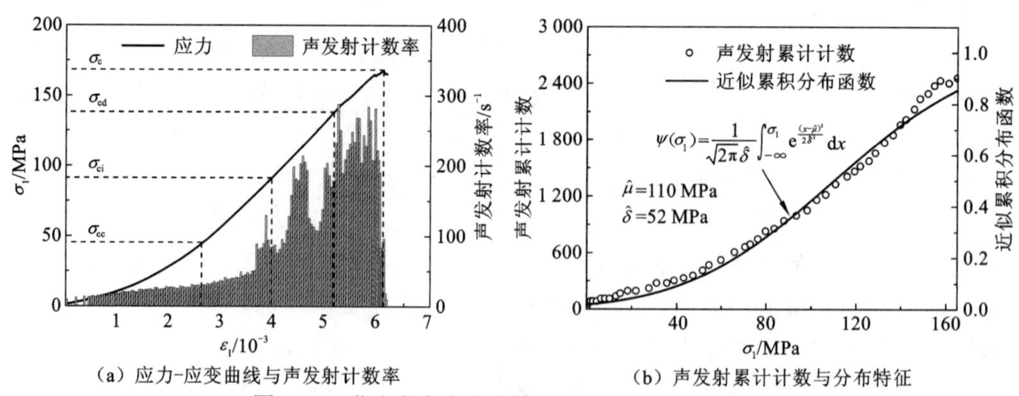

（a）应力-应变曲线与声发射计数率　　（b）声发射累计计数与分布特征

图 2.2.3　北山花岗岩在单轴压缩过程中的声发射特征

图中的应力-应变曲线及声发射数据来自 Chen 等（2014b）

从图 2.2.3 中还可以看出，岩石的声发射累计计数在微裂纹压密闭合阶段 I 和线弹性阶段 II 量值较小且增长缓慢，但在微裂纹稳定扩展阶段 III 和微裂纹非稳定扩展阶段 IV 快速增大，直至应力达到峰值强度后趋于平缓。尽管岩石在压缩过程中的声发射计数率不服从正态分布，但根据声发射累计计数随应力的变化特征，其归一化后的分布形式可近似采用累积正态分布函数拟合：

$$\psi(\sigma)=\frac{1}{\sqrt{2\pi}\hat{\delta}}\int_{-\infty}^{\sigma}\exp\left[-\frac{(x-\hat{\mu})^2}{2\hat{\delta}^2}\right]\mathrm{d}x \tag{2.2.1}$$

式中：ψ为归一化声发射累计计数；σ 为应力，根据建模需要可取轴向应力、偏应力或平均应力；$\hat{\mu}$ 为微裂纹扩展速率达到峰值时的应力，即岩石损伤强度σ_{cd}对应的应力；$\hat{\mu}-\hat{\delta}$ 为岩石起裂应力σ_{ci}对应的应力，$\hat{\delta}$ 为σ_{cd}与σ_{ci}之间的应力差。式（2.2.1）的积分下限为负无穷，但在实际应用中可取加载开始时刻对应的应力。

通过制作经不同阶段加载后岩样的光学显微切片，可在偏光显微镜下获得岩石在各加载阶段的微裂纹发育特征，如图 2.2.4 所示。在微裂纹压密闭合阶段 I，微裂纹主要出现在矿物颗粒界面，穿晶裂纹较少，且多处于闭合状态；在微裂纹稳定扩展阶段 III，矿物颗粒之间及颗粒内部的微裂纹数量明显增多，但延伸较短，开度较小，且连通性较差；而在微裂纹非稳定扩展阶段 IV，试样内部的微裂纹沿矿物颗粒界面或穿过颗粒内部进一步萌生、扩展，微裂纹数量急剧增长，开度和延伸长度显著增大，微裂纹的连通性也显著增强。因此，岩石的应力-应变曲线和声发射特征与加载过程中微破裂的形成、演化息息相关。

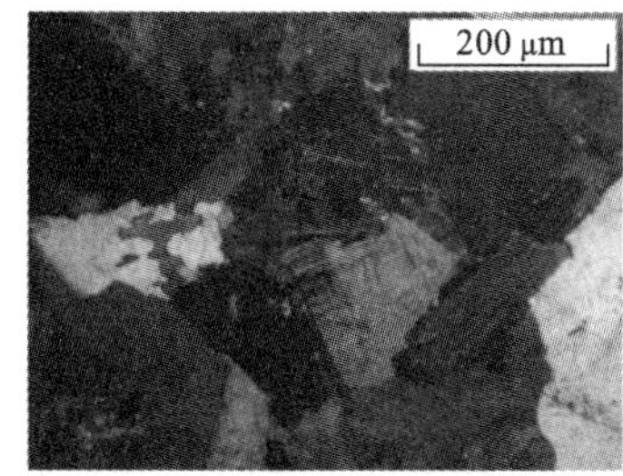

（a）第I阶段

（b）第III阶段

（c）第IV阶段

图 2.2.4　北山花岗岩在不同加载阶段的微裂纹发育特征

3. 渗透率演化规律与拟合模型

1）渗透率演化规律

在单轴或三轴压缩过程中，脆性岩石内部微裂纹的萌生、扩展和连通对渗透率的变化具有决定性的影响。如图 2.2.1 所示，在微裂纹压密闭合阶段，岩石渗透率随轴向应力的增大逐渐降低，最大降幅可达 1 个数量级，取决于岩样内部初始微裂纹、微孔隙的发育特征。初始微裂纹的数量越多，渗透率的下降越显著，但当微孔隙占主导时，由于孔隙的可压缩性较小，渗透率的降幅也较小。在线弹性阶段，试样内部的细观结构基本保持不变，因而渗透率也基本保持不变。此后，随着微裂纹的逐步萌生、扩展，以及连通性的增强，岩石渗透率在微裂纹稳定扩展阶段逐渐增大，并在微裂纹非稳定扩展阶段急剧上升。当试样加载至破坏时，渗透率的增幅往往可达 2～4 个数量级（Chen et al.，2014a；Souley et al.，2001）。

2）基于特征应力的渗透率拟合模型

上述分析表明，岩石渗透率的变化与压缩过程中微裂纹的萌生、扩展，岩石的特征应力及声发射特征均具有紧密的关联性，据此可构建基于特征应力的岩石渗透率拟合模型（Li et al.，2020）。这种模型尽管难以反映岩石损伤的细观机制和各向异性，且泛化能力较弱，但可以直观地反映岩石渗透率在不同加载阶段的变化特征。

假定岩石空隙由近似为球形、可压缩性较小的孔隙和形态扁平、易于压缩的微裂纹两部分组成，且两者对渗透性的贡献相对独立，则脆性岩石在压缩过程中的渗透率变化可以表达为

$$\kappa = \kappa_{\mathrm{I}} + \kappa_{\mathrm{II}} + \kappa_{\mathrm{III}} \tag{2.2.2}$$

式中：κ为岩石在某个应力状态下的渗透率；κ_{I}、κ_{II} 和κ_{III} 分别为初始微裂纹压密闭合、孔隙的弹性压缩及微裂纹的萌生和扩展对岩石渗透率的贡献。

在岩石加载的初始阶段，应力水平较低，孔隙难以被压缩，但微裂纹却对应力作用极为敏感，因而岩石的渗透率随应力的增大显著降低，直至应力达到微裂纹闭合应力σ_{cc}。类似于 Zheng 等（2015）的处理方法，初始微裂纹压密闭合引起的渗透率变化可以表达为应力的负指数函数：

$$\kappa_{\mathrm{I}} = \kappa_{\mathrm{I0}} \exp\left(-m_{\mathrm{cs}} \frac{\sigma'_{\mathrm{m}}}{\sigma'_{\mathrm{mcc}}}\right) + \kappa_{\mathrm{III0}} \tag{2.2.3}$$

式中：κ_{I0} 为在无应力作用条件下初始微裂纹对岩石渗透率的贡献，κ_{III0} 为初始微裂纹充分压密闭合后岩石渗透率的渐近值；σ'_{m} 为岩石的平均有效应力，定义为$\sigma'_{\mathrm{m}} = (\sigma_1 + 2\sigma_3)/3 - p$，其中 p 为孔隙流体压力；σ'_{mcc} 为与微裂纹闭合应力对应的平均有效应力；m_{cs} 为微裂纹的应力敏感性系数，m_{cs} 越大，渗透率从κ_{I0} 下降至其渐近值κ_{III0} 的速率越快。式（2.2.3）引入平均有效应力，是为了使模型能同时应用于单轴压缩、三轴压缩和各向等压加载条件。此外，为简便起见，在引入有效应力时，假定岩石的 Biot 系数为 1。

尽管岩石孔隙的可压缩性较微裂纹小，但随着应力的增大，孔隙的压缩变形对渗透性的影响可能逐渐显现。假定孔隙变形始终处于弹性状态，则其对渗透率的贡献可采用如下线性关系描述：

$$\kappa_{\mathrm{II}} = \kappa_{\mathrm{II0}} \left(1 - \alpha_{\mathrm{cs}} \frac{\sigma'_{\mathrm{m}}}{\sigma'_{\mathrm{mcc}}}\right) \tag{2.2.4}$$

式中：κ_{II0} 为在零应力状态下岩石孔隙对渗透率的贡献；α_{cs} 为孔隙的应力敏感性系数，与岩石类型和孔隙结构特征有关。一般而言，α_{cs} 的取值远小于 m_{cs}，且这种线性关系更适用于孔隙结构稳定、孔隙在压缩过程中不发生坍塌的坚硬岩石。

当岩石的应力超过起裂应力 σ_{ci} 时，随着微裂纹的萌生、扩展、汇合，岩石的渗透率快速增大，声发射活动显著增强。基于岩石渗透率与声发射累计计数的相关关系，可将

微裂纹萌生、扩展对岩石渗透率的贡献表达为

$$\ln\left(\frac{\kappa_{\mathrm{III}}}{\kappa_{\mathrm{III0}}}\right)=\gamma_{\mathrm{cs}}\psi\left(\sigma'_{\mathrm{m}}\right) \tag{2.2.5}$$

式中：γ_{cs} 为微裂纹连通程度对渗透性的影响；ψ为岩石的归一化声发射累计计数，可表达为平均有效应力的函数。这里κ_{III0}既表示初始微裂纹充分压密闭合后岩石渗透率的渐近值，又表示微裂纹开始萌生时微裂纹系统对岩石渗透率贡献的初始值。

将式（2.2.1）代入式（2.2.5），并令 $t=(x-\hat{\mu})/\hat{\delta}$，可得

$$\kappa_{\mathrm{III}}=\kappa_{\mathrm{III0}}\exp\left(\frac{\gamma_{\mathrm{cs}}}{\sqrt{2\pi}}\int_{-\infty}^{\frac{\sigma'_{\mathrm{m}}-\hat{\mu}}{\hat{\delta}}}\mathrm{e}^{-\frac{t^2}{2}}\mathrm{d}t\right) \tag{2.2.6}$$

式（2.2.6）仅当应力达到起裂应力 σ_{ci} 时，才开始对岩石渗透率的变化起主导作用，而当应力较小时，κ_{III} 的值趋近于κ_{III0}。考虑这一特点，并将式（2.2.3）、式（2.2.4）和式（2.2.6）代入式（2.2.2），可得基于岩石特征应力的渗透率表达式（Li et al.，2020）：

$$\kappa=\kappa_{\mathrm{I0}}\exp\left(-m_{\mathrm{cs}}\frac{\sigma'_{\mathrm{m}}}{\sigma'_{\mathrm{mcc}}}\right)+\kappa_{\mathrm{II0}}\left(1-\alpha_{\mathrm{cs}}\frac{\sigma'_{\mathrm{m}}}{\sigma'_{\mathrm{mcc}}}\right)+\kappa_{\mathrm{III0}}\exp\left(\frac{\gamma_{\mathrm{cs}}}{\sqrt{2\pi}}\int_{-\infty}^{\frac{\sigma'_{\mathrm{m}}-\hat{\mu}}{\hat{\delta}}}\mathrm{e}^{-\frac{t^2}{2}}\mathrm{d}t\right) \tag{2.2.7}$$

式（2.2.7）等号右端三项分别反映了岩石渗透率变化的三种机制：第一项反映了在初始加载阶段，即当岩石应力 σ'_{m} 小于闭合应力 σ'_{mcc} 时，初始微裂纹的压密闭合对岩石渗透率的降低起主导作用；第二项反映了在加载过程中孔隙的弹性变形对渗透率的影响；第三项则反映了应力超过岩石起裂应力 σ_{ci} 后，微裂纹的萌生、扩展和汇合对岩石渗透率的控制作用。显然，该模型认为，孔隙和微裂纹对岩石渗透性的贡献相对独立，忽略了两者之间的相互作用。此外，对于各向等压加载条件，微裂纹的萌生、扩展处于次要地位，因而可忽略等号右端最后一项。

3）参数确定与敏感性分析

式（2.2.7）共计包含 9 个参数，其中κ_{I0}、κ_{II0}和κ_{III0}三个参数反映微裂纹和孔隙的初始渗透性及微裂纹充分压密闭合后的渐近渗透性，σ'_{mcc}、$\hat{\delta}$ 和 $\hat{\mu}$ 三个参数反映岩石压缩过程中的特征应力，而 m_{cs}、α_{cs} 和 γ_{cs} 三个参数则反映微裂纹和孔隙的变形及微裂纹的萌生、扩展对应力作用的敏感性。这些模型参数可以通过以下方法确定。首先通过体积应变法或声发射法，将岩石应力-应变曲线的峰前段划分为 4 个阶段，用轴向应力表征各阶段对应的特征应力（σ_{cc}、σ_{ci} 和 σ_{cd}），由此可确定 σ'_{mcc}、$\hat{\delta}$ 和 $\hat{\mu}$ 三个参数：

$$\sigma'_{\mathrm{mcc}}=\frac{1}{3}(\sigma_{\mathrm{cc}}+2\sigma_3)-p \tag{2.2.8a}$$

$$\hat{\mu}=\frac{1}{3}(\sigma_{\mathrm{cd}}+2\sigma_3)-p \tag{2.2.8b}$$

$$\hat{\delta}=\frac{1}{3}(\sigma_{\mathrm{cd}}-\sigma_{\mathrm{ci}}) \tag{2.2.8c}$$

对于各向等压试验，$\sigma'_{\mathrm{mcc}}=\sigma_{\mathrm{cc}}-p$，且式（2.2.7）等号右端第三项可以忽略不计，因而无须确定 $\hat{\mu}$ 和 $\hat{\delta}$。

在线弹性阶段，初始微裂纹已充分压密闭合，且新的微裂纹尚未萌生，因而该阶段渗透率的变化主要由孔隙的弹性压缩引起。通过对该阶段的渗透率试验数据进行线性拟合，即可确定$\kappa_{\mathrm{II}0}$和α_{cs}，两者分别对应于拟合直线的截距和斜率。在此基础上，将微裂纹压密闭合阶段的实测渗透率减去岩石孔隙产生的渗透率分量[由式（2.2.4）计算]，得到初始微裂纹产生的渗透率分量，进而采用式（2.2.3）对数据进行拟合，即可确定$\kappa_{\mathrm{I}0}$、$\kappa_{\mathrm{III}0}$和m_{cs}三个参数。最后，将微裂纹稳定扩展阶段的实测渗透率减去式（2.2.3）和式（2.2.4），采用式（2.2.6）对数据进行拟合即可确定参数γ_{cs}。

在上述模型参数中，由于α_{cs}的值通常很小，渗透率曲线的形态主要受m_{cs}和γ_{cs}两个参数控制。其中，参数m_{cs}表征了岩样初始微裂纹对应力作用的敏感性，m_{cs}的取值与初始微裂纹的发育密度、空间分布、开度和连通性有关。图2.2.5（a）给出了其他参数保持不变而m_{cs}分别取1、5、10时岩石渗透率的变化曲线。从图2.2.5（a）中可见，m_{cs}越大，渗透率在微裂纹压密闭合阶段的下降越快，渗透率基本保持不变的水平段延长，但对岩石损伤后的渗透率变化无影响。岩石在起裂应力之后的渗透率曲线的形态取决于参数γ_{cs}，如图2.2.5（b）所示。γ_{cs}取值越大，岩石的损伤扩展和声发射活动越强烈，渗透率在微裂纹稳定扩展阶段的上升就越快，试样破坏时的渗透率也就越大；当γ_{cs}取零时，岩石不发生损伤，渗透率由孔隙的弹性压缩分量κ_{II}和初始微裂纹闭合后的渐近值$\kappa_{\mathrm{III}0}$共同控制。

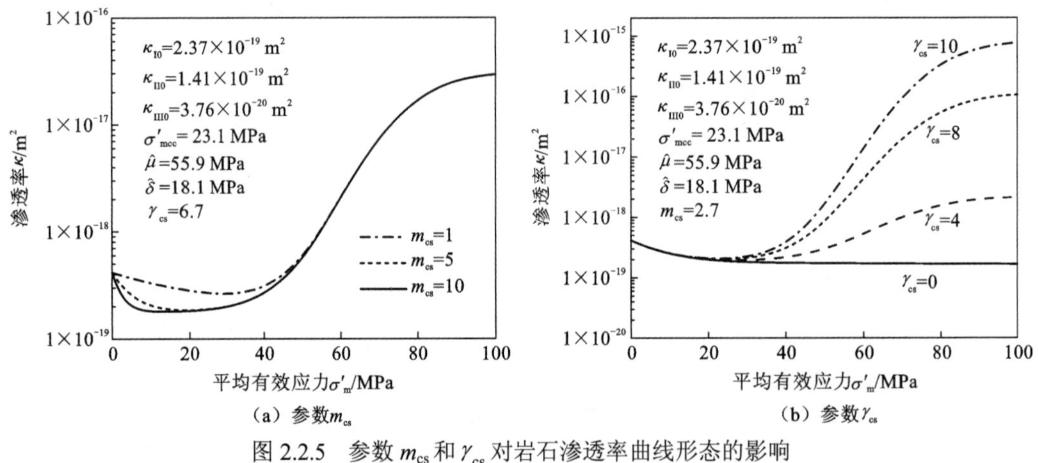

（a）参数m_{cs}　（b）参数γ_{cs}

图2.2.5　参数m_{cs}和γ_{cs}对岩石渗透率曲线形态的影响

4）拟合模型的验证

采用细砂岩和页岩的各向等压渗透率试验数据（Dong et al.，2010），以及北山花岗岩和Lac du Bonnet花岗岩在10 MPa围压下的三轴压缩-渗透率试验数据（Chen et al.，2014a；Souley et al.，2001）验证渗透率模型的有效性，如图2.2.6所示，图中还给出了各个试验的模型拟合参数。

对于一定应力范围内的各向等压试验，岩石不易发生损伤，因而$\gamma_{\mathrm{cs}}=0$。细砂岩和页岩均属于孔隙型岩石，其中细砂岩试样的孔隙率较高（17%～18%），孔隙形态接近球形，拟合的κ_{II0}与κ_{I0}量值相当；页岩试样的孔隙率较低（9%～10%），且孔隙形态较为扁平，因而拟合的κ_{II0}远小于κ_{I0}。此外，由于两种岩样孔隙结构的差异，页岩的 m_{cs} 显著大于细砂岩，表明页岩的孔隙结构对应力作用更为敏感，但两者拟合的κ_{III0}均较小。

花岗岩属于裂隙型岩石，且孔隙率极低，因而基质孔隙对渗透率的贡献κ_{II}可以认为不随应力变化，即取 $\alpha_{\mathrm{cs}}=0$。此外，花岗岩试样的拟合参数κ_{I0}远大于κ_{II0}和κ_{III0}，表明微裂纹对花岗岩的渗透率起主导作用，且初始微裂纹在压密闭合后渗透率显著降低。

由图 2.2.6 可知，无论是各向等压条件还是三轴压缩条件，式（2.2.7）均能较好地表征不同孔隙类型岩石的渗透率在各个不同加载阶段的变化特征，然而不同的应力路径和孔隙结构对岩石渗透性的变化范围与规律有着决定性的影响。例如，在相同应力范围内的各向等压加载过程中，孔隙形态偏圆的细砂岩的渗透率变化范围较小，在 1 个数量级之内；而孔隙形态多样的页岩则具有较高的可压缩性，渗透率变化范围超过 2 个数量级。花岗岩等结晶岩在三轴压缩过程中的渗透率变化取决于微裂纹的萌生、扩展程度，变化范围通常可达到甚至超过 3 个数量级。

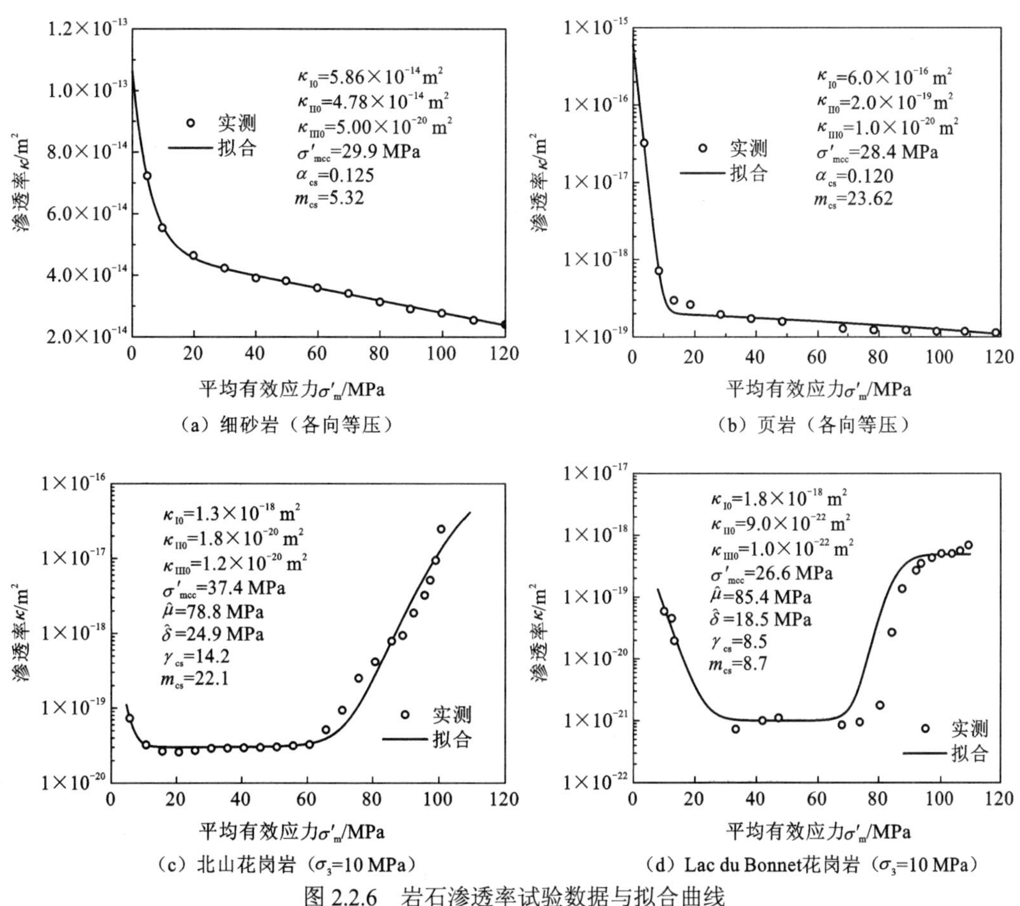

（a）细砂岩（各向等压）　（b）页岩（各向等压）

（c）北山花岗岩（σ_3=10 MPa）　（d）Lac du Bonnet花岗岩（σ_3=10 MPa）

图 2.2.6　岩石渗透率试验数据与拟合曲线

图（a）和（b）中的试验数据来自 Dong 等（2010），图（d）中的试验数据来自 Souley 等（2001）

2.2.3 岩石损伤的细观力学分析

岩石的损伤是微裂纹萌生、扩展、汇合和宏观裂纹形成的过程，并伴随着体积膨胀、应力-应变关系偏离线弹性、强度和刚度弱化、各向异性增强，以及渗透性急剧增大等现象。因此，损伤实质上是岩石内部微破裂的孕育、发展和细观结构的演变过程，因而也是联系复杂应力路径下岩石应力-应变关系和渗透率演化规律的纽带。在连续介质力学框架下，岩石的损伤模型大致可分为宏观唯象模型和细观力学模型两大类。

宏观唯象模型采用标量或张量形式的损伤内变量表征材料的劣化状态，进而在不可逆热力学框架下，通过定义状态势函数建立岩石的损伤演化方程。这类模型可以描述模量劣化、体积扩容、各向异性等复杂现象，但其损伤变量一般未与岩石细观结构的演变建立直接的量化关系。细观力学模型则通过对岩石细观结构的特征和空间关联做一定的概化及假定，进而采用适当的均匀化方法（Zheng and Du，2001；Ponte-Castañeda and Willis，1995；Mori and Tanaka，1973）将岩石的细观结构演变与宏观力学响应联系起来。这类模型可以描述微裂纹的萌生、扩展、滑移、剪胀、张闭、法向刚度恢复等复杂的细观力学机制。

1. 均匀化方法

岩石是由不同成分、不同大小的矿物颗粒，以及形态多样、尺寸不一的空隙组成的非均质多相介质。若将岩石的固相颗粒概化为基质，并将孔隙、微裂纹等空隙视为基质中的微缺陷，则岩石可视为由基质和微缺陷组成的两相材料。进一步地，对于孔隙不发育的裂隙型岩石，还可将孔隙的影响包含在基质中，将岩石概化为由基质和微裂纹组成的两相介质。由于岩石材料的非均质性，在一定的均匀应力或应变边界条件下，岩石内部具有复杂的局部应力和应变，但随着岩石体积的增大，材料的宏观响应将逐渐趋于稳定。岩石宏观特性达到稳定的体积单元称为 RVE，其特征尺寸在细观上足够大，包含足够多的非均匀微结构信息，但在宏观上又足够小，代表岩石宏观特性的一个物质点。均匀化的任务就是基于非均质材料的细观结构特征，在 RVE 尺度上确定其等效均匀介质特性。

不失一般性，下面以含微裂纹脆性岩石的静力学问题为例，简述均匀化方法。考虑岩石的一个 RVE，其内部由基质和嵌于其中的微裂纹组成，RVE 的体积为Ω，如图 2.2.7 所示。在 RVE 的边界$\partial\Omega$上作用有宏观均匀应变 $\boldsymbol{E}$，且边界上的位移 $\boldsymbol{u}$ 满足如下条件：

$$\boldsymbol{u}(\boldsymbol{x})=\boldsymbol{E}\cdot\boldsymbol{x}\quad(\boldsymbol{x}\in\partial\Omega) \tag{2.2.9}$$

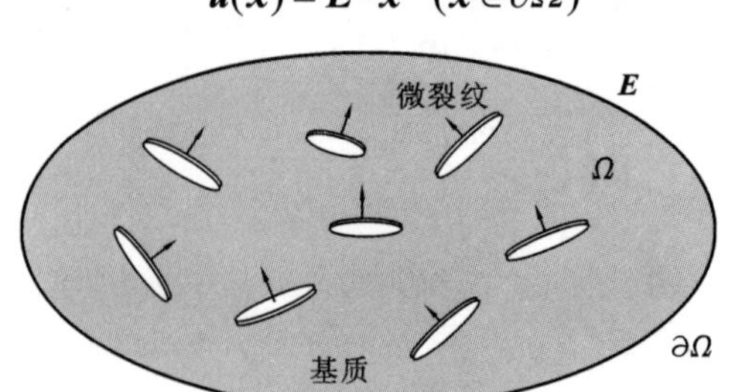

图 2.2.7 含微裂纹岩石的 RVE

如图 2.2.8 所示，均匀化的核心是通过局部化张量 $\boldsymbol{A}(\boldsymbol{x})$，将 RVE 内部的局部应变 $\boldsymbol{\varepsilon}(\boldsymbol{x})$ 与宏观均匀应变 $\boldsymbol{E}$ 联系起来，即

$$\boldsymbol{\varepsilon}(\boldsymbol{x}) = \boldsymbol{A}(\boldsymbol{x}) : \boldsymbol{E} \quad (\boldsymbol{x} \in \Omega) \tag{2.2.10}$$

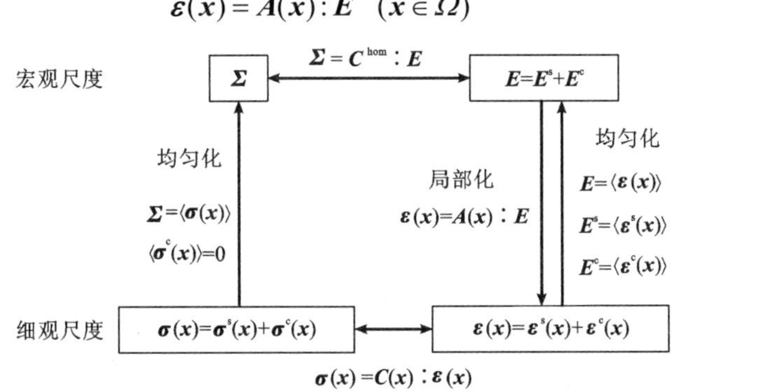

图 2.2.8　含微裂纹岩石的均匀化过程

图中符号的上标 s 表示基质，c 表示微裂纹

定义体积平均算子 $\langle\cdot\rangle = \Omega^{-1}\int_{\Omega}(\cdot)\,\mathrm{d}\Omega$，则有 $\langle\boldsymbol{\varepsilon}(\boldsymbol{x})\rangle = \boldsymbol{E}$ 和 $\langle\boldsymbol{A}(\boldsymbol{x})\rangle = \boldsymbol{I}$，$\boldsymbol{I}$ 为四阶单位张量。假设 RVE 内部的局部应力与局部应变满足线弹性关系：

$$\boldsymbol{\sigma}(\boldsymbol{x}) = \boldsymbol{C}(\boldsymbol{x}) : \boldsymbol{\varepsilon}(\boldsymbol{x}) \quad (\boldsymbol{x} \in \Omega) \tag{2.2.11}$$

式中：$\boldsymbol{C}$ 为弹性刚度张量，

$$\boldsymbol{C}(\boldsymbol{x}) = \begin{cases} \boldsymbol{C}^{\mathrm{s}}, & \boldsymbol{x} \in \Omega^{\mathrm{s}} \\ \boldsymbol{C}^{\mathrm{c}}, & \boldsymbol{x} \in \Omega^{\mathrm{c}} \end{cases} \tag{2.2.12}$$

式中：$\boldsymbol{C}^{\mathrm{s}}$、$\boldsymbol{C}^{\mathrm{c}}$ 分别为基质和微裂纹的刚度张量；Ω^{s}、Ω^{c} 分别为 RVE 内基质和微裂纹占据的空间体积。

在 RVE 上对式（2.2.11）进行体积平均，可得岩石的宏观应力-应变关系：

$$\boldsymbol{\Sigma} = \langle\boldsymbol{\sigma}(\boldsymbol{x})\rangle = \boldsymbol{C}^{\mathrm{hom}} : \boldsymbol{E} \tag{2.2.13}$$

式中：$\boldsymbol{\Sigma}$ 为岩石的宏观应力张量；$\boldsymbol{C}^{\mathrm{hom}}$ 为岩石的均匀化或等效刚度张量，

$$\boldsymbol{C}^{\mathrm{hom}} = \langle\boldsymbol{C}(\boldsymbol{x}) : \boldsymbol{A}(\boldsymbol{x})\rangle \tag{2.2.14}$$

若岩石基质和微裂纹的刚度都是均匀的，则有

$$\boldsymbol{C}^{\mathrm{hom}} = \boldsymbol{C}^{\mathrm{s}} + \varphi^{\mathrm{c}}(\boldsymbol{C}^{\mathrm{c}} - \boldsymbol{C}^{\mathrm{s}}) : \boldsymbol{A}^{\mathrm{c}} \tag{2.2.15}$$

式中：φ^{c} 为微裂纹的体积率，$\varphi^{\mathrm{c}}=\Omega^{\mathrm{c}}/\Omega$；$\boldsymbol{A}^{\mathrm{c}}$ 为微裂纹的局部化张量。

由式（2.2.15）可知，$\boldsymbol{C}^{\mathrm{hom}}$ 与局部化张量 $\boldsymbol{A}^{\mathrm{c}}$ 有关，而局部化张量 $\boldsymbol{A}^{\mathrm{c}}$ 又与材料细观结构的表征有关。不同的均匀化方法对细观结构的表征存在差异，因而对材料等效刚度的估计也就存在差异。

根据微裂纹的几何形态，假设其为钱币状，半径和半开度分别为 a 与 c，高宽比定义为 $\omega = c/a$，则微裂纹可视为 $\omega \to 0$ 的椭球体。对于嵌入均匀弹性无限介质中的孤立椭球形夹杂，其局部化张量 $\boldsymbol{A}^{\mathrm{c}}$ 可以表达为（Eshelby，1961）

$$\boldsymbol{A}^{\mathrm{c}} = [\boldsymbol{I} + \boldsymbol{P}_{\mathrm{c}} : (\boldsymbol{C}^{\mathrm{c}} - \boldsymbol{C}^{\mathrm{s}})]^{-1} \tag{2.2.16a}$$

式中：$\boldsymbol{P}_{\mathrm{c}}$ 为与微裂纹几何形态有关的作用张量。

因此，当岩石中的微裂纹密度较小、微裂纹之间的相互作用可以忽略时，局部化张

量 $\boldsymbol{A}^{c}$ 即可由式（2.2.16a）确定，相应的均匀化方法称为稀疏方法。为了考虑微裂纹之间的相互作用，Mori 和 Tanaka（1973）给出了如下局部化张量表达式：

$$\boldsymbol{A}^{c}=[\boldsymbol{I}+(1-\varphi^{c})\boldsymbol{P}_{c}:(\boldsymbol{C}^{c}-\boldsymbol{C}^{s})]^{-1} \tag{2.2.16b}$$

该均匀化方法简称为 MT 方法。MT 方法较为合理地反映了微裂纹之间的相互作用，但无法考虑微裂纹的空间分布效应。为了同时考虑微裂纹的相互作用和空间关联，Ponte-Castañeda 和 Willis （1995）、Zheng 和 Du（2001）先后提出了基于广义 Hashin-Shtrikman 变分结构的均匀化方法和相互作用直推法，简称为 HS 方法和 IDD 方法。对于含微裂纹的岩石材料，两者的局部化张量均可以表达为

$$\boldsymbol{A}^{c}=[\boldsymbol{I}+(\boldsymbol{P}_{c}-\varphi^{c}\boldsymbol{P}_{d}):(\boldsymbol{C}^{c}-\boldsymbol{C}^{s})]^{-1} \tag{2.2.16c}$$

式中：$\boldsymbol{P}_{d}$ 为与微裂纹空间分布有关的作用张量。显然，当 $\boldsymbol{P}_{c}=\boldsymbol{P}_{d}$ 时，HS 方法退化为 MT 方法；当 $\boldsymbol{P}_{d}=\boldsymbol{O}$ 时，MT 方法退化为稀疏方法。

上述静力学问题的均匀化过程如图 2.2.8 所示。需要指出的是，在均匀化过程中，RVE 的边界也可以采用均匀应力边界条件。由于岩石基质的刚度远大于微裂纹的刚度，当采用均匀应变边界条件时，刚度的估计为上限解；而当采用均匀应力边界条件时，刚度的估计为下限解。此外，如表 2.2.1 所示，准静态的动量、质量和能量守恒过程具有完全类似的数学表述，因而上述均匀化方法也同样适用于稳态渗流问题和稳态热传导问题的均匀化。但对于渗流问题，由于微裂纹的渗透率远大于岩石基质的渗透率，当采用均匀水力梯度边界条件时，渗透率的估计为下限解。

表 2.2.1　准静态边值问题类比

稳态过程	动量守恒	质量守恒	能量守恒
守恒方程	$\nabla\cdot\boldsymbol{\sigma}=0$	$\nabla\cdot\boldsymbol{v}=0$	$\nabla\cdot\boldsymbol{q}=0$
本构方程	$\boldsymbol{\sigma}=\boldsymbol{C}(\boldsymbol{x}):\boldsymbol{\varepsilon}$	$\boldsymbol{v}=-\boldsymbol{K}(\boldsymbol{x})\cdot\boldsymbol{j}_{w}$	$\boldsymbol{q}=-\boldsymbol{\lambda}(\boldsymbol{x})\cdot\boldsymbol{j}_{T}$
几何方程	$\boldsymbol{\varepsilon}=\nabla^{s}\boldsymbol{u}$	$\boldsymbol{j}_{w}=\nabla h$	$\boldsymbol{j}_{T}=\nabla T$
边界条件	$\boldsymbol{u}=\boldsymbol{E}\cdot\boldsymbol{x}\quad(\forall\boldsymbol{x}\in\partial\Omega)$	$h=\boldsymbol{J}_{w}\cdot\boldsymbol{x}\quad(\forall\boldsymbol{x}\in\partial\Omega)$	$T=\boldsymbol{J}_{T}\cdot\boldsymbol{x}\quad(\forall\boldsymbol{x}\in\partial\Omega)$
局部材料性质	$\boldsymbol{C}(\boldsymbol{x})=\begin{cases}\boldsymbol{C}^{s}, & \forall\boldsymbol{x}\in\Omega^{s}\\ \boldsymbol{C}^{c}, & \forall\boldsymbol{x}\in\Omega^{c}\end{cases}$	$\boldsymbol{K}(\boldsymbol{x})=\begin{cases}\boldsymbol{K}^{s}, & \forall\boldsymbol{x}\in\Omega^{s}\\ \boldsymbol{K}^{c}, & \forall\boldsymbol{x}\in\Omega^{c}\end{cases}$	$\boldsymbol{\lambda}(\boldsymbol{x})=\begin{cases}\boldsymbol{\lambda}^{s}, & \forall\boldsymbol{x}\in\Omega^{s}\\ \boldsymbol{\lambda}^{c}, & \forall\boldsymbol{x}\in\Omega^{c}\end{cases}$

注：$\boldsymbol{v}$ 为达西流速；$\boldsymbol{j}_{w}$、$\boldsymbol{j}_{T}$ 分别为水力梯度和温度梯度；$\boldsymbol{J}_{w}$、$\boldsymbol{J}_{T}$ 分别为作用在 RVE 边界上的均匀水力梯度和温度梯度；h 为水头；T 为温度；$\boldsymbol{K}$ 为渗透系数张量；$\boldsymbol{K}^{s}$ 和 $\boldsymbol{K}^{c}$ 分别为基质与微裂纹的渗透系数张量；$\boldsymbol{\lambda}$为热传导系数张量；$\boldsymbol{\lambda}^{s}$ 和 $\boldsymbol{\lambda}^{c}$ 分别为基质与微裂纹的热传导系数张量；∇^{s} 为梯度算子的对称分量；$\boldsymbol{q}$ 为热传导通量。

2. 各向异性损伤模型

Zhu 等（2008）针对含一组平行微裂纹的脆性岩石，基于均匀化方法建立了各向异性损伤的细观力学模型。下面以该模型为基础，通过引入一定的假设，将其发展为可考虑微裂纹任意空间分布、微裂纹压密和滑移剪胀效应，以及热-力（TM）、热-水-力（THM）

荷载耦合作用的损伤模型。这里约定应力和变形以受拉为正。

1）损伤变量

如图 2.2.7 所示，假设微裂纹为钱币状，并在 RVE 内任意分布。首先考虑单位法向量为 $\boldsymbol{n}$ 的一组微裂纹，该组微裂纹参考于当前位形的体积率 $\varphi^{\mathrm{c}}(\boldsymbol{n})$ 可以表示为

$$\varphi^{\mathrm{c}}(\boldsymbol{n})=\frac{4}{3}\pi a^2 cN=\frac{4}{3}\pi\omega d \tag{2.2.17}$$

式中：N 为微裂纹密度，即单位体积上的微裂纹数量；a 为微裂纹半径；c 为半开度；ω 为微裂纹的高宽比，$\omega=c/a$；d 为微裂纹密度参数，定义为 $d\equiv Na^3$（Budiansky and O′Connell，1976）。

设微裂纹表面为Γ，其上表面Γ^+和下表面Γ^-上的位移分别为 $\boldsymbol{u}^+$ 与 $\boldsymbol{u}^-$，则微裂纹上的不连续位移为$[\boldsymbol{u}]=\boldsymbol{u}^+-\boldsymbol{u}^-$，相应的法向分量和切向分量分别为$[u_n]=[\boldsymbol{u}]\cdot\boldsymbol{n}$ 与$[\boldsymbol{u}_t]=[\boldsymbol{u}]-[u_n]\boldsymbol{n}$。微裂纹法向位移分量与法向应力满足如下互补条件：

$$[u_n]\geqslant 0,\quad \sigma_n^{\mathrm{c}}\leqslant 0,\quad [u_n]\cdot\sigma_n^{\mathrm{c}}=0 \tag{2.2.18}$$

式中：$\sigma_n^{\mathrm{c}}=\boldsymbol{\sigma}^{\mathrm{c}}:\boldsymbol{n}\otimes\boldsymbol{n}$，为微裂纹的法向应力，$\boldsymbol{\sigma}^{\mathrm{c}}$ 为微裂纹上的局部应力张量。

假设微裂纹上的不连续位移$[\boldsymbol{u}]$在Γ上均匀分布，则 RVE 内的局部应变张量$\boldsymbol{\varepsilon}$ 可以表示为

$$\boldsymbol{\varepsilon}\equiv\nabla^{\mathrm{s}}\boldsymbol{u}=\nabla^{\mathrm{s}}\boldsymbol{u}^{\mathrm{s}}+([\boldsymbol{u}]\overset{\mathrm{s}}{\otimes}\boldsymbol{n})\delta_{\Gamma}=\boldsymbol{\varepsilon}^{\mathrm{s}}+\boldsymbol{\varepsilon}^{\mathrm{c}} \tag{2.2.19}$$

式中：$\boldsymbol{u}^{\mathrm{s}}$ 为岩石基质的位移矢量；$\boldsymbol{\varepsilon}^{\mathrm{s}}$ 为岩石基质产生的常规应变分量；$\boldsymbol{\varepsilon}^{\mathrm{c}}$ 为微裂纹产生的奇异应变分量；δ_{Γ}为Γ上的 Dirac delta 函数；$\overset{\mathrm{s}}{\otimes}$ 为两个向量并矢积的对称分量。

对式（2.2.19）在 RVE 上进行体积平均，则岩石的宏观均匀应变张量 $\boldsymbol{E}$ 可以表示为

$$\boldsymbol{E}=\boldsymbol{E}^{\mathrm{s}}+\boldsymbol{E}^{\mathrm{c}} \tag{2.2.20}$$

式中：$\boldsymbol{E}^{\mathrm{s}}$ 和 $\boldsymbol{E}^{\mathrm{c}}$ 分别为基质与微裂纹产生的宏观均匀应变。

通过采用如图 2.2.9 所示的问题分解，宏观均匀应变可以表达为（Zhu et al.，2008）

$$\boldsymbol{E}^{\mathrm{s}}=\langle\boldsymbol{\varepsilon}^{\mathrm{s}}\rangle=\boldsymbol{\varepsilon}^{\mathrm{s}} \tag{2.2.21a}$$

$$\boldsymbol{E}^{\mathrm{c}}=\langle\boldsymbol{\varepsilon}^{\mathrm{c}}\rangle=\frac{1}{\Omega}\int_{\Omega}([\boldsymbol{u}]\overset{\mathrm{s}}{\otimes}\boldsymbol{n})\delta_{\Gamma}\mathrm{d}\Omega=N\int_{\Gamma^+}([\boldsymbol{u}]\overset{\mathrm{s}}{\otimes}\boldsymbol{n})\,\mathrm{d}\Gamma=\beta\boldsymbol{n}\otimes\boldsymbol{n}+\boldsymbol{\gamma}\overset{\mathrm{s}}{\otimes}\boldsymbol{n} \tag{2.2.21b}$$

式中：β和$\boldsymbol{\gamma}$为两个表征微裂纹张开和滑移的内变量，

$$\beta(\boldsymbol{n})=N\int_{\Gamma^+}[u_n]\,\mathrm{d}\Gamma \tag{2.2.22a}$$

$$\boldsymbol{\gamma}(\boldsymbol{n})=N\int_{\Gamma^+}[\boldsymbol{u}_t]\,\mathrm{d}\Gamma \tag{2.2.22b}$$

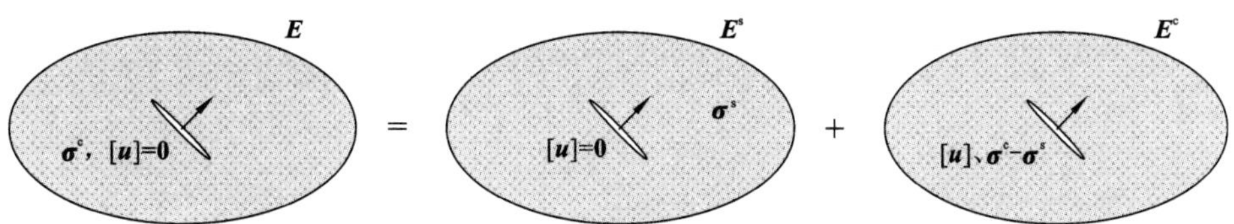

图 2.2.9　含微裂纹岩石边值问题的分解（Zhu et al.，2008）

由于微裂纹产生的宏观应力场具有自平衡性质，即$\langle\boldsymbol{\sigma}^{c}\rangle=0$，非均质岩石的宏观应力张量$\boldsymbol{\Sigma}$可以表示为

$$\boldsymbol{\Sigma}=\langle\boldsymbol{\sigma}^{s}+\boldsymbol{\sigma}^{c}\rangle=\langle\boldsymbol{\sigma}^{s}\rangle=\boldsymbol{\sigma}^{s} \tag{2.2.23}$$

式中：$\boldsymbol{\sigma}^{s}$为岩石基质的局部应力。

现考虑微裂纹在空间上任意分布的情况，此时微裂纹产生的宏观应变可以通过单位球面积分表达为

$$\boldsymbol{E}^{c}=\frac{1}{4\pi}\oint_{S^{u}}[\beta(\boldsymbol{n})\boldsymbol{n}\otimes\boldsymbol{n}+\boldsymbol{\gamma}(\boldsymbol{n})\overset{s}{\otimes}\boldsymbol{n}]\mathrm{d}S^{u} \tag{2.2.24}$$

式中：S^{u}为单位球面，$S^{u}=\{\boldsymbol{n}|\,|\boldsymbol{n}|=1\}$。

式（2.2.24）表明，岩石的宏观应力-应变关系与损伤变量$d(\boldsymbol{n})$、$\beta(\boldsymbol{n})$和$\boldsymbol{\gamma}(\boldsymbol{n})$有关，这三个与单位法向量$\boldsymbol{n}$关联的内变量反映了微裂纹在空间上的任意可能发育模式，其演化则需要运用 Eshelby 夹杂问题的基本解并通过均匀化方法确定。注意在式（2.2.15）和式（2.2.16）中，微裂纹的刚度$\boldsymbol{C}^{c}$仅在张开状态下已知，即$\boldsymbol{C}^{c}=\boldsymbol{O}$，在闭合状态下是未知的，可通过适当的边值问题分解避免直接确定$\boldsymbol{C}^{c}$存在的困难（Zhu et al.，2008）。此外，非负标量β描述了岩石中初始微裂纹的张闭、扩展及新的微裂纹萌生、扩展产生的体积变形，若认为β的演化从反映微裂纹初始发育特征和张闭状态的初始值β_0（相应的初始损伤密度为d_0）开始，则β与微裂纹体积率φ^{c}的关系可以表达为

$$\varphi^{c}(\boldsymbol{n})=\beta(\boldsymbol{n}) \tag{2.2.25}$$

即认为在初始时刻，有$\beta_0=\varphi_0^{c}$，φ_0^{c}为微裂纹的初始体积率。

2）热力学分析

岩石的损伤过程既可能是等温过程，又可能是非等温过程。例如，在力学（M）荷载或水-力荷载（HM）耦合作用下的损伤过程可视为等温过程，而 TM 或 THM 荷载耦合作用下的损伤过程则为非等温过程。在宏观尺度上，非等温条件下的热力学第一定律可以表示为

$$\dot{W}+\nabla\cdot\boldsymbol{q}=\boldsymbol{\Sigma}:\dot{\boldsymbol{E}}=\boldsymbol{\Sigma}:(\dot{\boldsymbol{E}}^{s}+\dot{\boldsymbol{E}}^{c}) \tag{2.2.26}$$

式中：W为内能密度；$\boldsymbol{q}$为热传导通量。根据 Fourier 定律，$\boldsymbol{q}=\boldsymbol{\lambda}\nabla T$，$\boldsymbol{\lambda}$为等效热传导系数张量，$T$为温度。

另外，热力学第二定律可以表示为

$$\dot{S}\geqslant-\nabla\cdot\left(\frac{\boldsymbol{q}}{T}\right) \tag{2.2.27}$$

式中：S为均匀化岩石的熵密度。

定义 Helmholtz 自由能密度$\varPsi$和 Gibbs 自由能密度G：

$$\varPsi=W-TS \tag{2.2.28a}$$

$$G=\varPsi-p\phi^{c} \tag{2.2.28b}$$

式中：p为微裂纹上的流体压力；ϕ^{c}为参考于初始位形的微裂纹体积率。

将式（2.2.26）和式（2.2.28）代入式（2.2.27），可得 Clausius-Duhem 不等式：

$$\Phi_{\mathrm{TM}} = \boldsymbol{\Sigma} : (\dot{\boldsymbol{E}}^{\mathrm{s}} + \dot{\boldsymbol{E}}^{\mathrm{c}}) - S\dot{T} - \dot{\Psi} - \frac{\boldsymbol{q}}{T} \cdot \nabla T \geqslant 0 \tag{2.2.29a}$$

$$\Phi_{\mathrm{THM}} = \boldsymbol{\Sigma} : (\dot{\boldsymbol{E}}^{\mathrm{s}} + \dot{\boldsymbol{E}}^{\mathrm{c}}) - S\dot{T} - \phi^{\mathrm{c}}\dot{p} - \dot{G} - \frac{\boldsymbol{q}}{T} \cdot \nabla T \geqslant 0 \tag{2.2.29b}$$

式中：Φ_{TM}、Φ_{THM} 分别为 TM 和 THM 荷载耦合作用下的耗散能。相应地，式（2.2.29a）和式（2.2.29b）分别适用于无流体压力作用与有流体压力作用的情况。

假设自由能函数 $\Psi=\Psi(\boldsymbol{E}^{\mathrm{s}}, T; d, \beta, \gamma)$，$G=G(\boldsymbol{E}^{\mathrm{s}}, p, T; d, \beta, \gamma)$，其中 $\boldsymbol{E}^{\mathrm{s}}$、$p$ 和 T 是外变量，d、β 和 $\boldsymbol{\gamma}$ 是内变量。对于含微裂纹的岩石材料，若假定微裂纹为钱币状（$\omega\to 0$），且假定 Zhu 等（2008）关于含一组微裂纹岩石的自由能表达式可以通过单位球面积分推广到微裂纹任意空间分布的情况，则自由能 Ψ_{M} 在等温条件下的表达式为

$$\Psi_{\mathrm{M}} = \frac{1}{2}(\boldsymbol{E} - \boldsymbol{E}^{\mathrm{c}}) : \boldsymbol{C}^{\mathrm{s}} : (\boldsymbol{E} - \boldsymbol{E}^{\mathrm{c}}) + \frac{1}{8\pi} \oint_{S^{\mathrm{u}}} (p_2 \beta^2 + p_4 \boldsymbol{\gamma} \cdot \boldsymbol{\gamma}) \mathrm{d}S^{\mathrm{u}} \tag{2.2.30a}$$

而在非等温条件下，Helmholtz 自由能 Ψ_{TM} 可以表达为（Chen et al.，2012）

$$\Psi_{\mathrm{TM}} = \Psi_{\mathrm{M}} - k^{\mathrm{s}}\alpha^{\mathrm{s}}(T - T_0)\,\mathrm{tr}\,(\boldsymbol{E} - \boldsymbol{E}^{\mathrm{c}}) + c^{\mathrm{s}}\left[T - T_0 - T\ln\left(\frac{T}{T_0}\right)\right] \tag{2.2.30b}$$

式中：k^{s}、α^{s} 和 c^{s} 分别为基质的体积模量、体积热膨胀系数和体积热容；T_0 为参考温度；p_2 和 p_4 为两个与基质弹性常数和均匀化方法有关的系数（Zhu et al.，2008），

$$p_2 = \frac{H_0}{d}(1 - \chi_n d), \qquad p_4 = \frac{H_1}{d}(1 - \chi_t d) \tag{2.2.31a}$$

$$H_0 = \frac{3E^{\mathrm{s}}}{16\left[1 - (\nu^{\mathrm{s}})^2\right]}, \qquad H_1 = H_0\left(1 - \frac{\nu^{\mathrm{s}}}{2}\right) \tag{2.2.31b}$$

$$\begin{cases} \chi_n = \dfrac{16(1-\nu^{\mathrm{s}})^2}{3(1-2\nu^{\mathrm{s}})},\ \chi_t = \dfrac{16(1-\nu^{\mathrm{s}})}{3(2-\nu^{\mathrm{s}})}, & \text{稀疏方法} \\ \chi_n = 0, \quad \chi_t = 0, & \text{MT方法} \\ \chi_n = \dfrac{128}{45},\ \chi_t = \dfrac{16(7-5\nu^{\mathrm{s}})}{45(2-\nu^{\mathrm{s}})}, & \text{HS方法} \end{cases} \tag{2.2.32}$$

式中：E^{s}、ν^{s} 分别为基质的弹性模量和泊松比。

现考虑 THM 荷载耦合作用下岩石的宏观力学响应。假定岩石的温度为 T，微裂纹的水压力为 p，且在 RVE 的边界上作用有均匀的宏观应变 $\boldsymbol{E}$。如图 2.2.10 所示，岩石在 THM 荷载耦合作用下的力学响应可分解为 TM 和 H 两个子问题的线性叠加。

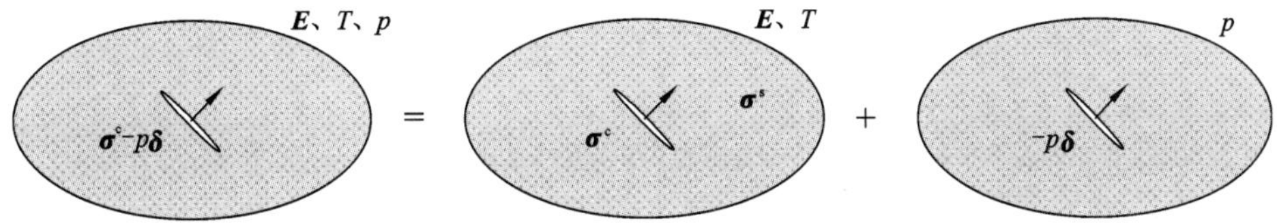

图 2.2.10　THM 荷载耦合条件下含微裂纹岩石边值问题的分解

在 TM 子问题中，岩石处于干燥状态（$p=0$），其基质储存的 Helmholtz 自由能为 Ψ_{TM}，即式（2.2.30b）。

对于 H 子问题，微裂纹中的水压力 p 对岩石基质产生的机械功为 $p\dot{\phi}^{\mathrm{c}}$（Dormieux and Kondo，2007）。显然，ϕ^{c} 的变化率由两部分组成，即 TM 子问题产生的变化率 $\dot{\phi}_1^{\mathrm{c}}$ 和 H 子问题中因微裂纹水压力作用且在 RVE 边界约束条件下产生的变化率 $\dot{\phi}_2^{\mathrm{c}}$。Dormieux 和 Kondo（2007）针对微裂纹张开情况，给出了 HM 荷载耦合问题中 $\dot{\phi}_1^{\mathrm{c}}$ 和 $\dot{\phi}_2^{\mathrm{c}}$ 的表达式。对于微裂纹闭合及任意空间分布情况，$\dot{\phi}_1^{\mathrm{c}}$ 和 $\dot{\phi}_2^{\mathrm{c}}$ 可以表达为（陈益峰 等，2013）

$$\dot{\phi}_1^{\mathrm{c}} = \boldsymbol{B} : (\dot{\boldsymbol{E}} - \dot{\boldsymbol{E}}^{\mathrm{c}}) + \mathrm{tr}\dot{\boldsymbol{E}}^{\mathrm{c}} \tag{2.2.33a}$$

$$\dot{\phi}_2^{\mathrm{c}} = \frac{\dot{p}}{N_{\mathrm{b}}} \tag{2.2.33b}$$

式中：$\boldsymbol{B}$ 为 Biot 系数张量；N_{b} 为 Biot 模量，且

$$\boldsymbol{B} = \boldsymbol{\delta} : (\boldsymbol{I} - \boldsymbol{S}^{\mathrm{s}} : \boldsymbol{C}^{\mathrm{hom}}) \tag{2.2.34a}$$

$$\frac{1}{N_{\mathrm{b}}} = \boldsymbol{\delta} : \boldsymbol{S}^{\mathrm{s}} : (\boldsymbol{B} - \varphi^{\mathrm{c}}\boldsymbol{\delta}) \tag{2.2.34b}$$

其中：$\boldsymbol{S}^{\mathrm{s}}$ 为基质的柔度张量；$\boldsymbol{\delta}$为二阶单位张量；$\boldsymbol{I}$ 为四阶单位张量；φ^{c} 为参考于当前位形的微裂纹总体积率。式（2.2.34）表明，岩石在损伤演化过程中，$\boldsymbol{B}$ 和 N_{b} 是随着 $\boldsymbol{C}^{\mathrm{hom}}$ 和φ^{c} 的变化而变化的。此外，在复杂应力路径下，$\boldsymbol{C}^{\mathrm{hom}}$ 是宏观应力-应变关系的隐式函数，因而 $\boldsymbol{B}$ 需要通过迭代确定。

需要说明的是，式（2.2.33a）给出的 $\dot{\phi}_1^{\mathrm{c}}$ 的表达式忽略了温度增量可能产生的微裂纹体积变化，其等号右端第二项为微裂纹张开或闭合产生的非线性或不可逆变形。在机械功 $p\dot{\phi}^{\mathrm{c}}$ 中，仅有 $p\dot{\phi}_2^{\mathrm{c}}$ 为基质储存的 Helmholtz 自由能，即

$$\varPsi_{\mathrm{H}} = \frac{p^2}{2N_{\mathrm{b}}} \tag{2.2.35}$$

THM 荷载耦合条件下的 Helmholtz 自由能函数定义为 $\varPsi_{\mathrm{THM}} = \varPsi_{\mathrm{TM}} + \varPsi_{\mathrm{H}}$，Gibbs 自由能函数定义为 $G_{\mathrm{THM}} = \varPsi_{\mathrm{THM}} - p(\phi^{\mathrm{c}} - \varphi_0^{\mathrm{c}})$，其中 φ_0^{c} 为参考于初始位形的初始微裂纹体积率，即

$$G_{\mathrm{THM}} = \varPsi_{\mathrm{TM}} - p\boldsymbol{B} : (\boldsymbol{E} - \boldsymbol{E}^{\mathrm{c}}) - p\mathrm{tr}\boldsymbol{E}^{\mathrm{c}} - \frac{p^2}{2N_{\mathrm{b}}} \tag{2.2.36}$$

由式（2.2.30a）、式（2.2.30b）和式（2.2.36）可分别得到等温条件下的状态方程

$$\boldsymbol{\varSigma} = \frac{\partial \varPsi_{\mathrm{M}}}{\partial \boldsymbol{E}} = \boldsymbol{C}^{\mathrm{s}} : (\boldsymbol{E} - \boldsymbol{E}^{\mathrm{c}}) \tag{2.2.37}$$

TM 荷载耦合条件下的状态方程

$$\boldsymbol{\varSigma} = \frac{\partial \varPsi_{\mathrm{TM}}}{\partial \boldsymbol{E}} = \boldsymbol{C}^{\mathrm{s}} : \left[\boldsymbol{E} - \boldsymbol{E}^{\mathrm{c}} - \frac{\alpha^{\mathrm{s}}}{3}(T - T_0)\boldsymbol{\delta} \right] \tag{2.2.38a}$$

$$S = -\frac{\partial \varPsi_{\mathrm{TM}}}{\partial T} = k^{\mathrm{s}}\alpha^{\mathrm{s}}\,\mathrm{tr}\,(\boldsymbol{E} - \boldsymbol{E}^{\mathrm{c}}) + c^{\mathrm{s}} \ln \frac{T}{T_0} \tag{2.2.38b}$$

以及 THM 荷载耦合条件下的状态方程

$$\boldsymbol{\varSigma} = \frac{\partial G_{\mathrm{THM}}}{\partial \boldsymbol{E}} = \boldsymbol{C}^{\mathrm{s}} : \left[\boldsymbol{E} - \boldsymbol{E}^{\mathrm{c}} - \frac{\alpha^{\mathrm{s}}}{3}(T - T_0)\boldsymbol{\delta} \right] - p\boldsymbol{B} \tag{2.2.39a}$$

$$\phi^{c}-\phi_{0}^{c}=-\frac{\partial G_{\mathrm{THM}}}{\partial p}=\frac{p}{N_{\mathrm{b}}}+\boldsymbol{B}:(\boldsymbol{E}-\boldsymbol{E}^{c})+\mathrm{tr}\boldsymbol{E}^{c} \tag{2.2.39b}$$

$$S=-\frac{\partial G_{\mathrm{THM}}}{\partial T}=k^{s}\alpha^{s}\,\mathrm{tr}\,(\boldsymbol{E}-\boldsymbol{E}^{c})+c^{s}\ln\frac{T}{T_{0}} \tag{2.2.39c}$$

与任意方向上微裂纹内变量 d、β和$\boldsymbol{\gamma}$ 共轭的热力学力 F^{d}、F^{β}和 $\boldsymbol{F}^{\gamma}$可分别表示为

$$F^{d}(\boldsymbol{n})=-\frac{\partial\Psi}{\partial d}=\frac{1}{2d^{2}}(H_{0}\beta^{2}+H_{1}\boldsymbol{\gamma}\cdot\boldsymbol{\gamma}) \tag{2.2.40a}$$

$$F^{\beta}(\boldsymbol{n})=-\frac{\partial\Psi}{\partial\beta}=\boldsymbol{\Sigma}:\boldsymbol{n}\otimes\boldsymbol{n}-p_{2}\beta \tag{2.2.40b}$$

$$\boldsymbol{F}^{\gamma}(\boldsymbol{n})=-\frac{\partial\Psi}{\partial\boldsymbol{\gamma}}=\boldsymbol{\Sigma}\cdot\boldsymbol{n}\cdot(\boldsymbol{\delta}-\boldsymbol{n}\otimes\boldsymbol{n})-p_{4}\boldsymbol{\gamma} \tag{2.2.40c}$$

其中，自由能函数 Ψ 可根据问题性质分别取 Ψ_{M}、Ψ_{TM} 或 Ψ_{THM}。

此外，根据自由能函数 Ψ的形式，在细观尺度上热力学力 F^{β}和 $\boldsymbol{F}^{\gamma}$还可以表达为

$$F^{\beta}(\boldsymbol{n})=-\frac{\partial\Psi}{\partial\boldsymbol{E}^{c}}:\frac{\partial\boldsymbol{E}^{c}}{\partial\beta}=\boldsymbol{\sigma}^{c}:\boldsymbol{n}\otimes\boldsymbol{n} \tag{2.2.41a}$$

$$\boldsymbol{F}^{\gamma}(\boldsymbol{n})=-\frac{\partial\Psi}{\partial\boldsymbol{E}^{c}}\cdot\frac{\partial\boldsymbol{E}^{c}}{\partial\boldsymbol{\gamma}}=\boldsymbol{\sigma}^{c}\cdot\boldsymbol{n}\cdot(\boldsymbol{\delta}-\boldsymbol{n}\otimes\boldsymbol{n}) \tag{2.2.41b}$$

式（2.2.41）在宏、细观两个尺度上将热力学力有机联系起来，并给出了微裂纹张、闭状态的转换条件：

$$\boldsymbol{\sigma}^{c}:\boldsymbol{n}\otimes\boldsymbol{n}=0\quad 或\quad F^{\beta}=0 \tag{2.2.42}$$

3）内变量的演化

当微裂纹呈张开状态时，其局部法向应力和切向应力均为零，即 $F^{\beta}=0$，$\boldsymbol{F}^{\gamma}=\boldsymbol{0}$，则由式（2.2.42）和式（2.2.40）可得张开微裂纹的法向与切向内变量（Zhu et al.，2008）：

$$\beta=\frac{1}{p_{2}}\boldsymbol{\Sigma}:\boldsymbol{n}\otimes\boldsymbol{n} \tag{2.2.43a}$$

$$\boldsymbol{\gamma}=\frac{1}{p_{4}}\boldsymbol{\Sigma}\cdot\boldsymbol{n}\cdot(\boldsymbol{\delta}-\boldsymbol{n}\otimes\boldsymbol{n}) \tag{2.2.43b}$$

当微裂纹呈闭合状态时，显然有 $F^{\beta}\leqslant 0$。此时，微裂纹的法向变形β 由压应力作用下的闭合变形β_1 和剪胀产生的张开变形β_2 两部分组成，即

$$\beta=-\beta_{1}+\beta_{2} \tag{2.2.44}$$

微裂纹的法向闭合可导致岩石宏观刚度的恢复和渗透性的降低，因此该特性在以压缩为主的加载条件下需要予以特别关注。通过类比岩石节理的法向变形特性（Bandis et al.，1983），β_1 可以采用如下双曲线模型描述，如图 2.2.11 所示。

$$\beta_{1}=\frac{-F^{\beta}\beta_{0}}{k_{n0}\beta_{0}-F^{\beta}} \tag{2.2.45}$$

式中：β_0 为微裂纹的初始闭合量或体积率；k_{n0} 为微裂纹的初始法向刚度。

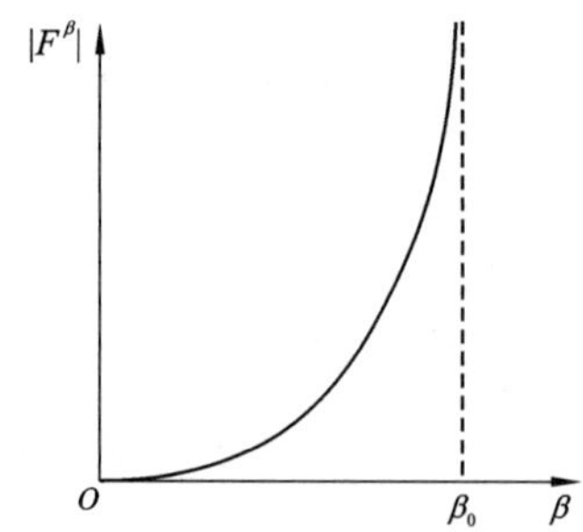

图 2.2.11　内变量β_1与热力学力$|F^{\beta}|$的关系曲线

由式（2.2.40b）和式（2.2.45）可得

$$\dot{\beta}_1 = -c^{\beta}\left(\boldsymbol{n}\otimes\boldsymbol{n}:\dot{\boldsymbol{\Sigma}} - p_2\dot{\beta} + \frac{H_0\beta}{d^2}\dot{d}\right) \tag{2.2.46}$$

式中：c^{β}为微裂纹的柔度系数，

$$c^{\beta} = \frac{k_{n0}\beta_0^2}{(k_{n0}\beta_0 - F^{\beta})^2} \tag{2.2.47}$$

假设微裂纹在滑移过程中满足非关联 Mohr-Coulomb 准则，其屈服函数 g 和塑性势函数 g^*分别为

$$g(\boldsymbol{\sigma}^{\mathrm{c}}) = |\boldsymbol{F}^{\gamma}| + \tan\phi_{\mathrm{c}}F^{\beta} - c_{\mathrm{c}} \tag{2.2.48a}$$

$$g^*(\boldsymbol{\sigma}^{\mathrm{c}}) = |\boldsymbol{F}^{\gamma}| + \tan\psi_{\mathrm{c}}F^{\beta} \tag{2.2.48b}$$

式中：ϕ_{c}和 c_{c}分别为微裂纹的内摩擦角和黏聚力；ψ_{c}为微裂纹的滑动剪胀角，通过类比岩石节理的滑动剪胀特性（陈益峰 等，2006），ψ_{c}可以表示为

$$\psi_{\mathrm{c}} = \psi_{\mathrm{c}}^{\mathrm{peak}}\exp(-r_{\mathrm{c}}|\boldsymbol{\gamma}|) \tag{2.2.49}$$

式中：$\psi_{\mathrm{c}}^{\mathrm{peak}}$、$r_{\mathrm{c}}$分别为微裂纹的峰值剪胀角和剪胀角衰减系数。

微裂纹的损伤演化可以采用如下线性准则描述（Zhu et al.，2008）：

$$f(F^d, d) = F^d - (c_0 + c_1 d) \tag{2.2.50}$$

式中：c_0和 c_1分别为表征微裂纹萌生和扩展的材料参数。需要指出的是，除稀疏方法外，线性损伤准则难以模拟应力-应变曲线峰后的应变软化行为。

根据微裂纹滑移和损伤的正交法则，有

$$\dot{\boldsymbol{\gamma}} = \dot{\lambda}^{\gamma}\frac{\partial g^*}{\partial \boldsymbol{F}^{\gamma}} = \dot{\lambda}^{\gamma}\boldsymbol{\upsilon} \tag{2.2.51a}$$

$$\dot{\beta}_2 = \dot{\lambda}^{\gamma}\frac{\partial g^*}{\partial F^{\beta}} = \dot{\lambda}^{\gamma}\tan\psi_{\mathrm{c}} \tag{2.2.51b}$$

$$\dot{d} = \dot{\lambda}^{d}\frac{\partial f}{\partial F^{d}} = \dot{\lambda}^{d} \tag{2.2.51c}$$

式中：$\boldsymbol{\upsilon}$为微裂纹的滑移方向，$\boldsymbol{\upsilon}=\boldsymbol{F}^{\gamma}/|\boldsymbol{F}^{\gamma}|$；$\dot{\lambda}^{\gamma}$和$\dot{\lambda}^{d}$分别为表征微裂纹滑移与损伤演化的乘子。

由式（2.2.44）、式（2.2.46）和式（2.2.51b）可得

$$\dot{\beta}=\frac{\tan\psi_{\mathrm{c}}}{A_{\beta}}\dot{\lambda}^{\gamma}+\frac{c^{\beta}}{A_{\beta}}\left(\boldsymbol{n}\otimes\boldsymbol{n}:\dot{\boldsymbol{\Sigma}}+\frac{H_0\beta}{d^2}\dot{\lambda}^{d}\right) \tag{2.2.52}$$

其中，$A_{\beta}=1+c^{\beta}p_2$。

由微裂纹滑移和损伤演化准则的 Kuhn-Tucker 互补条件，即

$$f\leqslant 0,\quad \dot{\lambda}^{d}\geqslant 0,\quad \dot{\lambda}^{d}f=0 \tag{2.2.53a}$$

$$g\leqslant 0,\quad \dot{\lambda}^{\gamma}\geqslant 0,\quad \dot{\lambda}^{\gamma}g=0 \tag{2.2.53b}$$

可确定式（2.2.51）和式（2.2.52）中的乘子 $\dot{\lambda}^{d}$ 与 $\dot{\lambda}^{\gamma}$：

$$\dot{\lambda}^{d}=\frac{d^2}{H_{\varsigma}}\left(H_{\psi}\dot{\lambda}^{\gamma}+\frac{c^{\beta}}{A_{\beta}}H_0\beta\boldsymbol{n}\otimes\boldsymbol{n}:\dot{\boldsymbol{\Sigma}}\right) \tag{2.2.54a}$$

$$\dot{\lambda}^{\gamma}=\frac{1}{H_d}\left(\boldsymbol{\upsilon}\overset{\mathrm{s}}{\otimes}\boldsymbol{n}+B_{\phi}\boldsymbol{n}\otimes\boldsymbol{n}\right):\dot{\boldsymbol{\Sigma}} \tag{2.2.54b}$$

式中：

$$H_d=p_4+\frac{1}{A_{\beta}}p_2\tan\phi_{\mathrm{c}}\tan\psi_{\mathrm{c}}-\frac{1}{H_{\varsigma}}H_{\phi}H_{\psi} \tag{2.2.55a}$$

$$B_{\phi}=\frac{1}{A_{\beta}}(\tan\phi_{\mathrm{c}}+c^{\beta}H_{\varsigma}^{-1}H_{\phi}H_0\beta) \tag{2.2.55b}$$

$$H_{\psi}=\frac{\tan\psi_{\mathrm{c}}}{A_{\beta}}H_0\beta+H_1\boldsymbol{\gamma}\cdot\boldsymbol{\upsilon}\,,\qquad H_{\phi}=\frac{\tan\phi_{\mathrm{c}}}{A_{\beta}}H_0\beta+H_1\boldsymbol{\gamma}\cdot\boldsymbol{\upsilon} \tag{2.2.55c}$$

$$H_{\varsigma}=(H_0\beta^2+H_1\boldsymbol{\gamma}\cdot\boldsymbol{\gamma})d+c_1d^4-\frac{c^{\beta}}{A_{\beta}}(H_0\beta)^2 \tag{2.2.55d}$$

4）损伤本构方程

对式（2.2.37）、式（2.2.38a）和式（2.2.39a）求逆，并引入式（2.2.24），可分别得到 M 荷载、TM 耦合荷载及 THM 耦合荷载作用下岩石在 RVE 尺度上的宏观应力-应变关系：

$$\boldsymbol{E}=\boldsymbol{S}^{\mathrm{s}}:\boldsymbol{\Sigma}+\frac{1}{4\pi}\oint_{S^{\mathrm{u}}}[\beta(\boldsymbol{n})\boldsymbol{n}\otimes\boldsymbol{n}+\boldsymbol{\gamma}(\boldsymbol{n})\overset{\mathrm{s}}{\otimes}\boldsymbol{n}]\mathrm{d}S^{\mathrm{u}} \tag{2.2.56a}$$

$$\boldsymbol{E}=\boldsymbol{S}^{\mathrm{s}}:\boldsymbol{\Sigma}+\frac{1}{4\pi}\oint_{S^{\mathrm{u}}}[\beta(\boldsymbol{n})\boldsymbol{n}\otimes\boldsymbol{n}+\boldsymbol{\gamma}(\boldsymbol{n})\overset{\mathrm{s}}{\otimes}\boldsymbol{n}]\mathrm{d}S^{\mathrm{u}}+\frac{\alpha^{\mathrm{s}}}{3}(T-T_0)\boldsymbol{\delta} \tag{2.2.56b}$$

$$\boldsymbol{E}=\boldsymbol{S}^{\mathrm{s}}:(\boldsymbol{\Sigma}+p\boldsymbol{B})+\frac{1}{4\pi}\oint_{S^{\mathrm{u}}}[\beta(\boldsymbol{n})\boldsymbol{n}\otimes\boldsymbol{n}+\boldsymbol{\gamma}(\boldsymbol{n})\overset{\mathrm{s}}{\otimes}\boldsymbol{n}]\mathrm{d}S^{\mathrm{u}}+\frac{\alpha^{\mathrm{s}}}{3}(T-T_0)\boldsymbol{\delta} \tag{2.2.56c}$$

式中：$\boldsymbol{S}^{\mathrm{s}}$ 为岩石基质的柔度张量，$\boldsymbol{S}^{\mathrm{s}}=(\boldsymbol{C}^{\mathrm{s}})^{-1}$。

当岩石的 RVE 中仅包含一组张开状或闭合状微裂纹时，均匀化可给出岩石等效刚度 $\boldsymbol{C}^{\mathrm{hom}}$ 或等效柔度 $\boldsymbol{S}^{\mathrm{hom}}$ 的解析表达式（Chen et al.，2012；Zhu et al.，2008）。但在复杂应力路径下，微裂纹可能在空间任意方向上扩展和演化，因而难以直接获得 $\boldsymbol{C}^{\mathrm{hom}}$ 或 $\boldsymbol{S}^{\mathrm{hom}}$ 的显式估计。此时，可采用单位球面 S^{u} 上的高斯积分对式（2.2.56）进行求解（Bazant and Oh，1986）：

$$\boldsymbol{E}=\boldsymbol{S}^{\mathrm{s}}:\boldsymbol{\Sigma}+\sum_{i=1}^{m_{\mathrm{G}}}w^i\left(\beta^i\boldsymbol{n}^i\otimes\boldsymbol{n}^i+\boldsymbol{\gamma}^i\overset{\mathrm{s}}{\otimes}\boldsymbol{n}^i\right) \tag{2.2.57a}$$

$$\boldsymbol{E}=\boldsymbol{S}^{\mathrm{s}}:\boldsymbol{\Sigma}+\sum_{i=1}^{m_{\mathrm{G}}}w^i\left(\beta^i\boldsymbol{n}^i\otimes\boldsymbol{n}^i+\boldsymbol{\gamma}^i\overset{\mathrm{s}}{\otimes}\boldsymbol{n}^i\right)+\frac{\alpha^{\mathrm{s}}}{3}(T-T_0)\boldsymbol{\delta} \tag{2.2.57b}$$

$$\boldsymbol{E}=\boldsymbol{S}^{\mathrm{s}}:(\boldsymbol{\Sigma}+p\boldsymbol{B})+\sum_{i=1}^{m_{\mathrm{G}}}w^i\left(\beta^i\boldsymbol{n}^i\otimes\boldsymbol{n}^i+\boldsymbol{\gamma}^i\overset{\mathrm{s}}{\otimes}\boldsymbol{n}^i\right)+\frac{\alpha^{\mathrm{s}}}{3}(T-T_0)\boldsymbol{\delta} \tag{2.2.57c}$$

式中：m_{G}为高斯积分点个数或所考虑的裂纹组数；w^i、$\boldsymbol{n}^i$分别为第 i 组微裂纹的权重和单位法向量；β^i、$\boldsymbol{\gamma}^i$分别为表征第 i 组微裂纹张开和滑移的内变量。Bazant 和 Oh（1986）给出了 $m_{\mathrm{G}}=21$、33、37 和 61 的对称半球面积分方案，在实际应用中取 $m_{\mathrm{G}}=33$ 即可较好地平衡数值计算精度和计算量。

式（2.2.57）较为全面地描述了脆性岩石在损伤演化过程中的宏观力学特性，包括微裂纹的萌生、扩展和各向异性，微裂纹压密段的法向刚度恢复，扩展段的滑移剪胀，以及多场耦合荷载作用下的损伤特性等。

5）模型参数

在最一般情况下，上述损伤模型包含 11 个具有明确物理意义的参数，其中 2 个为岩石基质的弹性常数（E^{s}和ν^{s}），2 个为微裂纹的滑移强度参数（ϕ_{c}和c_{c}），2 个为微裂纹的滑移剪胀参数（$\psi_{\mathrm{c}}^{\mathrm{peak}}$和$r_{\mathrm{c}}$），2 个用来表征损伤扩展演化准则（$c_0$和$c_1$），1 个为微裂纹的初始刚度（$k_{n0}$），2 个为微裂纹的初始发育参数（$\varphi_0^{\mathrm{c}}$和$d_0$）。前 2 个参数可通过三轴压缩曲线的弹性段确定，后 9 个参数则需要通过对岩石全应力-应变曲线的拟合确定。

此外，通过对模型进行简化，可适当减少模型参数。例如，在细观尺度上，微裂纹的黏聚力通常可以忽略，即 $c_{\mathrm{c}}=0$。若微裂纹采用关联流动法则，则有$\psi_{\mathrm{c}}=\phi_{\mathrm{c}}$，$r_{\mathrm{c}}=0$。最后，若初始压密段的效应不显著，则可忽略微裂纹的刚度参数 k_{n0}。这样一来，损伤模型仅需确定 7 个参数。

2.2.4 岩石渗透特性演化的细观力学分析

2.2.3 小节已述及，损伤是联系复杂应力路径下岩石应力-应变关系和渗透率演化规律的纽带，且可在完全相同的均匀化框架下，建立损伤岩石的渗透率估计模型。然而，岩石在损伤演化过程中，不仅表现为微裂纹数量的增多和尺寸的增大，还表现为微裂纹网络连通性的增强。后者对岩石渗透性的演化具有决定性的影响，但均匀化方法无法直接表征微裂纹连通性这一重要的细观结构特征。本节介绍损伤岩石渗透率的均匀化模型及其局限性，进而给出考虑微裂纹连通性变化的渗透率估计模型。

1. 损伤岩石渗透特性的均匀化模型

在稳态条件下，渗流问题和热传导问题具有完全相同的控制方程与边界条件，如表 2.2.1 所示。因此，可通过这两类边值问题的类比，获得损伤岩石等效渗透率的估计。通过在岩石 RVE 的边界上施加均匀水力梯度边界条件，并运用无限均匀介质中孤立椭球夹杂稳态热传导问题的基本解（Shafiro and Kachanov，2000），可以给出微裂纹任意分布条件下岩石等效渗透特性的均匀化估计模型：

$$\boldsymbol{\kappa}^{\alpha}=\boldsymbol{\kappa}^{\mathrm{s}}+\frac{1}{4\pi}\oint_{S^{\mathrm{u}}}\varphi^{\mathrm{c}}(\boldsymbol{n})[\boldsymbol{\kappa}^{\mathrm{c}}(\boldsymbol{n})-\boldsymbol{\kappa}^{\mathrm{s}}]\cdot\boldsymbol{A}_{\alpha}(\boldsymbol{n})\mathrm{d}S^{\mathrm{u}} \tag{2.2.58}$$

式中：$\boldsymbol{\kappa}^{\alpha}$为损伤岩石的等效渗透率张量，$\alpha$=dil、MT、HS，分别表示均匀化的稀疏方法、MT 方法和 HS 方法；$\boldsymbol{\kappa}^{\mathrm{s}}$和$\boldsymbol{\kappa}^{\mathrm{c}}$分别为岩石基质与微裂纹的渗透率张量；$\boldsymbol{A}_{\alpha}$为微裂纹的二阶局部化张量，与均匀化方法有关；$\varphi^{\mathrm{c}}$为微裂纹的体积率分布函数；$\boldsymbol{n}$为微裂纹的单位法向量；$S^{\mathrm{u}}$为单位球面。

式（2.2.58）通过单位球面积分考虑了微裂纹在空间方位上的任意分布模式。此外，式（2.2.58）也完全适用于损伤岩石等效热传导特性的估计（Chen et al.，2012）。微裂纹的局部化张量的表达式如下：

$$\boldsymbol{A}_{\mathrm{dil}}(\boldsymbol{n})=\{\boldsymbol{\delta}+\boldsymbol{P}_{\mathrm{c}}(\boldsymbol{n})\cdot[\boldsymbol{\kappa}^{\mathrm{c}}(\boldsymbol{n})-\boldsymbol{\kappa}^{\mathrm{s}}]\}^{-1} \tag{2.2.59a}$$

$$\boldsymbol{A}_{\mathrm{MT}}(\boldsymbol{n})=\boldsymbol{A}_{\mathrm{dil}}(\boldsymbol{n})\cdot\left[(1-\varphi_{\mathrm{T}}^{\mathrm{c}})\boldsymbol{\delta}+\frac{1}{4\pi}\oint_{S^{\mathrm{u}}}\varphi^{\mathrm{c}}(\boldsymbol{n})\boldsymbol{A}_{\mathrm{dil}}(\boldsymbol{n})\mathrm{d}S^{\mathrm{u}}\right]^{-1} \tag{2.2.59b}$$

$$\boldsymbol{A}_{\mathrm{HS}}(\boldsymbol{n})=\boldsymbol{A}_{\mathrm{dil}}(\boldsymbol{n})\cdot\left[\boldsymbol{\delta}-\frac{1}{4\pi}\oint_{S^{\mathrm{u}}}\varphi^{\mathrm{c}}(\boldsymbol{n})[\boldsymbol{\kappa}^{\mathrm{c}}(\boldsymbol{n})-\boldsymbol{\kappa}^{\mathrm{s}}]\cdot\boldsymbol{A}_{\mathrm{dil}}(\boldsymbol{n})\boldsymbol{P}_{\mathrm{d}}(\boldsymbol{n})\mathrm{d}S^{\mathrm{u}}\right]^{-1} \tag{2.2.59c}$$

式中：$\varphi_{\mathrm{T}}^{\mathrm{c}}$为微裂纹的总体积率，即$\varphi_{\mathrm{T}}^{\mathrm{c}}=(4\pi)^{-1}\oint_{S^{\mathrm{u}}}\varphi^{\mathrm{c}}(\boldsymbol{n})\mathrm{d}S^{\mathrm{u}}$；$\boldsymbol{P}_{\mathrm{c}}$和$\boldsymbol{P}_{\mathrm{d}}$分别为与微裂纹几何形态及空间分布有关的作用张量；$\boldsymbol{\delta}$为二阶单位张量。

若岩石基质和微裂纹均为各向同性，则椭球状微裂纹的作用张量$\boldsymbol{P}_{\mathrm{c}}$和$\boldsymbol{P}_{\mathrm{d}}$可以表达为

$$\boldsymbol{P}(\boldsymbol{n})=\frac{\varsigma}{\kappa^{\mathrm{s}}}(\boldsymbol{\delta}-\boldsymbol{n}\otimes\boldsymbol{n})+\frac{1-2\varsigma}{\kappa^{\mathrm{s}}}\boldsymbol{n}\otimes\boldsymbol{n} \tag{2.2.60}$$

式中：κ^{s}为岩石基质的渗透率；ς为与椭球高宽比ω有关的几何参数。对于$\boldsymbol{P}_{\mathrm{c}}$，$\varsigma=\varsigma_{\mathrm{c}}$，取与微裂纹高宽比$\omega$对应的参数；对于$\boldsymbol{P}_{\mathrm{d}}$，$\varsigma=\varsigma_{\mathrm{d}}$，取与微裂纹所嵌入的椭球环境的高宽比$\omega_{\mathrm{d}}$对应的参数，用来反映微裂纹在空间上的相互作用，可以根据微裂纹的发育密度d按式（2.2.61）估算（Zhou et al.，2011）。

$$\frac{4}{3}\pi\omega_{\mathrm{d}}(1+\omega_{\mathrm{d}})^{2}=\frac{1}{d} \tag{2.2.61}$$

椭球参数ς与高宽比ω的关系如下：

$$\varsigma=\begin{cases}\dfrac{1}{2}\left\{1-\dfrac{1}{1-\omega^{2}}\left[1-\dfrac{\omega}{\sqrt{1-\omega^{2}}}\arctan\left(\dfrac{\sqrt{1-\omega^{2}}}{\omega}\right)\right]\right\}, & 0<\omega<1\\[2ex] \dfrac{1}{3}, & \omega=1\\[2ex] \dfrac{1}{2}\left\{1+\dfrac{1}{\omega^{2}-1}\left[1-\dfrac{\omega}{2\sqrt{\omega^{2}-1}}\ln\left(\dfrac{\omega+\sqrt{\omega^{2}-1}}{\omega-\sqrt{\omega^{2}-1}}\right)\right]\right\}, & \omega>1\end{cases} \tag{2.2.62}$$

将上述ς-ω关系绘于图 2.2.12。由图 2.2.12 可知，当$\omega\to0$时，$\varsigma\to\pi\omega/4$；当$\omega\to\infty$时，$\varsigma\to0.5$。此外，当高宽比ω = 0.01～10 时，ς对ω的变化极为敏感。

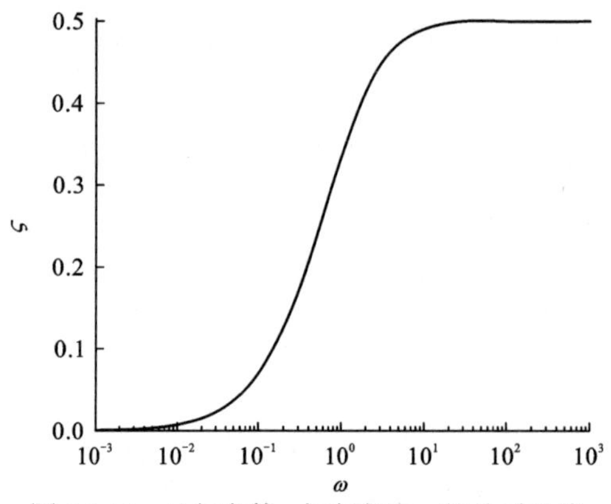

图 2.2.12　几何参数ς与高宽比ω的关系曲线

若不仅基质和微裂纹是各向同性的，而且微裂纹在空间上的分布也是均匀的，即$\varphi^{\mathrm{c}}(\boldsymbol{n})=\varphi_{\mathrm{T}}^{\mathrm{c}}$，则由关系式$(4\pi)^{-1}\oint_{S^{\mathrm{u}}}\boldsymbol{n}\otimes\boldsymbol{n}\mathrm{d}S^{\mathrm{u}}=(1/3)\boldsymbol{\delta}$，可将式（2.2.58）简化为

$$\kappa^{\alpha}=\kappa^{\mathrm{s}}+\varphi_{\mathrm{T}}^{\mathrm{c}}(\kappa^{\mathrm{c}}-\kappa^{\mathrm{s}})R_{\alpha} \tag{2.2.63}$$

式中：κ^{c}为微裂纹的渗透率；R_{α}为与κ^{c}和κ^{s}的比值及微裂纹或其嵌入环境形状有关的参数，

$$R_{\mathrm{dil}}=\frac{2}{3}\frac{\kappa^{\mathrm{s}}}{(1-\varsigma_{\mathrm{c}})\kappa^{\mathrm{s}}+\varsigma_{\mathrm{c}}\kappa^{\mathrm{c}}}+\frac{1}{3}\frac{\kappa^{\mathrm{s}}}{2\varsigma_{\mathrm{c}}\kappa^{\mathrm{s}}+(1-2\varsigma_{\mathrm{c}})\kappa^{\mathrm{c}}} \tag{2.2.64a}$$

$$R_{\mathrm{MT}}=R_{\mathrm{dil}}[1-\varphi_{\mathrm{T}}^{\mathrm{c}}(1-R_{\mathrm{dil}})]^{-1} \tag{2.2.64b}$$

$$R_{\mathrm{HS}}=R_{\mathrm{dil}}\left\{1-\varphi_{\mathrm{T}}^{\mathrm{c}}\left[\frac{2}{3}\frac{\varsigma_{\mathrm{d}}(\kappa^{\mathrm{c}}-\kappa^{\mathrm{s}})}{\kappa^{\mathrm{s}}+\varsigma_{\mathrm{c}}(\kappa^{\mathrm{c}}-\kappa^{\mathrm{s}})}+\frac{1}{3}\frac{(1-2\varsigma_{\mathrm{d}})(\kappa^{\mathrm{c}}-\kappa^{\mathrm{s}})}{\kappa^{\mathrm{s}}+(1-2\varsigma_{\mathrm{c}})(\kappa^{\mathrm{c}}-\kappa^{\mathrm{s}})}\right]\right\}^{-1} \tag{2.2.64c}$$

需要指出的是，对于岩石的等效渗透特性而言，一般情况下基质的渗透性极弱，基质的渗透率κ^{s}远小于微裂纹的渗透率κ^{c}，因而式（2.2.58）和式（2.2.63）是等效渗透特性的下限估计。但对于热传导特性，由于基质的热传导系数λ^{s}大于微裂纹的热传导系数λ^{c}，式（2.2.58）和式（2.2.63）是损伤岩石等效热传导特性的上限估计，其预测能力已得到试验数据的验证（Chen et al.，2012）。

2. 损伤岩石渗透特性下限估计模型的局限性

为了讨论损伤岩石等效渗透特性下限估计模型的预测能力，考虑微裂纹渗透率κ^{c}趋于无穷大、微裂纹高宽比ω趋于零这种特殊情况。此时，式（2.2.63）给出的等效渗透率为下限估计的最大值，且可简化为

$$\kappa^{\mathrm{dil}}=\left(1+\frac{32}{9}d\right)\kappa^{\mathrm{s}} \tag{2.2.65a}$$

$$\kappa^{\mathrm{MT}}=\left(1+\frac{\frac{32}{9}d}{1-\frac{16}{3}\varsigma_{\mathrm{c}}d}\right)\kappa^{\mathrm{s}} \tag{2.2.65b}$$

$$\boldsymbol{\kappa}^{\mathrm{HS}}=\left(1+\frac{\frac{32}{9}d}{1-\frac{32}{9}\varsigma_{\mathrm{d}}d-\frac{16}{9}\frac{1-2\varsigma_{\mathrm{d}}}{1-2\varsigma_{\mathrm{c}}}\varsigma_{\mathrm{c}}d}\right)\boldsymbol{\kappa}^{\mathrm{s}} \tag{2.2.65c}$$

需要指出的是，Pouya 和 Vu（2012）、Zhou 等（2011）采用类似的均匀化方法，分别给出了式（2.2.65a）和式（2.2.65b）的解析表达式。

当微裂纹高宽比取ω=0.01 且 HS 方法或 IDD 方法所需的微裂纹嵌入环境的高宽比ω_{d}按式（2.2.61）取值时，式（2.2.65）给出的等效渗透率与损伤密度 d 的关系如图 2.2.13 所示。事实上，由图 2.2.12 可知，当微裂纹高宽比ω<0.01 时，ω的变化对参数ς的影响甚微，因而对模型预测结果的影响极小，表明ω=0.01 已足以表征钱币状微裂纹的实际情况。由图 2.2.13 可见，三种方法预测的岩石等效渗透率均随着损伤密度 d 的增大而增大，其中稀疏方法呈线性增大趋势，而 MT 方法和 HS 方法尽管呈非线性增大趋势，但非线性程度较弱。当损伤密度 d 从 0 增大至 3 时，三种方法的预测范围均在一个数量级左右。然而，当损伤密度 d 达到 3 时，脆性岩石往往已接近破坏状态。大量室内和现场试验表明，岩石在接近破坏时，损伤引起的渗透率增大可达 2～4 个数量级（Souley et al.，2001）。因此，岩石等效渗透特性的下限估计模型具有明显的局限性，其根本原因是微裂纹的连通性对岩石渗透特性的影响极为显著，但稀疏方法、MT 方法和 HS 方法等均匀化方法均无法反映这一极其重要的细观结构特征。

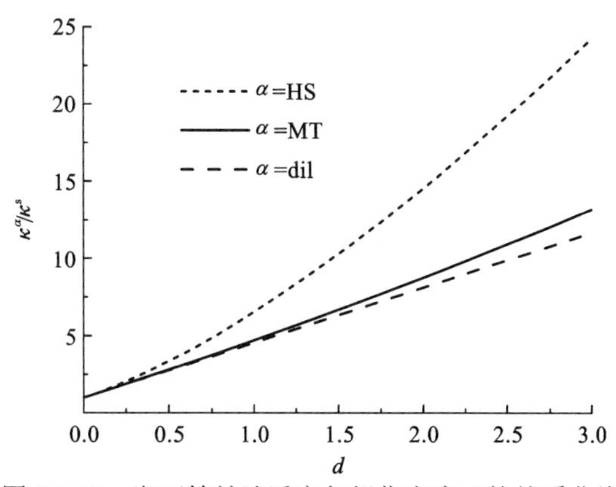

图 2.2.13　岩石等效渗透率与损伤密度 d 的关系曲线

3. 损伤岩石渗透特性的上限估计模型

克服岩石渗透性下限估计模型局限性的思路，一是采用上限估计模型，二是在细观结构表征中引入微裂纹的连通性。Voigt 估计是一类具有严格上限意义的估计。在式（2.2.58）中，令 $\boldsymbol{A}_{\alpha}(\boldsymbol{n})=\boldsymbol{\delta}$，即得 Voigt 估计的表达式：

$$\boldsymbol{\kappa}^{\mathrm{Voigt}}=\boldsymbol{\kappa}^{\mathrm{s}}+\frac{1}{4\pi}\oint_{S^{\mathrm{u}}}\varphi^{\mathrm{c}}(\boldsymbol{n})[\boldsymbol{\kappa}^{\mathrm{c}}(\boldsymbol{n})-\boldsymbol{\kappa}^{\mathrm{s}}]\mathrm{d}S^{\mathrm{u}} \tag{2.2.66}$$

式中：$\boldsymbol{\kappa}^{\mathrm{Voigt}}$为损伤岩石等效渗透率张量的 Voigt 估计。式（2.2.66）的物理意义是在均

匀化过程中，微裂纹的水力梯度与施加在岩石 RVE 边界上的均匀梯度一致。这一条件在损伤扩展到一定程度时趋于合理，此时微裂纹的密度和几何尺寸显著增大，连通性显著增强。但对于损伤程度较低的岩石，上述条件难以满足，式（2.2.58）、式（2.2.63）或式（2.2.65）等下限估计模型则较为适用。

假定微裂纹中的渗流服从 Poiseuille 定律，则微裂纹的渗透率张量$\boldsymbol{\kappa}^{\mathrm{c}}$可以表达为

$$\boldsymbol{\kappa}^{\mathrm{c}}(\boldsymbol{n})=\frac{e^2}{12}(\boldsymbol{\delta}-\boldsymbol{n}\otimes\boldsymbol{n}) \tag{2.2.67}$$

式中：e 为微裂纹的平均张开度。由式（2.2.17）可得

$$e=\frac{4}{3}c=\frac{\varphi^{\mathrm{c}}}{\pi a^2 N}=\frac{a\varphi^{\mathrm{c}}}{\pi d}, \qquad a=\left(\frac{d}{N}\right)^{\frac{1}{3}} \tag{2.2.68}$$

然而，由 2.2.3 小节可知，在式（2.2.68）中，微裂纹半径 a 和单位体积裂纹数 N 均不是独立的内变量，因此微裂纹的平均张开度 e 无法确定。在岩石损伤扩展过程中，随着损伤密度的增大，微裂纹的几何尺寸在增大，同时微裂纹系统的连通性也在增强。因此，有理由认为，微裂纹的几何尺寸及连通性与损伤密度存在着某种内在联系，一种简单、常用的关联模型如下：

$$a\propto d^{\alpha_{\mathrm{c}}} \tag{2.2.69}$$

式中：α_{c}为指数，可由试验数据反算确定。

式（2.2.69）通过引入微裂纹半径 a 与损伤密度 d 之间的幂函数关系，反映微裂纹特征尺寸和连通性对岩石渗透性的影响。假定在初始条件下，微裂纹初始体积率 $\varphi_0^{\mathrm{c}}=\phi_0^{\mathrm{c}}$ 对应的初始渗透率κ_0^{c}可由试验数据反算得到，则由式（2.2.66）～式（2.2.69）及式（2.2.25）可得考虑微裂纹连通性影响的损伤岩石等效渗透率上限估计模型：

$$\boldsymbol{\kappa}^{\mathrm{Voigt}}=(1-\varphi_{\mathrm{T}}^{\mathrm{c}})\boldsymbol{\kappa}^{\mathrm{s}}+\frac{1}{4\pi}\oint_{S^{\mathrm{u}}}\kappa_0^{\mathrm{c}}\frac{\beta^3}{\beta_0^2}\left(\frac{d}{d_0}\right)^{2\alpha_{\mathrm{c}}-2}(\boldsymbol{\delta}-\boldsymbol{n}\otimes\boldsymbol{n})\mathrm{d}S^{\mathrm{u}} \tag{2.2.70}$$

式中：d_0为初始损伤密度。

与式（2.2.56）类似，式（2.2.70）同样可以采用单位球面上的高斯积分计算微裂纹任意分布情况下的岩石渗透率：

$$\boldsymbol{\kappa}^{\mathrm{Voigt}}=(1-\varphi_{\mathrm{T}}^{\mathrm{c}})\boldsymbol{\kappa}^{\mathrm{s}}+\sum_{i=1}^{m_{\mathrm{G}}}w_i\left[\kappa_0^{\mathrm{c}}\frac{\beta^3}{\beta_0^2}\left(\frac{d}{d_0}\right)^{2\alpha_{\mathrm{c}}-2}(\boldsymbol{\delta}-\boldsymbol{n}\otimes\boldsymbol{n})\right]_i \tag{2.2.71}$$

式（2.2.70）和式（2.2.71）中，参数α_{c}一般在 0～2 内取值。α_{c}越大，意味着微裂纹系统的延展性和连通性越强。若假定损伤过程中微裂纹的数量保持不变，则$\alpha_{\mathrm{c}}=1/3$；若假定微裂纹数量与尺寸成比例增大，则$\alpha_{\mathrm{c}}=1/4$。在损伤岩石等效渗透性的研究中，往往需要对微裂纹的扩展模式施加严格的限制（Shao et al.，2005；Oda et al.，2002），并引入与裂纹密度有关的连通系数（Jiang et al.，2010a；Shao et al.，2005）。例如，Oda 等（2002）假定微裂纹张开度与直径成比例增大，这意味着在损伤过程中微裂纹的高宽比保持不变；Shao 等（2005）则假定微裂纹张开度的变化率与直径的变化率呈比例关系。

值得一提的是，式（2.2.70）仅引入κ_0^{c}和α_{c}这两个额外的参数，对损伤的演化模式

不附加限制，模型参数较少。通过与损伤模型式（2.2.56）相结合，可以较好地反映损伤演化、微裂纹滑移和剪胀、法向刚度恢复及微裂纹连通性增强等因素对岩石渗透性的影响。

2.2.5　岩石损伤-渗透率模型的验证及应用

1. 模型验证

1）试验概况

采用北山花岗岩三轴压缩-瞬态气压脉冲试验数据，来验证上述岩石损伤-渗透率模型[式（2.2.57）和式（2.2.71）]。岩心取自北山预选区 BS05 号钻孔 450～550 m 深处，岩性为似斑状二长花岗岩，主要矿物成分为石英（20.37%～21.46%）、钾长石（49.42%～51.26%）、斜长石（18.74%～ 20.89%）和云母（8.23%～10.36%），颗粒粒径为 0.5～2 mm。岩石坚硬致密，其天然密度为 2.64～2.68 g/cm^3，孔隙率为 0.44%～0.62%。将岩心加工成直径为 50 mm、长为 100 mm 的标准试样，试样分三组，每组三个，分别用于不同围压下的渗透率测试。试验在恒定室温下进行，仪器采用三轴仪，围压分别取σ_3=5 MPa、8 MPa、10 MPa，渗透流体采用高纯氮气，试验条件如表 2.2.2 所示，具体试验流程见 2.1.4 小节。

表 2.2.2　北山花岗岩渗透试验条件

试样编号	围压σ_3/MPa	初始压力 P_0/MPa	瞬态气压增量ΔP_u/MPa
S1	5	2.3	0.2
S2	8	4.1	0.4
S3	10	4.1	0.4

在不同围压下，北山花岗岩试样破坏前的应力-应变曲线和渗透率变化曲线分别如图 2.2.14 和图 2.2.15 所示。从图 2.2.14 和图 2.2.15 中可见，北山花岗岩的峰前应力-应变曲线可清晰地划分为初始微裂纹压密段、弹性段和微裂纹萌生扩展段，各阶段的特征应力及弹性参数如表 2.2.3 所示。与应力-应变曲线特征相对应，岩石的渗透率在初始微裂纹压密段显著降低，降幅可达数倍至一个数量级，而后在弹性段基本保持不变，最后在微裂纹萌生扩展段快速增大，至峰值应力时增幅可达 2～3 个数量级。

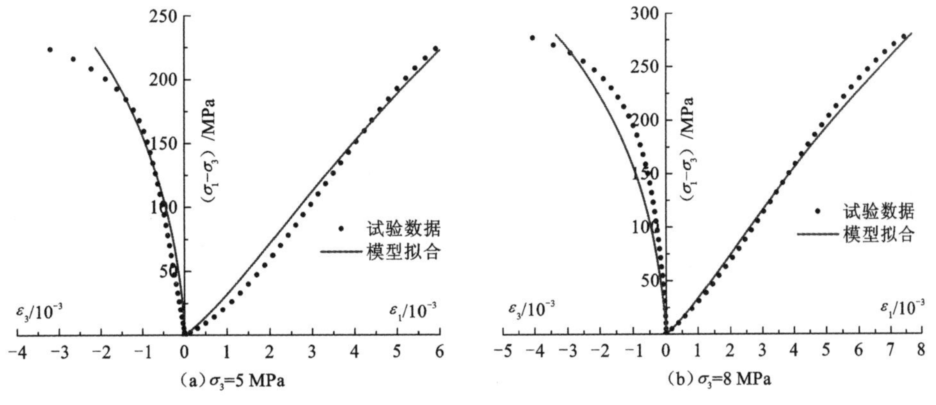

(a) σ_3=5 MPa　(b) σ_3=8 MPa

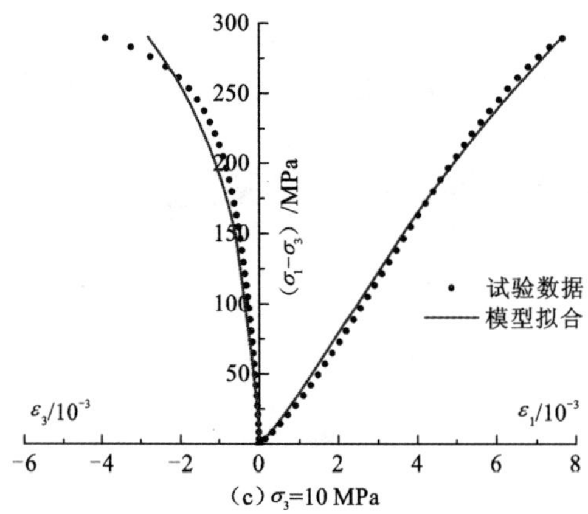

(c) σ_3=10 MPa

图 2.2.14　不同围压下北山花岗岩应力-应变试验曲线与模拟曲线的对比

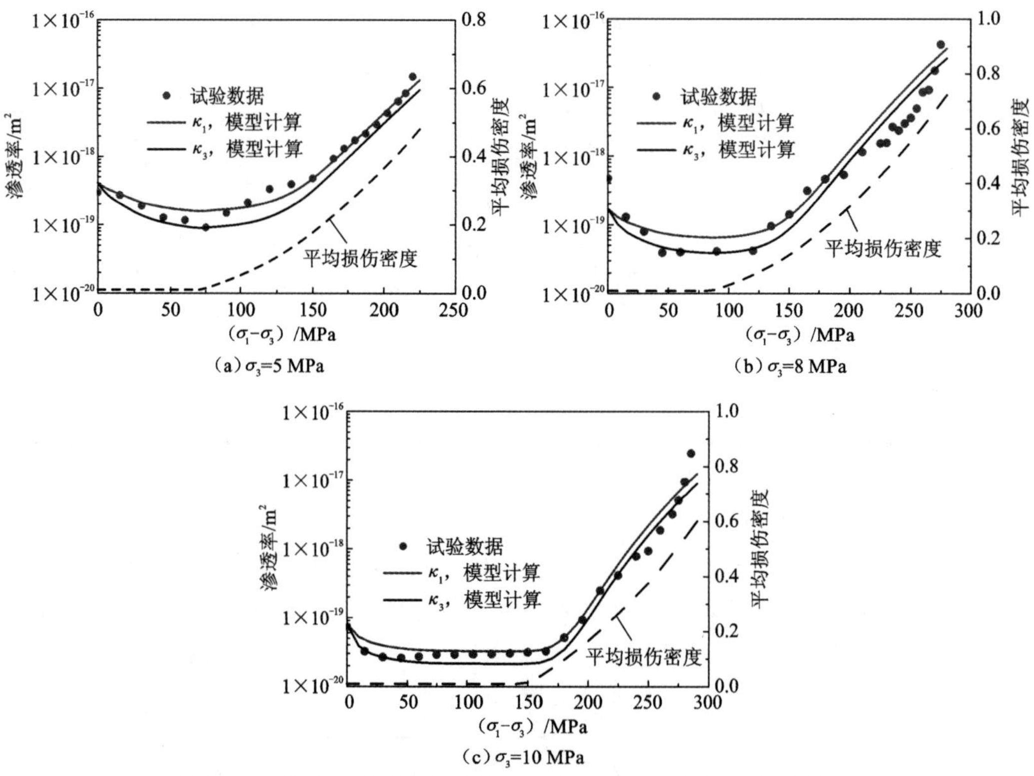

图 2.2.15　不同围压下北山花岗岩渗透率试验曲线与模拟曲线的对比

κ_1、κ_3 分别为轴向和径向渗透率

表 2.2.3　北山花岗岩的弹性参数及特征应力

试样编号	弹性模量 E^s/GPa	泊松比 ν^s	闭合应力 σ_{cc}/MPa	起裂应力 σ_{ci}/MPa	损伤强度 σ_{cd}/MPa	峰值强度 σ_c/MPa
S1	44.8	0.28	61.5	105.8	160.0	225.2
S2	44.7	0.28	78.1	131.6	198.6	280.3
S3	44.9	0.24	95.0	144.8	219.4	293.2

2）试验验证

为了验证岩石损伤-渗透率模型[式（2.2.57）和式（2.2.71）]的适用性，假设花岗岩试样在初始状态下为各向同性，微裂纹滑移服从关联流动法则（即 $r_c=0$），且微裂纹的黏聚力可以忽略不计（即 $c_c=0$）。通过试验曲线率定的模型参数如表 2.2.4 所示。需要指出的是，β_0 的取值（0.07%～0.15%）小于试样的初始体积率 ϕ_0^c（0.44%～0.62%），这是因为微裂纹的可压缩性与其几何形态有关，微裂纹越扁平，可压缩性越大。显然，试样中初始微裂纹的成因和形态都是有差异的，因而仅有一部分微裂纹的可压缩性较大，这部分微裂纹的体积率记为β_0。岩石基质的渗透率κ^s包含了试样中可压缩性较小的初始微裂纹和微缺陷的影响，取值较试样的初始渗透率小 1～2 个数量级。试样的初始损伤密度取 $d_0=0.01$，初始渗透率κ_0^c取值为（1.5～4.0）$\times 10^{-16}\,\text{m}^2$，由此可推算出试样中微裂纹的初始张开度为 0.04～0.07 μm，与完整岩石中微裂纹的发育特征吻合。

表 2.2.4　北山花岗岩试样损伤-渗透率模型参数

模型参数	S1（σ_3=5 MPa）	S2（σ_3=8 MPa）	S3（σ_3=10 MPa）
E^s/MPa	44 800	44 800	44 800
ν^s	0.28	0.28	0.28
$\phi_c=\psi_c$/（°）	35	35	35
c_0/MPa	0.008	0.01	0.04
c_1/MPa	0.1	0.1	0.1
k_{n0}/MPa	10 000	10 000	10 000
β_0/%	0.15	0.12	0.07
d_0	0.01	0.01	0.01
κ^s/m^2	1×10^{-20}	1×10^{-20}	1.0×10^{-20}
κ_0^c/m^2	4×10^{-16}	2×10^{-16}	1.5×10^{-16}
α_c	1.15	1.10	0.95

图 2.2.14 给出了不同围压下北山花岗岩三轴压缩试验曲线与损伤模型[式（2.2.57）]模拟曲线的对比，其中损伤模型中的均匀化方法采用 MT 方法。从图 2.2.14 中可见，损伤模型较好地描述了不同围压下北山花岗岩峰前阶段的主要力学响应，包括初始微裂纹压密段、弹性段及损伤萌生与扩展阶段的变形特征。如图 2.2.15 所示，岩石在压缩过程中的损伤演化可采用累积平均损伤密度 $\bar{d}=(4\pi)^{-1}\oint_{S^u} d(\boldsymbol{n})\mathrm{d}S^u$ 表征。结果表明，在 5 MPa、8 MPa 和 10 MPa 围压条件下，损伤萌生的起始应力分别为 70 MPa、85 MPa 和 145 MPa，介于微裂纹闭合应力σ_{cc} 和起裂应力σ_{ci} 之间，其中 10 MPa 围压下的损伤萌生应力与σ_{ci}一致。此外，损伤模型预测的损伤强度分别为 160 MPa、185 MPa 和 220 MPa，与由应力-应变试验曲线确定的损伤强度一致（表 2.2.3）。当试样达到峰值应力时，平均损伤

密度从初始值 0.01 快速增大到 0.5～0.7，此时岩石的损伤密度分布如图 2.2.16 所示，表明微裂纹的萌生扩展方向主要集中在最大剪应力和最大主应力方向。

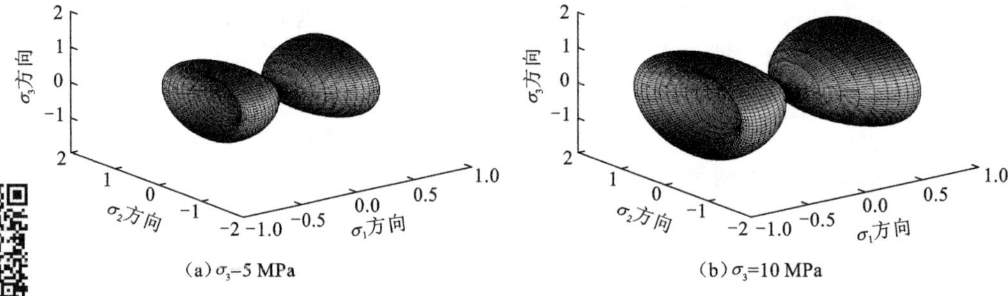

(a) σ_3=5 MPa　　(b) σ_3=10 MPa

图 2.2.16　北山花岗岩试样达到峰值应力时的损伤密度分布

北山花岗岩在三轴压缩过程中的渗透率试验曲线与渗透率模型[式（2.2.71）]预测曲线的对比如图 2.2.15 所示。由图 2.2.15 可知，渗透率模型也较好地描述了峰前阶段岩石渗透率的演化规律，反映了渗透性在初始微裂纹压密段显著降低，在弹性段基本保持常值，以及在损伤扩展阶段急剧增大等重要特征。试样渗透率开始增大的应力与损伤开始萌生的应力基本一致，但量值较损伤萌生应力大 5～10 MPa。此后，随着偏应力的增大和损伤的扩展，渗透率快速增大 2～3 个数量级。此外，渗透率模型还表明，尽管试样假设为初始各向同性，但微裂纹的发育模式导致试样的轴向渗透率κ_1大于径向渗透率$\kappa_2=\kappa_3$，呈现较弱的各向异性特征，各向异性比约为 2，与 Oda 等（2002）对 Inada 花岗岩的研究结论一致。

3）参数敏感性分析

岩石试样的初始微裂纹包括原生微裂纹及取心和制样产生的微裂纹，因而初始微裂纹的分布未必是各向同性的。此外，微裂纹在汇合之前，壁面较裂隙面光滑，因而剪胀角可能小于岩石裂隙的剪胀角。这里以$\sigma_3=10$ MPa 为例，对岩石损伤-渗透率模型中剪胀角ψ_c的取值及初始损伤密度d_0的分布进行敏感性分析，其中ψ_c选取 0°、$\phi_c/8$、$\phi_c/4$、$\phi_c/2$ 和ϕ_c五种情况；初始损伤密度分布则考虑均匀分布（各向同性）、随机分布（在区间 0～2d_0随机分布且均值为d_0）、径向分布（微裂纹沿垂直轴向应力方向发育）和轴向分布（微裂纹沿平行轴向应力方向发育）四种情况。

如图 2.2.17 所示，剪胀角ψ_c对岩石起裂应力σ_{ci}之后的应力-应变曲线和渗透率曲线具有重要影响。剪胀角越大，试样的体积膨胀越明显，渗透率的增长速率越大。当剪胀角$\psi_c=0°$时，岩石无体积扩容现象发生，偏应力-体积应变曲线呈线性关系，渗透率也不发生变化；当$\psi_c=\phi_c$时，模型预测曲线与试验曲线较为吻合，这是由于其他模型参数是在该条件下率定的（表 2.2.4），不能说明微裂纹最适合运用关联流动法则。

图 2.2.18 则表明，初始微裂纹的空间分布对岩石的应力-应变曲线及渗透率曲线也有重要影响。当初始微裂纹沿轴向分布时，轴向应力的增大对微裂纹不产生压缩作用，因而应力-应变曲线的初始压密段及渗透率曲线的初始下降段消失；当初始微裂纹沿径向分

布时，应力-应变曲线的初始压缩效应最明显，渗透率在初始阶段的下降幅度也最大。均匀分布或随机分布均能较好地表征花岗岩内部初始微裂纹的发育特征，因而也能较好地反映岩石在三轴压缩过程中的力学响应和渗透率变化规律。

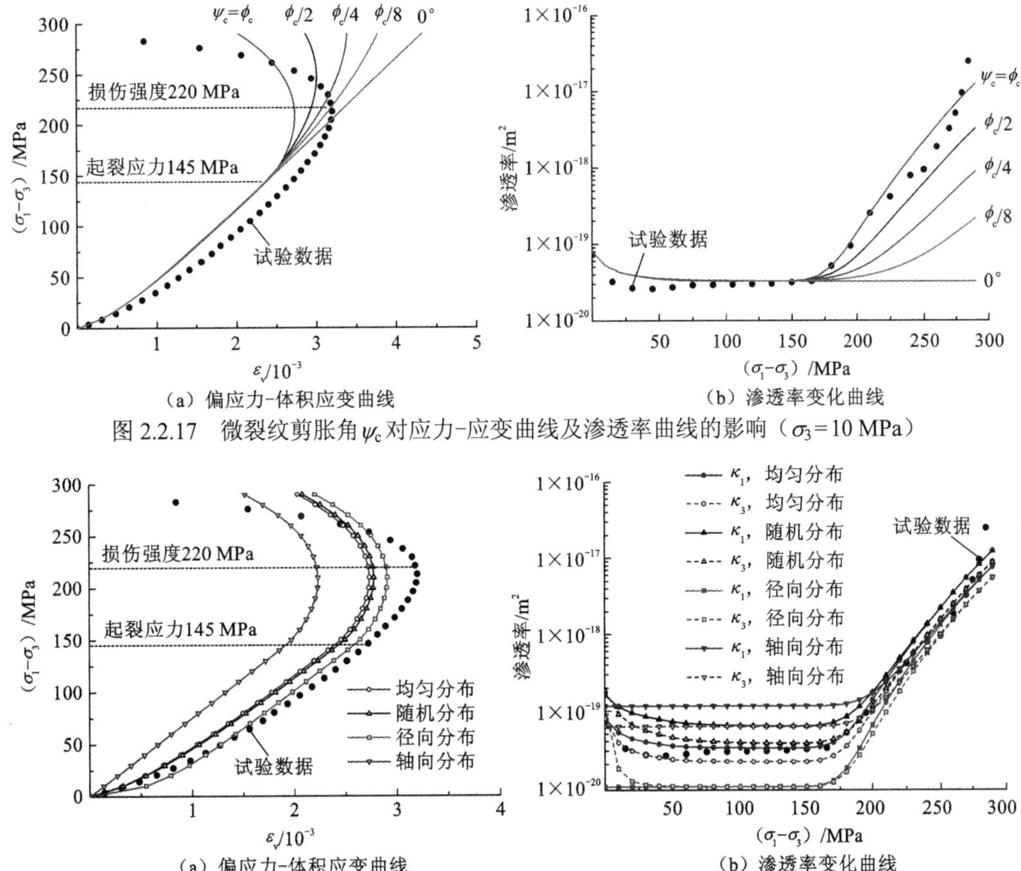

图 2.2.17　微裂纹剪胀角 ψ_c 对应力-应变曲线及渗透率曲线的影响（$\sigma_3=10$ MPa）

图 2.2.18　初始损伤密度分布对应力-应变曲线与渗透率曲线的影响（$\sigma_3=10$ MPa）

2. 模型应用

上述岩石损伤-渗透率模型[式（2.2.57）和式（2.2.71）]不仅可以较好地揭示脆性岩石在三轴压缩过程中的损伤演化规律和渗透率变化特征，而且通过集成到数值模拟软件，可以直接应用于完整岩体中的隧洞开挖扰动效应评估和渗透特性演化特征分析（Chen et al.，2014a，2014c）。下面以加拿大 URL 地下实验室 TSX 深埋巷道开挖为例，探讨高地应力条件下巷道开挖引起的完整围岩损伤效应和渗透性变化规律。

TSX 巷道是为了开展核废料处置库巷道的渗透性试验而开挖的，巷道埋深 420 m，长 40 m。围岩为 Lac du Bonnet 花岗岩岩基，岩体完整，裂隙不发育，初始地应力的量值分别为（−55±5）MPa、（−48±5）MPa 和（−11±5）MPa（Martino and Chandler，2004; Souley et al.，2001）。巷道采用钻爆法开挖，其断面为椭圆形，高 3.5 m，宽 4.375 m。

巷道轴线沿大主应力σ_1方向布置，断面长轴与中主应力σ_2平行，近水平向，与水平面的夹角为8°；短轴与小主应力平行，近垂直向。巷道开挖损伤区分别采用声波法和导水系数法检测，并与微震监测和钻孔录像相对照。根据围岩的损伤程度，将其划分为内、外两个损伤区（Martino and Chandler，2004），如图 2.2.19 所示。

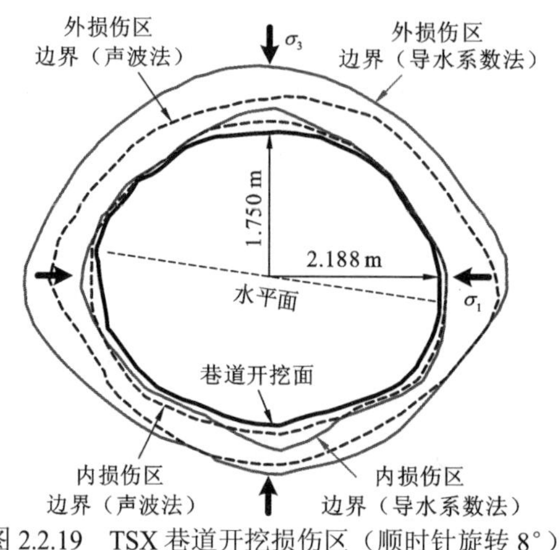

图 2.2.19　TSX 巷道开挖损伤区（顺时针旋转 8°）

考虑到 TSX 巷道断面形态和应力状态的对称性，利用巷道断面的 1/4 进行数值模拟，相应的准三维有限元计算网格如图 2.2.20 所示，其在巷道轴向上取 0.2 m，在巷道断面内取 20 m×20 m，共划分六面体单元 2 592 个，节点 5 390 个。初始地应力取值如下（Souley et al.，2001）：$\sigma_1=-55$ MPa，$\sigma_2=-48$ MPa，$\sigma_3=-12.8$ MPa。损伤模型[式（2.2.57）]采用 MT 方法，渗透率模型按式（2.2.71）计算，模型参数取值如表 2.2.5 所示，这些模型参数考虑了围岩中稀疏发育的裂隙、微裂纹和裂隙系统的连通性及爆破扰动等因素的影响（Chen et al.，2014c）。

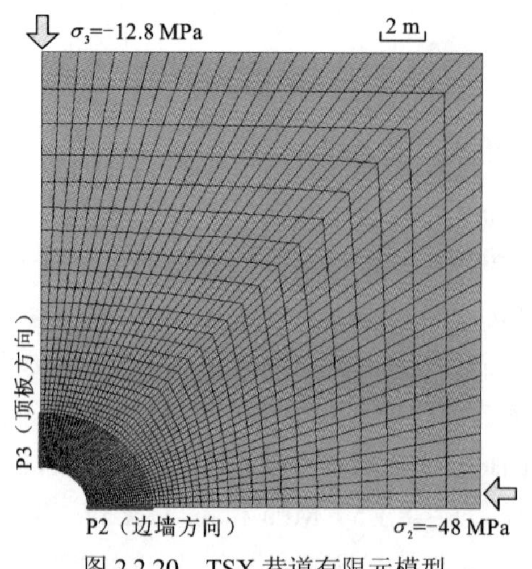

图 2.2.20　TSX 巷道有限元模型

表 2.2.5　TSX 巷道岩石损伤-渗透率模型参数

参数	E^s/MPa	ν^s	$\phi_c=\psi_c$/（°）	c_0/MPa	c_1/MPa	β_0	d_0	k_{n0}/MPa	κ^s/m^2	κ_0^c/m^2	α_c
取值	6.8×10^4	0.21	38.5	0	4×10^{-3}	1×10^{-3}	0.01	1×10^4	1×10^{-21}	1×10^{-16}	1.50

图 2.2.21 给出了 TSX 巷道开挖后，其断面上平均损伤密度 $\overline{d}=(4\pi)^{-1}\oint_{S^u} d\mathrm{d}S^u$ 的分布特征。从图 2.2.21 中可见，巷道顶板（小主应力 P3 方向）和边墙（中主应力 P2 方向）处围岩的平均损伤密度从初始值 0.01 分别增大至 0.51 和 0.24。较大程度的损伤（初始损伤密度的 2～5 倍）只发生在距巷道开挖面 0.5～0.6 m 处，因此该范围内的围岩可视为开挖损伤区。在开挖损伤区内部，距开挖面越近，平均损伤密度等值线的分布越密集，尤其是在巷道顶板和边墙处的损伤程度最为集中。若选取 $\overline{d}$ =0.15～0.2 为平均损伤密度的阈值，则可进一步将损伤区划分为内损伤区和外损伤区。对比图 2.2.21（a）和图 2.2.19 可知，由平均损伤密度划分的理论损伤区与实测损伤区（尤其是导水系数法检测的损伤区）基本一致，表明围岩中的声波和水力传导特性变化与岩体损伤的发育程度密切相关。

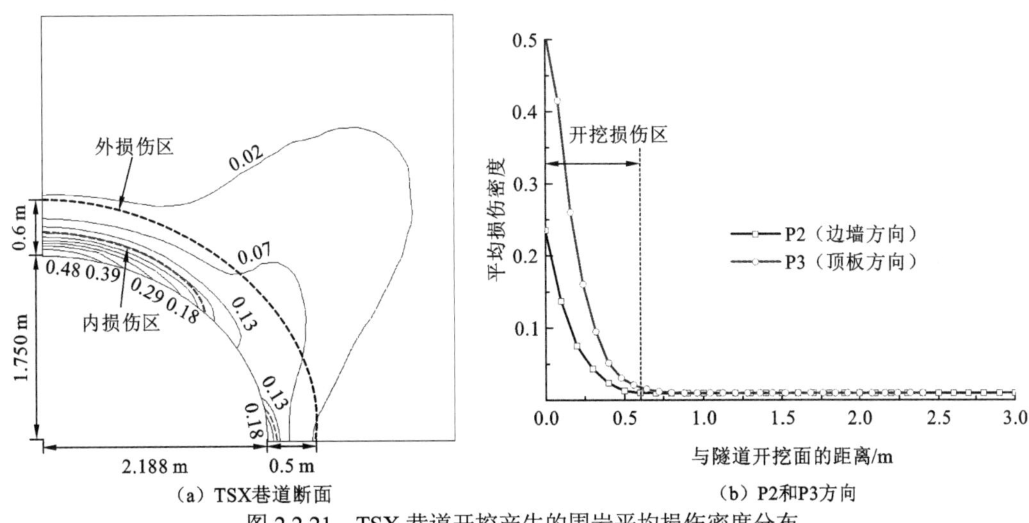

图 2.2.21　TSX 巷道开挖产生的围岩平均损伤密度分布

巷道围岩的损伤发育特征与开挖引起的围岩应力重分布有关，如图 2.2.22 所示。边墙（P2）上由巷道开挖引起的偏应力集中程度弱（$\sigma_r-\sigma_\theta$ =4.6 MPa），而巷道顶板（P3）上的偏应力集中高达 102.5 MPa，量值与 Martin（2005）估计的 100 MPa 一致，且仅略低于岩体的抗压强度 120 MPa。现场导水系数法检测、微震监测和钻孔录像表明，巷道顶部和底部存在 V 形槽状的内损伤区，并发育有肉眼可见的裂隙（Martino and Chandler，2004），这些观测印证了巷道顶板方向上的偏应力集中现象。因此，偏应力集中是巷道围岩损伤发展的重要原因，这也是 P3 方向上损伤的发育程度高于 P2 方向的原因。此外，图 2.2.22 还对比了损伤模型和弹性模型的应力计算结果，两者仅在内损伤区存在较明显的差别，且损伤程度越高，差别越大。

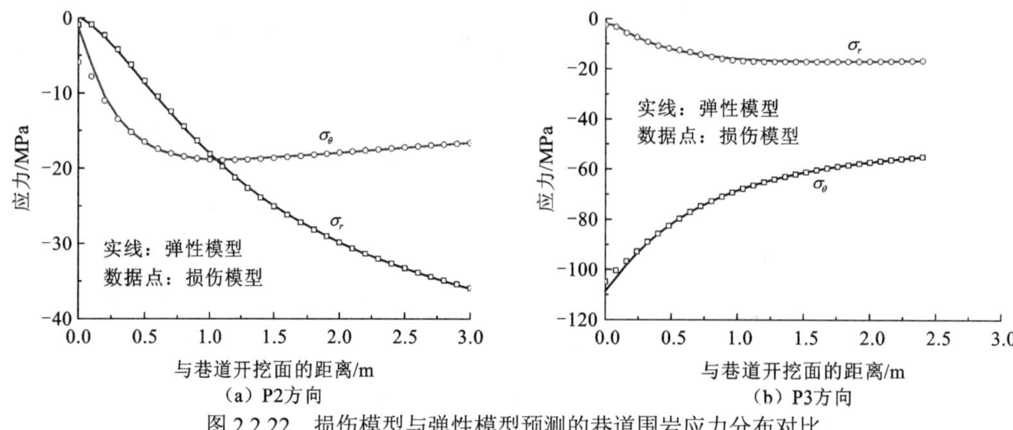

图 2.2.22　损伤模型与弹性模型预测的巷道围岩应力分布对比

σ_r、σ_θ分别为径向应力和切向应力

图 2.2.23 给出了 TSX 巷道开挖后 P2 和 P3 方向上围岩渗透率的变化特征。由图 2.2.23 可知，巷道开挖引起的围岩渗透率变化的模拟结果与实测数据基本吻合，并反映了由围岩损伤的各向异性引起的渗透性的各向异性。在巷道顶板处（P3 方向），围岩渗透率增大达 4 个数量级，这与该部位损伤的高度发育、偏应力的高度集中密切相关；而在巷道边墙处（P2 方向），因损伤发育程度较弱，偏应力水平低，渗透率仅增大 2 个数量级。TSX 巷道断面上的主渗透率等值线分布如图 2.2.24 所示。由图 2.2.24 可见，在损伤区内部，内损伤区围岩渗透率的增大一般在 3 个数量级之上，而外损伤区一般超过 1 个数量级；在损伤区外侧，围岩渗透性的变化显著减小，并趋于开挖扰动前的初始值[（1～3）$\times 10^{-21}$ m^2]。此外，数值模拟还表明，受地应力释放和损伤发育模式的影响，损伤区围岩小主渗透率（κ_3）位于巷道径向方向，而第一主渗透率、第二主渗透率（κ_1 和κ_2）位于轴向或切向方向，两者具有相同的量级。围岩渗透性的各向异性比一般为 2～6，与 Shao 等（2005）对完整岩石渗透率各向异性的研究结论一致。

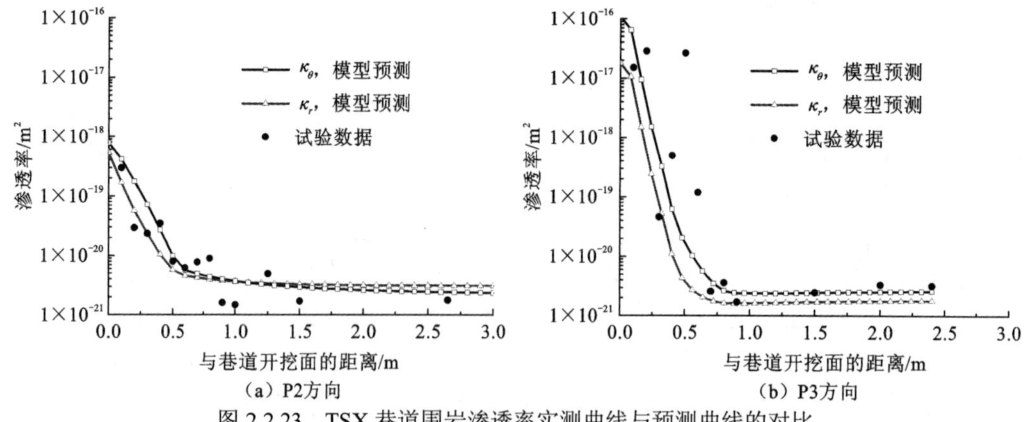

图 2.2.23　TSX 巷道围岩渗透率实测曲线与预测曲线的对比

κ_r、κ_θ分别为径向渗透率和切向渗透率

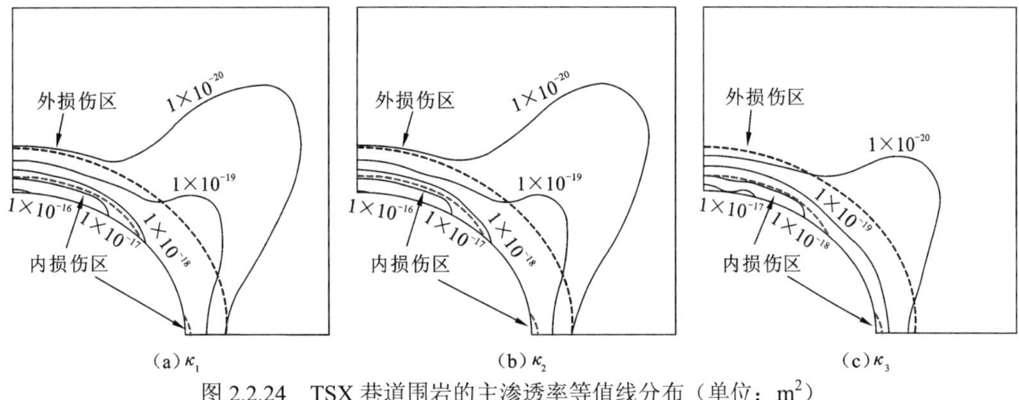

(a) κ_1　　(b) κ_2　　(c) κ_3

图 2.2.24　TSX 巷道围岩的主渗透率等值线分布（单位：m^2）

2.3　裂隙岩体的渗透特性及其演化规律

2.3.1　概述

岩体是由各种地质结构面及这些结构面切割围限的岩块共同组成的。相对而言，岩体结构面的渗透性远大于岩块的渗透性，因而岩体中的渗流及岩体的渗透特性均主要受结构面及其连通网络的控制。岩块对岩体渗流的贡献体现在三个方面：①岩块中的孔隙是流体的主要储存场所；②岩块的渗透性决定了岩体渗透性的下界；③当结构面不发育、岩体完整或结构面紧密胶结、闭合时，岩块与结构面共同决定岩体的渗流特性。但受地质演化过程的影响，结构面往往在地表以下一定埋深范围内发育程度较高，因而结构面的发育模式和渗流行为决定了岩体的渗流特性。

岩体的渗透特性具有显著的空间变异性、各向异性、尺度效应及变形敏感性等重要特征。岩体结构的非均质性、不连续性，以及结构面发育的复杂性决定了岩体渗流的非均匀性，也决定了岩体渗透特性的空间变异性、各向异性和尺度效应。与此同时，结构面也是岩体中力学性质较弱的组成部分，岩体的变形和破坏主要受结构面控制。当结构面压缩、松弛、剪胀、扩展或岩块强烈损伤时，岩体结构特征发生变化，岩体的渗透特性也随之发生强烈变化。例如，在高地应力条件下，岩体开挖扰动引起的渗透性变化可达到甚至超过 3 个数量级（Chen et al.，2015；Martino and Chandler，2004；Souley et al.，2001；Pusch，1989；Kelsall et al.，1984）。因此，描述岩体渗透特性及其演化的关键在于两个方面：一是弄清结构面的变形和渗流特性及其与结构面几何特征的关系；二是阐明结构面的空间发育模式对岩体渗透特性的影响。

2.3.2　岩体渗透特性的测试与表征方法

岩体渗透试验包括室内试验和现场试验，室内试验主要针对裂隙或简单裂隙网络，而现场试验是测试岩体渗透特性的主要方法。现场试验包括钻孔压水试验、抽水试验、渗水试验、微水试验等。其中，钻孔压水试验是水利水电工程应用最为广泛，因而也最为重要的岩体渗透性测试方法，该方法又分单孔压水试验和交叉孔压水试验。交叉孔压水试验尽管可以直接测量岩体的渗透系数张量，但试验费时且成本较高，因而在实际工程中极少应用。

1. 裂隙渗流试验及裂隙渗透性的表征

裂隙渗流试验的目的是研究裂隙的渗透特性和渗流规律，并研究其与裂隙几何形态的关系，以及在裂隙变形过程中的变化规律。裂隙的渗透特性与裂隙的张开度、充填状况、胶结程度、尺寸及裂隙壁面的几何形貌、粗糙度、风化程度等因素有关。在裂隙压缩或剪切过程中，裂隙壁面的凸起被压碎、磨损或啃断，接触面积和张开度发生变化，裂隙的渗透特性也随之发生变化，从而表现出对变形或应力的敏感性。

用于渗流试验的裂隙试样主要有两种，一种是长 L、宽 w 的长方形试样，通过在试样进、出口端施加恒定的水头差ΔH 或压力差ΔP，在裂隙长度方向形成稳定渗流，并测量其流量 Q；另一种是将试样加工成内径为 r、外径为 R 的磨盘形，通过在内、外边界施加恒定的水头差ΔH 或压力差ΔP，产生流量为 Q 的稳定径向流。在试验过程中改变试样的水头差ΔH，若测得的稳定流量 Q 与水头差ΔH 呈现线性关系，则裂隙中的渗流服从达西定律。对于长方形试样，有

$$Q = K\frac{ew\Delta H}{L} \quad \text{或} \quad Q = \kappa\frac{ew\Delta P}{\mu L} \tag{2.3.1a}$$

而对于磨盘形试样，有

$$Q = K\frac{2\pi e\Delta H}{\ln(R/r)} \quad \text{或} \quad Q = \kappa\frac{2\pi e\Delta P}{\mu\ln(R/r)} \tag{2.3.1b}$$

式中：K 为裂隙的渗透系数；κ为裂隙的渗透率；e 为裂隙的平均张开度；μ为流体的动力黏滞系数。张开度 e 是指裂隙两个壁面间的平均垂直距离，一般称为裂隙的平均力学开度。注意式（2.3.1a）和式（2.3.1b）中的第二式忽略了重力影响，适用于水平裂隙。

运用式（2.3.1）计算裂隙的渗透系数 K 或渗透率κ需要确定裂隙的力学开度 e，这将带来两个方面的问题：①尽管裂隙上、下表面的几何形貌可以得到精确测量，但当两个盘面组装构成裂隙时，力学开度的准确测量还是存在一定困难的，在现场条件下力学开度的测量就更加困难；②即使裂隙的力学开度能够准确测出，并据此计算裂隙的渗透系数或渗透率，但根据 Poiseuille 定律[式（1.2.9a）]反算得到的裂隙张开度与实测的张开度通常不一致，且差别往往较大。为了克服这两个问题，可引入裂隙的等效水力开度 e_h，这样无论裂隙的几何形貌和充填状况如何，裂隙的导水能力均可采用张开度为 e_h 的光滑平行板进行比拟：

$$K = \frac{ge_h^2}{12\nu} \quad \text{或} \quad \kappa = \frac{e_h^2}{12} \tag{2.3.2}$$

式中：ν为流体的运动黏滞系数。

将式（2.3.1）中的力学开度 e 替换为等效水力开度 e_h，并将式（2.3.2）代入，可得

$$q_w = \frac{Q}{w} = \frac{g e_h^3}{12\nu}\frac{\Delta H}{L} \quad \text{或} \quad q_w = \frac{Q}{w} = \frac{e_h^3}{12\mu}\frac{\Delta P}{L} \tag{2.3.3a}$$

$$q_w = \frac{Q}{2\pi} = \frac{g e_h^3}{12\nu}\frac{\Delta H}{\ln(R/r)} \quad \text{或} \quad q_w = \frac{Q}{2\pi} = \frac{e_h^3}{12\mu}\frac{\Delta P}{\ln(R/r)} \tag{2.3.3b}$$

式中：q_w 为裂隙的单宽流量。显然，裂隙的单宽流量 q_w 与等效水力开度 e_h 的三次方成正比，因而式（2.3.3）又称为裂隙渗流的立方定律。

为了研究裂隙渗透特性在变形过程中的变化规律，还可以对裂隙试样进行逐级加载，测量裂隙的法向位移 u_n 和切向位移 u_t，并在每级荷载施加后，重复上述稳态渗流试验。常用的加载方式有荷载控制和位移控制。若裂隙试样的初始开度为 e_0，法向荷载为 F_n，剪切荷载为 F_t，则裂隙的表观法向应力为 $\sigma_n=F_n/A_s$，剪切应力为 $\tau=F_t/A_s$，$A_s=wL$，为裂隙面的表观面积。裂隙在荷载作用下的当前开度为 $e=e_0+u_n$，这里约定裂隙的法向变形以张开变形为正，以压缩变形为负。

由此可见，裂隙的变形通常定义在力学开度 e 上，而裂隙的渗透性则定义在等效水力开度 e_h 上。因此，建立两者之间的关联是描述裂隙变形过程中渗透性变化的关键。表 2.3.1 给出了裂隙等效水力开度 e_h 与力学开度 e 之间物理意义较为明确的经验关系式，表明等效水力开度与力学开度具有正比例关系，但也与裂隙面凸起高度、开度均方差、接触面积率等几何形貌的统计特征有关。

表 2.3.1 裂隙等效水力开度与力学开度的经验关系式

文献	表达式	符号描述
Lomize（1951）	$e_h = e[1+6(\varDelta/e)^{1.5}]^{-1/3}$	e_h 为裂隙等效水力开度，e 为力学开度，e_0 为初始力学开度，Δe 为力学开度增量，$\varDelta$ 为平均凸起高度，f 为 0.5～1.0 内的常数，C_v 为力学开度的变异系数，c 为裂隙面接触面积率，η 为经验系数，σ_e 为开度均方差，σ_{e0} 为初始状态下的开度均方差，σ_{JRC} 为裂隙粗糙度系数 JRC 的均方差
Louis（1974）	$e_h = e[1+8.8(\varDelta/e)^{1.5}]^{-1/3}$	
Patir 和 Cheng（1978）	$e_h = e(1-0.9e^{-0.56/C_v})^{1/3}$	
Witherspoon 等（1980）	$e_h = e_0 + f\Delta e$	
Walsh（1981）	$e_h = e[(1+\eta c)/(1-c)]^{-1/3}$	
Cook 等（1990）	$e_h = e\{[1+6(\varDelta/e)^{1.5}][(1-c)/(1+c)]\}^{-1/3}$	
Amadei 和 Illangasekare（1994）	$e_h = e[1+0.6(\sigma_e/e)^{1.2}]^{-1/3}$	
Renshaw（1995）	$e_h = e\exp(-\sigma_e^2/2)$	
速宝玉等（1995）	$e_h = e[1+1.2(\varDelta/e)^{-0.75}]^{-1/3}$	
Zimmerman 和 Bodvarsson（1996）	$e_h = e\{[1-1.5(\sigma_e/e)^2](1-2c)\}^{1/3}$	
Matsuki 等（1999）	$e_h = e\{1-1.13[1+0.919(2e/\sigma_{e0})^{1.93}]^{-1}\}^{1/3}$	
Rasouli 和 Hosseinian（2011）	$e_h = e(1-2.25\sigma_{JRC}/e)^{1/3}$	

需要指出的是，本节只讨论裂隙渗流服从达西定律的情况。当裂隙渗流偏离线性关系时，试验数据的分析方法将在 3.1 节给出。

2. 钻孔压水试验及岩体渗透性的表征

钻孔压水试验适用于各种富水性的岩层，因而在水利水电工程岩体渗透性现场测试中得到了广泛的应用。其原理是在钻孔中放入止水栓塞，隔离出一定长度的孔段，在定压力条件下将水压入试验孔段，记录压入的流量直至流量趋于稳定，并依据稳定条件下的流量计算岩体的透水率 q 和渗透系数 K。我国行业规程规定，应按三级压力、五个阶段，即按 $P_1 \to P_2 \to P_3 \to P_2 \to P_1$ 依次进行压水试验，其中 $P_1 = 0.3$ MPa，$P_2 = 0.6$ MPa，$P_3 = 1.0$ MPa，进而依据各级压力下的稳定流量，绘制压力-流量曲线（P-Q 曲线），确定 P-Q 曲线的类型，并计算岩体的渗透性指标。这类压水试验的最大压力一般不超过 1 MPa，因而又称为常规压水试验，其 P-Q 曲线的类型一般分为层流型、紊流型、扩张型、冲蚀型和充填型五种，各类型曲线的特征如表 2.3.2 所示。

表 2.3.2 常规压水试验 P-Q 曲线的类型及特征

类型	层流型	紊流型	扩张型	冲蚀型	充填型
图例	P, Q, O, 1, 2, 3, 4, 5	P, Q, O, 1, 2, 3, 4, 5	P, Q, O, 1, 2, 3, 4, 5	P, Q, O, 1, 2, 3, 4, 5	P, Q, O, 1, 2, 3, 4, 5
特征	升压曲线为通过原点的直线，降压曲线与升压曲线基本重合	升压曲线偏离线性关系，凸向 Q 轴，降压曲线与升压曲线基本重合	升压曲线偏离线性关系，凸向 P 轴，降压曲线与升压曲线基本重合	升压曲线偏离线性关系，凸向 P 轴，与降压曲线不重合，呈顺时针环状	升压曲线偏离线性关系，凸向 Q 轴，与降压曲线不重合，呈逆时针环状

透水率 q 是表征岩体完整性和可灌性的重要指标，也是水利水电工程防渗设计的重要依据，一般按最大压力阶段的流量和压力计算：

$$q = \frac{Q}{LP} \tag{2.3.4}$$

式中：q 为透水率（Lu）；L 为试段长度（m），一般取 5 m 左右；P 为最大压力阶段的试验压力（MPa），即 $P = P_3$；Q 为最大压力阶段的稳定流量（L/min）。

岩体的渗透系数 K 采用 Hvorslev 公式（Hvorslev，1951）计算：

$$K = \frac{Q}{2\pi HL} \ln\left[\frac{L}{2r_w} + \sqrt{1 + \left(\frac{L}{2r_w}\right)^2}\right] \tag{2.3.5a}$$

式中：K 为渗透系数（m/s）；H 为试验水头（m）；Q 为压入流量（m^3/s）；L 为试段长度（m）；r_w 为钻孔半径（m）。对于绝大多数压水试验，有 $L \gg r_w$，此时式（2.3.5a）可以简化为

$$K = \frac{Q}{2\pi HL} \ln\left(\frac{L}{r_w}\right) \tag{2.3.5b}$$

需要指出的是，Hvorslev 公式是建立在达西定律基础上的，因而仅适用于层流型 $P\text{-}Q$ 曲线。工程上大致认为，当透水率 $q \leqslant 10$ Lu 时，透水率 q 与渗透系数 K 之间呈线性关系，$q=1$ Lu 大致相当于 $K=1\times10^{-5}$ cm/s。然而，当 $P\text{-}Q$ 曲线偏离线性关系时，q 与 K 之间的线性关系也不再成立。因此，对于层流型之外的其他 $P\text{-}Q$ 曲线类型，需要采用 3.2 节的方法确定岩体的渗透系数。

钻孔压水试验的不足是只能反映岩体渗透性的量值，无法反映岩体渗透性的各向异性。若通过现场地质调查，已知某个区段岩体发育有 n 组优势裂隙，并有各组优势裂隙的平均间距和平均开度的粗略统计值 s_i、$e_i(i=1, 2, \cdots, n)$，则该岩体的渗透系数张量可以用式（2.3.6）估计（Snow，1969）：

$$\boldsymbol{K}_{\mathrm{e}} = \frac{g}{12\nu}\sum_{i=1}^{n}\frac{e_i^3}{s_i}(\boldsymbol{\delta} - \boldsymbol{n}_i \otimes \boldsymbol{n}_i) \tag{2.3.6}$$

式中：$\boldsymbol{K}_{\mathrm{e}}$ 为根据裂隙统计信息估算的岩体渗透系数张量；$\boldsymbol{\delta}$ 为二阶单位张量；s_i、e_i 和 $\boldsymbol{n}_i$ 分别为第 i 组优势裂隙的平均间距、平均开度和单位法向量。

式(2.3.6)尽管不考虑裂隙延展性和连通性等信息，但给出了岩体渗透性的一种 Voigt 估计（上限估计），可以在一定程度上反映构造发育特征对岩体渗透性的控制作用。然而，由于现场条件下很难获得各组裂隙平均开度的代表性取值，式（2.3.6）给出的主渗透系数往往与钻孔压水试验的成果不一致，可按式（2.3.7）进行修正（Li et al.，2008）：

$$\boldsymbol{K} = \frac{\bar{K}_{\mathrm{m}}}{\bar{K}_{\mathrm{e}}}\boldsymbol{K}_{\mathrm{e}} \tag{2.3.7}$$

式中：$\boldsymbol{K}$ 为修正后的岩体渗透系数张量；$\bar{K}_{\mathrm{e}}$ 为由式（2.3.6）估算的岩体主渗透系数 K_1、K_2 和 K_3 的几何均值；$\bar{K}_{\mathrm{m}}$ 为由钻孔压水试验测得的岩体渗透系数的几何均值。这样，式（2.3.7）综合考虑了钻孔压水试验成果和岩体的裂隙发育特征，可以较为客观地反映岩体渗透性的量值，并大致把握岩体渗透性的各向异性。

2.3.3　岩体渗透特性的演化模型

岩体的开挖或加载伴随着岩体的变形、破坏和应力状态的调整，在此过程中岩体的渗透特性也不断发生变化。岩体渗透特性的这种变化通常表述为岩体渗透特性对应力状态或变形状态的敏感性。例如，Oda（1986）基于裂隙几何参数的概率分布函数，定义了裂隙的二阶几何张量，并据此建立了岩体的渗透系数张量模型；周创兵和熊文林（1996）以 Snow 模型（Snow，1969）[式（2.3.6）]为基础，建立了基于渗流耗散能等效的岩体渗透系数张量模型。这两个模型的共同特点是将结构面的变形表征为应力的函数，进而建立岩体渗透系数张量与应力状态的依赖关系，即 $\boldsymbol{K}=f(\boldsymbol{\sigma})$。Liu 等（1999）则针对正交裂隙情况，通过引入一个与岩体质量指标相关的弹性模量折减比，将裂隙的法向变形从岩体变形中分离出来，进而建立岩体渗透系数张量与弹性应变的依赖关系，即 $\boldsymbol{K}=f(\boldsymbol{\varepsilon}^{\mathrm{e}})$。因此，准确描述裂隙的变形特性是预测岩体渗透特性演变规律的关键。此外，裂隙的变形具有较强的非线性，对裂隙变形的描述应考虑这种非线性，这也正是基于应力或弹性应变的岩体渗透系数张量模型的局限性所在。

1. 裂隙渗透特性的演化模型

1）模型的建立

裂隙渗透特性的变化取决于张开度的变化，即取决于裂隙的法向变形。裂隙的变形除了与应力路径有关之外，还与两壁岩石的性质、风化程度、形貌特征和充填状况密切相关。对于软岩裂隙、壁面严重风化或蚀变的裂隙及泥质充填裂隙，裂隙变形往往表现出塑性特征；而对于新鲜的硬岩裂隙，其变形则表现出脆性特征。

硬岩裂隙在压剪荷载作用下的变形特性如图 2.3.1 所示，裂隙的初始平均开度为 e_0。随着剪切位移 u_t 的增大，剪应力 τ 大致线性增大，直至峰值应力 τ_{p}，此时对应的剪切位移为 u_{t0}。此后，裂隙的 τ-u_t 曲线进入脆性跌落阶段。若假设裂隙为理想弹塑性体，则当 $u_t<u_{t0}$ 时，裂隙的剪切变形可视为弹性变形，且近似有 $u_t=\tau/k_{t0}$ 和 $u_{t0}=\tau_{\mathrm{p}}/k_{t0}$，$k_{t0}$ 为裂隙的初始剪切刚度；当 $u_t>u_{t0}$ 时，裂隙进入剪切滑移阶段，裂隙的塑性滑移变形 u_t^{p} 可以表示为

$$u_t^{\mathrm{p}}=u_t-u_{t0}=u_t-\frac{\tau_{\mathrm{p}}}{k_{t0}} \tag{2.3.8}$$

式中：τ_{p} 为裂隙的剪切强度。根据 Mohr-Coulomb 准则，有

$$\tau_{\mathrm{p}}=-\sigma_n\tan\phi_f+c_f \tag{2.3.9}$$

式中：ϕ_f 和 c_f 分别为裂隙的内摩擦角与黏聚力。

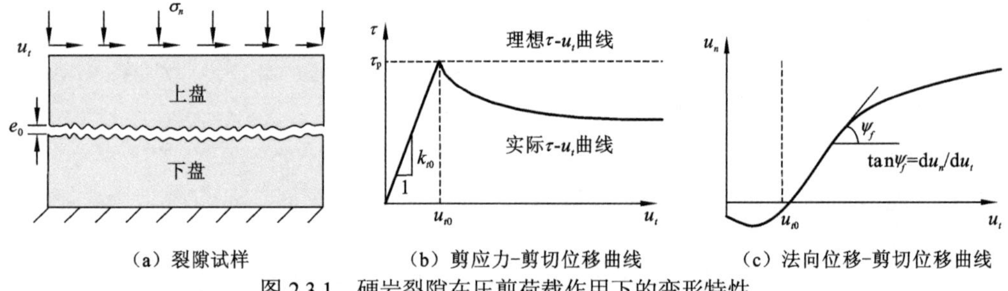

（a）裂隙试样　（b）剪应力-剪切位移曲线　（c）法向位移-剪切位移曲线

图 2.3.1　硬岩裂隙在压剪荷载作用下的变形特性

在压剪荷载作用下，硬岩裂隙的法向变形 u_n 由压缩变形 u_n^{c} 和剪胀变形 u_n^{d} 两部分组成，即 $u_n=u_n^{\mathrm{c}}+u_n^{\mathrm{d}}$。显然，在法向应力 σ_n 作用下，裂隙的最大闭合量不可能超过其初始开度 e_0，因此裂隙的压缩变形是以 e_0 为渐近线的曲线。根据试验数据，裂隙的压缩变形分量 u_n^{c} 常用如下双曲线函数拟合（Bandis et al.，1983）：

$$u_n^{\mathrm{c}}=\frac{\sigma_n e_0}{k_{n0}e_0-\sigma_n} \tag{2.3.10}$$

式中：k_{n0} 为裂隙的初始法向刚度。这里规定法向变形 u_n 和法向应力 σ_n 以拉为正，以压为负。

剪胀是新鲜粗糙裂隙在剪切过程中的重要变形特征，是裂隙面在相对滑移错动过程

中沿凸起体爬坡、啃断而表现出裂隙面相对张开的现象。在剪切开始阶段，由于裂隙两个壁面贴合状态的调整，通常出现微量的剪缩，随后立即出现剪胀。剪胀开始出现的位置大致对应于峰值剪应力的 1/2～2/3。裂隙的剪胀一般采用剪胀角ψ_f来描述，剪胀角与法向应力的大小及裂隙表面的起伏度和凸起的形态有关。法向应力越大，裂隙克服法向应力作用产生剪胀所需的能量耗散越大，剪胀越难以发生。此外，随着剪切位移的增大，裂隙表面的凸起被不断磨损、啃断，剪胀角随之减小。因此，裂隙的剪胀角不是一个常数，在剪胀开始发生时，剪胀角最大，此后随着剪切位移u_t的增大，剪胀角逐渐减小，直至趋于零（Chen et al.，2007）。若假定裂隙的剪胀仅发生在塑性滑移阶段，则剪胀变形u_n^{d}可以表达为

$$u_n^{\mathrm{d}} = \int \tan\psi_f \mathrm{d}u_t^{\mathrm{p}} \tag{2.3.11a}$$

式中：ψ_f为裂隙的滑动剪胀角。由于裂隙的剪胀角通常明显小于 45°，$\tan\psi_f$的 Taylor 展开式收敛，且采用三次多项式逼近即可获得足够高的精度，即$\tan\psi_f \approx \psi_f + \psi_f^3/3$，这里$\psi_f$以弧度为单位。这样，式（2.3.11a）可以改写为

$$u_n^{\mathrm{d}} = \int (\psi_f + \psi_f^3/3)\,\mathrm{d}u_t^{\mathrm{p}} \tag{2.3.11b}$$

根据剪胀角在剪切过程中的演化特征，裂隙的滑动剪胀角ψ_f可以表达为法向应力及塑性功、滑移变形等塑性参量的函数，且具有一定的尺寸相关性，这里将其表达为滑移变形的负指数函数（Chen et al.，2007）：

$$\psi_f = \psi_f^{\mathrm{peak}}(\sigma_n)\exp(-r_f u_t^{\mathrm{p}}) \tag{2.3.12}$$

式中：ψ_f^{peak}为裂隙的初始剪胀角或峰值剪胀角，与法向应力和裂隙的性质有关；$r_f \geqslant 0$，为剪胀角衰减系数，反映ψ_f在塑性滑移过程中的衰减速率。当$r_f=0$时，有$\psi_f=\psi_f^{\mathrm{peak}}$；当$r_f \to \infty$时，则有$\psi_f=0°$。对于新鲜硬岩裂隙，峰值剪胀角$\psi_f^{\mathrm{peak}}$可以采用如下经验公式描述（Barton and Bandis，1982）：

$$\psi_f^{\mathrm{peak}} = \mathrm{JRC}\lg\left(\frac{\mathrm{JCS}}{|\sigma_n|}\right) \tag{2.3.13}$$

式中：JRC 为裂隙的粗糙度系数；JCS 为裂隙壁面岩石的抗压强度。

裂隙变形后的当前开度为$e=e_0+u_n$，将式（2.3.10）和式（2.3.11b）代入，可得

$$e = e_0 + u_n = (1+\varsigma_f)e_0 \tag{2.3.14a}$$

$$\varsigma_f = \frac{\sigma_n}{k_{n0}e_0 - \sigma_n} + \frac{1}{e_0}\left\{\frac{\psi_f^{\mathrm{peak}}}{r_f}[1-\exp(-r_f u_t^{\mathrm{p}})] + \frac{\psi_f^{\mathrm{peak}3}}{9r_f}[1-\exp(-3r_f u_t^{\mathrm{p}})]\right\} \tag{2.3.14b}$$

其中，裂隙的滑移变形u_t^{p}由式（2.3.8）和式（2.3.9）计算。

这样，裂隙在压剪荷载作用下的张开度e即可由法向应力σ_n、剪切位移u_t，以及一组描述裂隙几何和力学性质的参数（e_0、k_{n0}、k_{t0}、ϕ_f、c_f、JRC、JCS 和r_f）完全确定，这组参数均可通过剪切试验数据计算得到。若作用在裂隙上的水压力p较大，可将法向应力σ_n替换为有效法向应力σ_n+p，以反映其对裂隙变形的影响。

若与裂隙张开度e_0和e对应的等效水力开度分别为e_{h0}与e_{h}，且假定荷载作用过程

中 e_h 与 e 大致呈线性关系，则由式（2.3.2）和式（2.3.14）可得

$$K = K_0(1+\varsigma_f)^2 \quad 或 \quad \kappa = \kappa_0(1+\varsigma_f)^2 \tag{2.3.15}$$

式中：K 和κ为裂隙在当前开度 e 下的渗透系数和渗透率；K_0 和κ_0 为裂隙在初始开度 e_0 下的渗透系数和渗透率。由于裂隙的渗透性与张开度的平方成正比，裂隙的渗透性对开度变化或法向变形极为敏感。

2）模型的验证

Esaki 等（1999）采用人工劈裂花岗岩开展了剪切-渗流试验。裂隙试样的长、宽、高分别为 120 mm、100 mm 和 80 mm，初始开度 e_0=0.15 mm，壁面岩石的抗压强度 JCS=162 MPa，粗糙度系数 JRC=9。分别开展了σ_n=1 MPa、5 MPa、10 MPa 和 20 MPa 条件下的剪切-渗流试验，对应的裂隙初始切向刚度分别为 k_{t0} = 3.37 MPa/mm、10.65 MPa/mm、11.97 MPa/mm 和 17.97 MPa/mm。式（2.3.14）和式（2.3.15）中的其他模型参数由试验数据拟合确定：ϕ_f=46.6°，c_f =0.99 MPa，R^2=1；k_{n0}=100 MPa/mm；r_f=0.15，ψ_f^{peak} 的决定系数为 R^2=0.94。

裂隙在不同法向应力作用下的法向位移-剪切位移曲线和剪胀角演化曲线如图 2.3.2 所示。从图 2.3.2 中可见，法向应力越小，裂隙的剪胀效应越明显，随着法向应力的增大，剪胀效应得到明显抑制。同时，随着剪切位移的增大，剪胀效应逐渐衰减，剪胀变形也逐渐趋于某个渐近值。当法向应力变化达 1～20 MPa、剪切位移变化达 0～20 mm 时，法向变形模型[式（2.3.14）]均较好地描述了裂隙的剪胀特性。

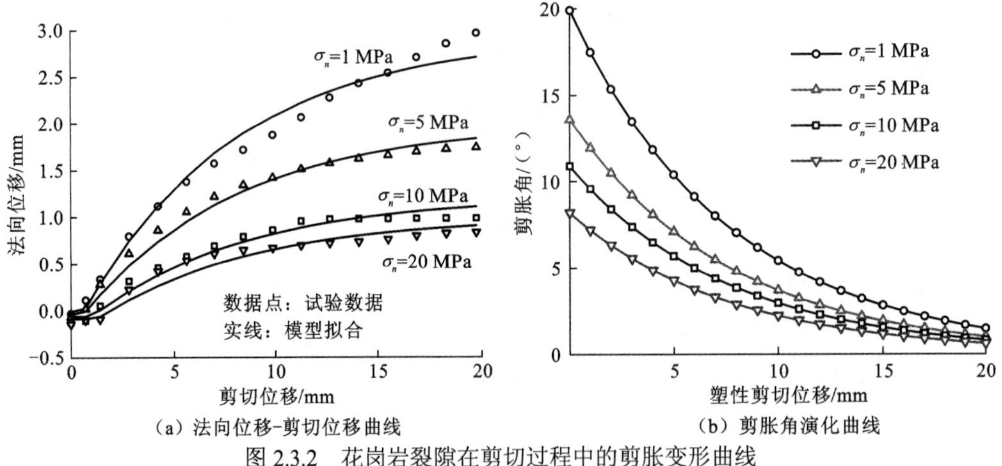

（a）法向位移-剪切位移曲线　　（b）剪胀角演化曲线

图 2.3.2　花岗岩裂隙在剪切过程中的剪胀变形曲线

裂隙在剪切变形过程中的渗透系数变化如图 2.3.3 所示。由式（2.3.15）对试验数据的拟合可知，裂隙的等效水力开度 e_h 与力学开度 e 之间近似呈线性关系，且有 e_h=0.324e，表明粗糙裂隙的等效水力开度明显小于其力学开度。由图 2.3.3 可见，硬岩裂隙的剪胀可使其渗透性显著增强，变化幅度达 1～2 个数量级。解析模型[式（2.3.15）]较好地预测了裂隙的渗透性在压剪荷载作用过程中的变化规律，渗透系数的模型预测值与试验值之比均在 0.3～3.0 内，两者在量值上吻合良好。

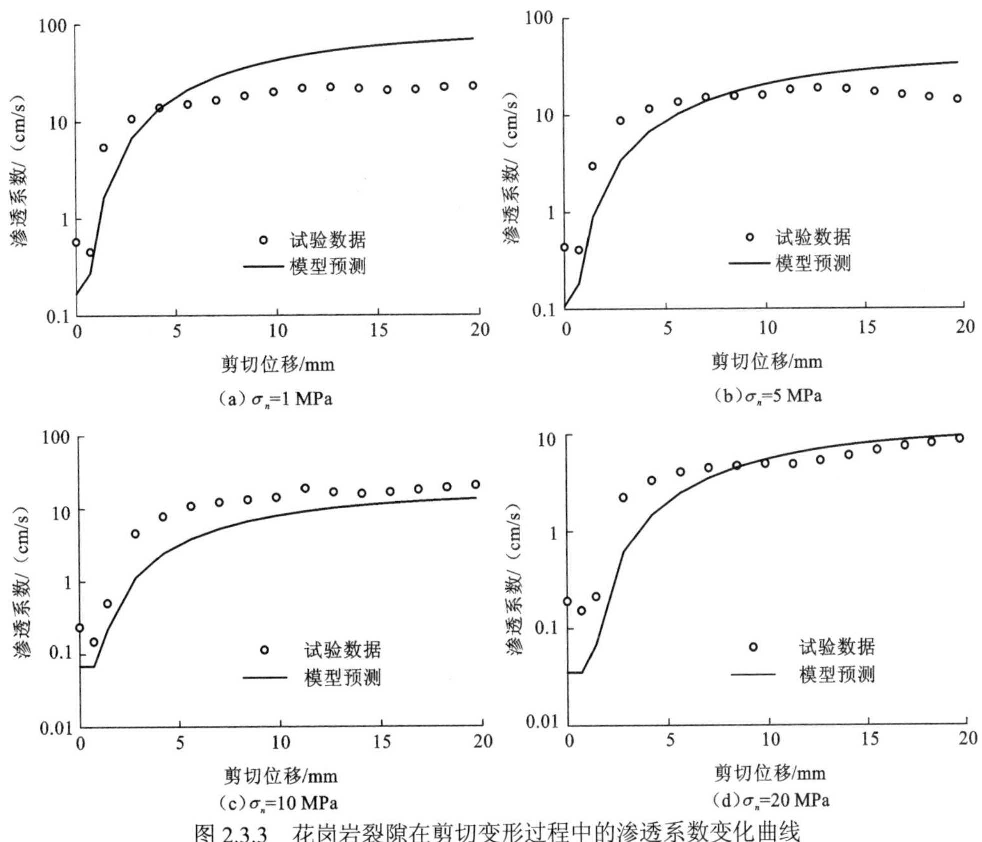

图 2.3.3 花岗岩裂隙在剪切变形过程中的渗透系数变化曲线

2. 岩体渗透特性演化的应变敏感模型

岩体的渗透特性受裂隙发育模式、几何特征和连通特性控制。从裂隙的变形和渗透特性推断岩体的渗透特性，需要假定岩体存在 RVE，RVE 内包含有足够多的裂隙信息。然而，与岩石不同，岩体的 RVE 的尺度较大，通常在 10 m 量级，该尺度与钻孔压水试验的影响范围大致相同。但对于岩体的变形特性，开展如此大尺度的现场荷载试验几乎是不可能的，因而均匀化是研究岩体变形和渗流特性的一个必不可少的手段。

1）模型的建立

受地质作用模式和形成历史的影响，岩体中的裂隙往往成组出现。现考虑岩体的一个 RVE，RVE 内包含有 n 组优势裂隙。为便于表述，在岩体的 RVE 上建立整体坐标系 $X_1X_2X_3$，X_i 轴的单位向量为 $\boldsymbol{e}_i\,(i=1, 2, 3)$。同时，在各组优势裂隙上建立局部坐标系 $x_1^f x_2^f x_3^f\ (f=1,2,\cdots,n)$，$x_i^f$ 轴的单位向量为 $\boldsymbol{e}_i^f\,(i=1, 2, 3)$，如图 2.3.4 所示。坐标系均需满足右手法则，但整体坐标系可任意建立，而局部坐标系的建立要求 x_1^f轴和 x_2^f轴在裂隙面内，x_3^f轴指向裂隙面的法向方向，即 $\boldsymbol{n}_f=\boldsymbol{e}_3^f$，$\boldsymbol{n}_f$为第 f 组裂隙的单位法向量。物理量在整体坐标系和裂隙局部坐标系间的二阶转换张量 $\boldsymbol{T}^f$ 为

$$T_{ij}^f=\boldsymbol{e}_i^f\cdot\boldsymbol{e}_j \tag{2.3.16}$$

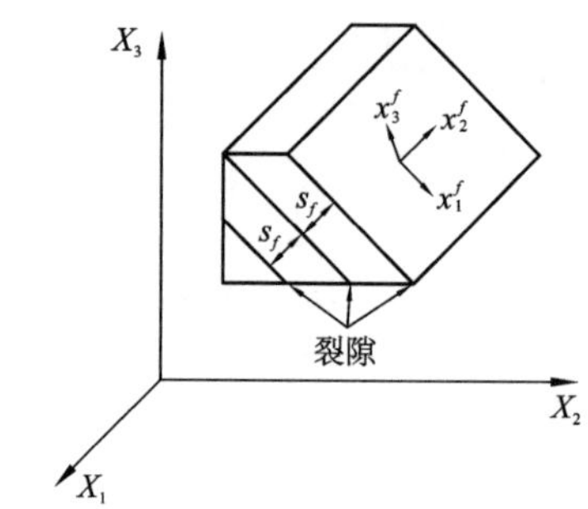

图 2.3.4 岩体整体坐标系与裂隙局部坐标系

若在 RVE 的边界上作用均匀的应力增量 $\mathrm{d}\boldsymbol{\sigma}$，并假定 RVE 内部的应力局部化张量 $\boldsymbol{B}^*\equiv\boldsymbol{I}$，$\boldsymbol{I}$ 为四阶单位张量，即忽略裂隙与裂隙、裂隙与岩块之间的相互作用，则 RVE 内部岩块和裂隙的应力增量均恒为 $\mathrm{d}\boldsymbol{\sigma}$。实际上，应力场在裂隙处仅有法向应力和剪切应力分量连续，因而该应力局部化条件过于严格，但也减少了模型参数的数量，以及参数确定的难度。此外，由于在 RVE 上施加了均匀应力边界条件，对岩体模量的估计属于 Reuss 估计（即下限估计）。

由均匀化可知，岩体的总应变增量等于裂隙和岩块应变增量的体积平均，可以表达为（Chen and Egger，1999）

$$\mathrm{d}\boldsymbol{\varepsilon} = \mathrm{d}\boldsymbol{\varepsilon}^R + \sum_F \mathrm{d}\boldsymbol{\varepsilon}^F \tag{2.3.17}$$

式中：$\mathrm{d}\boldsymbol{\varepsilon}$、$\mathrm{d}\boldsymbol{\varepsilon}^R$ 和 $\mathrm{d}\boldsymbol{\varepsilon}^F$ 分别为岩体的总应变增量、岩块的应变增量和第 f 组裂隙在整体坐标系下的应变增量。这里，约定大写上标（R 或 F）表示该物理量在 $X_1X_2X_3$ 坐标系下度量，小写上标（f）表示该物理量在 $x_1^f x_2^f x_3^f$ 坐标系下度量，且上标 F 及 f 为非求和指标。此外，还约定应力和应变以受拉为正。从均匀化的角度看，式（2.3.17）认为裂隙的体积率很小，可以忽略不计，因而是近似的。

根据式（2.3.17）和岩体 RVE 内部的应力均匀假设，并结合塑性势理论，以及岩块和裂隙的塑性一致性条件，可导出岩体的等效弹塑性本构模型：

$$\mathrm{d}\boldsymbol{\varepsilon} = \boldsymbol{S}^{\mathrm{ep}} : \mathrm{d}\boldsymbol{\sigma} \tag{2.3.18a}$$

$$\boldsymbol{S}^{\mathrm{ep}} = (\boldsymbol{C}^{R,\mathrm{ep}})^{-1} + \sum_F (\boldsymbol{C}^{F,\mathrm{ep}})^{-1} \tag{2.3.18b}$$

式中：$\boldsymbol{S}^{\mathrm{ep}}$ 为岩体的等效弹塑性柔度张量；$\boldsymbol{C}^{R,\mathrm{ep}}$ 为岩块的弹塑性切线刚度张量；$\boldsymbol{C}^{F,\mathrm{ep}}$ 为在 $X_1X_2X_3$ 坐标系下度量的第 f 组裂隙的弹塑性切线刚度张量。$\boldsymbol{C}^{R,\mathrm{ep}}$ 的表达式为

$$\boldsymbol{C}^{R,\mathrm{ep}} = \boldsymbol{C}^R - \frac{\boldsymbol{C}^R : \dfrac{\partial Q_R}{\partial \boldsymbol{\sigma}} \otimes \dfrac{\partial F_R}{\partial \boldsymbol{\sigma}} : \boldsymbol{C}^R}{\dfrac{\partial F_R}{\partial \boldsymbol{\sigma}} : \boldsymbol{C}^R : \dfrac{\partial Q_R}{\partial \boldsymbol{\sigma}} + H_R} \tag{2.3.19}$$

式中：F_R、Q_R 和 H_R 分别为岩块的屈服函数、塑性势函数和硬化模量；$\boldsymbol{C}^R$ 为岩块的四阶弹性刚度张量，可以表达为

$$C_{ijkl}^R = \lambda_R \delta_{ij}\delta_{kl} + G_R(\delta_{ik}\delta_{jl} + \delta_{il}\delta_{jk}) \tag{2.3.20}$$

其中：λ_R 和 G_R 为岩块的 Lamé 常数；$\boldsymbol{\delta}$ 为 Kronecker delta 张量或二阶单位张量。

为简单起见，假设岩块为理想弹塑性材料（$H_R=0$），并服从非关联 Drucker-Prager 准则，则有

$$F_R=\frac{\sin\phi_R}{\sqrt{3(3+\sin^2\phi_R)}}I_1+\sqrt{J_2}-\frac{3c_R\cos\phi_R}{\sqrt{3(3+\sin^2\phi_R)}}=0 \tag{2.3.21a}$$

$$Q_R=\frac{\sin\psi_R}{\sqrt{3(3+\sin^2\psi_R)}}I_1+\sqrt{J_2} \tag{2.3.21b}$$

式中：c_R 和 ϕ_R 分别为岩块的黏聚力与内摩擦角；I_1 和 J_2 分别为岩块应力第一不变量和偏应力第二不变量；ψ_R 为随岩块等效塑性应变 $\bar{\varepsilon}_R^{\mathrm{p}}$ 衰减的滑动剪胀角，借鉴式（2.3.12），其演化方程也采用负指数形式描述，即

$$\psi_R=\psi_R^{\mathrm{peak}}\exp(-r_R\bar{\varepsilon}_R^{\mathrm{p}}) \tag{2.3.22}$$

其中：ψ_R^{peak} 为岩块的峰值剪胀角；r_R 为岩块的剪胀角衰减系数。当 $r_R=0$ 时，$\psi_R=\psi_R^{\mathrm{peak}}$；当 $r_R\to\infty$ 时，$\psi_R\to 0°$，即不考虑剪胀效应。等效塑性应变 $\bar{\varepsilon}^{\mathrm{p}}$ 按式（2.3.23）计算：

$$\bar{\varepsilon}^{\mathrm{p}}=\int\mathrm{d}\bar{\varepsilon}^{\mathrm{p}}=\int\sqrt{(2/3)\mathrm{d}\boldsymbol{\varepsilon}^{\mathrm{p}}:\mathrm{d}\boldsymbol{\varepsilon}^{\mathrm{p}}} \tag{2.3.23}$$

式中：$\boldsymbol{\varepsilon}^{\mathrm{p}}$ 为塑性应变张量。

式（2.3.18）中，整体坐标系下的裂隙弹塑性切线刚度张量 $\boldsymbol{C}^{F,\mathrm{ep}}$ 可以通过张量的转换运算，由 $x_1^f x_2^f x_3^f$ 坐标系下度量的弹塑性切线刚度张量 $\boldsymbol{C}^{f,\mathrm{ep}}$ 计算得到：

$$C_{ijkl}^{F,\mathrm{ep}}=T_{mi}^f T_{nj}^f T_{ok}^f T_{pl}^f C_{mnop}^{f,\mathrm{ep}} \tag{2.3.24a}$$

$$\boldsymbol{C}^{f,\mathrm{ep}}=\boldsymbol{C}^f-\frac{\boldsymbol{C}^f:\dfrac{\partial Q_f}{\partial\boldsymbol{\sigma}}\otimes\dfrac{\partial F_f}{\partial\boldsymbol{\sigma}}:\boldsymbol{C}^f}{\dfrac{\partial F_f}{\partial\boldsymbol{\sigma}}:\boldsymbol{C}^f:\dfrac{\partial Q_f}{\partial\boldsymbol{\sigma}}+H_f} \tag{2.3.24b}$$

式中：F_f、Q_f 和 H_f 分别为第 f 组裂隙的屈服函数、塑性势函数和硬化模量；$\boldsymbol{C}^f$ 为第 f 组裂隙的四阶切线弹性刚度张量，其中 $C_{3333}^f=s_f k_{nf}$，$C_{2323}^f=C_{3131}^f=s_f k_{sf}$，而其他元素均为零，$k_{nf}$、$k_{sf}$ 和 s_f 分别为第 f 组裂隙的法向刚度、切向刚度与平均间距。一般情况下，k_{nf} 和 k_{sf} 与裂隙的变形呈非线性关系。若裂隙的压缩变形与法向应力满足双曲线关系，则由式（2.3.10）可得裂隙压缩过程中法向刚度 k_n 的表达式：

$$k_n=k_{n0}\left(1-\frac{\sigma_n}{k_{n0}e_0}\right)^2 \tag{2.3.25}$$

式中：k_{n0} 和 e_0 分别为裂隙的初始法向刚度与初始张开度；σ_n 为裂隙的法向应力，以压为负。

同样假设裂隙为理想弹塑性材料（$H_f=0$），并服从非关联 Mohr-Coulomb 准则，则有

$$F_f=\sqrt{\tau_{zx}^2+\tau_{zy}^2}+\sigma_z\tan\phi_f-c_f=0 \tag{2.3.26a}$$

$$Q_f=\sqrt{\tau_{zx}^2+\tau_{zy}^2}+\sigma_z\tan\psi_f \tag{2.3.26b}$$

式中：σ_z、τ_{zx} 和 τ_{zy} 分别为作用在裂隙面上的法向应力和剪切应力；c_f、ϕ_f 和 ψ_f 分别为第 f 组裂隙的黏聚力、内摩擦角和滑动剪胀角。对式（2.3.12）进行适当改写，同样可将 ψ_f 表达为裂隙等效塑性应变的负指数函数：

$$\psi_f = \psi_f^{\text{peak}} \exp(-r_f \bar{\varepsilon}_f^{\text{p}}) \tag{2.3.27}$$

式中：ψ_f^{peak} 为裂隙的峰值剪胀角；r_f 为裂隙的剪胀角衰减系数；$\bar{\varepsilon}_f^{\text{p}}$ 为裂隙的等效塑性应变，按式（2.3.23）计算。

这样，在岩体开挖或加载过程中，只要已知岩体的应力增量 $\mathrm{d}\boldsymbol{\sigma}$，即可通过等效本构关系，从岩体的变形中分离出第 f 组裂隙的局部应变增量 $\mathrm{d}\boldsymbol{\varepsilon}^f$：

$$\mathrm{d}\boldsymbol{\varepsilon}^F = (\boldsymbol{C}^{F,\text{ep}})^{-1} : \mathrm{d}\boldsymbol{\sigma} \tag{2.3.28a}$$

$$\mathrm{d}\varepsilon_{ij}^f = T_{im}^f T_{jn}^f \mathrm{d}\varepsilon_{mn}^F \tag{2.3.28b}$$

若已知岩体中各组裂隙的初始平均开度和间距为 e_{0f}、s_f $(f=1, 2, \cdots, n)$，则裂隙变形后的开度可近似用式（2.3.29）估算：

$$e_f = e_{0f} + s_f \Delta\varepsilon_{zf} \tag{2.3.29}$$

式中：e_f 为岩体中第 f 组裂隙的当前开度；$\Delta\varepsilon_{zf}$ 为裂隙的法向应变增量，由式（2.3.28）确定。

假定裂隙的等效水力开度 e_{hf} 与力学开度 e_f 呈线性关系，即 $e_{hf}=\alpha_f e_f$，α_f 为比例系数，则第 f 组裂隙的等效渗透系数为

$$K_f = \frac{g(\alpha_f e_f)^3}{12\nu s_f} = K_{0f}\left(1+\frac{s_f}{e_{0f}}\Delta\varepsilon_{zf}\right)^3 \tag{2.3.30a}$$

$$K_{0f} = \frac{g(\alpha_f e_{0f})^3}{12\nu s_f} \tag{2.3.30b}$$

式中：K_{0f} 为第 f 组裂隙在初始开度下的渗透系数。

运用 Snow（1969）的方法，可得岩体在变形条件下渗透特性的上限估计模型：

$$\boldsymbol{K} = \sum_f K_f(\boldsymbol{\delta} - \boldsymbol{n}_f \otimes \boldsymbol{n}_f) = \sum_f K_{0f}\left(1+\frac{s_f}{e_{0f}}\Delta\varepsilon_{zf}\right)^3 (\boldsymbol{\delta} - \boldsymbol{n}_f \otimes \boldsymbol{n}_f) \tag{2.3.31}$$

式中：$\boldsymbol{K}$ 为岩体的渗透系数张量；$\boldsymbol{\delta}$ 为二阶单位张量；$\boldsymbol{n}_f$ 为第 f 组裂隙的单位法向量。

式（2.3.31）将岩体的渗透系数张量表达为裂隙法向应变的函数，因而称为应变敏感模型。由式（2.3.31）可得如下结论：①$\boldsymbol{K}$ 是 $\Delta\varepsilon_{zf}$ 的三次函数，反映了岩体渗透性对裂隙变形的敏感性。在岩体开挖或加载过程中，ε_{zf} 的任何变化都将导致 $\boldsymbol{K}$ 的变化，甚至使 $\boldsymbol{K}$ 产生数量级的变化。②$\boldsymbol{K}$ 的变化依赖于应变，而不是应力，因而 $\boldsymbol{K}$ 可以较好地反映裂隙的峰后剪胀特性对渗透特性的影响。③$\Delta\varepsilon_{zf}$ 对 $\boldsymbol{K}$ 的影响除了三次方关系外，还受到 s_f/e_{0f} 的放大作用，因而 $\boldsymbol{K}$ 可能对 e_{0f} 和 s_f 相当敏感。在实际应用中，e_{0f} 和 s_f 需要利用地质勘查资料和现场水力测试资料合理估计。④在初始条件下即使 $\boldsymbol{K}$ 的各向异性程度较弱，但在开挖或荷载作用下，裂隙的产状和变形效应可能显著增强 $\boldsymbol{K}$ 的各向异性。⑤在数值计算中，每个研究子域或每个单元均可关联一个不同的 $\boldsymbol{K}$，只要该子域或单元中的 K_{0f}、e_{0f} 和 s_f 已知。⑥在上述等效模型中，$\Delta\varepsilon_{zf}$ 在各子域中是个场量，因而与之具有依赖关系的渗透系数张量 $\boldsymbol{K}$ 也呈现出空间分布特征。

2）模型参数的确定

上述岩体弹塑性变形-渗透系数张量模型[式（2.3.18）和式（2.3.31）]共包含 16 个参数。其中，岩块的参数 6 个，包括弹性参数λ_R和 G_R、强度参数 c_R 和ϕ_R，以及剪胀参数ψ_R^{peak}和 r_R；各组裂隙的参数 10 个，包括刚度参数 k_n 和 k_s，强度参数 c_f和ϕ_f，剪胀参数ψ_f^{peak}和 r_f，几何参数 e_{0f}、s_f和 $\boldsymbol{n}_f$，以及初始渗透系数 K_{0f}或开度比例系数α_f。若岩块和裂隙采用关联流动法则，则参数可减少 4 个；若不考虑岩块和裂隙的滑动剪胀特性，即剪胀角取常数，则参数可进一步减少 2 个。

岩块的弹性参数（λ_R、G_R 或 E_R、ν_R）和强度参数（c_R、ϕ_R）可通过室内三轴压缩试验或现场承压板试验确定。同时，由于岩块的变形较小，剪胀一般可按关联流动法则考虑，即$\psi_R^{\text{peak}}=\phi_R$，$r_R$=0。裂隙的刚度参数（$k_n$、$k_s$）、强度参数（$c_f$、$\phi_f$）、剪胀参数（$\psi_f^{\text{peak}}$、$r_f$）可通过室内或现场剪切试验确定，其中刚度参数的合理取值较为困难。裂隙的几何参数（e_{0f}、s_f、$\boldsymbol{n}_f$）可通过现场地质调查合理确定，但一般而言，裂隙初始开度 e_{0f}的合理确定较为困难，可依据现场地质调查和钻孔压水试验，对各组裂隙的 e_{0f}、s_f和 K_{0f}统一进行估算。

3）模型的验证

采用瑞典 Stripa 矿山一条圆形隧道开挖前、后的压水试验资料（Pusch，1989；Kelsall et al.，1984），验证上述岩体弹塑性变形-渗透系数张量模型[式（2.3.18）和式（2.3.31）]的适用性。该隧道剖面形态如图 2.3.5（a）所示，1981～1985 年通过在长为 33 m 的断面上实施压水试验，对隧道周围的低渗透性裂隙岩体的渗透系数进行了测定。该隧道的半径约为 r_0=2.5 m，洞周岩体发育有两组与洞轴线斜交的优势裂隙，如图 2.3.5（a）所示。通过隧道中的倾斜钻孔和垂直钻孔测得的裂隙发育密度分别为 4.5 条/m 和 2.9 条/m。隧道围岩的初始地应力场呈各向异性，且水平应力分量较高，应力的量值约为σ_x=20 MPa 和σ_z= 10 MPa（Liu et al.，1999）。隧道开挖前，岩体的初始渗透系数实测值 K_0 约为 10^{-10} m/s。隧道开挖后，洞周 0.5～1.0 m 内岩体的渗透系数急剧增大，其平均量值为 10^{-7}～10^{-6} m/s，增幅达 3～4 个数量级。

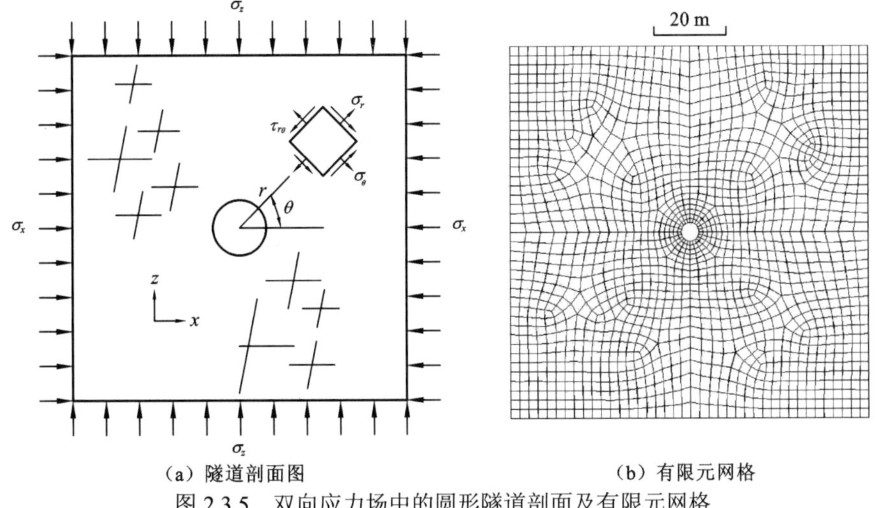

（a）隧道剖面图　　（b）有限元网格

图 2.3.5　双向应力场中的圆形隧道剖面及有限元网格

为简化计算，数值模拟引入如下假设：①隧道开挖前裂隙开度和间距在统计上服从均匀分布；②裂隙间距及延展特征不随开挖的进行发生变化；③两组斜交的优势裂隙近似用两组正交的裂隙代替。计算参数如表 2.3.3 所示，其中部分参数直接摘自 Liu 等（1999），另外一些文献未给出的参数通过工程类比确定。裂隙的初始开度由 $K_0=10^{-10}$ m/s 和式（2.3.30）估算。考虑到隧洞围岩强度较高，开挖扰动区的范围及围岩的变形均较小，因而对岩块和裂隙均采用关联流动法则。此外，还假定裂隙的法向刚度和切向刚度在开挖过程中保持不变。计算模型范围取洞径的 22 倍，有限元网格如图 2.3.5（b）所示，共划分单元 1616 个，节点 1697 个，模型边界采用法向支座约束。

表 2.3.3　隧道围岩的力学参数及裂隙几何参数

参数	E_R/GPa	ν_R	c_R/MPa	ϕ_R/（°）	k_n/（GPa/m）	k_s/（GPa/m）	c_f/MPa	ϕ_f/（°）	e_0/mm	s_f/m	α_f
取值	37.5	0.25	5	46	200	100	0.4	35	0.007 5	0.27	0.43

图 2.3.6 给出了水平方向（θ=0°）及垂直方向（θ=90°）上隧道开挖导致的岩体渗透系数变化的曲线。从图 2.3.6 中可见，在隧道开挖后，由于洞周岩体的径向应力释放并形成松动圈，水平方向（边墙）上的近垂直裂隙和垂直方向（顶部和底部）上的水平裂隙松弛，切向渗透系数 K_θ 急剧增大，达 3 个数量级，与现场测试成果基本一致；而两个方向上的径向渗透系数 K_r 则因切向应力集中、边墙方向上的水平裂隙及顶部和底部的近垂直裂隙闭合而急剧减小。由此可见，尽管隧道开挖前岩体的渗透性近似呈各向同性，但隧道开挖后，受围岩应力重分布的影响，开挖面附近围岩的渗透性呈现强烈的各向异性。此外，随着与开挖面距离 r 的增大，开挖扰动的影响逐渐减小，渗透系数也逐渐趋于初始值 K_0。但受初始地应力场各向异性的影响，围岩渗透系数在水平和垂直方向上的变化也不尽相同。在水平方向（θ=0°）上，应力水平较高，边墙上近垂向裂隙的松弛效应更显著，因而切向渗透系数的增幅及影响范围均较大；在垂直方向（θ=90°）上，隧道顶部、底部的松弛效应较弱，因而切向渗透系数的增幅及影响范围均较小，但切向应力更为集中，对径向渗透系数的影响更显著。

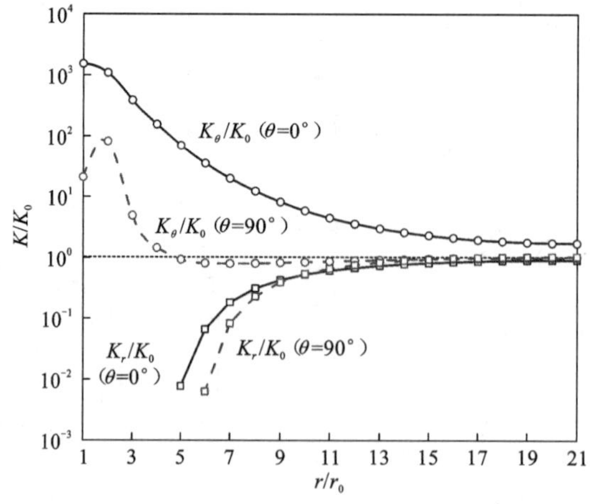

图 2.3.6　隧道开挖引起的岩体渗透系数变化的规律

3. 岩体渗透特性演化的双尺度均匀化模型

岩体弹塑性变形-渗透系数张量模型[式（2.3.18）和式（2.3.31）]在确保模型相对简单、参数相对易于获取的前提下，较好地反映了裂隙的发育特征，以及裂隙的变形对岩体渗透特性的控制作用。但该模型也引入了一些假设，如不考虑岩块的损伤，忽略了裂隙的延展性及裂隙与岩块的相互作用等。对于岩体完整性好、地应力水平高的深部岩体，裂隙发育程度低，且裂隙紧密闭合或胶结良好，裂隙的渗透性与岩块的渗透性相差较小。同时，岩体开挖不仅导致裂隙的变形和扩展，还可能对岩块造成较大程度的损伤。在这种情况下，岩体的渗透特性由裂隙和岩块共同控制，忽略岩块的渗透性及其损伤演化可能低估岩体的渗透性。

1）研究思路

岩体具有复杂的多尺度结构。在岩心尺度，岩石由矿物颗粒、孔隙和微裂纹等组成，孔隙和微裂纹的尺寸与矿物粒径相当；在岩体的 RVE 尺度，岩体由岩块和各种尺寸、形态的裂隙组成，裂隙的迹长从数厘米至数十米不等。此外，裂隙面本身也具有复杂的形态特征，既包含从数厘米至数米较大尺度的起伏，又包含从数毫米至数厘米较小尺度的凸起，两者分别称为一阶凸起体和二阶凸起体。与之相对应，岩体的渗透特性也呈现出显著的尺度效应。

为了反映岩体渗透性的尺度效应，可将 2.2 节的岩石损伤-渗透率模型和本节的岩体变形-渗透系数张量模型有机结合起来，建立基于双尺度均匀化的岩体渗透系数张量模型。其中，细观尺度的均匀化分别针对损伤岩石和粗糙裂隙，获得均匀岩块和平直裂隙的等效渗透系数；宏观尺度的均匀化则针对由均匀岩块和平直裂隙组成的复合材料，最终获得均匀岩体的等效渗透系数张量，如图 2.3.7 所示。显然，对于裂隙极不发育的极完整岩体，该模型退化为岩石损伤-渗透率模型；对于裂隙较发育且岩石损伤处于次要地位的岩体，该模型退化为岩体变形-渗透系数张量模型；而对于岩体完整且地应力水平高的岩体，以及层面胶结良好的层状岩体，该模型较为适用。

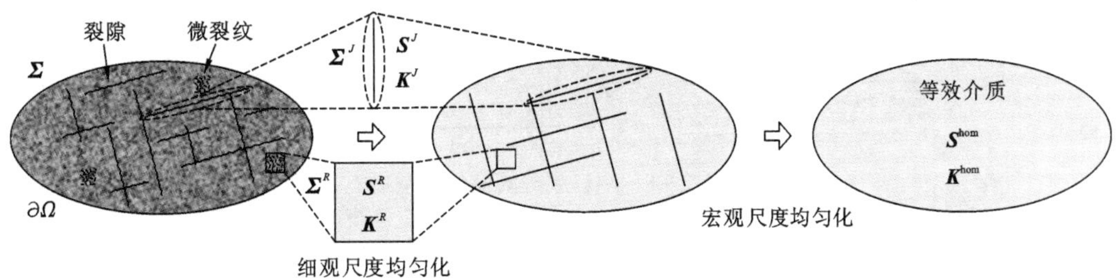

图 2.3.7　岩体渗透特性的双尺度均匀化模型

2）细观尺度均匀化

假设岩体由含微裂纹的损伤岩块和多组粗糙起伏的裂隙组成，RVE 的体积为Ω。在 RVE 的边界$\partial\Omega$上施加均匀应力$\boldsymbol{\Sigma}$，并引入应力局部化张量 $\boldsymbol{B}^*$，则由$\langle\boldsymbol{B}^*\rangle=\boldsymbol{I}$，$\boldsymbol{I}$ 为四阶单

位张量，有

$$\boldsymbol{\Sigma}^f = \boldsymbol{B}^f : \boldsymbol{\Sigma} \tag{2.3.32a}$$

$$\boldsymbol{\Sigma}^r = \frac{1}{\varphi^r}\left(\boldsymbol{I} - \sum_f \varphi^f \boldsymbol{B}^f\right) : \boldsymbol{\Sigma} \tag{2.3.32b}$$

式中：$\boldsymbol{\Sigma}^f$和$\boldsymbol{\Sigma}^r$分别为第f组裂隙和岩块的局部化应力，两者在裂隙面上及岩块内均匀，因而又作为粗糙裂隙和损伤岩石 RVE 边界上的均匀应力；$\boldsymbol{B}^f$为第f组裂隙的应力局部化张量；φ^f和φ^r分别为第f组裂隙和岩块的体积率，满足$\varphi^r = 1-\Sigma\varphi^f$。一般情况下，近似有$\varphi^f \to 0$，因而有$\boldsymbol{\Sigma}^r \to \boldsymbol{\Sigma}$。

首先进行细观尺度的均匀化。对于损伤岩石，通过定义损伤变量d、β和$\boldsymbol{\gamma}$，并引入系统的自由焓，可导出形式与式（2.2.57a）和式（2.2.71）完全相同的岩块损伤-渗透系数张量模型（Liu et al.，2016）：

$$\boldsymbol{E}^r = \boldsymbol{S}^{\mathrm{s}} : \boldsymbol{\Sigma} + \sum_i w^i (\beta^i \boldsymbol{n}^i \otimes \boldsymbol{n}^i + \boldsymbol{\gamma}^i \overset{\mathrm{s}}{\otimes} \boldsymbol{n}^i) \tag{2.3.33a}$$

$$\boldsymbol{K}^r = (1-\varphi_{\mathrm{T}}^{\mathrm{c}})\boldsymbol{K}^{\mathrm{s}} + \sum_i w_i \left[\kappa_0^{\mathrm{c}} \frac{\beta^3}{\beta_0^2}\left(\frac{d}{d_0}\right)^{2\alpha_{\mathrm{c}}-2} (\boldsymbol{\delta} - \boldsymbol{n}\otimes\boldsymbol{n})\right]_i \tag{2.3.33b}$$

式中：$\boldsymbol{E}^r$和$\boldsymbol{K}^r$分别为均匀化岩块的应变张量和等效渗透系数张量；$\boldsymbol{K}^{\mathrm{s}}$为岩石基质的渗透系数张量。

对于粗糙裂隙，一般认为其表面形态由一阶凸起体和二阶凸起体组成。一阶凸起体尺寸较大，难以被剪断，因而对剪胀起控制作用；而二阶凸起体尺寸较小，容易发生啃断和磨损，因而对裂隙的强度起控制作用。裂隙的表面形态常被概化为锯齿模型（Lee et al.，2001；Plesha，1987），如图 2.3.8 所示。若一阶凸起体和二阶凸起体的起伏角分别为α_1和α_2，则其等效起伏角可定义为$\alpha_{\mathrm{a}} = \alpha_1 + \alpha_2$（Lee et al.，2001）。在岩体的 RVE 内，若裂隙的单位法向量为$\boldsymbol{n}_f$，则裂隙面上的应力矢量为$\boldsymbol{T}=\boldsymbol{\Sigma}^f \cdot \boldsymbol{n}_f$，法向应力为$\sigma_n = \boldsymbol{T}\cdot\boldsymbol{n}_f$，切向应力矢量为$\boldsymbol{\sigma}_t = \boldsymbol{T}\cdot(\boldsymbol{\delta} - \boldsymbol{n}_f \otimes \boldsymbol{n}_f)$。

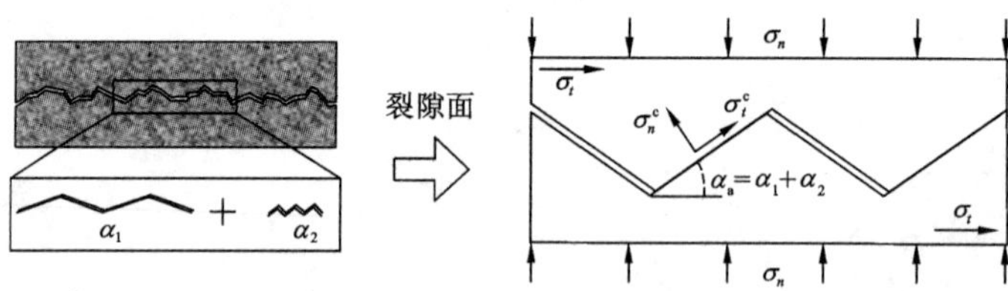

图 2.3.8 粗糙裂隙的概化模型

假设裂隙的位移$\boldsymbol{u}$可以分解为弹性位移$\boldsymbol{u}^{\mathrm{e}}$和塑性位移$\boldsymbol{u}^{\mathrm{p}}$，则有

$$\mathrm{d}\boldsymbol{u}^{\mathrm{e}} = \mathrm{d}\boldsymbol{u} - \mathrm{d}\boldsymbol{u}^{\mathrm{p}} = \boldsymbol{C}_f^{-1} \cdot \mathrm{d}\boldsymbol{T} \tag{2.3.34a}$$

$$\boldsymbol{C}_f = k_n \boldsymbol{n}_f \otimes \boldsymbol{n}_f + k_s(\boldsymbol{\delta} - \boldsymbol{n}_f \otimes \boldsymbol{n}_f) \tag{2.3.34b}$$

式中：$\boldsymbol{C}_f$为裂隙的刚度张量；k_n和k_s分别为裂隙的法向和切向刚度。

规定应力以拉为正。由凸起体上的应力平衡条件和凸起面上的 Mohr-Coulomb 准则（图 2.3.8），有

$$F_f = |\sigma_n \sin\alpha_a + \sigma_t \cos\alpha_a| + (\sigma_n \cos\alpha_a - \sigma_t \sin\alpha_a)\tan\phi_f + c_f \tag{2.3.35a}$$

$$Q_f = |\sigma_n \sin\alpha_a + \sigma_t \cos\alpha_a| \tag{2.3.35b}$$

式中：F_f和 Q_f分别为裂隙的滑移屈服函数和塑性势函数；c_f和ϕ_f为裂隙的黏聚力和内摩擦角；σ_t为切向应力矢量$\boldsymbol{\sigma}_t$的模。

为了反映裂隙在滑移过程中因凸起体磨损、啃断产生的滑动剪胀效应，裂隙的等效起伏角可以表达为剪切塑性功的函数：

$$\alpha_a = \alpha_1 \exp(-c_1 W_t^{\mathrm{p}}) + \alpha_2 \exp(-c_2 W_t^{\mathrm{p}}) \tag{2.3.36a}$$

$$\mathrm{d}W_t^{\mathrm{p}} = \boldsymbol{\sigma}_t \cdot \mathrm{d}\boldsymbol{u}^{\mathrm{p}} \tag{2.3.36b}$$

式中：c_1和 c_2分别为一阶凸起体和二阶凸起体的起伏角磨损系数；W_t^{p}为剪切塑性功。

由塑性流动法则和一致性条件，不难得到裂隙的变形：

$$\mathrm{d}\boldsymbol{u} = (\boldsymbol{C}_f^{\mathrm{ep}})^{-1} \cdot \mathrm{d}\boldsymbol{T} \tag{2.3.37a}$$

$$\boldsymbol{C}_f^{\mathrm{ep}} = \boldsymbol{C}_f - \frac{\left(\boldsymbol{C}_f \cdot \dfrac{\partial Q_f}{\partial \boldsymbol{T}}\right) \otimes \left(\dfrac{\partial F_f}{\partial \boldsymbol{T}} \cdot \boldsymbol{C}_f\right)}{\dfrac{\partial F_f}{\partial \boldsymbol{T}} \cdot \boldsymbol{C}_f \cdot \dfrac{\partial Q_f}{\partial \boldsymbol{T}}} \tag{2.3.37b}$$

式中：$\boldsymbol{C}_f^{\mathrm{ep}}$为裂隙的弹塑性刚度张量。

设岩体 RVE 的特征尺寸为 $L_0=\Omega^{1/3}$，第 f 组裂隙的特征尺寸为 L_f，则第 f 组裂隙产生的等效宏观应变 $\boldsymbol{E}^f$可以表达为

$$\boldsymbol{E}^f = \frac{1}{\Omega}\int_{A_f^+} \boldsymbol{u}_f \overset{\mathrm{s}}{\otimes} \boldsymbol{n}_f \,\mathrm{d}A \approx \left(\frac{L_f}{L_0}\right)^2 \left(\frac{u_{nf}}{s_f}\boldsymbol{n}_f \otimes \boldsymbol{n}_f + \frac{\boldsymbol{u}_{tf}}{s_f} \overset{\mathrm{s}}{\otimes} \boldsymbol{n}_f\right) \tag{2.3.38}$$

式中：$\boldsymbol{u}_f$为第 f 组裂隙的位移；u_{nf}和 $\boldsymbol{u}_{tf}$分别为第 f 组裂隙的法向位移和切向位移向量，$u_{nf}=\boldsymbol{u}_f\cdot \boldsymbol{n}_f$，$\boldsymbol{u}_{tf}=\boldsymbol{u}_f\cdot(\boldsymbol{\delta}-\boldsymbol{n}_f\otimes\boldsymbol{n}_f)$；$s_f$为裂隙的平均间距；$A_f^+$为裂隙的上表面。

相应地，第 f 组裂隙的等效渗透系数 K_f可以表示为

$$K_f = K_{0f}\left(1 + \frac{u_{nf}}{e_{0f}}\right)^3 \tag{2.3.39}$$

式中：K_{0f}为第 f 组裂隙在初始开度 e_{0f}下的渗透系数。

上述描述裂隙变形-渗透系数的锯齿模型[式（2.3.34）～式（2.3.39）]与应变敏感模型[式（2.3.24）～式（2.3.30）]的建模思路基本一致，但应变敏感模型可视为锯齿模型的简化，两者的区别如下：①应变敏感模型假定应力局部化张量 $\boldsymbol{B}^*=\boldsymbol{I}$，即忽略了裂隙与裂隙、裂隙与岩块的相互作用；②应变敏感模型假定 $L_f=L_0$，即假定裂隙无限延伸；③应变敏感模型假定$\alpha_a=0°$，即不考虑裂隙表面的凸起体，而直接采用剪胀角演化方程[式（2.3.27）]描述裂隙的滑动剪胀行为。

3）宏观尺度均匀化

忽略损伤岩块-粗糙裂隙系统的热力学描述，在 RVE 上对细观尺度均匀化后的均匀岩块和平直裂隙系统再次进行体积平均，可直接得到等效均匀岩体的宏观应力-应变关系

及渗透系数张量：

$$\boldsymbol{E}=\boldsymbol{S}^{\mathrm{s}}:\boldsymbol{\Sigma}+\sum_{i}w^{i}\left(\beta^{i}\boldsymbol{n}^{i}\otimes\boldsymbol{n}^{i}+\boldsymbol{\gamma}^{i}\overset{\mathrm{s}}{\otimes}\boldsymbol{n}^{i}\right)+\sum_{f}\left(\frac{L_f}{L_0}\right)^2\left(\frac{u_{nf}}{s_f}\boldsymbol{n}_f\otimes\boldsymbol{n}_f+\frac{\boldsymbol{u}_{tf}}{s_f}\overset{\mathrm{s}}{\otimes}\boldsymbol{n}_f\right) \quad (2.3.40\mathrm{a})$$

$$\boldsymbol{K}=\boldsymbol{K}^{\mathrm{s}}+\sum_{i}w_i\kappa_{0i}^{\mathrm{c}}\frac{\beta_i^3}{\beta_{0i}^2}\left(\frac{d_i}{d_0}\right)^{2\alpha_{\mathrm{c}}-2}(\boldsymbol{\delta}-\boldsymbol{n}_i\otimes\boldsymbol{n}_i)+\sum_{f}K_{0f}\left(1+\frac{u_{nf}}{e_{0f}}\right)^3(\boldsymbol{\delta}-\boldsymbol{n}_f\otimes\boldsymbol{n}_f) \quad (2.3.40\mathrm{b})$$

式中：$\boldsymbol{E}$ 和 $\boldsymbol{K}$ 分别为等效均匀岩体的应变和渗透系数张量，等号右端三项分别反映了岩石基质、微裂纹系统和裂隙系统对岩体变形和渗透特性的影响。需要指出的是，式（2.3.40b）忽略了微裂纹体积率和裂隙体积率对岩体渗透性的影响，这是因为对于脆性岩体，通常情况下有$\varphi^{\mathrm{c}}\to 0$和$\varphi^{f}\to 0$。此外，式（2.3.40b）等号右端第三项未直接模拟裂隙之间的连通性，但以上限估计的形式补偿了这个不足。

运用岩体变形-渗透系数张量双尺度均匀化模型[式（2.3.40）]的关键在于如何确定裂隙的应力局部化张量 $\boldsymbol{B}^f$，以及如何考虑裂隙与岩块之间的相互作用机制。Liu 等（2016）对这两个问题进行了初步的探讨，并对模型进行了验证和应用。但由于模型涉及的参数较多，这里不予展开。

2.3.4 多泥沙河流坝址区岩体渗透特性的时间效应

前述岩体变形-渗透系数张量模型[式（2.3.18）、式（2.3.31）及式（2.3.40）]将岩体的渗透系数张量演化表达为裂隙变形和岩块损伤变量的函数，适用于描述开挖或加载过程中在较短时间内产生的岩体渗透特性变化，也就是岩体在施工期的渗透特性变化。这种渗透特性变化在空间上具有显著的非均匀性和各向异性，与应力路径密切相关，其时间效应也是通过应力路径的变化间接地反映出来的。这就要求在岩体渗透特性分析时，同时进行岩体应力场分析或岩体渗流-变形过程的耦合分析。然而，在工程长期运行过程中，岩体的变形发展及应力状态的变化可能是相对缓慢的，甚至是基本稳定不变的，但岩体的渗透特性却可能受多种因素的影响而持续变化，从而呈现出显著的时间效应。例如，地下水对可溶岩地层持续的溶蚀作用，可导致渗流通道尺寸的缓慢增大和岩层渗透特性的缓慢增强；而地下水挟带的颗粒物质在裂隙中的充填和淤积，则可导致岩体的渗透特性逐年下降。

河流往往挟带着大量的泥沙，泥沙对孔隙或裂隙含水层渗流通道的充填和淤堵作用在河流潜流带中得到了广泛的研究（Datry et al.，2015；Ulrich et al.，2015）。对于多泥沙河流上修建的高坝工程，尽管从水库的尾部到坝前，粒径较大的泥沙颗粒已沉积于库底，但库水中仍然含有大量的细颗粒的悬移质和胶体物质。在高坝上、下游水位差的作用下，源自库水的渗流将源源不断地挟带细颗粒的泥沙向下游运移，并在坝基及坝肩岩体裂隙中产生沉积和充填作用，从而阻塞岩体中的渗流通道，并导致岩体渗透特性的降低。事实上，多数修建在多泥沙河流上的高坝工程的渗流场监测资料均表明，坝址区渗流量存在显著的逐年减小趋势（Shi et al.，2018；Wieland and Kirchen，2012），且这种变化趋势不仅发生在河床附近及以下的低高程廊道，还发生在河床以上的高高程廊道，从而为裂隙的充填淤堵作用提供了可靠的直接证据。需要说明的是，泥沙在库底沉积形成的铺盖对坝址区渗流也具有一定的影响，但其影响范围较小，主要集中在坝前河床附近；而悬移质泥沙颗粒对裂隙的填充淤堵对防渗帷幕上游侧渗流路径范围内的岩体均可产生影响。

在工程运行期间，岩体的渗流参数难以再通过现场试验获取，但现场丰富的渗流场监测资料为岩体渗透系数的反演分析提供了数据支持。下面以金沙江溪洛渡水电站为例，简述坝址区玄武岩渗透特性在运行期的演化规律。金沙江是一条典型的多泥沙河流，年平均输沙量约为 2.55×10^{8} t，2014 年溪洛渡库区的泥沙淤积量约为 6.19×10^{7} t。自 2012 年 9 月溪洛渡水库开始蓄水以来，尤其是 2014 年 6 月之后，对溪洛渡水电站坝基岩体和左、右岸地下厂房围岩进行了全面、完整的渗流场监测，部分监测曲线如图 2.3.9 所示。图 2.3.9 中的曲线表明，坝址区岩体中的渗透压力基本保持动态稳定，但各部位、各高程廊道的渗流量均明显呈现逐年减小趋势，这种变化可能与枢纽区岩体在蓄水运行过程中的水-力耦合作用有关，但更主要的是受泥沙对岩体裂隙的填充、淤塞作用的影响。

溪洛渡水电站坝址区的岩性主要是峨眉山组玄武岩。根据监测资料，将溪洛渡水电站蓄水运行过程划分为蓄水期和运行期，并将截至目前的运行期划分为 6 个运行年度。以各个运行年度渗压和流量监测时间序列的最佳拟合为目标，采用渗流场的多目标反演分析方法和逐年动态反演策略，对防渗帷幕上游侧防渗界限范围内的弱下风化带、微风化带和新鲜岩体的渗透系数进行反演分析（Chen et al.，2021），反演结果如图 2.3.10 所示。有关溪洛渡水电站坝址区的地质条件、工程布置，以及渗流场的反演分析方法，详见 5.4 节。

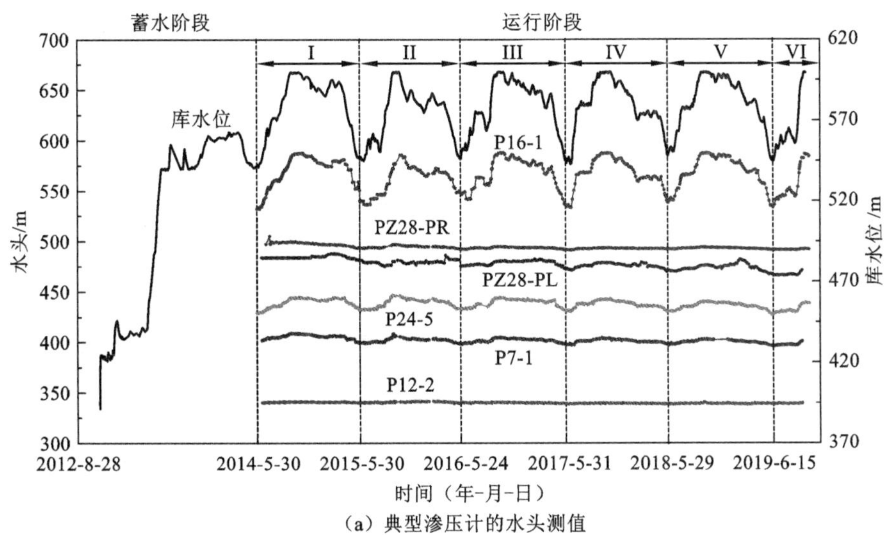

(a) 典型渗压计的水头测值

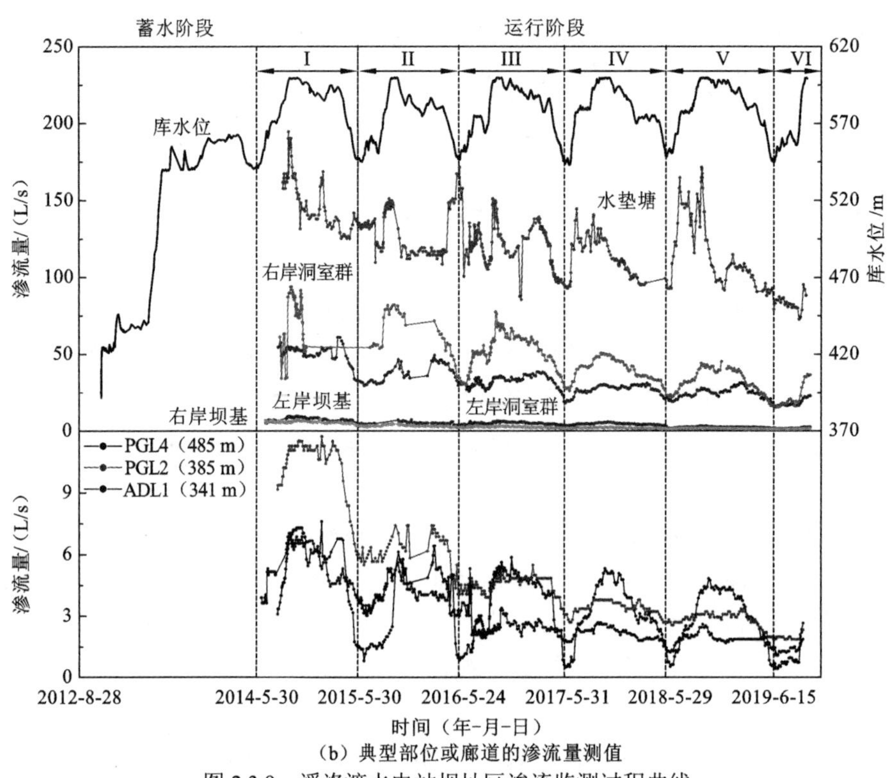

（b）典型部位或廊道的渗流量测值

图 2.3.9　溪洛渡水电站坝址区渗流监测过程曲线

P16-1、PZ28-PR、PZ28-PL、P24-5、P7-1、P12-2 为渗压计；PGL4、PGL2、ADL1 为廊道编号

图 2.3.10（a）表明，在第一个运行年度，近坝区岩体水平向渗透系数的反演值（记为 K_0）与勘探期钻孔压水试验的均值（纵轴上的数据点）基本一致，这表明施工期开挖扰动所造成的岩体渗透性增强，已基本被蓄水运行初期（2015 年 5 月之前）泥沙对裂隙的填充、淤塞作用所抵消。此后，各个分带岩体的渗透系数逐年衰减，并可采用如下负指数公式拟合：

$$K=(K_0-K_\infty)\mathrm{e}^{-\alpha_K t}+K_\infty \tag{2.3.41a}$$

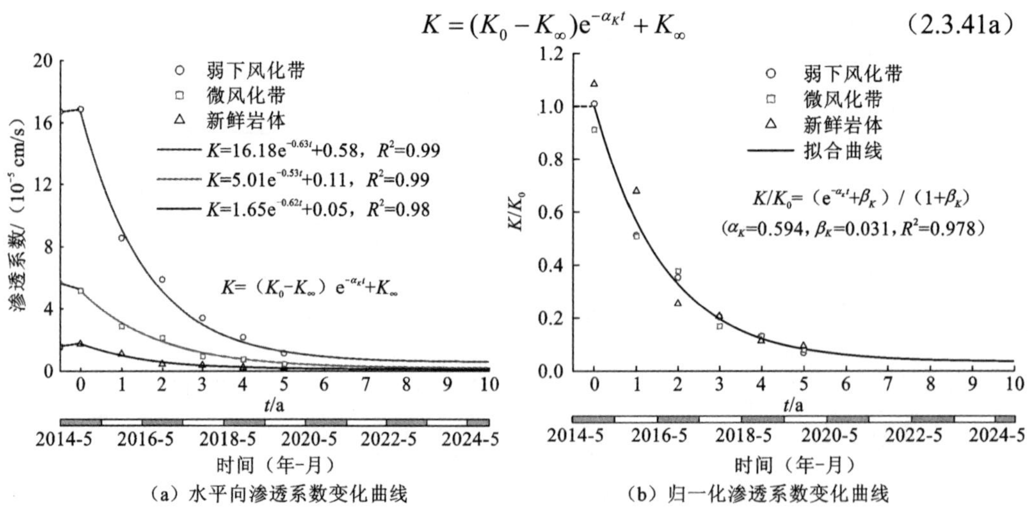

（a）水平向渗透系数变化曲线　（b）归一化渗透系数变化曲线

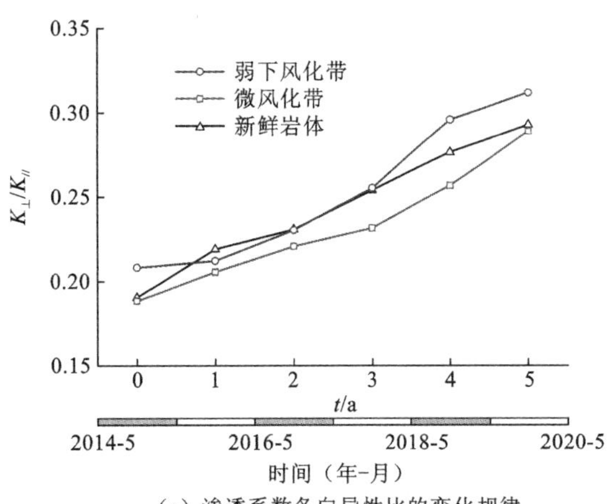

（c）渗透系数各向异性比的变化规律

图 2.3.10　溪洛渡水电站防渗帷幕上游侧近坝区岩体渗透系数反演结果

式中：t 为时间，以年为单位；K_0 为第一个运行年度（t=0）的渗透系数反演值；K_∞为 $t\to\infty$ 时岩体渗透系数的渐近值；α_K 为反映岩体渗透性衰减速率的系数。

如图 2.3.10（b）所示，通过对各个分带岩体的渗透系数进行归一化，近坝区岩体的渗透系数在运行过程中的演化规律可统一表达为

$$\frac{K}{K_0}=\frac{\mathrm{e}^{-\alpha_K t}+\beta_K}{1+\beta_K} \tag{2.3.41b}$$

式中：$\beta_K=K_\infty/(K_0-K_\infty)$。对于溪洛渡水电站坝址区岩体，$\alpha_K$ 和 β_K 的最佳拟合值为 $\alpha_K=0.594$，$\beta_K=0.031$（Chen et al.，2021）。

式（2.3.41）表明，溪洛渡水电站在运行 6 年后（t=5 a），近坝区岩体的渗透系数下降达一个数量级，且已逐渐趋于稳定。由式（2.3.41）还可以预计，至 2024 年（t=9 a），坝址区岩体的渗透系数及渗流场将进入动态稳定状态。此外，图 2.3.10（c）还给出了近坝区岩体渗透系数各向异性比的变化规律，这里的各向异性比定义为 $\nu_K=K_\perp/K_{//}$，即垂直向与水平向渗透系数之比。从图 2.3.10（c）中可见，岩体渗透系数的各向异性比为 0.18～0.32，且随着泥沙对裂隙的持续填充和淤堵，各向异性程度逐年略有减弱。

式（2.3.41）尽管是针对溪洛渡水电站坝址区岩体提出的，但对于其他高坝工程坝址区岩体在运行过程中的渗透特性预测也具有借鉴意义。此外，由式（2.3.41）可知，高坝工程防渗帷幕上游侧近坝区岩体渗透性的逐年衰减将在一定程度上降低作用在防渗系统上的压力梯度，这表明就防渗而言，坝址区水文地质环境在蓄水运行过程中的演变并非总是朝着不利的方向发展。

2.3.5　工程应用实例

岩体弹塑性变形-渗透系数张量模型[式（2.3.18）和式（2.3.31）]具有形式较为简单、参数较易获取、便于程序实现等特点，因而在水利水电工程岩体开挖扰动区评价、渗透特性演化特征分析及防渗排水优化设计中得到了广泛的应用（郑华康 等，2017；Hong et al.，2017；Chen et al.，2015；Li et al.，2014）。下面简要介绍该模型在锦屏一级水电站地下厂房工程中的应用。

1. 工程概况

锦屏一级水电站是雅砻江干流中下游河段的控制性水库梯级电站，电站以发电为主，兼具防洪、拦沙等功能。枢纽建筑物主要由混凝土双曲拱坝、泄洪洞及右岸地下厂房等组成，如图 2.3.11 所示。拱坝最大坝高为 305 m，坝顶高程为 1 885 m，是当前世界第一高拱坝。引水发电建筑物布置在右岸山体内，由进水口、压力管道、主厂房、主变室、尾水调压室、尾水隧洞组成。地下厂房水平埋深为 100～380 m，垂直埋深为 160～420 m，主厂房、主变室和尾水调压室三大洞室平行布置，轴线与河流流向垂直，主厂房尺寸为 277 m×25.9 m×68.8 m（长×宽×高）。

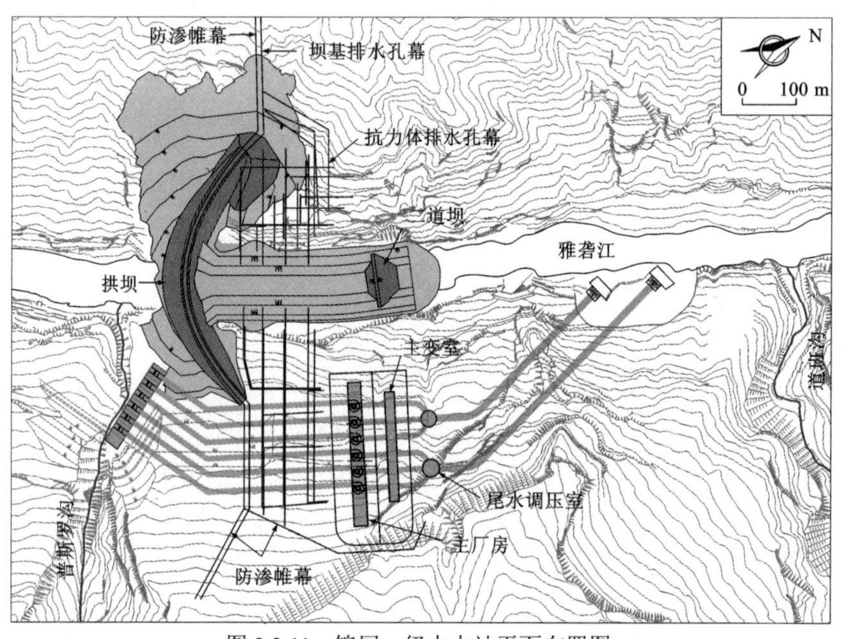

图 2.3.11　锦屏一级水电站平面布置图

枢纽区河谷深切，岸坡陡峻，为典型的深切 V 形峡谷。左岸为反向坡，1 820 m 高程以下为大理岩，坡度为 55°～70°，以上为砂板岩，坡度为 40°～50°；右岸为顺向坡，均为大理岩，陡坡段坡度为 70°～90°，缓坡段坡度约为 40°。出露的地层为中三叠统—上三叠统杂谷脑组绿片岩（$T_{2-3}^{1}z$）、大理岩（$T_{2-3}^{2}z$）及砂板岩（$T_{2-3}^{3}z$）。岩层走向与河流流向近乎平行，倾向左岸，倾角为 25°～45°。地下厂房围岩为第二段第 2～4 层大理岩夹绿片岩，围岩类别以 III_1 类为主，部分为 III_2 类及 IV_1 类，少量断层带为 V 类，如图 2.3.12 所示。

地下厂房区域主要发育有 F_{13}、F_{14} 和 F_{18} 等近平行的压扭性陡倾断层，其中 F_{13} 发育于主厂房安装间中部，延伸长度超过 1 000 m，走向与主厂房轴线的夹角约为 50°，破碎带宽 1～2 m，主要由碎裂岩、角砾岩和糜棱岩组成，胶结良好、挤压紧密，具有较低的渗透性；F_{14} 发育于厂房主机间、主变室及 1#尾水调压室，延伸长度约为 700 m，破碎带宽 0.5～1.0 m，主要由胶结较好的角砾岩与少量断层泥组成，挤压较紧密。此外，厂区围岩还发育有 4 组优势裂隙，各岩层中的优势裂隙发育情况如图 2.3.12 所示。

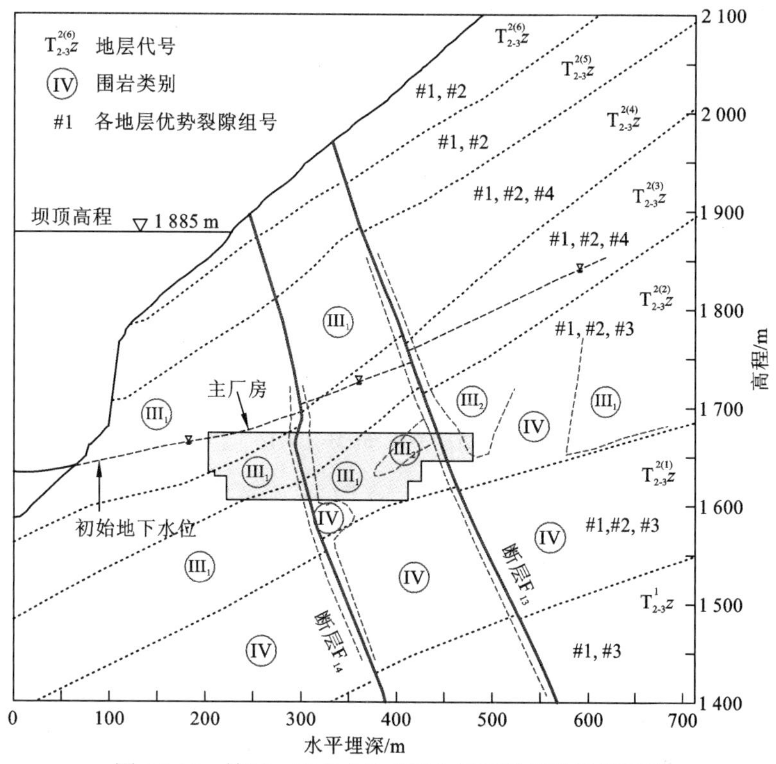

图 2.3.12　锦屏一级水电站右岸主厂房轴线地质剖面图

图 2.3.13 给出了地下厂房区域实测地应力随水平埋深的分布规律，表明厂房区域围岩的地应力分布受断层构造的影响较大，地应力水平较高的埋深范围为 100～350 m。主应力量值分别为σ_1=20～35.7 MPa，σ_2=10～20 MPa，σ_3=4～12 MPa，倾向为 N30°～50°W、S60°～70°E、S20°～ 30°W，倾角为 20°～35°、30°～60°、5°～10°。

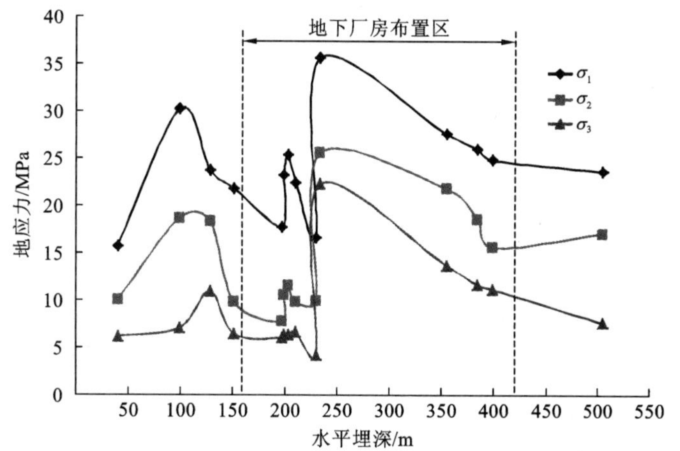

图 2.3.13　锦屏一级水电站右岸厂房区域地应力随水平埋深的分布规律

右岸地下水具有较稳定的补给来源，主要由坝址区东侧 2 km 处的锦屏山断裂带及南侧的普斯罗沟补给，并向雅砻江和北侧的道班沟排泄，如图 2.3.11 所示。地下水的分布受构造影响显著，由于 F_{13}、F_{14} 两条压扭性断层具有一定的阻水作用，断层两侧的天然地下水位不连续，存在水位陡降现象，水力坡降在 F_{14} 外侧较为平缓，往里依次增大，如图 2.3.12 所示。钻孔压水试验表明，厂房区域的围岩以微透水和弱透水为主，中等透水和强透水岩体极少。

有关工程更详细的情况，包括枢纽建筑物、监测系统和防渗排水系统的布置，以及工程地质与水文地质条件，见 Chen 等（2016a，2016b，2015）和 Hong 等（2017）。

2. 有限元模型及计算条件

依据锦屏一级水电站右岸工程地质条件及枢纽布置，以河床中心线为界建立了右岸厂房区域三维有限元模型。计算网格采用六面体单元和部分退化的四面体单元进行剖分，共包含单元 2 140 486 个，节点 785 551 个，如图 2.3.14 所示。模型顺河向长 2 200 m，横河向宽 750 m，底部高程为 1 300 m，对地形地貌、地层分布、断层构造、围岩分类及引水发电系统、大坝、水垫塘和防渗排水系统进行了详细的模拟。

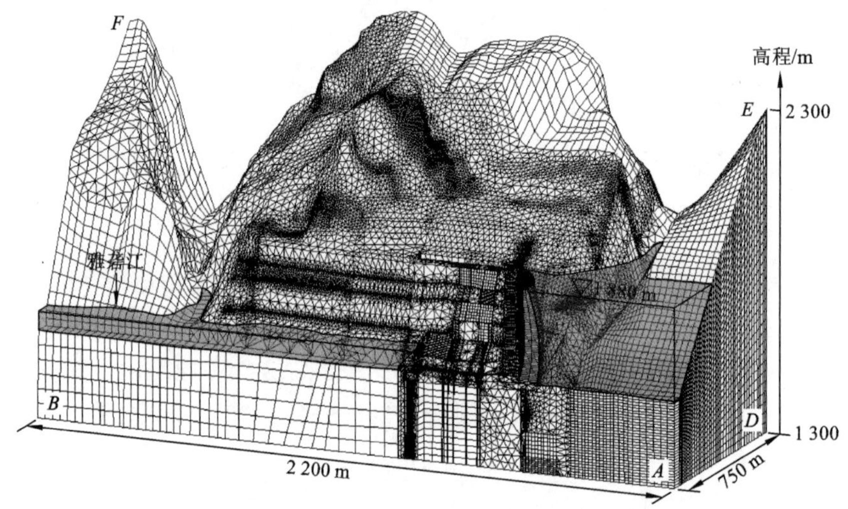

图 2.3.14　锦屏一级水电站右岸有限元计算模型

对地质勘查资料进行分析，地下厂房围岩和断层的力学参数、裂隙的几何和力学参数，以及围岩、断层和防渗帷幕的渗流参数如表 2.3.4～表 2.3.6 所示。依据右岸厂房区域的地应力回归分析结果（卢波 等，2010），通过在计算模型边界施加侧向压力对初始地应力中的构造应力分量进行模拟，其中顺河向侧压系数 $\lambda_1=0.44\sim0.94$，均值为 0.67；横河向侧压系数 $\lambda_2=0.69\sim1.69$，均值为 1.08。地下厂房洞室群按图 2.3.15 给出的开挖顺序进行模拟，洞室群的开挖始于 2006 年 5 月，完成于 2011 年 2 月。采用钻爆法自上而下开挖，主厂房、主变室和尾水调压室三大洞室分别分 9 层、4 层和 7 层开挖，如图 2.3.15 所示。在地下厂房洞室群应力-变形分析中，模型的侧边界及底部边界均取法向支座约束。

表 2.3.4　地下厂房围岩及断层的力学参数

围岩类别	ρ/（g/cm³）	E_R/GPa	ν_R	c_R/MPa	ϕ_R/（°）
III_1	2.7	11.02	0.25	1.5	46.9
III_2	2.7	4.05	0.28	0.9	45.6
IV	2.7	2.03	0.30	0.6	35.0
F_{13}、F_{14}	2.7	0.45	0.35	0.02	16.7

表 2.3.5　裂隙的几何及力学参数

裂隙组号	倾向	倾角	s_f/m	k_{nf}/（GPa/m）	k_{sf}/（GPa/m）	c_f/MPa	ϕ_f /（°）	e_0/mm
#1	N50°W	35°	2.0	21.0	13.2	0.43	35.0	0.05
#2	S40°W	60°	2.0	20.4	7.6	0.24	32.7	0.07
#3	N35°W	85°	0.3	19.1	9.0	0.35	30.4	0.09
#4	N60°W	85°	5.0	21.0	9.0	0.40	31.6	0.10

表 2.3.6　地下厂房围岩、断层及防渗帷幕的渗流参数

岩层	$T_{2-3}^{1}z$	$T_{2-3}^{2(1)}z$	$T_{2-3}^{2(2)}z$	$T_{2-3}^{2(3)}z$	$T_{2-3}^{2(4)}z$	$T_{2-3}^{2(5)}z$	$T_{2-3}^{2(6)}z$	F_{13}、F_{14}	防渗帷幕
K/（cm/s）	4.0×10^{-6}	8.0×10^{-6}	1.5×10^{-5}	3.0×10^{-5}	8.2×10^{-5}	8.0×10^{-5}	1.2×10^{-4}	2.0×10^{-5}	2.5×10^{-6}
μ^*	0.020	0.025	0.025	0.025	0.025	0.025	0.030	0.050	0.003
S_s/m⁻¹	2.0×10^{-6}	2.0×10^{-6}	2.0×10^{-6}	2.5×10^{-6}	2.5×10^{-6}	2.5×10^{-6}	3.0×10^{-6}	5.0×10^{-6}	5.0×10^{-7}

注：μ^*和 S_s 分别表示给水度和储水率。

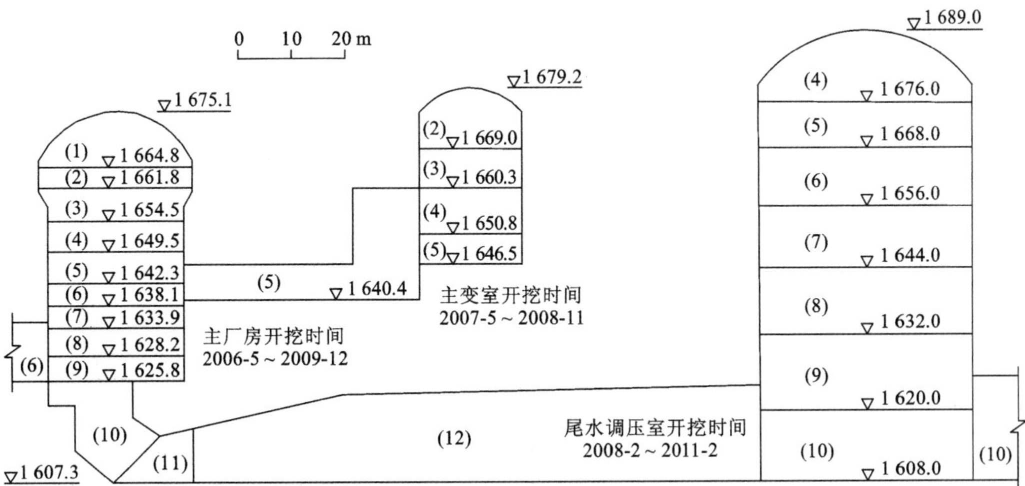

图 2.3.15　锦屏一级地下厂房洞室群开挖顺序

渗流分析采用非稳定渗流分析模型（见 1.3.2 小节和 5.1 节）。水库蓄水始于 2012 年 11 月 30 日，至 2014 年 8 月 23 日首次达到正常蓄水位 1 880 m，故非稳定渗流分析时间为 2012 年 11 月 22 日～2014 年 8 月 26 日，计算时间步长取为 3 d。渗流分析的初始条件依据钻孔水位观测资料经反演分析确定。边界条件如下：大坝上游库水淹没区依据库水位的变化过程取定水头边界；二道坝下游水位取定水头边界，水头值为 1 640 m。模型山体侧边界受锦屏山断裂带地下水的补给，并受普斯罗沟与道班沟控制，两者之间的地下水位分布通过反演分析确定，大致呈开口向下的抛物线分布，其中山脊线下方的地下水位约为 1 927 m（Hong et al.，2017）。底层排水俯孔可形成定水头边界，水头值取决于与之相连的排水廊道的底板高程；其余排水仰孔壁面及洞室边墙、廊道表面均设为潜在溢出边界。引水隧洞压力钢管段、模型底部及尾水调压室边墙取为隔水边界。

3. 计算结果分析

通过将岩体弹塑性变形-渗透系数张量模型[式（2.3.18）和式（2.3.31）]集成进三维有限元数值计算程序，对锦屏一级水电站地下厂房洞室群开挖扰动效应及围岩的渗透特性变化特征进行模拟和评价，进而依据水库的蓄水过程，评价洞室群开挖扰动对渗流场的影响。洞室群围岩的开挖扰动效应采用两种方式评价：一是直接采用塑性屈服区；二是采用偏应力破坏准则，并与现场钻孔录像和声波检测结果进行对比。其中，偏应力破坏准则是依据现场条件，对 Hoek-Brown 屈服准则进行简化后给出的。Hoek-Brown 屈服准则的表达式为（Hoek and Brown，1980）

$$\sigma_1 = \sigma_3 + \mathrm{UCS}\left(m_b \frac{\sigma_3}{\mathrm{UCS}} + s_{\mathrm{HB}}\right)^{a_{\mathrm{HB}}} \tag{2.3.42}$$

式中：σ_1 和 σ_3 分别为最大和最小主应力；UCS 为完整岩石的单轴抗压强度；m_b、s_{HB} 和 a_{HB} 为参数，对于多数硬质岩，a_{HB} 可取 0.5，m_b 和 s_{HB} 可依据岩体分类指标 RMR 确定（Bieniawski，1989），即

$$m_b = m_i \exp\left(\frac{\mathrm{RMR} - 100}{28}\right) \tag{2.3.43a}$$

$$s_{\mathrm{HB}} = \exp\left(\frac{\mathrm{RMR} - 100}{9}\right) \tag{2.3.43b}$$

式中：m_i 为完整岩石的 m_b。

Martin 和 Chandler（1994）通过试验，认为完整岩石的强度由黏聚力和摩擦强度两部分组成，且在岩石脆性破坏过程中，摩擦强度仅在黏聚力显著降低时才开始发挥作用。地下洞室围岩的脆性破坏过程主要由岩体黏聚力的损失控制，因而在估计围岩脆性破坏深度时，可以忽略摩擦强度，即取 m_b=0（Martin et al.，1999）。这样，式（2.3.42）简化为

$$\sigma_1 = \sigma_3 + \sqrt{s_{\mathrm{HB}}}\,\mathrm{UCS} \tag{2.3.44}$$

式（2.3.44）即 Martin 等（1999）提出的基于 Hoek-Brown 参数的偏应力破坏准则。

锦屏一级水电站地下厂房洞室群围岩的 RMR 约为 68，岩石单轴抗压强度为 82 MPa，将其代入式（2.3.43b）和式（2.3.44），可得围岩的偏应力破坏准则为$\sigma_1-\sigma_3=13.86$ MPa。

图 2.3.16 给出了洞室群围岩开挖扰动区的分布特征。现场钻孔录像和声波检测表明，围岩开挖扰动区可分为破坏区、强松弛区和弱松弛区。其中，破坏区内岩体板裂、碎裂破坏严重，施工期间有明显的变形开裂现象，平均声波波速低于 3 000 m/s；强松弛区内岩体破坏较严重，新鲜张开裂隙与开挖面近平行发育，间距一般小于 0.3 m，平均声波波速为 3 000～4 500 m/s；弱松弛区内岩体有一定破坏，但破坏程度较轻，裂隙间距一般为 1～3 m，平均声波波速为 4 500 ～6 000 m/s。破坏区主要分布于主厂房、主变室下游侧拱腰、拱座附近，深度约为 2 m；强松弛区主要分布于主厂房、主变室上下游边墙浅部，松弛深度分别为 4～8 m 和 2～4 m；主厂房、主变室上下游侧弱松弛区深度均较大，分别为 8～17 m 和 6～15 m。

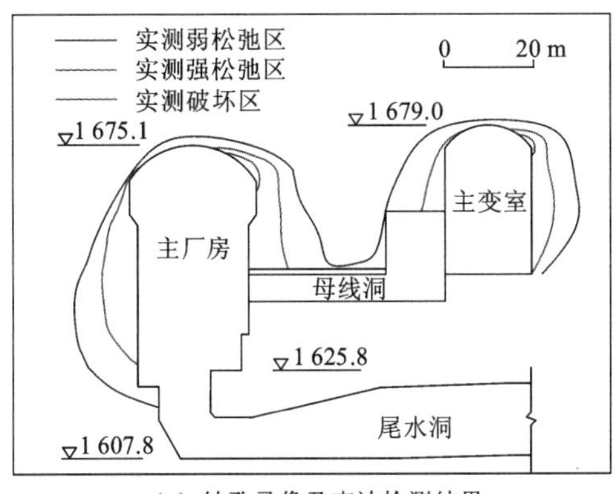

（a）钻孔录像及声波检测结果

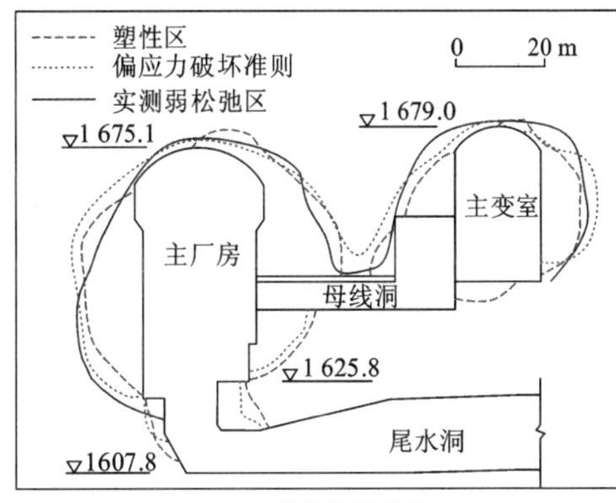

（b）数值模拟结果

图 2.3.16　开挖扰动区实测与计算结果的对比

此外，主、副厂房上下游侧围岩的松弛深度不对称，上游侧中下部和下游侧中部较深，主、副厂房与主变室之间岩柱的松弛深度较大，其原因与各洞室开挖产生的洞群效应及地质构造（第 2 组裂隙）的发育特征有关。从图 2.3.16 中可见，无论是采用塑性区，还是采用偏应力破坏准则，数值模拟预测的开挖扰动区均与实测弱松弛区吻合较好，表明考虑裂隙发育特征的岩体等效弹塑性本构模型[式（2.3.18）]能够较好地揭示岩体的开挖扰动效应。

图 2.3.17 给出了洞室群开挖后围岩主渗透系数 K 与初始渗透系数 K_0 比值的分布，以及开挖过程中主厂房边墙处岩体主渗透系数的变化特征。从图 2.3.17 中可见，受开挖扰动影响，洞室群围岩的渗透性急剧增强，变化最强烈的部位位于主厂房上游边墙中下部及主厂房、主变室与母线洞交汇处，变化幅度可达 2～3 个数量级，弱松弛区内围岩的渗透性增幅均超过一个数量级。围岩的松弛深度越大，渗透特性的变化幅度越大。随着与洞室边墙距离的增大，围岩渗透性的变化幅度迅速减小，但渗透性变化的影响区明显大于围岩的松弛区。该现象已得到现场试验的验证（Martino and Chandler，2004），这表明围岩的声波波速和渗透特性均与开挖产生的松弛效应及裂隙发育模式密切相关，但渗透特性对裂隙的变形和错动更为敏感。此外，洞室边墙上特征点的主渗透系数在开挖过

程中的变化曲线呈典型的S形，当开挖面推进至特征点附近时，渗透性急剧变化，而当开挖面远离特征点时，渗透性的变化较为平缓。

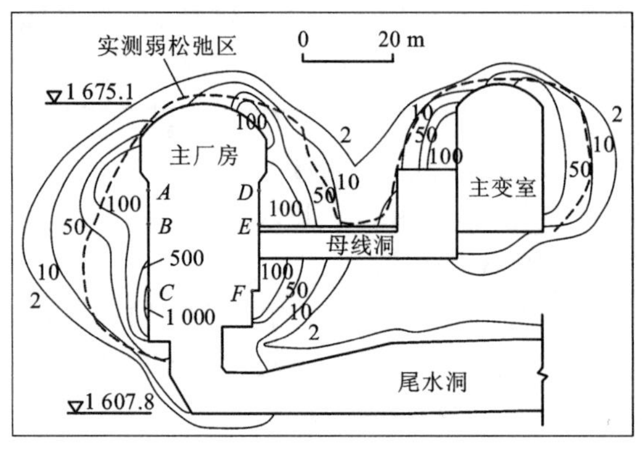

(a) 开挖后与开挖前渗透系数比值的分布

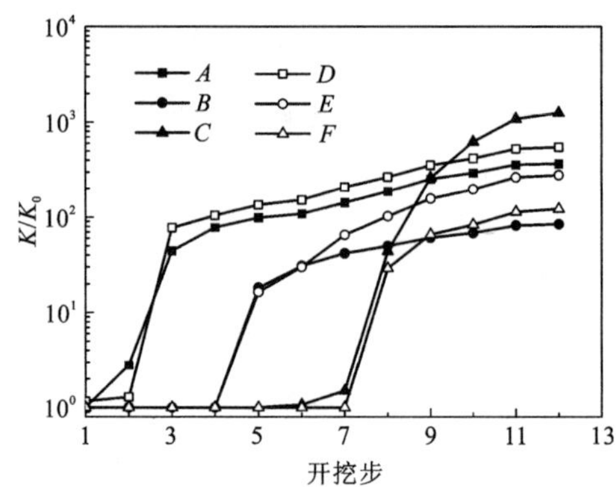

(b) 开挖过程中洞室边墙渗透系数的变化

图 2.3.17 洞室群开挖引起的围岩渗透特性变化的规律

图2.3.18给出了水库蓄水过程中地下厂房机组段横剖面的地下水位面的变化规律，以及正常蓄水位条件下等水头线的分布特征。由图2.3.18可知，在整个蓄水过程中，防渗排水系统对渗流场起到了有效的控制作用，自由面在防渗帷幕上游侧保持平缓，穿过防渗帷幕后，受排水孔幕的作用而急剧下降，在厂区形成明显的降落漏斗，主厂房中上部及主变室围岩均处于干燥或非饱和状态。另外，洞室群的开挖扰动导致围岩渗透性显著增强，因而围岩中的地下水位显著低于按地质勘查资料进行岩体渗透系数取值的计算结果，但两者的差别主要体现在主厂房的下游侧。主厂房上游侧，在防渗排水系统的作用下，防渗帷幕和主厂房之间的地下水位低平，两者的差别不明显。此外，与布设于厂房四周排水廊道的量水堰及廊道底板下方5.0～20.7 m的渗压计监测数据的对比表明，考虑开挖扰动效应的渗流场分析结果与监测数据更为吻合(Hong et al.,2017; Chen et al.,2015)。

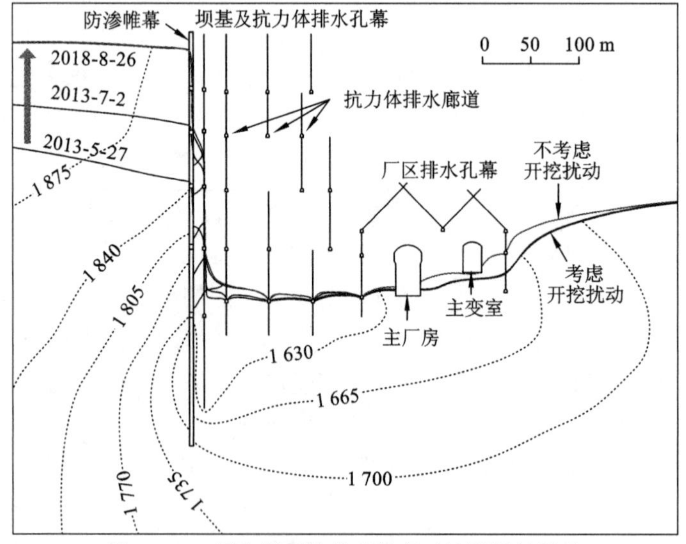

图 2.3.18 洞室群开挖扰动效应对渗流场的影响

值得指出的是，厂区渗流场除受工程地质和水文地质条件、防渗排水系统及洞室群开挖扰动效应的影响之外，还受到锚固、注浆等因素的影响，后者将部分抵消开挖扰动引起的围岩渗透性增幅。因此，在实际工程应用中，考虑和不考虑开挖扰动的渗流场分析结果，可分别作为渗流场的下限和上限估计，从而更全面地把握复杂条件下实际渗流场的可能状态和特征。

2.4　深切峡谷区岩体渗透系数的分布规律

2.4.1　概述

我国大型水利水电工程主要修建在西部深切峡谷区，尤以西南地区最为集中。该地区地处青藏高原东侧，新构造运动强烈，受青藏高原近百万年来持续隆升的影响，在青藏高原与云贵高原和四川盆地之间形成规模宏大的大陆地形坡降带，发育于青藏高原的各级河流深切成谷，在长江干流（金沙江）及其支流（雅砻江、大渡河、岷江）和澜沧江、雅鲁藏布江、怒江等流域蕴藏着丰富的水能资源。在这种特殊的内、外地质作用及强烈的河谷演化影响下，该地区河谷深切、岸坡陡峻，岩体风化卸荷强烈，地质构造复杂，岩体的渗透性因而也呈现出复杂的空间分布规律。

受技术、经济条件制约，水利水电工程坝址区的工程地质详勘范围有限，一般在数百米范围内。然而，在大型水利水电工程的建设、运行过程中，大规模的岩体开挖（包括勘探平硐、地下洞室群、边坡、坝基等）和大幅度的水库蓄水使坝址区的水文地质条件发生强烈变化，影响范围可达数千米至数十千米，远大于工程详勘范围。因此，揭示峡谷区岩体渗透性的空间分布规律，不仅可为枢纽区岩体渗透性演化规律研究及渗流场分析提供初始参数，也可为工程详勘范围之外区域及水文地质资料匮乏区域的水文地质评价提供基础参数。

本节依据西南地区金沙江、雅砻江和大渡河上 12 座大型水利水电工程坝址区 600 m 埋深范围内 614 个钻孔 13 397 段钻孔压水试验数据（表 2.4.1），采用假设检验、回归分析、半变异函数分析等统计分析方法，研究深切河谷区裂隙岩体渗透系数的统计特征及空间变异性，并探讨岩体渗透系数随埋深、岩性、地质构造和风化卸荷等因素的分布规律（Chen et al.，2018）。这 12 个坝址区出露的基岩包括喷出岩（如玄武岩）、侵入岩（如花岗岩和闪长岩）和变质岩（如大理岩、片岩和板岩）等。地下水的赋存以基岩裂隙水为主，地下水的运动及岩体的渗透性受断层、岩脉、错动带等主干构造和裂隙网络控制。

表 2.4.1　我国西南地区 12 个坝址区的地形地质特征

坝址名称	坝高/m	所在河流	主要岩性	岸坡坡度/（°）	河谷形貌	自然坡高/m
溪洛渡水电站	285.5	金沙江	玄武岩	25～80	对称 U 形	300～430
白鹤滩水电站	289	金沙江	玄武岩	>35	不对称 V 形	600
叶巴滩水电站	217	金沙江	闪长岩	40～55	对称 V 形	>1 000
长河坝水电站	240	大渡河	花岗岩	35～65	对称 V 形	700
大岗山水电站	210	大渡河	花岗岩	40～65	对称 V 形	>600
丹巴水电站	37.5	大渡河	变粒岩	10～50	不对称 U 形	>730
双江口水电站	314	大渡河	花岗岩	35~60	不对称 V 形	>1 000
锦屏一级水电站	305	雅砻江	大理岩、砂板岩	40～70	对称 V 形	>1 000
杨房沟水电站	155	雅砻江	花岗闪长岩	40～70	对称 V 形	>500
孟底沟水电站	201	雅砻江	花岗闪长岩	50～70	对称 V 形	400～1 000
牙根水电站	119	雅砻江	花岗岩	40～60	对称 V 形	>400
卡拉水电站	126	雅砻江	板岩	40～60	对称 V 形	>400

2.4.2　岩体渗透性试验数据分析方法

基于钻孔压水试验的岩体渗透系数计算方法详见 2.3.2 小节，其中钻孔半径 r_w 为 38 mm，试段长度 L 为 3.7～6.4 m。岩体渗透系数的统计分析方法有假设检验、回归分析、数据特征分析、空间变异性分析等。回归分析被人们所熟知，下面仅对其他三种方法做简要介绍。

1. 假设检验

受技术、经济条件制约，现场获取的岩体渗透性试验数据总是有限的，因而可视为岩体渗透系数的一个样本。为了从样本推断岩体渗透系数的总体分布规律，需借助假设检验方法。其基本原理是先对总体的特征做出某种假设，然后利用小概率原理，通过统计推断做出该假设应该被接受还是被拒绝的推断。岩体渗透系数总体分布的假设检验的基本步骤如下：①根据压水试验数据样本，绘制岩体渗透系数的直方图，估计总体的概率密度函数，据此对渗透系数的分布模式进行假设。常见的渗透系数分布函数有正态分布、对数正态分布、双峰（多峰）分布和 Lévy 稳定分布等，与地层的性质有关。②选取适当的显著性水平 α_{SL}，并对上述假设进行检验。检验的方法有多种，如 K-S 检验、卡方检验、Mann-Whitney U 检验（简称 U 检验）等，可根据实际情况合理选用。③根据检验的结果对假设进行判断，从而给出接受或拒绝原假设的结论。

2. 数据特征分析

尽管通过假设检验，可掌握岩体渗透系数的总体分布特征，但由于试验数据的离散性和随机性，其集中程度、离散程度和分布形状往往表现出较大差异，可分别采用中心趋势统计量、离散程度统计量和分布形状统计量对试验数据特征进行分析。

中心趋势统计量即数据的平均值，常用的有算术平均值、几何平均值、调和平均值等。对于岩体渗透系数而言，调和平均值偏小而算术平均值偏大，且两者均易受数据极值的影响，因而可能低估或高估岩体实际的渗透性。几何平均值介于调和平均值和算术平均值之间，一般认为几何平均值对岩体等效渗透系数的表征最接近实际（Durlofsky, 1991），且尺度效应不明显，因而适用于现场尺度。在下面的试验数据分析中，如无特别指出，均指几何平均值。

需要指出的是，岩体渗透性的现场测试技术总是存在一定的局限性，因而具有特定的渗透系数测量范围。例如，钻孔压水试验对于透水率 $q<0.1$ Lu 的岩体，常因压入流量太小而难以获得可靠的试验数据；对于透水率 $q>100$ Lu 的强透水和极强透水岩体，也常因孔壁塌陷、栓塞隔离失效、无法起压等无法获得试验数据。因此，在实际应用中，考虑到现场试验的情况，还可以采用试验数据的小值平均值或大值平均值来表征岩体的渗透性。

离散程度统计量即数据的方差或标准差，用来度量数据分布的离散程度。其值较小表明数据分布趋向于均值，较大则表明数据分布在一个较大的值域中。由于岩体的渗透系数具有量值较小但量级跨度较大的特点，为了缩小数据之间的绝对差异，可先对渗透系数取对数，然后求数据的标准差。

分布形状统计量主要包括偏度系数和峰度系数。其中，偏度系数用于衡量数据分布的对称性，反映数据分布偏移中心的程度。对于正态分布，其偏度系数为 0；若偏度系数为负，表明重尾在左侧，该分布左偏；反之，若偏度系数为正，则表明重尾在右侧，该分布右偏。偏度系数采用三阶中心矩来度量，其表达式为

$$\mathrm{SK}=\frac{n_{\mathrm{D}}}{(n_{\mathrm{D}}-1)(n_{\mathrm{D}}-2)}\sum_{i=1}^{n_{\mathrm{D}}}\left(\frac{K_i-\bar{K}}{\sigma_K}\right)^3 \tag{2.4.1}$$

式中：SK 为数据的偏度系数；K_i 为第 i 个样本值；$\bar{K}$ 为样本的平均值；σ_K 为标准差；n_{D} 为样本容量。

峰度系数用于度量数据在中心的聚集程度。对于正态分布，峰度系数为 3；若峰度系数大于 3，则表明观测量更集中，拥有比正态分布更为陡峭的高峰；反之，若峰度系数小于 3，则表明观测量不那么集中，分布图形较为平缓。需要说明的是，为方便比较，常常将正态分布的峰度值定义为 0，即在峰度计算过程中减去 3。峰度系数采用四阶中心矩来度量，其表达式为

$$\mathrm{KU}=\frac{n_{\mathrm{D}}(n_{\mathrm{D}}+1)}{(n_{\mathrm{D}}-1)(n_{\mathrm{D}}-2)(n_{\mathrm{D}}-3)}\sum_{i=1}^{n_{\mathrm{D}}}\left(\frac{K_i-\bar{K}}{\sigma_K}\right)^4-\frac{3(n_{\mathrm{D}}-1)^2}{(n_{\mathrm{D}}-2)(n_{\mathrm{D}}-3)} \tag{2.4.2}$$

式中：KU 为数据的峰度系数。

3. 空间变异性分析

岩体渗透系数随空间位置的变化呈现出随机性、相关性和结构性特征，这种空间变异特性可以通过半变异函数建模进行分析。估算半变异函数的经典公式为（Matheron，1963）

$$\gamma(l)=\frac{1}{2N(l)}\sum_{i=1}^{N(l)}\left[K(x_i)-K(x_i+l)\right]^2 \tag{2.4.3}$$

式中：$\gamma(l)$为半变异函数；$K(x_i)$为空间上 x_i 位置处的渗透系数值；$K(x_i+l)$为与 x_i 相距 l 处的渗透系数值；$N(l)$为相距 l 的点对数。

根据岩体渗透性试验数据，通过式（2.4.3）可以计算得到不同距离 l 下的半变异函数值 $\gamma(l)$，并绘制如图 2.4.1 所示的散点图。一般情况下，半变异函数值随着距离的增大而增大，但当距离增大到某一特定值后（A 点），半变异函数值将趋于稳定。半变异函数趋于平稳时的拐点（B 点）和距离 l=0 时的点（C 点）具有重要意义。通过这两个点可以产生 4 个参数：块金值、偏基台值、基台值和变程。其中，块金值是度量物理量空间变异性及测量误差的定量指标，理论上当距离为 0 时，半变异函数的值应为 0；基台值是变异幅度的极值；变程又称关联长度，是样本间是否存在相关性的度量。当样本间的距离小于关联长度时，存在空间相关性；反之，当样本间距大于关联长度时，不存在空间相关性。

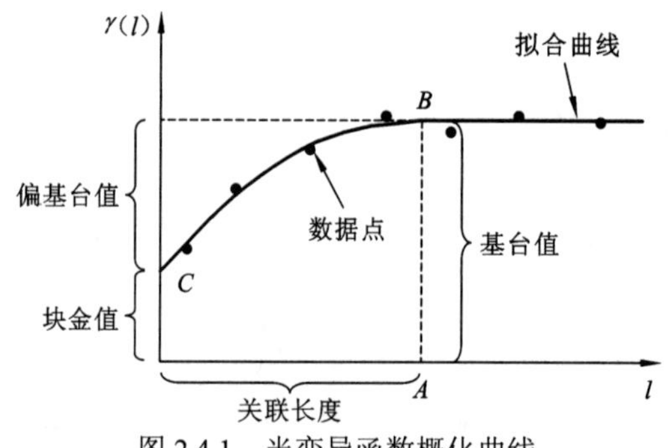

图 2.4.1　半变异函数概化曲线

根据 l-$\gamma(l)$曲线特点，可进一步选取地质统计学中的理论模型进行拟合。常用的理论模型有线性模型、指数模型、球状模型、高斯模型、幂指数模型等，其中指数模型的表达式如下（Isaaks and Srivastava，1989）：

$$\gamma(l)=n_{\mathrm{ug}}+C_{\mathrm{si}}\left[1-\exp\left(-3\frac{l}{\lambda_{\mathrm{cl}}}\right)\right] \tag{2.4.4}$$

式中：n_{ug} 为块金值；C_{si} 为基台值；λ_{cl} 为关联长度。

2.4.3　峡谷区岩体的渗透系数及其分布

1. 岩体渗透系数的统计特征与分布模式

我国西南地区 12 个坝址区岩体渗透系数的统计特征如表 2.4.2 所示。从各坝址区收集到的试验数据数量不等，最少 217 个，最多 3 443 个，压水试段的埋深为 0～600 m。由表 2.4.2 可知，通过钻孔压水试验，获得的岩体渗透系数 K 在 1.3×10^{-9}～2.6×10^{-5} m/s 变化，变幅达 4 个数量级。不同坝址区岩体渗透系数的变化范围存在差异，有一半坝址区的变化范围达 4 个数量级（如溪洛渡水电站、白鹤滩水电站等），另一半坝址区的变化范围分别为 3 个数量级（如叶巴滩水电站、卡拉水电站等）和 2 个数量级（丹巴水电站和牙根水电站）。这种差异既与岩体性质有关，又与试验数据量的多寡（代表性）有关。

表 2.4.2　西南地区 12 个坝址区岩体渗透系数的统计值

坝址区	最小值/（m/s）	最大值/（m/s）	几何平均值/（m/s）	$\sigma_{\lg K}$	偏度系数	峰度系数	试验段数
溪洛渡水电站	2.6×10^{-9}	1.4×10^{-5}	7.5×10^{-7}	0.70	3.3	13.1	1 630
白鹤滩水电站	6.5×10^{-9}	1.9×10^{-5}	1.7×10^{-7}	0.51	8.7	95.3	3 443
叶巴滩水电站	1.2×10^{-8}	1.2×10^{-5}	3.5×10^{-7}	0.40	6.0	53.4	1 146
长河坝水电站	2.6×10^{-9}	2.6×10^{-5}	7.1×10^{-7}	0.56	3.8	21.0	867
大岗山水电站	1.3×10^{-8}	1.4×10^{-5}	4.6×10^{-7}	0.38	5.6	45.9	692
丹巴水电站	1.9×10^{-8}	2.5×10^{-6}	1.3×10^{-7}	0.38	4.5	26.9	217
双江口水电站	9.1×10^{-9}	1.6×10^{-5}	1.0×10^{-7}	0.48	11.5	150.8	943
锦屏一级水电站	1.0×10^{-8}	1.9×10^{-5}	3.0×10^{-7}	0.56	4.5	27.8	1 462
杨房沟水电站	1.3×10^{-9}	1.3×10^{-5}	1.2×10^{-7}	0.52	10.0	152.4	1 174
孟底沟水电站	1.3×10^{-9}	1.8×10^{-5}	1.0×10^{-7}	0.46	13.9	232.0	928
牙根水电站	4.8×10^{-8}	5.1×10^{-6}	3.1×10^{-7}	0.38	3.6	18.1	311
卡拉水电站	9.8×10^{-9}	9.0×10^{-6}	2.0×10^{-7}	0.45	6.4	72.9	584
全部数据	1.3×10^{-9}	2.6×10^{-5}	2.2×10^{-7}	0.57	6.3	56.4	13 397

全部坝址区岩体渗透系数的几何平均值为 2.2×10^{-7} m/s，对数标准差 $\sigma_{\lg K}$ 为 0.57。各坝址区岩体渗透系数的几何平均值在 1×10^{-7}～8×10^{-7} m/s 内，处于同一个量级，表明在平均意义上各坝址区的岩体均属于弱透水岩体，而对数标准差则在 0.38～0.70 变化。此外，各坝址区岩体渗透系数的偏度系数均大于 0，变化范围为 3.3～13.9，表明该地区岩体的渗透系数均为右偏分布；岩体渗透系数的峰度系数也都大于 0，且变化范围较大，表明岩体渗透性试验数据的分布较正态分布更为集中，且其高峰更为陡峭。

下面采用假设检验研究西南地区 12 个坝址区岩体渗透系数的分布模式。由于渗透系数的量值较小，但变化范围较大，先对渗透系数取以 10 为底的对数（记为 lg*K*），然后绘制频数分布直方图，如图 2.4.2 所示。从图 2.4.2 中可见，lg*K* 的频数峰值出现在图形中央，位于−7.0～−6.4 内；以该区间为中心，左、右两侧各区间 lg*K* 的频数依次降低，呈近似的对称分布。此外，lg*K* 的概率密度曲线呈现“钟形”，与正态分布的特征一致。依据这些特征，首先假设西南峡谷区岩体渗透系数的对数值服从正态分布（即渗透系数 *K* 服从对数正态分布）。

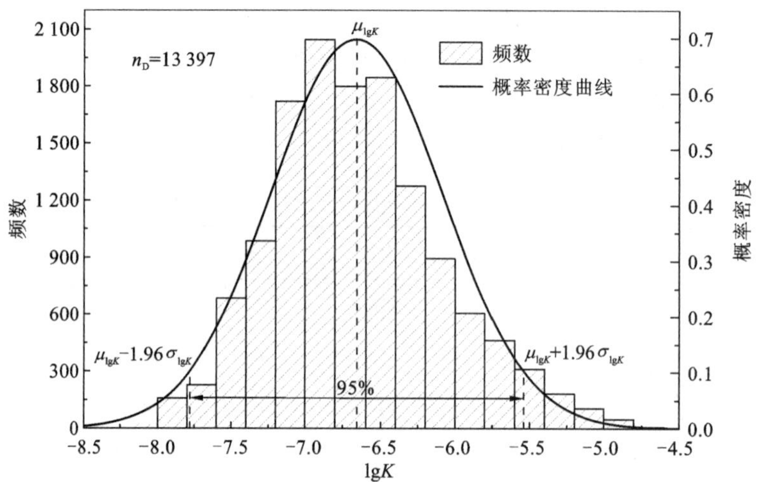

图 2.4.2 西南地区 12 个坝址区岩体渗透系数对数值 lg*K* 的直方图及概率密度曲线（*K* 的单位为 m/s）

为了检验上述假设的正确性，选取显著性水平 $\alpha_{SL}=0.05$，采用两独立样本的 *U* 检验，得出了接受上述假设的结论，表明 lg*K* 服从正态分布，即岩体的渗透系数 *K* 服从对数正态分布。此外，在相同的显著性水平下，通过 *U* 检验还可以得到如下两个结论：①在埋深方向上，若以 20 m 为一个统计区间（以确保每个统计区间内有足够多的数据），则各埋深区间内的岩体渗透系数也服从对数正态分布；②各个坝址区岩体的渗透系数也服从对数正态分布。由此可以认为，我国西南地区峡谷区岩体的渗透系数及相同埋深岩体的渗透系数均近似服从对数正态分布。

2. 岩体渗透系数在埋深方向上的分布特征

众所周知，岩体的渗透性与埋深具有密切的关系。随着埋深的增大，岩体的风化卸荷程度减弱，裂隙的发育程度降低，岩体的完整性增强；同时，地应力水平逐渐增大，裂隙多呈紧密闭合状态，因而岩体的渗透性也逐渐降低。研究岩体渗透性在埋深方向上的分布规律及空间变异性特征，对于工程防渗设计及渗流场分析均具有重要的指导意义。

1）渗透系数随埋深的变化规律

我国西南地区河谷深切，岸坡陡峻，基岩裸露。依据《水力发电工程地质勘察规范》（GB 50287—2016）（中华人民共和国住房和城乡建设部，2016），该地区 12 个坝址区岩体（覆盖层除外）的渗透性按压水试验透水率可划分为如下 4 个等级：中等透水（10 Lu≤q<100 Lu）、弱偏上透水（3 Lu≤q<10 Lu）、弱偏下透水（1 Lu≤q<3 Lu）和微透水（q<1 Lu）。在埋深方向上，以 10 m 为统计区间，则岸坡表面以下各岩体渗透性等级的占比随埋深的关系如图 2.4.3 所示。从图 2.4.3 中可见，在埋深不超过 30 m 的浅表岩体中，中等透水和弱偏上透水所占比例最高，达 52%～69%，表明浅表岩体的渗透性较强。但随着埋深的增大，中等透水和弱偏上透水的占比显著降低，而弱偏下透水所占比例明显增加，在埋深 40～80 m 内可达 33%～36%。当埋深超过 80 m 时，除局部范围外，微透水所占比例高于弱偏下透水；当埋深超过 540 m 时，岩体均表现为微透水。从总体上看，峡谷区岩体的渗透性随埋深的增大显著降低。

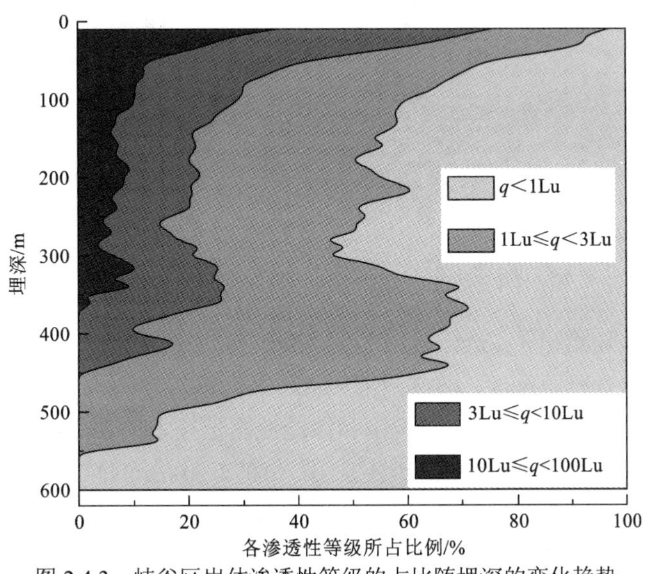

图 2.4.3　峡谷区岩体渗透性等级的占比随埋深的变化趋势

岩体的渗透系数 K 随埋深 d_v 的变化如图 2.4.4 所示，图中给出了每 10 m 埋深区间内岩体渗透系数的几何平均值和若干分位数。由图 2.4.4 可见，对于浅表岩体（d_v<80 m），渗透系数随埋深的增大快速下降，这与峡谷区浅表岩体强烈的风化卸荷作用有关，但随着埋深的继续增大，下降趋势变缓。在 5～500 m 埋深范围内，岩体渗透系数的几何平均值从 1.9×10^{-6} m/s 降至 7.3×10^{-8} m/s，降幅超过一个数量级。岩体渗透系数与埋深之间的关系可以通过回归分析确定。常用的拟合模型有幂函数（Achtziger-Zupančič et al.，2017；Carlsson and Olsson，1977；Franciss，1970）、负指数函数（Piscopo et al.，2018；Jiang et al.，2010b）、双曲函数（Wei et al.，1995）等。通过对每 10 m 区间内岩体渗透系数几何平均值与埋深关系的拟合发现，幂函数具有最佳的拟合效果，其表达式为

$$K = K_0 d_v^{-\alpha_d} \tag{2.4.5}$$

式中：K 为岩体的渗透系数（m/s）；K_0 为近地表处岩体的渗透系数（m/s）；α_d 为指数；d_v 为垂直埋深（m），这里的埋深范围为 5～600 m。上述拟合给出的参数为 $K_0 = 2\times10^{-6}$ m/s，α_d=0.48，R^2=0.93。

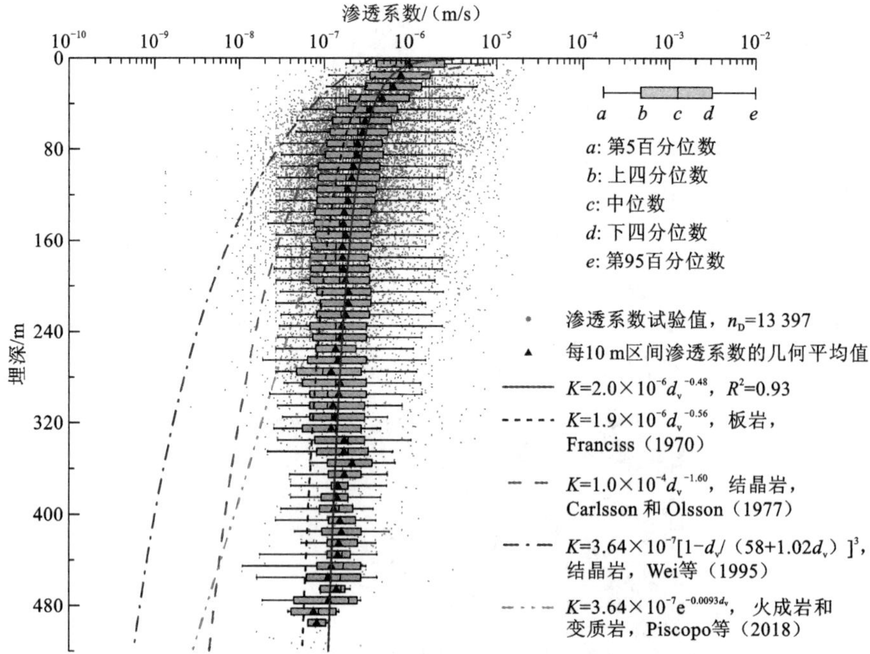

图 2.4.4　峡谷区岩体渗透系数随埋深的变化规律

此外，图 2.4.4 还给出了 Franciss（1970）、Carlsson 和 Olsson（1977）、Wei 等（1995）、Piscopo 等（2018）对巴西东部、瑞典南部和土耳其西部等地区火成岩与变质岩渗透系数随埋深的拟合曲线，具体岩性、埋深范围和渗透性测试技术如表 2.4.3 所示。这些拟合曲线与我国西南峡谷区岩体渗透系数的变化范围（10^{-9}～10^{-5} m/s）具有可比性，但也有明显区别。总体上看，我国西南峡谷区岩体的渗透系数较上述地区大 1～2 个数量级，这一方面与西南峡谷区特殊的地质环境有关，另一方面与岩体渗透性测试的技术条件有关，因为不同的测试技术具有不同的有效测量范围。从图 2.4.4 中还可以看出，若采用类似 Piscopo 等（2018）的负指数函数进行拟合，则难以反映峡谷区浅表岩体渗透系数的快速下降特征，因而就西南峡谷区岩体渗透性与埋深的关系而言，幂函数的拟合效果优于负指数函数。

表 2.4.3　世界部分地区火成岩和变质岩渗透性测试概况

资料来源	研究区域	岩性	埋深范围/m	测试技术	拟合函数
Franciss（1970）	巴西东部沿海地区	花岗岩、玄武岩、片麻岩、板岩等	0～50	压水试验	幂函数
Carlsson 和 Olsson（1977）	瑞典南部地区	片麻岩和花岗岩	0～120	压水试验	幂函数
Wei 等（1995）	—	石英岩、花岗岩、片麻岩、片岩等	0～120	注水试验	双曲函数
Piscopo 等（2018）	土耳其西部地区	安山岩	0～140	注水试验	指数函数

2）渗透系数对数标准差随埋深的变化规律

图 2.4.4 通过分位数反映了不同埋深条件下岩体渗透系数的离散程度，下面进一步

研究渗透系数的对数标准差与埋深之间的关系。首先对渗透系数取对数，然后在埋深方向上，同样以 10 m 为统计区间，计算各区间内岩体渗透系数的对数标准差 $\sigma_{\lg K}$，如图 2.4.5 所示。从图 2.4.5 中可见，在埋深小于 170 m 的范围内，对数标准差随埋深变化不大；当埋深大于 170 m 时，对数标准差随埋深的进一步增大不断减小，直至趋于 0。上述数据特征表明，岩体渗透系数对数标准差随埋深的变化存在两条渐近线，为近似的 S 形曲线，因此可以采用如下 Logistic 函数进行拟合（Sivanesapillai et al.，2014）：

$$\sigma_{\lg K} = \sigma_{0K}\left[1+\left(\frac{d_{\mathrm{v}}}{d_{\mathrm{v0}}}\right)^{\beta_{\mathrm{d}}}\right]^{-1} \tag{2.4.6}$$

式中：σ_{0K}、d_{v0} 和 β_{d} 为拟合参数，且 $\sigma_{0K}=0.6$，$d_{\mathrm{v0}}=428$ m，$\beta_{\mathrm{d}}=4.7$，$R^2=0.86$。

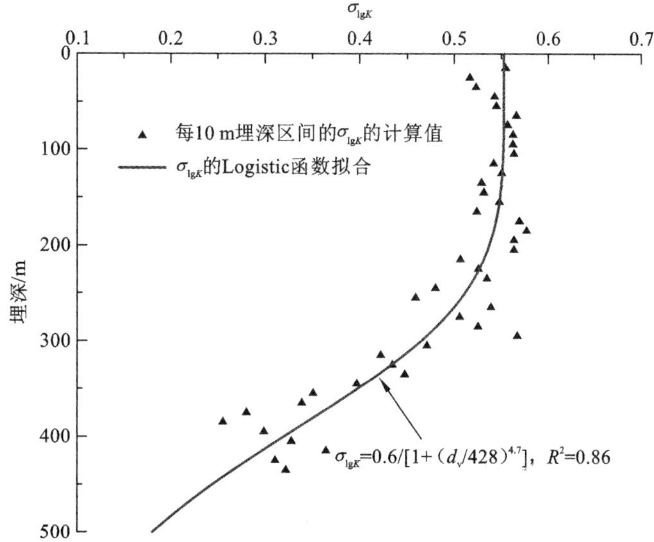

图 2.4.5 峡谷区岩体渗透系数的对数标准差随埋深的变化规律

式（2.4.6）与式（2.4.5）确定了我国西南深切峡谷区岩体渗透系数随埋深的分布规律和统计特征。

3）渗透系数在埋深方向上的变异性

由于水平方向上不同距离的试验数据有限，这里只讨论各个坝址区岩体渗透系数在埋深方向上的变异性。由式（2.4.5）可知，岩体渗透系数与埋深具有密切的相关性，因此当埋深方向上的距离 l 不断增大时，由式（2.4.3）计算出的半变异函数值 $\gamma(l)$ 也会不断增大，而不会出现一个明显的平台。为此，需要先对渗透系数进行去趋势化处理，进而对 l-$\gamma(l)$ 数据进行曲线拟合。拟合结果表明，西南峡谷区岩体渗透系数在埋深方向上的变异性可采用指数模型[式（2.4.4）]进行拟合，且块金值 n_{ug} 均可取零，即可忽略渗透系数的微观变异性（Chen et al.，2018）。

由各个坝址区岩体渗透系数试验数据拟合得到的基台值 C_{si} 和关联长度 λ_{cl} 如表 2.4.4 所示。从表 2.4.4 中可见，不同坝址区岩体渗透性的关联长度不同，变化范围为 15.0～

71.4 m，这显然与不同坝址区地质条件的差异有关。此外，通过文献对比可知，西南峡谷区岩体渗透性的关联长度与其他地区结晶岩含水层的关联长度在量级上基本一致，如 Ando 等（2003）给出的关联长度为 18～23 m，但比孔隙含水层的关联长度大，如 Turcke 和 Kueper（1996）、Cheng 等（2011）给出的关联长度均小于 10 m。

表 2.4.4　各坝址区岩体渗透系数半变异函数的基台值和关联长度

坝址区	基台值 C_{si}	关联长度 λ_{cl}/m	坝址区	基台值 C_{si}	关联长度 λ_{cl}/m
白鹤滩水电站	0.14	25.5	孟底沟水电站	0.13	15.0
长河坝水电站	0.21	18.0	双江口水电站	0.09	71.4
大岗山水电站	0.06	56.6	溪洛渡水电站	0.41	36.1
丹巴水电站	0.15	44.8	牙根水电站	0.08	63.8
锦屏一级水电站	0.26	52.6	杨房沟水电站	0.11	57.7
卡拉水电站	0.16	60.0	叶巴滩水电站	0.05	38.5

2.4.4　峡谷区岩体渗透特性的主要影响因素

岩体渗透特性的影响因素众多，包括岩性、构造发育特征、风化卸荷作用、地应力等。岩体的岩性不同，岩石的空隙性质就不相同，构造发育特征也有差异，因而渗透性也表现出差异。地质构造既包括发育广泛但规模较小的Ⅳ、Ⅴ级结构面，又包括数量较少但规模较大的Ⅲ级及以上结构面，如长大裂隙、断层、岩脉、错动带等。通常情况下，压水试验数据包含了节理裂隙对岩体渗透性的贡献，而断层等结构面的渗透性则需要专门予以研究，可将栓塞安置在结构面上、下盘较完整岩体中或灌制混凝土塞位，对结构面或断层带进行压水试验。风化卸荷作用反映了河谷演化过程和岩体浅表生改造过程对岩体渗透性的影响，岩体的风化、卸荷程度不同，节理的发育特征、张开状态和充填状况就存在显著差异，因而岩体的渗透性在不同的风化、卸荷分带中也有着明显的差别。岩体的地应力水平与埋深相关，埋深越大，地应力水平越高，岩体越新鲜完整，且节理裂隙多呈闭合或紧密胶结状态，因此岩体渗透系数与埋深的关系实质上综合反映了地应力水平、节理裂隙发育特征和风化卸荷程度对岩体渗透性的影响，因此该关系还经常被表达为渗透系数与地应力的相关关系。

1. 岩性对岩体渗透性的影响

岩性反映了岩石的矿物组成、结构及构造特征、胶结物及胶结类型、孔隙及微裂纹发育特征、软硬程度等。岩性对岩体渗透性的影响是显而易见的，不同的岩层由于矿物组成成分的差异，渗透性存在显著差别，因而岩性对岩体渗透性的空间分布往往起着控制性的作用（Masset and Loew，2010）。例如，对于软硬互层岩体，软弱岩层的矿物组成颗粒细小，孔隙及孔隙喉道的尺寸小，岩层的渗透性较弱，往往起着区域隔水层的作用；而对于坚硬岩层，由于构造运动和差异变形，节理裂隙和伴生构造较为发育，透水性较强，从而形成含水层与隔水层互层发育的现象。然而，对于特定类型的岩体，如结晶岩，岩性对岩体渗透性的影响又常常与地质构造、风化卸荷作用交织在一起，甚至得出岩性对岩体渗透性影响较小的结论（Achtziger- Zupančič et al.，2017）。

西南地区 12 个坝址区的岩性主要是岩浆岩和变质岩，其中岩浆岩有花岗岩（如长河坝水电站、大岗山水电站等）、闪长岩（如叶巴滩水电站）等侵入岩及玄武岩（如白鹤滩水电站、溪洛渡水电站）等喷出岩；变质岩有大理岩（如锦屏一级水电站）、板岩（如卡拉水电站）等。为了探讨岩性对岩体渗透性的影响，采用式（2.4.5）分别对 12 个坝址区岩体渗透系数与埋深的关系进行拟合，并将拟合参数（K_0、α_d）绘制在直角坐标系中，如图 2.4.6 所示。由图 2.4.6 可见，对于岩性相同的坝址区，如牙根水电站、双江口水电站、长河坝水电站和大岗山水电站，岩体的 K-d_v 关系的拟合参数较为离散，表明各坝址区岩体的渗透系数整体差别较大。但是，岩性不同的坝址区，如叶巴滩水电站、锦屏一级水电站和大岗山水电站，却存在 K-d_v 关系的拟合参数相近的情况。因此，就统计范围内的 12 个坝址区而言，岩体渗透系数分布与岩性的相关性较小，而主要取决于构造发育特征。

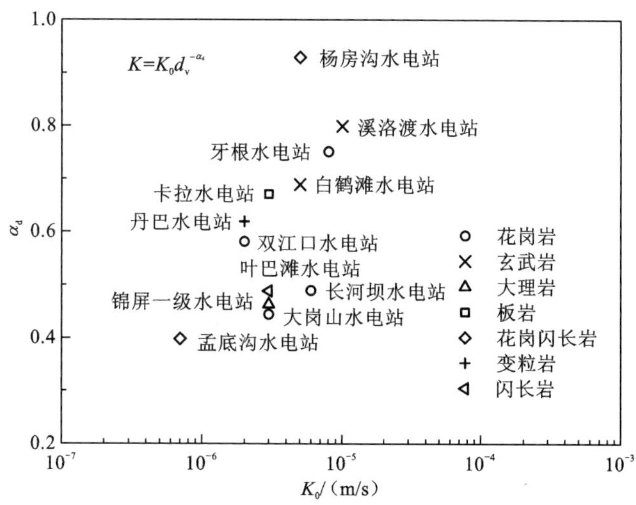

图 2.4.6　各坝址区岩体渗透系数与埋深关系的拟合参数

2. 风化卸荷作用的影响

岩体的风化和卸荷分带对于岩体完整性与岩体质量评价、岩体物理力学参数取值、建基面选择、坝基处理及防渗设计均具有重要意义。水利水电工程坝址区岩体风化带和卸荷带的划分遵循《水力发电工程地质勘察规范》（GB 50287—2016）（中华人民共和国住房和城乡建设部，2016）等标准进行。因西南地区河谷快速下切、基岩裸露，河谷近岸区全风化岩体较少，甚至缺失，地表以下主要可以分为强风化带、弱风化上段、弱风化下段、微新岩体四个带；而根据岩体的卸荷松弛情况，岸坡岩体可以分为强卸荷带、弱卸荷带和无卸荷带三个带，个别坝址区还存在深卸荷现象。通过总结 12 个坝址区岩体风化和卸荷分带特征，各分带划分的量化依据大致如表 2.4.5 和表 2.4.6 所示。其中，风化带和卸荷带的划分分别以风化岩与新鲜岩的纵波波速比 B_v 和裂隙张开度 e 为主要依据，但也参照了岩石质量指标 RQD、纵波波速 V_p、透水率 q 等其他定量和定性指标。

表 2.4.5　峡谷区岩体风化分带量化指标与压水试验统计值

风化分带	划分指标与标准			压水试验统计值		
	纵波波速比	岩石质量指标/%	纵波波速/（m/s）	渗透系数几何平均值/（m/s）	埋深范围/m	试验段数
强风化带	0.4～0.6	<25	<3 200	7.3×10^{-6}	0～14.4	9
弱风化上段	0.6～0.7	25～70	2 500～4 000	9.4×10^{-7}	0～33.7	416
弱风化下段	0.7～0.8	62.5～90	3 300～4 800	4.2×10^{-7}	23.6～72.5	1 654
微新岩体	0.8～1.0	>75	>4 800	1.9×10^{-7}	>67.3	11 318

表 2.4.6　峡谷区岩体卸荷分带量化指标与压水试验统计值

卸荷分带	划分指标与标准			压水试验统计值		
	裂隙张开度/mm	透水率/Lu	纵波波速/（m/s）	渗透系数几何平均值/（m/s）	埋深范围/m	试验段数
强卸荷带	≥10	≥10	<3 000	1.1×10^{-6}	0～37.3	317
弱卸荷带	<10	3～10	3 000～4 800	5.7×10^{-7}	20.7～70.7	1 065
无卸荷带	—	≤3	>4 500	1.9×10^{-7}	>61.3	12 015

由于岩体强烈的非均质性，各风化和卸荷分带内岩体的渗透系数实际上也服从某种分布。图 2.4.7 给出了 12 个坝址区每个风化带和卸荷带内各渗透性等级的试段占该带内总试段的比例。从图 2.4.7 中可见，强风化带岩体的透水性全部为中等透水（10 Lu≤q<100 Lu）和弱偏上透水（3 Lu≤q<10 Lu），分别占 66.7%和 33.3%；弱风化上段和强卸荷带岩体以中等透水和弱偏上透水为主，两者占比之和均大于 70%。随着风化和卸荷程度的降低，弱偏下透水（1 Lu≤q<3 Lu）和微透水（q<1 Lu）岩体的比例增大，而中、强透水性岩体的占比则显著减小；在微新和无卸荷带岩体中，微透水所占的比例最高，分别为 40.6%和 39.5%。由此可见，随着风化和卸荷程度的降低，岩体的渗透性减小。

表 2.4.5 和表 2.4.6 还统计了各风化带和卸荷带的埋深范围及岩体渗透系数的几何平均值。从表 2.4.5 和表 2.4.6 中可见，除深卸荷带外，西南峡谷区风化卸荷作用的影响范围主要在岸坡浅表 70 m 埋深范围内，且弱风化上段与强卸荷带、弱风化下段与弱卸荷带的埋深范围相近。此外，受风化卸荷作用的影响，浅表岩体渗透系数的几何平均值在 10^{-7}～10^{-6} m/s 内。随着风化卸荷程度的减弱，从强风化带到微新岩体、从强卸荷带到无卸荷带岩体，渗透系数的几何平均值降低 1～2 个数量级。需要说明的是，强风化带、弱风化上段及强卸荷带由于试验数据有限，且部分孔段存在不起压现象，表中所列渗透系数几何平均值的代表性较差，且可能低估相应分带内岩体的渗透性。

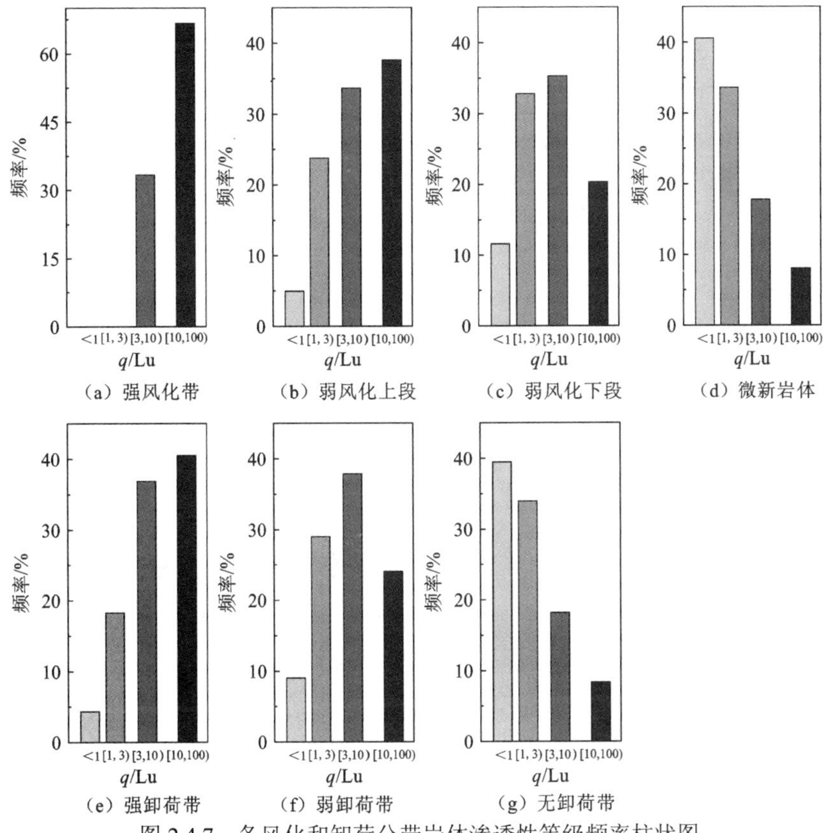

图 2.4.7　各风化和卸荷分带岩体渗透性等级频率柱状图

3. 地质构造的渗透性

我国西南地区地处亚欧板块与印度洋板块的交界地带，地壳运动活跃，各坝址区断层、错动带、岩脉等地质构造较为发育。这些地质构造规模较大，往往构成坝址区地下水运动的主干通道或控制边界。地质构造的成因和性质不同，渗透性也表现出较大的差异，取决于构造带内岩石的组成成分、结构特征和胶结状态等。

1）断层的渗透性

对西南地区 12 个坝址区共 43 条代表性断层的压水试验数据进行统计分析。这些断层自晚更新世以来不活跃，破碎带宽度为 0.1～5.0 m，走向以 NW 向和 NE 向为主，多数陡倾，延伸长度达数百米至数千米，如表 2.4.7 所示。

表 2.4.7　西南坝址区代表性断层一览表

坝址区	断层发育特征	走向	代表性断层	倾角/(°)	宽度/m
白鹤滩水电站	以扭性断层为主，倾角>60°。断层在地表延伸不超过 2 km，深度不超过 1 km，主要沿 NWW 向、NNW 向和 NE 向发育，形成于燕山期和喜山期	NWW	F_3、F_{11}	65～90	0.5～5.0
		NNW	F_{18}、F_{19}、F_{33}	85～90	0.1～2.0
		NE	F_4、F_{17}	65～80	0.3～3.0

续表

坝址区	断层发育特征	走向	代表性断层	倾角/（°）	宽度/m
长河坝水电站	断层多沿NE向和NW向发育，延伸长度多大于300 m。主要活动期在中更新世，晚更新世以来不具有活动性	NE	F_0	50～55	0.4～1.2
		NW	F_1	79～82	1.0～1.2
大岗山水电站	断层主要有近SN向、NNW向和NNE向，约68%的断层沿辉绿岩岩脉发育，断层破碎带由糜棱岩、角砾岩等组成，带宽多为0.1～3 m	SN	f_5	70～80	0.3～1.0
		NNW	F_1	63～82	0.9～3.0
		NNE	f_{62}	58	0.1～0.3
丹巴水电站	断层主要近SN向	SN	f_6	68	0.2～0.3
			f_8	65	0.2～0.3
卡拉水电站	断层以中陡倾角为主，缓倾角断层轻度发育，断层带一般由碎裂岩、碎粉岩、石英脉组成，局部充填断层泥	NNW—NW	f_{59}	65～80	0.5～1.0
			f_{130}	60～70	0.1～0.3
			f_{73}	60～75	0.2～0.7
锦屏一级水电站	断层较发育，按产状可分为NNE—NE向、NEE—EW向和NW—NWW向三组，以NNE—NE向组最为发育，且断层规模较大。f_{14}和f_9为压性断层，f_{13}为张性断层，f_{27}为扭性断层	NNE—NE	f_{13}	72	1.0～2.0
			f_{14}	65	0.5～1.0
		NEE—EW	f_9	70～80	1.5
		NW—NWW	f_{27}	68～75	0.5～0.6
孟底沟水电站	除f_4、f_5两条规模较大的断层外，主要为沿蚀变岩带发育的、规模较小的次生断层	NWW	f_3	55～65	0.2～0.3
		NEE	f_4	55～65	1.0～2.0
			f_5	75～85	1.0～1.5
双江口水电站	位于燕山期可尔因花岗岩体上，仅F_1断层规模较大	NEE	F_1	80～85	1.3～3.9
牙根水电站	断层以横河向（NE向、NEE向）的陡倾角断层为主，其次为顺河向（NW向）缓倾角断层，局部发育斜河向（NNE向、NW向）陡倾角断层。结构面类型以岩屑夹泥型为主	NE—NEE	F_{15}	80	1.0～1.5
		NW	f_{28}	85	0.4～0.5
		NNE—NW	f_{33}	85～88	0.7
杨房沟水电站	坝址区位于羊奶向斜西翼	SN	F_4	50	1.0～1.5
			F_5	50	1.4
		EW	f_{48}	85	0.3～0.4
叶巴滩水电站	断层以中—陡倾为主，按走向可分为EW向、NE—NNE向、NW向、NEE向、NWW向，断面上多见擦痕、阶步，擦痕的侧伏角一般小于20°，多为平移性质	EW	F_1	55～60	0.8～1.9
		NE—NNE	f_{17}	75～85	0.1～0.2
		NW	f_{18}	75～85	0.1～0.2
		NEE	f_{15}	52	0.3～0.4
		NWW	f_1	80	0.2～0.4

将上述断层粗略划分为张性断层、压性断层和扭性断层三类，各类断层的渗透系数及其随埋深的变化规律如图 2.4.8 所示。从图 2.4.8 中可见，张性断层具有较强的渗透性，其渗透系数的几何平均值为 6.0×10^{-7} m/s；压性断层和扭性断层的渗透性相当，两者的渗透系数的几何平均值分别为 2.7×10^{-7} m/s 和 1.8×10^{-7} m/s。三类断层的渗透系数均随着埋深的增大显著降低，当埋深达 300 m 时，断层的渗透系数较表部减小约 2 个数量级。采用式（2.4.5）分别对张性断层、压性断层和扭性断层三类断层的 K-d_v 关系进行拟合，拟合参数 K_0 和 α_d 分别为 4×10^{-5} m/s 和 1.02（R^2=0.63）、2×10^{-5} m/s 和 0.97（R^2=0.53）、4×10^{-5} m/s 和 1.18（R^2=0.55）。这表明断层的渗透系数随埋深的变化也大致服从幂函数衰减规律。

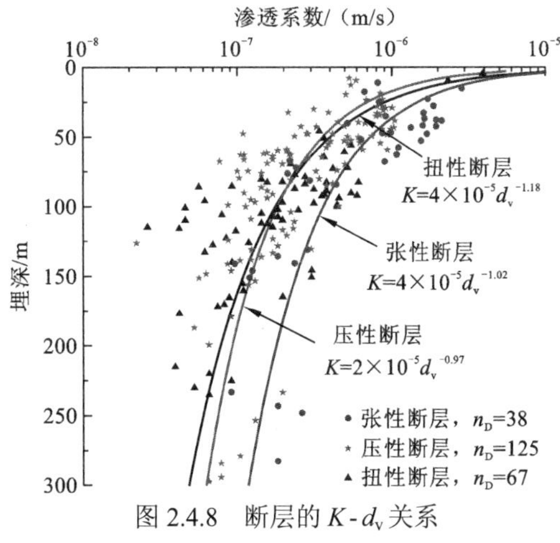

图 2.4.8　断层的 K-d_v 关系

2）错动带的渗透性

白鹤滩水电站和溪洛渡水电站的坝址区出露由间歇性火山喷发形成的玄武岩岩流层，并在岩流层之间发育有一系列的层间错动带。这些错动带发育于岩流层顶部凝灰岩层中，在构造作用下经多期错动形成，具有缓倾角、贯穿性等特征。代表性的层间错动带有白鹤滩水电站坝址区发育的 C_2～C_{11}、$C_{3\text{-}1}$ 和溪洛渡水电站坝址区发育的 C_1～C_{12}，倾角为 3°～20°，厚度为 0.1～0.6 m，充填有岩屑、角砾和黏粒等。层间错动带的渗透性具有显著的各向异性，水平向渗透系数较垂直向渗透系数大 1～2 个数量级，即水平向上导水，垂直向上相对阻水，从而使地下水呈现分层现象。压水试验的钻孔均为垂直向，因而压水试验数据主要反映错动带水平向的渗透性。如图 2.4.9 所示，错动带的渗透系数同样随埋深的增大显著降低，两者之间的关系可用式（2.4.5）拟合，拟合参数为 K_0= 8×10^{-5} m/s，α_d=1.17（R^2=0.51）。错动带水平向渗透系数的几何平均值为 5.0×10^{-7} m/s，与张性断层的渗透性接近。

3）岩脉的渗透性

岩脉是岩浆侵入作用形成的脉状或岩墙状侵入体，可粗略划分为以浅色矿物为主的浅色岩脉和以暗色矿物为主的深色岩脉两类。西南坝址区发育的深色岩脉主要有煌斑岩脉和辉绿岩脉，而浅色岩脉主要是花岗伟晶岩脉，具体发育特征见表 2.4.8。三类岩脉的渗透系数及其随埋深的变化如图 2.4.10 所示。由图 2.4.10 可见，岩脉的渗透系数大多分布在 10^{-7}～10^{-6} m/s 内，煌斑岩脉和花岗伟晶岩脉因试验数据量少，渗透系数与埋深的关系不清晰；辉绿岩脉的试验数据较多，渗透系数与埋深呈现较为明显的相关关系，同样可以采用式（2.4.5）给出的幂函数进行描述。

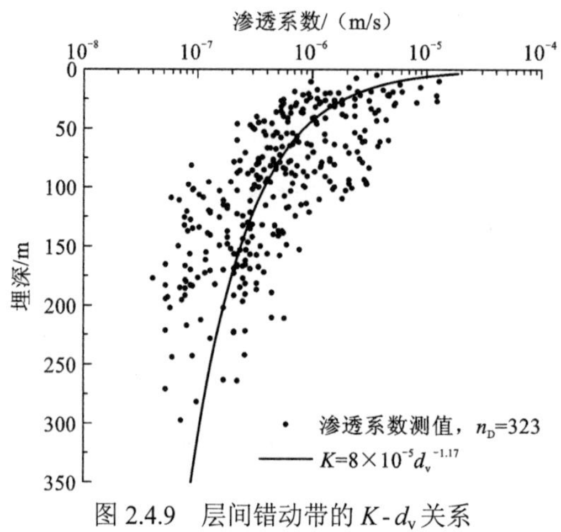

图 2.4.9　层间错动带的 K-d_v 关系

表 2.4.8　西南坝址区代表性岩脉一览表

坝址区	岩脉类型	走向	发育特征
大岗山水电站	辉绿岩脉	SN、NNW、NNE	与围岩呈裂隙式、焊接式和断层式接触。多沿断层发育，优势方向与断层一致。出露宽度一般为 0.5～10 m，最大宽度达 26 m
锦屏一级水电站	煌斑岩脉	NE	坝址两岸均有出露，呈平直延伸的脉状产出，一般宽 2～3 m，局部脉宽可达 7 m，延伸长度在 1 000 m 以上。陡倾，倾角可达 70°～80°
双江口水电站	花岗伟晶岩脉	NW	呈脉状、不规则脉状或团块状产出，与岩体的接触界线清晰平直，脉厚一般为 1～4 m，脉长为 5～50 m，倾角为 22°～43°
	煌斑岩脉	NW	脉宽一般为 0.1～0.2 m，风化较强。陡倾，倾角为 72°～75°

图 2.4.11 给出了各类地质构造渗透系数的对数标准差（$\sigma_{\lg K}$）随埋深的变化。由图 2.4.11 可知，断层渗透系数的对数标准差为 0.10～0.23，变化范围较小；层间错动带渗透系数的对数标准差主要分布在 0.25～0.45 内，量值及变幅均大于断层；岩脉渗透系数的对数标准差为 0.05～0.3，量值与断层接近，但变幅较大。此外，与裂隙岩体不同，这些地质构造的渗透系数的对数标准差与埋深的相关性不明显。

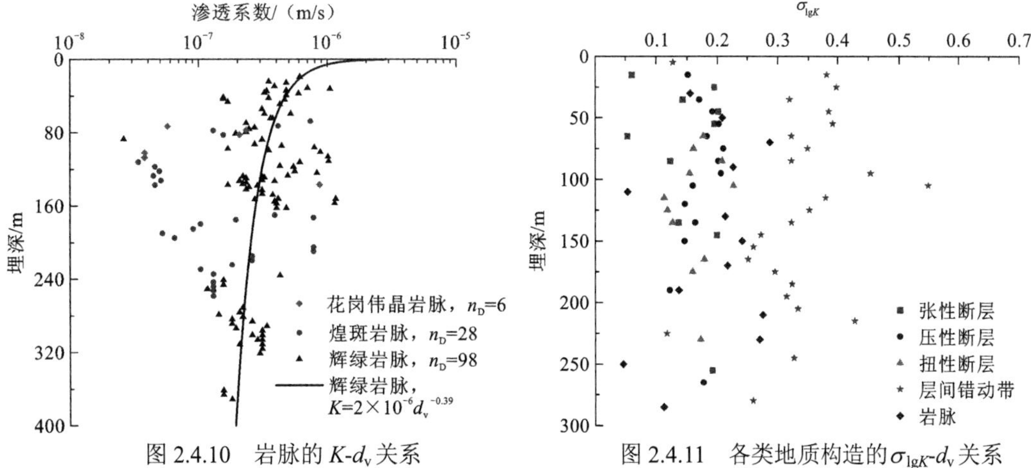

图 2.4.10　岩脉的 K-d_v 关系　　　图 2.4.11　各类地质构造的 $\sigma_{\lg K}$-d_v 关系

参 考 文 献

陈益峰, 周创兵, 盛永清, 2006. 应变敏感的裂隙及裂隙岩体水力传导特性研究[J]. 岩石力学与工程学报, 25(12): 2441-2452.

陈益峰, 胡冉, 周创兵, 等, 2013. 热-水-力耦合作用下结晶岩渗透特性演化模型[J]. 岩石力学与工程学报, 32(11): 2185-2195.

卢波, 王继敏, 丁秀丽, 等, 2010. 锦屏一级水电站地下厂房围岩开裂变形机制研究[J]. 岩石力学与工程学报, 29(12): 2429-2441.

速宝玉, 詹美礼, 赵坚, 1995. 仿天然岩体裂隙渗流的实验研究[J]. 岩土工程学报, 17(5): 19-24.

郑华康, 胡超, 尚钦, 等, 2017. 大型地下厂房洞室群围岩开挖松弛效应与渗透性演化特征[J]. 天津大学学报(自然科学与工程技术版), 50(6): 624-636.

中华人民共和国住房和城乡建设部, 2016. 水力发电工程地质勘察规范: GB 50287—2016[S]. 北京: 中国计划出版社.

周创兵, 熊文林, 1996. 双场耦合条件下裂隙岩体的渗透张量[J]. 岩石力学与工程学报, 15(4): 338-344.

ACHTZIGER-ZUPANČIČ P, LOEW S, MARIÉTHOZ G, 2017. A new global data base to improve predictions of permeability distribution in crystalline rocks at site scale[J]. Journal of geophysical research: Solid earch, 122(5): 3513-3539.

AMADEI B, ILLANGASEKARE T, 1994. A mathematical model for flow and solute transport in non-homogeneous rock fractures[J]. International journal of rock mechanics and mining sciences & geomechanics abstracts, 31(6): 719-731.

ANDO K, KOSTNER A, NEUMAN S P, 2003. Stochastic continuum modeling of flow and transport in a crystalline rock mass: Fanay-Augères, France, revisited[J]. Hydrogeology journal, 11(5): 521-535.

ARSON C, PEREIRA J M, 2013. Influence of damage on pore size distribution and permeability of rocks[J]. International journal for numerical and analytical methods in geomechanics, 37(8): 810-831.

BANDIS S C, LUMSDEN A C, BARTON N R, 1983. Fundamentals of rock joint deformation[J]. International journal of rock mechanics and mining sciences, 20(6): 249-268.

BARTON N, BANDIS S, 1982. Effects of block size on the shear behaviour of jointed rocks[C]//23th U. S. Symposium on Rock Mechanic. Rotterdam: Balkema.

BAZANT Z P, OH B H, 1986. Efficient numerical integration on the surface of a sphere[J]. ZAMM, 66(1): 37-49.

BIENIAWSKI Z T, 1989. Engineering rock mass classifications[M]. Chichester: Wiley.

BRACE W F, WALSH J B, FRANGOS W T, 1968. Permeability of granite under high pressure[J]. Journal of geophysical research, 73(6): 2225-2236.

BUDIANSKY B, O'CONNELL R J, 1976. Elastic moduli of a cracked solids[J]. International journal of solids and structures, 12(1): 81-97.

CARLSSON A, OLSSON T, 1977. Hydraulic properties of Swedish crystalline rocks-hydraulic conductivity and its relation to depth[J]. Bulletin of the geological institutions of the University of Uppsala, 7: 71-84.

CHEN S H, EGGER P, 1999. Three dimensional elasto-viscoplastic finite element analysis of reinforced rock masses and its application[J]. International journal for numerical analytical methods in geomechanics, 23(1): 61-78.

CHEN Y F, ZHOU C B, SHENG Y Q, 2007. Formulation of strain-dependent hydraulic conductivity for fractured rock mass[J]. International journal of rock mechanics and mining sciences, 44(7): 981-996.

CHEN Y F, LI D Q, JIANG Q H, et al., 2012. Micromechanical analysis of anisotropic damage and its influence on effective thermal conductivity in brittle rocks[J]. International journal of rock mechanics and mining sciences, 50: 102-116.

CHEN Y F, HU S H, WEI K, et al., 2014a. Experimental characterization and micromechanical modeling of damage-induced permeability variation in Beishan granite[J]. International journal of rock mechanics and mining sciences, 71: 64-76.

CHEN L, LIU J F, WANG C P, et al., 2014b. Characterization of damage evolution in granite under compressive stress condition and its effect on permeability[J]. International journal of rock mechanics and mining sciences, 71: 340-349.

CHEN Y F, HU S H, ZHOU C B, et al., 2014c. Micromechanical modeling of anisotropic damage-induced permeability variation in crystalline rocks[J]. Rock mechanics and rock engineering, 47(5): 1775-1791.

CHEN Y F, ZHENG H K, WANG M, et al., 2015. Excavation-induced relaxation effects and hydraulic conductivity variations in the surrounding rocks of a large-scale underground powerhouse cavern system[J]. Tunnelling and underground space technology, 49: 253-267.

CHEN Y F, HONG J M, TANG S L, et al., 2016a. Characterization of transient groundwater flow through a high arch dam foundation during reservoir impounding[J]. Journal of rock mechanics and geotechnical engineering, 8(4): 462-471.

CHEN Y F, HONG J M, ZHENG H K, et al., 2016b. Evaluation of groundwater leakage into a drainage tunnel in Jinping-I arch dam foundation in Southwestern China: A case study[J]. Rock mechanics and rock engineering, 49(3): 961-979.

CHEN Y F, LING X M, LIU M M, et al., 2018. Statistical distribution of hydraulic conductivity of rocks in deep-incised valleys, Southwest China[J]. Journal of hydrology, 566: 216-226.

CHEN Y F, ZENG J, SHI H T, et al., 2021. Variation in hydraulic conductivity of fractured rocks at a dam foundation during operation[J]. Journal of rock mechanics and geotechnical engineering, 13(2): 351-367.

CHENG C, SONG J X, CHEN X H, et al., 2011. Statistical distribution of streambed vertical hydraulic conductivity along the Platte River, Nebraska[J]. Water resources management, 25(1): 265-285.

COOK A M, MYER L R, COOK N G W, et al., 1990. The effects of tortuosity on flow through a natural fracture[C] //Rock Mechanics Contributions and Challenges. Amsterdam: A. A. Balkema.

DATRY T, LAMOUROUX N, THIVIN G, et al., 2015. Estimation of sediment hydraulic conductivity in river reaches and its potential use to evaluate streambed clogging[J]. River research and applications, 31(7): 880-891.

DONG J J, HSU J Y, WU W J, et al., 2010. Stress-dependence of the permeability and porosity of sandstone and shale from TCDP Hole-A[J]. International journal of rock mechanics and mining sciences, 47(7): 1141-1157.

DORMIEUX L, KONDO D, 2007. Micromechanics of damage propagation in fluid-saturated cracked media[J]. European journal of environmental and civil engineering, 11(7/8): 945-962.

DURLOFSKY L J, 1991. Numerical calculation of equivalent grid block permeability tensors for heterogeneous porous media[J]. Water resources research, 27(5): 699-708.

EBERHARDT E, STEAD D, STIMPSON B, et al., 1998. Identifying crack initiation and propagation thresholds in brittle rock[J]. Canadian geotechnical journal, 35(2): 222-233.

ESAKI T, DU S, MITANI Y, et al., 1999. Development of a shear-flow test apparatus and determination of coupled properties for a single rock joint[J]. International journal of rock mechanics and mining sciences & geomechanics abstracts, 36(5): 641-650.

ESHELBY J D, 1961. Elastic inclusions and heterogeneities[C]//Progress in Solid Mechanics. Amsterdam: North-Holland.

FINSTERLE S, PERSOFF P, 1997. Determining permeability of tight rock samples using inverse modeling[J]. Water resources research, 33(8): 1803-1811.

FRANCISS F, 1970. Contribution à l'étude du mouvement de l'eau à travers les milieux fissures[D]. Grenoble: Université de Grenoble.

HOEK E, BROWN E T, 1980. Underground excavations in rock[M]. London: Institution of Mining and Metallurgy.

HONG J M, CHEN Y F, LIU M M, et al., 2017. Inverse modelling of groundwater flow around a large-scale underground cavern system considering the excavation-induced hydraulic conductivity variation[J]. Computers and geotechnics, 81: 346-359.

HVORSLEV M J, 1951. Time lag and soil permeability in groundwater observations[R]// Vicksburg: Waterways Experiment Station, U.S. Army Corps of Engineers.

ISAAKS E H, SRIVASTAVA R M, 1989. An introduction to applied geostatistics[M]. London: Oxford University Press.

JIANG T, SHAO J F, XU W Y, et al., 2010a. Experimental investigation and micromechanical analysis of damage and permeability variation in brittle rocks[J]. International journal of rock mechanics and mining sciences, 47(5): 703-713.

JIANG X W, WANG X S, WAN L, 2010b. Semi-empirical equations for the systematic decrease in permeability with depth in porous and fractured media[J]. Hydrogeology journal, 18(4): 839-850.

JONES S C, 1972. A rapid accurate unsteady-state Klinkenberg permeameter[J]. Society of petroleum engineers journal, 12(5): 383-397.

KELSALL P C, CASE J B, CHABANNES C R, 1984. Evaluation of excavation-induced changes in rock permeability[J]. International journal of rock mechanics and mining sciences & geomechanics abstracts, 21(3): 123-135.

KLINKENBERG L J, 1941. The permeability of porous media to liquids and gases[C]//Drilling and Production Practice. New York: American Petroleum Institute.

LEE H S, PARK Y J, CHO T F, et al., 2001. Influence of asperity degradation on the mechanical behavior of rough rock joints under cyclic shear loading[J]. International journal of rock mechanics and mining sciences, 38: 967-980.

LI P, LU W X, LONG Y Q, et al., 2008. Seepage analysis in a fractured rock mass: The upper reservoir of Pushihe pumped-storage power station in China[J]. Engineering geology, 97(1/2): 53-62.

LI M, BERNABÉ Y, XIAO W I, et al., 2009. Effective pressure law for permeability of E-bei sandstones[J]. Journal of geophysical research: Solid earth, 114: B07205.

LI Y, CHEN Y F, JIANG Q H, et al., 2014. Performance assessment and optimization of seepage control system: A numerical case study for Kala underground powerhouse[J]. Computers and geotechnics, 55: 306-315.

LI X, CHEN Y F, WEI K, et al., 2020. A threshold stresses-based permeability variation model for microcracked porous rocks[J]. European journal of environmental and civil engineering, 24(6): 787-813.

LIANG Y, PRICE J D, WARK D A, et al., 2001. Nonlinear pressure diffusion in a porous medium: Approximate solutions with applications to permeability measurements using transient pulse decay method[J]. Journal of geophysical research: Solid earth, 106(B1): 529-535.

LIU J, ELSWORTH D, BRADY B H, 1999. Linking stress-dependent effective porosity and hydraulic conductivity fields to RMR[J]. International journal of rock mechanics and mining sciences, 36(5): 581-596.

LIU W, CHEN Y F, HU R, et al., 2016. A two-step homogenization-based permeability model for deformable fractured rocks with consideration of coupled damage and friction effects[J]. International journal of rock mechanics and mining sciences, 89: 212-226.

LIU M M, CHEN Y F, WEI K, et al., 2017. Interpretation of gas transient pulse tests on low-porosity rocks[J]. Geophysical journal international, 210(3): 1845-1857.

LOMIZE G M, 1951. Flow in fractured rocks[M]. Moscow: Gosenergoizdat.

LOUIS C, 1974. Rock hydraulics in rock mechanics[M]. New York: Springer-New Verlag.

MARTIN C D, 2005. Preliminary assessment of potential underground stability (wedge and spalling) at Forsmark, Simpevarp and Laxemar sites[R]. Stockholm: Swedish Nuclear Fuel and Waste Management Company.

MARTIN C D, CHANDLER N A, 1994. The progressive fracture of Lac du Bonnet granite[J]. International journal of rock mechanics and mining sciences & geomechanics abstracts, 31(6): 643-659.

MARTIN C D, KAISER P K, MCCREATH D R, 1999. Hoek-Brown parameters for predicting the depth of brittle failure around tunnels[J]. Canadian geotechnical journal, 36(1): 136-151.

MARTINO J B, CHANDLER N A, 2004. Excavation-induced damage studies at the underground research laboratory[J]. International journal of rock mechanics and mining sciences, 41(8): 1413-1426.

MASSET O, LOEW S, 2010. Hydraulic conductivity distribution in crystalline rocks, derived from inflows to tunnels and galleries in the Central Alps, Switzerland[J]. Hydrogeology journal, 18(4): 863-891.

MATHERON G, 1963. Principles of geostatistics[J]. Economic geology, 58(8): 1246-1266.

MATSUKI K, LEE J J, SAKAGUCHI K, 1999. Size effect in flow conductance of a closed small-scale hydraulic fracture in granite[J]. Geothermal science and technology, 6(1/2/3/4): 113-138.

MORI T, TANAKA K, 1973. Average stress in matrix and average elastic energy of materials with misfitting inclusions[J]. Acta metallurgica, 21(5): 571-574.

ODA M, 1986. An equivalent continuum model for coupled stress and fluid flow analysis in jointed rock masses[J]. Water resources research, 22(13): 1845-1856.

ODA M, TAKEMURA T, AOKI T, 2002. Damage growth and permeability change in triaxial compression tests of Inada granite[J]. Mechanics of materials, 34(6): 313-331.

PATIR N, CHENG H S, 1978. An average flow model for determining effects of three-dimensional roughness on partial hydrodynamic lubrication[J]. Journal of tribology, 100(1): 12-17.

PISCOPO V, BAIOCCHI A, LOTTI F, et al., 2018. Estimation of rock mass permeability using variation in hydraulic conductivity with depth: Experiences in hard rocks of western Turkey[J]. Bulletin of engineering geology and the environment, 77(4): 1663-1671.

PLESHA M E, 1987. Constitutive models for rock discontinuities with dilatancy and surface degradation[J]. International journal for numerical and analytical methods in geomechanics, 11(4): 345-362.

PONTE-CASTAÑEDA P, WILLIS J R, 1995. The effect of spatial distribution on the effective behavior of composite materials and cracked media[J]. Journal of the mechanics and physics of solids, 43(12): 1919-1951.

POUYA A, VU M N, 2012. Fluid flow and effective permeability of an infinite matrix containing disc-shaped cracks [J]. Advances in water resources, 42: 37-46.

PUSCH R, 1989. Alteration of the hydraulic conductivity of rock by tunnel excavation[J]. International journal of rock mechanics and mining sciences & geomechanics abstracts, 26(1): 79-83.

RASOULI V, HOSSEINIAN A, 2011. Correlations developed for estimation of hydraulic parameters of rough fractures through the simulation of JRC flow channels[J]. Rock mechanics and rock engineering, 44(4): 447-461.

RENSHAW C E, 1995. On the relationship between mechanical and hydraulic apertures in rough - walled fractures[J]. Journal of geophysical research: Solid earth, 100(B12): 24629-24636.

SHAFIRO B, KACHANOV M, 2000. Anisotropic effective conductivity of materials with non-randomly oriented inclusions of diverse ellipsoidal shapes[J]. Journal of applied physics, 87(12): 8561-8569.

SHAO J F, ZHOU H, CHAU K T, 2005. Coupling between anisotropic damage and permeability variation in brittle rocks[J]. International journal for numerical and analytical methods in geomechanics, 29(12): 1231-1247.

SHI J, LIN P, ZHOU Y D, et al., 2018. Reinforcement analysis of toe blocks and anchor cables at the Xiluodu super-high arch dam[J]. Rock mechanics and rock engineering, 51(8): 2533-2554.

SIVANESAPILLAI R, STEEB H, HARTMAIER A, 2014. Transition of effective hydraulic properties from low to high Reynolds number flow in porous media[J]. Geophysical research letters, 41(14): 4920-4928.

SNOW D T, 1969. Anisotropic permeability of fractured media[J]. Water resources research, 5(6): 1273-1289.

SOULEY M, HOMAND F, PERA S, et al., 2001. Damage-induced permeability changes in granite: A case example at the URL in Canada[J]. International journal of rock mechanics and mining sciences, 38(2): 297-310.

TANIKAWA W, SHIMAMOTO T, 2006. Klinkenberg effect for gas permeability and its comparison to water permeability for porous sedimentary rocks[J]. Hydrology and earth system sciences discussions, 3(4): 1315-1338.

TRIMMER D A, 1981. Design criteria for laboratory measurements of low permeability rocks[J]. Geophysical research letters, 8(9): 973-975.

TURCKE M A, KUEPER B H, 1996. Geostatistical analysis of the Borden aquifer hydraulic conductivity field[J]. Journal of hydrology, 178(1/2/3/4): 223-240.

ULRICH C, HUBBARD S S, FLORSHEIM J, et al., 2015. Riverbed clogging associated with a California riverbank filtration system: An assessment of mechanisms and monitoring approaches[J]. Journal of hydrology, 529: 1740-1753.

WALSH J, 1981. Effect of pore pressure and confining pressure on fracture permeability[J]. International journal of rock mechanics and mining sciences & geomechanics abstracts, 18(5): 429-435.

WEI Z Q, EGGER P, DESCOEUDRES F, 1995. Permeability predictions for jointed rock masses[J]. International journal of rock mechanics and mining sciences & geomechanics abstracts, 32(3): 251-261.

WIELAND M, KIRCHEN G F, 2012. Long-term dam safety monitoring of Punt Dal Gall arch dam in Switzerland[J]. Frontiers of structural and civil engineering, 6(1): 76-83.

WITHERSPOON P A, WANG J S Y, IWAI K, et al., 1980. Validity of cubic law for fluid flow in a deformable rock fracture[J]. Water resources research, 16(6): 1016-1024.

ZHENG Q S, DU D X, 2001. An explicit and universally applicable estimate for the effective properties of multiphase composites which accounts for inclusion distribution[J]. Journal of the mechanics and physics of solids, 49(11): 2765-2788.

ZHENG J, ZHENG L, LIU H H, et al., 2015. Relationships between permeability, porosity and effective stress for low-permeability sedimentary rock[J]. International journal of rock mechanics and mining sciences, 78: 304-318.

ZHOU C, LI K, PANG X, 2011. Effect of crack density and connectivity on the permeability of microcracked solids [J]. Mechanics of materials, 43(12): 969-978.

ZHU Q Z, KONDO D, SHAO J F, 2008. Micromechanical analysis of coupling between anisotropic damage and friction in quasi brittle materials: Role of the homogenization scheme[J]. International journal of solids and structures, 45(5): 1385-1405.

ZIMMERMAN R W, BODVARSSON G S, 1996. Hydraulic conductivity of rock fractures[J]. Transport in porous media, 23(1): 1-30.

第3章

岩体的非达西渗流特性

当岩体渗流的流速超过一定的阈值时，渗流速度与水力梯度之间将偏离线性关系，渗流的流态将从达西流转变为非达西流。事实上，具体到岩体中的某条裂隙或渗流通道的某个局部，渗流流态转变的阈值往往很低，因而非达西流是岩体渗流中的一个普遍现象。若以 Forchheimer 定律（Forchheimer，1901）的提出为标志，岩土介质非达西渗流的研究已逾百年，但非达西渗流理论却很少应用于解决实际工程问题。究其原因，是 Forchheimer 定律包含黏性渗透系数（即达西渗透系数）和惯性渗透系数两个基本参数，而人们对惯性渗透系数的认识远不及达西渗透系数深入，惯性渗透系数如何确定尚未形成系统的方法。在实际工程问题中，即使岩体承受很高的压力梯度，人们还是习惯沿用达西定律进行分析，但这样一来，不同压力梯度下确定的岩体渗透系数是不相同的，这种与压力梯度或渗流速度相关的渗透系数称为表观渗透系数。压力梯度越大，岩体的表观渗透系数越小，从而使岩体的渗透性被显著低估，不良地质体的渗透稳定性被误判的可能性及工程防渗设计的安全风险也随之增大，并可能诱发渗漏、涌水等工程灾害。因此，解决岩体非达西渗流参数的取值问题，是推动非达西渗流理论走向工程应用的关键。本章介绍粗糙裂隙的非达西渗流机制，进而从高压压水试验、抽水试验和统计分析三个方面，系统阐述岩体非达西渗流参数的取值方法。

3.1 裂隙的非达西渗流特性

3.1.1 概述

裂隙是岩体渗流的主要通道，岩体非线性渗流的形成和发展与裂隙的几何形貌及开度空间分布息息相关，弄清裂隙非线性渗流的发生条件及主要影响因素，对于理解岩体的非线性渗流特性具有重要意义。裂隙非线性渗流的发生是以流速和水力梯度显著偏离线性关系或单宽流量显著偏离立方定律为标志的，这种偏离既可能是由于在流速增大过程中水流惯性效应的增强和涡旋区的发展而形成的，又可能是由于裂隙的变形和应力状态的变化而产生的。前者为裂隙渗流的非达西效应，后者为裂隙渗流与变形的耦合效应，已在 2.3 节中详述。

对于裂隙的非达西渗流，重点需要解决两个问题：一是流态转变的判据；二是渗流参数的确定。尽管雷诺数为裂隙渗流流态的判别奠定了基础，但由 1.2.3 小节的论述可知，裂隙的临界雷诺数与裂隙的几何特征密切相关，且变化范围极大。此外，当裂隙的应力状态和张开度发生变化时，裂隙的临界雷诺数也必然发生变化。Forchheimer 定律因其理论基础相对严格、物理意义较为明确，为裂隙非达西渗流的表征提供了基本模型，但该定律中的两个参数显然也与裂隙的几何特征和变形状态密切相关。本节阐述粗糙裂隙非达西渗流的机制和影响因素，并探讨粗糙裂隙临界雷诺数和 Forchheimer 方程系数的参数化表征。

3.1.2 裂隙的几何形貌及其对渗流的影响

1. 裂隙的表面形貌及开度分布

裂隙的几何形貌对其变形特性和渗流特性均具有决定性的影响，裂隙的形貌特征包括两相邻壁面的粗糙起伏及由两者构成的开度空间分布两个方面。一般认为，裂隙表面的粗糙起伏由宏观尺度的起伏和细观尺度的局部凹凸组成，两者被分别概化为一阶粗糙度和二阶粗糙度。目前应用最广泛的裂隙表面三维形貌测量技术是非接触式的光学测量，该技术又分点扫描、线扫描和面测量等方式，具有不损伤裂隙表面、测量速度快、分辨率及测量精度高等优点。基于裂隙表面形貌测量获取的数据点集，可以对裂隙面进行三维形貌重构，如图 3.1.1 所示。裂隙表面形貌的表征有起伏度统计分析方法（Zhang and Nemcik，2013a）、随机场分析方法（Zou et al.，2015）和分形表征方法（Develi and Babadagli，1998）等。其中，起伏度统计分析方法最为简单、有效，其统计参数包括峰值起伏度（R_{p}）、起伏度均方根（R_{rms}）和起伏度均值（R_{m}），计算公式如下：

$$R_{\mathrm{p}} = z_{\max} - z_{\min} \tag{3.1.1a}$$

$$R_{\mathrm{rms}} = \left[\frac{1}{n}\sum_{i=1}^{n}(z_i - z_{\mathrm{m}})^2\right]^{1/2} \tag{3.1.1b}$$

$$R_{\mathrm{m}}=\frac{1}{n}\sum_{i=1}^{n}\left|z_i-z_{\mathrm{m}}\right| \tag{3.1.1c}$$

式中：n 为扫描点数；z_i 为第 i 个扫描点的高度；z_{m} 为所有扫描点高度的平均值；$z_{\max}$ 和 $z_{\min}$ 分别为裂隙面最大起伏度和最小起伏度对应的高度。

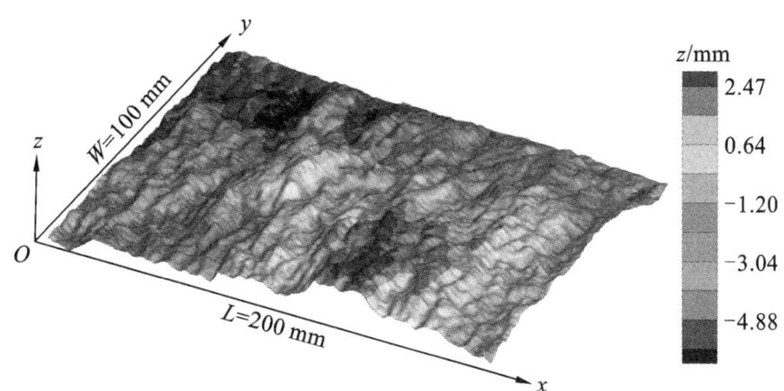

图 3.1.1　通过巴西劈裂形成的花岗岩裂隙试样的表面形貌

裂隙表面的粗糙度常用粗糙度系数 JRC 来表征，其取值范围一般为 0～20（Barton and Choubey，1977）。JRC 的确定往往带有较大的主观性，Tse 和 Cruden（1979）建议采用如下经验公式估算裂隙的粗糙度系数：

$$\mathrm{JRC}=32.2+32.47\lg Z_2 \tag{3.1.2a}$$

$$Z_2=\left[\frac{1}{(n-1)(\Delta x)^2}\sum_{i=1}^{n-1}(z_{i+1}-z_i)^2\right]^{1/2} \tag{3.1.2b}$$

式中：Z_2 为裂隙面轮廓线一阶导数的均方根；n 为扫描点数；Δx 为相邻两点间的投影距离。

尽管裂隙两个壁面的表面形貌均可以得到精确的测量（微米量级），但当两个壁面组合构成裂隙之后，由于两个相邻壁面的基准面位置难以准确确定，再加上凸起体在接触过程中可能产生变形和破坏，裂隙开度空间分布的确定和重构还存在一定的困难。裂隙开度空间分布的测量有注射法、浇筑法和光透射法等间接测量方法（Yasuhara et al.，2006；Detwiler et al.，1999；Hakami and Larsson，1996），以及 CT 扫描和核磁共振扫描等直接测量方法（Ketcham et al.，2010；Becker et al.，2003）。前者往往测量精度较低，且可能对裂隙试样造成不可恢复的损伤或扰动；而后者的测量精度高，且对试样不产生扰动和损伤，但难以对尺寸较大的裂隙试样进行测量。

利用环氧树脂等材料，制备真实粗糙裂隙的高仿透明裂隙试样，可以采用光透射法将裂隙开度空间分布的测量和渗流试验观测有机结合起来（Hu et al.，2019，2018；Chen et al.，2018，2017）。尽管裂隙试样在复制过程中可能损失部分形貌细节，但基于光透射法的开度测量精度可达 10 μm 量级，且很好地解决了试验的可重复性问题。光透射法的基本原理是利用染色流体饱和透明裂隙，在单色光源透射下通过电荷耦合器件（charge coupled device，CCD）相机采集裂隙的图像，再通过 Beer-Lambert 定律将透射光强度与染色流体厚度和浓度联系起来，进而解析出裂隙开度的空间分布，如图 3.1.2 所示。

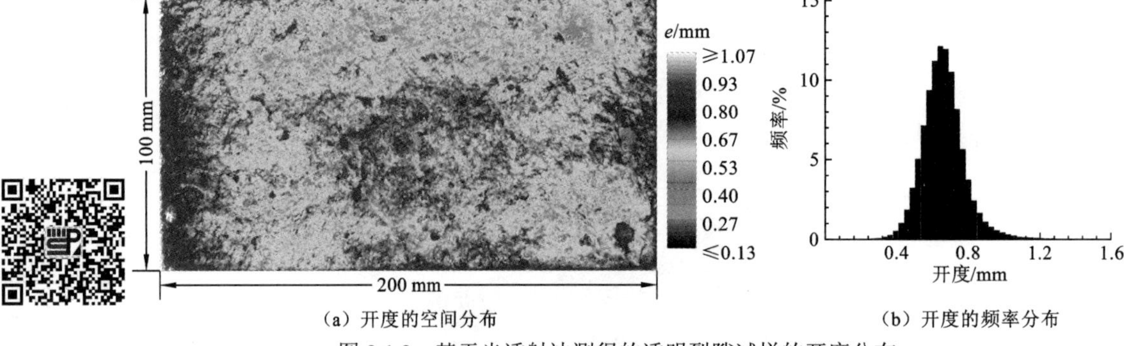

（a）开度的空间分布　　（b）开度的频率分布

图 3.1.2　基于光透射法测得的透明裂隙试样的开度分布

此外，在裂隙水流的直接模拟及渗流机理研究中，还常常利用裂隙表面形貌的分形特性，采用分数布朗运动模型和逐次随机累加算法（Liu et al.，2004），构造裂隙表面的三维形貌 $z(x, y)$，再通过位错法获得裂隙开度的空间分布 $e(x, y)$。具体而言，假定裂隙表面的起伏高度 $z(x, y)$为一个单值连续随机函数，对于任意的水平间距Δx 和Δy，起伏高度的变化量$[z(x+\Delta x, y+\Delta y)-z(x, y)]$服从期望为 0、方差为 σ_e^2 的正态分布（Molz et al.，1997）。于是，裂隙形貌的自相似性可以表示为

$$\langle z(x+l_{\mathrm{os}}\Delta x, y+l_{\mathrm{os}}\Delta y)-z(x,y)\rangle=0 \tag{3.1.3a}$$

$$\sigma_e^2(l_{\mathrm{os}})=\langle[z(x+l_{\mathrm{os}}\Delta x, y+l_{\mathrm{os}}\Delta y)-z(x,y)]^2\rangle=l_{\mathrm{os}}^{2H_{\mathrm{ur}}}\sigma_e^2(1) \tag{3.1.3b}$$

式中：$\langle\cdot\rangle$为数学期望；l_{os}为常数；σ_e^2 为方差；H_{ur} 为尺度参数或 Hurst 参数，其值为 0～1，且与裂隙表面的分形维数 D_f满足关系式 $D_f=3-H_{\mathrm{ur}}$。对于天然或人工劈裂生成的裂隙，H_{ur} 的取值多为 0.45～0.85，当 H_{ur} 较小时，裂隙面粗糙，起伏较大，相邻点间的高度变化剧烈，相关性较弱；反之，当 H_{ur} 较大时，裂隙面较为平滑，相邻点间的高度变化较为平缓，相关性较强。

以裂隙面的起伏高度 $z(x, y)$为基础，通过对裂隙上、下表面的平移和错动，即可构造出裂隙的开度分布 $e(x, y)$（Wang et al.，1988）：

$$e(x,y)=\begin{cases} z(x+\Delta x, y+\Delta y)-z(x,y)+e_{\mathrm{m}}, & z(x+\Delta x, y+\Delta y)-z(x,y)+e_{\mathrm{m}}>0 \\ 0, & z(x+\Delta x, y+\Delta y)-z(x,y)+e_{\mathrm{m}}\leqslant 0 \end{cases} \tag{3.1.4a}$$

式中：e_{m} 为裂隙上、下表面的相对平移间距，即裂隙的平均开度；Δx 和Δy 为裂隙的位错量。

一般认为，裂隙的开度服从正态分布或对数正态分布（Montemagno and Pyrak-Nolte，1999）。不难验证，由式（3.1.4a）构造的裂隙开度 e 服从均值为 e_{m}、标准差为σ_e 的截断正态分布：

$$f(e)=\frac{1}{\sqrt{2\pi}\sigma_e}\exp\left[-\frac{(e-e_{\mathrm{m}})^2}{2\sigma_e^2}\right] \quad (e\geqslant 0) \tag{3.1.4b}$$

2. 裂隙形貌对渗流特性的影响

裂隙形貌对渗流的影响主要体现在如下两个方面：一是裂隙表面的粗糙起伏，凸

起接触、啮合及凸起的磨损、破碎，使渗流路径弯曲、延长，曲折度增大，裂隙的等效水力开度减小；二是渗流通道的尺寸高度非均匀，局部突然束窄或扩大的现象极为普遍，在流速增大过程中促进涡旋区的形成和发展，导致裂隙有效过流面积的减小和非达西渗流的发生。下面通过对粗糙裂隙中流体流动的直接模拟，阐述裂隙非达西渗流的细观机制。

1）裂隙水流的直接数值模拟

地下水在水平裂隙中的稳态流动受如下不可压缩流体的Navier-Stokes方程和连续性方程控制：

$$\rho(\boldsymbol{u}\cdot\nabla)\boldsymbol{u}=\mu\nabla^2\boldsymbol{u}-\nabla p \tag{3.1.5a}$$

$$\nabla\cdot\boldsymbol{u}=0 \tag{3.1.5b}$$

式中：ρ为水的密度（kg/m^3）；$\boldsymbol{u}$ 为速度矢量（m/s）；μ为水的动力黏滞系数（Pa·s）；p 为水压力（Pa）。式（3.1.5a）中，等号左端项$\rho(\boldsymbol{u}\cdot\nabla)\boldsymbol{u}$ 和等号右端第一项$\mu\nabla^2\boldsymbol{u}$ 分别表示地下水流动过程中的惯性力与黏滞力。在常温、常压条件下，可取ρ=1 000 kg/m^3，μ=0.001 Pa·s。

在数值模拟中，裂隙试样考虑二维和三维两种情况。采集天然的凝灰岩裂隙试样，经 Micro-CT 扫描和三维开度重构后（Ketcham et al.，2010），截取 3 个代表性剖面作为二维裂隙试样。这 3 个二维试样长 L=150 mm，平均开度 e_m=0.563～0.948 mm，开度均方差σ_e=0.323～1.031 mm，反映了裂隙开度在长度方向上不同的分布特征，如图 3.1.3（a）所示。数值计算采用有限单元法，裂隙开度空间采用 Lagrangian 三角形单元进行离散，网格尺寸为 2～6 μm，其中进、出口边界和裂隙壁面采用局部加密网格，以避免数值计算对网格的依赖性。在裂隙进、出口边界施加恒定压力 P_{in}和 P_{out}(=0)，裂隙壁面设为无滑移边界。于是，通过改变裂隙的进口压力 P_{in}，即可改变作用在裂隙上的压力梯度$-\mathrm{d}P/\mathrm{d}L=(P_{in}-P_{out})/L$。对每个二维裂隙试样均进行 5 次不同压力梯度下的水流数值模拟，水力梯度变化范围为 0.2～10，相应的压力梯度变化范围为 1 960～98 100 Pa/m（Zhou et al.，2019a）。

三维裂隙试样长为 50 mm，宽为 25 mm，开度空间采用逐次随机累加算法和位错法生成，共计生成 4 个不同粗糙度的裂隙试样，Hurst 参数 H_{ur}=0.4～0.8。为了研究裂隙一阶粗糙度和二阶粗糙度对渗流的影响，采用小波分析方法对这 4 个裂隙试样进行二阶粗糙度滤除（Zou et al.，2015），形成了仅包含一阶粗糙度的裂隙试样对照组，如图 3.1.3（b）所示。这两组 8 个裂隙试样的平均开度和开度均方差相同，即 e_m=0.5 mm，σ_e=0.15 mm。数值计算采用三维格子 Boltzmann 方法，格子的尺寸取 25 μm。裂隙边壁及两个侧面设为无滑移边界，进、出口边界施加恒定压力。对每个三维裂隙试样均进行 14 次不同压力梯度下的水流模拟，压力梯度范围为 1～5 000 Pa/m，相应的水力梯度范围为 0.000 1～0.51（Wang et al.，2016）。

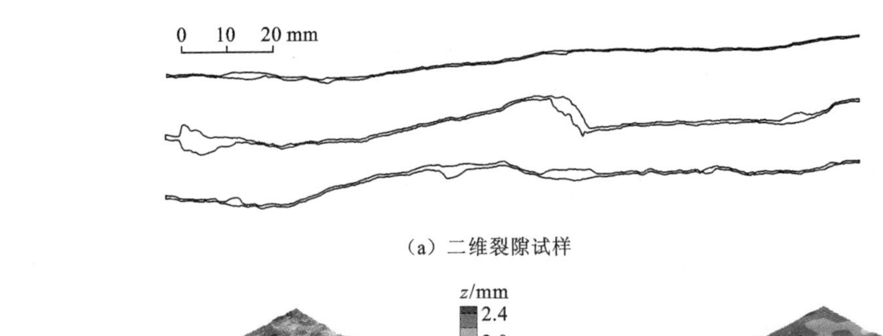

（a）二维裂隙试样

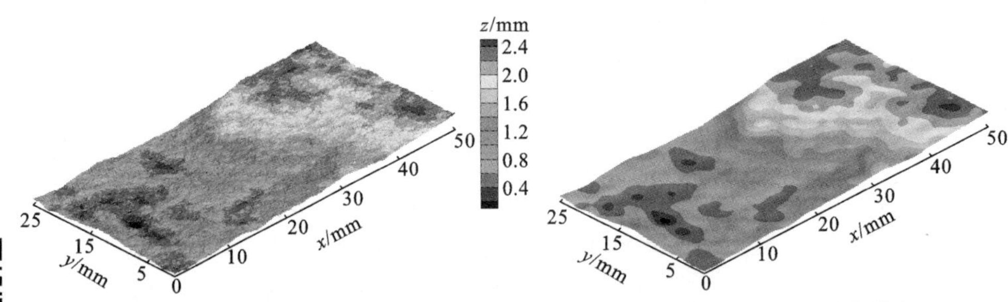

（b）典型三维裂隙的表面形貌（左图含一阶粗糙度和二阶粗糙度，右图仅含一阶粗糙度）

图 3.1.3　用于裂隙水流模拟的二维和三维裂隙试样

2）裂隙水流涡旋区的检测方法

随着水力梯度或流速的增大，裂隙水流将在开度突变部位形成局部的涡旋区。局部涡旋区的形成和发展是宏观尺度上裂隙渗流呈现非达西效应的根源，因而涡旋区的定量表征对于理解裂隙渗流的非达西效应及物质传输的非费克效应均具有重要意义（Zhou et al.，2019a）。在稳态流条件下，涡旋区是一个从主流道中分离出来的流体微团，涡旋区与主流道之间没有流量交换，因而对介质的过流能力没有贡献。

图 3.1.4（a）给出了一个典型的裂隙水流局部涡旋区剖面，其边界为 $ABCD$。由于涡旋区边界处无流量交换，故有

$$q_n = \boldsymbol{n}\cdot\boldsymbol{u} = 0 \tag{3.1.6}$$

式中：q_n 为涡旋区与主流道交界面 AC 上的法向流量；$\boldsymbol{n}$ 为交界面的单位法向量；$\boldsymbol{u}$ 为水流在交界面上的速度矢量。

对于不可压缩流体，由质量守恒方程可得

$$\oint_S(\boldsymbol{n}\cdot\boldsymbol{u})\mathrm{d}S = \oint_S u_x\mathrm{d}y + u_y\mathrm{d}x = 0 \tag{3.1.7}$$

式中：S 为流体域内任意的封闭曲线；u_x 和 u_y 为速度矢量 $\boldsymbol{u}$ 在剖面内的速度分量。

显然，式（3.1.7）中的积分与路径无关，于是有

$$\int_{BD}(\boldsymbol{n}\cdot\boldsymbol{u})\mathrm{d}S = \int_{BA+AD}(\boldsymbol{n}\cdot\boldsymbol{u})\mathrm{d}S \tag{3.1.8a}$$

注意到 $BA\subset AC$，则由式（3.1.6）和裂隙壁面 AD 上的无滑移条件，可得

$$\int_{BD}(\boldsymbol{n}\cdot\boldsymbol{u})\mathrm{d}S = 0 \tag{3.1.8b}$$

若直线段 BD 垂直于裂隙面，则有 $\mathrm{d}x=0$。由式（3.1.7）和式（3.1.8b）可得

$$\int_{BD}u_x\mathrm{d}y = 0 \tag{3.1.8c}$$

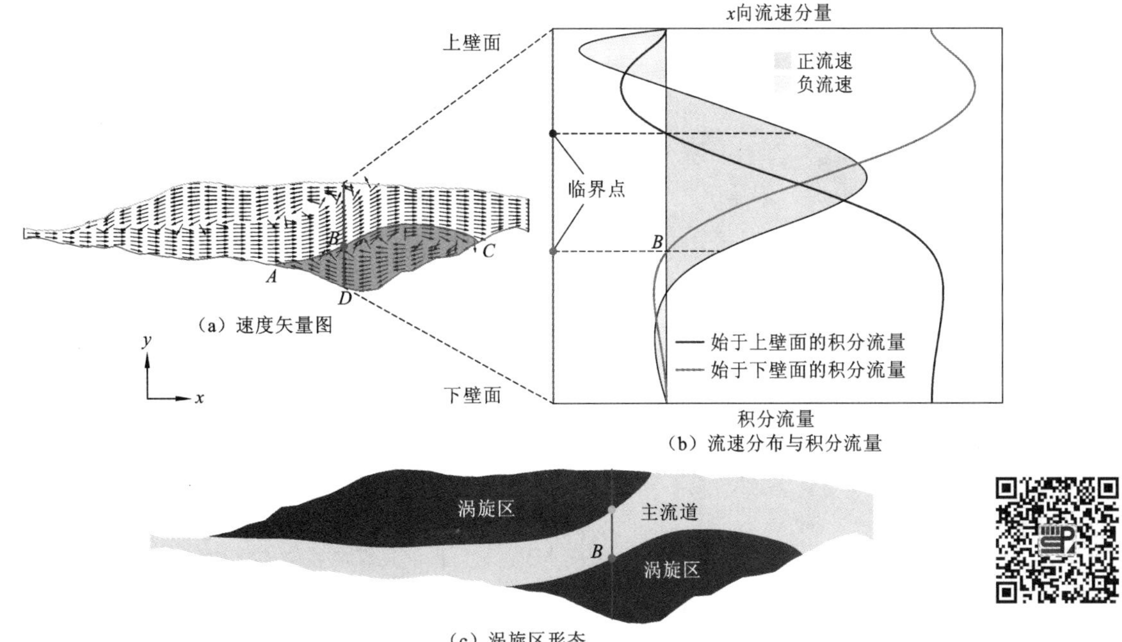

（c）涡旋区形态

图 3.1.4　裂隙水流涡旋区的检测技术

式（3.1.8c）为裂隙水流涡旋区检测的理论基础，具体检测方法如下（Zhou et al.，2019a）：如图 3.1.4（b）所示，对于二维裂隙或三维裂隙流场中任意垂直于裂隙面的二维剖面，按一定间隔选取垂直于裂隙面或流动方向的剖面线，然后分别以裂隙的两个壁面为起点，以相对的裂隙壁面为终点，沿该剖面线对流速分量 u_x 按式（3.1.8c）进行积分运算，积分为零的点即水流涡旋区与主流道的分界点，进而由各剖面线的分界点可以确定各个涡旋区与主流道的交界面，如图 3.1.4（c）所示。显然，这种涡旋区检测方法不是简单地通过判断速度矢量的方向来确定涡旋区边界的。需要说明的是，在紊流情况下，涡旋区可能从裂隙壁面形成、发展、脱落或消散，其尺寸和位置均随时间发生变化（Zou et al.，2015）。此时，上述涡旋区检测方法难以准确适用。

3）裂隙非达西渗流的细观机制

对上述二维裂隙及三维裂隙试样的水流模拟均表明，随着水力梯度的增大，在宏观尺度上各裂隙的水力梯度 J 与流速 v 的关系曲线均显著偏离达西定律，且裂隙越粗糙，J-v 曲线的非线性越强，但均与 Forchheimer 定律[式（1.2.23）]高度吻合（Zhou et al.，2019a；Wang et al.，2016）。

对于二维裂隙，由上述方法检测得到的水流涡旋区主要形成于开度突变区，且其几何形态复杂多样，与裂隙壁面的起伏密切相关。图 3.1.5 给出了裂隙试样典型涡旋区随水力梯度 J 的演化过程，可见涡旋区的形成和发展过程十分复杂。涡旋区一开始是在特定的流道结构下形成的，并在一定的水力梯度范围内保持稳定，这种涡旋区通常称为黏性 Moffatt 涡旋区。但随着水力梯度的增大，涡旋区的体积不断增大，位置可能出现滑移，形态可能发生突变。因此，水流涡旋区的形成和演化受介质几何结构与水动力条件的共同控制，其演化形式在很大程度上取决于水流流动方向与开度突变方向的夹角。涡旋区的形成和发展显著束窄了裂隙主流动通道的过流面积，并产生额外的能量耗散，造成裂隙过流能力和表观渗透系数的降低，从而表现出单位水力梯度增量下流量增量逐渐减小的宏观非达西现象。对于上述 3 个二维裂隙试样，当雷诺数 $Re=\rho q_w/\mu$（q_w 为单宽流量）从 15 增大至 150 时，涡旋区的体积占裂隙开度空间体积的比例从 6%增大至 25%，而表观渗透系数 K_{app} 则从本征渗透系数 K_v 的 95%下降至 60%。

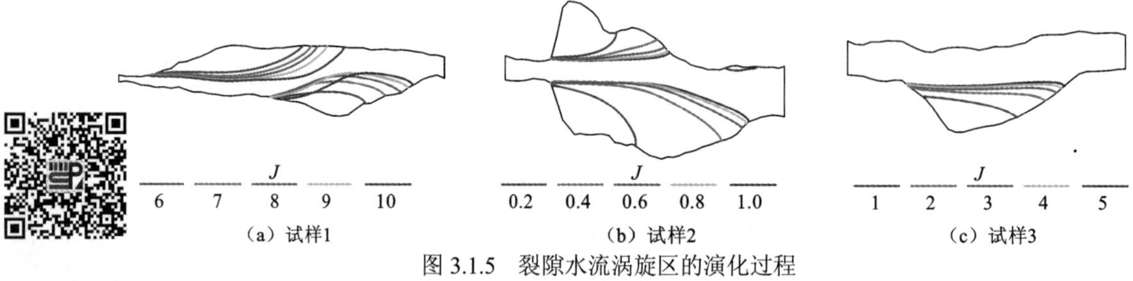

（a）试样1　（b）试样2　（c）试样3

图 3.1.5　裂隙水流涡旋区的演化过程

另外，对于三维裂隙试样，裂隙在细观尺度上的起伏和凹凸（即二阶粗糙度）对裂隙水流的压力分布影响较小，但对渗流路径、流速分布及局部水流方向具有显著影响。随着水力梯度的增大，二阶粗糙度显著增大了流线的迂曲度（图 3.1.6），这里渗流路径的迂曲度定义为（Brown et al.，1998）$\tau=(L_t/L)^2$，L_t 为流线的实际长度，$L=50$ mm，为试样长度。同时，裂隙表面的局部凹凸和开度变化加剧了流速分布的差异，不仅可以在主流动方向（即试样长度方向）上形成涡旋区，而且可以在垂直流动方向（即试样宽度方向）出现回流现象，如图 3.1.7 所示。裂隙中水流的局部回流实际上是水平方向上的涡旋，这说明裂隙复杂的三维形貌和开度变化既可使水流形成立面上的局部涡旋区，又可使水流形成平面内的局部涡旋区，两者共同束窄了裂隙的有效过流面积，进而使裂隙渗流在宏观上呈现明显的非达西效应。

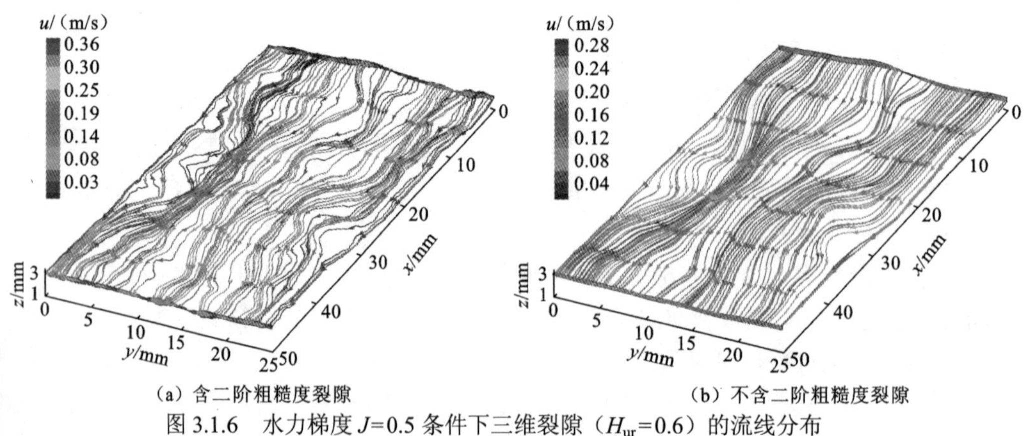

（a）含二阶粗糙度裂隙　（b）不含二阶粗糙度裂隙

图 3.1.6　水力梯度 $J=0.5$ 条件下三维裂隙（$H_{ur}=0.6$）的流线分布

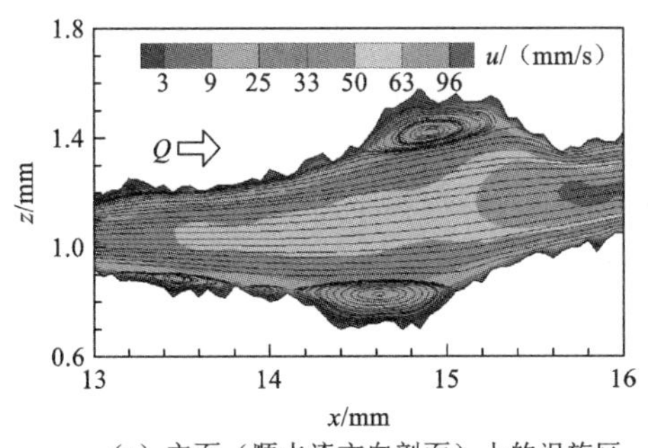

（a）立面（顺水流方向剖面）上的涡旋区

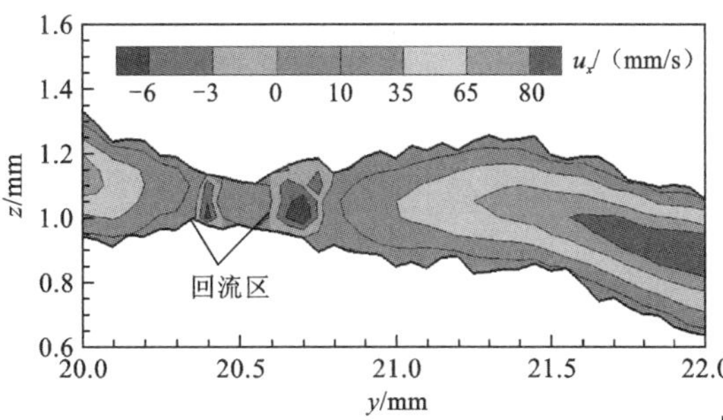

（b）平面（垂直水流剖面）内的涡旋区

图 3.1.7　水力梯度 J=0.5 条件下三维裂隙（H_{ur}=0.6）的水流涡旋区

3.1.3　裂隙渗流试验及非达西渗流规律

1. 裂隙渗流试验

采用甘肃北山花岗岩制备 50 mm×100 mm（直径×长度）的标准岩石试样及 280 mm×120 mm×120 mm（长×宽×高）的长方体岩块，进而通过以下两种方式得到 12 个不同粗糙度的裂隙试样（Chen et al.，2015a；Zhou et al.，2015a）：一是直接对标准岩石试样沿轴线方向进行巴西劈裂；二是对长方体岩块沿长度方向的中心平面进行巴西劈裂，然后通过黏结钻取和切割打磨制备标准圆柱状裂隙试样，这种制备方式可获得粗糙度更大的裂隙试样。裂隙面总体位于试样的轴线上，尺寸约为 100 mm×50 mm（长×宽）。裂隙试样的表面形貌通过高精度激光扫描获取，按粗糙度由小到大编号为 G1～G12，其特征参数的变化范围如下：峰值起伏度 R_p=2.885～8.154 mm，起伏度均方根 R_{rms}=0.763～2.640 mm，起伏度均值 R_m=0.617～2.260 mm，且这三个特征参数具有良好的线性相关关系（R^2=0.93），因而可选用峰值起伏度 R_p 来表征裂隙表面的粗糙度。裂隙面的粗糙度系数按式（3.1.2）计算，其变化范围为 6.0～12.0。

渗流试验在三轴仪上进行，试验流体选用蒸馏水。对于每个裂隙试样，首先在 1～5 MPa 和 5～30 MPa 内分别按 0.5 MPa 与 2.5 MPa 的增量逐级施加围压（即裂隙的法向应力σ_n），共施加 19 级法向应力，然后在每级法向应力下，平均开展 10 次不同水力梯度下的渗流试验，共获得 2280 组压力梯度-流量数据。图 3.1.8 给出了一个典型的花岗岩裂隙试样 G8（R_p=5.753 mm）在各级法向应力下的压力梯度-流量关系曲线，这里裂隙试样的压力梯度定义为$-\nabla P=(P_{in}-P_{out})/L$，$L$ 为试样长度，P_{in} 为进口压力，P_{out} 为出口压力。

试验表明，随着法向应力和压力梯度的逐渐增大，$-\nabla P$-Q 曲线均逐渐偏离线性关系。裂隙渗流非线性的形成机制主要有两种：一是水流惯性效应；二是水-力耦合效应，如图 3.1.9 所示。这两种非线性形成机制同时存在，前者在裂隙渗透压力较小时占主导，而后者在渗透压力较大时占主导。

（1）水流惯性效应。当流速足够小时，$-\nabla P$-Q 曲线呈现线性关系，裂隙渗流处于达西流态。随着流速的增大，裂隙水流的惯性效应逐渐增强，水流涡旋区逐步形成和发展，

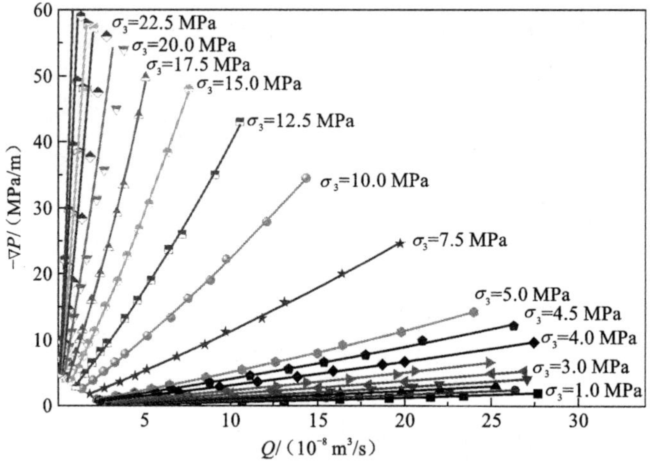

图 3.1.8　花岗岩裂隙试样 G8 在 1～30 MPa 围压下的压力梯度-流量关系曲线

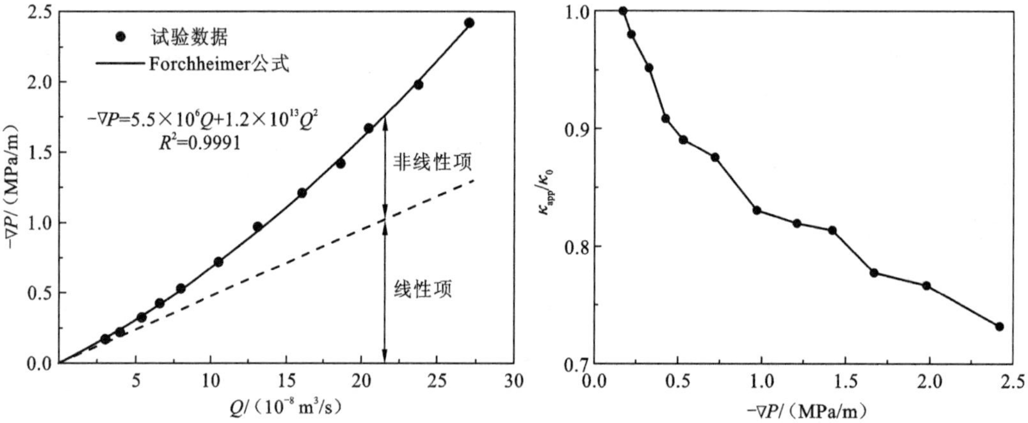

（a）水流惯性效应（G1试样,σ_n=1 MPa）

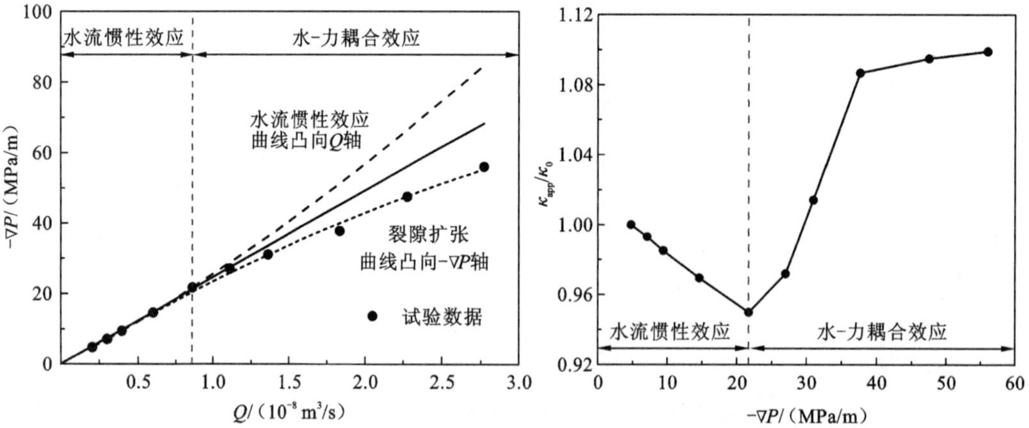

（b）水-力耦合效应（G1试样,σ_n=22.5 MPa）

图 3.1.9　裂隙渗流非线性的两种形成机制及压力梯度-流量曲线特征

κ_0 为压力梯度趋于零时的渗透率

裂隙的有效过流面积减小，在宏观上表现为单位压力梯度增量产生的流量增量逐渐减小，$-\nabla P$-Q 曲线逐渐偏离线性关系并凸向 Q 轴，裂隙的表观渗透率$\kappa_{app}=\mu Q/(-\nabla P\cdot A_h)$随压力梯度$-\nabla P$ 的增大显著降低[图 3.1.9（a）]，这里 A_h 为有效过流面积。这种非线性渗流通常称为非达西渗流，它是当流速或压力梯度超过一定阈值、惯性效应占据主导地位时出现的一种非线性流态。

（2）水-力耦合效应。随着压力梯度的增大，作用在裂隙上的平均渗透压力逐渐增大，使裂隙的有效法向应力降低，裂隙产生张开变形，从而表现出显著的水-力耦合效应。当这种水-力耦合效应占主导地位时，单位压力梯度增量产生的流量增量增大，$-\nabla P$-Q 曲线逐渐偏离线性关系并凸向$-\nabla P$ 轴[图 3.1.9（b）]。随着压力梯度的增大，$-\nabla P$-Q 曲线呈现出先凸向 Q 轴而后凸向$-\nabla P$ 轴的 S 形特征，表观渗透率κ_{app}则呈现出先减小（由于惯性效应）而后增大（由于水-力耦合效应）的特征。

2. 裂隙非达西渗流规律

由 1.2.2 小节和 2.3.2 小节可知，当裂隙的流量较小、水流的黏滞力占主导地位时，裂隙渗流服从达西定律，即压力梯度与流量呈如下线性关系：

$$-\nabla P = AQ \tag{3.1.9a}$$

$$A=\frac{12\mu}{we_h^3}=\frac{\mu}{\kappa_v A_h} \tag{3.1.9b}$$

式中：$-\nabla P$ 为压力梯度（Pa/m）；Q 为流量（m^3/s）；A 为描述水流黏滞力引起的能量损耗的系数[$kg/(m^5\cdot s)$]；μ为流体的动力黏滞系数（Pa·s）；$\kappa_v=e_h^2/12$，为裂隙的黏性渗透率（m^2）；$A_h=we_h$，为裂隙的有效过流面积（m^2）；e_h 为裂隙的等效水力开度（m）；w 为裂隙的宽度（m）。

当裂隙的流量逐渐增大、水流的惯性力占主导地位时，裂隙渗流服从 Forchheimer 定律，此时压力梯度与流量呈如下非线性关系：

$$-\nabla P = AQ + BQ^2 \tag{3.1.10a}$$

$$B=\frac{\rho\beta}{w^2 e_h^2}=\frac{\rho\beta}{A_h^2} \tag{3.1.10b}$$

式中：ρ为流体密度（kg/m^3）；B 为描述水流惯性力引起的能量损耗的系数（kg/m^8）；$\beta=1/\kappa_i$，为非达西系数或惯性系数（m^{-1}），κ_i 为惯性渗透率（m）。这三个参数等价地表征了裂隙渗流出现非线性流态的难易程度。系数 A 表征了压力梯度-流量曲线的初始斜率。当流量足够小（$Q\to 0$）或非线性程度足够低（$B\to 0$）时，式（3.1.10）退化为式（3.1.9）。

通过量纲分析，可将 Forchheimer 方程的线性项系数 A 和非线性项系数 B 分别无量纲化为 a_D 和 b_D（Schrauf and Evans，1986），即

$$-\nabla P=\frac{a_D\mu}{we_h^3}Q+\frac{b_D\rho}{w^2e_h^3}Q^2 \tag{3.1.11}$$

其中，无量纲系数 a_D 与介质的特征尺寸 e_h 的定义有关。对于平行板模型，e_h 定义为平行板之间的间距，a_D=12；对于圆管，e_h 定义为管道的直径，此时 a_D=32。无量纲系

数 b_D 与摩擦阻力系数 f_R 成正比，通常取 $b_D=f_R/2$（Schrauf and Evans，1986）。此外，对比式（3.1.10）和式（3.1.11），有 $b_D=e_h\beta$。

需要指出的是，式（3.1.9）～式（3.1.11）中的等效水力开度 e_h 是一个反映粗糙裂隙过流能力的、与流态无关的特征参数。当裂隙渗流处于达西流态或非达西流态时，可分别用式（3.1.9）和式（3.1.10）拟合压力梯度-流量曲线，确定系数 A，再由式（3.1.9b）确定裂隙的等效水力开度 e_h。

当裂隙渗流处于非达西流态时，若仍然用达西定律[式（3.1.9）]进行描述，其渗透率将随着压力梯度或流量的变化而变化，该渗透率称为表观渗透率 κ_{app}，按式（3.1.12）计算：

$$\kappa_{app}=\frac{\mu Q}{-\nabla P\cdot A_h} \tag{3.1.12}$$

显然，当 $Q\to 0$ 或 $-\nabla P\to 0$ 时，表观渗透率 $\kappa_{app}\to$ 黏性渗透率或本征渗透率 κ_v。

在水-力耦合效应占主导地位之前，上述花岗岩裂隙在各级法向应力下的 $-\nabla P$-Q 曲线均符合 Forchheimer 定律。采用式（3.1.10）对曲线进行拟合，可确定各裂隙在各级法向应力下的系数 A 和 B，由系数 A 可以确定裂隙的等效水力开度 e_h，e_h 和系数 B 随裂隙法向应力的变化规律如图 3.1.10 所示。从图 3.1.10 中可见，随着法向应力的增大（σ_n=1～30 MPa），各裂隙的等效水力开度 e_h 呈双曲线形式降低，变化范围为 2.2～49.7 μm。系数 B 则随着法向应力的增大快速增大，变化范围达 3～5 个数量级。由式（3.1.10b）可知，系数 B 的增大一方面与法向应力作用下等效水力开度 e_h 的降低有关，另一方面则与水流惯性效应的增强（即 β 的增大）有关。

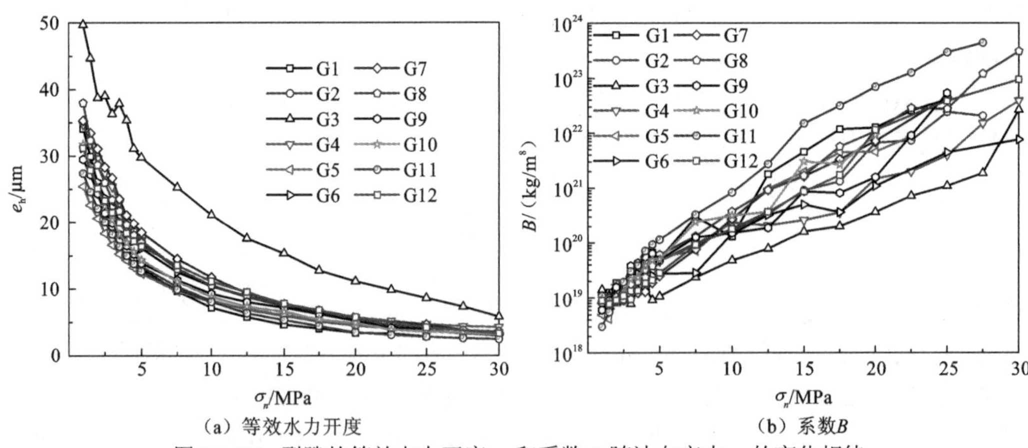

（a）等效水力开度　（b）系数 B

图 3.1.10　裂隙的等效水力开度 e_h 和系数 B 随法向应力 σ_n 的变化规律

3.1.4　裂隙非达西渗流模型

1. 系数 B 的参数化模型

裂隙的等效水力开度 e_h 反映了裂隙固有的过流能力，其值取决于裂隙的几何形貌和开度分布；惯性系数β则表征了裂隙水流发展成非达西流态的能力，与涡旋区的形成和发展密切相关，其值同样取决于裂隙的几何特征。在多孔介质中，β常用本征渗透率κ_v的幂函数来表征。对于裂隙，有$\kappa_\mathrm{v}=e_\mathrm{h}^2/12$。于是，通过类比可知，裂隙非达西渗流的系数 B 与等效水力开度 e_h 之间可以采用如下幂函数关系进行描述：

$$B=\lambda e_\mathrm{h}^{-\eta} \tag{3.1.13}$$

式中：λ和η为拟合参数。式（3.1.13）表明，随着等效水力开度 e_h 的减小，系数 B 增大，其隐含的物理意义是，随着 e_h 的减小，裂隙的接触面积和流动通道的曲折度增大，水流的惯性效应也增强，因而裂隙渗流的非达西流态也更易于形成和发展。

将图 3.1.10 中的数据重新绘制成 B-e_h 曲线，如图 3.1.11 所示。从图 3.1.11 中可见，各裂隙试样的 B-e_h 曲线均与式（3.1.13）吻合良好，拟合参数λ和η总体上随粗糙度的增大呈增大趋势，其变化范围为$\lambda=0.77\times10^{24}\sim14.29\times10^{24}$，$\eta=3.29\sim4.53$，决定系数 $R^2=0.92\sim1$，这里 B 和 e_h 分别以 $\mathrm{kg/m^8}$ 与μm 为单位。

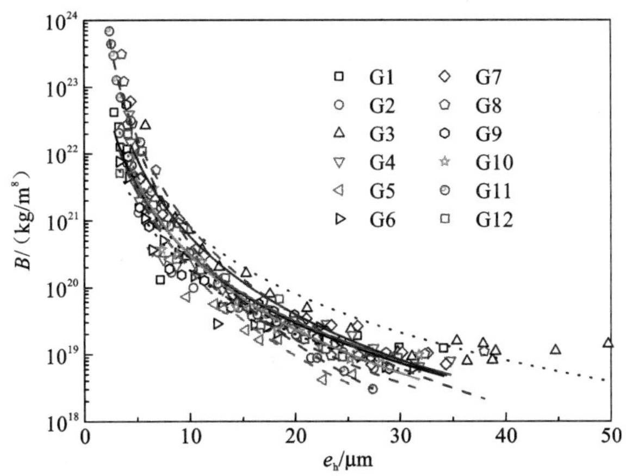

图 3.1.11 花岗岩裂隙系数 B 随等效水力开度 e_h 的变化规律

需要指出的是，尽管式（3.1.13）可以直接通过裂隙的等效水力开度 e_h 确定系数 B，但裂隙的粗糙度不同，其拟合参数λ和η也就不同，因而式（3.1.13）不便于实际应用。此外，式（3.1.13）还存在等号左、右两端量纲不一致、物理意义不明确等问题。

通过引入相对粗糙度 $R_\mathrm{p}/D_\mathrm{h}$（$R_\mathrm{p}$ 为裂隙的峰值起伏度，$D_\mathrm{h}=2e_\mathrm{h}$，为裂隙的水力直径），Louis（1969）将 Forchheimer 方程中的无量纲系数 b_D[式（3.1.11）]表达为如下经验关系式：

$$b_D=\frac{1}{8}\left(\lg c-\lg\frac{R_\mathrm{p}}{D_\mathrm{h}}\right)^{-2} \tag{3.1.14}$$

式中：c 为与相对粗糙度有关的参数。

结合式（3.1.13）和式（3.1.14），直接将无量纲系数 b_D 表达为相对粗糙度 $R_\mathrm{p}/D_\mathrm{h}$ 的幂函数：

$$b_D = \varsigma\left(\frac{R_{\mathrm{p}}}{2e_{\mathrm{h}}}\right)^{\varpi} \tag{3.1.15a}$$

式中：ς和ϖ为无量纲系数。将式（3.1.15a）代入式（3.1.11），可得

$$B = \frac{\varsigma}{2^{\varpi}}\frac{\rho R_{\mathrm{p}}^{\varpi}}{w^2 e_{\mathrm{h}}^{\varpi+3}} \tag{3.1.15b}$$

与式（3.1.13）相比，式（3.1.15b）通过峰值起伏度 R_{p} 直接反映了裂隙几何形貌对系数 B 的影响，因而模型的拟合参数ς和ϖ不再随裂隙粗糙度的变化而变化，可实现对具有特定几何结构的裂隙的非达西渗流特性的全局表征。此外，式（3.1.15b）等号两端的量纲一致，且物理意义更为明确，反映了相对粗糙度对裂隙非达西渗流特性的主控作用。裂隙的相对粗糙度越大，系数 B 越大；当 $R_{\mathrm{p}}\to 0$ 时，$B\to 0$，模型退化为光滑平行板模型。

图 3.1.12 给出了北山花岗岩裂隙试样的系数 B 随峰值起伏度 R_{p} 和等效水力开度 e_{h} 的分布特征，可见峰值起伏度 R_{p} 对系数 B 的影响不如等效水力开度 e_{h} 显著，但也存在较为明显的影响。借助 Levenberg-Marquardt 优化算法，采用式（3.1.15b）对图 3.1.12 中的数据进行拟合，可得拟合系数ς=0.022，ϖ=0.666，决定系数 R^2=0.90。通常情况下，式（3.1.15）可以较好地拟合试验数据，但其参数ς和ϖ可能呈现出一定的尺度依赖性。

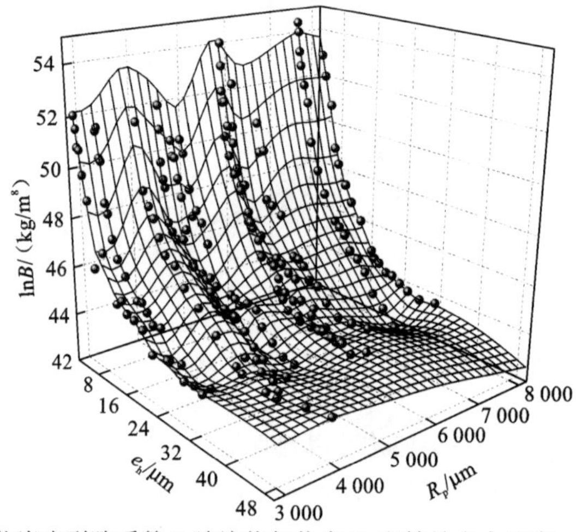

图 3.1.12　花岗岩裂隙系数 B 随峰值起伏度 R_{p} 和等效水力开度 e_{h} 的分布特征

2. 临界雷诺数模型

由 1.2.3 小节可知，裂隙渗流从达西流态到非达西流态的转变可采用雷诺数 Re 或非线性程度因子α_{ND} 来判别。根据式（3.1.10），裂隙渗流的非线性程度因子可改写为$\alpha_{\mathrm{ND}}=BQ^2/(AQ+BQ^2)$，将其代入雷诺数的定义式[式（1.2.21b）]，可得

$$Re = \frac{\rho Q}{\mu w} = \frac{\alpha_{\mathrm{ND}}}{1-\alpha_{\mathrm{ND}}}\frac{\rho A}{\mu w B} \tag{3.1.16a}$$

若选定α_{ND}=10%为裂隙流态转变的判据，则北山花岗岩裂隙试样的临界雷诺数 Re_{c} 随法向应力σ_n 的变化如图 3.1.13 所示。从图 3.1.13 中可见，裂隙渗流不同于管流，非达

西流态在 $Re_c<10$ 的条件下即已普遍发生，且临界雷诺数 Re_c 不是一成不变的，随着荷载的变化和裂隙的变形，Re_c 发生变化，因而采用特定的临界雷诺数对渗流流态进行判别是不恰当的。

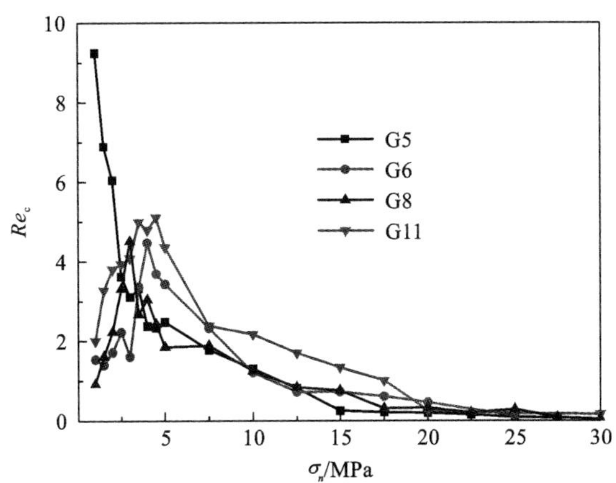

图 3.1.13　裂隙临界雷诺数 Re_c 随法向应力 σ_n 的变化特征

在法向应力 σ_n 增大的过程中，裂隙临界雷诺数 Re_c 的变化有两种形式，一是单调下降，二是先增后降。Re_c 的下降与法向荷载作用下裂隙等效水力开度的减小、裂隙表面接触面积和渗流通道曲折度的增大及水流惯性效应的增强有关；而 Re_c 增大则可能与加载初期（σ_n<5 MPa）裂隙表面贴合状态的调整，以及局部凸起的破碎、充填导致的裂隙的相对粗糙度下降有关（Zhou et al.，2015a；Javadi et al.，2014）。

式（3.1.16a）仅适用于 Forchheimer 方程的系数 A 和 B 已知的情况。将式（3.1.9b）和式（3.1.10b）代入式（3.1.16a），可得雷诺数的另外一种表达形式：

$$Re=\frac{12\alpha_{\mathrm{ND}}}{1-\alpha_{\mathrm{ND}}}\frac{1}{\beta e_{\mathrm{h}}} \tag{3.1.16b}$$

注意到 $b_D=e_{\mathrm{h}}\beta$，将式（3.1.13）和式（3.1.15a）应用于式（3.1.16b），并选定非线性程度因子 α_{ND} 的值，则可得临界雷诺数的如下表达式：

$$Re_{\mathrm{c}}=\frac{12\alpha_{\mathrm{ND}}}{1-\alpha_{\mathrm{ND}}}\frac{\rho}{\lambda w^2}e_{\mathrm{h}}^{\eta-3} \tag{3.1.17a}$$

$$Re_{\mathrm{c}}=\frac{12\alpha_{\mathrm{ND}}}{1-\alpha_{\mathrm{ND}}}\frac{1}{\varsigma}\left(\frac{2e_{\mathrm{h}}}{R_{\mathrm{p}}}\right)^{\varpi} \tag{3.1.17b}$$

式（3.1.17）表明，裂隙渗流流态转变的临界雷诺数 Re_c 与裂隙的等效水力开度 e_h、裂隙的几何参数（w、λ、η 或 R_p、ς、ϖ）及主观接受准则 α_{ND} 有关。当裂隙的几何形态和水力特性发生变化时，临界雷诺数 Re_c 也发生变化。

图 3.1.14 给出了裂隙试样和裂隙岩体的临界雷诺数 Re_c 与等效水力开度 e_h 的关系曲线。图 3.1.14 中裂隙试样包括部分北山花岗岩裂隙试样和两个宜昌砂岩裂隙试样。现场尺度下裂隙岩体的 Re_c-e_h 数据由钻孔压水试验确定（Quinn et al.，2011a），非线性程度因子由式（3.1.17a）对数据进行拟合确定，α_{ND}=8.68%（Zhou et al.，2015a）。从图 3.1.14

中可见，式（3.1.17）很好地反映了裂隙及裂隙岩体临界雷诺数随等效水力开度的变化特征，等效水力开度 e_h 越小，临界雷诺数 Re_c 越低，非达西流态越易于发生。

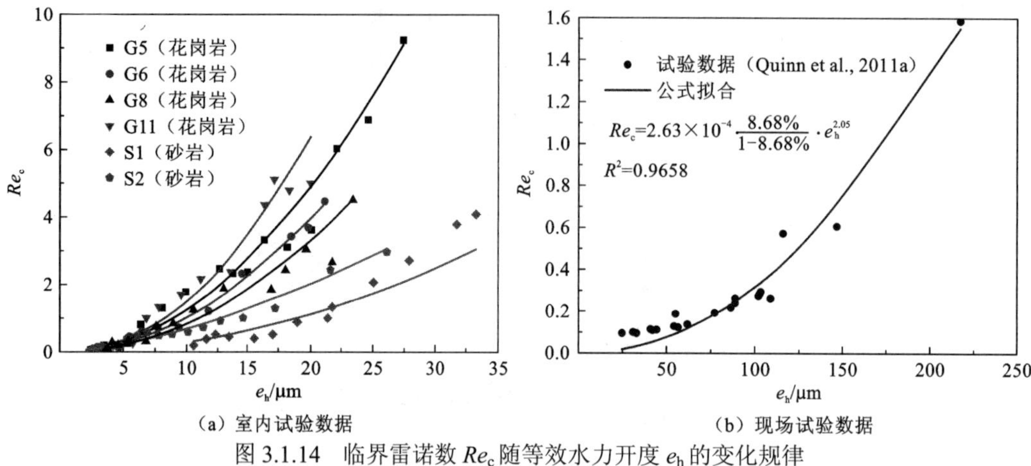

（a）室内试验数据　　（b）现场试验数据

图 3.1.14　临界雷诺数 Re_c 随等效水力开度 e_h 的变化规律

3. Darcy-Weisbach 阻力系数模型

对于粗糙裂隙中的稳态流动及物质传输问题，当需要较为精确地求解裂隙中的速度场和压力场而又想避免求解 Navier-Stokes 方程的困难时，常将裂隙沿长度 x 和宽度 y 方向划分成微元 $dxdy$，并将每个微元视为开度为 $e(x, y)$的平行板，且微元中的水流服从立方定律。这样，无论裂隙水流处于何种流态，水流连续性方程均可采用如下 Reynolds 方程进行描述（Masciopinto et al.，2008；Zimmerman and Bodvarsson，1996）：

$$\frac{\partial}{\partial x}\left(\frac{e^3}{f_R}\frac{\partial h}{\partial x}\right)^{1/2}+\frac{\partial}{\partial y}\left(\frac{e^3}{f_R}\frac{\partial h}{\partial y}\right)^{1/2}=0 \tag{3.1.18}$$

式中：h 和 e 分别为局部水头和局部开度，两者均为坐标(x, y)的函数；f_R 为 Darcy-Weisbach 阻力系数，由 Darcy-Weisbach 公式[式（3.1.19）]定义（White，2003；Bear，1972）。

$$-\nabla P=f_R\frac{1}{D_h}\frac{\rho v^2}{2} \tag{3.1.19}$$

式中：$D_h=2e_h$，为裂隙的水力直径。Darcy-Weisbach 公式描述了水流速度变化及水流与介质壁面摩擦所产生的沿程水头损失，其阻力系数 f_R 与介质的几何形貌和雷诺数相关，是计算流体力学和地下水模拟的重要参数（Zhang and Nemcik，2013b；Masciopinto et al.，2008；Nazridoust et al.，2006；Bear，1972）。

对于达西流态，联立式（3.1.9）和式（3.1.19），可得裂隙的阻力系数：

$$f_R=\frac{96}{Re} \tag{3.1.20}$$

式中：Re 为雷诺数。与式（3.1.16）略有不同，这里的 Re 采用水力直径 D_h 定义，即 $Re=\rho vD_h/\mu=2\rho Q/(\mu w)$（Zhang and Nemcik，2013b）。

式（3.1.20）表明，在达西流态下，裂隙的阻力系数 f_R 与雷诺数 Re 成反比。

对于非达西流态，联立式（3.1.10）和式（3.1.19），则有

$$f_R = \frac{96}{Re} + 4e_h\beta \tag{3.1.21a}$$

注意到 Forchheimer 方程中的无量纲系数 $b_D=e_h\beta$，将式（3.1.15a）代入式（3.1.21a）可得

$$f_R = \frac{96}{Re} + 4\varsigma\left(\frac{R_p}{2e_h}\right)^{\varpi} \tag{3.1.21b}$$

式（3.1.21）表明，在非达西流态下，粗糙裂隙的阻力系数 f_R 由黏性阻力项（$96/Re$）和惯性阻力项（$4e_h\beta$）线性叠加而成，前者与雷诺数 Re 成反比，后者与雷诺数无关，而取决于裂隙的相对粗糙度 $R_p/(2e_h)$。

注意到式（3.1.16b）和式（3.1.21a）中雷诺数 Re 定义上的差异，并将式（3.1.16b）应用于式（3.1.21a），则可将阻力系数表达为非线性程度因子 α_{ND} 的函数：

$$f_R = \frac{1}{1-\alpha_{ND}}\frac{96}{Re} = \frac{4e_h\beta}{\alpha_{ND}} \tag{3.1.21c}$$

由式（3.1.21）可知，阻力系数 f_R 存在两条渐近线。当 $Re\to0$（或$\alpha_{ND}\to0$）时，$f_R\to 96/Re$，即在达西流态下，阻力系数完全取决于雷诺数；当 $Re\to\infty$（或$\alpha_{ND}\to1$）时，$f_R\to 4e_h\beta$，即在紊流流态下，阻力系数完全受相对粗糙度控制；而对于两者之间的非达西流态，阻力系数则受雷诺数和相对粗糙度共同控制，如图 3.1.15 所示。图 3.1.16 给出了北山花岗岩裂隙阻力系数 f_R 的试验值随雷诺数 Re 和相对粗糙度 $R_p/(2e_h)$的变化规律，可见 f_R 与 Re 和 $R_p/(2e_h)$存在明显的相关关系，这也从侧面反映了式（3.1.21b）的理论意义。

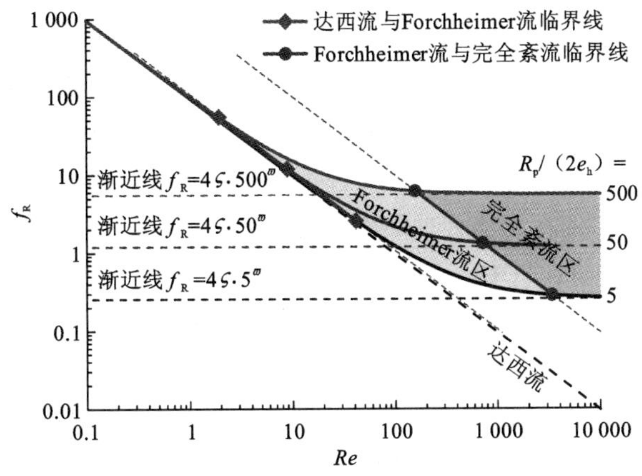

图 3.1.15　阻力系数随雷诺数的变化规律

实际上，不少学者对裂隙的阻力系数进行了研究。例如，Zhang 和 Nemcik（2013b）通过对层流模型[式（3.1.20）]进行修正，建立了反映相对粗糙度影响的阻力系数模型；而 Nazridoust 等（2006）、Masciopinto 等（2008）和 Crandall 等（2010）则分别给出了考虑水流惯性效应的阻力系数模型，但上述工作均未同时考虑水流惯性效应和粗糙度对裂隙

阻力系数的影响。与北山花岗岩裂隙试验结果的对比表明，式（3.1.21b）在雷诺数从低到高的变化过程中均表现出良好的预测能力，而其他模型在较低或较高雷诺数条件下将出现明显的偏差，难以全面反映裂隙的阻力系数随流态的变化特征（Zhou et al.，2016）。

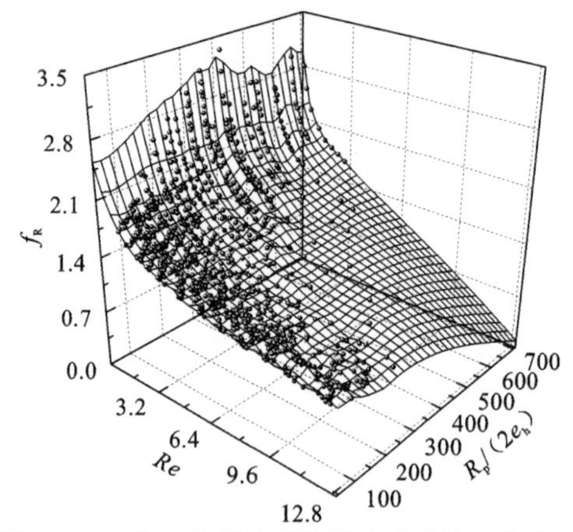

图 3.1.16　北山花岗岩裂隙阻力系数的变化特征

3.2　稳定流条件下裂隙岩体的非达西渗流特性

3.2.1　概述

在高坝坝基岩体及抽水蓄能电站钢筋混凝土衬砌高压引水隧洞围岩中，岩体将承受高于 1 MPa 的渗透压力。为了研究岩体在高渗透压力（高渗压）条件下的渗流特性，钻孔压水试验的最大压力也被相应提高，这样的试验称为高压压水试验。高压压水试验目前已发展成为水文地质和岩体水力学等领域重要的现场试验技术，其目的主要有三个：一是研究岩体在高渗透压力梯度（高渗压梯度）条件下的渗透特性和渗流行为；二是研究岩体在高渗压作用下的水力劈裂风险和劈裂压力；三是研究岩体的水-力耦合特性和耦合模型参数（Huang et al.，2014；Derode et al.，2013；冯树荣 等，2012；Cappa et al.，2006；张世殊，2002；Rutqvist et al.，1998；Cornet and Morin，1997；Doe and Geier，1990；Louis and Maini，1970）。需要特别说明的是，岩体中渗流运动的驱动力是水力梯度或压力梯度，而不是渗透压力；高渗压不等于高渗压梯度。例如，在深部地层中，作用在裂隙上的渗透压力往往极高，但压力梯度不大，因而地下水运动极为缓慢。本章讨论的实际上是高渗压梯度条件下的渗流问题，高渗压梯度必然意味着岩体或其局部承受高渗压作用，因而两者常替换使用。

如 3.1 节所述，在高渗压梯度作用下，岩体渗流将呈现两种典型的非线性机制：一是水流惯性效应增强，渗压梯度与流速偏离线性关系，渗流服从 Forchheimer 定律；二是水-力耦合效应显现，裂隙出现扩张，或者岩体发生劈裂，岩体的渗透特性显著增强。

这两种非线性机制同时存在，何种机制占据主导地位，取决于渗透压力的量值及岩体的性质和赋存环境。在水利水电工程领域，高压压水试验是高渗压条件下现场岩体渗流特性研究的重要甚至唯一手段，但很长时间以来，对于如何利用高压压水试验获得的压力-流量曲线，确定岩体的渗流参数，并指导工程防渗设计，尚未形成成熟的理论和统一的认识。本节系统总结高压压水试验 *P-Q* 曲线的类型、特征及其发生条件，进而介绍高压压水试验的非达西渗流解析模型，以及岩体非达西渗流参数和透水率的取值方法。

3.2.2　高压压水试验与压力-流量曲线

1. 高压压水试验技术

高压压水试验与常规压水试验类似，其试验装置由止水栓塞、供水系统和量测系统组成，如图 3.2.1 所示。其中，供水系统包括水箱、高压泵、稳压罐、减压阀和试验管路等，而量测系统包括压力计、流量计、水位计及数据采集仪等。但与常规压水试验不同的是，高压压水试验要求水泵、试验管路、止水栓塞和量测仪表具有更高的工作压力、耐压性能或量程范围。试验钻孔的直径多为 60～150 mm，试段长度多取 5 m。最大压力一般按不小于建筑物工作压力的 1.2 倍确定，试验压力一般分 5～10 级，各级压力增量多取 0.5～2.0 MPa。

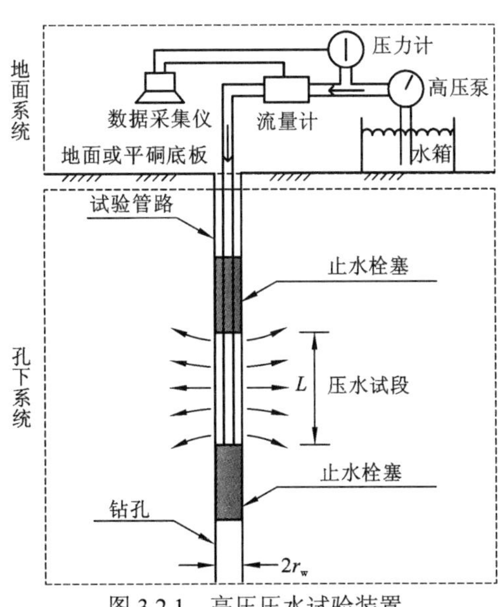

图 3.2.1　高压压水试验装置

整个高压压水试验过程一般包括逐级升压然后再逐级降压两个阶段，各级恒定压力下的压水试验又分快速法、中速法和慢速法三种。快速法每隔 1 min 或 2 min 进行一次流量观测，当流量基本趋于稳定时，终止该级压力下的压水试验；中速法对每级压力的维持时间一般不小于 30 min，且在试验开始 5 min 之后按每隔 5 min 一次对流量进行观测，直至流量趋于稳定；慢速法要求每级压力的维持时间不小于 120 min，并在 30 min

后按每隔 10 min 一次进行流量观测，直至流量趋于稳定。显而易见，不同的试验方法耗费的成本不同，因而获取的流量数据的精度和可靠性也不同。慢速法试验的持续时间最长，成本最高，但数据最为可靠；快速法的效率最高，成本也最低，但若水流未达到稳定或准稳定状态就终止试验，数据的可靠性较差；中速法则介于两者之间。在水利水电工程实践中，为了满足勘探周期和成本控制的要求，高压压水试验多选用快速法。

通过高压压水试验，可获得各个试段的注水压力和流量过程曲线（即 *P-Q-t* 曲线），然后通过确定每级压力 *P* 下的稳态或准稳态流量 *Q*，可绘制各个试段的压力-流量曲线（即 *P-Q* 曲线）。图 3.2.2 给出了碎屑岩中一典型高压压水试段的 *P-Q-t* 曲线和相应的 *P-Q* 曲线。*P-Q* 曲线是高压压水试验最重要的成果形式，也是研究高渗压条件下岩体渗流特性的主要依据。

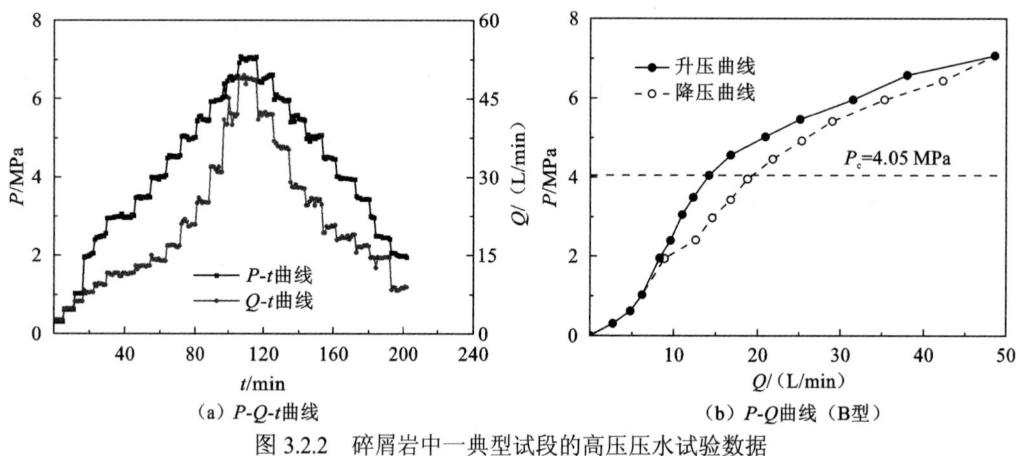

（a）*P-Q-t*曲线　　（b）*P-Q*曲线（B型）

图 3.2.2　碎屑岩中一典型试段的高压压水试验数据

2. *P-Q* 曲线及其特征

1）*P-Q* 曲线的类型及其发生条件

我国行业规程一般参照常规压水试验，将高压压水试验的 *P-Q* 曲线划分为层流型、紊流型、扩张型、冲蚀型和充填型五种类型（国家能源局，2018；中华人民共和国水利部，2007），如 2.3.2 小节所述。但与常规压水试验不同，高压压水试验的最大压力可能远高于 1 MPa，因而其 *P-Q* 曲线往往呈现如下两个突出特点：一是具有明显的非线性特征；二是存在明显的劈裂压力。前者由高渗压梯度作用下的水流惯性效应引起，后者则与高渗压作用下的水-力耦合效应有关。由于在高压压水试验过程中，水流惯性效应和水-力耦合效应是同时存在的，*P-Q* 曲线往往表现出分段特征。

P-Q 曲线主要有两种分段方式：一是将其划分为达西流段、非达西流段和水力劈裂段三个阶段（Chen et al.，2015b）；二是将其划分为低压段和高压段两个阶段（Chen et al.，2015c；Huang et al.，2014；Rutqvist et al.，1998），其中低压段包含达西流段和非达西流段。如图 3.2.2（b）所示，达西流段与非达西流段的界限可通过 *P-Q* 曲线初始线性段与上凹段的交点确定，也可由临界雷诺数 Re_c 或非线性程度因子 α_{ND} 确定；非达西流段与

水力劈裂段之间或低压段与高压段之间的界限称为劈裂压力 P_c，可直接通过 P-Q 曲线上的拐点确定。劈裂压力 P_c 表征了岩体发生水力劈裂或裂隙发生扩张的临界压力，当 $P>P_c$ 时，岩体产生不可逆变形，因而在相同的注水压力下，降压阶段的流量大于升压阶段的流量，即降压曲线低于升压曲线，两者之间形成了滞回圈，如图 3.2.2（b）所示。劈裂压力 P_c 的量值与岩体的完整性、裂隙的性质（如产状、延伸长度、断裂韧度、抗拉强度等）、地应力水平等因素有关。

因此，高压压水试验 P-Q 曲线的特征与岩体的完整性、水流的流态、裂隙扩张或劈裂的程度等因素密切相关，因而其类型也与常规压水试验有所不同。通过系统总结高压压水试验的曲线特征，将 P-Q 曲线划分为 A 型、B 型、C 型三种类型，如图 3.2.3 所示（Zhou et al.，2018）。这三种类型对应的典型实测 P-Q 曲线分别如图 3.2.2（b）和图 3.2.4 所示，其主要特征和发生条件如下。

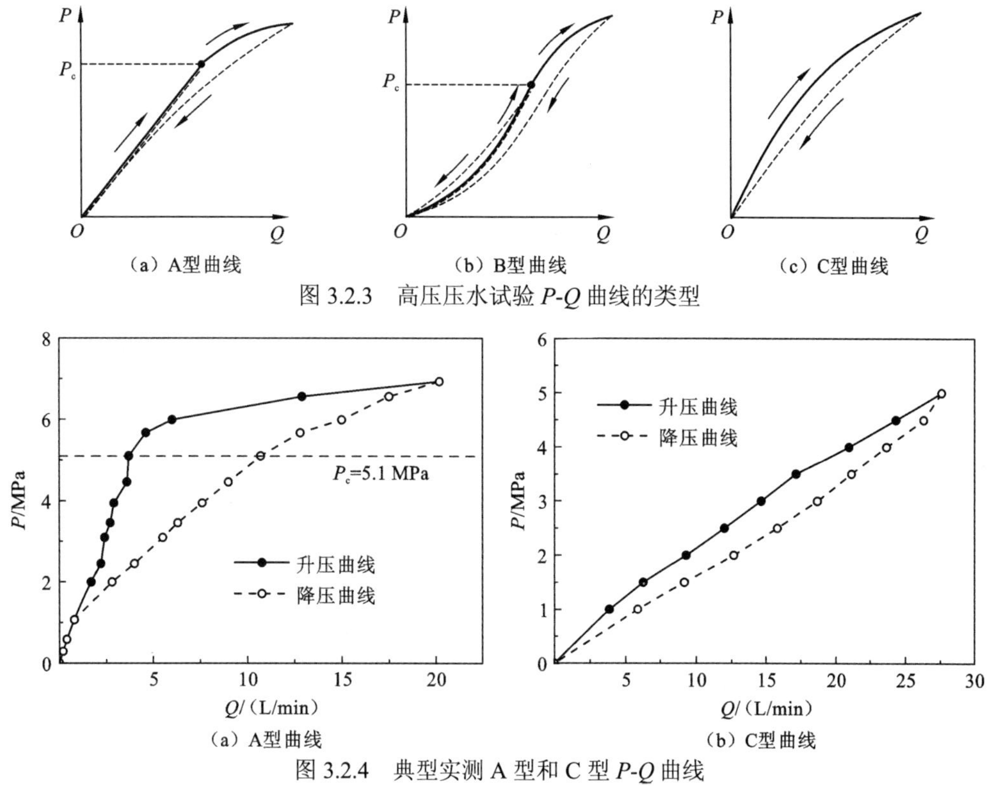

（a）A型曲线　（b）B型曲线　（c）C型曲线

图 3.2.3　高压压水试验 P-Q 曲线的类型

（a）A型曲线　（b）C型曲线

图 3.2.4　典型实测 A 型和 C 型 P-Q 曲线

（1）A 型曲线主要发生在完整性好或者裂隙无充填的岩体中，当 $P<P_c$ 时，岩体中的流态为层流，渗流遵循达西定律，若此时进行降压试验，则降压曲线与升压曲线基本重合。但当压力继续增大，超过劈裂压力 P_c 之后，岩体发生水力劈裂，流量急剧增大。同时，由于岩体中的裂隙产生了不可逆的扩张或变形，岩体渗透性增大，故降压曲线与升压曲线不重合，且低于升压曲线。

（2）B 型曲线与岩体完整性的相关性不强，可发生在完整性好到完整性差的各类岩体中，是高压压水试验最常见和最典型的曲线类型（Chen et al.，2015b）。该类型曲线的主要特征是，当 $P<P_c$ 时，曲线呈现出凸向 Q 轴的非线性特征，即单位压力增量产生的流量增加呈递减趋势。出现这种非线性的原因有两种，可由注水压力达到 P_c 之前的降压曲线与升压曲线是否重合来辨别：若降压曲线与升压曲线重合，则是由水流惯性效应产生的，与常规压水试验的紊流型相同；若降压曲线高于升压曲线，即在相同的注水压力下，降压阶段的流量小于升压阶段的流量，则是由裂隙中的充填物被冲刷并于裂隙边缘充填、淤堵造成的，与常规压水试验的充填型相同。与 A 型曲线类似，当 $P>P_c$ 时，岩体发生水力劈裂和不可逆变形，渗透性增强，降压曲线与升压曲线不重合，且低于升压曲线。

（3）C 型曲线多发生在劈裂压力极低（$P_c \to 0$）或裂隙充填物易被水流冲刷、带走的岩体中，该类型曲线凸向 P 轴，即单位压力增量产生的流量增量呈增大趋势，且降压曲线一般低于升压曲线，与常规压水试验的冲蚀型相同。

2）*P-Q* 曲线的拟合函数

从图 3.2.3 可见，以劈裂压力 P_c 为界，高压压水试验 P-Q 曲线可划分为达西-非达西流段和水力劈裂段两个阶段，其中 A 型和 B 型曲线包含完整的两个阶段，而 C 型曲线可视为仅包含 $P_c=0$ 的水力劈裂段。当 $P<P_c$ 时，水流的黏性效应或惯性效应起主导作用；而当 $P>P_c$ 时，水-力耦合效应或冲蚀效应处于主导地位。

对于达西-非达西流段（$P<P_c$），可采用如下截距为零的二次函数拟合，且在多数情况下均具有良好的拟合效果（Zhou et al.，2018；Chen et al.，2015c）：

$$H = c_1 Q + c_2 Q^2 \tag{3.2.1a}$$

式中：H 为与注水压力 P 对应的压力水头（m）；Q 为压力 P 下的稳态流量（m^3/s）；c_1 和 c_2 为拟合系数。

如图 3.2.5 所示，拟合系数 c_1 和 c_2 具有明确的物理意义。其中，c_1 表征了 H-Q 曲线的初始斜率，而 c_2 则表征了 H-Q 曲线偏离线性关系的程度，当水流流态为达西流时，$c_2=0$。由此可见，A 型曲线是 B 型曲线的特例。对比图 3.2.5 和图 1.2.3 可知，式（3.2.1a）与 Forchheimer 方程[式（1.2.23）]具有完全相同的物理意义，因而该拟合公式也是解析非达西流条件下岩体渗流参数的重要依据。

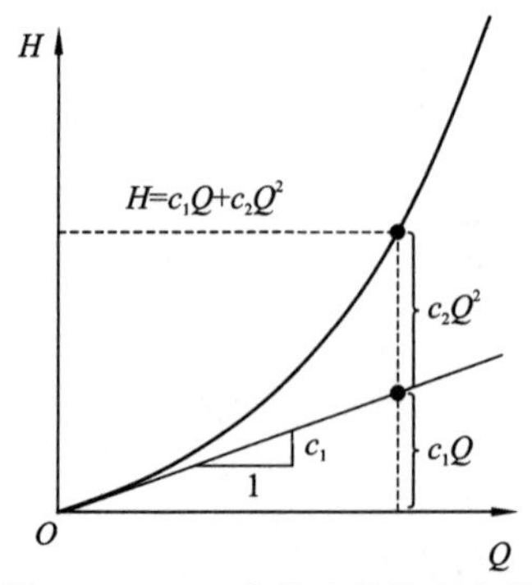

图 3.2.5　*H-Q* 曲线及其物理意义

对于水力劈裂段（$P>P_c$），流量 Q 随压力 P 的增大快速增大，可采用如下函数拟合（Chen et al.，2015b）：

$$H = c_3(Q - Q_c)^{c_4} + H_c \tag{3.2.1b}$$

式中：H_c 和 Q_c 为劈裂压力 P_c 对应的压力水头和稳态流量；c_3 和 c_4 为拟合系数。对于 C 型曲线，在拟合时可令 $H_c=0$ 和 $Q_c=0$。

3.2.3　解析模型与岩体渗流参数的确定

如 3.2.2 小节所述，B 型曲线是高压压水试验最常见、最典型的 P-Q 曲线，但如何利用该曲线确定岩体的渗流参数尚未取得共识。目前主要有两种分析方法：一是仍然沿用基于达西定律的解析模型（Hvorslev，1951）来确定岩体的渗流参数，这种简化方法尽管被广泛应用（Huang et al.，2014；Evans et al.，2005；Rutqvist et al.，1998；Cornet and Morin，1997），但由于忽略了渗流的惯性效应，可能显著低估岩体的渗透性（黄勇 等，2013；Elsworth and Doe，1986），即同一试段由高压压水试验计算的岩体渗透系数明显低于常规压水试验的计算值，这在理论上显然是不合理的；二是建立基于 Izbash 定律或 Forchheimer 定律的非达西渗流解析模型（Quinn et al.，2011b；Yamada et al.，2005），但这类模型或有理论缺陷，或针对性不强，因而也未能在实践中得到广泛应用。显而易见的是，在岩体发生水力劈裂之前（$P<P_c$），水流惯性效应是 B 型 P-Q 曲线非线性的根本原因，这也是确定高渗压梯度条件下岩体渗流参数的关键。

1. 高压压水试验解析模型

如图 3.2.6 所示，对岩体中的一钻孔试段进行高压压水试验，钻孔竖直，半径为 r_w，试段长为 L，注水压力为 P，相应的稳态流量为 Q。在试段中心 O 点处建立直角坐标系 xyz，其中 z 轴与钻孔轴线重合。为了建立高压压水试验条件下岩体渗流的解析模型，引入如下假设：①岩体均质且各向同性；②渗流服从 Forchheimer 定律，即式（1.2.23）；③试段内从任意微段注入的水流以球形稳定流向外扩散，且流量与微段长度成正比；④距试段无穷远处的水压力为零。需要说明的是，尽管岩体远非均质各向同性，但多数井流模型为了简化建模均引入了该假设。此外，岩体中的水流运动与裂隙发育特征和试验压力有关，当试验压力较高且裂隙相对发育时，岩体中的水流便基本符合球形扩散流的假设（Chen et al.，2015b；Doe and Geier，1990）。

对于压水试段内的任意微段 $d\zeta$，从该微段注入的流量为 $dQ=(Q/L)d\zeta$，水流经球形扩散后，在岩体中任意点 A 处产生的流速增量为

$$dv_r = \frac{dQ}{4\pi r^2} = \frac{Q}{4\pi r^2 L} d\zeta \tag{3.2.2}$$

式中：r 为 A 点与微段 $d\zeta$ 之间的距离，$r=[\rho^2+(z-\zeta)^2]^{1/2}$，$\rho$ 和 z 为 A 点的柱坐标；ζ 为微段 $d\zeta$ 的 z 坐标。

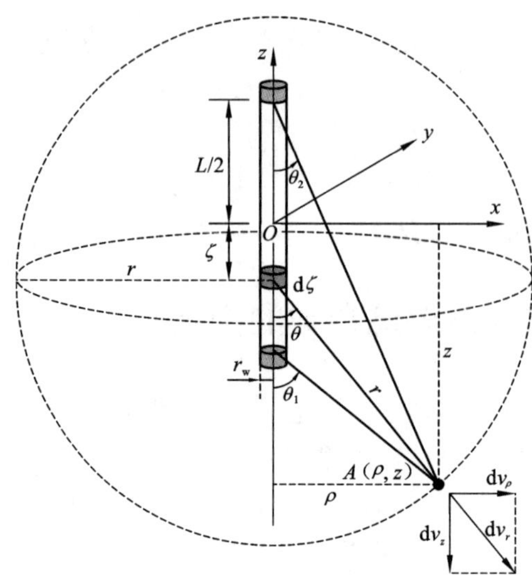

图 3.2.6 高压压水试验概念模型

将 $A(\rho, z)$点处的流速增量 dv_r 沿径向 ρ 和轴向 z 分解，可得

$$dv_\rho = \frac{\rho}{r} dv_r \tag{3.2.3a}$$

$$dv_z = \frac{z-\zeta}{r} dv_r \tag{3.2.3b}$$

式中：$\zeta=z+\rho\cot\theta$，θ 为微段中心（$z=\zeta$）和 A 点连线与 z 轴负向的夹角。

对式（3.2.3）等号两边沿试段长度进行积分，可得 A 点的渗流速度：

$$v_\rho = \int_{-L/2}^{L/2} dv_\rho = \int_{-L/2}^{L/2} \frac{Q}{4\pi r^2 L}\frac{\rho}{r} d\zeta = \frac{Q}{4\pi\rho L}(\cos\theta_2 - \cos\theta_1) \tag{3.2.4a}$$

$$v_z = \int_{-L/2}^{L/2} dv_z = \int_{-L/2}^{L/2} \frac{Q}{4\pi r^2 L}\frac{z-\zeta}{r} d\zeta = \frac{Q}{4\pi\rho L}(\sin\theta_2 - \sin\theta_1) \tag{3.2.4b}$$

式中：θ_1 和 θ_2 分别为试段底端、顶端和 A 点连线与 z 轴负向的夹角。

由式（3.2.4a）可知，在 $z=0$ 平面内，有 $v_z=0$，即 $v=v_r=v_\rho$。对于 $z=0$ 平面内任意一点 $A(\rho, 0)$，对 Forchheimer 方程

$$-\frac{\partial h}{\partial \rho} = \frac{v}{K_v} + \frac{v^2}{K_i} \tag{3.2.5}$$

沿径向 ρ 从 A 点向无穷远处（$\rho=\infty$）积分，可得 A 点处的压力水头：

$$h = \int_\rho^\infty \left(-\frac{\partial h}{\partial \rho}\right) d\rho = \int_\rho^\infty \left(\frac{v_\rho}{K_v} + \frac{v_\rho^2}{K_i}\right) d\rho \tag{3.2.6}$$

式中：h 为压力水头（m）；K_v 和 K_i 分别为岩体的黏性渗透系数（m/s）和惯性渗透系数（m^2/s^2）。

若 A 点位于孔壁处（即 $\rho=r_w$，$z=0$），则将式（3.2.4a）代入式（3.2.6）并积分，可得基于 Forchheimer 定律的高压压水试验解析公式（Chen et al.，2015c）：

$$H=\frac{Q}{2\pi LK_{\mathrm{v}}}\operatorname{arsinh}\left(\frac{L}{2r_{\mathrm{w}}}\right)+\left(\frac{Q}{2\pi L}\right)^{2}\frac{1}{K_{\mathrm{i}}}\left[\frac{1}{r_{\mathrm{w}}}-\frac{2}{L}\arctan\left(\frac{L}{2r_{\mathrm{w}}}\right)\right] \tag{3.2.7}$$

式中：H 为试验水头（m）；Q 为注入流量（m^3/s）；L 为试段长度（m）；r_w 为钻孔半径（m）。

2. 岩体非达西渗流参数的确定方法

对比式（3.2.7）和式（3.2.1a）可知，岩体渗流参数 K_v 和 K_i 的解析公式为（Chen et al.，2015c）

$$K_{\mathrm{v}}=\frac{1}{2\pi Lc_{1}}\operatorname{arsinh}\left(\frac{L}{2r_{\mathrm{w}}}\right) \tag{3.2.8a}$$

$$K_{\mathrm{i}}=\frac{1}{(2\pi L)^{2}c_{2}}\left[\frac{1}{r_{\mathrm{w}}}-\frac{2}{L}\arctan\left(\frac{L}{2r_{\mathrm{w}}}\right)\right] \tag{3.2.8b}$$

式中：c_1 和 c_2 为 H-Q 曲线的拟合系数，单位分别为 s/m^2 和 s^2/m^5。

通常情况下，钻孔半径远小于试段长度（即 $r_w \ll L$），因而式（3.2.8）还可以进一步简化为（Zhou et al.，2018）

$$K_{\mathrm{v}}=\frac{1}{2\pi Lc_{1}}\ln\left(\frac{L}{r_{\mathrm{w}}}\right) \tag{3.2.9a}$$

$$K_{\mathrm{i}}=\frac{1}{(2\pi L)^{2}r_{\mathrm{w}}c_{2}} \tag{3.2.9b}$$

式（3.2.8a）和式（3.2.9a）即 Hvorslev 公式（Hvorslev，1951），也为行业规程推荐的渗透系数计算公式，仅适用于 P-Q 曲线为层流型且透水率 $q \leqslant 10$ Lu 的情况（国家能源局，2018；中华人民共和国水利部，2007）。因此，式（3.2.8）和式（3.2.9）可视为 Hvorslev 公式在非达西流条件下的拓展。在达西流条件下，H-Q 曲线的拟合系数 $c_2=0$，因而有惯性渗透系数 $K_i \to \infty$ 或惯性系数 $\beta=1/K_i=0$，渗流的惯性效应消失，式（3.2.8）和式（3.2.9）退化为 Hvorslev 公式。

式（3.2.8）和式（3.2.9）不仅形式简单，而且物理意义明确，渗流参数 K_v 和 K_i 仅取决于钻孔半径 r_w、试段长度 L 和 H-Q 曲线的拟合系数 c_1 与 c_2。其中，K_v 由 H-Q 曲线的初始斜率 c_1 唯一确定，与 c_1 成反比，反映了岩体渗流的黏性效应，且 K_v 的物理意义与达西定律中的渗透系数 K 完全相同，是岩体本征渗透性的度量，因而 K_v 又称达西渗透系数或本征渗透系数，简称渗透系数。K_i 或 β 由拟合系数 c_2 唯一确定，反映了岩体中非达西渗流发生和发展的难易程度，c_2 越大，K_i 越小（或 β 越大），渗流的惯性效应越强，非达西流态越易于发生；反之，c_2 越小，K_i 越大（或 β 越小），渗流的惯性效应越弱。因此，在《水电工程钻孔压水试验规程》（NB/T 35113—2018）条文说明中，将式（3.2.9）列为岩体渗流参数的推荐计算公式（国家能源局，2018）。

显然，式（3.2.8）、式（3.2.9）适用于 A 型和 B 型 P-Q 曲线在水力劈裂之前（$P<P_c$）的渗流参数计算。在岩体发生水力劈裂之后（$P>P_c$），岩体中的节理裂隙产生扩张变形，开度增大，连通性增强，岩体中的水-力耦合效应占据主导地位，岩体的渗流参数 K_v 和 K_i 也表现出明显的压力相关性。但在此过程中，高渗压梯度作用下的水流惯性效应仍然对岩体的渗流特性具有重要影响。研究表明，岩体的渗流参数 K_v 和 K_i 在统计上存在如下 3/2 幂次关系（Zhou et al.，2019b）（详见 3.4 节）：

$$K_i = \varpi K_v^{3/2} \tag{3.2.10}$$

式中：ϖ为比例系数，可由 P-Q 曲线的非达西流段确定。

由于岩体中的裂隙形态及其网络特征在水力劈裂前、后具有某种几何相似性，式(3.2.10)在水力劈裂后仍然成立，且比例系数ϖ保持不变。将式(3.2.10)代入式(3.2.7)，并考虑到 $r_w \ll L$，可得水力劈裂段（$P>P_c$）的解析模型：

$$H = \frac{Q}{2\pi L K_v}\ln\left(\frac{L}{r_w}\right) + \frac{1}{r_w \varpi K_v^{3/2}}\left(\frac{Q}{2\pi L}\right)^2 \tag{3.2.11}$$

将压水试验数据代入式（3.2.11），即可解出在水力劈裂之后（$P>P_c$）岩体本征渗透系数 K_v 随注水压力 P 的变化规律。显然，式（3.2.9）和式（3.2.11）确定了 B 型 P-Q 曲线各个压力阶段对应的岩体渗透特性及渗流参数。对于 A 型曲线，若假定劈裂后的非达西渗流效应可以忽略，则可利用式（3.2.11）等号右端第一项确定岩体劈裂后与注水压力 P 相关的渗透系数 K；若非达西渗流效应不可忽略，则需通过相邻压水试段数据先确定比例系数ϖ，然后由式（3.2.11）和式（3.2.10）确定与 P 相关的 K_v、K_i。对于 C 型曲线，可令 $P_c=0$，$Q_c=0$，并按 A 型曲线的方式确定岩体的渗流参数。

需要指出的是，式（3.2.9）不仅适用于高压压水试验，还完全适用于常规压水试验。对于常规压水试验，当 P-Q 曲线为层流型和紊流型时，式（3.2.9）直接适用，且不再需要透水率 $q\leqslant 10$ Lu 的附加限制条件；对于充填型 P-Q 曲线，与紊流型类似，可由 P-Q 曲线的初始斜率按式（3.2.9a）确定岩体的渗透系数 K，且在裂隙发生充填之后，岩体的渗透系数降低，但这种充填是一种不稳定状态，在工程防渗设计和渗流分析中可不考虑充填引起的渗透系数变化；对于扩张型和冲蚀型，可分别按高压压水试验 A 型和 C 型曲线确定岩体的渗流参数，若忽略非达西渗流效应，则由这两种类型曲线计算出的岩体渗透系数 K 均随注水压力 P 的增大而增大，可取岩体工作压力（即正常运行工况下的水压力）对应的渗透系数为防渗设计和渗流分析的依据。

此外，尽管式（3.2.8）和式（3.2.9）是针对垂直钻孔提出的，但只要满足 $d_v/L>2$，即压水试段在地下水位之下的埋深 d_v（从试段上端点起算）超过试段长度的 2 倍，式（3.2.8）和式（3.2.9）也完全适用于倾斜钻孔（包括水平钻孔），且对 K_v 和 K_i 的估计误差不超过 5%（Li et al.，2021）。然而，当压水试段与地下水位距离较近（$d_v/L<2$）时，对于倾斜和水平钻孔，式（3.2.8）和式（3.2.9）对 K_v 与 K_i 的估算会产生较大误差。倾斜角度越小（即钻孔轴线与竖直方向的夹角越大），误差越大，且倾斜角度对 K_v 的影响更显著。

3. 解析模型的验证

采用数值模拟验证解析模型[式（3.2.7）～式（3.2.9）]的正确性。以白垩系碎屑岩

中的一典型试段为例进行介绍，该试段长 $L=5.5$ m，钻孔半径 $r_w=45.5$ mm （Chen et al., 2015c）。以压水试段为中心，选取直径和高度均为 100 m 的圆柱形岩体作为计算范围，如图 3.2.7（a）所示。采用有限单元法对各级注水压力下的稳定渗流进行模拟，计算网格从孔壁向外由密变疏，共划分单元 347 842 个、节点 530 448 个，如图 3.2.7（b）所示。根据压水试验条件，孔壁处施加恒定压力水头 $h=H$，模型外表面则施加零压力水头边界条件。渗流服从 Forchheimer 定律，因而需要通过迭代进行渗流场的求解，迭代收敛标准为$\|\boldsymbol{h}_{i+1}-\boldsymbol{h}_i\|_2 \leqslant \varepsilon\|\boldsymbol{h}_i\|_2$，$\boldsymbol{h}$ 为节点压力水头列阵，i 为迭代步，ε为容许误差，取$\varepsilon=1\times10^{-6}$。

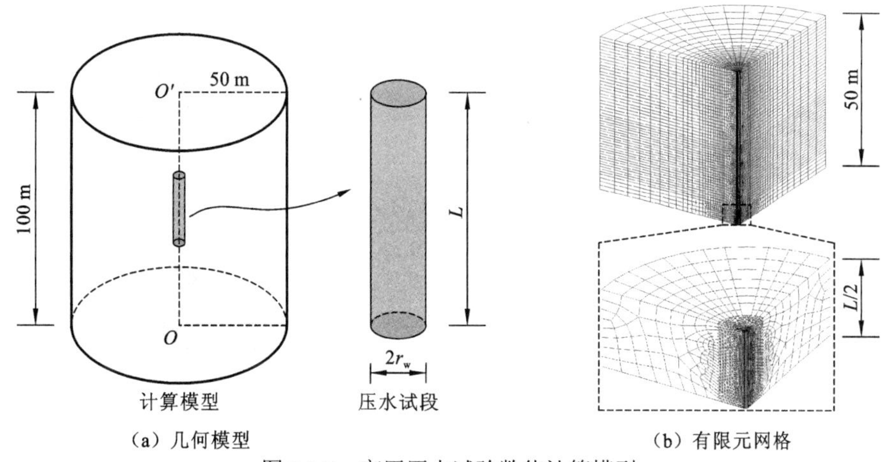

（a）几何模型　　（b）有限元网格

图 3.2.7　高压压水试验数值计算模型

该试段的实测 H-Q 曲线如图 3.2.8（a）所示，采用式（3.2.1a）对试验曲线进行拟合，得 $c_1=9.22\times10^5\ \mathrm{s/m^2}$，$c_2=9.68\times10^9\ \mathrm{s^2/m^5}$，再将 c_1 和 c_2 代入式（3.2.9），得 $K_v=1.5\times10^{-5}$ cm/s，$K_i=1.9\times10^{-8}\ \mathrm{cm^2/s^2}$。图 3.2.8 给出了 H-Q 曲线、最大注水压力（$H=537$ m）下径向方向压力水头 h 的分布，以及各级压力下流量 Q 的数值解和解析解的对比，可见解析解与数值解完全吻合，从而验证了高压压水试验解析模型的正确性。此外，图 3.2.8（a）和（b）还对比了惯性渗透系数 K_i 增大和减小 1 个数量级情况下的数值解和解析解，表明惯性渗透系数 K_i 越大，水流惯性效应越弱，H-Q 曲线越趋近于线性关系，水压力在岩体中的衰减越缓慢；反之，若惯性渗透系数 K_i 越小，水流惯性效应越强，H-Q 曲线越

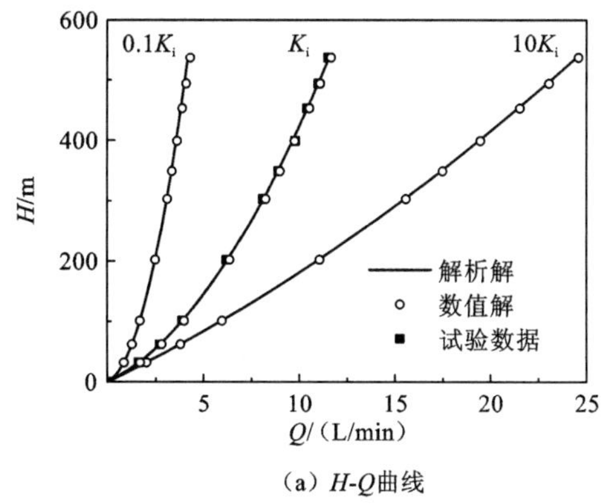

（a）H-Q曲线

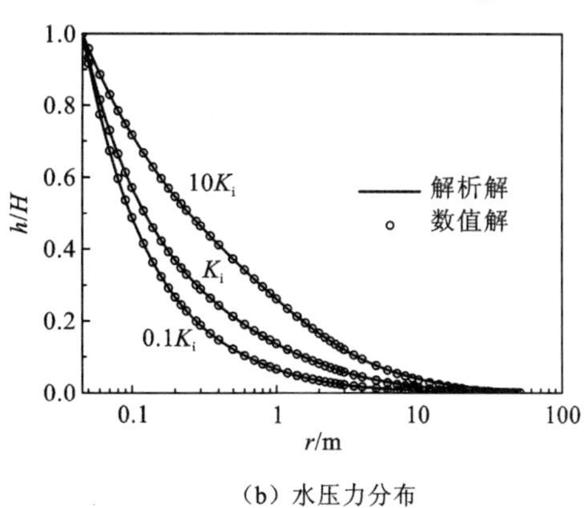

（b）水压力分布

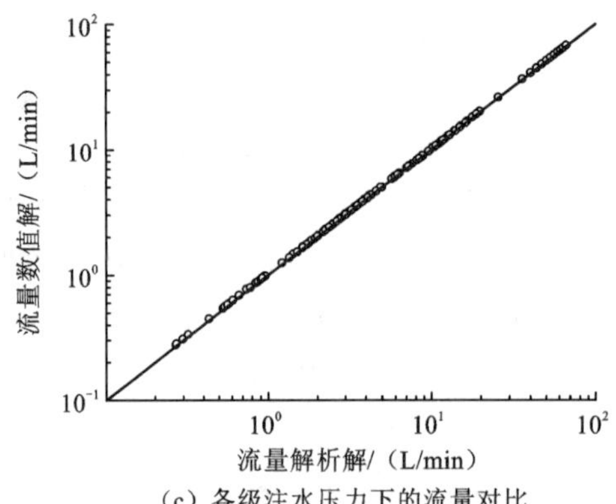

（c）各级注水压力下的流量对比

图 3.2.8　碎屑岩中典型试段高压压水试验数值解与解析解的对比

偏离线性关系，水压力在岩体中的衰减越快。因此，即使岩体的本征渗透系数 K_v 相同，当惯性渗透系数 K_i 不同时，岩体中的水压力分布及局部渗压梯度也不相同，因而岩体的渗透稳定性也不相同。岩体渗流的非达西效应越强，局部渗压梯度越大，发生渗透破坏的风险也就越大。

3.2.4　岩体透水率的取值方法

1. 岩体透水率取值问题

如 2.3.2 小节所述，透水率 q 是水利水电工程防渗设计的重要依据。例如，我国行业标准规定，混凝土重力坝和拱坝坝基帷幕体及相对隔水层的透水率，根据不同坝高采用如下控制标准：坝高在 100 m 以上，透水率 q 为 1～3 Lu；坝高为 50～100 m，透水率 q 为 3～5 Lu；坝高在 50 m 以下，透水率 q 不大于 5 Lu（中华人民共和国水利部，2018a，2018b）。

透水率 q 由钻孔压水试验确定，其物理意义是在单位注水压力作用下，单位时间内压入单位长度试段内的水量，定义为

$$q=\frac{Q}{PL} \tag{3.2.12}$$

式中：Q 为压入流量（L/min）；P 为试验压力（MPa）；L 为试段长度（m）。

对于常规压水试验，透水率 q 一般按最大压力阶段的压力和流量计算。对于高压压水试验，如何合理确定岩体的透水率却长期存在分歧。主流观点有两种：一种是参照常规压水试验，按最大注水压力 P_{max} 计算岩体的透水率（张世殊，2002）；另一种是按照岩体工作压力 P_{op} 确定岩体的透水率（刘世明 等，1996）。这两种观点均忽略了高渗压作用下岩体渗流的非线性效应，因而透水率的取值问题需要进一步讨论。

由式（3.2.12）可知，当 P-Q 曲线呈线性关系时，透水率 q 与 P-Q 曲线的斜率成反比；当 P-Q 曲线呈非线性关系时，透水率 q 与 P-Q 曲线的割线斜率成反比，因而透水率显然是随着注水压力 P 的增大而变化的（黄勇 等，2013；张世殊，2002）。对于常规压

水试验，最大试验压力一般多取 P_{max}=1 MPa，岩体发生劈裂、扩张的可能性较小，岩体中的渗流多呈达西流态，或者非线性程度较低，P-Q 曲线也呈线性或近似线性关系，因而按 P_{max} 计算岩体的透水率是合理的。但对于高压压水试验，P_{max} 可能远大于 1 MPa，P-Q 曲线常因渗流流态变化或水-力耦合效应而呈现显著的非线性特征，因而透水率 q 随试验压力 P 变化，且 P-Q 曲线类型不同，透水率的变化规律也不相同。

不妨以 B 型 P-Q 曲线为例，阐述透水率 q 随试验压力 P 的变化规律，如图 3.2.9 所示。在初始压力阶段（$P=P_1$，P_1 为初始压力阶段的试验压力），割线斜率最小，且趋近于 P-Q 曲线的初始斜率，因而透水率 q 最大，且由式（3.2.9a）可知，此时的透水率 q 与岩体的达西渗透系数 K_v 成正比，即反映了岩体的本征渗透性。当 $P<P_c$ 时，P-Q 曲线由于水流惯性效应凸向 Q 轴，割线斜率随着 P 的增大而增大，因而透水率 q 随 P 的增大而减小，在 $P=P_c$ 处 q 往往趋近于最小值；当 $P>P_c$ 时，裂隙产生扩张，或者岩体发生劈裂，P-Q 曲线出现拐点，岩体渗透性增强，割线斜率随 P 的增大而减小，因而 q 随 P 的增大而增大。在整个压水试验过程中，透水率的最大值 q_{max} 通常出现在初始压力阶段（$P\to0$），仅当最大试验压力较大、岩体水-力耦合效应极为强烈时，q_{max} 才可能出现在最大压力阶段（$P=P_{max}$）。由图 3.2.9 可见，透水率 q 无论是按 P_{op} 还是按 P_{max} 取值，均无法反映岩体固有的渗透特性，且可能明显低估岩体的透水率，导致防渗帷幕设计偏不安全。

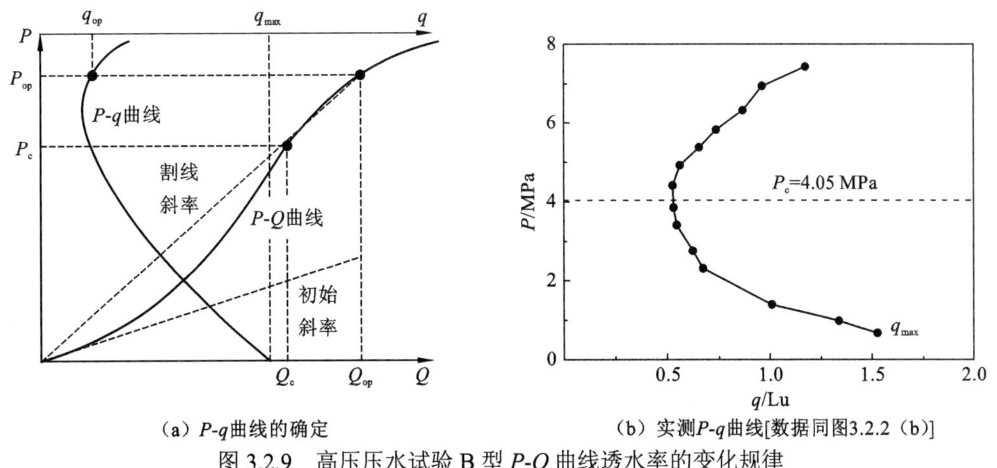

（a）P-q曲线的确定　　（b）实测P-q曲线[数据同图3.2.2（b）]

图 3.2.9　高压压水试验 B 型 P-Q 曲线透水率的变化规律

Q_{op} 和 q_{op} 分别为岩体工作压力 P_{op} 对应的注入流量与透水率

图 3.2.10 给出了实测 A 型和 C 型 P-Q 曲线对应的 P-q 曲线。显然，对于 A 型曲线，当 $P<P_c$ 时，q 基本保持不变；当 $P>P_c$ 时，q 随 P 的增大而增大。对于 C 型曲线，q 也随 P 的增大而增大。这两种类型的曲线由于水力劈裂或裂隙冲蚀，透水率最大值 q_{max} 一般出现在最大压力阶段（$P=P_{max}$）。

2. 岩体透水率的确定

由上述分析可见，岩体的透水率按工作压力 P_{op} 或最大试验压力 P_{max} 取值，不仅缺乏理论依据，也不是偏安全的考虑。对于高压压水试验，透水率 q 实际上表征了各级试验压力下岩体的表观渗透系数 K_{app}，而表观渗透系数 K_{app} 则包含了流态变化、水力劈裂或裂隙冲蚀等因素的影响。透水率的取值既要考虑岩体的本征渗透特性，又要综合反映水力劈裂和裂隙冲蚀的影响。鉴于此，岩体的透水率可按岩体工作压力范围内各级注水压力下透水率的最大值进行取值：

$$q = q_{max} = \max\left\{ q_i = \frac{Q_i}{P_i L} \middle| \ P_1 \leqslant P_i \leqslant P_{op} \right\} \tag{3.2.13}$$

式中：P_i、Q_i 和 q_i 分别为第 i 级压力阶段的试验压力、注入流量和透水率。

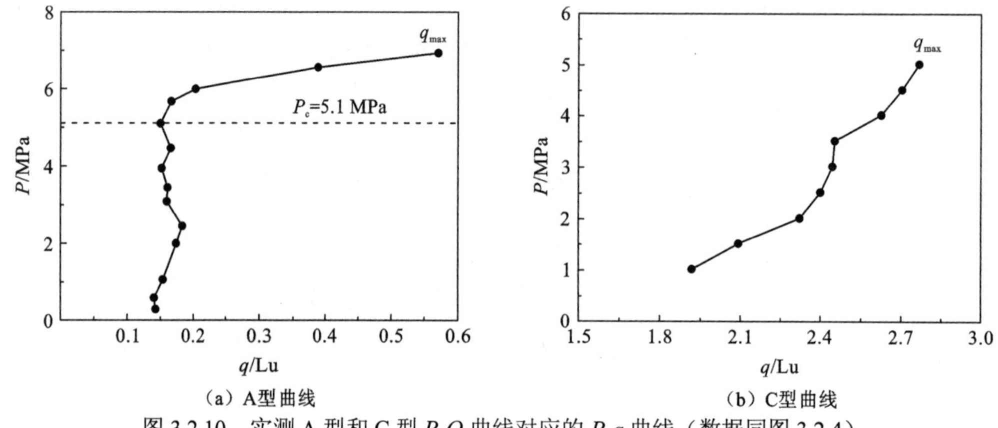

图 3.2.10 实测 A 型和 C 型 *P-Q* 曲线对应的 *P-q* 曲线（数据同图 3.2.4）

由式（3.2.13）可知，对于 B 型曲线，多数情况下 q_{max} 出现在初始压力阶段，因而透水率 q 也按初始压力阶段的透水率取值，该取值恰好表征了与水流流态或裂隙充填无关的岩体本征渗透特性。但若 P_{op} 远大于劈裂压力 P_c，且 q_{max} 出现在 P_{op} 附近，则按岩体工作压力 P_{op} 下的透水率取值，从而反映了岩体发生水力劈裂后的渗透特性。对于 A 型和 C 型曲线，q_{max} 一般均出现在 P_{op} 附近，即按工作压力 P_{op} 下的透水率取值，该取值反映了岩体水力劈裂或裂隙冲蚀后的渗透特性。

式（3.2.13）综合考虑了渗流流态、水力劈裂、裂隙冲蚀/充填等因素对岩体透水率的影响，不仅具有较为明确的物理意义，而且适用于各种 *P-Q* 曲线类型。更重要的是，对于工程防渗设计，这是一种偏安全的考虑。因此，该透水率取值方法被《水电工程钻孔压水试验规程》（NB/T 35113—2018）采纳（国家能源局，2018）。事实上，对于常规压水试验，当 *P-Q* 曲线呈现非线性时，也可以采用式（3.2.13）计算岩体的透水率。

3.2.5 工程应用实例

1. 工程概况

琼中抽水蓄能电站位于海南省琼中黎族苗族自治县境内，其高压水道和高压岔管均采用钢筋混凝土衬砌形式，高压岔管埋深 487.5 m，承受的最大静水头为 390.1 m，动水头达 544.4 m，引水隧道主洞直径为 8.4 m，在下平段经岔管一分为三，3 条支管的直径均为 3.8 m，如图 3.2.11 所示。高压水道和高压岔管布置区的地层岩性为下白垩统鹿母湾组（K_1lm）含砾砂岩、含砾长石石英砂岩，下伏印支期花岗岩（$\eta\gamma_5^{1-3}$），属坚硬岩类，围岩类别以 II、III 类为主，局部为 IV 类。高压岔管布置区主要发育有 F_{49} 断层，其产状为 N10° W/NE∠52° ～62°，断层破碎带宽 0.02～0.3 m，影响带宽 0.05～0.4 m。此外，还发育有多条规模较小的断层和三组中陡倾角优势裂隙，平硐揭示的裂隙发育密度为 2～4 条/m。地应力以自重应力场为主，大主应力近垂向，量值为σ_1=6.6～8.4 MPa；中、小主应力近水平向，量值分别为σ_2=4.8～6.2 MPa 和σ_3=4.4～5.7 MPa。

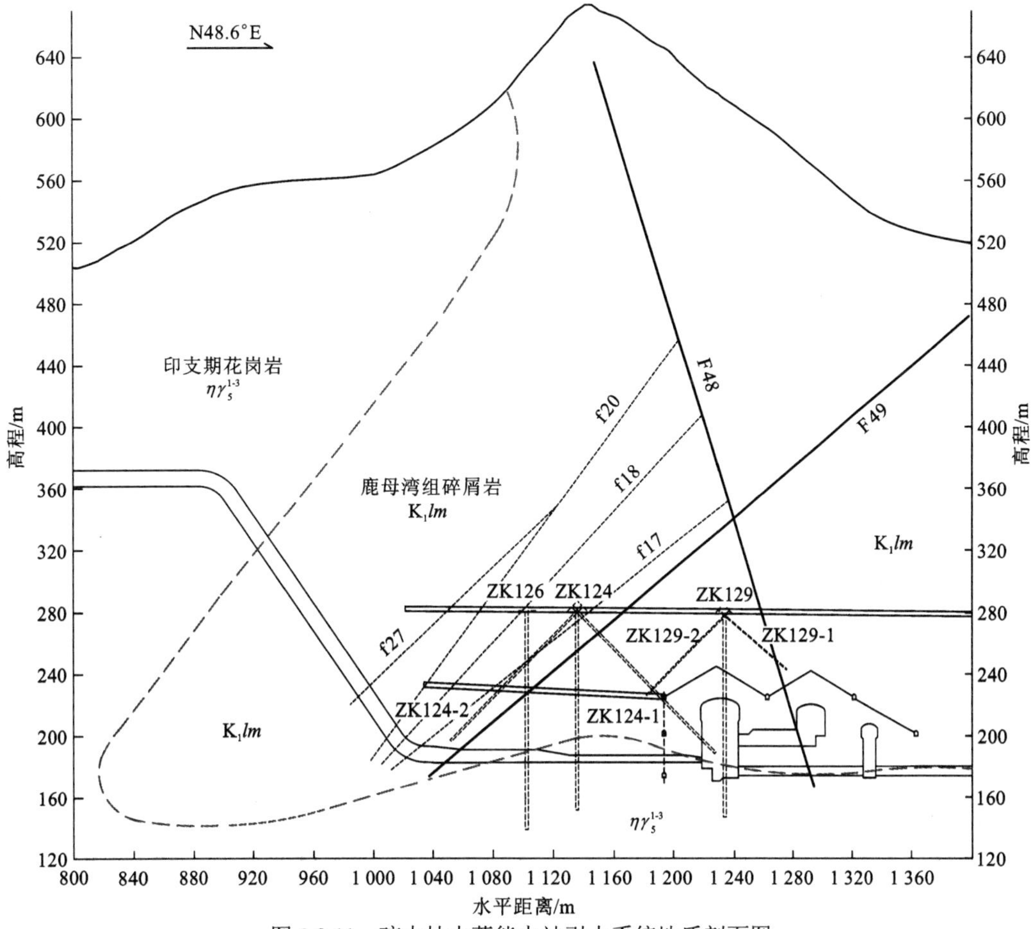

图 3.2.11　琼中抽水蓄能电站引水系统地质剖面图

高压水道及高压岔管钢筋混凝土衬砌采用限裂设计，且内水压力较高，围岩地质条件较为复杂，因而高内水压力作用下的内水外渗及围岩的渗透稳定性是工程建设的关键问题之一。为了揭示高渗压作用下围岩的渗透特性，在高压水道及高压岔管布置区的 8 个钻孔中开展了高压压水试验，如图 3.2.11 所示。钻孔直径为 $2r_w$=91 mm，试段长度为 L=4.5～6.0 m，最大试验压力约为 P_{max}=7 MPa。各钻孔试段的高压压水试验先按常规压水试验逐级升压至 1 MPa，而后从 P=2 MPa 开始，按 0.5 MPa 的增量逐级升高压力，直至 P_{max}。各级压力下的压水试验采用快速法。这里着重分析 ZK124、ZK126、ZK129-1

和 ZK129-2 四个钻孔的高压压水试验成果，这四个钻孔的孔深分别为 142.1 m、130.0 m、33.4 m 和 45.2 m，有效试验段数共计 39 段，涉及的岩性包括鹿母湾组碎屑岩和印支期花岗岩。

2. 岩体渗流参数及透水率的确定

对上述 39 段高压压水试验数据的分析表明（Zhou et al.，2018；刘明明 等，2016；Chen et al.，2015b，2015c；孟如真 等，2014），P-Q 曲线均为 B 型，仅有 7 段曲线接近 A 型，且多数试段（28 段）存在明显的劈裂压力 P_c，其值为 3.49～6.03 MPa，如表 3.2.1 所示。在岩体发生水力劈裂之前（$P<P_c$），P-Q 曲线均可以很好地采用式（3.2.1a）进行拟合，决定系数 $R^2>0.98$，表明在高压压水试验条件下，各试段均出现了不同程度的非达西流态（拟合系数 $c_1>0$，$c_2>0$），个别试段还出现了紊流现象（$c_1=0$，$c_2>0$）。结合钻孔电视录像揭示的裂隙发育特征，对各试段从达西流态转变为非达西流态的临界雷诺数 Re_c 进行了估算，表明 $Re_c=25$～66，均值为 48，与 Kohl 等（1997）、Zimmerman 等（2004）对岩体流态转变判据的估计基本一致。此外，劈裂压力 P_c 与岩体的完整性和地应力水平密切相关，可由岩石质量指标 RQD 和小主应力σ_3 按下式估算：$P_c=0.67\sigma_3+4.19\text{RQD}^{2.68}$，决定系数 $R^2=0.88$。由式（3.2.9）和式（3.2.13）确定各试段岩体的渗流参数 K_v、K_i 和透水率 q，如表 3.2.1 所示。碎屑岩和花岗岩地层渗流参数的变化范围如表 3.2.2 所示，表明高压岔管区的围岩总体属于弱透水—微透水岩体，K_v 的变化范围约为 1 个数量级，但 K_i 的变化范围较大，达 3 个数量级。

表 3.2.1 高压压水试验统计结果

试段	试段长/m	曲线类型	岩性	P_{max}/MPa	Q_{max}/（L/min）	P_c/MPa	Q_c/（L/min）	K_v/（cm/s）	K_i/（cm²/s²）	q/Lu
1	5.0	B	碎屑岩	7.19	10.6	5.47	5.1	2.80×10^{-6}	1.53×10^{-8}	0.21
2	5.0	B	碎屑岩	6.52	10.8	3.51	3.8	3.79×10^{-6}	9.07×10^{-9}	0.29
3	5.0	B	碎屑岩	7.01	5.3	—	—	2.79×10^{-6}	7.78×10^{-9}	0.22
4	5.2	B	碎屑岩	7.11	16.0	3.51	2.6	2.92×10^{-6}	2.72×10^{-9}	0.21
5	5.0	B	花岗岩	7.23	25.5	5.61	19.2	—	4.02×10^{-8}	3.13
6	4.5	B	花岗岩	6.43	34.5	5.09	8.4	5.34×10^{-6}	5.78×10^{-8}	0.48
7	5.6	B	花岗岩	7.05	99.1	4.04	8.5	1.16×10^{-5}	1.54×10^{-8}	1.45
8	6.0	B	花岗岩	7.12	10.0	4.59	4.9	6.06×10^{-6}	3.30×10^{-9}	0.50
9	6.0	B	花岗岩	7.05	37.6	4.96	4.9	2.28×10^{-6}	1.52×10^{-7}	0.24
10	4.9	B	花岗岩	7.02	5.0	5.08	1.7	7.92×10^{-6}	3.99×10^{-10}	0.20
11	4.9	B	花岗岩	6.97	3.3	3.54	0.8	8.40×10^{-7}	3.42×10^{-10}	0.07
12	5.3	B	碎屑岩	7.00	7.5	5.00	2.4	2.30×10^{-6}	1.44×10^{-9}	0.13

续表

试段	试段长/m	曲线类型	岩性	P_{max}/MPa	Q_{max}/（L/min）	P_c/MPa	Q_c/（L/min）	K_v/（cm/s）	K_i/（cm^2/s^2）	q/Lu
13	5.0	B	碎屑岩	7.07	14.5	—	—	1.01×10^{-5}	3.28×10^{-8}	1.38
14	4.9	B	碎屑岩	6.83	6.6	—	—	3.90×10^{-6}	8.67×10^{-9}	0.31
15	5.0	B	碎屑岩	6.81	8.4	—	—	6.55×10^{-6}	1.05×10^{-8}	1.00
16	5.1	B	碎屑岩	6.99	13.4	6.03	9.6	6.11×10^{-6}	2.63×10^{-8}	0.67
17	5.2	B	碎屑岩	7.01	13.0	—	—	8.13×10^{-6}	2.82×10^{-8}	0.61
18	5.4	B	碎屑岩	7.07	7.0	—	—	8.07×10^{-6}	5.18×10^{-9}	0.68
19	5.0	B	碎屑岩	7.02	6.6	—	—	3.84×10^{-6}	8.33×10^{-9}	0.30
20	5.4	B	碎屑岩	6.99	4.7	4.65	2.2	3.70×10^{-6}	8.23×10^{-10}	0.37
21	5.4	B	花岗岩	7.10	7.5	5.00	2.4	2.00×10^{-6}	1.38×10^{-9}	0.16
22	5.2	B	花岗岩	7.04	32.2	4.02	2.4	1.16×10^{-6}	1.96×10^{-7}	0.23
23	5.7	B	花岗岩	7.23	25.5	3.69	15.8	—	3.51×10^{-8}	2.74
24	5.5	B	花岗岩	7.03	15.8	3.56	6.2	—	5.57×10^{-9}	1.17
25	5.2	B	花岗岩	7.08	9.0	5.57	6.7	—	4.57×10^{-9}	1.27
26	4.5	B	花岗岩	7.00	12.1	5.52	10.1	—	1.42×10^{-8}	1.75
27	5.2	B	碎屑岩	7.02	18.8	—	—	7.35×10^{-6}	2.56×10^{-7}	0.52
28	5.2	B	碎屑岩	7.00	16.0	—	—	6.08×10^{-6}	2.70×10^{-7}	0.44
29	5.3	B	碎屑岩	7.08	14.3	3.49	4.6	5.92×10^{-6}	7.01×10^{-9}	0.38
30	5.1	B	碎屑岩	6.92	7.0	5.43	4.1	2.42×10^{-6}	7.72×10^{-9}	0.20
31	5.4	B	碎屑岩	7.09	12.0	4.54	3.0	2.52×10^{-6}	2.58×10^{-9}	0.31
32	5.4	B	碎屑岩	7.06	45.8	5.48	3.8	2.24×10^{-6}	4.98×10^{-9}	1.20
33	5.2	B	碎屑岩	7.07	48.6	3.49	12.3	3.83×10^{-5}	2.96×10^{-8}	1.32
34	5.4	B	碎屑岩	7.10	73.9	4.46	7.7	6.05×10^{-6}	1.99×10^{-8}	1.93
35	5.0	B	碎屑岩	7.06	63.5	—	—	—	3.85×10^{-7}	1.80
36	5.5	B	碎屑岩	7.04	29.5	5.37	11.5	1.50×10^{-5}	1.85×10^{-8}	0.76
37	5.0	B	碎屑岩	7.08	10.7	3.88	4.2	3.72×10^{-6}	1.08×10^{-8}	0.30
38	5.0	B	碎屑岩	7.09	5.2	—	—	2.27×10^{-6}	9.19×10^{-9}	0.15
39	5.2	B	碎屑岩	6.93	20.2	5.10	3.7	2.30×10^{-6}	7.20×10^{-9}	0.56

注：Q_{max} 为最大试验压力 P_{max} 对应的注入流量。

表 3.2.2 岩体渗流参数取值

岩性	参数范围			P-$\overline{Q}$ 曲线		算术平均值				
	K_v/（cm/s）	K_i/（cm²/s²）	q/Lu	K_v/（cm/s）	K_i/（cm²/s²）	K_v/（cm/s）	K_i/（cm²/s²）	$\overline{q}$ /Lu	$\overline{q}_{op}$ /Lu	$\overline{q}_{mp}$ /Lu
碎屑岩	2.24×10^{-6}～3.83×10^{-5}	3.99×10^{-10}～3.85×10^{-7}	0.13～1.93	6.26×10^{-6}	8.76×10^{-8}	6.37×10^{-6}	4.56×10^{-8}	0.63	0.27	0.39
花岗岩	8.40×10^{-7}～1.16×10^{-5}	8.23×10^{-10}～1.96×10^{-7}	0.07～3.13	4.12×10^{-6}	2.70×10^{-8}	4.65×10^{-6}	5.33×10^{-8}	1.03	0.39	0.66

需要指出的是，由于岩体的非均质性，同一岩层中的不同试段所给出的 K_v 和 K_i 是不同的。估算某个地层非达西渗流参数的方法有两种：一是直接对该地层内所有试段的 K_v 和 K_i 取算术平均，但 K_i 均值的物理意义较为模糊；二是考虑各试段长度 L 的差异，首先将各级压力 P 下的流量 Q 按 $Q_0=QL_0/L$ 折算为标准试段长度 $L_0=5$ m 下的流量 Q_0，然后利用该地层中所有试段劈裂前的 P-Q_0 数据，确定各级压力 P 下的平均流量 $\overline{Q}$，最后由 P-$\overline{Q}$ 曲线确定地层的代表性 K_v 和 K_i。若各级压力 P 均严格控制在设定值上，则可直接对 Q_0 取算术平均确定该级压力下的平均流量 $\overline{Q}$；而当各级压力 P 在设定值附近变化幅度较大时，可通过拟合所有试段的 P-Q_0 数据确定 P-$\overline{Q}$ 曲线。

高压岔管区碎屑岩和花岗岩地层的 P-$\overline{Q}$ 曲线如图 3.2.12 所示，按 P-$\overline{Q}$ 曲线和算术平均方法确定的地层渗流参数如表 3.2.2 所示。由表 3.2.2 可知，两种方法确定的地层达西渗透系数 K_v 基本一致，但惯性渗透系数 K_i 差别较大，两者的差别约在一倍范围内。总体上，按 P-$\overline{Q}$ 曲线确定的渗流参数具有更明确的物理意义，可作为地层非达西渗流参数取值的依据。此外，表 3.2.2 还给出了两个地层按式（3.2.13）、岩体工作压力 $P_{op}=5.44$ MPa（按动水压力取值）和最大试验压力 P_{max} 确定的透水率均值 $\overline{q}$ 、$\overline{q}_{op}$ 和 $\overline{q}_{mp}$ ，可知碎屑岩和花岗岩地层的平均透水率 $\overline{q}$ 分别为 0.63 Lu 和 1.03 Lu，但 $\overline{q}_{op}$ 和 $\overline{q}_{mp}$ 均明显小

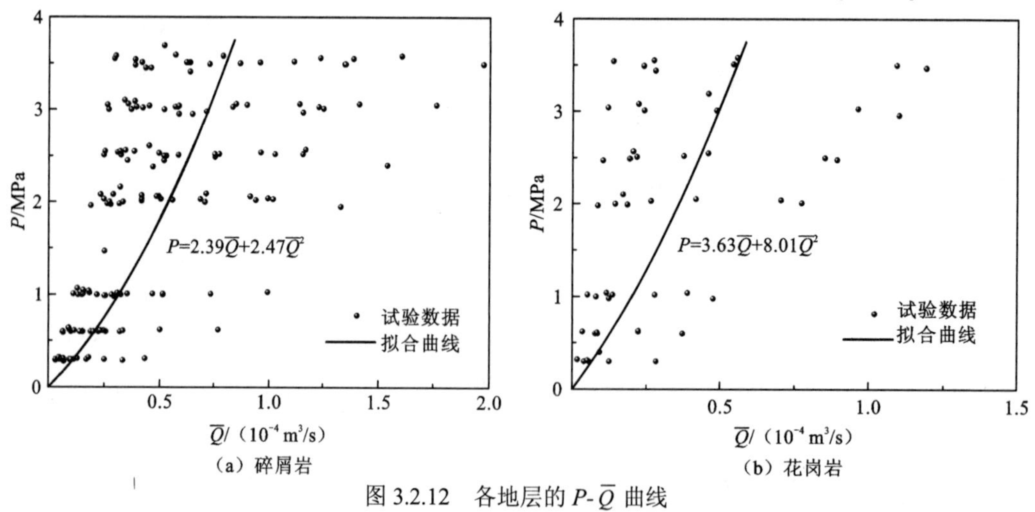

图 3.2.12 各地层的 P-$\overline{Q}$ 曲线

于 $\bar{q}$，这表明由于岩体渗流的非线性，按岩体工作压力或最大试验压力确定的透水率都将显著低估地层的渗透性，进而可能增大围岩防渗设计的安全风险。

试验压力超过劈裂压力后（$P>P_c$），岩体的渗流参数 K_v 和 K_i 将随试验压力 P 的变化而变化，可由式（3.2.11）和式（3.2.10）估算。图 3.2.13 给出了两个典型试段渗流参数 K_v 和 K_i 随压力 P 的变化规律，表明在岩体发生水力劈裂后，非达西渗流参数 K_v 和 K_i 均随注水压力 P 呈明显的增大趋势。

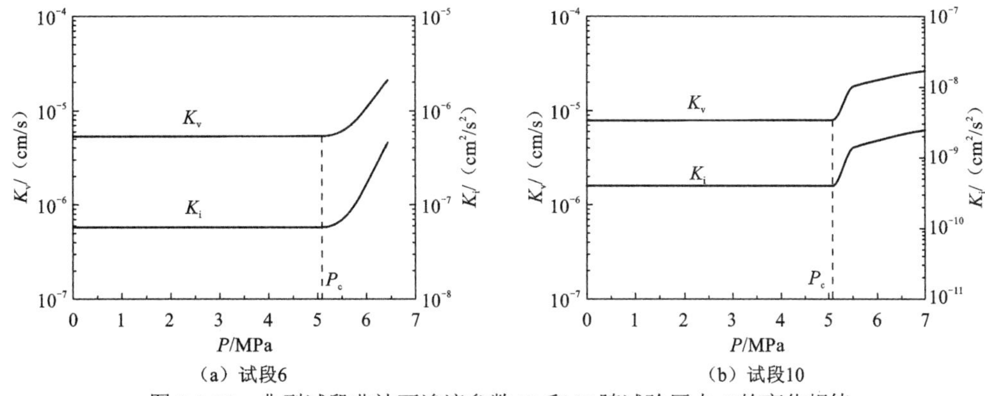

图 3.2.13　典型试段非达西渗流参数 K_v 和 K_i 随试验压力 P 的变化规律

3.3　非稳定流条件下含水层的非达西渗流特性

3.3.1　概述

抽水试验是确定含水层水文地质参数的重要现场试验技术。在抽水过程中，含水层的地下水位不断下降，降落漏斗不断扩大，地下水流向抽水井的运动呈非稳定状态。依据抽水条件建立的水文地质模型称为井流模型。井流模型的建立涉及两个基本问题：一是流动维度；二是渗流流态。为了简化建模，地下水向井的流动常被简化为一维线状流（Miller，1962）或二维径向流（Theis，1935），但由于岩体含水层强烈的非均质性和各向异性，地下水的流动通道高度曲折，地下水的流动维度往往与模型假设不符。Barker（1988）将流动维度 n 视为待定的水文地质参数，首次提出了达西流条件下考虑任意流动维度（$1\leqslant n\leqslant 3$）的广义径向流模型。此后，非整数维模型得到了进一步的发展和应用（Walker et al.，2006；Delay et al.，2004；Le Borgne et al.，2004；Walker and Roberts，2003；Leveinen，2000），非整数维的物理意义也逐渐与流动通道的分形维数（Acuna and Yortsos，1995）或含水层的多尺度非均质性（Le Borgne et al.，2004）关联起来。

另外，随着抽水流量的增大，含水层中的渗透流速增大，且越靠近井壁，渗透流速越大。相应地，水流的惯性效应也逐渐增强，渗流的流态也逐渐从达西流态转变为非达西流态。对于简单的流动维度（一维线状流 $n=1$ 或二维径向流 $n=2$），人们已经建立了一系列基于 Izbash 定律或 Forchheimer 定律的非达西井流模型（Mathias et al.，2008；Wen et al.，2008；Wu，2002；Sen，1990，1987；Basak，1977）。那么，是否可能把上述两方面的工作有机结合起来，建立考虑任意流动维度（$1\leqslant n\leqslant 3$）的广义非达西径向流模型呢？答案是肯定的。本节首先介绍一维线状流条件下基于Forchheimer定律的非达西井流模型，再给出广义非达西径向流模型及含水层水文地质参数的确定方法。

3.3.2 非达西线状流模型

1. 问题的提出

含水层中的地下水向井的流动过程中，若所有流线均为直线且相互平行，则这种流动称为线状流。这种流动模式通常发生在强透水裂隙带或断层带、侧向含天然或人工隔水边界的含水层、狭长形油气储层及页岩气或增强地热储层水力压裂井中（Behmanesh et al.，2018；Wang et al.，2017；Escobar et al.，2007；Jenkins and Prentice，1982）。

线状流条件下的抽水试验实际上是侧向受限的二维流动问题，如图3.3.1所示。承压含水层侧向隔水，含水层宽度为 W，厚度为 b。抽水井位于含水层宽度中心线上，半径为 r_w，抽水流量为 Q。在达西流条件下，该问题既可采用基于Theis公式的镜像法求解（Dewandel et al.，2014），又可将其简化为一维流（$n=1$）问题进行求解（Jenkins and Prentice，1982；Miller，1962）。对比分析表明（Chen et al.，2019），只要抽水的时间适当长或与井的距离适当远（如 $x>W$），含水层降深的一维流解答就足够精确。

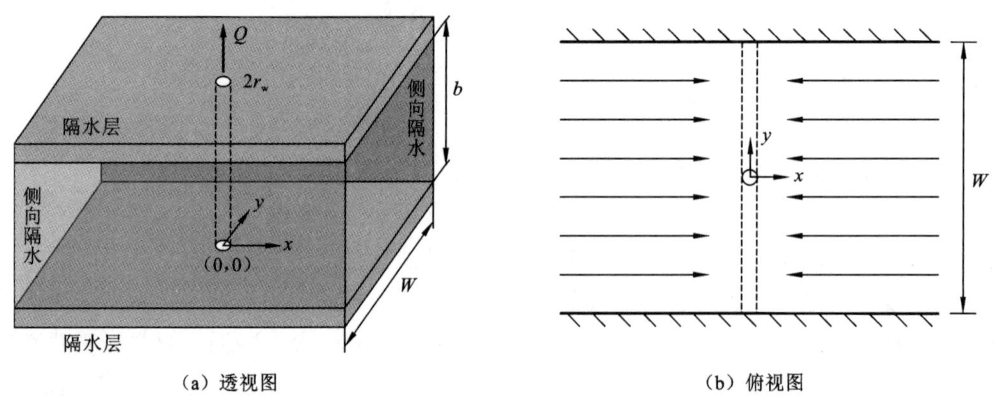

（a）透视图　　（b）俯视图

图3.3.1　侧向隔水条件下承压含水层抽水试验示意图

当含水层中的流速较大、渗流呈现非达西流态时，镜像法不再适用，通常将问题简化为一维流问题进行求解（Sen，1987）。该问题尽管相对简单，但解析解还不够完善（Chen et al.，2019），导致非达西渗流参数的确定还存在一定的困难。

2. 解析模型的建立

在线状流条件下，含水层中的水流连续性方程可以表达为（Sen，1987）

$$-S_s\frac{\partial h}{\partial t}=\frac{\partial v}{\partial x} \tag{3.3.1}$$

式中：h 为含水层的水位降深（m）；v 为比流量或渗透流速（m/s）；S_s 为储水率（m^{-1}）；x 为流动方向上的坐标（m）；t 为时间（s）。

定流量抽水试验的初始条件和边界条件为

$$h(x,0)=0 \tag{3.3.2a}$$

$$h(\infty,t)=0 \tag{3.3.2b}$$

$$\lim_{x\to 0}(2bWv)=Q \tag{3.3.2c}$$

式中：Q 为从井中抽取的流量（m^3/s）。式（3.3.2a）～式（3.3.2c）分别表示在初始时刻（t=0）和无穷远处（$x\to\infty$）含水层的降深为零，在抽水井处（$x\to 0$）以定流量 Q 抽水。这里忽略了井储效应，即假定井半径 r_w 很小。

假定含水层中的水流服从 Forchheimer 定律：

$$-\frac{\partial h}{\partial x}=\frac{v}{K_v}+\frac{v^2}{K_i} \tag{3.3.3}$$

式中：K_v 为含水层的黏性渗透系数（m/s）；K_i 为惯性渗透系数（m^2/s^2）。

将式（3.3.3）代入式（3.3.1）可得含水层中水流运动的控制方程，但该方程是非线性的，难以解析求解。常用的简化方法是对 Forchheimer 方程进行线性化近似，即将式（3.3.3）等号右端非线性项中任意位置 x 处的渗透流速用平均流速 $v=Q/(2bW)$替换。有两种近似化策略可供选用（Chen et al.，2019）：第一种策略是直接修改 Forchheimer 方程中的二次项，其实质是将含水层的黏性渗透系数 K_v 替换为考虑水流惯性效应的表观渗透系数 K_{app}，即

$$-\frac{\partial h}{\partial x}=v\left(\frac{1}{K_v}+\frac{v}{K_i}\right)\approx v\left(\frac{1}{K_v}+\frac{Q}{2bWK_i}\right)\Rightarrow -\frac{\partial^2 h}{\partial x^2}=\left(\frac{1}{K_v}+\frac{Q}{2bWK_i}\right)\frac{\partial v}{\partial x} \tag{3.3.4a}$$

另一种策略是先对式（3.3.3）求 x 的偏导，然后再对 v 进行线性化近似，即

$$-\frac{\partial h}{\partial x}=\frac{v}{K_v}+\frac{v^2}{K_i}\Rightarrow -\frac{\partial^2 h}{\partial x^2}=\left(\frac{1}{K_v}+\frac{2v}{K_i}\right)\frac{\partial v}{\partial x}\approx\left(\frac{1}{K_v}+\frac{Q}{bWK_i}\right)\frac{\partial v}{\partial x} \tag{3.3.4b}$$

不难看出，式(3.3.4b)对惯性效应的估计是式(3.3.4a)的两倍。因此，对 Forchheimer 定律进行线性化近似的一般性策略可以表达为（Chen et al.，2019）

$$-\frac{\partial^2 h}{\partial x^2}\approx\left(\frac{1}{K_v}+\frac{Q}{\lambda_F bWK_i}\right)\frac{\partial v}{\partial x} \tag{3.3.5}$$

式中：λ_F 为常数，可以通过数值模拟或抽水试验数据进行率定，其取值范围建议为 $1\leqslant\lambda_F\leqslant 2$。

将式（3.3.5）代入式（3.3.1）可得如下线性偏微分方程：

$$\frac{\partial^2 h}{\partial x^2}=A_c\frac{\partial h}{\partial t} \tag{3.3.6a}$$

$$A_c=S_s\left(\frac{1}{K_v}+\frac{Q}{\lambda_F bWK_i}\right) \tag{3.3.6b}$$

对式（3.3.6）进行 Laplace 变换，可得非达西线状流条件下，含水层水位降深的解

析公式（具体推导过程见附录）：

$$h(x,t)=x\left[\frac{Q}{2bWK_{\mathrm{v}}}+\frac{1}{K_{\mathrm{i}}}\left(\frac{Q}{2bW}\right)^2\right]\left(\frac{\mathrm{e}^{-u}}{\sqrt{\pi u}}-\mathrm{erfc}\sqrt{u}\right) \tag{3.3.7a}$$

$$u=\frac{A_{\mathrm{c}}x^2}{4t} \tag{3.3.7b}$$

$$\mathrm{erfc}\,(u)=1-\frac{2}{\sqrt{\pi}}\int_0^u \mathrm{e}^{-\hat{\eta}^2}\mathrm{d}\hat{\eta} \tag{3.3.7c}$$

式中：u 为无量纲参数；erfc(·)为互补误差函数。

当 $K_{\mathrm{i}}\to\infty$，即水流惯性效应可以忽略时，式（3.3.7）立即退化为如下一维达西流模型（Jenkins and Prentice，1982；Miller，1962）：

$$h(x,t)=\frac{Qx}{2bWK}\left(\frac{\mathrm{e}^{-u}}{\sqrt{\pi u}}-\mathrm{erfc}\sqrt{u}\right) \tag{3.3.8a}$$

$$u=\frac{S_{\mathrm{s}}x^2}{4Kt} \tag{3.3.8b}$$

式中：$K=K_{\mathrm{v}}$，为含水层的渗透系数。

对于抽水试验，受井储效应和表皮效应等因素的影响，试验初期数据的可靠性较差，但随着试验的进行，含水层中的渗流逐渐趋于准稳定状态，试验数据的可靠性随之增强（Wen et al.，2008；Wu，2002）。因此，抽水持续较长时间后的后期解析解对于抽水试验数据的分析及含水层水文地质参数的确定具有重要意义。令 $t\to\infty$，对式（3.3.7a）取极限，即得抽水后期解：

$$h(x,t)=\left[\frac{Q}{2bWK_{\mathrm{v}}}+\frac{1}{K_{\mathrm{i}}}\left(\frac{Q}{2bW}\right)^2\right]\left(\frac{2}{\sqrt{\pi A_{\mathrm{c}}}}\sqrt{t}-x\right) \tag{3.3.9}$$

式（3.3.9）表明，在抽水试验持续较长时间后（$t\to\infty$），式（3.3.3）中的水力梯度 $-\partial h/\partial x$ 将与时间无关，即 $-\partial h/\partial x$ 趋于准稳态值，且任意断面的比流量趋于近似值 $v=Q/(2bW)$。此外，在抽水后期，降深 h 与 $t^{0.5}$ 成正比，即 lg$h$-lg$t$ 曲线的斜率为 0.5，此即一维流的典型特征（Le Borgne et al.，2004；Leveinen，2000；Barker，1988；Jenkins and Prentice，1982；Miller，1962）。

引入无量纲参数

$$u_f=\frac{S_{\mathrm{s}}x^2}{4K_{\mathrm{v}}t},\quad w(u_f)=\frac{2bWK_{\mathrm{v}}}{Qx}h(x,t),\quad \beta_D=\frac{QK_{\mathrm{v}}}{bWK_{\mathrm{i}}} \tag{3.3.10}$$

则式（3.3.7）可以改写为如下无量纲形式：

$$w(u_f)=\left(1+\frac{\beta_D}{2}\right)\left(\frac{\mathrm{e}^{-u}}{\sqrt{\pi u}}-\mathrm{erfc}\sqrt{u}\right) \tag{3.3.11a}$$

$$u=\left(1+\frac{\beta_D}{\lambda_{\mathrm{F}}}\right)u_f \tag{3.3.11b}$$

式中：u_f 为时间因子；$w(u_f)$为井函数；β_D 为非线性因子。显然，当 $\beta_D=0$ 时，式（3.3.11）退化为达西流模型。

3. 解析模型的验证

如图 3.3.1（b）所示，考虑到计算模型的对称性，截取其中的 1/4，采用二维有限体积法对该流动问题进行求解（Chen et al.，2019）。含水层在 x 方向的延伸长度取 10^6 m，井半径取 $r_w < 10^{-3}$ m，从而确保计算条件与理论模型的假设条件（含水层无限延伸，井半径足够小）一致。计算网格采用四边形网格进行离散，井周采用曲边网格近似，x 轴和 y 轴方向各划分 500 段与 100 段，共生成 50 000 个单元。井边界为流量边界，$x=10^6$ m 处的边界为零降深边界，其余边界取隔水边界。水流运动服从非线性的 Forchheimer 定律，因而每个时间步内的流场均需通过迭代进行求解。

数值分析表明，只要观测井与抽水井的距离适当远（$x>W$）或抽水的时间适当长，观测井的降深就与宽度方向上的 y 坐标无关（Chen et al.，2019）。不失一般性，图 3.3.2 给出了水流非线性程度逐渐增强（β_D 从 1 增大至 50）条件下，含水层宽度中心线（$x=W$，$y=0$）位置处的降深数值解与解析解[式（3.3.11）]的对比。从图 3.3.2 中可见，随着抽水时间（t 或 $1/u_f$）的增大，数值解和解析解给出的降深-时间曲线[h-t 曲线或 $w(u_f)$-$1/u_f$ 曲线]在双对数坐标系下均呈斜率为 0.5 的直线，这表明对于侧向受限的条带状含水层，采用一维简化模型是合理的。

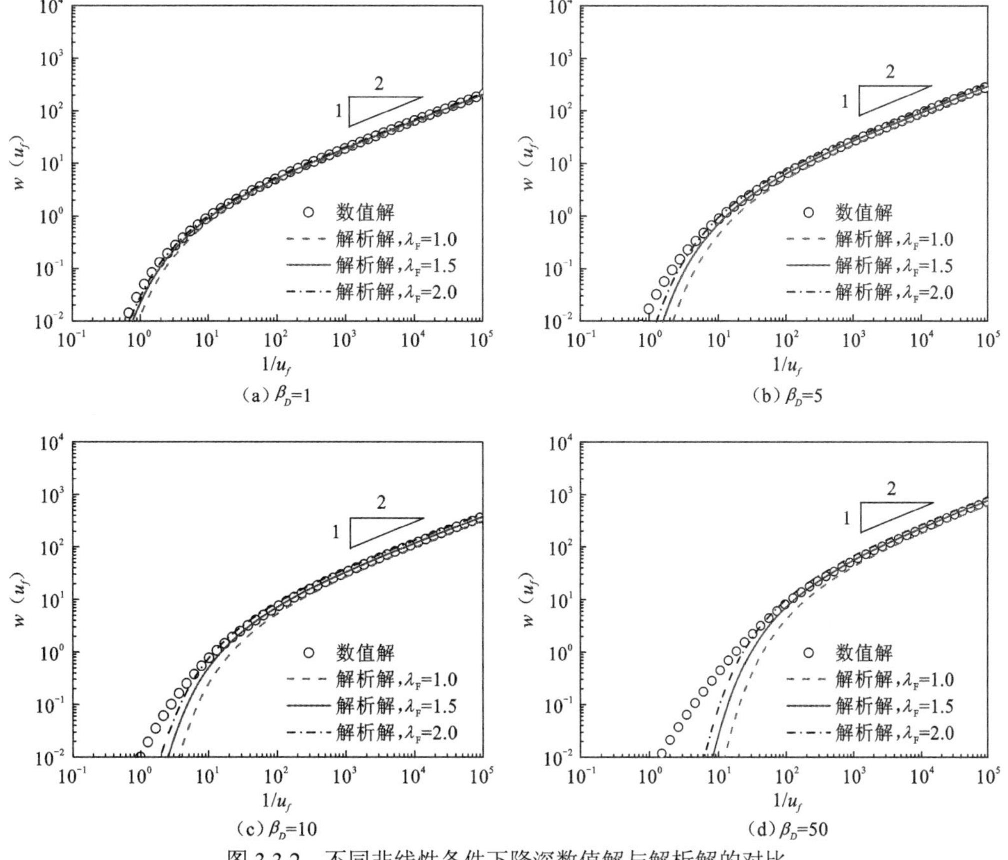

图 3.3.2　不同非线性条件下降深数值解与解析解的对比

然而，Forchheimer 方程线性化近似参数 λ_F 对解析解的准确度具有重要影响，且非线性因子 β_D 越大，λ_F 的影响越显著。与二维数值解相比，在抽水初期，无论 λ_F 如何取值，解析解都将低估降深。但随着抽水时间的增大，$\lambda_F=1.5$ 时的解析解与数值解吻合良好，而 $\lambda_F=1$ 和 2 时的解析解将分别低估与高估抽水后期的降深，且两者的相对误差随 β_D 的增大而增大。图 3.3.3 给出了抽水后期降深解析解与数值解的相对误差随 λ_F 的变化情况，表明 $\lambda_F=1\sim2$ 的建议取值范围是合理的，且该取值范围的平均值（$\lambda_F=1.5$）即抽水后期相对误差趋于零的最优解。当 $\lambda_F=1.5$ 时，若满足 $\beta_D=1\sim5$，$u_f\leqslant0.02$，或者 $\beta_D=10\sim50$，$u_f\leqslant0.005$，则解析解足够准确。上述条件在实际抽水试验中是极易满足的。例如，当含水层参数为 $b=10$ m，$W=10$ m，$K_v=5\times10^{-5}$ m/s，$K_i=1\times10^{-10}$ m^2/s^2，$S_s=1\times10^{-5}$ m^{-1}，抽水流量为 $Q=1\times10^{-3}$ m^3/s（$\beta_D=5$），观测井位于 $x=10$ m 时，只要抽水时间 $t>250$ s，即可满足要求。

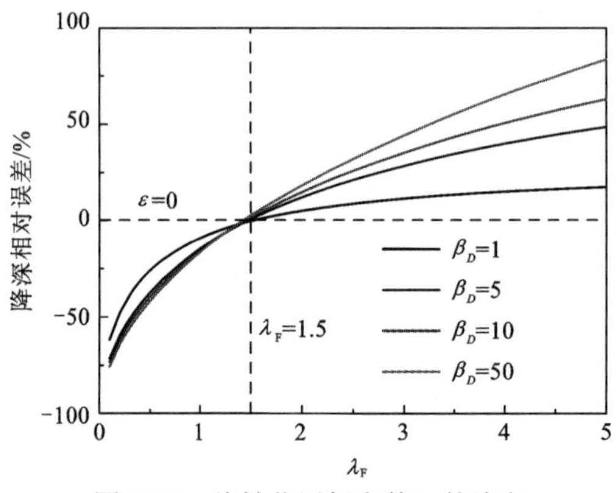

图 3.3.3　线性化近似参数 λ_F 的确定

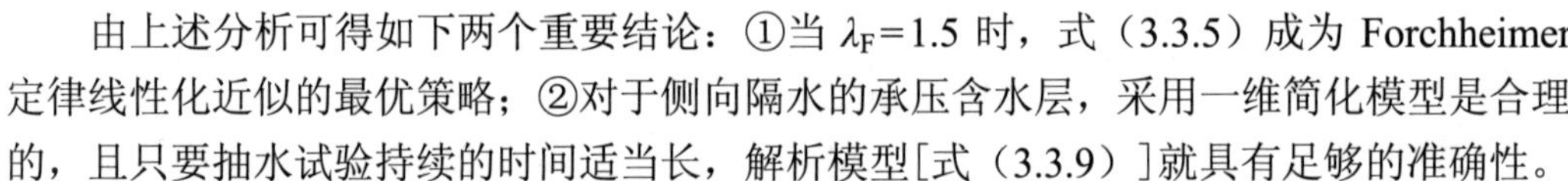
由上述分析可得如下两个重要结论：①当 $\lambda_F=1.5$ 时，式（3.3.5）成为 Forchheimer 定律线性化近似的最优策略；②对于侧向隔水的承压含水层，采用一维简化模型是合理的，且只要抽水试验持续的时间适当长，解析模型[式（3.3.9）]就具有足够的准确性。

4. 含水层水文地质参数的确定

在非达西线状流条件下，地下水向井流动的解析模型[式（3.3.7）或式（3.3.11）]包含 K_v、K_i 和 S_s 三个水文地质参数。图 3.3.4 给出了不同非线性程度（$\beta_D=0\sim50$）下，该解析模型在双对数坐标系下的标准曲线。从图 3.3.4 中可见，与二维流模型不同，一维流的标准曲线在抽水后期均呈斜率为 0.5 的直线，但随着非线性因子 β_D 的增大，降深达到 h-$t^{0.5}$ 关系的时间延长，且抽水后期的降深增大，而抽水初期的降深减小。对于仅设单个观测井的抽水试验，若水流的非线性程度较低（$\beta_D<5$），则标准曲线斜率达到 0.5 所需的时间较短，因而可直接采用配线法确定含水层的水文地质参数。在更一般的情况下，当抽水试验设有两个及以上的观测井，且抽水持续时间较长时，可运用解析模型的后期解[式（3.3.9）]，采用非线性最小二乘法对抽水后期数据进行拟合，获得含水层水文地质参数的最优估计。

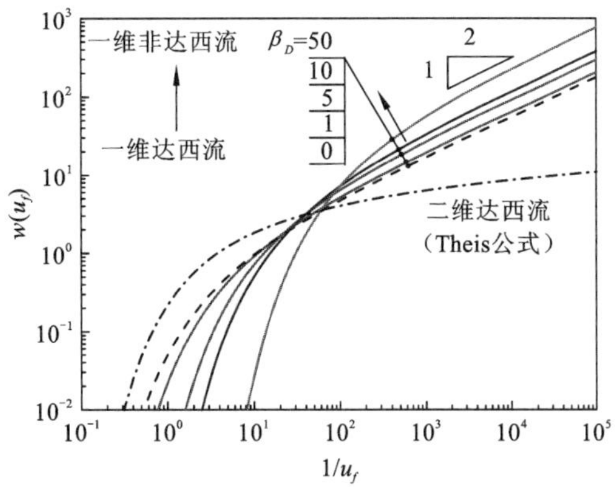

图 3.3.4　非达西线状流模型的标准曲线

3.3.3　广义非达西径向流模型

Theis 公式（Theis，1935）是最经典的井流模型之一，在含水层水文地质参数辨识中得到了广泛的应用。该公式假定含水层中的水流服从线性达西定律，且地下水向抽水井的流动为二维径向流，即流动维度 $n=2$。当含水层的水文地质条件较为复杂，流动维度 n（$1\leqslant n\leqslant 3$）难以事先确定时，需要将流动维度 n 也作为含水层的一个基本水文地质参数。此时，若含水层中的水流服从达西定律，则根据抽水试验条件建立的解析模型称为广义径向流模型（Barker，1988）；若地下水的流速较大，水流偏离达西定律，则相应的解析模型是广义径向流模型在非达西流态下的推广，因而称为广义非达西径向流模型（Liu et al.，2017，2016）。但在广义非达西径向流条件下，地下水向井的流动问题较为复杂，即使采用式（3.3.5）的线性化近似策略，也难以获得基于 Forchheimer 定律的解析表达式。为此，首先建立基于 Izbash 定律的广义径向流模型（Liu et al.，2016），然后采用降深分解假设，建立基于 Forchheimer 定律的广义径向流模型（Liu et al.，2017）。

1. 基于 Izbash 定律的广义径向流模型

1）解析模型的建立

将含水层中的抽水试验概化为以抽水井中心为原点、流动维度为 n 的径向坐标系中的水流运动问题，取坐标系中的壳状微元 $\mathrm{d}r$（即从 r 到 $r+\mathrm{d}r$）进行分析，在 $\mathrm{d}t$ 时段内，从微元体的内、外侧截面流入该微元体的水量 $\mathrm{d}V$ 为（Barker，1988）

$$\mathrm{d}V=-\mathrm{d}(v\eta_n r^{n-1})\mathrm{d}t \tag{3.3.12a}$$

式中：v 为比流量或渗透流速（m/s）；n 为流动维度；r 为微元体与坐标原点的距离（m）；t 为时间（s）；η_n 为过流断面因子（m^{3-n}），与含水层的厚度 b 和流动维度 n 有关，其表达式为

$$\eta_n=\frac{2\pi^{n/2}b^{3-n}}{\Gamma(n/2)} \tag{3.3.12b}$$

式中：$\Gamma(x)$为 Gamma 函数；b 为含水层的厚度（m）。

式（3.3.12）中，流动维度 n 的取值范围为 $1 \leqslant n \leqslant 3$。当 $n=1$ 时，为一维线状流（图 3.3.1）；当 $n=2$ 时，为二维径向流，即轴对称流动；当 $n=3$ 时，为球状流（类似于图 3.2.6，但流动方向相反）；当 n 为非整数时，则可解释为流动路径的分形维数（Acuna and Yortsos，1995）或含水层的多尺度非均质性（Le Borgne et al.，2004）。流动维度 n 反映了岩体含水层裂隙网络的发育特征，裂隙组数越多、密度越大、各向异性越弱，流动维度 n 越大，反之亦然。

在 dt 时段内，当微元体内部产生水量增量 dV 时，其内部的压力水头也将随之产生增量 dh：

$$\mathrm{d}V = S_\mathrm{s}\eta_n r^{n-1}\mathrm{d}r\mathrm{d}h \tag{3.3.13}$$

式中：h 为含水层在 r 点处的水位降深（m）；S_s 为含水层的储水率（m^{-1}）。

由质量守恒原理可知，式（3.3.12）和式（3.3.13）相等，据此可得含水层中水流的控制方程：

$$-S_\mathrm{s}\frac{\partial h}{\partial t} = \frac{1}{r^{n-1}}\frac{\partial (vr^{n-1})}{\partial r} \tag{3.3.14}$$

对于定流量抽水试验，式（3.3.14）对应的初始条件和边界条件为

$$h(r,0) = 0 \tag{3.3.15a}$$

$$h(\infty,t) = 0 \tag{3.3.15b}$$

$$\lim_{r\to 0}(v\eta_n r^{n-1}) = Q \tag{3.3.15c}$$

式中：Q 为抽水流量（m^3/s）。

假定含水层中的水流运动服从 Izbash 定律（Izbash，1931），即

$$-\frac{\partial h}{\partial r} = \left(\frac{v}{K}\right)^m \tag{3.3.16}$$

式中：K 为 Izbash 渗透系数（m/s）；m 为非达西指数，$1 \leqslant m \leqslant 2$，表征渗流的非线性程度（Bordier and Zimmer，2000）。

需要指出的是，尽管多数情况下 Izbash 定律可以很好地拟合实验室条件下的流量-水力梯度曲线，但 Izbash 定律仅在 $m=1$ 时可以退化为达西定律。当 $m>1$ 时，即使流速 $v \to 0$，Izbash 定律也将偏离达西定律，因而 Izbash 渗透系数与达西渗透系数的意义是有差别的，即 Izbash 定律的物理意义不明确。在地下水流向井的过程中，含水层中的流速 v 随距离 r 的增大而减小，渗流的流态也将从非达西流转变为达西流，因而 m 是随流速 v 或雷诺数 Re 变化的。但这样一来，Izbash 定律将变得复杂，其在解析模型构建中的优势也将丧失。在下面的推导过程中，m 均视为常数。这里运用 Izbash 定律的目的，是为建立基于 Forchheimer 定律的广义径向流模型奠定基础。

将式（3.3.16）代入式（3.3.14），可得以水位降深 h 为未知量的水流控制方程：

$$\frac{\partial^2 h}{\partial r^2} + \frac{m(n-1)}{r}\frac{\partial h}{\partial r} = \frac{mS_\mathrm{s}}{K}\left(-\frac{\partial h}{\partial r}\right)^{\frac{m-1}{m}}\frac{\partial h}{\partial t} \tag{3.3.17}$$

仅当 $m=1$ 时，式（3.3.17）为线性偏微分方程。当 $m\neq1$ 时，式（3.3.17）是非线性的，难以直接求解，需要对 Izbash 定律[式（3.3.16）]进行如下线性化近似（Wen et al.，2008；Ikoku and Ramey，1979；Odeh and Yang，1979）：

$$-\frac{\partial h}{\partial r}=\left(\frac{v}{K}\right)^{m}\approx\left(\frac{Q}{\eta_n r^{n-1}K}\right)^{m} \tag{3.3.18}$$

由式（3.3.15c）不难看出，式（3.3.18）的物理意义是将任意断面 r 处的流速 v 替换为稳态或准稳态条件下的平均流速 $Q/(\eta_n r^{n-1})$。将式（3.3.18）代入式（3.3.17），可得如下水流控制方程：

$$\frac{\partial^2 h}{\partial r^2}+\frac{m(n-1)}{r}\frac{\partial h}{\partial r}=\frac{mS_s}{K}\left(\frac{Q}{\eta_n K}\right)^{m-1}r^{-(n-1)(m-1)}\frac{\partial h}{\partial t} \tag{3.3.19}$$

对式（3.3.19）进行 Laplace 变换，可得基于 Izbash 定律的含水层水位降深解析公式（具体推导过程见附录）：

$$h(r,t)=\frac{r^{2\alpha}}{2\beta\Gamma(1-\nu)}\left(\frac{Q}{K\eta_n}\right)^{m}\Gamma(-\nu,u) \tag{3.3.20a}$$

$$u=\frac{A_c}{4t\beta^2}r^{2\beta},\quad A_c=\frac{mS_s}{K^m}\left(\frac{Q}{\eta_n}\right)^{m-1} \tag{3.3.20b}$$

$$\alpha=\frac{1-m(n-1)}{2},\quad \beta=\frac{2-(n-1)(m-1)}{2},\quad \nu=\frac{\alpha}{\beta} \tag{3.3.20c}$$

式中：$\Gamma(x)$为 Gamma 函数；$\Gamma(s,x)$为互补型上不完全 Gamma 函数，s 和 x 为变量；A_c 为与含水层性质（K、m、n、b、S_s）和抽水流量（Q）有关的参数；u 为无量纲参数；α、β 和 ν 为与流动维度 n 和非达西指数 m 有关的无量纲参数，当 $1\leqslant m\leqslant2$，$1\leqslant n\leqslant3$ 时，α、β和 ν 的取值范围分别为$-3/2\leqslant\alpha\leqslant1/2$、$0\leqslant\beta\leqslant1$ 和$\nu\leqslant1/2$。

2）解析模型的特殊形式

上述基于 Izbash 定律的解析模型[式（3.3.20）]适用于流动维度 $1\leqslant n\leqslant3$ 和非线性程度 $1\leqslant m\leqslant2$ 的情况。下面根据 Gamma 函数的性质，讨论三种特殊情况。

（1）$\beta=0(\nu\to-\infty)$：在三维完全紊流条件下，有 $n=3$，$m=2$。由式（3.3.20c）可得$\alpha=-3/2$，$\beta=0$，$\nu\to-\infty$。此时，含水层水位降深的解答 $h(r,t)$为 $n\to3$，$m\to2$ 的极限值。

由 Gamma 函数和互补型上不完全 Gamma 函数的性质$\Gamma(s+1)=s\Gamma(s)$, $\Gamma(s,x)=\Gamma(s)g(s,x)$，其中 $g(s,x)$为上不完全 Gamma 函数，式（3.3.20a）可改写为

$$h(r,t)=-\frac{r^{2\alpha}}{2\alpha}\left(\frac{Q}{K\eta_n}\right)^{m}g(-\nu,u) \tag{3.3.21}$$

由 $g(s,x)$函数的性质$\lim\limits_{x>>s}g(s,x)=0$和$\lim\limits_{x<<s}g(s,x)=1$，可得降深的解答，为

$$\lim_{\substack{m\to2\\ n\to3}}h(r,t)=0 \tag{3.3.22a}$$

$$\lim_{\substack{m\to 2\\ n\to 3}} h(r,t\to\infty)=\frac{1}{3}\left(\frac{Q}{4\pi K}\right)^2 r^{-3} \tag{3.3.22b}$$

由式（3.3.22）可知，在三维完全紊流条件下，含水层中的水位降深在有限时间内均为零，仅当时间趋于无穷大时达到定值，这显然与抽水试验的实际情况不符，表明解析模型[式（3.3.20）]是存在一定局限性的，其原因是线性化近似[式（3.3.18）]低估了抽水初期含水层自身释放的水量，解析模型也因而低估了抽水初期的降深（Liu et al.，2016）。但需要指出的是，在实际抽水试验过程中出现三维完全紊流的可能性也是极小的。例如，紊流仅可能出现在抽水井附近有限范围内，而不会扩展到影响半径范围内的整个渗流区域。

（2）$\nu=0$：当 $n=1+1/m$ 时，由式（3.3.20c）有 $\alpha=0$，$\beta=n/2$，$\nu=0$。二维达西流（$n=2$，$m=1$）就属于这种情况。此外，当 n 为 1.5～2 时，也可能出现 $\nu=0$ 的情况。由互补型上不完全 Gamma 函数的性质 $\Gamma(0,x)=E_1(x)$，其中 $E_1(x)$ 为指数积分函数，式（3.3.20a）可改写为

$$h(r,t)=\frac{1}{2\beta}\left(\frac{Q}{K\eta_n}\right)^m E_1(u) \tag{3.3.23}$$

（3）$\nu>0$：当 $n<1+1/m$ 时，由式（3.3.20c）可得 $\nu>0$，这种情况可在流动维度 $n<2$ 时出现。在式（3.3.20a）中，由于函数 $\Gamma(-\nu,x)$ 的自变量 ν 的取值范围为 $\nu<0$，故需要通过解析延拓获得 $\nu>0$ 情况下的表达式。根据 ν 的定义，仅需考虑 $\nu\leqslant 1/2$ 的情况。由互补型上不完全 Gamma 函数的性质 $\Gamma(s+1,x)=s\Gamma(s,x)+x^s e^{-x}(s>0)$，可得 $\Gamma(s,x)=[\Gamma(s+1,x)-x^s e^{-x}]/s\,(s>-1)$，这样即可将 $\Gamma(s,x)$ 的有效区间从 $s>0$ 解析延拓至 $s>-1$。将其代入式（3.3.20a），可得

$$h(r,t)=\frac{r^{2\alpha}}{2\alpha\Gamma(1-\nu)}\left(\frac{Q}{K\eta_n}\right)^m\left[u^{-\nu}e^{-u}-\Gamma(1-\nu,u)\right] \tag{3.3.24}$$

需要指出的是，式（3.3.24）适用于 $\nu\leqslant 1/2$ 但 $\nu\neq 0$ 的情况；当 $\nu=0$ 时，水位降深的解答由式（3.3.23）给出。因此，式（3.3.23）和式（3.3.24）在数学上与式（3.3.20）是等价的，但形式更为直观，便于应用。

3）解析模型的退化

当 $n=2$ 时，广义非达西径向流问题退化为二维承压含水层中的非达西轴对称流问题。Wen 等（2008）基于 Izbash 定律和线性化近似，给出了该问题在 Laplace 空间下的解答，但水位降深在实域空间下的解答则需通过 Laplace 逆变换求解。事实上，该问题的显式解是存在的，将 $n=2$ 代入式（3.3.23）和式（3.3.24），即得基于 Izbash 定律（$1\leqslant m\leqslant 2$）的二维承压含水层井流公式：

$$h(r,t)=\frac{r^{2\alpha}}{2\alpha\Gamma(1-\nu)}\left(\frac{Q}{2\pi Kb}\right)^m[u^{-\nu}e^{-u}-\Gamma(1-\nu,u)] \tag{3.3.25a}$$

$$u=\frac{A_c}{4t\beta^2}r^{2\beta} \tag{3.3.25b}$$

$$\alpha=\frac{1-m}{2},\quad \beta=\frac{3-m}{2},\quad \nu=\frac{1-m}{3-m} \tag{3.3.25c}$$

另外，当 $m=1$ 时，Izbash 定律退化为达西定律，广义非达西径向流问题退化为经典的广义径向流问题。此时，控制方程[式（3.3.17）]是线性的，因而无须进行线性化近似[式（3.3.18）]。将 $m=1$ 代入式（3.3.23）和式（3.3.24），即得达西流态下考虑任意流动维度（$1\leqslant n\leqslant 3$）的广义径向流模型：

$$h(r,t)=\frac{Qr^{2\nu}}{4\nu\pi^{1-\nu}Kb^{1+2\nu}}[u^{-\nu}\mathrm{e}^{-u}-\Gamma(1-\nu,u)]\quad(\nu\neq 0) \tag{3.3.26a}$$

$$h(r,t)=\frac{Q}{4\pi Kb}E_1(u)\quad(\nu=0) \tag{3.3.26b}$$

其中，$u=S_sr^2/(4Kt)$。

需要指出的是，式（3.3.26a）与 Barker 模型（Barker，1988）完全一致，此时有 $m=1$，$\nu=\alpha=1-n/2$，$\beta=1$；而式（3.3.26b）则与经典的 Theis 公式（Theis，1935）完全一致，此时有 $m=1$，$n=2$，$\nu=0$。

4）抽水后期渐近解

令 $u\to 0$，即 $t\to\infty$，则由式（3.3.23）和式（3.3.24）可得抽水后期的渐近解：

$$h(r,t)=\frac{1}{2\alpha}\left(\frac{Q}{K\eta_n}\right)^m\left[\frac{1}{\Gamma(1-\nu)}\left(\frac{4\beta^2}{A_c}\right)^\nu t^\nu-r^{2\alpha}\right]\quad(\nu\neq 0) \tag{3.3.27a}$$

$$h(r,t)=\left(\frac{Q}{K\eta_n}\right)^m\left[\frac{1}{2\beta}\ln\left(\frac{4\beta^2}{A_c\mathrm{e}^\gamma}t\right)-\ln r\right]\quad(\nu=0) \tag{3.3.27b}$$

式中：γ为 Euler 常数。

由式（3.3.27）可知，含水层在抽水后期的水位降深 $h(r,t)$可以分解为两个独立的分量：一个是等号右端第一项 h_t，仅与时间 t 相关，与半径 r 无关，为 t 的幂函数（$\nu\neq 0$）或对数函数（$\nu=0$）；另一个是等号右端第二项 h_r，仅与半径 r 相关，与时间 t 无关，为 r 的幂函数（$\nu\neq 0$）或对数函数（$\nu=0$）。此外，当且仅当$\nu<0$（即 $n>1+1/m$）时，抽水后期的水位降深 $h(r,t)$趋于稳定值（此时 h_t 趋于零）；而当$\nu\geqslant 0$（即 $n\leqslant 1+1/m$)时，$h(r,t)$趋于无穷大（此时 h_t 远大于 h_r）。

式（3.3.27）还表明，对于任意流动维度（$1\leqslant n\leqslant 3$）和非线性程度（$1\leqslant m\leqslant 2$），含水层任意断面 r 处的水力梯度($-\partial h/\partial r$)在抽水后期均趋于稳态值，因而由式(3.3.16)和式（3.3.27）可知，任意断面 r 处的流量 $Q(r,t)=\eta_n\nu r^{n-1}$ 也将与抽水流量 Q 一致，即 Izbash 定律的线性化近似[式（3.3.18）]在抽水后期将趋于精确。

进一步地，若假定抽水后期含水层中的渗流可以达到完全稳定状态（$\partial h/\partial t=0$），并假定抽水试验的影响半径为 R（在 $r=R$ 处 $h=0$），则将式（3.3.18）从 r 向 R 积分可得稳态流条件下抽水试验的解析公式：

$$h(r)=\frac{1}{2\alpha}\left(\frac{Q}{K\eta_n}\right)^m(R^{2\alpha}-r^{2\alpha})\quad(\nu\neq 0)\tag{3.3.28a}$$

$$h(r)=\left(\frac{Q}{K\eta_n}\right)^m\ln\left(\frac{R}{r}\right)\quad(\nu=0)\tag{3.3.28b}$$

当 $m=1$，$n=2$ 时，即对于二维承压含水层抽水试验中的稳态达西流问题，式(3.3.28b)退化为经典的 Thiem 模型（Thiem，1906）。对比式（3.3.28）和式（3.3.27）可得抽水试验影响半径 R 的理论表达式：

$$R=\left[\frac{1}{\Gamma(1-\nu)}\left(\frac{4\beta^2}{A_c}t\right)^{\nu}\right]^{\frac{1}{2\alpha}}\quad(\nu\neq 0)\tag{3.3.29a}$$

$$R=\left(\frac{4\beta^2}{A_c e^{\gamma}}t\right)^{\frac{1}{2\beta}}\quad(\nu=0)\tag{3.3.29b}$$

由式（3.3.29）可知，抽水试验的影响半径 R 是时间 t 的递增函数，当 $t\to\infty$ 时，R 趋于无穷大，这与抽水试验在无限远处的边界条件[式（3.3.15b）]一致。此外，当 R 趋于无穷大时，式（3.3.28）中与 R 相关的项在 $\nu\geqslant 0$ 时趋于无穷大，而在 $\nu<0$ 时趋近于零，这与抽水后期渐近解[式（3.3.27）]的结论也保持一致。

2. 基于 Forchheimer 定律的广义径向流模型

当 m 取常数时，幂次形式的 Izbash 定律在井流解析模型的构建中具有较明显的优势；但当 $m\neq 1$ 时，即使流速 $v\to 0$，Izbash 定律也无法退化为达西定律，因而也呈现出明显的理论缺陷。因此，对于实际含水层中的非达西渗流现象，宜采用理论基础和物理意义更为明确的 Forchheimer 定律进行描述：

$$-\frac{\partial h}{\partial r}=\frac{v}{K_v}+\frac{v^2}{K_i}\tag{3.3.30}$$

式中：h 为含水层的降深（m）；v 为比流量或渗透流速（m/s）；r 为与井中心的距离（m）；K_v 为黏性渗透系数（m/s）；K_i 为惯性渗透系数（m^2/s^2）。

对于广义非达西径向流问题[式（3.3.14）]，若含水层中的渗流服从式（3.3.30），则控制方程将是高度非线性的，即使采用式（3.3.4）或式（3.3.5）的线性化近似策略，也难以直接求解。但若假定在抽水试验过程中，含水层的流速 v 将逐渐进入准稳定状态，水位降深 h 可分解为黏性项 h_v 和惯性项 h_i 之和，则有（Liu et al.，2017；Wu，2002）

$$h=h_v+h_i\tag{3.3.31a}$$

$$-\frac{\partial h_m}{\partial r}=\frac{v^m}{K_m}\tag{3.3.31b}$$

其中：当 $m=1$ 时，$h_m=h_v$，$K_m=K_v$；当 $m=2$ 时，$h_m=h_i$，$K_m=K_i$。

将式（3.3.31b）代入式（3.3.14），可得降深分量 h_v 和 h_i 的控制方程：

$$\frac{\partial^2 h_m}{\partial r^2}+\frac{m(n-1)}{r}\frac{\partial h_m}{\partial r}=\frac{mS_s}{K_m}\left(-\frac{\partial h_m}{\partial r}\right)^{\frac{m-1}{m}}\frac{\partial h_m}{\partial t}\tag{3.3.32}$$

式中：S_s 为含水层的储水率（m^{-1}）；t 为时间（s）。

式（3.3.32）与控制方程[式（3.3.17）]完全一致，其解答为式（3.3.23）和式（3.3.24）。将 $m=1$ 与 $m=2$ 分别代入，并根据式（3.3.31a），可得基于 Forchheimer 定律的广义非达西径向流模型（Liu et al.，2017）：

$$h(r,t)=\frac{r^{2\alpha_v}}{2\alpha_v K_v\Gamma(1-\nu_v)}\left(\frac{Q}{\eta_n}\right)[u_v^{-\nu_v}e^{-u_v}-\Gamma(1-\nu_v,u_v)] \\ +\frac{r^{2\alpha_i}}{2\alpha_i K_i\Gamma(1-\nu_i)}\left(\frac{Q}{\eta_n}\right)^2[u_i^{-\nu_i}e^{-u_i}-\Gamma(1-\nu_i,u_i)] \quad (n\neq 1.5,2) \tag{3.3.33a}$$

$$h(r,t)=\frac{2\sqrt{r}}{\Gamma(3/4)}\left(\frac{Q}{K_v\eta_n}\right)\left[u_v^{-1/4}e^{-u_v}-\Gamma(3/4,u_v)\right]+\frac{2}{3K_i}\left(\frac{Q}{\eta_n}\right)^2E_1(u_i) \quad (n=1.5) \tag{3.3.33b}$$

$$h(r,t)=\frac{Q}{2K_v\eta_n}E_1(u_v)+\left(\frac{Q}{\eta_n}\right)^2\frac{e^{-u_i}}{K_i r} \quad (n=2) \tag{3.3.33c}$$

式中：Q 为抽水流量（m^3/s）；$\Gamma(s,x)$为互补型上不完全 Gamma 函数；$\Gamma(x)$为 Gamma 函数；$E_1(x)$为指数积分函数；$u_v=S_s r^2/(4K_v t)$；$u_i=S_s r^{2\beta_i}Q/(2K_i\beta_i^2 t\eta_n)$，$\beta_i=(3-n)/2$；$\alpha_v=\nu_v=(2-n)/2$；$\alpha_i=(3-2n)/2$；$\nu_i=(3-2n)/(3-n)$。由流动维度 n 的取值范围 $1\leqslant n\leqslant 3$ 可知，$\alpha_v\geqslant\alpha_i$，$\beta_v=1\geqslant\beta_i$，$\nu_v\geqslant\nu_i$。

由式（3.3.33）可知，当渗流的惯性效应较弱时，有 $K_i\to\infty$，$h_i\to 0$，式（3.3.33）退化为 Barker 模型（Barker，1988）。进一步地，当 n=2 时，该模型退化为 Theis 公式（Theis，1935）。

令 $t\to\infty$，即 $u_v\to 0$，$u_i\to 0$，由式（3.3.33）可得抽水后期的渐近解答：

$$h=\overbrace{a_{vt}t^{\nu_v}-a_{vr}r^{2\nu_v}}^{\text{黏性项}h_v}+\overbrace{a_{it}t^{\nu_i}-a_{ir}r^{2\alpha_i}}^{\text{惯性项}h_i}=\overbrace{a_{vt}t^{\nu_v}+a_{it}t^{\nu_i}}^{\text{时间相关项}h_t}-\overbrace{(a_{vr}r^{2\nu_v}+a_{ir}r^{2\alpha_i})}^{\text{半径相关项}h_r} \quad (n\neq 1.5,2) \tag{3.3.34a}$$

$$h=\overbrace{a_{vt}t^{1/4}-a_{vr}r^{1/2}}^{\text{黏性项}h_v}+\overbrace{a_{it}\ln(a_{i0}t)-a_{ir}\ln r}^{\text{惯性项}h_i}=\overbrace{a_{vt}t^{1/4}+a_{it}\ln(a_{i0}t)}^{\text{时间相关项}h_t}-\overbrace{(a_{vr}r^{1/2}+a_{ir}\ln r)}^{\text{半径相关项}h_r} \quad (n=1.5) \tag{3.3.34b}$$

$$h=\overbrace{a_{vt}\ln(a_{v0}t)-a_{vr}\ln r}^{\text{黏性项}h_v}-\overbrace{a_{ir}r^{-1}}^{\text{惯性项}h_i}=\overbrace{a_{vt}\ln(a_{v0}t)}^{\text{时间相关项}h_t}-\overbrace{(a_{vr}\ln r+a_{ir}r^{-1})}^{\text{半径相关项}h_r} \quad (n=2) \tag{3.3.34c}$$

式中：a_{vt}、a_{vr}、a_{v0}、a_{it}、a_{ir}、a_{i0} 为与时间 t 和半径 r 无关的系数，由含水层参数（K_v、K_i、S_s、n）和抽水流量（Q）确定，

$$\begin{cases} a_{vt}=\dfrac{Q}{2\nu_v K_v\eta_n\Gamma(1-\nu_v)}\left(\dfrac{4K_v}{S_s}\right)^{\nu_v} \\ a_{it}=\dfrac{1}{2\alpha_i K_i\Gamma(1-\nu_i)}\left(\dfrac{Q}{\eta_n}\right)^2\left(\dfrac{2\eta_n\beta_i^2K_i}{S_sQ}\right)^{\nu_i} \\ a_{vr}=\dfrac{Q}{2\nu_v K_v\eta_n} \\ a_{ir}=\dfrac{1}{2\alpha_i K_i}\left(\dfrac{Q}{\eta_n}\right)^2 \end{cases} \quad (n\neq 1.5,2) \tag{3.3.35a}$$

$$\begin{cases}a_{vt}=\dfrac{2Q}{K_v\eta_n\Gamma(3/4)}\left(\dfrac{4K_v}{S_s}\right)^{1/4}\\ a_{it}=\dfrac{2}{3K_i}\left(\dfrac{Q}{\eta_n}\right)^2\\ a_{vr}=\dfrac{2Q}{K_v\eta_n}\\ a_{ir}=\dfrac{1}{K_i}\left(\dfrac{Q}{\eta_n}\right)^2\\ a_{i0}=\dfrac{9\eta_nK_i}{8S_sQ\mathrm{e}^{\gamma}}\end{cases}\quad (n=1.5) \tag{3.3.35b}$$

$$\begin{cases}a_{vt}=\dfrac{Q}{2K_v\eta_n}\\ a_{vr}=\dfrac{Q}{K_v\eta_n}\\ a_{ir}=-\dfrac{1}{K_i}\left(\dfrac{Q}{\eta_n}\right)^2\\ a_{v0}=\dfrac{4K_v}{S_s\mathrm{e}^{\gamma}}\end{cases}\quad (n=2) \tag{3.3.35c}$$

当 $n=2$ 时，式（3.3.34c）与 Mathias 等（2008）的模型一致。由式（3.3.34）和式（3.3.35）可知，抽水后期水位降深的黏性项 h_v、惯性项 h_i 及总降深 h 均可分解为两个独立的分量：第一项为 h_t，仅与时间 t 相关，而与半径 r 无关，为 t 的幂函数（$\nu\neq0$）或对数函数（$\nu=0$）；第二项为 h_r，仅与半径 r 相关，而与时间 t 无关，为 r 的幂函数（$\nu\neq0$）或对数函数（$\nu=0$）。

式（3.3.34）还表明，当且仅当 $n>2$（即 $\nu_v<0$）时，抽水后期降深的黏性项 h_v 趋于稳定值；当且仅当 $n>1.5$（即 $\nu_i<0$）时，抽水后期降深的惯性项 h_i 趋于稳定值。在不同流动维度下，抽水后期的 h-t 曲线具有如下特征：①当 $n=1$（即 $\nu_v=\nu_i=0.5$）时，$\lg h_v$-$\lg t$ 曲线及 $\lg h_i$-$\lg t$ 曲线均为趋于无穷大的直线，且两者的斜率相同；②当 $1<n<1.5$（即 $\nu_v>\nu_i>0$）时，$\lg h_v$-$\lg t$ 曲线及 $\lg h_i$-$\lg t$ 曲线均为趋于无穷大的直线，且前者的斜率较大；③当 $n=1.5$（即 $\nu_v=0.25$，$\nu_i=0$）时，$\lg h_v$-$\lg t$ 曲线为趋于无穷大、斜率为 0.25 的直线，h_i-$\lg t$ 曲线为趋于无穷大的直线；④当 $1.5<n<2$（即 $\nu_v>0>\nu_i$）时，$\lg h_v$-$\lg t$ 曲线为趋于无穷大的直线，而 h_i-t 曲线趋于稳定值；⑤当 $n=2$（即 $\nu_v=0$，$\nu_i=-1$）时，h_v-$\lg t$ 曲线为趋于无穷大的直线，而 h_i-t 曲线趋于稳定值；⑥当 $2<n\leqslant3$（即 $0>\nu_v>\nu_i$）时，h_v-t 曲线及 h_i-t 曲线均趋于稳定值。

此外，从式（3.3.34）还可以看出，对于任意的流动维度（$1\leqslant n\leqslant3$），含水层任意断面 r 处的水力梯度（$-\partial h/\partial r$）在抽水后期均趋于稳定值，因而由式（3.3.30）和式（3.3.34）可知，任意断面 r 处的流量 $Q(r,t)=\eta_n v r^{n-1}$ 也将与抽水流量 Q 一致，这从侧面说明了解析模型的合理性。

3. 广义非达西径向流模型的验证

采用数值模拟分别对基于 Izbash 定律的广义径向流模型[式(3.3.23)和式(3.3.24)]和基于 Forchheimer 定律的广义径向流模型[式（3.3.33）]进行验证（Liu et al.，2017，2016）。下面简要介绍对基于 Forchheimer 定律的解析模型的验证，数值模拟方法采用有限差分法。

假定含水层的参数如下：厚度 $b=10$ m，达西渗透系数 $K_v=1\times10^{-5}$ m/s，惯性渗透系数 $K_i=1\times10^{-10}$ m^2/s^2，储水率 $S_s=1\times10^{-5}$ m^{-1}，流动维度 $n=1.3\sim2.5$。在抽水流量 $Q=1\times10^{-3}$ m^3/s 条件下，图 3.3.5 给出了抽水试验过程中距井中心不同位置处（$r=1\sim10$ m）含水层降深的数值解与解析解的对比。从图 3.3.5 中可见，当流动维度 $n>1.5$，即 $\min\{\nu_v, \nu_i\}=\nu_i<0$ 时，解析模型[式（3.3.33）]预测的降深惯性分量 h_i 最终将趋于稳定值。当 t 较大时，h-t 曲线的解析解与数值解吻合良好，而当 t 较小时，降深的解析解大于数值解。此外，r 越小，降深解析解与数值解趋于吻合所需的时间越短[图 3.3.5(a)～(c)]。当流动维度 $n\leqslant1.5$，即 $\min\{\nu_v, \nu_i\}=\nu_i\geqslant0$ 时，解析模型预测的降深惯性分量 h_i 最终将趋于无穷大，任意时刻、任意位置处的降深解析解始终大于数值解[图 3.3.5（d)、（e）]。

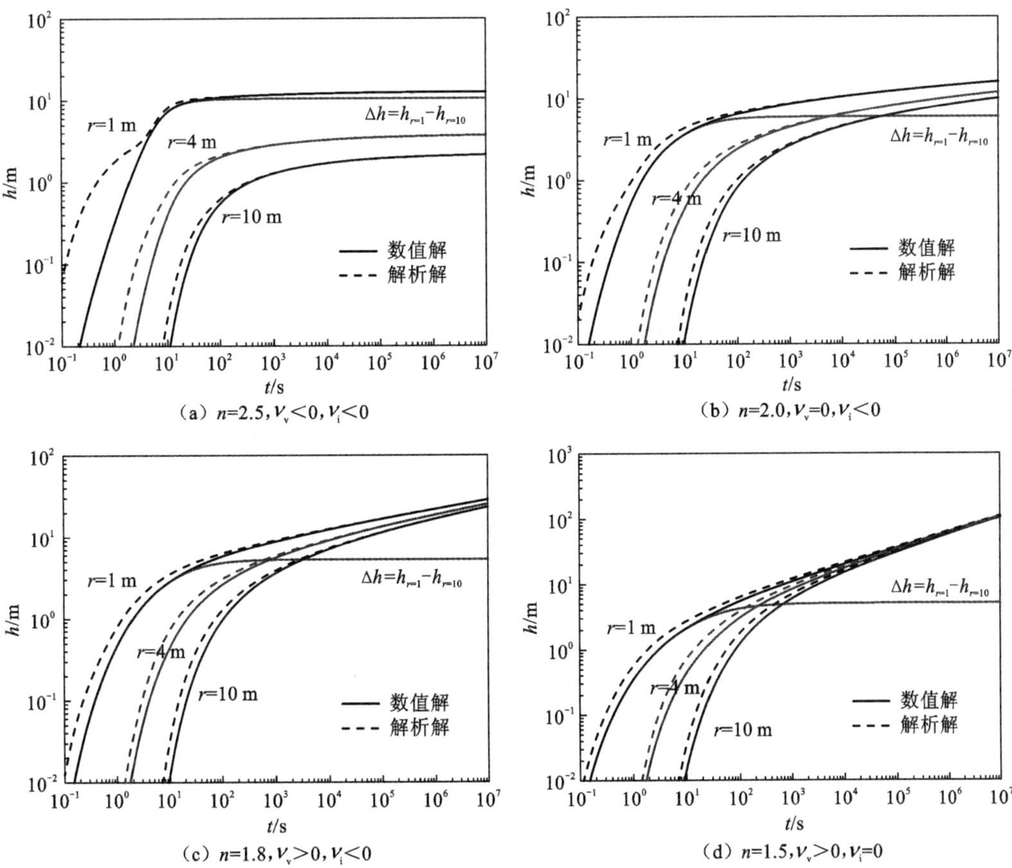

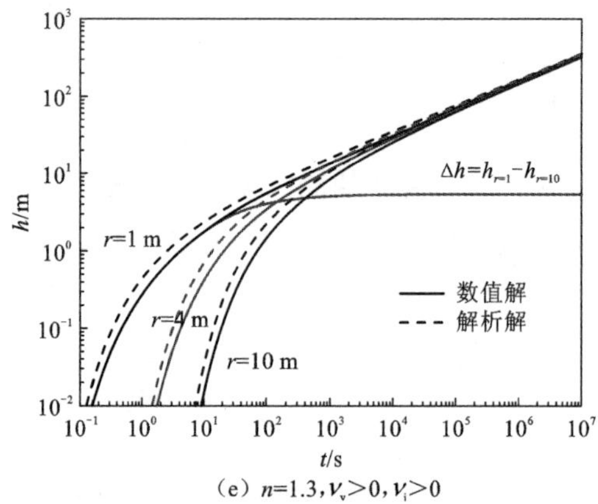

（e）n=1.3，ν_v>0，ν_i>0

图 3.3.5 不同流动维度下含水层降深解析解与数值解的对比

上述偏差与解析模型对降深的分解假设[式（3.3.31）]有关。Forchheimer 定律的二次项表征了渗流的惯性效应，该效应降低了介质的过流能力，即在相同的水力梯度下，Forchheimer 流的流速小于达西流的流速，但降深分解高估了介质中的渗流速度，从而介质中的水力梯度及含水层的降深也被高估。当 $n>1.5$ 时，随着抽水试验的持续进行，由 Forchheimer 方程和达西定律计算得到的渗流速度之间的差别逐渐减小，降深分解的假设趋于合理，解析解也逐渐与数值解相吻合；但当 $n\leqslant 1.5$ 时，降深的惯性分量 h_i 最终将趋于无穷大，此时已不宜将 h_i 视为小扰动来考虑非线性的影响，因而基于降深分解的解析解与数值解之间始终存在偏差。

上述分析表明，基于降深分解的广义非达西径向流模型[式（3.3.33）]主要适用于 $n>1.5$ 的情况。当 $n\leqslant 1.5$ 时，模型的适用性降低，而 3.3.2 小节给出的非达西线状流模型[式（3.3.7）]恰好在一定程度上弥补了式（3.3.33）的不足。图 3.3.5 还给出了含水层中两个观测井之间的水位降深差与时间的关系曲线，即Δh-t 曲线，表明对于任意的流动维度 n，Δh（与水位降深梯度成正比）均随着 t 的增大逐渐趋于某个稳定值，这与理论模型关于水力梯度随时间的增大趋于稳定值的结论是一致的。在Δh-t 曲线上，可根据Δh 趋于稳定值的拐点确定抽水试验的临界时间 t_c（图 3.3.5 中 $t_c\approx 400$ s），并将 $t>t_c$ 的抽水试验数据作为后期数据，进而运用抽水后期的渐近解[式（3.3.34）]确定含水层的水文地质参数。

4. 含水层水文地质参数的确定

基于 Forchheimer 定律的广义非达西径向流模型[式(3.3.33)]及其渐近解[式(3.3.34)]包含 K_v、K_i、S_s 和 n 四个水文地质参数。下面简要介绍在含水层厚度 b 和抽水流量 Q 已知条件下，由观测井降深观测数据确定含水层水文地质参数的方法。

首先，在半对数坐标系下绘制观测井水位降深-时间（h-lg$t$）曲线，并根据曲线特征选取计算模型。由前述分析可知，当流动维度 $n>1.5$，即 $\min\{\nu_v, \nu_i\}=\nu_i<0$ 时，含水层中的渗流在进入准稳态后，降深的惯性分量 h_i 趋于稳定值，因而 h-lg$t$ 曲线的特征与 h_v-lg$t$ 曲线的特征一致。如图 3.3.6 所示，h_v-lg$t$ 曲线在渗流进入准稳态后存在三种类型：一是直线，对应于 $\nu_v=0$，$n=2$，选取式（3.3.34c）为计算模型；二是上凹曲线，对应于 $\nu_v>0$，

$n<2$，选取式（3.3.34a）为计算模型；三是上凸曲线，对应于 $\nu_v<0$，$n>2$，也选取式（3.3.34a）为计算模型。需要指出的是，若 lg$h$-lg$t$ 曲线在抽水后期趋于斜率为 0.5 的直线，则相应的流动维度为 $n=1$，此时应选用线状流模型[式（3.3.9）]确定含水层的水文地质参数。

然后，绘制含水层中任意两个观测井之间的水位降深差-时间（Δh-t）曲线，并由曲线进入稳定段的拐点确定渗流进入准稳态的临界时间 t_c。

最后，运用选定的计算模型，采用非线性最小二乘法对观测井降深的后期数据（$t>t_c$）进行曲线拟合，确定含水层的水文地质参数（K_v、K_i、S_s、n）。由于在 $t>t_c$ 之后，降深的惯性分量 h_i 趋于稳定值，计算模型[式（3.3.34a）和式（3.3.34c）]可进一步简化为

$$h(r,t)=a_1t^{1-n/2}-a_2r^{2-n}-a_3r^{3-2n}\quad (n\neq 2) \tag{3.3.36a}$$

$$h(r,t)=b_1\left[-\ln\left(\frac{b_2r^2}{t}\right)-\gamma\right]+\frac{b_3}{r}\quad (n=2) \tag{3.3.36b}$$

式中：a_1～a_3 和 b_1～b_3 为与含水层渗流参数（K_v、K_i、S_s、n）、厚度 b 及抽水流量 Q 有关的系数，其表达式可通过对比式（3.3.34）与式（3.3.36）确定。

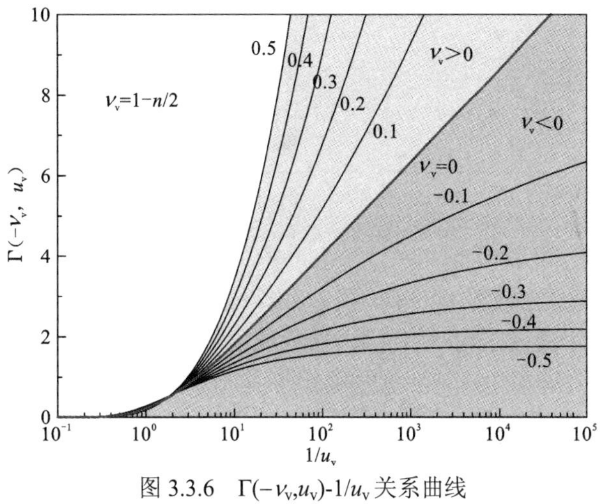

图 3.3.6　$\Gamma(-\nu_v,u_v)$-$1/u_v$ 关系曲线

3.3.4　工程应用实例

1. Ploemeur 抽水试验及含水层渗流参数的确定

1990～1995 年，在法国 Brittany 东南部海滨 Ploemeur 地区一结晶岩含水层中依次开展了中期、长期和短期三个阶段的定流量抽水试验（Le Borgne et al.，2004），如表 3.3.1 所示。需要说明的是，自 1991 年以来，该含水层中的地下水被开采作为附近城镇居民的供水水源。这些抽水试验的抽水井和观测井布置如图 3.3.7 所示，试验数据主要反映了一条走向为 N20°E 的陡倾角张性断裂带的渗流特性，尽管试验数据也可能受花岗岩与云母片岩之间倾向为 N30°W 的区域接触带的影响（Touchard，1999）。井的深度大多为 100 m，因而含水层的厚度近似取 $b=100$ m。气候及季节变化对抽水试验的影响甚微，可以忽略

不计。此外，含水层的风化深度多在浅表数米范围内，局部可达 30 m，其对渗流的影响也可以忽略（Le Borgne et al.，2004）。

表 3.3.1　Ploemeur 抽水试验概况

抽水试验类型	抽水流量/（m^3/h）	持续时间/d	说明
中期试验	64	13	1990 年 12 月，在地下水开采之前
长期试验	80	88	始于 1991 年 6 月，在地下水开采初期
短期试验	34	5	1995 年 9 月，地下水开采 5 年之后

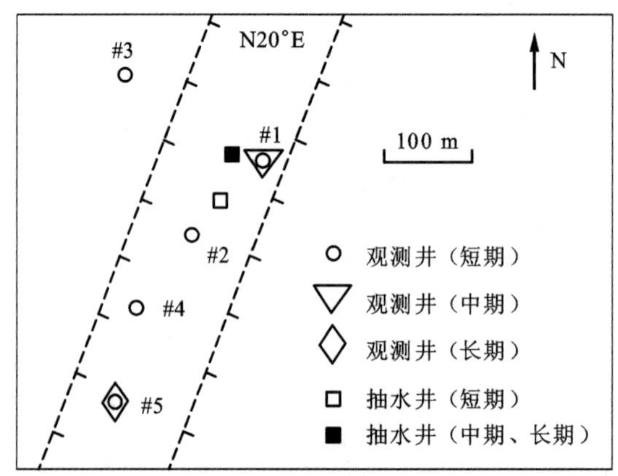

图 3.3.7　Ploemeur 抽水试验抽水井与观测井布置图

下面基于短期抽水试验数据，采用基于 Forchheimer 定律的广义非达西径向流模型，确定 Ploemeur 含水层的渗流参数（K_v、K_i、S_s 和 n），进而对中期和长期抽水试验进行预测，并与相应的抽水试验数据进行对比，以验证解析模型的适用性。

依据 3.3.3 小节所述的步骤，首先将短期抽水试验数据绘制在半对数坐标系中，如图 3.3.8（a）所示。从图 3.3.8（a）中可见，随着抽水试验的持续进行，不同位置观测井的 h-lg$t$ 曲线趋近于相互平行的直线，表明含水层的流动维度为 n=2，因此选用式（3.3.34c）或式（3.3.36b）作为试验数据的分析模型。图 3.3.8（b）给出了#1 观测井（r=46 m）和其他观测井的水位降深差与时间的关系曲线（Δh-t 曲线，$\Delta h=h_{r0}-h_r$），根据曲线特征可得 $t_c\approx 2\times 10^5$ s（约 55.6 h），此后各观测井处的Δh-t 曲线均趋于稳定值。采用式（3.3.36b）对试验后期数据（$t>t_c$）进行拟合，得到 Ploemeur 含水层的渗流参数：$K_v=1.99\times 10^{-5}$ m/s，$K_i=1.35\times 10^{-10}$ m^2/s^2，$S_s=2.36\times 10^{-5}$ m^{-1}。作为对比，若假定含水层中的水流服从达西定律，则由 Barker 模型或 Theis 公式[式（3.3.26b）]确定的含水层参数为 $K_v=1.89\times 10^{-5}$ m/s，$S_s=2.92\times 10^{-5}$ m^{-1}。

上述两类模型对短期抽水试验降深曲线的拟合，以及对中期和长期抽水试验降深曲线的预测如图 3.3.9 所示，其中的时间参数为 $u_v=S_sr^2/(4K_vt)$。从图 3.3.9 中可见，两类模型均可以很好地拟合短期试验的后期数据（$t>t_c$），其中广义非达西径向流模型的决定系数为 R^2=0.979，而 Barker 模型的决定系数为 R^2=0.961。两类模型确定的渗流参数（K_v

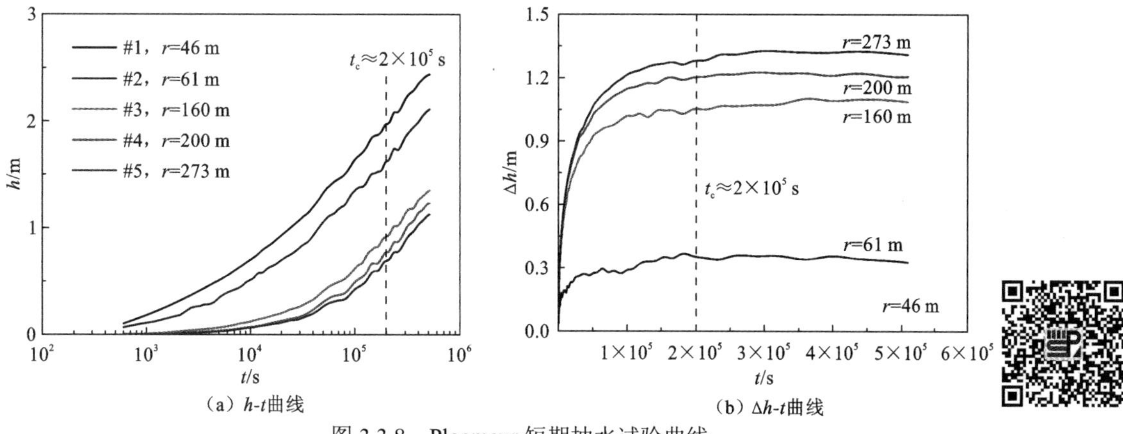

（a）h-t曲线　（b）Δh-t曲线

图 3.3.8　Ploemeur 短期抽水试验曲线

和 S_s）极为接近，但当忽略含水层中水流的惯性效应时，确定的达西渗透系数 K_v 略微偏小，而储水率 S_s 则略微偏大。事实上，Ploemeur 短期抽水试验的观测井距抽水井较远（r=46～273 m），因而由降深数据揭示的水流惯性效应较弱，各观测井处的非线性程度因子 α_{ND}[式（1.2.29b）]也较小，为 0.8%～4.6%。但若观测井与抽水井的距离较近，则水流惯性效应将得到更有效的揭示，达西流模型对含水层本征渗透系数的低估和对储水率的高估也将进一步显现，该现象在水文地质参数确定中是值得关注的。

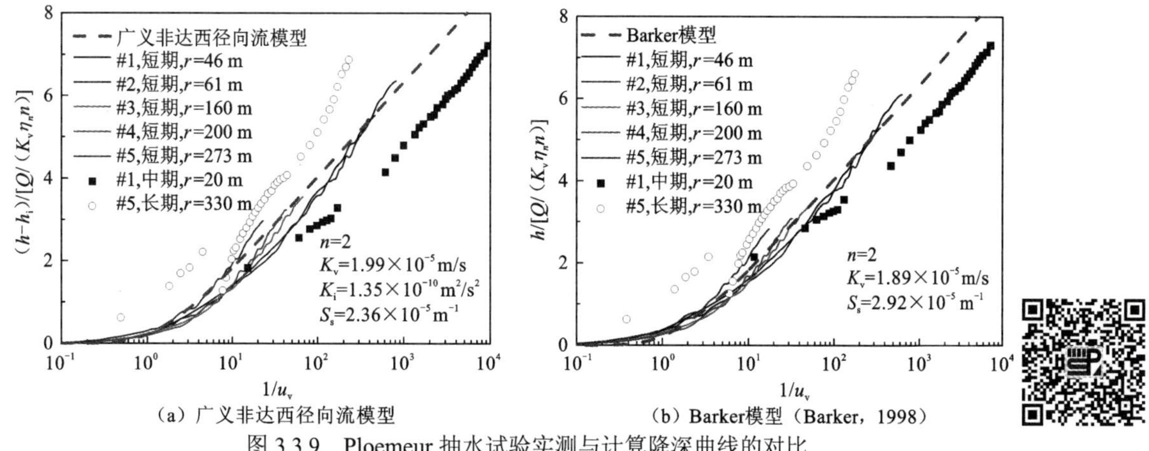

（a）广义非达西径向流模型　（b）Barker模型（Barker，1998）

图 3.3.9　Ploemeur 抽水试验实测与计算降深曲线的对比

此外，从图 3.3.9 还可以看出，两类模型均未能很好地预测中期和长期抽水试验曲线，其原因与 Ploemeur 含水层地下水的开采有关。实际上，短期、中期和长期抽水试验是在 Ploemeur 含水层地下水开采的不同阶段实施的，地下水的开采活动可使含水层水文地质参数发生变化（Le Borgne et al.，2004），因而利用地下水开采 5 年后的试验数据来预测地下水开采之前或开采初期的抽水过程，将产生较大的误差。

2. 长河坝基坑抽水试验及含水层渗流参数的确定

长河坝水电站位于四川省康定县境内大渡河上游河段，大坝为砾石土心墙堆石坝，最大坝高为 240 m。2011 年 7 月上、下游围堰竣工之后，于 2011 年 9 月～2013 年 4 月进行了基坑开挖，坝基主、副防渗墙及副防渗墙帷幕灌浆也于 2012 年底完成施工，如图 3.3.10 所示。在基坑开挖期间，基坑发生了较大规模的涌水，枯水季节可达 6 000 m^3/h，洪水季节超过 10 000 m^3/h，主、副防渗墙之间基坑涌水量为 2～8 m^3/h（Zhou et al.，2015b）。为了研究基坑渗漏的成因，于 2013 年 6～7 月在基坑进行了抽水试验（陈晓恋 等，2016）。

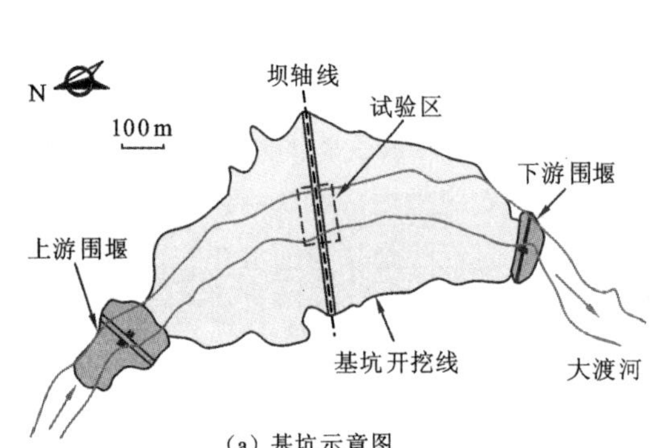

（a）基坑示意图

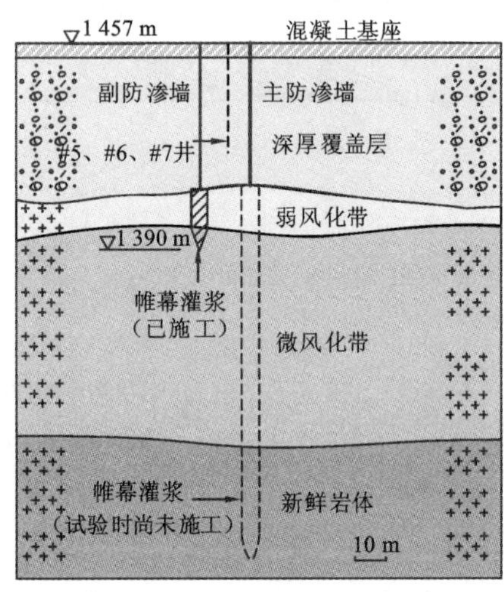

（b）基坑地质剖面图（A—A剖面）

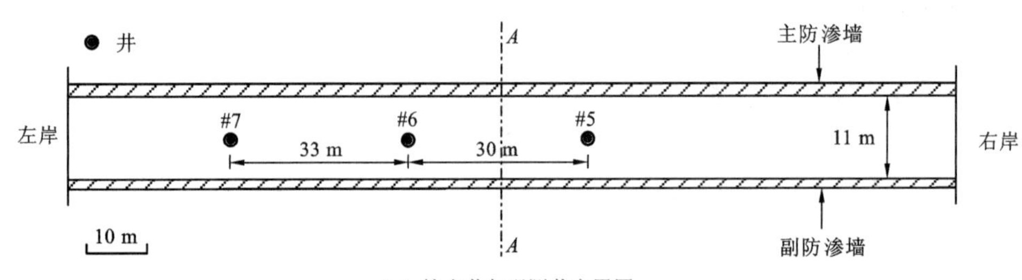

（c）抽水井与观测井布置图

图 3.3.10　长河坝基坑抽水试验

坝址区河床覆盖层深厚，厚度一般为 60～70 m，局部达 79.3 m，自下而上可分为 3 层，主要为漂卵砾石层和漂卵砂砾石层，局部有砂层分布，组成成分复杂，局部呈架空结构，非均质性较强。根据 62 组室内渗透试验和现场抽水试验，覆盖层渗透系数的变化范围为 2.0×10^{-4}～6.0×10^{-3} m/s，具有强透水性（Zhou et al.，2015b）。基岩为晋宁期—澄江期的侵入岩，岩性以花岗岩和石英闪长岩为主。根据岩体的风化卸荷程度，自上而下可分为弱风化带、微风化带和新鲜岩体 3 个分带，其中河床弱风化带的厚度为 10～30 m，如图 3.3.10（b）所示。根据 251 组钻孔压水试验，弱风化带渗透系数的变化范围为 3.8×10^{-6}～6.8×10^{-5} m/s，属于中等透水岩体（Zhou et al.，2015b）。

现考虑在主、副防渗墙之间的基坑开展的两组抽水试验，防渗墙间距为 11 m，井半径为 r_w =78 mm，深度为 30 m，如图 3.3.10（b）和（c）所示。试验 1 以#6 井为抽水井，以#5 和#7 井为观测井，抽水流量为 $Q=23.10\ m^3/h$，抽水持续时间为 6.35 h；试验 2 以#5 井为抽水井，#6 和#7 井为观测井，抽水流量为 $Q=24.11\ m^3/h$，抽水持续时间为 11.35 h。根据试验条件，含水层为覆盖层，不仅侧向受限于主、副防渗墙，顶部还受心墙混凝土基座的约束，属于承压含水层，含水层的宽度和厚度可取 $W=11$ m，$b=30$ m。由于观测井与抽水井的间距均不小于 30 m[图 3.3.10（c）]，满足观测井距离适当远（$x/W>1$）的条件，可采用一维线状流模型[式（3.3.9）]对抽水试验数据进行分析（Chen et al.，2019）。

对试验数据的拟合分析表明，仅当 $t<3\,000$ s 时，两组抽水试验的降深数据与一维线状流模型吻合良好；而当 $t>3\,000$ s 时，试验数据明显偏离一维流的标准曲线，即在双对数坐标系下，lg$h$-lg$t$ 试验曲线明显偏离斜率为 0.5 的直线，如图 3.3.11 所示。有趣的是，当 $t>7\,000$ s 时，在半对数坐标系下的降深数据（即 h-lg$t$ 试验曲线）呈相互平行的直线，表明含水层中的水流为二维径向流（Liu et al.，2017；Barker，1988）。因此，含水层在抽水试验过程中的流动特征可划分为一维线状流（$t<3\,000$ s）、二维径向流（$t>7\,000$ s）及介于两者之间的过渡流（$3\,000\ s<t<7\,000$ s）三个阶段，如图 3.3.11 所示。含水层流动维度发生变化的根本原因，是试验时主防渗墙防渗帷幕尚未施工，因而覆盖层下伏的基岩弱风化带并未被防渗系统截断，如图 3.3.10（b）所示。基于现场地质条件和观测资料的反演分析表明，弱风化带岩体的代表性渗透系数为 1.77×10^{-5} m/s，具中等透水性，从而为基坑施工期涌水提供了渗漏通道（Zhou et al.，2015b）。在抽水试验初期，弱风化带岩体中的水流尚未响应，因而对抽水试验的影响可以忽略不计。但随着抽水试验的持续进行，该层岩体的流动响应逐渐趋于显著，并占据主导地位，从而使流动维度从一维转变为二维（Chen et al.，2019）。

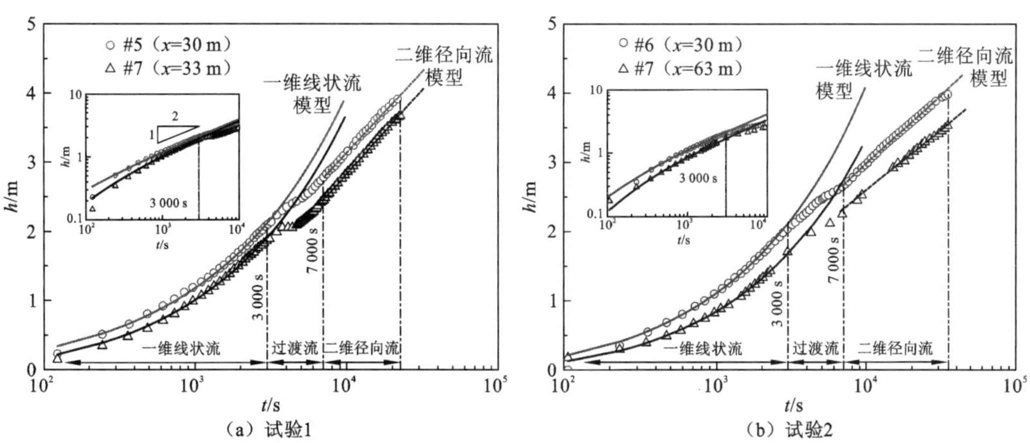

（a）试验1　（b）试验2

图 3.3.11　长河坝基坑两次典型抽水试验实测与计算降深曲线的对比

根据以上分析，采用一维线状流模型[式（3.3.8）和式（3.3.9），$\lambda_F=1.5$]对 $t<3\,000$ s 的试验数据，并采用二维径向流模型[式（3.3.26b）]对 $t>7\,000$ s 的试验数据进行拟合分析，确定含水层的渗流参数，如表 3.3.2 所示。从表 3.3.2 中可见，两类模型与试验前期或后期数据均吻合良好，决定系数均达 $R^2=0.99$，但两类模型确定的含水层渗流参数差别较大。显然，在试验初期（$t<3\,000$ s），由于基岩弱风化带的水流尚未响应，降

深数据主要反映了覆盖层的渗流特性。由一维线状流模型确定的达西渗透系数 K_v 为 $1.18\times10^{-3}\sim2.52\times10^{-3}$ m/s，落在由室内渗透试验及现场抽水试验确定的覆盖层渗透系数变化范围之内，但变化幅度更小，表明覆盖层尽管在室内试样尺度（10 cm 量级）及抽水试段尺度（10 m 量级）上具有较强的非均质性，但在更大的尺度（100 m 量级）上，这种非均质性对渗流的影响就明显弱化了。

表 3.3.2　长河坝坝基含水层渗流参数

试验编号	观测井	分析模型	K_v/（m/s）	K_i/（m^2/s^2）	S_s/m^{-1}	R^2	α_{ND}/%	备注
试验 1	#5	一维非达西流模型	2.52×10^{-3}	2.94×10^{-7}	2.97×10^{-5}	0.99	7.65	覆盖层
		一维达西流模型	2.23×10^{-3}	—	3.18×10^{-5}	0.99	—	
		二维达西流模型	1.66×10^{-5}	—	1.93×10^{-5}	0.99	—	弱风化带
	#7	一维非达西流模型	1.24×10^{-3}	2.69×10^{-7}	6.30×10^{-5}	0.99	4.28	覆盖层
		一维达西流模型	9.88×10^{-4}	—	7.38×10^{-5}	0.99	—	
		二维达西流模型	1.61×10^{-5}	—	2.28×10^{-5}	0.99	—	弱风化带
试验 2	#6	一维非达西流模型	1.18×10^{-3}	7.02×10^{-8}	6.33×10^{-5}	0.99	14.50	覆盖层
		一维达西流模型	8.83×10^{-4}	—	7.40×10^{-5}	0.99	—	
		二维达西流模型	2.11×10^{-5}	—	1.51×10^{-5}	0.99	—	弱风化带
	#7	一维非达西流模型	1.84×10^{-3}	4.12×10^{-6}	5.23×10^{-5}	0.99	1.82	覆盖层
		一维达西流模型	1.83×10^{-3}	—	5.24×10^{-5}	0.99	—	
		二维达西流模型	2.32×10^{-5}	—	4.44×10^{-6}	0.99	—	弱风化带

从表 3.3.2 还可以看出，达西流模型由于忽略了水流惯性效应，将低估含水层的达西渗透系数 K_v，并高估含水层的储水率 S_s，与 Ploemeur 含水层抽水试验的研究结论相同，类似现象也已在文献中得到了广泛的揭示（Liu et al.，2017; Chen et al.，2015b，2015c; Quinn et al.，2011b；Elsworth and Doe，1986）。这两组抽水试验的前期数据表明，观测井处的非线性程度因子 α_{ND}[式（1.2.29b）]为 1.8%～14.5%，且观测井与抽水井的距离越小，α_{ND} 越大。一般认为，当 $\alpha_{ND}>10\%$ 时，渗流的非达西效应就不可以忽略（Zeng and Grigg，2006），因此含水层中水流的非达西效应尚未占据主要地位，达西流模型对 K_v 和 S_s 的估计偏差分别在 25%与 17%之内。若抽水流量进一步增大，则水流的惯性效应将进一步增强，达西流模型对渗流参数的估计偏差也将更加明显。

在抽水试验后期（$t>7000$ s），含水层中的水流从一维流转变为二维流，渗透流速减小，非达西效应进一步减弱，因此可直接运用 Theis 公式确定含水层的水文地质参数。表 3.3.2 表明，由抽水后期数据确定的含水层达西渗透系数 K_v 为 $1.61\times10^{-5}\sim2.32\times10^{-5}$ m/s，较由抽水前期数据确定的覆盖层渗透系数低 2 个数量级，也超出了由室内渗透试验和钻孔抽水试验确定的覆盖层渗透系数的变化范围。该 K_v 值主要反映了覆盖层下伏的弱风化带岩体的渗透特性，不仅落在由现场钻孔压水试验确定的弱风化带岩体渗透系数的变化范围之内，而且与基于现场观测的反演分析结果一致。以上分析进一步说明，基坑防渗墙之下弱风化带岩体中的渗流是抽水试验过程中含水层流动维度发生变化及基坑施工期发生涌水的根本原因。

3.4　岩土介质非达西渗流参数的统计规律

3.4.1　概述

随着渗透流速或水力梯度的增大，岩土介质中水流的惯性效应逐渐增强，渗流逐渐偏离达西定律，转而服从包含水流惯性效应的 Forchheimer 定律：

$$-\frac{\mathrm{d}h}{\mathrm{d}l}=\frac{v}{K_{\mathrm{v}}}+\frac{v^2}{K_{\mathrm{i}}} \tag{3.4.1a}$$

$$-\frac{\mathrm{d}P}{\mathrm{d}l}=\frac{\mu}{\kappa_{\mathrm{v}}}v+\frac{\rho}{\kappa_{\mathrm{i}}}v^2 \tag{3.4.1b}$$

式中：$-\mathrm{d}h/\mathrm{d}l$ 为水力梯度；$-\mathrm{d}P/\mathrm{d}l$ 为压力梯度（Pa/m）；v 为渗流速度（m/s）；ρ 为流体密度（$\mathrm{kg/m^3}$）；μ 为流体的动力黏滞系数（Pa·s）；K_{v} 和 K_{i} 分别为介质的黏性渗透系数（m/s）和惯性渗透系数（$\mathrm{m^2/s^2}$）；κ_{v} 和 κ_{i} 分别为介质的黏性渗透率（$\mathrm{m^2}$）和惯性渗透率（m），并有 $K_{\mathrm{v}}=(\rho g/\mu)\kappa_{\mathrm{v}}$ 和 $K_{\mathrm{i}}=g\kappa_{\mathrm{i}}$。式（3.4.1b）仅适用于重力效应可以忽略的情况，如水平方向上的渗流或高渗压梯度下的渗流。

式（3.4.1）表明，在非达西流态下，渗流方程包含 κ_{v} 和 κ_{i} 两个基本参数。这两个参数均取决于介质自身的几何性质，但可能受控于介质几何性质的不同方面。例如，黏性渗透率 κ_{v} 表征了介质透过流体的能力，主要取决于孔隙率、喉道尺寸、张开度及孔隙系统的连通性等；而惯性渗透率 κ_{i} 则刻画了渗流偏离线性达西定律的程度，与流动通道中局部涡旋区的形成和发展密切相关，主要取决于流动通道的曲折度、粗糙度及几何形态的突变程度等。因此，κ_{v} 与 κ_{i} 之间可能存在某种内在的联系，这种内在的联系一旦确立，将为非达西渗流参数 κ_{i} 的确定提供简便的途径。

由量纲分析可知，κ_{v} 与 κ_{i} 之间可能存在的最简单的关系式为（Geertsma，1974）

$$\kappa_{\mathrm{i}}=\tilde{c}\kappa_{\mathrm{v}}^{1/2} \tag{3.4.2}$$

式中：$\tilde{c}$ 为经验系数。

但针对多孔介质渗流试验数据的拟合分析表明，κ_{v} 与 κ_{i} 之间的关系是多样而复杂的（表 3.4.1），因而式（3.4.2）不具有普适性。另外，在渗流过程中，介质的几何特征并非一成不变，环境应力和孔隙压力的变化，以及机械潜蚀和化学溶蚀等过程均可使介质的几何形态发生变化，进而导致介质的渗流参数 κ_{v} 与 κ_{i} 的变化。在此过程中，κ_{v} 与 κ_{i} 之间是否还维持某种内在的联系，也是一个悬而未决的问题。事实上，在高渗压梯度作用下，渗流既可导致介质变形（水-力耦合效应），又可诱发流态变化（非达西渗流效应），两者是同时存在的，但这两种效应对介质表观渗透率 κ_{app}［定义为 $\kappa_{\mathrm{app}}=\mu v/(-\mathrm{d}P/\mathrm{d}l)$］的影响却是竞争性的：高渗压作用使介质渗流通道扩张，κ_{app} 增大；而非达西渗流效应则减小了流动通道的有效过流面积，进而抑制了κ_{app}的增大。这两种效应孰占主导及κ_{app}如何变化，均取决于κ_v与κ_i之间的内在联系。

表 3.4.1　多孔介质κ_i与κ_v之间的经验关系式

文献	表达式	符号描述
Ergun（1952）	$\kappa_i = d\phi^3/[1.75(1-\phi)]$	ϕ为孔隙率，d 为颗粒直径，τ为流动路径的迂曲度，$\tilde{a}\sim\tilde{d}$ 为拟合系数
Janicek 和 Katz（1955）	$\kappa_i = \tilde{c}\kappa_v^{5/4}\phi^{3/4}$	
Cooke（1973）	$\kappa_i = \tilde{c}\kappa_v^{\tilde{a}}$	
Geertsma（1974）	$\kappa_i = \tilde{c}\kappa_v^{1/2}$	
Liu 等（1995）及 Thauvin 和 Mohanty（1998）	$\kappa_i = \tilde{c}\kappa_v^{\tilde{a}}\phi^{\tilde{b}}\tau^{\tilde{d}}$	

本节通过大量的室内和现场渗流试验数据的统计分析，将给出岩土介质非线性渗流参数κ_v与κ_i之间的统计关系式，并结合数值模拟，探讨该统计模型的细观机制。在此基础上，导出岩土介质表观渗透率κ_{app}的解析表达式，并探讨水-力耦合效应和水流惯性效应共同作用下κ_{app}的变化规律。

3.4.2　非达西渗流参数统计模型

1. 数据收集

近百余年来，人们针对天然及人造多孔裂隙介质开展了大量的室内和现场渗流试验。在这些试验中，广泛发现了非达西渗流现象，并积累了丰富的非达西渗流试验数据。通过收集和整理 1856～2018 年百余篇文献的非达西渗流试验数据，获得了 4000 余组κ_v-κ_i数据集（Zhou et al.，2019b）。该数据集囊括了多孔介质、单裂隙介质、裂隙网络介质和孔隙-裂隙双重介质等岩土介质类型，涵盖室内试样尺度到现场岩体尺度，其中黏性渗透率κ_v的变化范围达 12 个数量级（10^{-18}～10^{-6} m^2），而惯性渗透率κ_i的变化范围达 20 个数量级（10^{-18}～10^2 m）。因此，该数据集在岩土介质的类型、几何结构的特征和尺度，以及渗流参数的变化范围等方面均具有良好的代表性。原始数据的类型主要有κ_v-κ_i数据点对和压力-流量曲线两类，其中一条压力-流量曲线只能确定一个κ_v-κ_i数据点对，因此收集的原始数据集达数万组。

对于室内渗透试验，采用式（3.4.1b）拟合收集的压力-流量曲线，确定试样的非达西渗流参数，即（Lindoo et al.，2016；Ranjith and Darlington，2007）

$$\frac{P_{in}-P_{out}}{L}=\frac{\mu}{\kappa_v}v+\frac{\rho}{\kappa_i}v^2 \tag{3.4.3a}$$

$$\frac{P_{in}^2-P_{out}^2}{2P_{out}L}=\frac{\mu}{\kappa_v}v+\frac{\rho}{\kappa_i}v^2 \tag{3.4.3b}$$

式中：P_{in}为进口压力；P_{out}为出口压力；L 为试样长度；$v=Q/A_s$，为渗流速度，Q 为流量，A_s为试样的截面积；ρ和μ为流体的密度和动力黏滞系数。式（3.4.3a）适用于不可压缩流体（水），式（3.4.3b）适用于可压缩流体（气体）。

对于现场钻孔压水试验，采用截距为零的二次函数 $P=c_1Q+c_2Q^2$ 来拟合收集的压力-流量曲线，进而采用式（3.2.8）计算岩体的非达西渗流参数，即（Chen et al.，2015c）

$$\kappa_{\mathrm{v}}=\frac{\mu}{2\pi Lc_1}\operatorname{arsinh}\left(\frac{L}{2r_{\mathrm{w}}}\right) \tag{3.4.4a}$$

$$\kappa_{\mathrm{i}}=\frac{\rho}{(2\pi L)^2c_2}\left[\frac{1}{r_{\mathrm{w}}}-\frac{2}{L}\arctan\left(\frac{L}{2r_{\mathrm{w}}}\right)\right] \tag{3.4.4b}$$

式中：r_{w} 为钻孔的半径；L 为试段的长度；c_1 和 c_2 为 P-Q 曲线的拟合系数。

2. 统计模型的确定

将上述数据集绘制在κ_{v}-κ_{i} 双对数坐标系中，如图 3.4.1 所示，图中用不同形状和颜色的标志区分不同的介质类型及其包含的子类型。从图 3.4.1 中可见，尽管κ_{v}-κ_{i} 数据点的离散性较大，但在κ_{v} 达 12 个数量级的巨大变化范围内，所有数据点均集中在斜率为 3/2 的条带上，即岩土介质惯性渗透率κ_{i} 与黏性渗透率κ_{v} 在统计上服从如下 3/2 幂次关系（Zhou et al.，2019b）：

$$\kappa_{\mathrm{i}}=\varpi\kappa_{\mathrm{v}}^{3/2} \tag{3.4.5}$$

式中：ϖ为拟合系数（m^{-2}），其最优拟合值为$\varpi=10^{10}\ \mathrm{m}^{-2}$，95%置信区间上、下界限对应的$\varpi$分别为 $10^{13}\ \mathrm{m}^{-2}$ 和 $10^{7}\ \mathrm{m}^{-2}$。

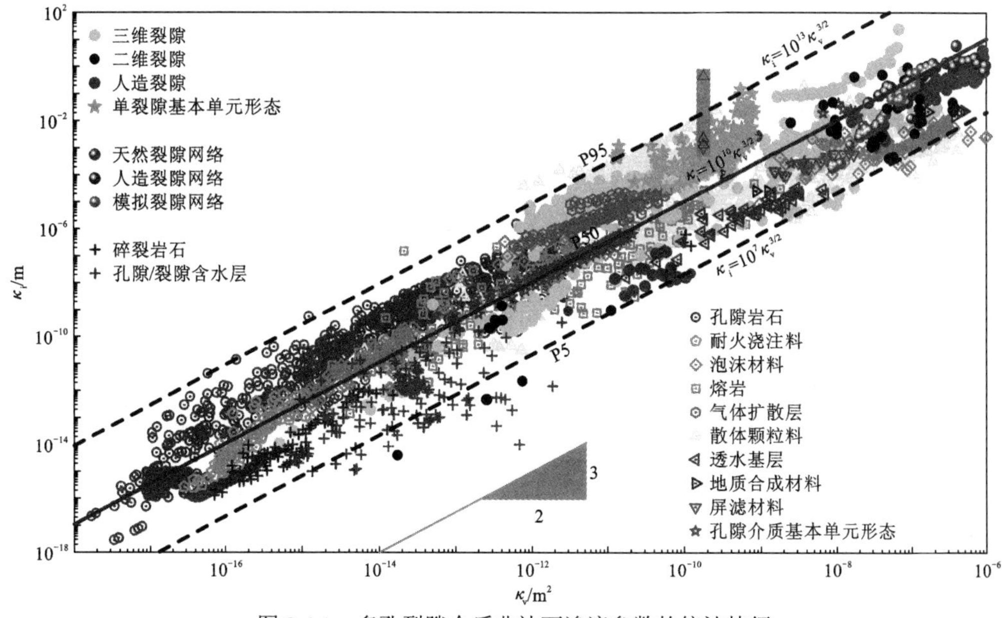

图 3.4.1　多孔裂隙介质非达西渗流参数的统计特征

P95、P50、P5 分别为第 95、50、5 百分位数线

式（3.4.5）表明，尽管岩土介质类型多样、结构复杂，且其渗流参数往往具有尺寸效应，但总体上κ_{i}与κ_{v}之间存在 3/2 幂次的统计关系。式（3.4.5）中的系数ϖ是一个高度

概化的参数，其在 95%置信水平下的变化范围达 6 个数量级，这显然与岩土介质类型的多样性和结构的复杂性有关。

在如图 3.4.1 所示的κ_v-κ_i数据集中，有 20 组数据是特定介质在孔隙几何结构变化过程中的渗流试验结果，如图 3.4.2 所示。这些试验涉及的介质类型包括单裂隙、孔隙岩石、酸性岩浆、散粒体、气体扩散层材料和孔隙网络介质，导致孔隙几何结构变化的物理过程包括外力作用（压缩、剪切或扭转）、岩浆脱气和孔隙网络变形等。从图 3.4.2 中可见，尽管在孔隙几何结构变化过程中，介质的渗流参数κ_v和κ_i均是不断变化的，但对于任何一种介质，其κ_v和κ_i之间仍然很好地服从 3/2 幂次关系，决定系数为 R^2=0.756～0.999。在这些数据子集中，κ_v的变化范围达 10 个数量级（10^{-17}～10^{-7} m^2），κ_i的变化范围达 16 个数量级（10^{-16}～10^0 m），拟合系数ϖ的变化范围也达 4 个数量级。

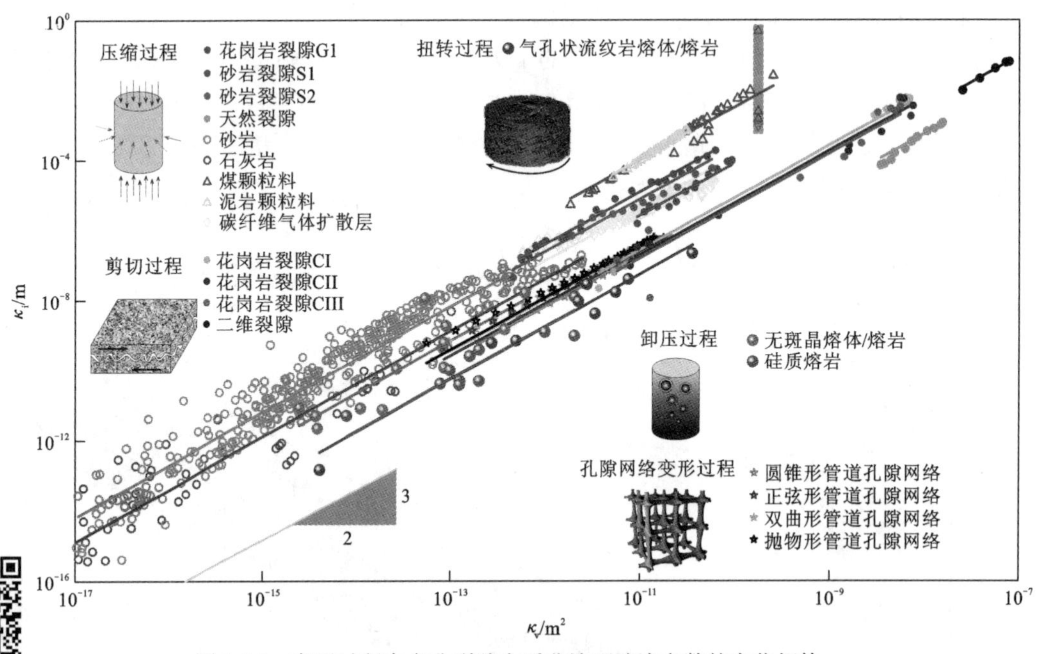

图 3.4.2　变形过程中多孔裂隙介质非达西渗流参数的变化规律

上述统计分析表明，式（3.4.5）在确保形式最简、参数最少的前提下，对类型多样、结构复杂、尺度各异的岩土介质，以及复杂物理过程中孔隙几何结构不断变化的岩土介质均具有良好的适用性，因而κ_i与κ_v之间的 3/2 幂次关系具有普适性。然而，式（3.4.5）中的系数ϖ随不同的介质类型差异较大，这给ϖ的合理估计及式（3.4.5）的应用带来一定的困难，因而需要对ϖ的物理意义和影响因素做进一步的讨论。

3. 细观机制

为了进一步验证式（3.4.5）的适用性，并探讨系数ϖ的影响因素，设计了两类简单的孔隙结构模型，进而采用基于 Navier-Stokes 方程的水流直接模拟方法（3.1.2 小节），研究孔隙介质中κ_i与κ_v的依赖关系及其细观机制（Zhou et al.，2019b）。第一类概念模型是孔隙单元模型，由单个孔隙及其喉道组成，孔隙壁面起伏考虑了正弦形、粗糙管道、线性凹形、曲线凹形、直线形、反正弦形、线性凸形、曲线凸形和盒形等多种曲线形式，模型的长度为 L，孔隙半径和喉道半径分别为 R_{div} 和 R_{con}，因而模型的几何特征可由长宽比 L/R_{con} 和起伏度 R_{div}/R_{con} 确定，如图 3.4.3（a）所示；第二类概念模型是孔隙分布模型，即在长为 L、宽为 W 的矩形区域内，通过调整颗粒的形状、尺寸及其分布，形成一系列孔隙率（ϕ=53.8%）和长宽比（L/W=2）相同，但孔隙结构各异的二维多孔介质模型，如图 3.4.3（b）所示。

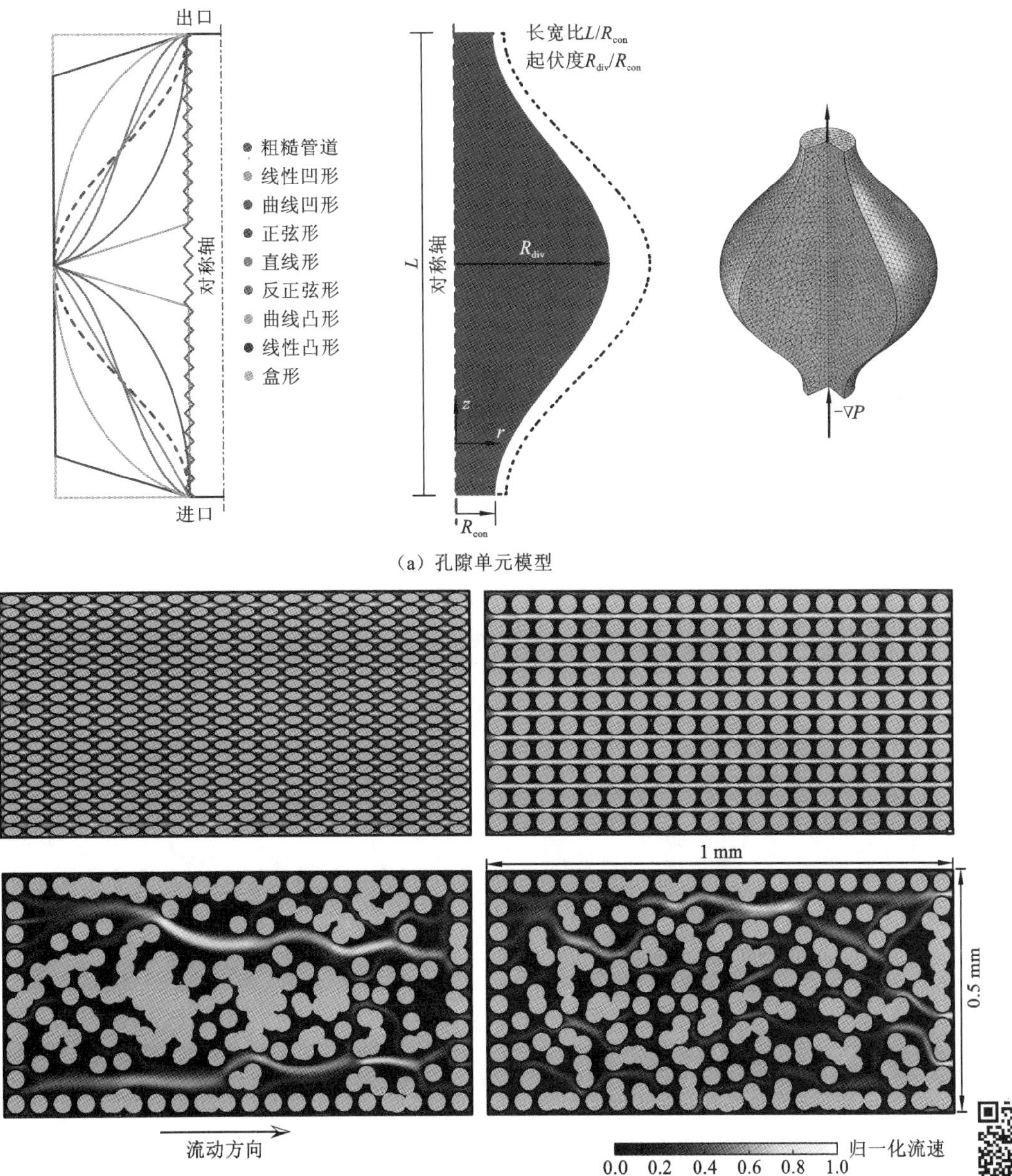

（a）孔隙单元模型

（b）孔隙分布模型

图 3.4.3　孔隙结构概念模型

数值模拟表明，随着进、出口端之间压力梯度的增大，各概念模型的压力梯度-流量曲线均明显偏离线性关系，并符合 Forchheimer 方程。图 3.4.4 给出了一个典型的孔隙单元在压力梯度增大过程中的压力梯度-雷诺数曲线及涡旋区的演化特征，图中雷诺数的定义为 $Re=\rho vR_{con}/\mu$。图 3.4.4 进一步表明，孔隙单元壁面的起伏、突变及涡旋区的形成、发展和演化是介质内部水流偏离线性关系的根本原因。图 3.4.5 给出了正弦形孔隙单元在不同起伏度（$R_{div}/R_{con}=3\sim7$，$L/R_{con}=10$）及不同长宽比（$L/R_{con}=6\sim14$，$R_{div}/R_{con}=5$）情况下的κ_i-κ_v 曲线。从图 3.4.5 中可见，各种情况下的κ_i-κ_v 曲线均服从式（3.4.5），决定系数 R^2 均大于 0.97。由于起伏度和长宽比的变化可视为孔隙单元的变形，故图 3.4.5 表明，当介质的孔隙结构存在某种几何相似性时，介质在变形过程中的κ_i-κ_v 曲线仍然服从 3/2 幂次关系。

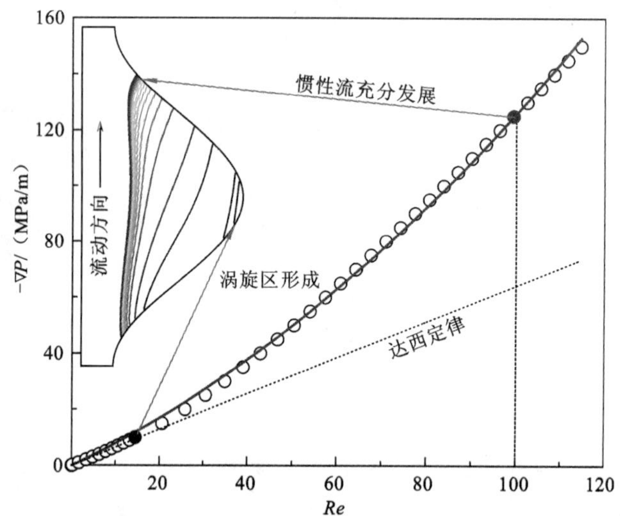

图 3.4.4　典型孔隙单元的压力梯度-雷诺数曲线及涡旋区演化特征

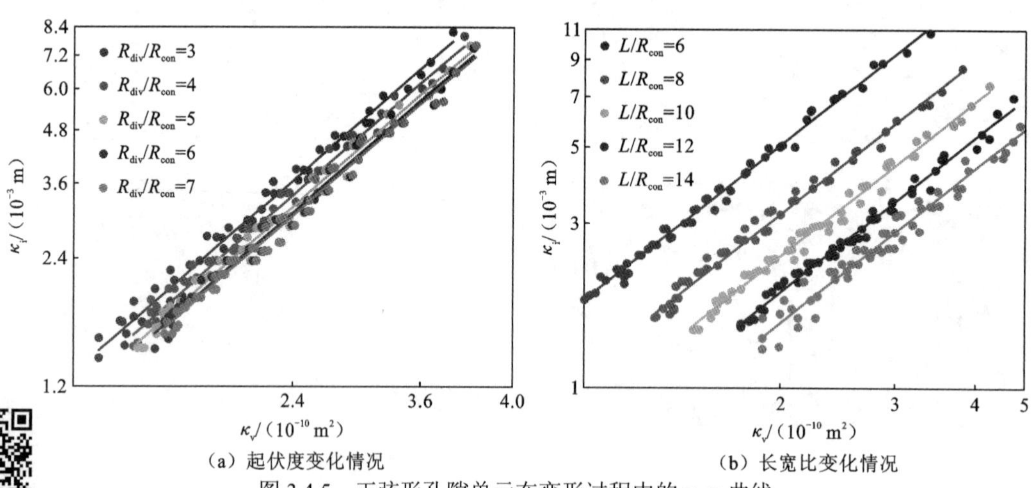

（a）起伏度变化情况　　（b）长宽比变化情况

图 3.4.5　正弦形孔隙单元在变形过程中的κ_i-κ_v 曲线

进一步地，以长宽比 $L/R_{con}=10$ 和起伏度 $R_{div}/R_{con}=5$ 的正弦形孔隙单元为基准，通过整体缩放其他起伏形态的孔隙单元模型，可获得一系列起伏形态各异，但黏性渗透率 κ_v 相同的孔隙单元模型，其相应的压力梯度-雷诺数曲线和 κ_i、κ_v 如图 3.4.6（a）所示。从图 3.4.6（a）中可见，尽管这些孔隙单元的 κ_v 相同（$\kappa_v=1\times10^{-10}\,m^2$），但由于孔隙壁面起伏度、粗糙度及几何形态突变程度的差异，惯性渗透率 κ_i 的差异极大，达 3 个数量级。孔隙壁面起伏度越大，几何形态变化越激烈，涡旋区越易于形成和发展，水流惯性效应越显著，相应的 κ_i 也越小。

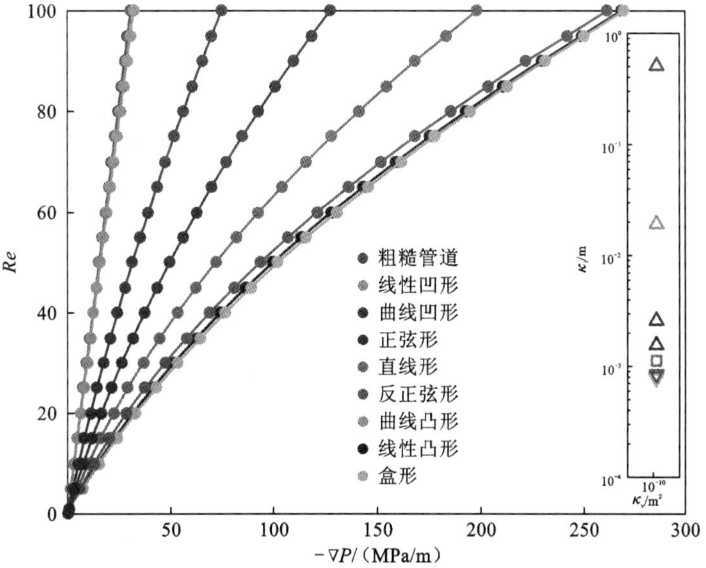

粗糙管道
线性凹形
曲线凹形
正弦形
直线形
反正弦形
曲线凸形
线性凸形
盒形

Re

$-\nabla P$/（MPa/m）

κ_i/m

κ_v/m²

（a）孔隙几何形态的影响

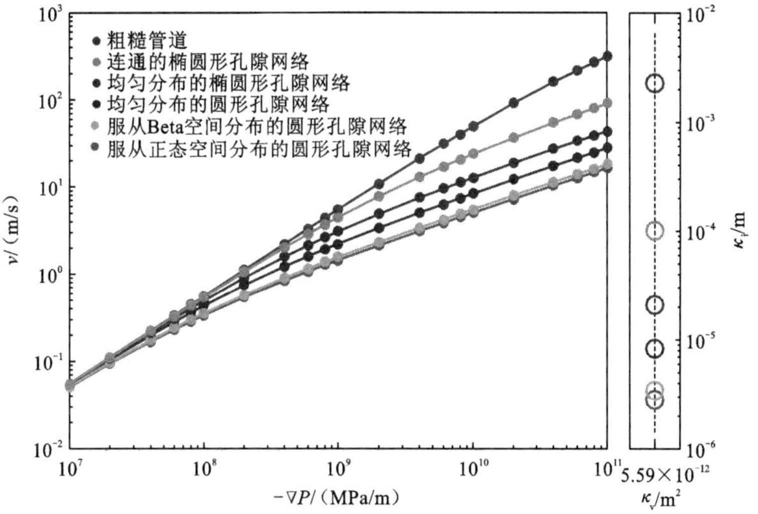

粗糙管道
连通的椭圆形孔隙网络
均匀分布的椭圆形孔隙网络
均匀分布的圆形孔隙网络
服从Beta空间分布的圆形孔隙网络
服从正态空间分布的圆形孔隙网络

v/（m/s）

$-\nabla P$/（MPa/m）

κ_i/m

5.59×10^{-12}

κ_v/m²

（b）孔隙空间分布的影响

图 3.4.6　孔隙结构对 κ_v、κ_i 的影响

类似地，以长 L 为 1×10^{-3} m 和宽 W 为 5×10^{-4} m 的均匀分布圆形颗粒为基准，通过整体缩放二维孔隙介质模型，获得了一系列孔隙结构各异，但孔隙率ϕ和黏性渗透率κ_v 相同的数值模拟结果，如图 3.4.6（b）所示。从图 3.4.6（b）中可见，在相同的κ_v 下（$\kappa_v=5.59\times10^{-12}\ \mathrm{m}^2$），孔隙空间分布形态的差异同样可使$\kappa_i$ 产生 3 个数量级的差异，孔隙结构的非均匀性越强，流动通道的迂曲度越大，介质中的水流惯性效应越强，κ_i 越小。

由上述分析可知，一方面，当岩土介质的孔隙结构维持某种几何相似性时，即使在变形过程中，介质的渗流参数κ_i 和κ_v 也很好地服从 3/2 幂次关系，因而式（3.4.5）具有普适性；另一方面，即使岩土介质具有相同的黏性渗透率κ_v，但当介质孔隙的几何形态和空间分布差异较大时，惯性渗透率κ_i 的差异也可达到 3 个数量级。因此，式（3.4.5）中的系数ϖ的变化范围较大的根本原因，是与岩土介质孔隙形态的多样性及孔隙网络结构的复杂性分不开的。但对于特定的岩土介质，其孔隙结构特征也是一定的，因而式（3.4.5）适用，且其系数ϖ 具有较窄的置信区间。式（3.4.5）的应用价值就在于，对于特定的场地条件，只要通过少量的试验确定地层的参数ϖ，就可由地层的黏性渗透率κ_v 估算地层的惯性渗透率κ_i，从而使岩土介质非达西渗流参数的确定更加省时、经济和简便。

3.4.3 非达西渗流参数的演化

1. 基于表观渗透率的渗流参数解析公式

如 1.2.3 小节和 3.1.2 小节所述，岩土介质的非达西渗流效应是随渗压梯度的增大而不断趋于显著的，非达西效应越强，介质的表观渗透率κ_{app} 越小。但渗压梯度越大，介质中的平均渗压也就越大，介质在高渗压作用下的膨胀和扩张变形也就不容忽视，并使介质的表观渗透率κ_{app} 增大。因此，在高渗压梯度条件下，介质的表观渗透率κ_{app} 具有复杂的变化规律。由于κ_i-κ_v 幂次关系[式（3.4.5）]同样适用于变形过程中的岩土介质，其为岩土介质κ_{app} 变化规律的研究提供了便捷的途径。

以黏性渗透率κ_v 为未知量，联立反映介质变形效应的幂次关系[式（3.4.5）]和反映水流惯性效应的 Forchheimer 方程[式（3.4.1b）]，可得（Zhou et al.，2019c）

$$\kappa_v^{3/2}-\frac{\mu v}{|\nabla P|}\kappa_v^{1/2}-\frac{\rho v^2}{\varpi|\nabla P|}=0 \tag{3.4.6}$$

式中：$|\nabla P|=-\mathrm{d}P/\mathrm{d}l$，为流动方向上的压力梯度。

式（3.4.6）是一个关于$\kappa_v^{1/2}$ 的一元三次方程，其判别式Δ为

$$\Delta=\frac{1}{4}\frac{\mu^3}{\varpi^2}\frac{v^3}{|\nabla P|^3}\left(\frac{\rho^2}{\mu^3}|\nabla P|v-\frac{4}{27}\varpi^2\right) \tag{3.4.7}$$

式（3.4.6）的解取决于判别式Δ的符号：

$$\kappa_v=\frac{4}{3}\kappa_{app}\cos^2\left(\frac{\varphi_\kappa+2\pi}{3}\right)\quad(\Delta<0) \tag{3.4.8a}$$

$$\kappa_v=\frac{4}{3}\kappa_{app}\quad(\Delta=0) \tag{3.4.8b}$$

$$\kappa_{\mathrm{v}}=\frac{4}{3}\kappa_{\mathrm{app}}+\left(\lambda_{\kappa}-\frac{\kappa_{\mathrm{app}}}{3\lambda_{\kappa}}\right)^{2}\quad(\Delta>0) \tag{3.4.8c}$$

式中：κ_{app} 为表观渗透率；φ_{κ} 和 λ_{κ} 为为了方便表述而引入的参数，其表达式为

$$\kappa_{\mathrm{app}}=\frac{\mu v}{|\nabla P|} \tag{3.4.9a}$$

$$\varphi_{\kappa}=\arccos\left(-\frac{3}{2}\frac{\rho v}{\varpi\mu}\sqrt{3\kappa_{\mathrm{app}}}\right) \tag{3.4.9b}$$

$$\lambda_{\kappa}=\left(\sqrt{\Delta}-\frac{\rho}{2\varpi}\frac{v^{2}}{|\nabla P|}\right)^{1/3} \tag{3.4.9c}$$

值得一提的是，对于式（3.4.8b），即当判别式$\Delta=0$ 时，由 Forchheimer 数的定义［式（1.2.29a）］，有 $Fo=1/3$。

式（3.4.7）给出的判别式Δ具有明确的物理意义，其等号右端括号中的第一项$(\rho^2/\mu^3)|\nabla P|v$ 取决于介质内部渗流的水动力特性，表征了渗流的能量耗散率；而第二项$(4/27)\varpi^2$ 则取决于介质自身的特性，反映了介质在渗压作用下保持孔隙结构几何相似性的能力。进一步地，将 Forchheimer 方程［式（3.4.1b）］和κ_{i}-κ_{v}幂次关系［式（3.4.5）］代入渗流能量耗散率的定义式 $\Phi=|\nabla P|v$，可得

$$\Phi=\mu\left(\frac{v}{\sqrt{\kappa_{\mathrm{v}}}}\right)^{2}+\frac{\rho}{\varpi}\left(\frac{v}{\sqrt{\kappa_{\mathrm{v}}}}\right)^{3} \tag{3.4.10}$$

式中：Φ 为单位体积流体的能量耗散率（Pa/s）。

显然，式（3.4.10）等号右端第一项表征了水流在介质中相对运动所产生的黏性耗散，而第二项则表征了水流局部涡旋所产生的附加能量耗散。因此，式（3.4.5）中的系数ϖ是反映介质中附加能量耗散的特征尺度参数，当在介质变形过程中孔隙结构的变化能够维持附加能量耗散的比例关系（$\propto v^3/\kappa_{\mathrm{v}}^{3/2}$）时，参数$\varpi$就与介质的变形无关。

由于在介质发生变形之前，其压力梯度-流量试验曲线一般均可很好地吻合 Forchheimer 方程，故可以通过曲线拟合确定变形前的初始参数（κ_{v}^{0}、κ_{i}^{0}），再将其代入式（3.4.5）获得介质的ϖ。在此基础上，对于压力梯度-流量曲线上的任意数据点对$|\nabla P|$-v，可先由式（3.4.9a）计算表观渗透率κ_{app}，再由式（3.4.8）和式（3.4.5）确定介质在相应流态下的黏性渗透率κ_{v}与惯性渗透率κ_{i}，进而获得介质的κ_{v}、κ_{i}随渗压梯度或平均渗压的变化规律。

2. 非达西渗流参数的演化规律

分别采用高渗压梯度条件下花岗岩裂隙和碎裂花岗岩的室内渗流试验（李文亮 等，2017；Zhou et al.，2015a），以及碎屑岩和花岗岩地层中的钻孔高压压水试验（Chen et al.，2015b），研究岩土介质渗流参数随渗压梯度或注水压力的变化规律。室内渗流试验在三轴仪中进行，试样长 100 mm，直径为 50 mm，其中裂隙试样的围压$\sigma_3\leqslant 30$ MPa，渗压梯度$|\nabla P|\leqslant 300$ MPa/m；碎裂岩石的围压$\sigma_3\leqslant 10$ MPa，渗压梯度$|\nabla P|\leqslant 100$ MPa/m。现场

高压压水试验的试段长度 L=4.9～5.5 m，注水压力 P≤7 MPa。在室内试验过程中，随着渗压梯度的增大，试样的环向应变明显增大，表明试样出现了明显的膨胀变形；而对于高压压水试验，各试段的降压曲线和升压曲线均不重合，两者之间形成明显的滞回环，表明随着注水压力的增大，岩体中的裂隙发生了明显的扩张变形（Zhou et al.，2019c）。

上述各试样或试段的渗流参数（κ_{app}、κ_{v}、κ_{i}）随渗压梯度$|\nabla P|$或注水压力 P 的变化规律如图 3.4.7 所示。从图 3.4.7 中可见，无论是 10 cm 尺度的裂隙或碎裂岩石试样，还是 5 m 尺度的现场压水试段，随着介质中平均渗压的持续增大，表观渗透率κ_{app}均呈现先减小后增大的变化规律，表明介质中的渗流经历了从水流惯性效应占据主导到水–力耦合效应占据主导的变化过程。在水流惯性效应占据主导阶段，介质内部流动通道中的涡旋区逐步形成和发展，有效过流面积不断减小，因而κ_{app}也不断减小，但该阶段介质中的平均渗压较低，对介质变形的影响可以忽略不计，故黏性渗透率κ_{v}和惯性渗透率κ_{i}保持不变。此后，随着$|\nabla P|$或 P 的增大，介质中的水–力耦合效应逐渐趋于显著，裂隙发生扩张变形，κ_{app}由降转升，而κ_{v}和κ_{i}则迅速增大，但两者的机制有所不同。显然，κ_{v}的增大是由流动通道的扩张和过流能力的增强产生的；而κ_{i}的增大则是由渗流路径迂曲度的降低和水流惯性效应的相对弱化引起的。

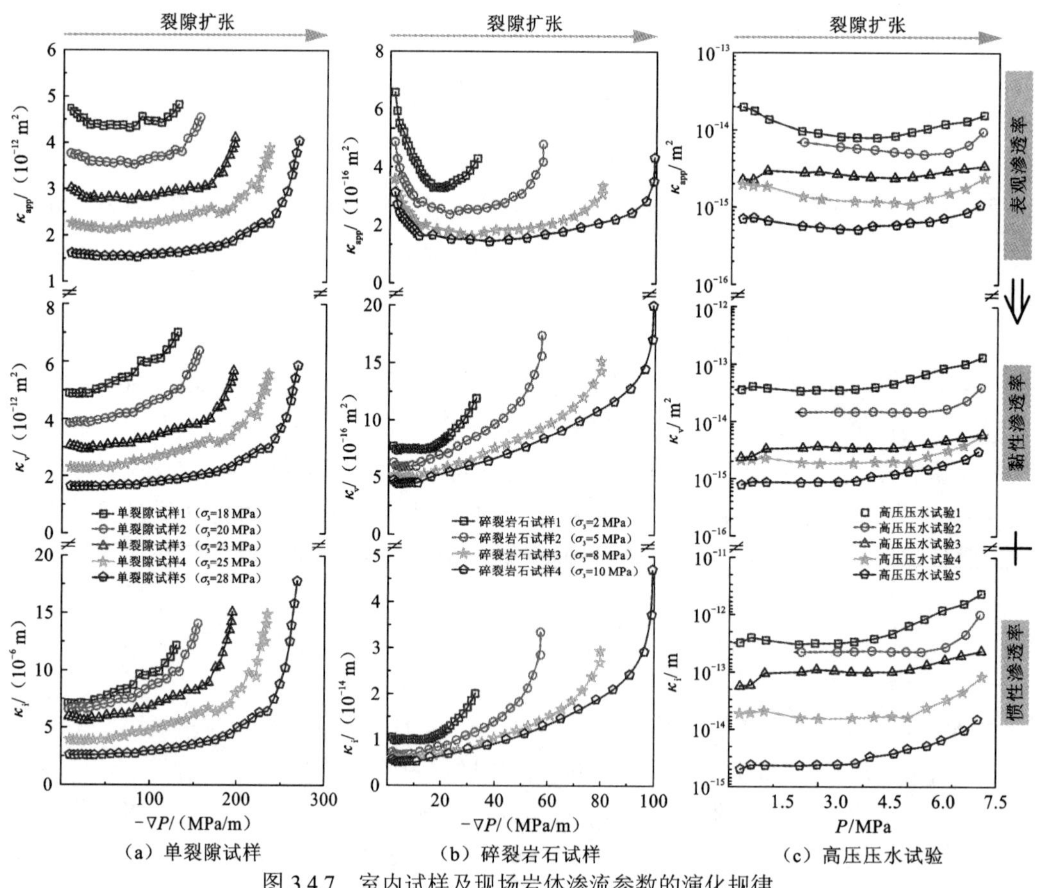

图 3.4.7　室内试样及现场岩体渗流参数的演化规律

在渗压增大过程中，κ_{app} 的变化是非单调的，而κ_v 和κ_i 则是单增的，这为建立κ_v、κ_i 与渗压的函数关系提供了极大的便利。但介质类型不同，从水流惯性效应占据主导到水-力耦合效应占据主导的临界点的位置也是不相同的。由图 3.4.7 可知，与单裂隙试样相比，碎裂岩石试样和压水试段由于包含较多的裂隙，对渗压作用更为敏感，κ_v 和κ_i 在较小的压力下就开始迅速增大。理论上，κ_v 和κ_i 的变化机制及临界点的位置可由式（3.4.8）进行阐述。当判别式$\Delta<0$ 时，渗流的动能水平小于介质的某个本征参数[即$|\nabla P|v<(4\mu^3)/(27\rho^2)\varpi^2$]，因而渗压对$\kappa_v$ 的影响可以忽略不计；而当$\Delta>0$ 时，渗流对介质的作用超过了介质的本征特性，裂隙扩张效应逐渐趋于显著。两者之间的临界点对应于$\Delta=0$，此时有$\kappa_v=4/3\kappa_{app}$，$Fo=1/3$。如图 3.4.7 所示，各试样或试段 $Fo=1/3$ 的位置与κ_v、κ_i 开始显著增大的渗压水平是基本吻合的。

因此，式（3.4.8）给出了一个简洁的临界判据，即 $Fo=1/3$，可用于厘清岩土介质中相互交织的水流惯性效应和水-力耦合效应，并确定在何种情况下需要考虑介质中的水-力耦合效应。需要指出的是，该理论判据成立的前提是介质存在一个确定的参数值ϖ，但由于ϖ 高度概化且影响因素较多，该判据仅是粗略的。

3.4.4　工程应用实例

1. 工程概况

夹岩水利枢纽位于贵州省毕节市及遵义市境内，由水源工程、灌区骨干输水工程和毕大供水工程等组成，建设任务以供水和灌溉为主，兼顾发电。其中，灌区骨干输水工程由总干渠、北干渠、南干渠等组成，总干渠长 19.02 km，其中猫场隧洞长 15.70 km；北干渠长 117.55 km，其中水打桥隧洞长 20.36 km。如图 3.4.8 所示，猫场隧洞和水打桥隧洞位于峰丛洼地岩溶地貌区，隧洞埋深 50～445 m，穿越中三叠统关岭组（T_2g）、下三叠统永宁镇组（T_1yn）和二叠系茅口组（P_1m）等可溶岩地层，涉及猫场、小田坝、以哪田坝、鼠场等四个水文地质单元，断裂构造及落水洞、暗河等岩溶现象较为发育，隧洞涌水灾害预测及防治是工程建设的关键技术问题之一（Zheng et al.，2021；Zhou et al.，2021）。

当暗河位于隧洞上方，且存在溶蚀构造连通暗河与隧洞时，溶蚀构造可成为集中的涌水通道，且其中的渗流可能随流速的增大而显著偏离达西定律。以水打桥隧洞 2#支洞为例，研究溶蚀构造中的非达西渗流特性（Chen et al.，2020）。该支洞位于水打桥隧洞 K06+325.10 m 桩号处，截面为城门洞形，截面尺寸约为 4 m×4 m。支洞进口高程为 1 507.71 m，全长为 693.3 m，整体纵坡约为 32.45%，洞轴线走向为 N5.33° E，如图 3.4.8（a）和图 3.4.9（a）所示。支洞穿越的地层主要为下三叠统永宁镇组灰岩和泥质灰岩夹砂、泥岩（T_1yn）。岩体呈层状结构，产状为 N60° E/SE∠20°，岩层走向与洞轴线的交角约为 55°。永宁镇组可细分为三段，其中 T_1yn^1 为中—厚层灰岩，底部夹泥质灰岩及泥灰岩；T_1yn^2 为薄—中厚层泥岩，夹中厚层黄灰色泥灰岩、泥质灰岩；T_1yn^3 为灰、深灰色中—厚层灰岩，蠕虫状灰岩，夹泥质白云岩及白云质灰岩。

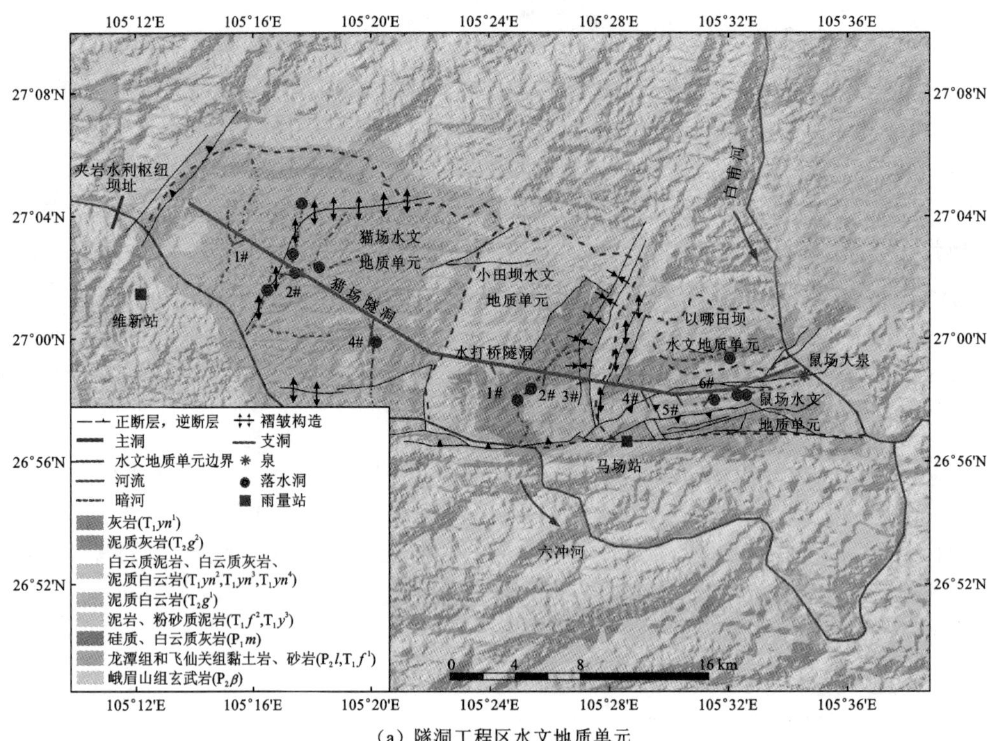

（a）隧洞工程区水文地质单元

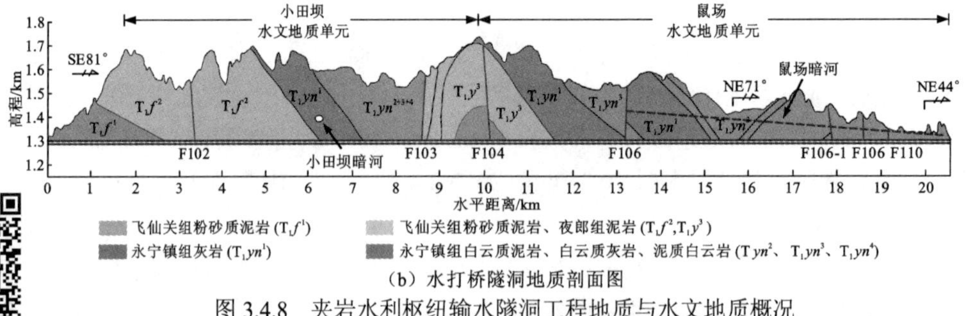

（b）水打桥隧洞地质剖面图

图 3.4.8　夹岩水利枢纽输水隧洞工程地质与水文地质概况

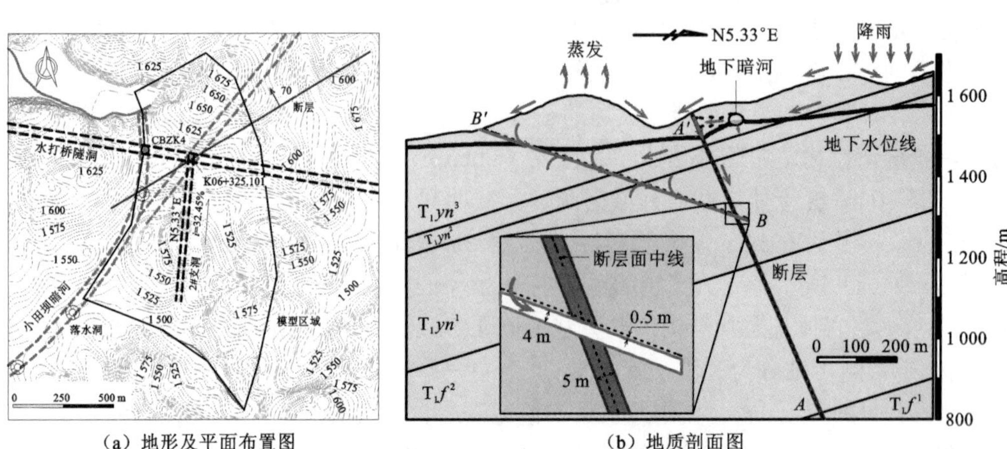

（a）地形及平面布置图　　　　（b）地质剖面图

图 3.4.9　水打桥隧洞 2#支洞平面布置及地质剖面图

支洞区域发育有小田坝暗河系统，位于支洞进口端永宁镇组第三段。暗河总体自北东往南西方向流动[图 3.4.9（a）]，进口由地表溪流集中补给，补给高程在 1 565 m 之上，出口位于六冲河左岸坡，高程为 1 145 m，长约 4.6 km，比降约为 9%，枯季流量为 10～15 L/s，隧洞轴线以上补给面积约为 36.3 km^2。暗河与北干渠水打桥隧洞大角度交叉，对隧洞涌水影响较大。在距离支洞进口约 630 m 处发育有一条断层，厚度约为 5.0 m，断距为 1.5～2 m，产状为 N60° E/NW∠70°。断层岩体破碎，为灰岩胶结，局部发育溶蚀裂隙，存在夹泥涌水现象。支洞区域年均降雨量约为 1 120 mm，地下水主要由降雨入渗补给，并向六冲河排泄。支洞涌水主要沿断层流出，但也存在沿地层层面和裂隙面渗出的情况。通过该断层，暗河为支洞涌水提供了主要的补给来源，因而支洞涌水量受降雨影响较小，开挖完成后流量基本保持稳定，随时间的延续衰减不明显，涌水量的变化范围为 10 099～11 890 m^3/d，平均涌水量约为 11 144 m^3/d。

2. 岩体非达西渗流参数的确定

首先依据钻孔压水试验数据，确定永宁镇组 T_1yn^1 和 T_1yn^3 地层的渗流参数。每个地层均设有 2 个压水试验孔，压水试段分别为 23 段和 22 段，钻孔半径为 r_w=45.5 mm，试段长度约为 L=5 m。压水试验数据如图 3.4.10（a）和（c）所示，可见各试段的 P-Q 曲线均呈现明显的非线性。依据各试段的 P-Q 曲线及同一地层所有试段的 P-$\overline{Q}$ 曲线（见 3.2.5 小节），采用式（3.4.4）计算各地层的非达西渗流参数（κ_v、κ_i），如表 3.4.2 和图 3.4.10（b）、（d）所示。

T_1yn^2 地层和断层因缺乏压水试验数据，其参数（κ_v、κ_i）可借助统计关系式（3.4.5）确定。现场地质调查表明，与 T_1yn^1 和 T_1yn^3 地层相比，T_1yn^2 地层为相对隔水层，其黏性渗透率κ_v 偏小约一个数量级，而断层的透水性较强，其黏性渗透率κ_v 偏大 1～3 个数量级，两者κ_v 的取值范围如表 3.4.2 所示，其代表性取值则需要通过反演分析确定。根据场地条件，从图 3.4.1 中选取一个包括 79 组岩样或岩体的κ_v-κ_i 数据子集，并将 T_1yn^1 和 T_1yn^3 地层的κ_v-κ_i 数据绘制于图中，确定κ_v-κ_i 统计关系式（3.4.5）中的系数，即ϖ=2.08×10^8 m^{-2}，如图 3.4.11 所示。若假定式（3.4.5）同样适用于 T_1yn^2 地层和断层，则当两者的κ_v 确定之后，即可由κ_v 估算κ_i。

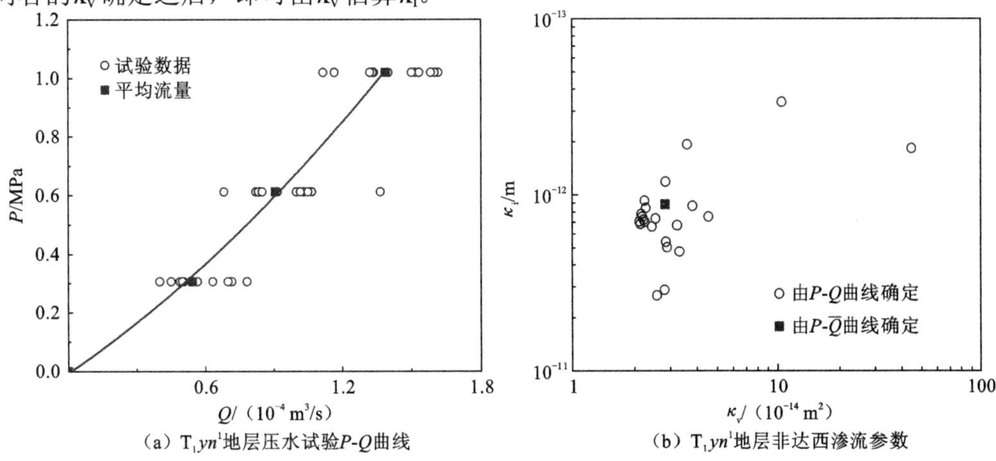

（a）T_1yn^1地层压水试验P-Q曲线　　（b）T_1yn^1地层非达西渗流参数

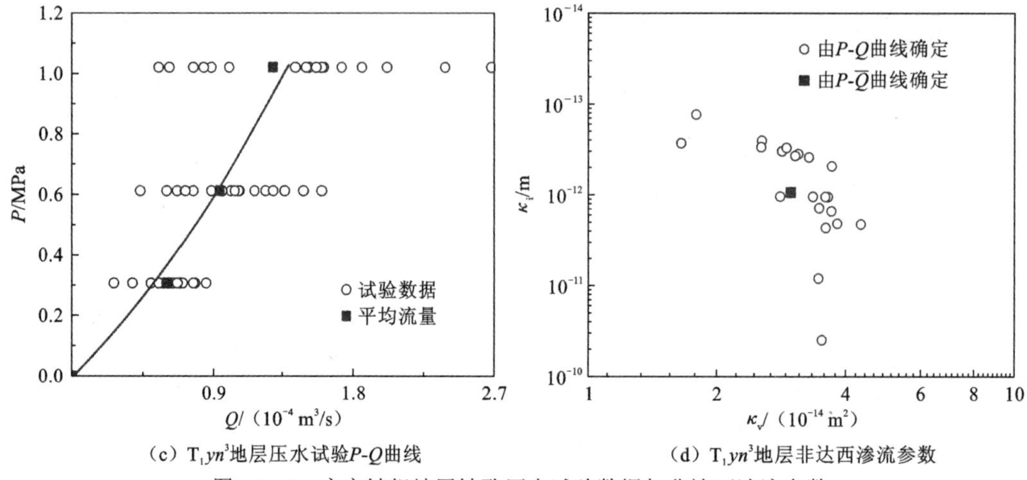

（c）T_1yn^3地层压水试验P-Q曲线　（d）T_1yn^3地层非达西渗流参数

图 3.4.10　永宁镇组地层钻孔压水试验数据与非达西渗流参数

表 3.4.2　钻孔压水试验统计结果

地层	黏性渗透率κ_v/m²		惯性渗透率κ_i/m	
	取值	变化范围	取值	变化范围
T_1yn^1	2.84×10^{-14}	$2.11\times10^{-14}\sim1.11\times10^{-13}$	1.14×10^{-12}	$3.79\times10^{-13}\sim3.75\times10^{-12}$
T_1yn^3	2.97×10^{-14}	$1.65\times10^{-14}\sim4.34\times10^{-14}$	9.35×10^{-13}	$1.30\times10^{-13}\sim1.07\times10^{-11}$
T_1yn^2	5.00×10^{-15}	$1.00\times10^{-15}\sim1.00\times10^{-14}$	7.35×10^{-14}	$2.66\times10^{-14}\sim4.52\times10^{-9}$
断层	9.17×10^{-12}	$1.00\times10^{-13}\sim1.00\times10^{-11}$	5.78×10^{-9}	$2.11\times10^{-9}\sim3.52\times10^{-4}$

注：T_1yn^2地层和断层κ_i的变化范围由κ_v的反演值代入式（3.4.5）计算得出，对应于图 3.4.11 中的 95%置信区间。

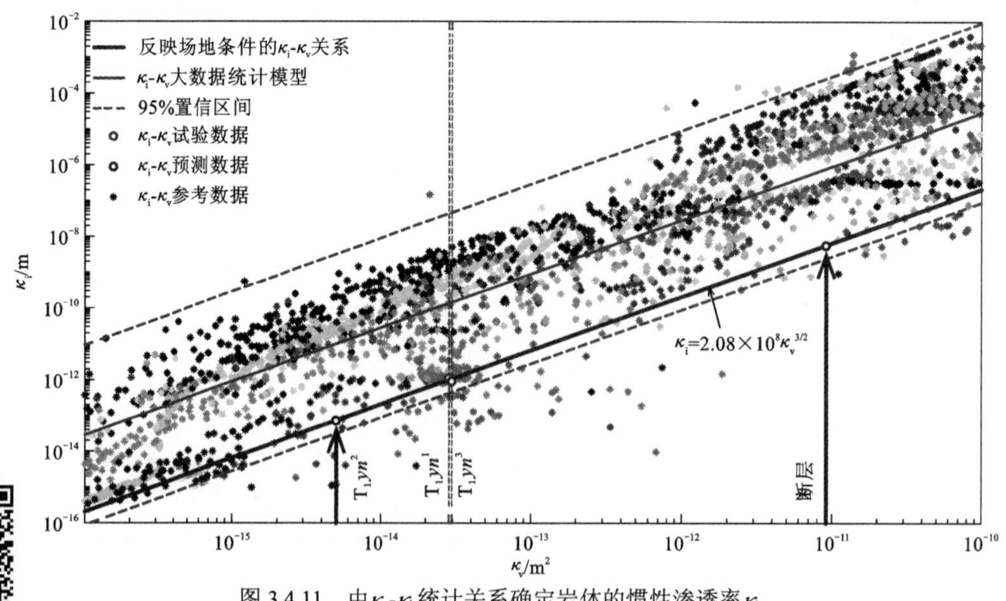

图 3.4.11　由κ_v-κ_i统计关系确定岩体的惯性渗透率κ_i

3. 隧洞涌水的非达西效应

为了分析水打桥隧洞 2#支洞的涌水问题，以地表分水岭为界选取研究区域，平面面积约为 9.3×10^5 m^2，如图 3.4.9（a）所示。依据研究区域的地形地貌、地层分布、断层和暗河发育特征，构建了三维有限元模型，高程为 800～1 685 m，共剖分单元 351.7 万个，节点 83.4 万个，如图 3.4.12 所示。暗河的几何形态和延伸方向存在一定的不确定性，其直径按 100 年一遇洪水充满暗河估算，约为 10 m，延伸方向则在暗河进口和出口之间按直线近似。

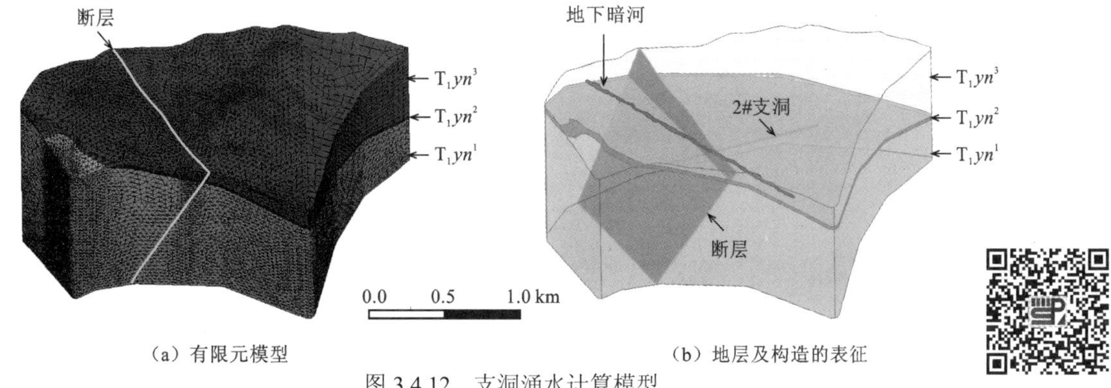

图 3.4.12　支洞涌水计算模型

由于支洞开挖结束后涌水量基本保持稳定，故采用稳定渗流分析方法（详见 1.3.2 小节和 5.1 节）。渗流分析的边界条件如下：模型西侧边界与小田坝暗河分支重合，CBZK4 钻孔揭示的稳定水位为 1 547 m[图 3.4.9（a）]，相应的暗河水深约为 0.1 m，主暗河的水深也取 0.1 m；北侧和南侧边界为小溪，取零压力边界；东侧边界为局部分水岭，地下水位埋深约为 80 m；模型底部取隔水边界，支洞表面为 Signorini 型潜在溢出边界条件。

假定岩体中的渗流服从 Forchheimer 定律，T_1yn^1 和 T_1yn^3 地层的参数（κ_v、κ_i）按表 3.4.2 取值；T_1yn^2 地层和断层的黏性渗透率 κ_v 由支洞的涌水量经反演分析确定，惯性渗透率 κ_i 则由式（3.4.5）估算，其中系数 $\varpi=2.08\times10^8$ m^{-2}。反演分析表明，T_1yn^2 地层的渗透性对支洞涌水量的影响不大，其黏性渗透率可取 $\kappa_v=5\times10^{-15}$ m^2；但支洞的涌水量对断层的渗透性极为敏感，当其黏性渗透率 κ_v 从 10^{-13} m^2 增大两个数量级到 10^{-11} m^2 时，支洞涌水量从 2 485 m^3/d 增大到 73 381 m^3/d，约增为原来的 30 倍。根据支洞的实测涌水量，断层黏性渗透率的最佳估计值为 $\kappa_v=9.17\times10^{-12}$ m^2，此时对应的惯性渗透率为 $\kappa_i=5.78\times10^{-9}$ m，如表 3.4.2 所示。

图 3.4.13 给出了计算与实测涌水量的对比。从图 3.4.13 中可见，在断层的黏性渗透率 κ_v 保持最佳估计值的情况下，支洞涌水量对断层惯性渗透率 κ_i 的变化极为敏感。当 κ_i 取 95%置信下限（2.11×10^{-9} m）时，支洞的涌水量被显著低估，这是因为 κ_i 越小，断层中水流的惯性效应越强，局部涡旋区的发展对过流通道的束窄作用也越显著；当 κ_i 趋于 95%置信上限（3.52×10^{-4} m）时，断层中水流的惯性效应可以忽略不计，渗流趋于达西流态，支洞的涌水量被高估 27%。当然，若假定断层的流态为层流（即渗流服从达

西定律)，通过调低断层的渗透率（即按表观渗透率κ_{app}取值），支洞的涌水量也是能够得到准确预测的。但这样一来，断层的渗透稳定性就可能被误判，隧洞突泥的风险就可能被低估。如图 3.4.14 所示，当断层的κ_v取值一定时，随着κ_i的减小，渗流的惯性效应增强，断层内的水力梯度不断增大，断层渗透破坏和突泥的风险也显著增大。

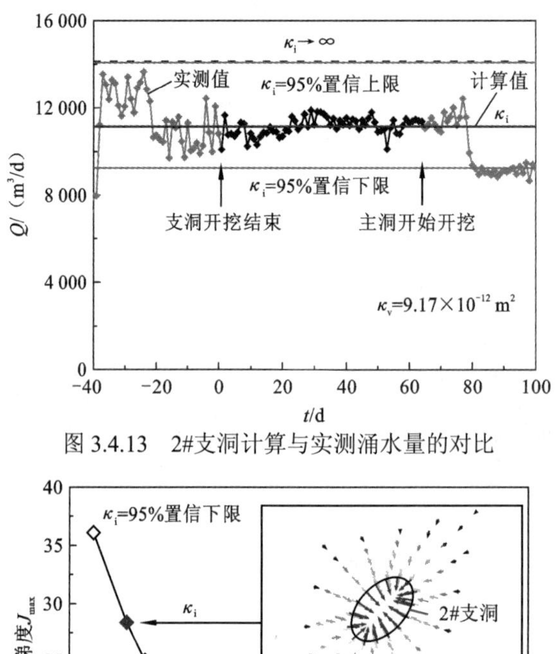

图 3.4.13　2#支洞计算与实测涌水量的对比

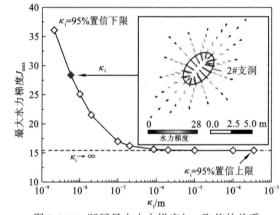

图 3.4.14　断层最大水力梯度与κ_i取值的关系

洞室围岩和断层中非达西渗流的发展程度可用非线性程度因子α_{ND}来表征，其定义为 Forchheimer 方程[式（3.4.1）]中非线性压力梯度项与总压力梯度之比，即$\alpha_{ND}=\rho\kappa_v v/(\mu\kappa_i+\rho\kappa_v v)$，其中 v 为渗透流速，ρ和μ为流体的密度与动力黏滞系数。α_{ND}的变化范围为 0～1，工程上一般可选用$\alpha_{ND}=10\%$作为流态转变的判据。图 3.4.15 给出了支洞轴线剖面上断层中心线和洞顶上方 0.5 m 处非线性程度因子α_{ND}的分布特征。从图 3.4.15 中可见，随着κ_i的减小，断层与支洞围岩中的渗流均出现一定程度的非达西渗流现象，且断层的κ_i越小，断层中非达西流态显著发展（即$\alpha_{ND}>10\%$）的影响区越大。在κ_v、κ_i按表 3.4.2 取值的情况下，非达西流态显著发展的区域主要集中在洞周 50 m 范围内的断层中，以及洞周 10 m 范围内的 T_1yn^3 地层中，后者主要是因为 T_1yn^3 地层下伏弱透水性的 T_1yn^2 地层，使 T_1yn^3 地层具有较大的顺层向渗透流速。

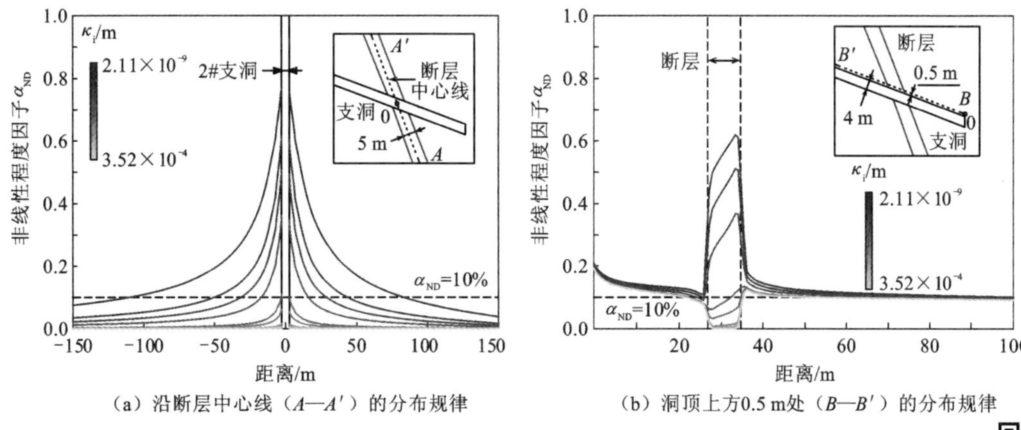

（a）沿断层中心线（A—A'）的分布规律　　（b）洞顶上方0.5 m处（B—B'）的分布规律

图 3.4.15　隧洞轴线剖面上非线性程度因子α_{ND}的分布规律

参 考 文 献

陈晓恋，文章，胡金山，等，2016. 解析法与数值法在水电站防渗墙效果评价中的运用[J]. 地球科学，41(4): 701-710.

冯树荣，赵海斌，蒋中明，等，2012. 向家坝水电站左岸坝基破碎岩体渗透变形特性试验研究[J]. 岩土工程学报, 34(4): 600-605.

国家能源局, 2018. 水电工程钻孔压水试验规程: NB/T 35113—2018[S]. 北京：中国水利水电出版社.

黄勇，周志芳，傅胜，等，2013. 基于高压压水试验的岩体透水率变化研究[J]. 工程地质学报，21(6): 828-834.

李文亮，周佳庆，贺香兰，等，2017. 不同围压下破碎花岗岩非线性渗流特性试验研究[J]. 岩土力学，38(S1): 140-150.

刘明明，胡少华，陈益峰，等, 2016. 基于高压压水试验的裂隙岩体非线性渗流参数解析模型[J]. 水利学报, 47(6): 752-762.

刘世明，胡宏磊，陈鼎，1996. 天荒坪抽水蓄能电站岔管区域高压渗透试验[J]. 岩土工程学报，18(6): 31-38.

孟如真，胡少华，陈益峰，等, 2014. 高渗压条件下基于非达西流的裂隙岩体渗透特性研究[J]. 岩石力学与工程学报, 33(9): 1756-1764.

张世殊, 2002. 溪洛渡水电站坝基岩体钻孔常规压水与高压压水试验成果比较[J]. 岩石力学与工程学报, 21(3): 385-387.

中华人民共和国水利部，2007. 水利水电工程水文地质勘察规范：SL 373—2007[S]. 北京：中国水利水电出版社.

中华人民共和国水利部, 2018a. 混凝土拱坝设计规范: SL 282—2018 [S]. 北京：中国水利水电出版社.

中华人民共和国水利部, 2018b. 混凝土重力坝设计规范: SL 319—2018[S]. 北京：中国水利水电出版社.

ACUNA J A, YORTSOS Y C, 1995. Application of fractal geometry to the study of networks of fractures and their pressure transient[J]. Water resources research, 31(3): 527-540.

BARKER J A, 1988. A generalized radial flow model for hydraulic tests in fractured rock[J]. Water resources research, 24(10): 1796-1804.

BARTON N, CHOUBEY V, 1977. The shear strength of rock joints in theory and practice[J]. Rock mechanics and rock engineering, 10(1/2): 1-54.

BASAK P, 1977. Non-penetrating well in a semi-infinite medium with non-linear flow[J]. Journal of hydrology, 33(3/4): 375-382.

BEAR J, 1972. Dynamics of fluids in porous media[M]. New York: Elsevier.

BECKER M W, MATTHEW P, MAZURCHUK R V, et al., 2003. Magnetic resonance imaging of dense and light non-aqueous phase liquid in a rock fracture[J]. Geophysical research letters, 30(12): 1646.

BEHMANESH H, HAMDI H, CLARKSON C R, et al., 2018. Analytical modeling of linear flow in single-phase tight oil and tight gas reservoirs[J]. Journal of petroleum science and engineering, 171: 1084-1098.

BORDIER C, ZIMMER D, 2000. Drainage equations and non-Darcian modelling in coarse porous media or geosynthetic materials[J]. Journal of hydrology, 228(3/4): 174-187.

BROWN S, CAPRIHAN A, HARDY R, 1998. Experimental observation of fluid flow channels in a single fracture [J]. Journal of geophysical research: Solid earth, 103(B3): 5125-5132.

CAPPA F, GUGLIELMI Y, RUTQVIST J, et al., 2006. Hydromechanical modelling of pulse tests that measure fluid pressure and fracture normal displacement at the Coaraze Laboratory site, France[J]. International journal of rock mechanics and mining sciences, 43(7): 1062-1082.

CHEN Y F, ZHOU J Q, HU S H, et al., 2015a. Evaluation of Forchheimer equation coefficients for non-Darcy flow in deformable rough-walled fractures[J]. Journal of hydrology, 529: 993-1006.

CHEN Y F, HU S H, HU R, et al., 2015b. Estimating hydraulic conductivity of fractured rocks from high-pressure packer tests with an Izbash's law-based empirical model[J]. Water resources research, 51(4): 2096-2118.

CHEN Y F, LIU M M, HU S H, et al., 2015c. Non-Darcy's law-based analytical models for data interpretation of high-pressure packer tests in fractured rocks[J]. Engineering geology, 199: 91-106.

CHEN Y F, FANG S, WU D S, et al., 2017. Visualizing and quantifying the crossover from capillary fingering to viscous fingering in a rough fracture[J]. Water resources research, 53(9): 7756-7772.

CHEN Y F, WU D S, FANG S, et al., 2018. Experimental study on two-phase flow in rough fracture: Phase diagram and localized flow channel[J]. International journal of heat and mass transfer, 122: 1298-1307.

CHEN Y F, LI B Y, LIU M M, et al., 2019. A Forchheimer's law-based analytical model for constant-rate tests with linear flow pattern[J]. Advances in water resources, 128: 1-12.

CHEN Y F, LIAO Z, ZHOU J Q, et al., 2020. Non-Darcian flow effect on discharge into a tunnel in karst aquifers[J]. International journal of rock mechanics and mining sciences, 130: 104319.

COOKE C E, 1973. Conductivity of fracture proppants in multiple layers[J]. Journal of petroleum technology, 25(9): 1101-1107.

CORNET F H, MORIN R H, 1997. Evaluation of hydromechanical coupling in a granite rock mass from a high-volume, high-pressure injection experiment: Le Mayet de Montagne, France[J]. International journal of rock mechanics and mining sciences, 34(3/4): 1-14.

CRANDALL D, AHMADI G, SMITH D H, 2010. Computational modeling of fluid flow through a fracture in permeable rock[J]. Transport in porous media, 84(2): 493-510.

DELAY F, POREL G, BERNARD S, 2004. Analytical 2D model to invert hydraulic pumping tests in fractured rocks with fractal behavior[J]. Geophysical research letters, 31(16): L16501.

DERODE B, CAPPA F, GUGLIELMI Y, et al., 2013. Coupled seismo-hydromechanical monitoring of inelastic effects on injection-induced fracture permeability[J]. International journal of rock mechanics and mining sciences, 61: 266-274.

DETWILER R L, PRINGLE S E, GLASS R J, 1999. Measurement of fracture aperture fields using transmitted light: An evaluation of measurement errors and their influence on simulations of flow and transport through a single fracture[J]. Water resources research, 35(9): 2605-2617.

DEVELI K, BABADAGLI T, 1998. Quantification of natural fracture surfaces using fractal geometry[J]. Mathematical geology, 30(8): 971-998.

DEWANDEL B, AUNAY B, MARÉCHAL J C, et al., 2014. Analytical solutions for analysing pumping tests in a sub-vertical and anisotropic fault zone draining shallow aquifers[J]. Journal of hydrology, 509: 115-131.

DOE T W, GEIER J E, 1990. Interpretation of fracture system geometry using well test data[R]. Stockholm: Swedish Nuclear Fuel and Waste Management Company.

ELSWORTH D, DOE T W, 1986. Application of non-linear flow laws in determining rock fissure geometry from single borehole pumping tests[J]. International journal of rock mechanics and mining sciences & geomechanics abstracts, 23(3): 245-254.

ERGUN S, 1952. Fluid flow through packed columns[J]. Chemical engineering progress, 48: 89-94.

ESCOBAR F H, HERNÁNDEZ Y A, HERNÁNDEZ C M, 2007. Pressure transient analysis for long homogeneous reservoirs using TDS technique[J]. Journal of petroleum science and engineering, 58(1/2): 68-82.

EVANS K F, GENTER A, SAUSSE J, 2005. Permeability creation and damage due to massive fluid injections into granite at 3.5 km at Soultz: 1. Borehole observations[J]. Journal of geophysical research: Solid earth, 110(B4): B04203.

FORCHHEIMER P, 1901. Wasserbewegung durch boden[J]. Zeitschrift des vereins deutscher ingenieure, 45: 1782-1788.

GEERTSMA J, 1974. Estimating the coefficient of inertial resistance in fluid flow through porous media[J].

SPE journal, 14(5): 445-450.

HAKAMI E, LARSSON E, 1996. Aperture measurements and flow experiments on a single natural fracture[J]. International journal of rock mechanics and mining sciences & geomechanics abstracts, 33(4): 395-404.

HU R, WU D S, YANG Z, et al., 2018. Energy conversion reveals regime transition of imbibition in a rough fracture [J]. Geophysical research letters, 45(17): 8993-9002.

HU R, ZHOU C X, WU D S, et al., 2019. Roughness control on multiphase flow in rock fractures[J]. Geophysical research letters, 46(21): 12002-12011.

HUANG Z, JIANG Z, ZHU S, et al., 2014. Characterizing the hydraulic conductivity of rock formations between deep coal and aquifers using injection tests[J]. International journal of rock mechanics and mining sciences, 71: 12-18.

HVORSLEV M J, 1951. Time lag and soil permeability in groundwater observations[R]. Vicksburg: Waterways Experiment Station, U.S. Army Corps of Engineers.

IKOKU C U, RAMEY H J, 1979. Transient flow of non-Newtonain power-law fluids in porous media[J]. SPE journal, 19(3): 164-174.

IZBASH S, 1931. O filtracii kropnozernstom materiale[M]. Leningrad: USSR.

JANICEK J D, KATZ D L V, 1955. Applications of unsteady state gas flow calculations[C]//Proceedings of Research Conference on Flow of Natural Gas from Reservoirs. Ann Arbor: University of Michgan.

JAVADI M, SHARIFZADEH M, SHAHRIAR K, et al., 2014. Critical Reynolds number for nonlinear flow through rough-walled fractures: The role of shear processes[J]. Water resources research, 50(2): 1789-1804.

JENKINS D N, PRENTICE J K, 1982. Theory for aquifer test analysis in fractured rocks under linear (nonradial) flow conditions[J]. Groundwater, 20(1): 12-21.

KETCHAM R A, SLOTTKE D T, SHARP J M, 2010. Three-dimensional measurement of fractures in heterogeneous materials using high-resolution X-ray computed tomography[J]. Geosphere, 6(5): 499-514.

KOHL T, EVAN K F, HOPKIRK R J, et al., 1997. Observation and simulation of non-Darcian flow transients in fractured rock[J]. Water resources research, 33(3): 407-418.

LE BORGNE T, BOUR O, DE DREUZY J R, et al., 2004. Equivalent mean flow models for fractured aquifers: Insights from a pumping tests scaling interpretation[J]. Water resources research, 40(3): W03512.

LEVEINEN J, 2000. Composite model with fractional flow dimensions for well test analysis in fractured rocks[J]. Journal of hydrology, 234(3/4): 116-141.

LI B Y, CHEN Y F, LIU M M, et al., 2021. A generalized non-Darcian model for packer tests considering groundwater level and borehole inclination[J]. Engineering geology, 286: 106091.

LINDOO A, LARSEN J F, CASHMAN K V, et al., 2016. An experimental study of permeability development as a function of crystal-free melt viscosity[J]. Earth and planetary science letters, 435: 45-54.

LIU X, CIVAN F, EVANS R D, 1995. Correlation of the non-Darcy flow coefficient[J]. Journal of Canadian petroleum technology, 34(10): 50-54.

LIU H H, BODVARSSON G S, LU S, et al., 2004. A corrected and generalized successive random additions algorithm for simulating fractional Levy motions[J]. Mathematical geology, 36(3): 361-378.

LIU M M, CHEN Y F, HONG J M, et al., 2016. A generalized non-Darcian radial flow model for constant rate test [J]. Water resources research, 52(12): 9325-9343.

LIU M M, CHEN Y F, ZHAN H, et al., 2017. A generalized Forchheimer radial flow model for constant rate tests[J]. Advances in water resources, 107: 317-325.

LOUIS C, 1969. A study of groundwater flow in jointed rock and its influence on the stability of rock masses[R]. London: Imperial College of Science and Technology.

LOUIS C, MAINI Y N, 1970. Determination of in-situ hydraulic parameters in jointed rock[C]//Proceedings of the Second Congress of the International Society of Rock Mechanics. Belgrade: Yugoslavian Science Press.

MASCIOPINTO C, LA MANTIA R, CHRYSIKOPOULOS C V, 2008. Fate and transport of pathogens in a fractured aquifer in the Salento area, Italy[J]. Water resources research, 44(1): W01404.

MATHIAS S A, BUTLER A P, ZHAN H, 2008. Approximate solutions for Forchheimer flow to a well[J]. Journal of hydraulic engineering, 134(9): 1318-1325.

MILLER F G, 1962. Theory of unsteady-state inflow of water in linear reservoirs[J]. Journal of the institute of petroleum, 48(467): 365-379.

MOLZ F J, LIU H H, SZULGA J, 1997. Fractional Brownian motion and fractional Gaussian noise in subsurface hydrology: A review, presentation of fundamental properties, and extensions[J]. Water resources research, 33(10): 2273-2286.

MONTEMAGNO C D, PYRAK-NOLTE L J, 1999. Fracture network versus single fractures: Measurement of fracture geometry with X-ray tomography[J]. Physics and chemistry of the earth, part A: Solid earth and geodesy, 24(7): 575-579.

NAZRIDOUST K, AHMADI G, SMITH D H, 2006. A new friction factor correlation for laminar, single-phase flows through rock fractures[J]. Journal of hydrology, 329(1/2): 315-328.

ODEH A S, YANG H T, 1979. Flow of non-Newtonian power-law fluids through porous media[J]. SPE journal, 19(3): 155-163.

QUINN P M, PARKER B L, CHERRY J A, 2011a. Using constant head step tests to determine hydraulic apertures in fractured rock[J]. Journal of contaminant hydrology, 126(1/2): 85-99.

QUINN P M, CHERRY J A, PARKER B L, 2011b. Quantification of non-Darcian flow observed during packer testing in fractured sedimentary rock[J]. Water resources research, 47(9): W09533.

RANJITH P G, DARLINGTON W, 2007. Nonlinear single-phase flow in real rock joints[J]. Water resources research, 43(9): W09502.

RUTQVIST J, NOORISHAD J, TSANG C F, et al., 1998. Determination of fracture storativity in hard rocks using high-pressure injection testing[J]. Water resources research, 34(10): 2551-2560.

SCHRAUF T W, EVANS D D, 1986. Laboratory studies of gas flow through a single natural fracture[J]. Water resources research, 22(7): 1038-1050.

SEN Z, 1987. Non-Darcian flow in fractured rocks with a linear flow pattern[J]. Journal of hydrology, 92(2): 43-57.

SEN Z, 1990. Nonlinear radial flow in confined aquifers toward large-diameter wells[J]. Water resources research, 26(5): 1103-1109.

THAUVIN F, MOHANTY K K, 1998. Network modeling of non-Darcy flow through porous media[J]. Transport in porous media, 31(1): 19-37.

THEIS C V, 1935. The relation between the lowering of the piezometric surface and the rate and duration of discharge of a well using groundwater storage[J]. Eos transactions AGU, 16(2): 519-524.

THIEM G, 1906. Hydrologische methoden[M]. Leipzig: J. M. Gebhardt.

TOUCHARD F, 1999. Caractérisation hydrogéologique d'un aquifère en socle fracture[D]. Rennes: Université de Rennes.

TSE R, CRUDEN D M, 1979. Estimating joint roughness coefficients[J]. International journal of rock mechanics and mining sciences & geomechanics abstracts, 16(5): 303-307.

WALKER D D, ROBERTS R M, 2003. Flow dimensions corresponding to hydrogeologic conditions[J]. Water resources research, 39(12): 285-295.

WALKER D D, CELLO P A, VALOCCHI A J, et al., 2006. Flow dimensions corresponding to stochastic models of heterogeneous transmissivity[J]. Geophysical research letters, 33(7): L07407.

WANG J S Y, NARASIMHAN T N, SCHOLZ C H, 1988. Aperture correlation of a fractal fracture[J]. Journal of geophysical research: Solid earth, 93(B3): 2216-2224.

WANG M, CHEN Y F, MA G W, et al., 2016. Influence of surface roughness on non-linear flow behaviors in 3D self-affine rough fractures: Lattice Boltzmann simulations[J]. Advances in water resources, 96: 373-388.

WANG J, LIU X, WU Y, et al., 2017. Field experiment and numerical simulation of coupling non-Darcy flow caused by curtain and pumping well in foundation pit dewatering[J]. Journal of hydrology, 549: 277-293.

WEN Z, HUANG G, ZHAN H, 2008. An analytical solution for non-Darcian flow in a confined aquifer using the power law function[J]. Advances in water resources, 31(1): 44-55.

WHITE F M, 2003. Fluid mechanics[M]. Boston: McGraw-Hill.

WU Y S, 2002. An approximate analytical solution for non-Darcy flow toward a well in fractured media[J]. Water resources research, 38(3): 1-7.

YAMADA H, NAKAMURA F, WATANABE Y, et al., 2005. Measuring hydraulic permeability in a streambed using the packer test[J]. Hydrological processes, 19(13): 2507-2524.

YASUHARA H, POLAK A, MITANI Y, et al., 2006. Evolution of fracture permeability through fluid-rock reaction under hydrothermal conditions[J]. Earth and planetary science letters, 244(1/2): 186-200.

ZENG Z, GRIGG R, 2006. A criterion for non-Darcy flow in porous media[J]. Transport in porous media, 63(1): 57-69.

ZHANG Z, NEMCIK J, 2013a. Fluid flow regimes and nonlinear flow characteristics in deformable rock fractures [J]. Journal of hydrology, 477: 139-151.

ZHANG Z, NEMCIK J, 2013b. Friction factor of water flow through rough rock fractures[J]. Rock mechanics and rock engineering, 46(5): 1125-1134.

ZHENG X, YANG Z, WANG S, et al., 2021. Evaluation of hydrogeological impact of tunnel engineering in a karst aquifer by coupled discrete-continuum numerical simulations[J]. Journal of hydrology, 597: 125765.

ZHOU J Q, HU S H, FANG S, et al., 2015a. Nonlinear flow behavior at low Reynolds numbers through rough-walled fractures subjected to normal compressive loading[J]. International journal of rock mechanics and mining sciences, 80: 202-218.

ZHOU C B, LIU W, CHEN Y F, et al., 2015b. Inverse modeling of leakage through a rockfill dam foundation during its construction stage using transient flow model, neural network and genetic algorithm[J]. Engineering geology, 187: 183-195.

ZHOU J Q, HU S H, CHEN Y F, et al., 2016. The friction factor in the Forchheimer equation for rock fractures[J]. Rock mechanics and rock engineering, 49(8): 3055-3068.

ZHOU C B, ZHAO X J, CHEN Y F, et al., 2018. Interpretation of high pressure pack tests for design of impervious barriers under high-head conditions[J]. Engineering geology, 234: 112-121.

ZHOU J Q, WANG L, CHEN Y F, et al., 2019a. Mass transfer between recirculation and main flow zones: Is physically-based parameterization possible?[J]. Water resources research, 55(1): 345-362.

ZHOU J Q, CHEN Y F, WANG L, et al., 2019b. Universal relationship between viscous and inertial permeability of geologic media[J]. Geophysical research letters, 46(3): 1441-1448.

ZHOU J Q, CHEN Y F, TANG H, et al., 2019c. Disentangling the simultaneous effects of inertial losses and fracture dilation on permeability of pressurized fractured rocks[J]. Geophysical research letters, 46(15): 8862-8871.

ZHOU B Q, YANG Z, HU R, et al., 2021. Assessing the impact of tunneling on karst groundwater balance by using lumped parameter models[J]. Journal of hydrology, 599: 126375.

ZIMMERMAN R W, BODVARSSON G S, 1996. Hydraulic conductivity of rock fractures[J]. Transport in porous media, 23(1): 1-30.

ZIMMERMAN R W, AL-YAARUBI A, PAIN C C, et al., 2004. Non-linear regimes of fluid flow in rock fractures[J]. International journal of rock mechanics and mining sciences, 41(3): 163-169.

ZOU L, JING L, CVETKOVIC V, 2015. Roughness decomposition and nonlinear fluid flow in a single rock fracture [J]. International journal of rock mechanics and mining sciences, 75: 102-118.

第4章

岩土介质的非饱和渗流特性

非饱和渗流广泛存在于地壳浅表土壤和包气带中，是研究大气降水、地表水与地下水相互转化及水文循环的重要过程之一。非饱和渗流本质上是水-气两相渗流，但前者仅重点关注介质中的水分运移过程，而忽略介质的孔隙中气体压力的分布及其变化。非饱和渗流的研究最初都是针对土壤和多孔介质的，所建立的相关理论模型和本构关系后来也被逐渐推广应用于岩体和裂隙介质。与饱和渗流相比，非饱和渗流的影响因素更为复杂，其运动规律是固-液-气三相之间相互作用的结果，不仅受孔隙结构、介质非均质性和压力梯度等因素的控制，还受表面湿润性、流体黏度比、界面张力和毛细管数等因素的影响（Wu et al.，2021；Lan et al.，2020；Xue et al.，2020；Yang et al.，2019；Hu et al.，2019a，2019b，2018a；Chen et al.，2017）。尽管非饱和渗流涉及复杂的宏、细观机理，但从应用的角度上看，关键还是非饱和渗流本构关系的合理选用及代表性渗流参数的准确确定。岩土介质的非饱和渗流参数在很大程度上取决于介质的结构特征，从细粒土到粗粒土，从岩石到岩体，从孔隙介质到裂隙介质，介质的非均质性显著增强，因而非饱和渗流参数的变异性也显著增强。此外，当介质发生变形时，介质的孔隙结构发生变化，因而介质的非饱和渗流特性也将发生变化。本章介绍岩土介质非饱和渗流参数的统计规律和岩体非饱和渗流参数的估算方法，并给出变形条件下非饱和土的水分特征曲线和相对渗透率曲线。

4.1 岩土介质非饱和渗流参数的统计规律

4.1.1 概述

由 1.2.4 小节可知，土水特征曲线和相对渗透率曲线是描述岩土介质非饱和渗流过程至关重要的两个本构关系，前者表征了介质孔隙中水分势能与含水量之间的定量关系，后者则描述了水分在介质中相对于饱和状态的运移能力。借助 Young-Laplace 方程，相对渗透率曲线最终均可表达为吸力 s 或有效饱和度 S_e 的函数，因而非饱和渗流分析的难点归根结底在于土水特征曲线的确定。测量土的吸力及水分特征曲线的试验技术有多种，包括张力计法、轴平移法等直接测量技术和电/热传导传感器法、相对湿度法、滤纸法、离心机法等间接测量技术。这些试验技术在吸力组分、吸力范围等方面存在差异，部分试验技术还适用于现场测量。通过大量试验，积累了丰富的土壤水分特征曲线试验数据，并形成了一系列由土壤性质估计土水特征曲线的统计分析方法（Rawls et al.，1982；Arya and Paris，1981；Gupta and Larson，1979）。

然而，从土到岩石，再到结构面和岩体，介质的非均质性不断增强，介质的 RVE 的尺寸不断增大，吸力的测量难度也不断增大，甚至难以实施。因此，在水利工程中，非饱和带岩体的水分特征曲线均是未知的，需要通过数值模拟、反演分析或经验类比等方法确定（Chen et al.，2020）。在岩体的水力参数中，渗透系数具有成熟的现场试验技术和丰富的取值经验，因而是相对容易确定的。若能通过渗透系数估计岩体水分特征曲线模型参数的代表性取值或范围，则不仅可显著降低确定岩体水分特征曲线的难度，还可显著减小模型参数估计的不确定性程度。数值模拟研究表明，通过合理确定模型参数，VG 模型也适用于裂隙岩体（Liu et al.，1998；Peters and Klavetter，1988）。VG 模型的表达式如下（van Genuchten，1980；Mualem，1976）：

$$S_e = \frac{\theta - \theta_r}{\theta_s - \theta_r} = [1 + (\alpha s)^n]^{-m} \tag{4.1.1}$$

$$k_r = S_e^{1/2}[1 - (1 - S_e^{1/m})^m]^2 \tag{4.1.2}$$

式中：S_e 为有效饱和度；θ为体积含水量；θ_s 和 θ_r 分别为饱和体积含水量与残余体积含水量；k_r 为相对渗透率；s 为吸力；α、m 和 n 为介质参数，m=1–1/n。

VG 模型含有 4 个独立参数（θ_s、θ_r、α、n），其中 θ_s 和 θ_r 可通过岩体的结构特征和场地条件近似估算。于是，上述问题转化为：能否通过岩体的渗透系数 K，给出 VG 模型参数 α和 n 取值范围的合理估计呢？本节通过收集岩土介质非饱和水力参数的试验数据，讨论 VG 模型参数α和 n 的统计特征，并给出 α和 n 置信上限的估计模型。

4.1.2 VG 模型参数及分布特征

1. 数据收集

通过文献调研，共收集了 1 526 组岩土试样的非饱和水力参数数据，其中土壤 1 416

组，岩石 35 组，裂隙 35 组，裂隙岩体 40 组。土壤试验数据来自 UNSODA 数据库（Leij et al.，1996）及期刊论文（Eching and Hopmans，1993；Russo and Bouton，1992；Sisson and van Genuchten，1991），涵盖美国农业部（United States Department of Agriculture，USDA）划分的 12 种土壤类型。土壤试验数据包含室内试验数据和现场试验数据，室内试验的土样尺寸小至 5.4 cm×3 cm（直径×高），大至 25 cm×25 cm×30 cm（长×宽×高）；现场试验的土体范围小至 1 m×1 m，大至 10 m×10 m。土样的θ-s关系采用张力计法、Tempe 仪法、压力膜法、电传导传感器法、离心机法等试验技术测得。岩石、裂隙及裂隙岩体数据来自美国尤卡山项目研究报告（BSC，2000）和期刊论文（Chen et al.，2020；Liu et al.，2003），涉及凝灰岩、玄武岩、碳酸盐岩、石灰岩、板岩等多种岩石类型，其θ-s关系由室内试验、数值模拟和反演分析等方法确定（Chen et al.，2020；Pirastru and Niedda，2010；Liu et al.，2003）。对于只提供θ-s数据的试验，仅遴选测点数目不少于 5 个的试样数据，采用非线性最小二乘法确定 VG 模型参数，拟合的残差平方和均小于 3%，拟合效果良好。

2. 分布特征

对于所收集的 1416 组土壤数据，VG 模型参数α的变化范围为 0.001～4.789 kPa^{-1}，n的变化范围为 1.010～9.631。为便于应用，将 12 种土壤类型归并为 4 大类：①砂土类，包含砂土、壤砂土、砂壤土和砂黏壤土；②壤土类，包含壤土和黏壤土；③粉土类，包含粉土和粉壤土；④黏土类，包含黏土、砂黏土、粉砂质黏土和粉砂质黏壤土。这 4 类土壤的非饱和水力参数α与n的统计特征如表 4.1.1 所示。由于参数α和n具有较强的离散性，采用几何平均值来反映各类土壤 VG 模型参数的平均水平。从表 4.1.1 中可见，从黏土类到砂土类，随着土壤黏粒含量的减小，VG 模型参数α和n的几何平均值增大，表明α和n具有随介质的非均质性增强而增大的趋势。此外，土壤参数α和n均具有较大的变异系数，α的变异系数通常大于 1，n的变异系数通常大于 0.35，α的变异性更强。

表 4.1.1　土壤 VG 模型参数α和n的统计特征

土壤类型	α/kPa^{-1}			n			样本数
	几何平均值	标准差	变异系数	几何平均值	标准差	变异系数	
砂土类	0.274	0.476	1.079	1.753	1.216	0.617	642
壤土类	0.156	0.658	1.494	1.394	0.536	0.367	143
粉土类	0.143	0.504	1.398	1.407	0.537	0.366	318
黏土类	0.129	0.922	1.668	1.298	0.521	0.387	313
合计	0.189	0.629	1.405	1.525	0.950	0.569	1416

注：标准差和变异系数根据定义利用算术平均值进行计算。

Carsel 和 Parrish（1988）认为，土壤的 VG 模型参数经 Johnson 变换后是服从正态分布的。对所收集的土壤 VG 模型参数进行分布拟合，参数α经 Box-Cox 变换后的直方图，以及参数 n 的直方图如图 4.1.1 所示。从图 4.1.1 中可见，Box-Cox 变换后的α 近似服从正态分布，n 则近似服从三参数对数正态分布。对于上述 4 类土壤中的每一种类型，VG 模型参数α和 n 的分布特征基本类似。

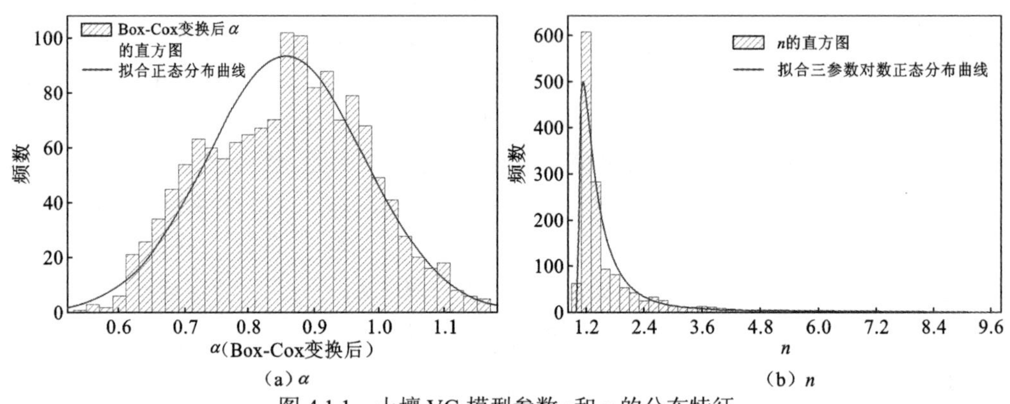

图 4.1.1　土壤 VG 模型参数α和 n 的分布特征

4.1.3　VG 模型参数与渗透系数的相关关系

1. 相关关系分析

土水特征曲线的形态取决于土的粒径组成和孔径分布（Arya and Paris，1981）。VG 模型参数α近似等于土壤进气值的倒数，由 Young-Laplace 方程可知，土壤进气值与孔径成反比，这意味着α与土的孔径成正比。同时，土的粒径分布范围越宽，孔径分布范围也越宽，土水特征曲线在过渡区的坡度就越平缓（图 1.2.5），因而 VG 模型参数 n 也与介质的孔径分布有关，其值与孔径分布的宽度成反比。另外，孔隙介质的渗透性取决于孔隙的大小、数量、分布和连通性等因素。因此，岩土介质 VG 模型参数α、n 与饱和渗透系数 K 之间存在一定的关联性也就不足为奇。

从概念上看，假定介质孔隙结构的特征尺寸为ℓ，则有 $K\propto \ell^2$。由 Young-Laplace 方程，近似有$\alpha\propto \ell$，于是可得$\alpha\propto K^{0.5}$（Mishra and Parker，1990）。但α与 $K^{0.5}$ 成正比的结论显然是高度理想化的，没有考虑孔隙的分布特征和连通性。例如，在含砂量较低的土样中，局部毛细压力 p_c 与 $K^{-0.5}$ 之间的线性关系就不成立（Yang et al.，2013）。据此，将α与 K 之间的关系泛化为如下幂函数关系：

$$\alpha = \varpi K^{\Theta} \tag{4.1.3}$$

式中：Θ 为指数；ϖ为比例系数。

利用所收集的 1416 组土壤水力参数数据，绘制α-K 及 n-K 关系曲线，如图 4.1.2 所示。从图 4.1.2 中可见，土壤 VG 模型参数α和 n 的离散性较大，且随着 K 的增大，两者的量值及变化范围均具有变大趋势。对土壤渗透系数 K 取以 10 为底的对数（记为 lg$K$），然后以 0.2 为 lg$K$ 的区间长度，分别计算每个区间范围内α数据的算术平均值$\bar{\alpha}$ 和 n 数据的算术平均值$\bar{n}$，如图 4.1.2 所示。$\bar{\alpha}$与 K 之间的关系可采用式（4.1.4）拟合：

$$\bar{\alpha} = 7.5K^{0.25} \tag{4.1.4}$$

其中，K 的单位为 m/s，α的单位为 kPa^{-1}，决定系数为 R^2=0.97。式（4.1.4）表明，当 K 从 1.0×10^{-10} m/s 增大至 1.0×10^{-2} m/s 时，α的算术平均值从 0.024 kPa^{-1} 增大至 2.372 kPa^{-1}。

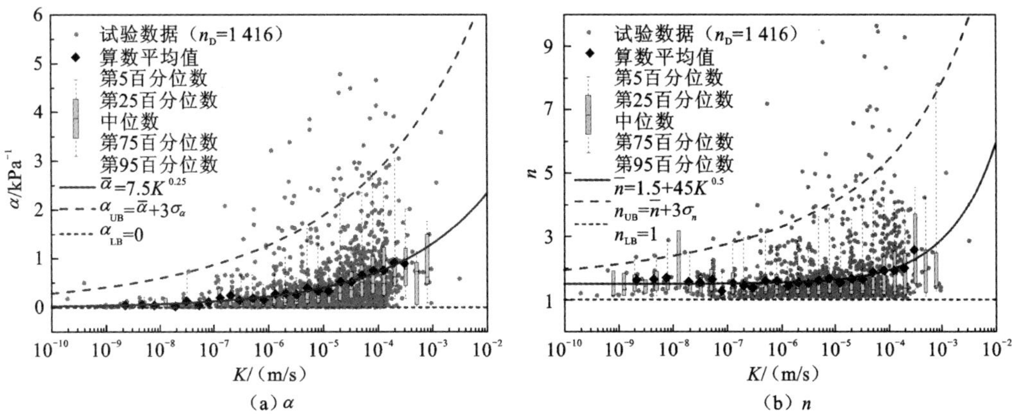

图 4.1.2　土壤 VG 模型参数 α和 n 随渗透系数 K 的变化规律

$\bar{n}$与 K 之间的关系则可采用式（4.1.5）拟合：

$$\bar{n} = 1.5 + 45K^{0.5} \tag{4.1.5}$$

其中，K 的单位为 m/s，R^2=0.90。当 K 从 1.0×10^{-10} m/s 增大至 1.0×10^{-2} m/s 时，n 的算术平均值从 1.50 增大至 6.00。

尽管土壤参数α和 n 的离散性较大，但式（4.1.4）和式（4.1.5）在平均意义上反映了α与 n 的变化趋势，其物理意义是随着介质渗透性的增强，介质的孔隙尺寸及喉道尺寸均具有增大趋势，含水量随基质吸力的变化变快，因此参数α和 n 也具有增大趋势。

2. 置信上限估计及其意义

同样以 0.2 为 lg$K$ 的区间长度，计算每个区间范围内土壤α数据的标准差σ_α和 n 数据的标准差σ_n，如图 4.1.3 所示。从图 4.1.3 中可见，随着 K 的增大，σ_α和σ_n明显增大，两者与 K 之间的相关关系可分别用如下幂函数表示：

$$\sigma_\alpha = 2.8K^{0.15} \tag{4.1.6}$$

$$\sigma_n = 4.6K^{0.15} \tag{4.1.7}$$

其中，K 的单位为 m/s。式（4.1.6）、式（4.1.7）最佳的指数拟合值均为 0.15，决定系数分别为 R^2=0.76 和 R^2=0.81。

VG 模型参数α和 n 的下限是明确的，分别为α_{LB}=0，n_{LB}=1。根据参数估计的切比雪夫（Chebyshev）原理，α和 n 的置信上限估计α_{UB}和 n_{UB}分别为

$$\alpha_{UB} = \bar{\alpha} + 3\sigma_\alpha = 7.5K^{0.25} + 8.4K^{0.15} \tag{4.1.8}$$

$$n_{UB} = \bar{n} + 3\sigma_n = 1.5 + 45K^{0.5} + 13.8K^{0.15} \tag{4.1.9}$$

其中，K 的单位为 m/s，α的单位为 kPa^{-1}。

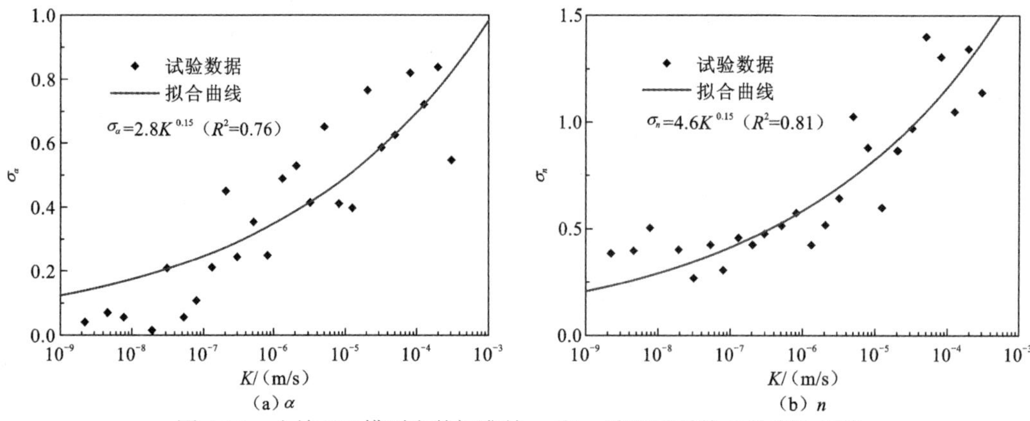

(a) α　　(b) n

图 4.1.3　土壤 VG 模型参数标准差σ_α 和σ_n随渗透系数 K 的变化规律

如图 4.1.2 所示，VG 模型参数α和 n 的置信上限估计随渗透系数 K 的增大而增大。在 K 达 8 个数量级的变化范围（1×10^{-10} m/s≤K≤1×10^{-2} m/s）内，土壤参数α和 n 的绝大多数试验数据位于置信上限估计范围之内。

事实上，尽管式（4.1.8）和式（4.1.9）是通过土壤试验数据的统计分析得到的，两者也可推广应用于岩体。图 4.1.4 给出了目前收集到的 110 组岩石、结构面和裂隙岩体的非饱和水力参数数据，尽管数据量极为有限，但绝大多数数据同样位于置信上限估计α_{UB}和 n_{UB} 的下方。从图 4.1.4 中还可以看出，在 K 达 8 个数量级的变化范围内，岩石的α、n 数据大多位于土壤均值线[即式（4.1.4）和式（4.1.5）]附近，而结构面的α、n 大多位于土壤均值线上方，且结构面和岩体的α、n 数据的离散性较大。这表明介质的非均质性越强，VG 模型参数α 和 n 就越大，变异性也越强。

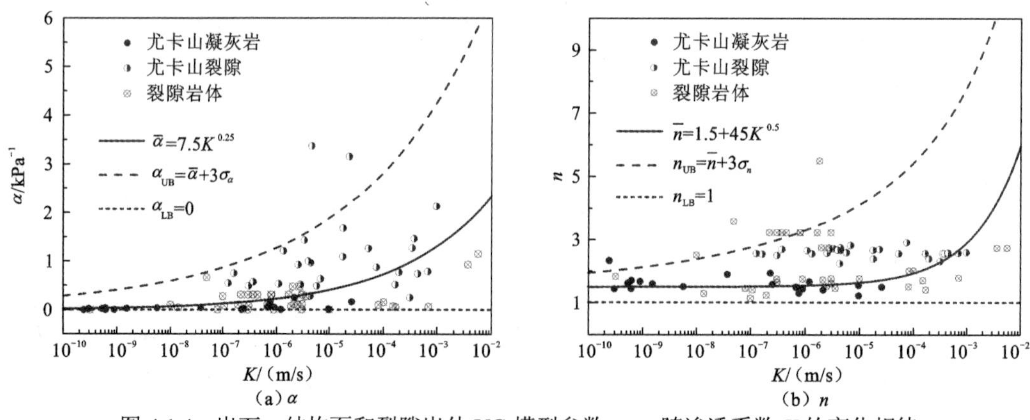

(a) α　　(b) n

图 4.1.4　岩石、结构面和裂隙岩体 VG 模型参数α、n 随渗透系数 K 的变化规律

从土壤、岩石，到结构面，再到裂隙岩体，介质的非均质性是不断增强的，甚至使得介质的非饱和水力参数难以直接测定。但无论介质的结构特征和场地条件多么复杂，渗透系数 K 是相对容易测定或估计的，且具有成熟、可靠的测试技术和丰富的参数确定经验。因此，式（4.1.8）和式（4.1.9）的重要意义在于，只要已知介质的渗透系数 K，就可以给出介质参数α的区间估计$(0, \alpha_{\mathrm{UB}})$和 n 的区间估计$(1, n_{\mathrm{UB}})$。所给出的置信区间不

仅具有较高的置信度，而且具有较小的区间范围，这对于复杂场地条件下岩体α、n参数的初步预估和反演分析来说，无疑是具有应用价值的。

4.1.4　岩体 VG 模型参数的估算及工程应用

1. 估算方法

与土体相比，岩体的非均质性显著增强，地下水的赋存、分布和运动具有强烈的非均一性，常呈现出地下水多层发育、饱水带与包气带交替分布等复杂特征。例如，河谷岸坡岩体大多处于非饱和状态或非饱和与饱和交替分布状态。此外，即使在深埋洞室工程中，也有不少洞段围岩处于非饱和状态。因此，岩体中的非饱和渗流现象极为普遍，其分析和模拟对于岩质边坡渗流场分析及地下洞室涌水量预测均具有重要的实际意义。然而，岩体非饱和渗流分析面临土水特征曲线模型是否适用及模型参数如何确定两个方面的难题。

一般认为，经典的土水特征曲线模型（van Genuchten，1980; Brooks and Corey，1964）不仅适用于土壤，而且适用于孔隙型岩石和地层。但这些模型能否直接推广应用于裂隙岩体，则存在一些争议。一方面，裂隙岩体的空隙结构及渗流通道的几何形态与孔隙介质存在明显的区别，因而其持水特性和水分运移机制呈现一定的差异也就不足为奇；另一方面，裂隙岩体的非均质性更强，RVE 的尺寸显著增大，这使岩体的饱和度-吸力关系曲线难以直接测量，且局部热力学平衡条件也难以在试验过程中得到维持。于是，裂隙岩体持水特性和水分运移机制的研究往往需要借助数值模拟与反演分析等手段。Peters 和 Klavetter（1988）、Liu 等（1998）对尤卡山凝灰岩持水特性的数值模拟研究表明，若 VG 模型参数α和n能够得到合理确定，则该模型[式（4.1.1）和式（4.1.2）]也适用于裂隙岩体。

那么，剩下的问题是，如何合理确定裂隙岩体的 VG 模型参数α和n。显然，这两个模型参数是难以通过现场的非饱和渗流试验来确定的。考虑到包气带是大气降水和地表水下渗的必经通道，包气带中水分的赋存和运移最终将对饱水带中地下水的分布产生显著的影响（图 1.1.4），因而可利用饱水带中的地下水观测数据，通过反演分析确定岩体 VG 模型参数α和n的代表性取值（Chen et al.，2020）。具体流程如下：①依据岩体的渗透特性对其进行合理分区，并确定每个渗透性分区内岩体的渗透系数K；②由式（4.1.8）和式（4.1.9）确定各渗透性分区内岩体参数α、n的置信上限α_{UB}与n_{UB}，获得两者的区间估计$(0, \alpha_{UB})$和$(1, n_{UB})$；③利用饱水带中易于获取的水位和流量观测数据，采用饱和-非饱和渗流分析模型和适当的反演分析方法，确定各渗透性分区内岩体参数α和n的最佳估计，具体方法详见 5.2 节和 5.4 节。

上述方法为场地尺度岩体 VG 模型参数α和n的估算提供了一种可行途径，但需要指出的是，包气带岩体参数α和n对饱水带地下水观测数据的敏感性是存在差异的。数值模拟表明，参数α对饱水带地下水的响应更为敏感，且潜水面附近岩体的水力参数对地下水的响应更为灵敏（Chen et al.，2020）。这意味着上述方法对位于潜水面上方一定范围内（尤其是潜水面波动范围内）岩体的非饱和水力参数的确定较为可靠，但随着与潜水面垂直距离的增大，参数估算的可靠性将有所降低。

2. 工程应用实例

1）工程概况

白鹤滩水电站是世界第二大水电站，枢纽主要由混凝土双曲拱坝、泄洪消能设施和引水发电系统等建筑物组成，拱坝最大坝高为 289 m。坝址区位于金沙江下游河段，属中山峡谷地貌，地势北高南低，向东侧倾斜，河谷呈不对称 V 形，左岸岸坡较缓，右岸相对陡峻。坝址区地处亚热带季风气候区，年内干湿季节分明，5～10 月为丰水季节，降水充沛，占全年降水量的 80%以上，多年月平均降雨量和蒸发量如图 4.1.5 所示。

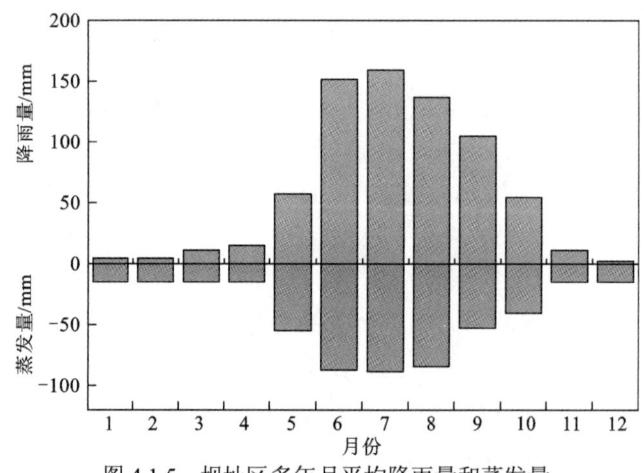

图 4.1.5　坝址区多年月平均降雨量和蒸发量

坝址区主要出露上二叠统峨眉山组玄武岩（$P_2\beta$），根据喷发间断可划分为 11 个岩流层（$P_2\beta_1$～$P_2\beta_{11}$），岩层总体产状为 N30°～55°E/SE∠15°～20°，缓倾上游偏右岸。除 $P_2\beta_1$ 外，各岩流层顶部均发育有一层厚为 0.2～1.8 m 的凝灰岩。玄武岩上覆下三叠统飞仙关组砂、泥岩（T_1f），两者呈假整合接触，分布于坝址右岸 1 105 m 高程以上，如图 4.1.6 所示。第四系松散堆积物（Q_4）主要分布在河床及缓坡台地上，右岸下红岩斜坡分布较厚，厚度为 15～45 m。坝址区发育的主要地质构造有断层（如 F_{19}、F_{20}、f_{232}）、层间错动带（C_2～C_{11}）、层内错动带（如 RS_{331}、RS_{336}、RS_{621}）及节理裂隙等。断层大多陡倾，沿断裂面方向具有较强的透水性；层间错动带发育在各岩流层顶部凝灰岩中，厚为 5～40 cm，各向异性明显，具有顺层面方向导水、垂直层面方向阻水的特点。

钻孔压水试验表明，坝址区玄武岩的透水性差异较大，从强透水到极微透水均有分布，但总体上以微透水和弱透水为主。岩体的透水性与埋深和风化、卸荷等因素密切相关（Chen et al.，2018），自地表以下可分为中等偏上透水（30 Lu≤q<100 Lu）、中等偏下透水（10 Lu≤q<30 Lu）、弱偏上透水（3 Lu≤q<10 Lu）、弱偏下透水（1 Lu≤q<3 Lu）

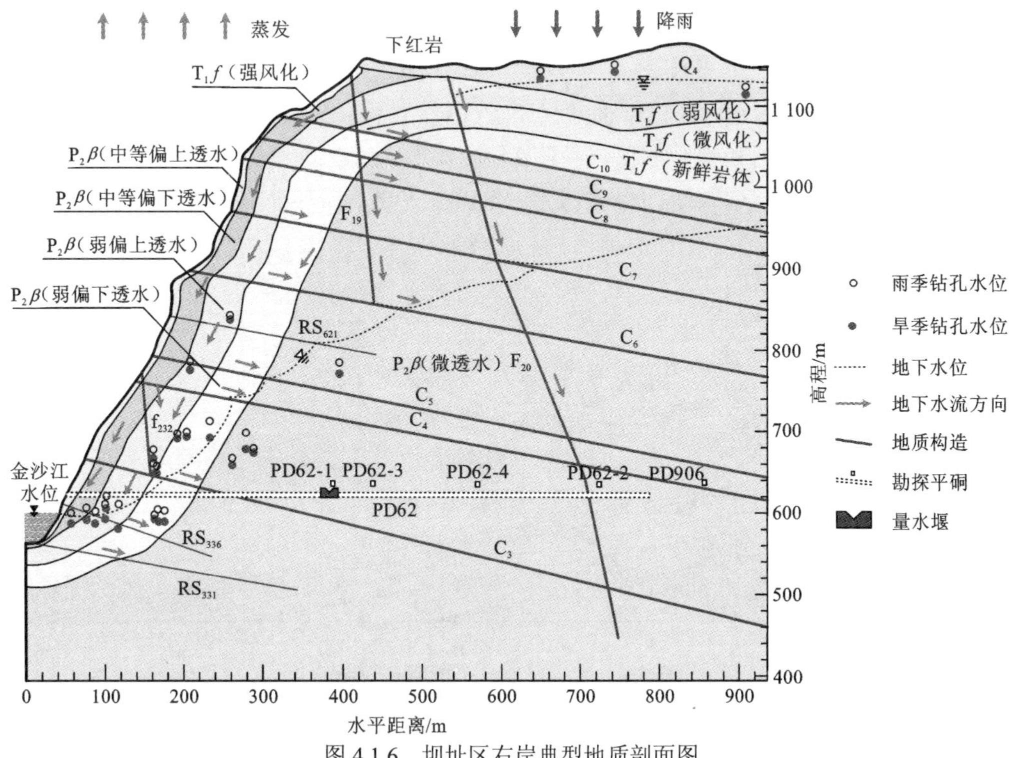

图 4.1.6 坝址区右岸典型地质剖面图

和微透水（$q<1$ Lu）5 个主要渗透性分区，如图 4.1.6 所示。坝址区地下水主要由大气降水补给，向金沙江排泄，地下水流系统分为孔隙水流系统和裂隙水流系统，前者位于第四系覆盖层（Q_4）和砂泥岩（T_1f）中，后者则位于玄武岩（$P_2\beta$）中，两岸地下水流系统相对独立。右岸因岸坡陡峻，并受飞仙关组砂泥岩和玄武岩顶部凝灰岩的阻隔作用，降水及覆盖层中的地下水难以下渗，玄武岩中的地下水埋深较大，且地下水的分布和运移主要受断层与错动带控制，呈现典型的脉状流动特征。

从图 4.1.6 可见，白鹤滩水电站坝址区地下水的赋存和运动规律极为复杂，地下水空间分布高度不均，不存在统一的潜水面。同时，缺乏开展现场非饱和渗流试验的技术条件，岩体渗流分析在数学模型选取、本构模型选用和水力参数确定等方面均面临困难。那么，能否采用连续介质分析方法（详见 1.3.3 小节和 5.2.2 小节），从总体上揭示坝址区地下水的分布和运动特征呢？下面以坝址区右岸一个典型的地质剖面（图 4.1.6）为例，论证利用地下水观测数据反演确定岩体非饱和水力参数的可行性，并阐述连续介质分析模型对复杂条件下岩体饱和-非饱和渗流场模拟的适用性。

2）计算模型与计算条件

依据如图 4.1.6 所示的典型地质剖面，构建二维有限元计算模型，如图 4.1.7 所示。模型左侧边界位于河床中心，右侧边界与地表分水岭重合，宽约 4 500 m，底部高程为 310 m，高约 1 680 m。模型对该剖面揭露的断层（F_{19}、F_{20}、f_{232}）、层间错动带（C_3～C_{10}）、层内错动带（RS_{331}、RS_{336}、RS_{621}）等地质构造和岩体渗透性分区进行了较为详细的模拟，共剖分单元 29 659 个，节点 60 090 个。各渗透性分区岩体和结构面的水力特性参数如表 4.1.2 所示，其中渗透系数 K 由现场水文地质试验数据确定，储水率 S_s 按式（1.3.23）估算；水分特征曲线和相对渗透率曲线采用 VG 模型[式（4.1.1）和式（4.1.2）]描述，其中饱和体积含水量 θ_s 和残余体积含水量 θ_r 根据经验由岩体的孔隙率估算（Chen et al., 2020），参数 α 和 n 的置信区间则由 K 按式（4.1.8）和式（4.1.9）确定。

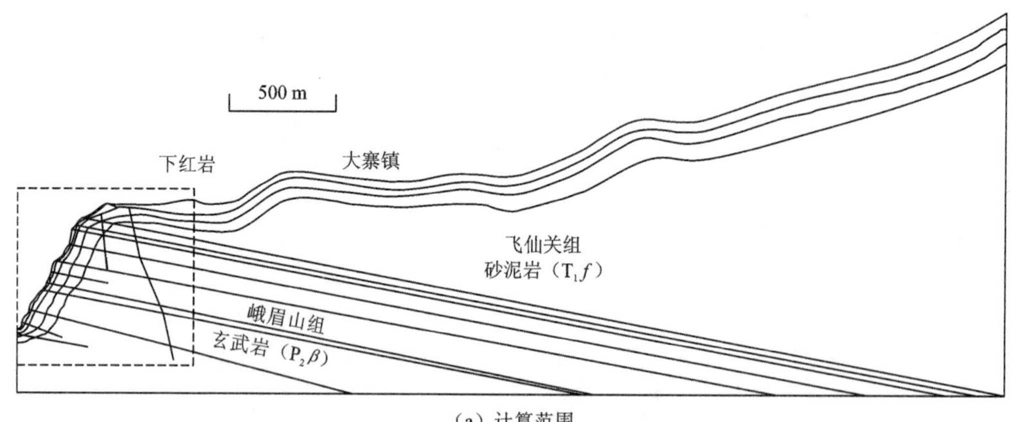

（a）计算范围

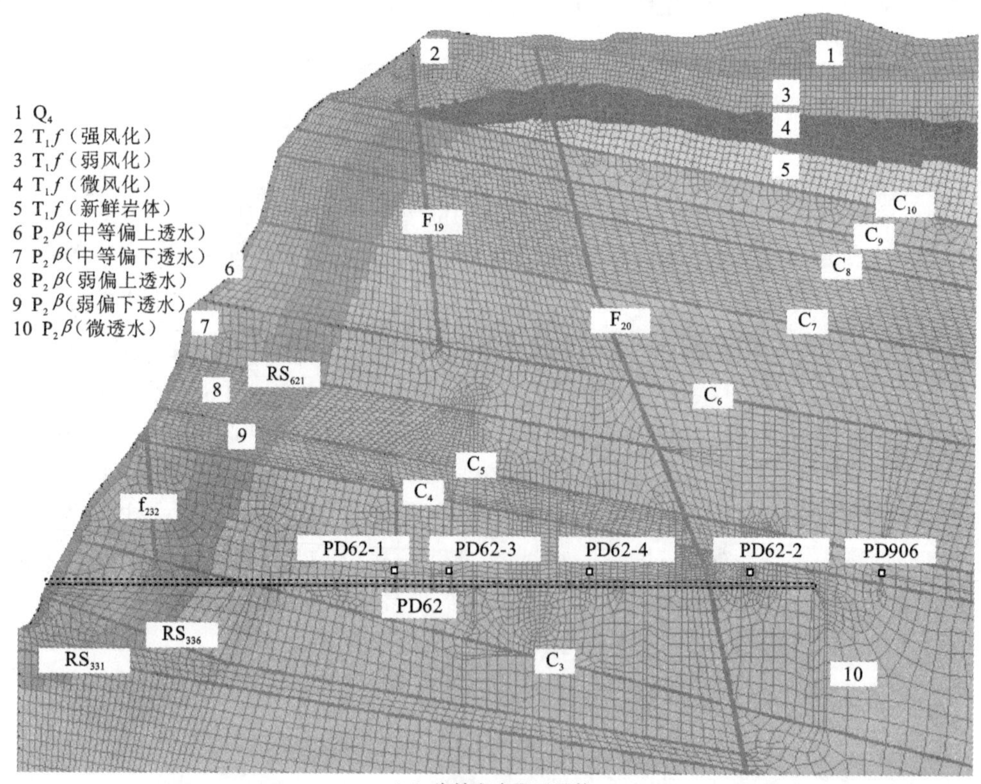

（b）岸坡段有限元网格

图 4.1.7　坝址区右岸典型地质剖面的有限元计算模型

表 4.1.2　坝址区岩体及结构面的水力特性参数

岩体或结构面		K/（m/s）	S_s/m^{-1}	θ_s	θ_r	α /kPa^{-1}		n	
						置信区间	反演值	置信区间	反演值
下红岩覆盖层（Q_4）		3.00×10^{-5}	4.31×10^{-6}	0.32	0.05	0～2.316	0.142	1～4.640	1.911
峨眉山组玄武岩（$P_2\beta$）	中等偏上透水	1.00×10^{-5}	2.94×10^{-6}	0.20	0.03	0～1.916	0.065	1～4.096	1.642
	中等偏下透水	3.00×10^{-6}	1.91×10^{-6}	0.20	0.03	0～1.559	0.049	1～3.626	1.578
	弱偏上透水	9.00×10^{-7}	1.53×10^{-6}	0.12	0.02	0～1.272	0.018	1～3.253	1.543
	弱偏下透水	3.00×10^{-7}	1.53×10^{-6}	0.12	0.02	0～1.058	0.014	1～2.975	1.525
	微透水	8.00×10^{-8}	9.42×10^{-7}	0.08	0.01	0～0.850	0.005	1～2.702	1.513
飞仙关组砂泥岩（T_1f）	强风化	1.00×10^{-6}	6.01×10^{-6}	0.35	0.06	0～1.295	0.037	1～3.282	1.545
	弱风化	3.00×10^{-7}	5.83×10^{-6}	0.35	0.06	0～1.058	0.028	1～2.975	1.525
	微风化	4.00×10^{-8}	2.18×10^{-6}	0.25	0.04	0～0.759	0.009	1～2.581	1.500
	新鲜岩体	5.00×10^{-9}	2.18×10^{-6}	0.25	0.04	0～0.541	0.005	1～2.288	1.483
F_{19}、f_{232}		5.00×10^{-6}	5.78×10^{-6}	0.30	0.05	0～1.701	0.429	1～3.812	2.601
F_{20}		3.00×10^{-6}	5.78×10^{-6}	0.30	0.05	0～1.559	0.397	1～3.626	2.578
C_3		4.13×10^{-6}	5.55×10^{-6}	0.25	0.04	0～1.646	0.315	1～3.741	2.591
C_4		5.50×10^{-6}	5.55×10^{-6}	0.25	0.04	0～1.729	0.334	1～3.849	2.606
C_5、C_7、C_8		2.00×10^{-6}	5.55×10^{-6}	0.25	0.04	0～1.455	0.272	1～3.491	2.564
C_6、C_9、C_{10}		1.10×10^{-6}	5.55×10^{-6}	0.25	0.04	0～1.316	0.242	1～3.310	2.547
RS_{331}		5.50×10^{-6}	5.55×10^{-6}	0.25	0.04	0～1.729	0.334	1～3.849	2.606
RS_{336}、RS_{621}		6.00×10^{-6}	5.55×10^{-6}	0.25	0.04	0～1.755	0.340	1～3.883	2.610

注：表中结构面的渗透系数为平行于结构面方向的渗透系数分量 $K_{//}$。层间错动带的渗透性具有显著的各向异性，垂直于层面方向的渗透系数分量 $K_{\perp}$较平行于结构面方向的渗透系数分量 $K_{//}$低 1～2 个数量级，计算取 $K_{\perp}/K_{//}=1/100$。

饱和-非饱和渗流模型及数值模拟方法详见 1.3.3 小节和 5.2.2 小节。初始条件按如下方式确定：依据钻孔水位观测数据（图 4.1.6），采用稳定渗流分析模型，反演确定模型右侧分水岭边界处的地下水位，进而获得相应的稳定渗流场，并将其作为饱和区的初始渗流场；在自由面之上，岩体的有效饱和度 S_e 随高程的增大按线性折减，至坡面处取 $S_e=0.6$。边界条件如下：模型底部边界、左侧河床中心线边界和右侧分水岭边界均取为隔水边界；河床表面按河水位变化过程设为水头边界；岸坡表面设为入渗/蒸发边界，降雨和蒸发过程按图 4.1.5 确定；勘探平硐表面设为潜在溢出边界。

上述初始条件的确定具有一定的主观随意性，为了消除初始水头分布对渗流场模拟结果的影响，首先在该初始条件下，对天然渗流场进行反复的降雨—蒸发循环模拟，直至各季节的地下水分布达到动态平衡，该过程通常需持续 30～50 年。在此基础上，对地质勘探过程进行模拟，历时约为 10 年。数值模拟的初始时间步长取 7 h，最大时间步长取 7 d。

3）计算结果分析

在表 4.1.2 中，岩体及结构面 VG 模型参数α和 n 的取值范围是由渗透系数 K 按式（4.1.8）和式（4.1.9）估计的。在该取值范围内，基于右岸坡体内的地下水位及流量观测数据，采用适当的反演分析方法（见 5.4 节），可确定α和 n 的代表性取值，如表 4.1.2 所示。图 4.1.8 给出了天然动态平衡条件下坝址区右岸坡体内渗流场的分布特征。从图 4.1.8 中可见，数值模拟结果较好地反映了地下水多层发育、沿主控结构面呈脉状分布，以及降水受砂泥岩、凝灰岩等多层阻水结构的阻隔作用而下渗缓慢等复杂特征。此外，尽管地下水的空间分布高度不均，但在时间上，地下水的分布则具有动态稳定性，不同季节玄武岩中地下水位的变化幅度一般为 10～20 m，且靠河岸部位的变化幅度较大。F_{19} 断层带附近地下水位干湿季节波动明显，最大变幅可达 30 m。下红岩台地覆盖层中的地下水位相对稳定，变化幅度约为 5 m。

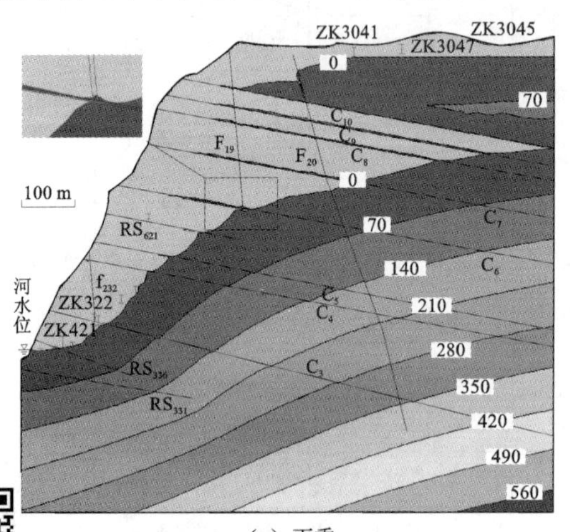

（a）雨季

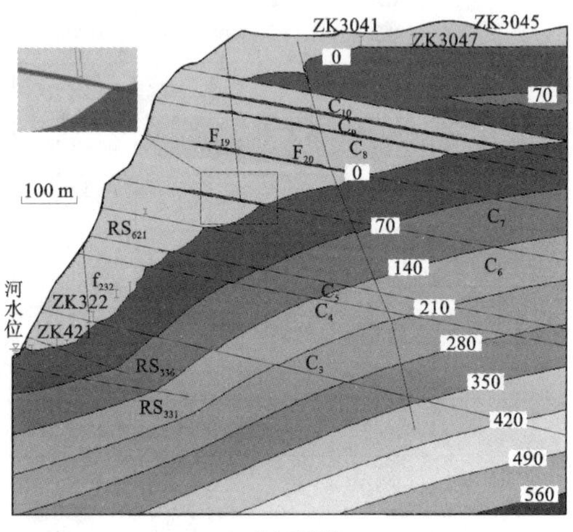

（b）旱季

图 4.1.8　坝址区右岸坡体内渗流场的分布特征（水头单位为 m）

上述模拟结果与现场水文地质观测数据基本一致。图 4.1.9 给出了近河岸玄武岩（下红岩台地覆盖层）中部分钻孔地下水位（或地下水位埋深）观测曲线与计算曲线的对比，图 4.1.10 给出了工程勘察期间 PD62 平硐流量观测曲线与计算曲线的对比。从图 4.1.9 和图 4.1.10 中可见，尽管数值模拟结果在量值上与观测值存在一定的偏差，但总体上较好地反映了渗流场的变化趋势。事实上，由于玄武岩的富水性较弱，且降水难以入渗补给，在工程勘察过程中，随着勘探平硐的开挖，山体内的地下水持续向勘探平硐排泄，甚至疏干。如图 4.1.10 所示，在 2006 年 7～12 月，受 PD62-2～PD62-4 支洞开挖的影响，PD62 平硐的排泄量明显增大，此后随着主洞的水源不断被支洞袭夺，以及地下水位的持续下降，平硐的排泄量不断减小，直至趋于稳定，量值约为 2 L/min。

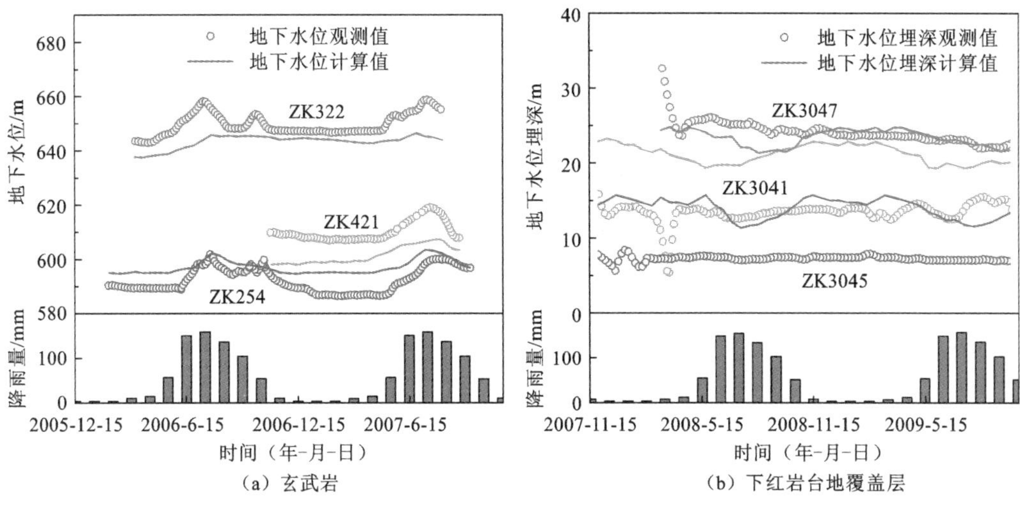

图 4.1.9　地下水位或其埋深计算值与观测值的对比

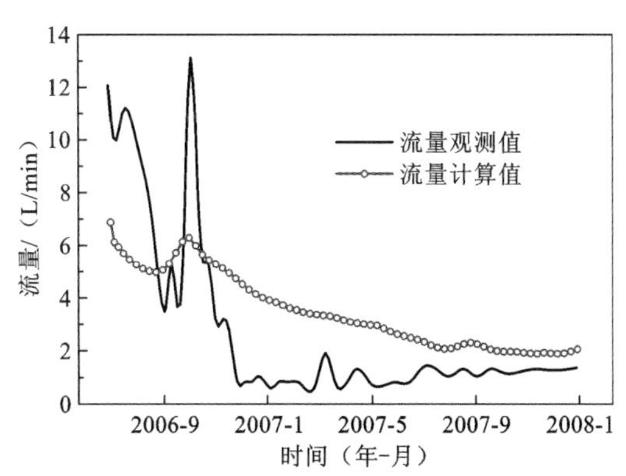

图 4.1.10　PD62 平硐流量计算值与观测值的对比

平硐位置见图 4.1.6 和图 4.1.7（b），平行于剖面方向的平硐按面积等效法模拟（Chen et al.，2020）

从以上分析可知，在水利工程建设过程中，水文地质条件及地下水渗流场的变化始于勘探期，历经施工期和运行期，是对工程建设和安全运行影响最为深远的过程之一。饱和-非饱和渗流模拟为岩体渗流场演变规律的分析提供了有力的工具，即使岩体的水文地质结构和地下水的赋存条件极为复杂，连续介质模型和 VG 模型也可以大体上把握岩体渗流场的动态特征。但数值模拟结果的准确性取决于如下因素：一是工程地质及水文地质条件是否得到合理表征；二是岩体的水力特性参数是否得到合理确定；三是数值模拟方法是否高效、可靠。由于岩体的 VG 模型参数α和 n 难以通过现场渗流试验确定，故通过渗透系数 K 预估其取值范围，再利用地下水观测数据反演其代表性取值，就不失为一种解决实际复杂工程问题的可行方法。

4.2 变形条件下非饱和土的土水特征曲线

4.2.1 概述

如 4.1 节所述，岩土介质的孔隙结构对持水特性和水分运移机制具有决定性的影响。经典的土水特征曲线模型（van Genuchten，1980；Brooks and Corey，1964）描述了饱和度与吸力之间的函数关系，孔隙结构对土水特征曲线和相对渗透率曲线的影响是通过模型参数来反映的。当岩土介质发生变形时，孔隙结构将发生变化，因而土水特征曲线也将随之发生变化。例如，当土的吸力一定时，土的压缩变形将使饱和度显著增大。因此，在土体变形过程中，饱和度不仅取决于吸力，还与土的孔隙比或体积变形有关。更进一步地，若考虑土体变形的非线性和持水特性的滞回性，则土水特征曲线不仅与水力路径有关，还与应力路径有关。有关变形对土水特征曲线的影响，主要有两种研究思路：一是引入土体进气值参数或孔隙分布参数与孔隙比、干密度或体积变形之间的关系（Gallipoli，2012）；二是直接建立以吸力和孔隙比为变量的土水特征曲线模型（Sun et al.，2007）。

如图 4.2.1 所示，在非饱和状态下，土的水分运移过程与变形过程具有复杂的耦合机制。一方面，土体的变形将改变其孔隙结构，并使土的持水特性和渗透特性发生变化，

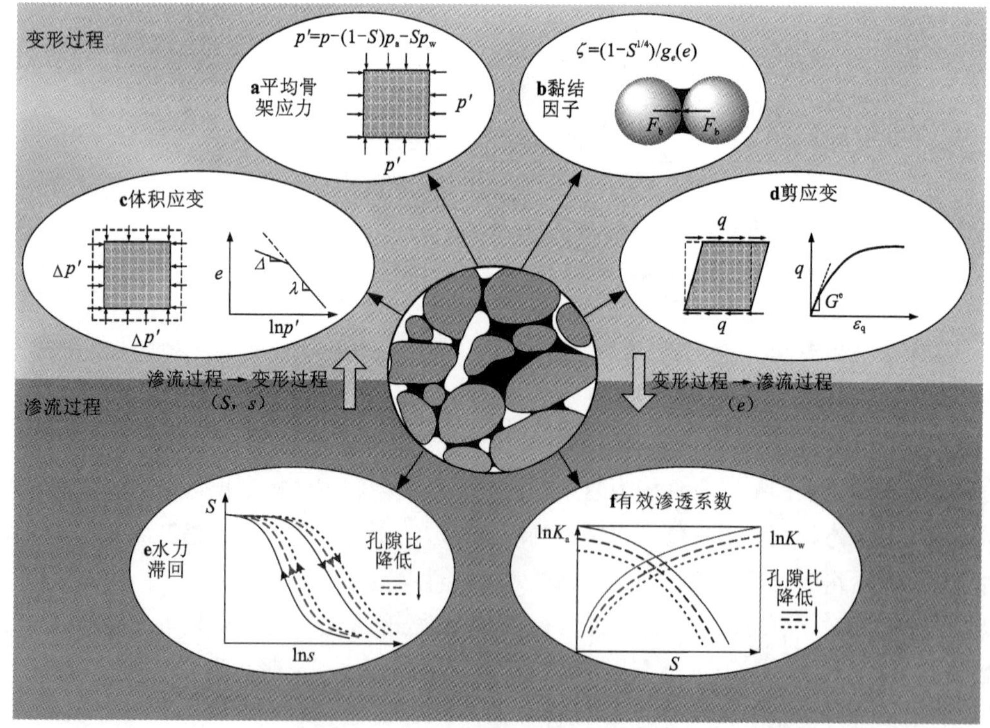

图 4.2.1 非饱和土的水-力耦合机理

F_b 为粒间黏结力；K_w 和 K_a 分别为水与气体的有效渗透系数

进而影响水分运移过程；另一方面，水分的运移和分布通过改变有效应力及土颗粒之间的黏结作用，进一步引起土体的变形或破坏。因此，为了准确描述非饱和土渗流与变形之间的耦合过程，需要引入两类本构模型：一类是考虑颗粒黏结效应的非饱和土弹塑性本构模型；另一类是考虑变形和毛细滞回效应的土水特征曲线模型。这两类本构模型及相应的水-力耦合数值模拟方法对于土石堤坝的变形分析及降雨诱发滑坡灾害评估具有实际意义（Hu et al.，2018b，2016，2015a，2015b，2014，2013）。本节简要介绍考虑颗粒黏结效应的非饱和土弹塑性本构模型，进而以 van Genuchten（1980）和 Mualem（1976）的模型为基础，给出反映变形影响的土水特征曲线模型和相对渗透率模型。

4.2.2　非饱和土的变形特性与本构模型

土是由矿物颗粒组成的碎散物质，具有压硬性、剪胀性和摩擦性等重要变形性质。在非饱和状态下，土体中的水以弯液面的形态赋存于孔隙中，进而在土体颗粒之间形成黏结作用和附加应力，并影响非饱和土的宏观力学特性。这种黏结效应与土的孔隙结构和含水量有关，可采用无量纲的黏结因子ζ度量（Hu et al.，2014）：

$$\zeta = \frac{1 - S^{1/4}}{g_e(e)} \tag{4.2.1}$$

式中：ζ为黏结因子；S 为饱和度；g_e 为表征土体孔隙结构的参数，与孔隙比 e 的经验关系为（Fleureau et al.，2003）

$$g_e(e) = 0.32e^2 + 4.06e + 0.11 \tag{4.2.2}$$

土体中的有效应力可以表达为

$$\boldsymbol{\sigma}' = \boldsymbol{\sigma} - [Sp_{\mathrm{w}} + (1 - S)p_{\mathrm{a}}]\boldsymbol{\delta} \tag{4.2.3}$$

式中：$\boldsymbol{\sigma}'$ 为 Bishop 有效应力张量（以压为正）；$\boldsymbol{\sigma}$为总应力张量；p_{w} 为孔隙水压力；p_{a} 为孔隙气体压力；$\boldsymbol{\delta}$ 为 Kronecker delta 张量。

于是，土的平均有效应力 p'和偏应力 q 可以表达为

$$p' = \frac{1}{3}\mathrm{tr}\,\boldsymbol{\sigma}', \qquad q = \sqrt{\frac{3}{2}}\|\boldsymbol{\sigma}' - p'\boldsymbol{\delta}\| \tag{4.2.4a}$$

与之共轭的体积应变ε_{v}和剪切应变ε_{q}的表达式为

$$\varepsilon_{\mathrm{v}} = \mathrm{tr}\,\boldsymbol{\varepsilon}, \qquad \varepsilon_{\mathrm{q}} = \sqrt{\frac{2}{3}}\|\boldsymbol{\varepsilon} - \varepsilon_{\mathrm{v}}\boldsymbol{\delta}\| \tag{4.2.4b}$$

式中：$\boldsymbol{\varepsilon}$为应变张量。对于二阶张量 $\boldsymbol{s}$，$\|\boldsymbol{s}\| = (s_{ij}s_{ij})^{1/2}$。

采用有效应力$\boldsymbol{\sigma}'$和黏结因子 ζ双应力变量描述非饱和土的应力-应变关系。在修正剑桥模型框架下，非饱和土的屈服函数 F_y 定义为

$$F_y = q^2 - M^2 p'[p_{\mathrm{c}}'(\zeta) - p'] = 0 \tag{4.2.5}$$

式中：p'为平均有效应力；q 为偏应力；M 为极限状态线在 q-p'平面上的斜率；p_{c}'为土体在非饱和状态下的屈服应力，可视为黏结因子ζ与硬化参数 $p_{\mathrm{c}}'(0)$ 的函数，即

$$p_{\mathrm{c}}'(\zeta)=\exp\left\{\frac{(\lambda-\Delta)\ln p_{\mathrm{c}}'(0)+N[\hbar(\zeta)-1]}{\hbar(\zeta)\lambda-\Delta}\right\} \tag{4.2.6}$$

式中：$p_{\mathrm{c}}'(0)$ 为饱和状态下初始屈服时的有效应力；N 为平均有效应力 $p'=1$ kPa 时对应的孔隙比；λ为饱和正常压缩曲线在 e-lnp'平面上的斜率；Δ为压缩回弹曲线在 e-lnp' 平面上的斜率；$\hbar(\zeta)=e/e_{\mathrm{s}}$，用于表征非饱和状态下孔隙比 e 与饱和状态下孔隙比 e_{s}之比的经验关系，反映了黏结效应对土体变形的影响，其表达式为（Hu et al.，2014）

$$\hbar(\zeta)=1+a\zeta^{b} \tag{4.2.7}$$

其中：a 和 b 为拟合参数。

根据式（4.2.7），并结合饱和状态下土体的压缩面状态方程 $e_{\mathrm{s}}=N-\lambda\ln p'$，可得非饱和土的压缩面状态方程，为

$$e=\hbar(\zeta)(N-\lambda\ln p') \tag{4.2.8}$$

如图 4.2.2 所示，非饱和土的屈服面在 q-ζ-p'空间上的形态受控于ζ-p'平面内的屈服曲线和 q-p'平面内的半椭圆。饱和状态下的有效屈服应力 $p_{\mathrm{c}}'(0)$ 与塑性体积变形密切相关，它作为硬化参数决定了后继屈服面的具体形态。屈服面的硬化规律可以表达为

$$\frac{\mathrm{d}p_{\mathrm{c}}'(0)}{p_{\mathrm{c}}'(0)}=\frac{1+e}{\lambda-\Delta}\mathrm{d}\varepsilon_{\mathrm{v}}^{\mathrm{p}} \tag{4.2.9}$$

式中：$\mathrm{d}\varepsilon_{\mathrm{v}}^{\mathrm{p}}$ 为土体的塑性体积应变增量。

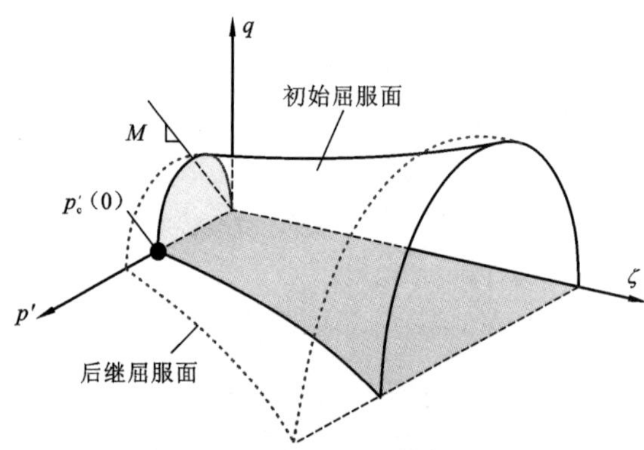

图 4.2.2　非饱和土的屈服面形态

采用非关联流动法则确定土体的塑性应变增量，塑性势函数 Q_p 定义为

$$Q_p=\eta_q q^2-M^2p'[p_{\mathrm{c}}'(\zeta)-p']=0 \tag{4.2.10}$$

式中：η_q 为常数，其表达式为（Alonso et al.，1991）

$$\eta_q=\frac{\lambda M(M-9)(M-3)}{9(6-M)(\lambda-\Delta)} \tag{4.2.11}$$

于是，土体的塑性应变增量可以表达为

$$\mathrm{d}\varepsilon_{\mathrm{v}}^{\mathrm{p}}=\mathrm{d}\Lambda\frac{\partial Q_p}{\partial p'},\qquad \mathrm{d}\varepsilon_{\mathrm{q}}^{\mathrm{p}}=\mathrm{d}\Lambda\frac{\partial Q_p}{\partial q} \tag{4.2.12}$$

式中：$\mathrm{d}\varepsilon_{\mathrm{v}}^{\mathrm{p}}$ 和 $\mathrm{d}\varepsilon_{\mathrm{q}}^{\mathrm{p}}$ 分别为土的塑性体积应变增量与塑性剪切应变增量；$\mathrm{d}\Lambda$ 为塑性因子（$\mathrm{d}\Lambda>0$），可通过一致性条件确定，即

$$\mathrm{d}F_y=\frac{\partial F_y}{\partial q}\mathrm{d}q+\frac{\partial F_y}{\partial p'}\mathrm{d}p'+\frac{\partial F_y}{\partial \zeta}\mathrm{d}\zeta+\frac{\partial F_y}{\partial \varepsilon_{\mathrm{v}}^{\mathrm{p}}}\mathrm{d}\varepsilon_{\mathrm{v}}^{\mathrm{p}}=0 \tag{4.2.13}$$

土体的弹性应变增量则由式（4.2.14）确定：

$$\mathrm{d}\varepsilon_{\mathrm{v}}^{\mathrm{e}}=\frac{\mathrm{d}p'}{K^{\mathrm{e}}},\quad \mathrm{d}\varepsilon_{\mathrm{q}}^{\mathrm{e}}=\frac{\mathrm{d}q}{3G^{\mathrm{e}}} \tag{4.2.14}$$

式中：$\mathrm{d}\varepsilon_{\mathrm{v}}^{\mathrm{e}}$ 和 $\mathrm{d}\varepsilon_{\mathrm{q}}^{\mathrm{e}}$ 分别为土的弹性体积应变增量与弹性剪切应变增量；K^{e} 与 G^{e} 分别为土的弹性体积模量和弹性剪切模量，且

$$K^{\mathrm{e}}=\frac{(1+e)p'}{\varDelta},\quad G^{\mathrm{e}}=\frac{2K^{\mathrm{e}}(1-2\nu^{\mathrm{e}})}{3(1+\nu^{\mathrm{e}})} \tag{4.2.15}$$

式中：ν^{e} 为泊松比。

通过引入黏结因子 ζ，上述非饱和土弹塑性本构模型考虑了土颗粒之间的黏结效应对变形的影响，对于描述土体在干湿循环过程中的复杂力学行为及非饱和渗流与变形的耦合过程具有一定的理论意义和应用价值（Hu et al.，2018b，2016，2015a）。该模型共包含 8 个参数，即 N、λ、$\varDelta$、$p_{\mathrm{c}}'(0)$、a、b、M 和 G^{e}。其中，前 4 个参数可以通过饱和条件下的常规各向同性压缩试验确定，拟合参数 a 和 b 可以通过常吸力压缩试验确定，M 和 G^{e} 则可以通过排水剪切试验确定。

4.2.3　考虑变形影响的土水特征曲线模型

1. 土的孔径分布及其演化特征

土体内部孔隙的形状、大小、分布特征和连通关系决定了土体的孔隙结构。土体的孔隙结构极为复杂，不仅在颗粒或团粒之间存在孔隙，颗粒或团粒内部也存在孔隙，前者称为粒间孔隙，而后者则称为粒内孔隙（Diamond，1970）。在应力变化或干湿循环过程中，土体将发生变形，其孔隙结构也将随之发生变化。研究表明，土体粒间孔隙和粒内孔隙对变形的响应存在显著区别，粒间孔隙对变形较为敏感，其孔隙尺寸通常随固结压力的增大而显著减小（Griffiths and Joshi，1989）；而粒内孔隙的变化规律则较为复杂，与土体类型、制样方式和变形历史密切相关（Li and Zhang，2009），且其孔隙尺寸的变化多发生在粒间孔隙结构破坏之后。

在变形过程中，土体孔隙结构的变化规律也较为复杂，甚至可能由单峰结构转变为双峰结构，或由双峰结构转变为单峰结构（Cuisinier and Laloui，2004）。但当粒内孔隙尺寸的变化可以忽略不计时，土体在压缩过程中的孔隙结构变化常具有如下特征（Tanaka et al.，2003）：①孔隙尺寸分布的总体形态在压缩过程中不发生显著变化；②孔隙结构大致可通过平均孔隙半径表征；③平均孔隙半径与压缩应力在双对数坐标系下存在线性关系。

引入半对数坐标系下的土体孔径分布函数 $f(\ln r)$，r 为孔隙半径，则孔隙半径位于

[ln*r*, ln*r*+d(ln*r*)]内的孔隙体积占土样孔隙总体积的百分比可以表示为$f(\ln r)\mathrm{d}(\ln r)$。若已知某个参考状态下土体的孔径分布函数为$f_0(\ln r)$，则根据土体孔隙结构的变化特征（Tanaka et al.，2003），土体在变形状态下的孔径分布函数 $f_t(\ln r)$可通过如下两个步骤得到（Hu et al.，2013）：①将参考状态下的孔径分布函数整体沿 ln*r* 坐标轴平移；②将平移后的孔径分布函数沿纵轴整体缩放。如图 4.2.3 所示，平移量χ和缩放因子η分别为

$$\ln\chi=\ln\hat{r}_0-\ln\hat{r}_t=\ln\left(\frac{\hat{r}_0}{\hat{r}_t}\right),\qquad \eta=\frac{\hat{f}_t}{\hat{f}_0} \tag{4.2.16}$$

式中：$\hat{f}_0$和$\hat{f}_t$分别为参考状态和当前变形状态下孔径分布函数的峰值；$\hat{r}_0$和$\hat{r}_t$为相应状态下孔径分布函数峰值对应的孔隙半径。

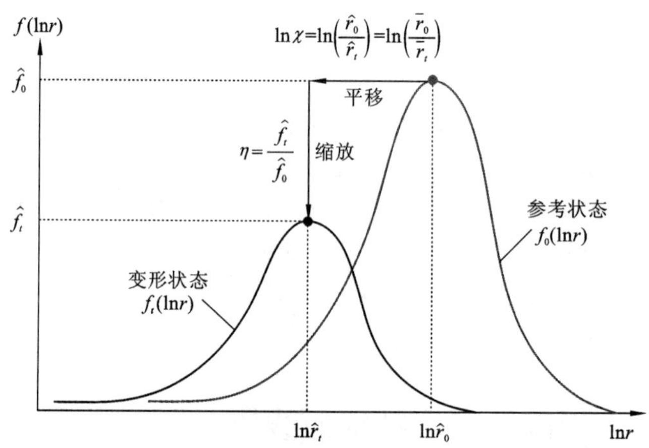

图 4.2.3　土体孔径分布函数及其在变形过程中的变化

由于土体在变形过程中孔径分布函数整体沿 ln*r* 轴平移，故其平移量 $\ln\chi$也可以采用平均孔隙半径的变化量来表征：

$$\ln\chi=\ln\left(\frac{\hat{r}_0}{\hat{r}_t}\right)=\ln\left(\frac{\overline{r}_0}{\overline{r}_t}\right) \tag{4.2.17}$$

式中：$\overline{r}_0$和$\overline{r}_t$分别为参考状态和当前变形状态下土体的平均孔隙半径。

上述分析表明，土体在变形状态下的孔径分布函数 $f_t(\ln r)$可近似由参考状态下的孔径分布函数$f_0(\ln r)$经平移、缩放确定，两者之间存在如下关系（Hu et al.，2013）：

$$f_t(\ln r)=\eta f_0[\ln(\chi r)] \tag{4.2.18}$$

式（4.2.18）表征了土体孔隙结构在变形过程中的演化规律，土体的变形既可由荷载作用或应力变化产生，又可由干湿循环或吸力变化引起。式（4.2.18）形式简单，对土体孔隙结构的复杂变化进行了高度概化处理，但抓住了变形过程中土体孔隙结构变化的主要特征（Hu et al.，2013）。该经验关系式将为建立考虑变形影响的土水特征曲线模型起到关键作用。

2. 土的体积含水量及饱和度

根据 Young-Laplace 方程[式（1.2.33）]，当孔隙中的水-气接触面呈单一曲率时，

孔隙半径 r 与吸力 s（即毛细压力 p_c）之间存在如下关系：

$$s = \frac{T_s}{r} \tag{4.2.19}$$

式中：$T_s = 2\gamma\cos\vartheta$，$\gamma$ 为水的表面张力，ϑ为接触角。

在局部平衡假设条件下，对于任意的吸力值 s，存在一个对应的孔隙半径 $r(r=T_\theta/s)$，使得半径小于 r 的孔隙均被水充满，而半径大于 r 的孔隙则被空气完全占据。对于半对数坐标系下的孔径分布函数 $f(\ln r)$，当半径位于$[\ln r, \ln r+\mathrm{d}(\ln r)]$内的孔隙也被水饱和时，体积含水量$\theta$ 的变化量为 $\mathrm{d}\theta=f(\ln r)\mathrm{d}(\ln r)$。于是，当土体吸力为 s 时，半径 r 之下的孔隙均被水充满，相应的体积含水量θ可以表达为

$$\theta(r) = \int_{r_{\min}}^{r} f(\ln t)\mathrm{d}(\ln t) \tag{4.2.20}$$

式中：$r_{\min}$ 为土体的最小孔隙半径；t 为积分变量。

结合式（4.2.19）和式（4.2.20），可定义土体的比水容量：

$$C(s) = -\frac{\mathrm{d}\theta}{\mathrm{d}s} = -\frac{f(\ln r)\mathrm{d}(\ln r)}{\mathrm{d}s} \tag{4.2.21}$$

式中：C 为比水容量，又称容水度。函数 $C(s)$也称为毛细压力分布函数。

当吸力 $s\to+\infty$时，相应的体积含水量为残余体积含水量，即$\theta=\theta_r$。据此，对式（4.2.21）积分可得

$$\theta(s) = \int_{+\infty}^{s} C(t)\mathrm{d}t + \theta_r \tag{4.2.22}$$

式中：θ_r 为残余体积含水量；t 为积分变量。

当吸力 s=0 时，相应的体积含水量为饱和体积含水量，即$\theta=\theta_s$。由式（4.2.19）和式（4.2.22）可知，θ_s、θ_r 与孔径分布函数 $f(\ln r)$和毛细压力分布函数 $C(s)$满足如下关系：

$$\theta_s - \theta_r = \int_{+\infty}^{0} C(s)\mathrm{d}s = \int_{r_{\min}}^{r_{\max}} f(\ln r)\mathrm{d}(\ln r) \tag{4.2.23}$$

式中：θ_s 为饱和体积含水量；$r_{\max}$ 为土体的最大孔隙半径。

于是，土体的有效饱和度 S_e 可通过对吸力 s 的积分表达为

$$S_e = \frac{S(s)-S_r}{1-S_r} = \frac{\theta(s)-\theta_r}{\theta_s-\theta_r} = \frac{\int_{+\infty}^{s} C(t)\mathrm{d}t}{\int_{+\infty}^{0} C(t)\mathrm{d}t} \tag{4.2.24a}$$

式中：S 为饱和度；S_r 为残余饱和度；t 为积分变量。

显然，S_e 的表达式也可以直接通过对孔隙半径 r 的积分得到，即

$$S_e = \frac{\int_{r_{\min}}^{r} f(\ln t)\mathrm{d}(\ln t)}{\int_{r_{\min}}^{r_{\max}} f(\ln t)\mathrm{d}(\ln t)} \tag{4.2.24b}$$

式中：r 为与有效饱和度 S_e 对应的被水充满的最大孔隙半径；t 为积分变量。

3. 土水特征曲线模型的构建

1）模型的建立

由式（4.2.21）可知，在半对数坐标系下，土体在参考状态下的孔径分布函数 $f_0(\ln r)$ 可以表达为

$$f_0(\ln r)=\frac{\partial\theta}{\partial s}\frac{\partial s}{\partial(\ln r)}=r\frac{\partial\theta}{\partial s}\frac{\partial s}{\partial r} \tag{4.2.25}$$

将式（4.2.19）和式（4.2.24a）代入式（4.2.25），可得

$$f_0(\ln r)=-(\theta_s-\theta_r)\frac{T_s}{r}\frac{\partial S_e}{\partial s} \tag{4.2.26}$$

当土体的孔隙结构随变形发生变化时，饱和体积含水量 θ_s 和残余体积含水量 θ_r 也将发生变化。为简化推导，将式（4.2.26）中的饱和体积含水量与残余体积含水量之差近似用孔隙率 ϕ 代替，即令 $\theta_s-\theta_r\approx\phi$，则式（4.2.26）可以简化为

$$f_0(\ln r)=-\phi_0\frac{T_s}{r}\frac{\partial S_e}{\partial s} \tag{4.2.27}$$

式中：ϕ_0 为参考状态下土体的孔隙率。

在式（4.2.27）中，有效饱和度 S_e 与吸力 s 之间的关系可采用 van Genuchten（1980）的模型[式（4.1.1）]进行表征。

一般情况下，式（4.1.1）中的参数 m、n 和 α 是通过常应力状态下的土体吸湿或脱湿试验确定的。但为了研究变形对土水特征曲线的影响，这些参数需通过常孔隙比条件下的吸湿或脱湿试验来确定。

将式（4.2.19）和式（4.1.1）代入式（4.2.27），可得参考状态下土体孔径分布函数 $f_0(\ln r)$ 的显式表达式：

$$f_0(\ln r)=\phi_0 mn\left[1+\left(\frac{T_s\alpha}{r}\right)^n\right]^{-m-1}\left(\frac{T_s\alpha}{r}\right)^n \tag{4.2.28}$$

由式（4.2.18）可得土体在变形状态下的孔径分布函数 $f_t(\ln r)$：

$$f_t(\ln r)=\eta f_0[\ln(\chi r)]=\eta\phi_0 mn\left[1+\left(\frac{T_s\alpha}{\chi r}\right)^n\right]^{-m-1}\left(\frac{T_s\alpha}{\chi r}\right)^n \tag{4.2.29}$$

式中：χ 和 η 分别为变形前后土体孔隙半径的平移量与缩放因子。

假定土体的孔径分布函数连续、光滑（图 4.2.3），则当该函数取极大值时，其一阶导数必为零：

$$\left.\frac{\partial f_0}{\partial(\ln r)}\right|_{r=\hat{r}_0}=0 \tag{4.2.30}$$

式中：$\hat{r}_0$ 为 $f_0(\ln r)$ 的一阶导数为零处的孔隙半径，也即该函数取极值时对应的孔隙半径。

由式（4.2.28），有

$$\frac{\partial f_0}{\partial(\ln r)}=\phi_0\frac{mn^2}{r}\left(\frac{T_s\alpha}{r}\right)^n\left[1+\left(\frac{T_s\alpha}{r}\right)^n\right]^{-m-2}\left[m\left(\frac{T_s\alpha}{r}\right)^n-1\right] \tag{4.2.31}$$

令式（4.2.31）等号右端项等于零，解得 $\hat{r}_0=T_s\alpha m^{1/n}$ 。将其代入式（4.2.28），可得孔径分布函数的极值 $\hat{f}_0$，为

$$\hat{f}_0=\phi_0 n\left(1+\frac{1}{m}\right)^{-n-1} \tag{4.2.32}$$

结合式（4.2.32）和式（4.2.16），可将缩放因子η表达为

$$\eta=\frac{\hat{f}_t}{\hat{f}_0}=\frac{\phi n\left(1+\frac{1}{m}\right)^{-n-1}}{\phi_0 n\left(1+\frac{1}{m}\right)^{-n-1}}=\frac{\phi}{\phi_0} \tag{4.2.33}$$

式（4.2.33）表明，孔隙尺寸的缩放因子η等于变形状态下的孔隙率ϕ与参考状态下的孔隙率ϕ_0之比。将式（4.2.29）和式（4.2.33）代入式（4.2.21），可得变形状态下土体的毛细压力分布函数 $C_t(s)$：

$$C_t(s)=-f_t(\ln r)\frac{\mathrm{d}(\ln r)}{\mathrm{d}s}=\phi mn\frac{\alpha}{\chi}\left[1+\left(\frac{T_s\alpha}{\chi r}\right)^n\right]^{-m-1}\left(\frac{T_s\alpha}{\chi r}\right)^{n-1} \tag{4.2.34}$$

将式（4.2.34）和式（4.2.19）代入式（4.2.24a），可得变形状态下的土水特征曲线：

$$S_e=\frac{\int_{+\infty}^{s}C_t(t)\mathrm{d}t}{\int_{+\infty}^{0}C_t(t)\mathrm{d}t}=\left[1+\left(\frac{\alpha s}{\chi}\right)^n\right]^{-m} \tag{4.2.35}$$

式（4.2.35）表明，土体变形对土水特征曲线的影响是通过平移量χ表征的，而与缩放因子η无关。由式（4.2.17）可知，平移量χ与平均孔隙半径有关。在双对数坐标系下，土体平均孔隙半径$\bar{r}$ 与平均有效应力 p'存在线性关系（Tanaka et al.，2003）：

$$\ln\bar{r}\propto\ln p' \tag{4.2.36a}$$

在土体压缩过程中，孔隙比 e 与平均有效应力 p' 满足如下状态方程：

$$e\propto\ln p' \tag{4.2.36b}$$

因此，结合式（4.2.36a）和式（4.2.36b）可得，平均孔隙半径与孔隙比之间也存在比例关系

$$\ln\bar{r}\propto e \tag{4.2.36c}$$

定义 e_0、$\bar{r}_0$ 分别为参考状态下土体的孔隙比和平均孔隙半径，则变形状态下土体的平均孔隙半径 $\bar{r}_t$ 可以表达为

$$\ln\bar{r}_t-\ln\bar{r}_0=k_p(e-e_0) \tag{4.2.37a}$$

$$\frac{\bar{r}_t}{\bar{r}_0}=\frac{1}{\chi}=\exp[k_p(e-e_0)] \tag{4.2.37b}$$

式中：k_p 为比例系数，即压缩过程中 $\ln\bar{r}_t$ -e 曲线的斜率。

式（4.2.37b）表征了孔径分布函数平移量χ与孔隙比 e 之间的函数关系。将其代入

式（4.2.35），可得土体在变形条件下土水特征曲线的解析表达式：

$$S_{\mathrm{e}}(s,e)=\{1+[\beta\exp(k_{\mathrm{p}}e)s]^{n}\}^{-m} \tag{4.2.38a}$$

式中：β为模型参数（kPa^{-1}），反映进气值对土水特征曲线的影响，

$$\beta=\alpha\exp(-k_{\mathrm{p}}e_{0}) \tag{4.2.38b}$$

式（4.2.38）表明，在变形条件下，土体的有效饱和度 S_{e} 不仅取决于吸力 s，还与孔隙比 e 有关。容易看出，当土体的变形可以忽略不计，即孔隙比 e 趋于参考状态下的孔隙比 e_0 时，式（4.2.38）立即退化为 van Genuchten（1980）的模型。式（4.2.38）包含 4 个参数，即 m、n、k_{p} 和β，与 VG 模型相比，仅引入了一个额外的参数 k_{p}。

2）滞回效应及其表征

式（4.2.38）实质上定义了一个在 e - ln$s$-S_{e} 三维空间内的状态曲面。该曲面类似于非饱和土的屈服面[式（4.2.5）和图 4.2.2]，一旦土体的状态变量$\{e, s, S_{\mathrm{e}}\}$沿着该曲面变化，土体的饱和度将发生不可逆的变化，该现象称为毛细滞回。换言之，土体在干湿循环过程中存在额外的能量耗散，脱湿过程（S_{e} 减小，s 增大）和吸湿过程（S_{e} 增大，s 减小）的状态曲面是不重合的，通常采用两组不同的参数来分别描述土水特征曲线的主脱湿和主吸湿过程（Gallipoli，2012；Tarantino，2009；van Genuchten，1980）。在土体变形过程中，一般认为，式（4.2.38）中的参数 m、n 和 k_{p} 是保持不变的，因而仅需引入β_{d} 和β_{w} 来区分主脱湿和主吸湿过程。这样，描述主脱湿和主吸湿过程的土水特征曲线模型可以表达为

$$\begin{cases}S_{\mathrm{e,d}}=\{1+[\beta_{\mathrm{d}}\exp(k_{\mathrm{p}}e)s]^{n}\}^{-m}, & \text{主脱湿}\\ S_{\mathrm{e,w}}=\{1+[\beta_{\mathrm{w}}\exp(k_{\mathrm{p}}e)s]^{n}\}^{-m}, & \text{主吸湿}\end{cases} \tag{4.2.39}$$

式中：$S_{\mathrm{e,d}}$ 和 $S_{\mathrm{e,w}}$ 分别为主脱湿和主吸湿过程中的有效饱和度；β_{d} 和β_{w} 分别为土体在主脱湿和主吸湿过程中的进气值参数。式（4.2.39）包含 5 个模型参数，即 m、n、k_{p}、β_{d} 和β_{w}。

式（4.2.39）定义的主脱湿和主吸湿曲面如图 4.2.4 所示。在 e - ln$s$-S_{e} 空间上，土体的状态变量$\{e, s, S_{\mathrm{e}}\}$不可能位于主脱湿曲面之上，也不可能位于主吸湿曲面之下。从物理机制上看，土体在主脱湿过程中，伴随空气入侵，孔隙水被逐渐驱替排出，吸力的自发增大或外荷载作用下的体积膨胀均可导致饱和度不可逆的减小；而在主吸湿过程中，伴随水渗入孔隙，空气被置换排出，吸力的自发减小或外荷载作用下的体积收缩均可导致饱和度不可逆的增大。

由此可见，吸力和土体体积变化均可使饱和度发生不可逆的变化。由式（4.2.39）可知，在主脱湿和主吸湿曲面上，饱和度的变化量可以表达为

$$\mathrm{d}S_{\mathrm{e}}=-mnS_{\mathrm{e}}(1-S_{\mathrm{e}}^{1/m})\left(\frac{\mathrm{d}s}{s}+k_{\mathrm{p}}\mathrm{d}e\right) \tag{4.2.40}$$

式中：$\mathrm{d}S_{\mathrm{e}}$ 为饱和度增量，包含可逆分量和不可逆分量两个组成部分。

图 4.2.4 分别用实线和虚线描述了土体仅在吸力驱动与仅在体积变化驱动条件下的主脱湿及主吸湿过程。由图 4.2.4 可知，在常吸力条件下，土体体积的增大将使饱和度减小；而在常孔隙比条件下，吸力的增大也将使饱和度减小。在吸力和体积变化共同驱动下，土体状态变量$\{e, s, S_{\mathrm{e}}\}$在主脱湿和主吸湿过程中的变化满足如下关系：

$$\frac{\partial S_{\mathrm{e}}}{\partial l}=\frac{\partial S_{\mathrm{e}}}{\partial e}\cos\alpha_1+\frac{\partial S_{\mathrm{e}}}{\partial s}\cos\alpha_2\begin{cases}<0, & \text{主脱湿}\\>0, & \text{主吸湿}\end{cases}\tag{4.2.41}$$

式中：l 为土体状态变化路径的切线方向；$\cos\alpha_1$ 和 $\cos\alpha_2$ 为 l 的方向余弦。

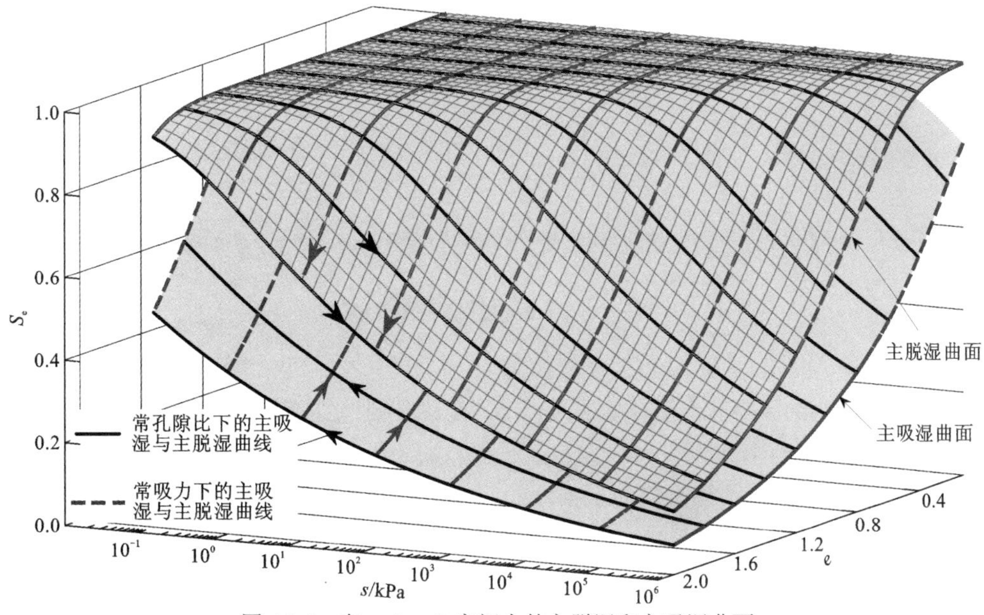

图 4.2.4　在 e - ln$s$-S_{e} 空间上的主脱湿和主吸湿曲面

如图 4.2.5 所示，无论是主脱湿过程还是主吸湿过程，在常孔隙比条件下，$\ln S_{\mathrm{e}}$-$\ln s$ 曲线的渐近线斜率为 mn；而在常吸力条件下，$\ln S_{\mathrm{e}}$-e 曲线的渐近线斜率为 mnk_{p}。设常孔隙比条件下，主脱湿和主吸湿曲线的渐近线与 $S_{\mathrm{e}}=1$ 状态线的交点分别为 $\hat{s}_{\mathrm{d}}$、$\hat{s}_{\mathrm{w}}$；常吸力条件下，主脱湿和主吸湿曲线的渐近线与 $S_{\mathrm{e}}=1$ 状态线的交点分别为 $\hat{e}_{\mathrm{d}}$、$\hat{e}_{\mathrm{w}}$，则有

$$\begin{cases}\ln\hat{s}_{\mathrm{d}}=-\ln\beta_{\mathrm{d}}-k_{\mathrm{p}}e\\\ln\hat{s}_{\mathrm{w}}=-\ln\beta_{\mathrm{w}}-k_{\mathrm{p}}e\end{cases}\tag{4.2.42a}$$

$$\begin{cases}\hat{e}_{\mathrm{d}}=-\dfrac{\ln s+\ln\beta_{\mathrm{d}}}{k_{\mathrm{p}}}\\[2ex]\hat{e}_{\mathrm{w}}=-\dfrac{\ln s+\ln\beta_{\mathrm{w}}}{k_{\mathrm{p}}}\end{cases}\tag{4.2.42b}$$

式（4.2.42）中，渐近线与 $S_{\mathrm{e}}=1$ 状态线的交点 $\hat{s}_{\mathrm{d}}$、$\hat{s}_{\mathrm{w}}$ 具有明确的物理意义。对于参考状态下的土体，其孔隙比为 e_0，将式（4.2.39）和式（4.2.38b）代入式（4.2.42a），可得

$$\hat{s}_{0,\mathrm{d}}=\frac{1}{\alpha_{\mathrm{d}}},\quad\hat{s}_{0,\mathrm{w}}=\frac{1}{\alpha_{\mathrm{w}}}\tag{4.2.43}$$

式中：α_{d} 和 α_{w} 分别为土体在主脱湿与主吸湿过程中的进气值。

上述分析表明，在土体吸力和孔隙比变化过程中，土水特征曲线的演化主要受参量 $\hat{s}_{\mathrm{d}}$、$\hat{s}_{\mathrm{w}}$ 和 $\hat{e}_{\mathrm{d}}$、$\hat{e}_{\mathrm{w}}$ 控制。其中，$\hat{s}_{\mathrm{d}}$、$\hat{s}_{\mathrm{w}}$ 表征了土体在变形过程中进气值的演化，其对数值与孔隙比呈比例关系，而 $\hat{e}_{\mathrm{d}}$、$\hat{e}_{\mathrm{w}}$ 与吸力的对数值呈比例关系。

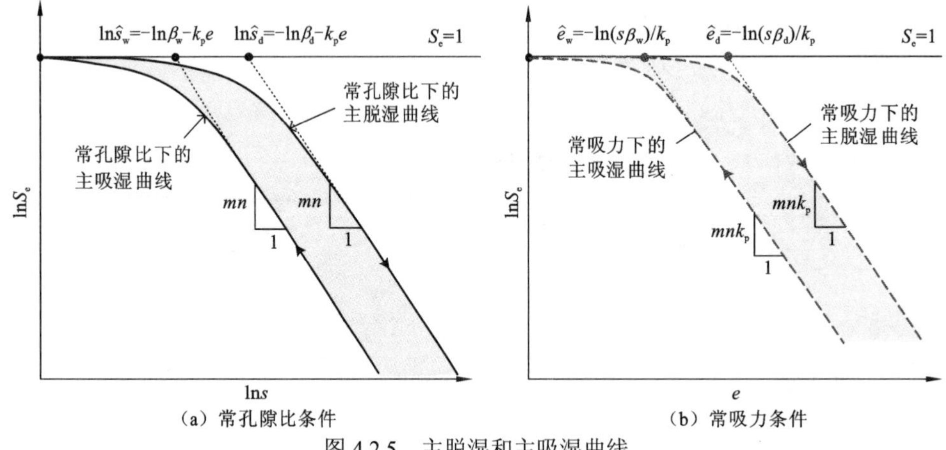

图 4.2.5　主脱湿和主吸湿曲线

在图 4.2.4 中，以主脱湿和主吸湿曲面为上、下边界，两者围限的空间是土体状态$\{e, s, S_e\}$可以到达的区域。当土体状态$\{e, s, S_e\}$在该区域边界上移动时，饱和度变化将产生不可逆分量；而当土体状态$\{e, s, S_e\}$在该区域内部移动时，饱和度的变化是可逆的。这种可逆的饱和度变化路径，称为扫描曲线。研究表明，吸力和孔隙比的变化均可对扫描曲线产生影响（Tarantino，2009；Sun et al.，2007）。假定扫描曲线与主脱湿和主吸湿曲线的渐近线具有类似的形态特征，但具有不同的渐近线斜率，则其演化方程可以表达为（Hu et al.，2013）

$$\frac{\partial \ln S_e}{\partial \ln s}=-k_{ss}(1-S_e^{1/m}) \tag{4.2.44a}$$

$$\frac{\partial \ln S_e}{\partial e}=-k_{se}(1-S_e^{1/m}) \tag{4.2.44b}$$

式中：k_{ss}、k_{se}分别为扫描曲线在$\ln S_e$-$\ln s$平面和$\ln S_e$-e平面内的渐近线斜率。

由于扫描曲线位于主脱湿和主吸湿曲面所围限的区域内部，参数k_{ss}、k_{se}应满足如下约束条件：

$$\begin{cases}0<k_{ss}<mn\\0<k_{se}<mnk_p\end{cases} \tag{4.2.45}$$

由式（4.2.44）可给出扫描曲线上饱和度与孔隙比和吸力之间的关系式：

$$\mathrm{d}S_e=-S_e(1-S_e^{1/m})\left(k_{ss}\frac{\mathrm{d}s}{s}+k_{se}\mathrm{d}e\right) \tag{4.2.46}$$

由于扫描曲线上的饱和度变化量是可逆的，对比式（4.2.46）和式（4.2.40）可知，在毛细滞回过程中，土体饱和度增量$\mathrm{d}S_e$的可逆分量$\mathrm{d}S_e^e$和不可逆分量$\mathrm{d}S_e^p$可分别表达为

$$\mathrm{d}S_e^e=-S_e(1-S_e^{1/m})\left(k_{ss}\frac{\mathrm{d}s}{s}+k_{se}\mathrm{d}e\right) \tag{4.2.47a}$$

$$\mathrm{d}S_e^p=-S_e(1-S_e^{1/m})\left[(mn-k_{ss})\frac{\mathrm{d}s}{s}+(mnk_p-k_{se})\mathrm{d}e\right] \tag{4.2.47b}$$

4. 模型验证

上述考虑变形和滞回效应的土水特征曲线模型[式（4.2.39）和式（4.2.46），或者式（4.2.47）]共包含 7 个参数，分别为 m、n、k_p、β_d、β_w、k_{ss}和 k_{se}，其中 m、n、k_p和 β_d可通过常规定孔隙比（或定吸力）下的脱湿试验获得，β_w可通过吸湿试验确定，而 k_{ss}和 k_{se}则可通过干湿循环试验确定。若不考虑吸湿和扫描曲线，即忽略毛细滞回效应，则模型退化为式（4.2.38），仅需确定 4 个参数（m、n、k_p、β_d），即可描述土体变形对土水特性的影响。进一步地，若假定 $m=1-1/n$，则模型仅包含 3 个独立参数。

采用不同类型土体在常孔隙比下的主脱湿试验、常孔隙比下的主吸湿试验、常吸力各向同性应力状态下的主吸湿试验、常吸力三轴应力状态下的主吸湿试验、干湿循环试验，以及各向同性压缩、剪切和干湿循环试验数据，对考虑变形和滞回效应的土水特征曲线模型进行了较为全面的验证（Hu et al.，2013）。需要指出的是，在吸力驱动的土体吸湿和脱湿过程中，试验难以保持恒定的孔隙比，而通常保持恒定的平均净应力。为了反映孔隙比对土水特征曲线的影响，一般先测量土体在不同吸力下的质量含水量和干密度，进而换算出相应的孔隙比和饱和度，最终获得特定孔隙比下饱和度与吸力的关系。对于常吸力试验，在各向同性压缩和剪切条件下，土体的含水量和水压力 p_w将发生变化，但可通过人为改变气压 p_a的量值（Romero，1999），确保气压与水压的差值（$s=p_a-p_w$）保持常量，即吸力保持恒定。

上述试验涉及的土体类型包括粉土、壤土、黏土、高岭土和膨润土-高岭土混合土等，通过最小二乘拟合确定的模型参数如表 4.2.1 所示。图 4.2.6 给出了部分土体在不同干湿路径和应力路径下的土水特征曲线，图中纵坐标 $S=S_r+(1-S_r)S_e$为饱和度，虚线为模型标定曲线（即虚线对应的试验数据用于确定模型参数），而实线为模型预测曲线。从图 4.2.6 中可见，对于不同干湿路径和应力路径下的不同土体，模型的预测值和试验值均吻合良好，表明模型较好地表征了土体在变形和干湿循环过程中的持水特性。该模型对于非饱和土水-力耦合过程模拟和暴雨诱发滑坡机理的研究具有一定的实际意义（Hu et al.，2018b，2016，2015a）。

表 4.2.1　土体类型、试验条件与模型参数

编号	土体类型及数据来源	试验条件	模型参数				
			n	m	k_p	β_d/kPa^{-1}	β_w/kPa^{-1}
1	黏土（Kayadelen，2008）	常孔隙比主脱湿	23.54	2.80×10^{-3}	26.49	4.51×10^{-7}	—
2	黏土（Romero，1999）		0.54	0.90	5.24	3.65×10^{-6}	—
3	崩积层壤土（Sugii et al.，2002）		0.29	0.92	10.55	1.43×10^{-6}	—
4	高岭土（Tarantino and de Col，2008）	常孔隙比主吸湿	2.54	0.12	2.24	—	5.89×10^{-4}
5	高岭土（Tombolato，2003）		1.84	0.19	2.45	—	3.53×10^{-4}
6	黏土（Romero，1999）		0.62	0.38	6.69	—	1.37×10^{-5}

续表

编号	土体类型及数据来源	试验条件	模型参数				
			n	m	k_p	β_d/kPa^{-1}	β_w/kPa^{-1}
7	粉土（D'Onza et al.，2011）	常吸力主吸湿（各向同性应力状态）	0.99	0.29	7.99	—	2.26×10^{-4}
8	高岭土（Raveendiraraj，2009）		0.80	0.16	10.61	—	1.31×10^{-6}
9	膨润土-高岭土混合土（Sharma，1998）		9.85	1.68×10^{-2}	4.56	—	1.81×10^{-4}
10	高岭土（Sivakumar，2005）	常吸力主吸湿（三轴应力状态）	2.04	9.13×10^{-2}	6.27	—	2.04×10^{-5}
11	高岭土（Sivakumar，2005）		1.22	6.85×10^{-2}	13.68	—	3.38×10^{-8}
12	高岭土（Sivakumar，1993）		2.61	4.39×10^{-2}	9.32	—	2.29×10^{-6}
13	黏土（Romero，1999）	干湿循环	0.62	0.38	6.69	3.71×10^{-6}	1.37×10^{-5}
14	高岭土（Raveendiraraj，2009）	各向同性压缩、剪切和干湿循环	0.80	0.16	10.61	3.94×10^{-7}	1.31×10^{-6}

注：2、6 和 13 号土样均来自 Municipal Boom 黏土；8 和 14 号土样均来自 Speswhite 高岭土。通过干湿循环试验数据，还确定了 14 号土样的 k_{ss} 和 k_{se}，两者分别为 $k_{ss}=0.07$ 和 $k_{se}=0.38$。

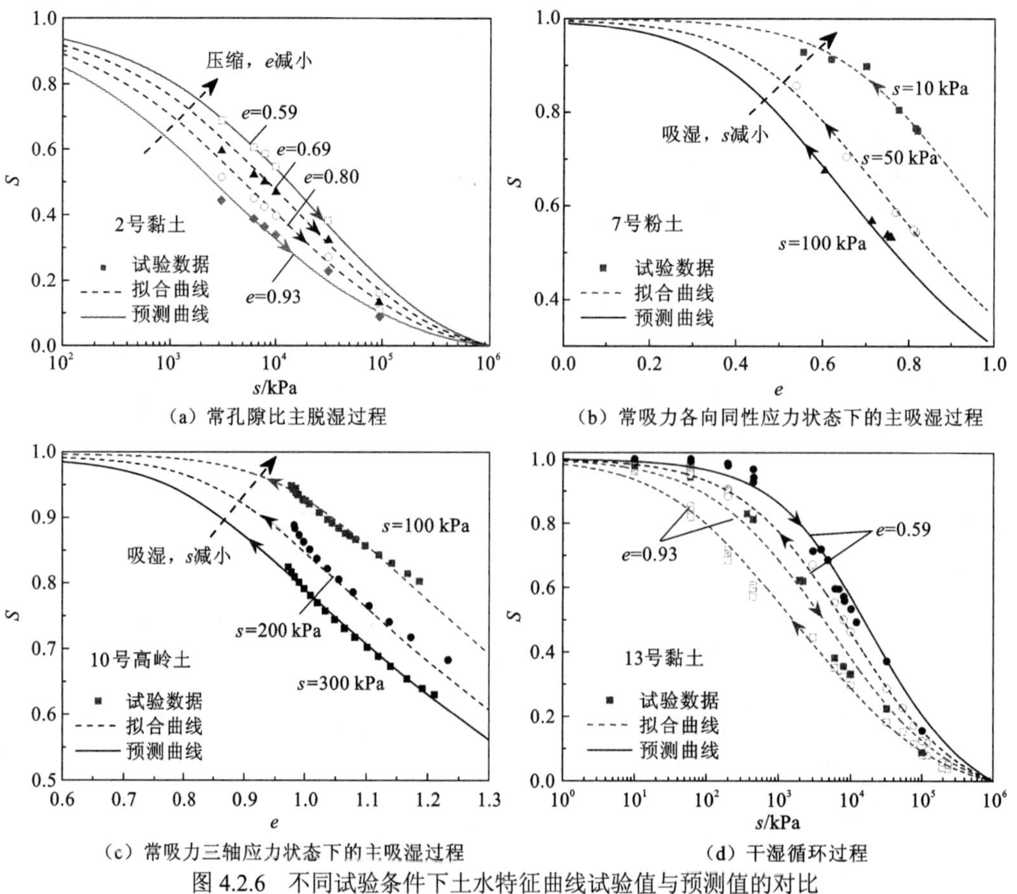

（a）常孔隙比主脱湿过程

（b）常吸力各向同性应力状态下的主吸湿过程

（c）常吸力三轴应力状态下的主吸湿过程

（d）干湿循环过程

图 4.2.6　不同试验条件下土水特征曲线试验值与预测值的对比

4.2.4　考虑变形影响的相对渗透率模型

由 1.2.4 小节可知，非饱和土的有效渗透率κ_e可以表达为

$$\kappa_e = k_r \kappa \tag{4.2.48}$$

式中：κ为饱和状态下土的渗透率（m^2）；κ_e 为非饱和状态下水的有效渗透率（m^2）；k_r 为水的相对渗透率，与有效饱和度 S_e 或吸力 s 有关。

土体在变形过程中，其饱和渗透率κ 和相对渗透率 k_r 均可发生变化，因而其非饱和渗透率κ_e 也将发生变化。由此可见，土的非饱和渗透率不仅是饱和度 S_e 的函数，而且是孔隙比 e 的函数。

1. 饱和渗透率模型

根据 Mualem 统计模型（Mualem，1976），孔隙介质饱和渗透率κ与孔径分布函数 $f(r)$ 的关系如下：

$$\kappa \propto \left[\int_{r_{\min}}^{r_{\max}} r f(r) \mathrm{d}r \right]^2 = \left(\int_{r_{\min}}^{r_{\max}} r \mathrm{d}\theta \right)^2 \tag{4.2.49}$$

式中：r 为孔隙半径；θ为体积含水量；$r_{\min}$ 和 $r_{\max}$ 分别为土的最小和最大孔隙半径。

将式（4.2.19）和式（4.2.24a）代入式（4.2.49），可得

$$\kappa \propto (\theta_s - \theta_r)^2 \left(\int_0^1 s^{-1} \mathrm{d}S_e \right)^2 \tag{4.2.50}$$

式中：θ_s 和 θ_r 分别为土的饱和体积含水量和残余体积含水量；S_e 为有效饱和度。

将考虑变形效应的土水特征曲线模型[式（4.2.38）或式（4.2.39）]代入式（4.2.50），并引入近似关系式$\theta_s - \theta_r \approx \phi$，可得

$$\kappa \propto \phi^2 \exp(2k_p e) \left[\int_0^1 (S_e^{-1/m} - 1)^{-1/n} \mathrm{d}S_e \right]^2 \tag{4.2.51}$$

式中：m、n、k_p 为土水特征曲线模型参数；e 为孔隙比；ϕ为孔隙率。

由式（4.2.36）可知，式（4.2.51）中 $\exp(2k_p e) \propto \overline{r}^2$，$\overline{r}$ 为土体的平均孔隙半径，因而有 $\kappa \propto \overline{r}^2 \phi^2$。这表明式（4.2.51）实际上是式（1.2.6）的一种具体表达形式。由式（4.2.51）可知，土体在变形状态下的饱和渗透率κ 与参考状态下的饱和渗透率κ_0 之比满足如下关系：

$$\frac{\kappa}{\kappa_0} = \frac{\phi^2 \exp(2k_p e)}{\phi_0^2 \exp(2k_p e_0)} \tag{4.2.52}$$

式中：e_0 和 ϕ_0 分别为参考状态下的孔隙比和孔隙率。

根据$\phi = e/(1+e)$，式（4.2.52）可以改写为

$$\kappa = \tilde{\kappa}_0 \frac{e^2 \exp(2k_p e)}{(1+e)^2} \tag{4.2.53a}$$

其中，

$$\tilde{\kappa}_0 = \frac{\kappa_0}{\phi_0^2 \exp(2k_p e_0)} \tag{4.2.53b}$$

需要指出的是，尽管上述推导过程借用了土水特征曲线模型，但饱和渗透率的最终表达式[式（4.2.52）或式（4.2.53）]与土水特征曲线模型无关。从物理意义上看，该模型包含比例系数 k_p，反映了土体平均孔径变化对饱和渗透率的影响。该模型仅引入了一个额外的参数κ_0，即可表征土体在变形过程中渗透率κ的变化。

2. Mualem 统计模型

考虑土体的一个 RVE，如图 4.2.7 所示。假定 RVE 上任意剖面的孔径分布函数相同，且均等于土体的孔径分布函数$f(r)$。根据 Mualem 统计模型（Mualem，1976），在水流方向上任意相邻剖面之间存在连通的渗流路径的概率为

$$a(r,\rho) = f(r)f(\rho)\mathrm{d}r\mathrm{d}\rho \tag{4.2.54}$$

式中：r 为 x 剖面处的孔隙半径；ρ为 $x+\Delta x$ 剖面处的孔隙半径；$a(r,\rho)$为 x 剖面处半径为 r 的孔隙与 $x+\Delta x$ 剖面处半径为ρ的孔隙之间的连通概率。

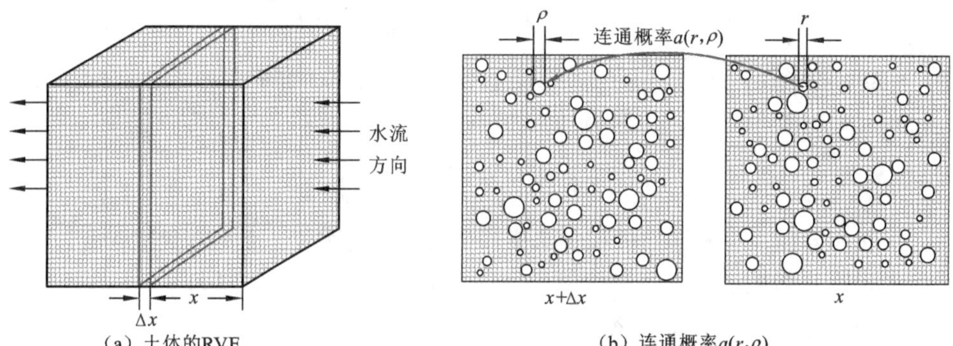

图 4.2.7　Mualem 统计模型概化图

将水流方向上相邻剖面之间的连通孔隙等效为圆管，则根据 Hagen-Poiseuille 定律，可知 x 剖面处半径为 r 的孔隙与 $x+\Delta x$ 剖面处半径为ρ的孔隙在完全连通条件下的渗透率$\kappa_{r\to\rho}$与孔隙半径 r 和ρ的乘积成正比，即

$$\kappa_{r\to\rho} \propto r\rho \tag{4.2.55}$$

考虑到渗流路径的连通概率 $a(r,\rho)$，可将相邻剖面孔隙之间的渗流路径对渗透率的实际贡献表达为

$$\mathrm{d}\kappa_{r\to\rho} \propto T(r,\rho,\theta)G(r,\rho,\theta)f(r)f(\rho)r\rho\mathrm{d}r\mathrm{d}\rho \tag{4.2.56}$$

式中：G 为孔径分布修正系数；T 为渗流路径曲折度修正因子（$T<1$）。G 和 T 均与 x 剖面和相邻 $x+\Delta x$ 剖面处的孔隙半径 r、ρ及土体含水量θ有关。其中，G 反映了非饱和状态下土体 RVE 中 x 剖面孔径分布对 $x+\Delta x$ 剖面孔径分布的影响；T 则表征了非饱和状态下土体的平均有效渗流路径长度变化对有效渗透率的影响。根据定义，当$\theta=\theta_s$时，有 $G=1$，$T=1$。

由式（4.2.20）可知，当土体的体积含水量为θ时，土体中被水充满的最大孔隙半径

为 r，此时土体的非饱和渗透率（即有效渗透率κ_e）可以表达为

$$\kappa_e(\theta)=c^*\int_{r_{\min}}^{r}\int_{r_{\min}}^{r}T(r,\rho,\theta)G(r,\rho,\theta)f(r)f(\rho)r\rho\mathrm{d}r\mathrm{d}\rho \tag{4.2.57a}$$

式中：c^*为式（4.2.56）的比例系数，在常温下可视为常量；$r_{\min}$为土的最小孔隙半径。

在饱和状态下，有$\theta=\theta_s$，$G=1$，$T=1$。此时，土体的渗透率κ可以表达为

$$\kappa(\theta_s)=c^*\int_{r_{\min}}^{r_{\max}}\int_{r_{\min}}^{r_{\max}}f(r)f(\rho)r\rho\mathrm{d}r\mathrm{d}\rho \tag{4.2.57b}$$

式中：$r_{\max}$为土的最大孔隙半径。

于是，由式（4.2.57）可得土体在体积含水量为θ时的相对渗透率 $k_r(\theta)$:

$$k_r(\theta)=\frac{\kappa_e}{\kappa}=\frac{\int_{r_{\min}}^{r}\int_{r_{\min}}^{r}T(r,\rho,\theta)G(r,\rho,\theta)f(r)f(\rho)r\rho\mathrm{d}r\mathrm{d}\rho}{\int_{r_{\min}}^{r_{\max}}\int_{r_{\min}}^{r_{\max}}f(r)f(\rho)r\rho\mathrm{d}r\mathrm{d}\rho} \tag{4.2.58}$$

假定 x 剖面与 $x+\Delta x$ 剖面处的孔径分布相互独立，且孔径分布修正系数 G 和曲折度修正因子 T 均只与体积含水量θ（或有效饱和度 S_e）有关（Mualem，1976），即 $G=G(S_e)$，$T=T(S_e)$，则式（4.2.58）可简化为

$$k_r(S_e)=T(S_e)G(S_e)\left[\frac{\int_{r_{\min}}^{r}f(r)r\mathrm{d}r}{\int_{r_{\min}}^{r_{\max}}f(r)r\mathrm{d}r}\right]^2 \tag{4.2.59}$$

Mualem（1976）建议孔径分布修正系数 G 与曲折度修正因子 T 的乘积为有效饱和度 S_e 的幂函数：

$$T(S_e)G(S_e)=S_e^{\delta} \tag{4.2.60}$$

式中：δ为经验系数，Mualem（1976）建议取$\delta=1/2$。

由式（4.2.21）和式（4.2.24a）可知，$f(r)\mathrm{d}r=\mathrm{d}\theta=(\theta_s-\theta_r)\mathrm{d}S_e$，将其代入式（4.2.59），并考虑到式（4.2.19）和式（4.2.60），可得

$$k_r(S_e)=S_e^{\delta}\left(\frac{\int_0^{S_e}s^{-1}\mathrm{d}t}{\int_0^1 s^{-1}\mathrm{d}t}\right)^2 \tag{4.2.61}$$

式中：t 为积分变量。

将 VG 模型[式（4.1.1）]或考虑变形效应的土水特征曲线模型[式（4.2.38）]代入式（4.2.61），并取$\delta=1/2$，则可采用不完全 Beta 函数 $I_\xi(x,y)$和 Beta 函数 $B(x,y)$将相对渗透率函数 $k_r(S_e)$表达为

$$k_r(S_e)=S_e^{1/2}\left[I_{S_e^{1/m}}\left(m+\frac{1}{n},1-\frac{1}{n}\right)\right]^2 \tag{4.2.62}$$

其中，

$$I_\xi(x,y)=\frac{1}{B(x,y)}\int_0^{\xi}t^{x-1}(1-t)^{y-1}\mathrm{d}t \tag{4.2.63a}$$

$$B(x,y)=\int_0^1 t^{x-1}(1-t)^{y-1}\mathrm{d}t \tag{4.2.63b}$$

需要指出的是，当土水特征曲线模型采用式（4.2.38）时，式（4.2.62）通过有效饱和度 S_e 间接考虑了变形（即孔隙比 e）对相对渗透率的影响。但有关变形对曲折度修正因子 T 的影响还需要进一步讨论。

3. 相对渗透率模型的确定

当忽略土体变形时，即在假定土体孔隙结构为刚性的前提下，式（4.2.61）或式（4.2.62）是合理的。然而，当土体发生变形时，渗流路径曲折度修正因子 T 不仅与有效饱和度 S_e 有关，而且与孔隙的几何形态有关。为了同时表征土体变形过程中 S_e 和孔隙尺寸对 T 的影响，定义被水充满的孔隙平均半径 $\overline{r}(S_e)$：

$$\overline{r}(S_e)=\int_{r_{\min}}^{r(S_e)} f(r)r\mathrm{d}r \tag{4.2.64}$$

式中：$\overline{r}(S_e)$、$r(S_e)$分别为土体饱和度为 S_e 时，被水充满的孔隙的平均半径和最大半径。

根据定义，在土体的 RVE 上，从 x 剖面到其邻近 $x+\Delta x$ 剖面之间的渗流路径曲折度修正因子 T 的表达式为（Mualem，1976；Burdine，1953）

$$T(S_e)=\left[\frac{L_t(1)}{L_t(S_e)}\right]^2=\left[\frac{L_t(S_e)}{L_t(1)}\right]^{-2}<1 \tag{4.2.65}$$

式中：$L_t(S_e)$为土体饱和度为 S_e 时渗流路径的实际长度或有效长度；$L_t(1)$为饱和状态下渗流路径的实际长度。对比式（1.2.4）可知，式（4.2.65）定义的渗流路径曲折度修正因子 T 与渗流路径的迂曲度 τ 在物理意义上是完全不同的。

由渗流路径的分形性质，其实际长度 L_t 与渗流路径的特征尺寸 ℓ 存在如下幂函数关系（Wheatcraft and Tyler，1988）：

$$L_t\propto \ell^{1-D_f} \tag{4.2.66}$$

式中：D_f 为渗流通道的分形维数。

由于渗流路径上的连通孔隙均是被水充满的，其特征尺寸 ℓ 可采用 $\overline{r}(S_e)$来近似表征。将式（4.2.66）和式（4.2.64）代入式（4.2.65），可得

$$T=\left[\frac{\int_{r_{\min}}^{r(S_e)} f(r)r\mathrm{d}r}{\int_{r_{\min}}^{r(1)} f(r)r\mathrm{d}r}\right]^{\upsilon} \tag{4.2.67}$$

式中：$\upsilon=2(D_f-1)$，建议取 $\upsilon=0.5$（Hu et al.，2015b）；$r(1)=r_{\max}$，为土体的最大孔隙半径。

对于孔径分布修正系数 $G(S_e)$，若土体孔隙在空间上的分布是完全随机的，则可取 $G=1$。将式（4.2.67）和 $G=1$ 代入式（4.2.59），最终可得考虑土体变形影响的相对渗透率模型：

$$k_r(S_e)=\left[I_{S_e^{1/m}}\left(m+\frac{1}{n},1-\frac{1}{n}\right)\right]^{2+\upsilon} \tag{4.2.68}$$

对于土体，常假定 $m=1-1/n$（van Genuchten，1980）。此时，式（4.2.62）和式（4.2.68）

具有显式表达式，两者可分别改写为

$$k_{\mathrm{r}}(s,e)=S_{\mathrm{e}}^{1/2}[1-(1-S_{\mathrm{e}}^{1/m})^{m}]^{2} \tag{4.2.69a}$$

$$k_{\mathrm{r}}(s,e)=[1-(1-S_{\mathrm{e}}^{1/m})^{m}]^{2+\upsilon} \tag{4.2.69b}$$

式中：s 为吸力；e 为孔隙比。

式（4.2.69）通过有效饱和度 S_{e}[即土水特征曲线模型式（4.2.38）]，间接给出了相对渗透率 k_{r} 与吸力 s 和孔隙比 e 之间的依赖关系，反映了土体吸力变化和体积变化对非饱和渗透特性的影响。其中，式（4.2.69a）与 VG 模型[式（4.1.2）]完全一致，不增加额外参数；式（4.2.69b）则通过引入一个与渗流路径分形性质有关的参数υ，从另外一个视角考虑了渗流路径曲折度对相对渗透率 k_{r} 的影响。

4. 模型验证

在土水特征曲线模型参数（m、n、k_{p}、β）的基础上，上述考虑变形影响的非饱和土有效渗透率模型[式（4.2.48）、式（4.2.52）和式（4.2.68）]仅引入υ和κ_0 两个参数。其中，参数υ与渗流通道的分形维数 D_f有关，对砂土、黄土、壤土等多种类型土体试验数据的拟合分析表明，无论是对于 m、n 相互独立的情况，还是对于 $m=1-1/n$ 的情况，参数υ的最佳估计值均为$\upsilon=0.5$，即土体中渗流路径的分形维数大致为 $D_f=1.25$（Hu et al.，2015b）。这样，在不引入额外的模型参数的情况下，即可采用式（4.2.68）或式（4.2.69），预测土体相对渗透率 k_{r} 在变形过程中的演化规律。此外，对于干湿循环过程，对式（4.2.38）中的土水特征曲线参数β 分别取$\beta=\beta_{\mathrm{d}}$ 或$\beta=\beta_{\mathrm{w}}$，即可反映主脱湿或主吸湿过程中相对渗透率的变化特征。

采用粉质壤土、砂质壤土和粗砂在主脱湿过程中的渗透试验数据对饱和渗透率模型[式（4.2.52）]和相对渗透率模型[式（4.2.68）]进行验证，模型参数如表 4.2.2 所示。图 4.2.8 给出了表 4.2.2 中 1 号土体（粉质壤土）模型预测曲线与试验数据的对比，表明所提出的土水特征曲线模型和相对渗透率模型对土体在变形过程中的非饱和渗流特性具有良好的预测能力。从整体上看，修正的 Mualem 统计模型[式（4.2.68）]略优于经典的 Mualem 统计模型[式（4.2.62）]。而对于土水特征曲线模型而言，当吸力趋近于进气值时，参数 m 和 n 相互独立的情况明显优于 $m=1-1/n$ 的情况（Hu et al.，2015b）。

表 4.2.2　土体类型及模型参数

编号	土体类型及数据来源	n	m	k_{p}	β_{d} /kPa^{-1}	κ_0/m^2
1	粉质壤土（Laliberte et al.，1966）	18.37	0.08	1.88	3.23×10^{-2}	9.03×10^{-13}
2	砂质壤土（Laliberte et al.，1966）	14.16	0.11	1.80	4.02×10^{-2}	3.09×10^{-12}
3	粗砂（Leij et al.，1996）	10.26	0.11	5.96	3.46×10^{-2}	2.33×10^{-11}
4	粉质壤土（Leij et al.，1996）	0.52	0.62	5.05	1.92×10^{-4}	4.17×10^{-13}

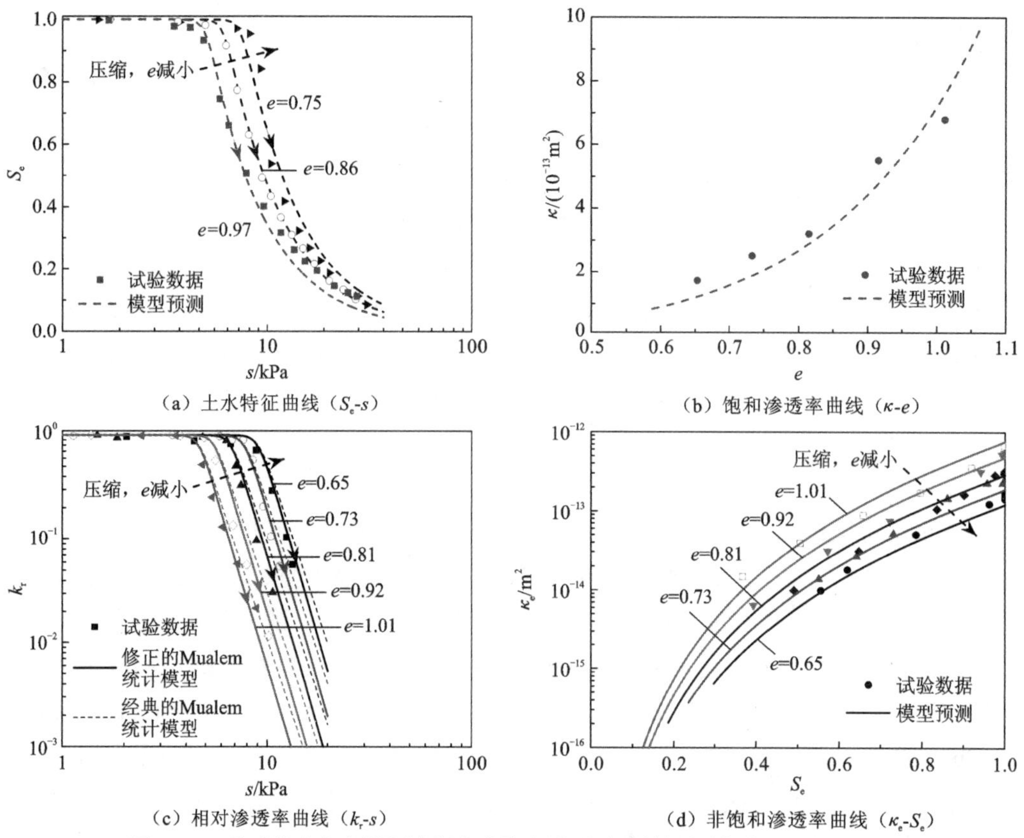

（a）土水特征曲线（S_e-s）　（b）饱和渗透率曲线（κ-e）

（c）相对渗透率曲线（k_r-s）　（d）非饱和渗透率曲线（κ_e-S_e）

图 4.2.8　粉质壤土在主脱湿过程中非饱和渗透试验数据与模型预测值的对比

试验数据来自 Laliberte 等（1966）

参考文献

ALONSO E E, GENS A, JOSA A, 1991. A constitutive model for partially saturated soils[J]. Géotechnique, 41(2): 273-275.

ARYA L M, PARIS J F, 1981. A physicoempirical model to predict the soil moisture characteristic from particle-size distribution and bulk density data[J]. Soil science society of America journal, 45(6): 1023-1030.

BROOKS R H, COREY A T, 1964. Hydraulic properties of porous media[R]. Fort Collins: Colorado State University.

BSC, 2000. Calibrated properties model, MDL-NBS-HS-000003, REV00[R]. Las Vegas: Bechtel SAIC Company, LLC.

BURDINE N T, 1953. Relative permeability calculations from pore size distribution data[J]. Petroleum transactions AIME, 5(3): 71-78.

CARSEL R F, PARRISH R S, 1988. Developing joint probability distributions of soil water retention characteristics [J]. Water resources research, 24(5): 755-769.

CHEN Y F, FANG S, WU D S, et al., 2017. Visualizing and quantifying the crossover from capillary fingering to viscous fingering in a rough fracture[J]. Water resources research, 53(9): 7756-7772.

CHEN Y F, LING X M, LIU M M, et al., 2018. Statistical distribution of hydraulic conductivity of rocks in deep-incised valleys, Southwest China[J]. Journal of hydrology, 566: 216-226.

CHEN Y F, YU H, MA H Z, et al., 2020. Inverse modeling of saturated-unsaturated flow in site-scale fractured rocks using the continuum approach: A case study at Baihetan dam site, Southwest China[J]. Journal of hydrology, 584: 124693.

CUISINIER O, LALOUI L, 2004. Fabric evolution during hydromechanical loading of a compacted silt[J]. International journal for numerical and analytical methods in geomechanics, 28(6): 483-499.

DIAMOND S, 1970. Pore size distributions in clays[J]. Clays and clay minerals, 18(1): 7-23.

D'ONZA F, GALLIPOLI D, WHEELER S, et al., 2011. Benchmark of constitutive models for unsaturated soils[J]. Géotechnique, 61(4): 283-302.

ECHING S O, HOPMANS J W, 1993. Optimization of hydraulic functions from transient outflow and soil water pressure data[J]. Soil science society of America journal, 57(5): 1167-1175.

FLEUREAU J M, HADIWARDOYO S, CORREIA A G, 2003. Generalised effective stress analysis of strength and small strains behaviour of a silty sand, from dry to saturated state[J]. Soils and foundations, 43(4): 21-33.

GALLIPOLI D, 2012. A hysteretic soil-water retention model accounting for cyclic variations of suction and void ratio[J]. Géotechnique, 62(7): 605-616.

GRIFFITHS F, JOSHI R, 1989. Change in pore size distribution due to consolidation of clays[J]. Géotechnique, 39(1): 159-167.

GUPTA S C, LARSON W E, 1979. Estimating soil water retention characteristics from particle size distribution, organic matter percent, and bulk density[J]. Water resources research, 15(6): 1633-1635.

HU R, CHEN Y F, LIU H H, et al., 2013. A water retention curve and unsaturated hydraulic conductivity model for deformable soils: Consideration of the change in pore-size distribution[J]. Géotechnique, 63(16): 1389-1405.

HU R, LIU H H, CHEN Y F, et al., 2014. A constitutive model for unsaturated soils with consideration of inter-particle bonding[J]. Computers and geotechnics, 59: 127-144.

HU R, CHEN Y F, LIU H H, et al., 2015a. A coupled stress-strain and hydraulic hysteresis model for unsaturated soils: Thermodynamic analysis and model evaluation[J]. Computers and geotechnics, 63: 159-170.

HU R, CHEN Y F, LIU H H, et al., 2015b. A relative permeability model for deformable soils and its impact on coupled unsaturated flow and elastoplastic deformation processes[J]. Science China technological sciences, 58(11): 1971-1982.

HU R, CHEN Y F, LIU H H, et al., 2016. A coupled two-phase fluid flow and elastoplastic deformation model for unsaturated soils: Theory, implementation and application[J]. International journal for numerical and analytical methods in geomechanics, 40(7): 1023-1058.

HU R, WAN J, YANG Z, et al., 2018a. Wettability and flow rate impacts on immiscible displacement: A theoretical model[J]. Geophysical research letters, 45(7): 3077-3086.

HU R, HONG J M, CHEN Y F, et al., 2018b. Hydraulic hysteresis effects on the coupled flow-deformation processes in unsaturated soils: Numerical formulation and slope stability analysis[J]. Applied mathematical modelling, 54: 221-245.

HU R, LAN T, WEI G J, et al., 2019a. Phase diagram of quasi-static immiscible displacement in disordered porous media[J]. Journal of fluid mechanics, 875: 448-475.

HU R, ZHOU C X, WU D S, et al., 2019b. Roughness control on multiphase flow in rock fractures[J]. Geophysical research letters, 46(21): 12002-12011.

KAYADELEN C, 2008. The consolidation characteristics of an unsaturated compacted soil[J]. Environmental geology, 54(2): 325-334.

LALIBERTE G E, COREY A T, BROOKS R, 1966. Properties of unsaturated porous media[R]. Fort Collins: Colorado State University.

LAN T, HU R, YANG Z, et al., 2020. Transitions of fluid invasion patterns in porous media[J]. Geophysical research letters, 47(20): e2020GL089682.

LEIJ F J, ALVES W J, VAN GENUCHTEN M T, et al., 1996. Unsaturated soil hydraulic database, UNSODA 1.0 user's manual[R]. Washington D.C.: U.S. Environmental Protection Agency.

LI X, ZHANG L M, 2009. Characterization of dual-structure pore-size distribution of soil[J]. Canadian geotechnical journal, 46(2): 129-141.

LIU H H, DOUGHTY C, BODVARSSON G S, 1998. An active fracture model for unsaturated flow and transport in fractured rocks[J]. Water resources research, 34(10): 2633-2646.

LIU H H, HAUKWA C B, AHLERS C F, et al., 2003. Modeling flow and transport in unsaturated fractured rock: An evaluation of the continuum approach[J]. Journal of contaminant hydrology, 62-63: 173-188.

MISHRA S, PARKER J C, 1990. On the relation between saturated conductivity and capillary retention characteristics[J]. Groundwater, 28(5): 775-777.

MUALEM Y, 1976. A new model for predicting the hydraulic conductivity of unsaturated porous media[J]. Water resources research, 12(3): 513-522.

PETERS R R, KLAVETTER E A, 1988. A continuum model for water movement in an unsaturated fractured rock mass[J]. Water resources research, 24(3): 416-430.

PIRASTRU M, NIEDDA M, 2010. Field monitoring and dual permeability modelling of water flow through unsaturated calcareous rocks[J]. Journal of hydrology, 392(1/2): 40-53.

RAVEENDIRARAJ A, 2009. Coupling of mechanical behaviour and water retention behaviour in unsaturated soils[D]. Glasgow: University of Glasgow.

RAWLS W J, BRAKENSEIK D L, SAXTON K E, 1982. Estimation of soil water properties[J]. Transactions of the American society of agricultural engineers, 25(5): 1316-1320.

ROMERO E, 1999. Characterisation and thermo-hydro-mechanical behavior of unsaturated Boom clay: An experimental study[D]. Barcelona: Universitat Politécnica de Catalunya.

RUSSO D, BOUTON M, 1992. Statistical analysis of spatial variability in unsaturated flow parameter[J]. Water resources research, 28(7): 1911-1925.

SHARMA R, 1998. Mechanical behaviour of unsaturated highly expansive clays[D]. Oxford: University of Oxford.

SISSON J B, VAN GENUCHTEN, 1991. An improved analysis of gravity drainage experiments for estimating the unsaturated soil hydraulic functions[J]. Water resources research, 27(4): 569-575.

SIVAKUMAR V, 1993. A critical state framework for unsaturated soil[D]. Sheffield: University of Sheffield.

SIVAKUMAR R, 2005. Effects of anisotropy on the behaviour of unsaturated compacted clay[D]. Belfast: Queen's University Belfast.

SUGII T, YAMADA K, KONDOU T, 2002. Relationship between soil-water characteristic curve and void ratio[C]//Unsaturated Soils: Proceedings of the Third International Conference on Unsaturated Soils. Lisse: Swets & Zeitlinger.

SUN D, SHENG D, SLOAN S W, 2007. Elastoplastic modelling of hydraulic and stress-strain behaviour of unsaturated soils[J]. Mechanics of materials, 39(3): 212-221.

TANAKA H, SHIWAKOTI D R, OMUKAI N, et al., 2003. Pore size distribution of clayey soils measured by mercury intrusion porosimetry and its relation to hydraulic conductivity[J]. Soils and foundations, 43(6): 63-73.

TARANTINO A, DE COL E, 2008. Compaction behaviour of clay[J]. Géotechnique, 58(3): 199-213.

TARANTINO A, 2009. A water retention model for deformable soils[J]. Géotechnique, 59(9): 751-762.

TOMBOLATO S, 2003. Resistenza a taglio di un argilla costipata non satura: Risultati sperimentali e modellazione [D]. Italy: Università degli Studi di Trento.

VAN GENUCHTEN M T, 1980. A closed-form equation for predicting the hydraulic conductivity of unsaturated soils[J]. Soil science society of America journal, 44(5): 892-898.

WHEATCRAFT S W, TYLER S W, 1988. An explanation of scale-dependent dispersivity in heterogeneous aquifers using concepts of fractal geometry[J]. Water resources research, 24(4): 566-578.

WU D S, HU R, LAN T, et al., 2021. Role of pore-scale disorder in fluid displacement: Experiments and theoretical model[J]. Water resources research, 57(1): e2020WR028004.

XUE S, YANG Z, HU R, et al., 2020. Splitting dynamics of liquid slugs at a T-junction[J]. Water resources research, 56(8): e2020WR027730.

YANG Z, TIAN L, NIEMI A, et al., 2013. Upscaling of the constitutive relationships for CO_2 migration in multimodal heterogeneous formations[J]. International journal of greenhouse gas control, 19: 743-755.

YANG Z, XUE S, ZHENG X, et al., 2019. Partitioning dynamics of gravity-driven unsaturated flow through simple T-shaped fracture intersections[J]. Water resources research, 55(8): 7130-7142.

第5章

渗流场的数值模拟方法

人类工程活动常常使地下水位与地下水补给、径流、排泄的关系发生显著变化，影响范围可达数千米至数十千米，因而地下水渗流场的变化是大型水利工程建设影响最为深远的过程之一，渗流场的分析和控制是水利工程建设的重要任务。渗流场是指与渗流有关的物理量在空间区域中的分布，地下水的水头或压力是渗流场的基本物理量，而水力梯度、渗流速度和渗流量则是基本物理量的导出量。多数情况下，渗流场是随时间变化的，稳态、定常的渗流场只在特定条件（如实验室条件）或特定工况（如设计工况）下出现。研究渗流场的方法主要有物理模拟方法、解析方法和数值模拟方法三大类。物理模拟方法又包括室内试验和现场试验两大类，主要用于研究渗流的基本规律，确定地层的渗流参数，评价地下水的开采量等；解析方法仅在介质性质、地层结构和定解条件极为简单的情况下适用，常与物理模拟方法相结合，用于确定介质或含水层的水文地质参数；数值模拟方法则是解决复杂工程渗流问题、优化防渗排水设计、评价渗流控制成效的主要手段。常用的数值模拟方法有有限单元法、有限差分法和有限体积法等。

由1.3节可知，渗流场的控制方程并不复杂，但在实际工程问题中，渗流场的求解往往面临一系列的难点，主要体现在如下五个方面。

（1）岩土介质的渗透特性取决于其空隙结构，当介质发生变形、损伤或应力状态发生变化时，介质的空隙结构也必然发生变化，进而使介质的渗透系数呈现出对变形或应力的非线性依赖关系。在非饱和条件下，介质的土水特征曲线和相对渗透率曲线不仅是高度非线性的，而且是随介质变形或应力状态的变化而变化的。因此，即使岩土介质中的渗流服从线性达西定律，但其参数（渗透系数、相对渗透率、容水度）却是非线性变化的，这类非线性统称为材料非线性。

（2）随着渗流速度或水力梯度的增大，岩土介质中的渗流将显著偏离达西定律，使渗流的流态从线性的达西流态向非线性的非达西流态或紊流流态转变，这种非线性称为流态非线性。由于岩土介质中渗流流态转变的阈值并不高，流态非线性问题在工程渗流分析中是常见的，尤其易于在渗流场的局部区域发生。流态非线性多在高渗压梯度条件下才趋于显著，因此还常常与介质中的水-力耦合效应交织在一起。

（3）无论是稳定/非稳定渗流，还是饱和-非饱和渗流，其数学模型均含有第三类边界条件（如潜在溢出边界、入渗边界或蒸发边界上的条件），这类边界条件均可表述为 Signorini 型互补条件，它们不仅非线性强，而且边界之间的转化关系复杂，这类非线性称为边界非线性。在大型水利水电工程中，为了达到排水、降压的目的，枢纽区通常布置有成千上万个孔径小、间距密、长度大的排水孔，形成排水孔幕或排水孔群，多数排水孔的边界条件满足 Signorini 型互补条件。

（4）岩土介质及工程材料的渗透性相差悬殊，从极微透水的防渗面板、防渗心墙、防渗墙、帷幕灌浆和相对隔水层，到极强透水的松散堆积物、裂隙岩体、强岩溶化岩体和堆石体，渗透系数的差别可达 6～10 个数量级，再加上相对渗透率和计算网格奇异性的影响，渗流场的支配方程组往往是高度病态的，数值模拟的收敛性问题极为突出。

（5）在严格意义上，工程渗流场的计算范围应涵盖整个水文地质单元，构成水文地质单元的边界包括地表和地下水分水岭等地形边界、相对隔水层或阻水断裂构造等地质边界、地表水体和泉水溢出带等水文边界及人工排水边界等。但受水文地质资料的制约，同时为了减小计算量，通常仅截取水文地质单元的局部区域构建计算模型，因而在计算模型的截取边界上，其与水文地质单元的其余部分是存在流量交换的。如何合理确定计算模型截取边界上的条件，也是工程渗流分析的难点之一。

综上所述，大型水利工程渗流场的分析与模拟常常涉及材料非线性、流态非线性和边界非线性问题，并面临渗流参数取值、边界条件确定及确保数值模拟的稳定性等方面的困难。事实上，渗流场分析结果是否符合实际取决于数学模型的选取、几何模型的构建、渗流参数的取值及边界条件的确定等多个方面，而严密、高效的数值模拟方法则是准确求解复杂渗流场不可或缺的重要手段，可有效实现多重非线性问题的解耦，并确保渗流场求解的数值稳定性。

5.1　稳定/非稳定渗流数值模拟方法

5.1.1　概述

稳定/非稳定渗流模型仅考虑地下水在自由面Γ_f之下的饱和区Ω_w中的运动，自由面之上的区域Ω_d被视为完全无水的干区。对于上、下游边界水位条件明确且渗流运动过程主要受其控制的情况，如水利水电工程中的坝区渗流，这类模型完全适用。这类模型所需参数较少，且计算效率高，因而其在区域地下水模拟和渗流场分析中也得到了广泛应用。稳定/非稳定渗流分析的重点和难点是确定自由面的位置，而自由面的位置又取决于渗流溢出面，尤其是溢出点的位置，即自由面的位置是需要通过反复迭代计算才能确定的，从而确保自由面和溢出面上的边界条件同时得到满足。溢出点是潜在溢出边界上同时满足压力p=0 和流量q_n=0 的点，在数学上是具有奇异性的。这类边界条件具有很强的非线性，因而渗流场求解的网格依赖性和数值稳定性问题极为突出。在水利工程中，数量众多的排水孔和地下洞室的表面均可构成溢出面边界，这无疑加大了问题求解的难度。此外，当边界非线性与材料非线性和流态非线性交织在一起时，数值稳定性问题还将进一步恶化。

在 1.3.2 小节中，通过将水头函数从饱和区Ω_w光滑延拓至干区Ω_d，在全域$\Omega=\Omega_w\cup\Omega_d$上重新等价地定义了稳定/非稳定渗流问题，并将潜在溢出边界上的条件严格地表达为 Signorini 型互补条件，这种偏微分方程提法为建立理论严密的 Signorini 型变分不等式分析方法创造了条件。与传统的扩展压力水头方法（速宝玉和朱岳明，1991；张有天 等，1988；Desai and Li，1983；Bathe and Khoshgoftaar，1979）和变分不等式方法（速宝玉 等，1996；Borja and Kishnani，1991；Lacy and Prevost，1987；Kikuchi，1977）相比，Signorini 型变分不等式分析方法从理论上克服了溢出点的奇异性，解决了边界非线性引起的网格依赖性及数值稳定性问题，并实现了边界非线性与材料非线性和流态非线性的解耦。该方法最初由 Zheng 等（2005）针对稳定渗流问题提出，是一种椭圆型变分不等式提法。而后，Chen 等（2011a）将其拓展至非稳定渗流问题，建立了抛物型变分不等式提法，椭圆型变分不等式提法成为该提法的一个特例。

在经典变分问题中，若边界上的等式约束被放松为单边约束（即不等式约束），则相应的变分方法称为变分不等式方法，因而变分不等式方法是经典变分方法的拓展和推广。在稳定/非稳定渗流问题中，潜在溢出边界满足 Signorini 型互补条件，该条件包含水头和流量两个部分，且均被表达为不等式约束。Signorini 型变分不等式分析方法将该边界上的水头部分和流量部分分别转化为强制边界条件和自然边界条件，从而避免了经典变分方法对于这类边界的试探性或经验性的迭代计算，不仅提高了计算效率，而且确保了数值模拟的稳定性和收敛性。该方法已在水利水电工程、水封石油洞库工程和尾矿库工程中得到了广泛应用，解决了一系列渗流模拟与水-力耦合分析、渗流控制优化设计与防渗安全评价、渗漏治理与反馈分析问题（Chen et al.，2021，2020a；Hong et al.，2017；Li et al.，2017a，2017b；Chen et al.，2016a，2016b；Wang et al.，2016；Chen et al.，2015；

Hu et al.，2015；刘武 等，2015；Zhou et al.，2015；Li et al.，2014；Chen et al.，2011b；陈益峰 等，2010；Chen et al.，2008）。

5.1.2 Signorini 型变分不等式提法

1.3.2 小节在全域$\Omega=\Omega_w\cup\Omega_d$上定义了稳定/非稳定渗流问题的偏微分方程提法，该提法包含潜在溢出面上的 Signorini 型互补条件和自由面上的内部边界条件，因而在数值求解过程中其试探函数的选取具有相当大的难度。通过建立与该偏微分方程提法完全等价的 Signorini 型变分不等式提法（Chen et al.，2011a；Zheng et al.，2005），可将自由面上的流量条件及潜在溢出边界上互补条件的流量部分转化为自然边界条件，从而极大地减小数值求解的难度，并改善数值计算的收敛性和稳定性。

1. 抛物型变分不等式提法

首先针对非稳定渗流问题[式（1.3.36）～式（1.3.41）]，在全域$\Omega=\Omega_w\cup\Omega_d$上定义如下试探函数集$\boldsymbol{H}_{\mathrm{VIS}}$：

$$\boldsymbol{H}_{\mathrm{VIS}}=\{h(\boldsymbol{x},t)|\,h=\bar{h},\boldsymbol{x}\in\Gamma_h;h\leqslant z,\boldsymbol{x}\in\Gamma_{\mathrm{s}}\}\tag{5.1.1}$$

式中：h为水头函数；$\bar{h}$为水头边界Γ_h上的已知水头；Γ_{s}为潜在溢出边界；$\boldsymbol{x}=\{x,y,z\}^{\mathrm{T}}$为空间坐标；$z$为垂直坐标；$t$为时间。

式（5.1.1）表明，$\boldsymbol{H}_{\mathrm{VIS}}$上的任意试探函数满足水头边界条件和潜在溢出边界上的水头条件，两者均属于强制边界条件。这样，数学上与非稳定渗流偏微分方程提法[式（1.3.36）～式（1.3.41）]完全等价的 Signorini 型变分不等式提法可以表述为，在$\boldsymbol{H}_{\mathrm{VIS}}$中求一个随时间变化的函数$h(\boldsymbol{x},t)$，使得对$\forall\hbar(\boldsymbol{x},t)\in\boldsymbol{H}_{\mathrm{VIS}}$，都有如下不等式成立（Chen et al.，2011a）：

$$\left(\frac{\partial h}{\partial t},\hbar-h\right)+a(h,\hbar-h)+j(\hbar-h)\geqslant 0\tag{5.1.2}$$

其中，

$$\left(\frac{\partial h}{\partial t},\hbar-h\right)\equiv\int_{\Omega}(\hbar-h)(1-H)S_{\mathrm{s}}\frac{\partial h}{\partial t}\mathrm{d}\Omega\tag{5.1.3a}$$

$$a(h,\hbar-h)\equiv\int_{\Omega}\nabla(\hbar-h)\cdot(\boldsymbol{K}\nabla h-\boldsymbol{v}_0)\mathrm{d}\Omega\tag{5.1.3b}$$

$$j(\hbar-h)\equiv\int_{\Gamma_q}(\hbar-h)(\boldsymbol{n}\cdot\boldsymbol{v})\mathrm{d}S+\int_{\Gamma_{\mathrm{f}}}(\hbar-h)\left(\mu^*\frac{\partial h}{\partial t}\boldsymbol{n}\cdot\boldsymbol{e}_z\right)\mathrm{d}S\tag{5.1.3c}$$

式中：$\boldsymbol{K}$为岩土介质的渗透系数张量；S_{s}为储水率；μ^*为给水度；$\boldsymbol{v}$为渗流速度；$\boldsymbol{v}_0$为干区Ω_d上的虚拟流速[式（1.3.28）]；$\boldsymbol{n}$为边界上的单位外法线矢量；$\boldsymbol{e}_z=\{0,0,1\}^{\mathrm{T}}$，为垂直向单位矢量；$H$为 Heaviside 函数[式（1.3.26）]；Γ_q为流量边界；Γ_{f}为自由面。

可以证明，上述非稳定渗流问题的变分不等式提法[式（5.1.1）～式（5.1.3）]与偏微分方程提法[式（1.3.36）和式（1.3.38）～式（1.3.41）]在数学上是完全等价的。为了方便证明，对式（5.1.2）在饱和区Ω_w和干区Ω_d上分别运用散度定理，并将Γ_{f}视为内

部边界，则式（5.1.2）可改写为

$$\begin{aligned}&\left(\frac{\partial h}{\partial t},\hbar-h\right)+a(h,\hbar-h)+j(\hbar-h)\\&=\int_{\Gamma_q}(\hbar-h)\left(q_n+\boldsymbol{n}\cdot\boldsymbol{v}\right)\mathrm{d}S+\int_{\Gamma_{\mathrm{f}}}(\hbar-h)\left(q_n+\mu^*\frac{\partial h}{\partial t}\boldsymbol{n}\cdot\boldsymbol{e}_z\right)\mathrm{d}S\\&\quad+\int_{\Gamma_{\mathrm{s}}}(\hbar-h)\,q_n\mathrm{d}S+\int_{\Omega}(\hbar-h)\left[(1-H)S_{\mathrm{s}}\frac{\partial h}{\partial t}+\nabla\cdot\boldsymbol{v}\right]\mathrm{d}\Omega\\&\geqslant 0\end{aligned}\tag{5.1.4}$$

式中：$q_n=-\boldsymbol{n}\cdot\boldsymbol{v}$，为边界法线方向上的流速分量，规定流入为正，流出为负。

首先，证明偏微分方程提法⇒变分不等式提法，即若 h 是偏微分方程提法的解，则 h 也是变分不等式提法的解。现假设 h 为偏微分方程提法的解，则由式（1.3.36）和式（1.3.38）～式（1.3.41），并考虑到 $\hbar\in\boldsymbol{H}_{\mathrm{VIS}}$，有

$$\begin{aligned}&\left(\frac{\partial h}{\partial t},\hbar-h\right)+a(h,\hbar-h)+j(\hbar-h)\\&=\int_{\Gamma_{\mathrm{s}}}(\hbar-h)q_n\mathrm{d}S\\&=\int_{\Gamma_{\mathrm{s}}}(\hbar-z)q_n\mathrm{d}S-\int_{\Gamma_{\mathrm{s}}}(h-z)q_n\mathrm{d}S\\&=\int_{\Gamma_{\mathrm{s}}}(\hbar-z)q_n\mathrm{d}S\\&\geqslant 0\end{aligned}\tag{5.1.5}$$

即式（5.1.2）成立，因此 h 也是变分不等式提法的解。

其次，证明变分不等式提法⇒偏微分方程提法，即若 h 是变分不等式提法的解，则 h 也是偏微分方程提法的解。现假设 h 为变分不等式提法的解，因而对 $\forall\hbar\in\boldsymbol{H}_{\mathrm{VIS}}$，式(5.1.4)成立。不失一般性，在式（5.1.4）中分别取 $\hbar=h+\theta_1$ 和 $\hbar=h-\theta_1$，其中 θ_1 为在边界 Γ_h、Γ_q、Γ_{s} 和 Γ_{f} 上取零值的任意函数，可导出连续性方程[式（1.3.36）]，即

$$(1-H)S_{\mathrm{s}}\frac{\partial h}{\partial t}+\nabla\cdot\boldsymbol{v}=0\quad(\boldsymbol{x}\in\Omega)\tag{5.1.6}$$

于是，式（5.1.4）简化为

$$\begin{aligned}&\left(\frac{\partial h}{\partial t},\hbar-h\right)+a(h,\hbar-h)+j(\hbar-h)\\&=\int_{\Gamma_q}(\hbar-h)(q_n+\boldsymbol{n}\cdot\boldsymbol{v})\mathrm{d}S+\int_{\Gamma_{\mathrm{f}}}(\hbar-h)\left(q_n+\mu^*\frac{\partial h}{\partial t}\boldsymbol{n}\cdot\boldsymbol{e}_z\right)\mathrm{d}S+\int_{\Gamma_{\mathrm{s}}}(\hbar-h)q_n\mathrm{d}S\\&\geqslant 0\end{aligned}\tag{5.1.7}$$

对式（5.1.7）分别取 $\hbar=h+\theta_2$ 和 $\hbar=h-\theta_2$，其中 θ_2 为在边界 Γ_h、Γ_{s} 和 Γ_{f} 上取零值的任意函数，可导出 Γ_q 上的边界条件[式（1.3.39）]，即

$$q_n=-\boldsymbol{n}\cdot\boldsymbol{v}\quad(\boldsymbol{x}\in\Gamma_q)\tag{5.1.8}$$

这样，式（5.1.7）进一步简化为

$$\left(\frac{\partial h}{\partial t},\hbar-h\right)+a(h,\hbar-h)+j(\hbar-h)$$
$$=\int_{\Gamma_f}(\hbar-h)\left(q_n+\mu^*\frac{\partial h}{\partial t}\boldsymbol{n}\cdot\boldsymbol{e}_z\right)\mathrm{d}S+\int_{\Gamma_s}(\hbar-h)q_n\mathrm{d}S \tag{5.1.9}$$
$$\geqslant 0$$

对式（5.1.9）分别取 $\hbar=h+\theta_3$ 和 $\hbar=h-\theta_3$，其中θ_3为在边界Γ_h和Γ_s上取零值的任意函数，则可导出Γ_f上的内部边界条件[式（1.3.41a）]，即

$$q_n=-\mu^*\frac{\partial h}{\partial t}\boldsymbol{n}\cdot\boldsymbol{e}_z\quad(x\in\Gamma_f) \tag{5.1.10}$$

于是，式（5.1.9）最终简化为

$$\left(\frac{\partial h}{\partial t},\hbar-h\right)+a(h,\hbar-h)+j(\hbar-h)$$
$$=\int_{\Gamma_s}(\hbar-h)q_n\mathrm{d}S \tag{5.1.11}$$
$$=\int_{\Gamma_s}(\hbar-z)q_n\mathrm{d}S-\int_{\Gamma_s}(h-z)q_n\mathrm{d}S$$
$$\geqslant 0$$

由于式(5.1.11)等号右端第二项$\int_{\Gamma_s}(h-z)q_n\mathrm{d}S$对于变分不等式提法的解是一个常量，故为了确保对于$\forall\ \hbar\in\boldsymbol{H}_{\mathrm{VIS}}$，式（5.1.4）都成立，应有如下不等式成立：

$$\int_{\Gamma_s}(\hbar-z)q_n\mathrm{d}S\geqslant 0 \tag{5.1.12}$$

由式（5.1.1）可知，$\hbar$ 在边界Γ_s上满足 $\hbar\leqslant z$，因而式（5.1.13a）成立。

$$q_n\leqslant 0\quad(\boldsymbol{x}\in\Gamma_s) \tag{5.1.13a}$$

在式（5.1.11）中，显然也可以取 $\hbar=z$，因此有

$$\int_{\Gamma_s}(z-h)q_n\mathrm{d}S\geqslant 0 \tag{5.1.13b}$$

考虑到 $h\in\boldsymbol{H}_{\mathrm{VIS}}$，因而 h 在Γ_s上满足 $h\leqslant z$。于是，由式（5.1.13）可得Γ_s上的互补条件[式（1.3.40）]，即

$$h\leqslant z,\ \ q_n\leqslant 0,\ \ (h-z)\cdot q_n=0\quad(\boldsymbol{x}\in\Gamma_s) \tag{5.1.14}$$

至此，导出了非稳定渗流问题偏微分方程提法中的连续性方程和全部边界条件。由式（5.1.10）和式（5.1.14）可知，自由面Γ_f上的流量条件和潜在溢出边界Γ_s上的流量条件在变分不等式提法中均被转化为自然边界条件，从而消除了渗流溢出点的奇异性，极大地减小了数值求解过程中选取试探函数存在的困难。

此外，在式（5.1.3c）中，若将给水度μ^*替换为$\mu^*-\lambda_{\mathrm{ri}}I$（$I$为降雨强度，$\lambda_{\mathrm{ri}}$为降雨入渗补给系数），则相应的变分不等式提法即可近似模拟降雨入渗对非稳定渗流过程的影响。

2. 椭圆型变分不等式提法

对于稳定渗流问题[式（1.3.42）～式（1.3.46）]，显然有$\partial h/\partial t=0$。将其代入式（5.1.2）和式（5.1.3）中，则该抛物型变分不等式提法立即退化为稳定渗流问题的椭圆型变分不等式提法。在椭圆型变分不等式提法中，在全域$\Omega=\Omega_{\mathrm{w}}\cup\Omega_{\mathrm{d}}$上的试探函数集$\boldsymbol{H}_{\mathrm{VIS}}$定义为

$$\boldsymbol{H}_{\mathrm{VIS}}=\{h(\boldsymbol{x})|\,h=\bar{h},\boldsymbol{x}\in\Gamma_h;h\leqslant z,\boldsymbol{x}\in\Gamma_{\mathrm{s}}\} \tag{5.1.15}$$

式中：h 为水头函数；$\bar{h}$ 为水头边界Γ_h上的已知水头；Γ_{s}为潜在溢出边界；$\boldsymbol{x}$ 为空间坐标；z 为垂直坐标。

于是，椭圆型变分不等式提法可以表述为：在 $\boldsymbol{H}_{\mathrm{VIS}}$ 中求一函数 $h(\boldsymbol{x})$，使得对 $\forall\hbar(\boldsymbol{x})\in\boldsymbol{H}_{\mathrm{VIS}}$，都有如下不等式成立：

$$a(h,\hbar-h)+j(\hbar-h)\geqslant 0 \tag{5.1.16}$$

其中，

$$a(h,\hbar-h)\equiv\int_{\Omega}\nabla(\hbar-h)\cdot(\boldsymbol{K}\nabla h-\boldsymbol{v}_0)\mathrm{d}\Omega \tag{5.1.17a}$$

$$j(\hbar-h)\equiv\int_{\Gamma_q}(\hbar-h)(\boldsymbol{n}\cdot\boldsymbol{v})\mathrm{d}S \tag{5.1.17b}$$

式中：$\boldsymbol{K}$ 为渗透系数张量；$\boldsymbol{v}$ 为渗流速度；$\boldsymbol{v}_0$ 为干区Ω_{d}上的虚拟流速[式（1.3.28）]；$\boldsymbol{n}$ 为边界上的单位外法线矢量；Γ_q 为流量边界。

不难类似地证明，上述椭圆型变分不等式提法[式（5.1.15）～式（5.1.17）]与稳定渗流问题的偏微分方程提法[式（1.3.42）～式（1.3.46）]在数学上是完全等价的，且与 Zheng 等（2005）提出的 Signorini 型变分不等式提法完全一致。

5.1.3　有限元数值计算格式与流程

1. 非稳定渗流有限元模拟方法

1）数值计算格式

在非稳定渗流问题的变分不等式提法中，式（5.1.2）显然是非线性的，因而需要通过迭代计算进行求解。采用 Galerkin 有限元方法对空间域进行离散，并采用有限差分法对时间域进行离散，即可直接建立非稳定渗流问题的数值计算格式。其中，水头函数 $h(\boldsymbol{x}, t)$ 在时间域上的差分格式如下：

$$\frac{\partial h}{\partial t}=\frac{h^{i+1}-h^{i}}{\Delta t},\quad h=\vartheta h^{i+1}+(1-\vartheta)h^{i} \tag{5.1.18}$$

式中：i 为时间步；Δt 为 i 时步到 $i+1$ 时步的时间步长；ϑ为积分常数。当$\vartheta=0$ 时，为向前差分格式；当$\vartheta=0.5$ 时，为中心差分格式；当$\vartheta=2/3$ 时，为 Galerkin 差分格式；当$\vartheta=1$ 时，为向后差分格式。为确保数值模拟的稳定性，应取$\vartheta\geqslant 0.5$。

采用形函数向量 $\boldsymbol{N}$ 对渗流场的基本变量 h 进行插值，对式（5.1.2）运用 Galerkin 法，并结合式（5.1.18）和流量边界条件式（1.3.39），可导出 Signorini 型变分不等式的离散形式。具体而言，在空间域Ω上定义如下有限维试探向量空间 $\boldsymbol{H}^n_{\mathrm{VIS}}$：

$$\boldsymbol{H}^n_{\mathrm{VIS}}=\{\boldsymbol{h}(t)|\,\boldsymbol{h}\in\mathbf{R}^n;h_j(t)=\bar{h}_j(t),j\in\Gamma_h;h_j(t)\leqslant z_j,j\in\Gamma_{\mathrm{s}}\} \tag{5.1.19}$$

式中：$\boldsymbol{h}(t)$为 t 时刻的水头节点向量；$\mathbf{R}^n$ 为 n 维向量空间，n 为总节点数；h_j 和 z_j 分别为节点 j 的水头和垂直坐标；$\bar{h}_j$ 为水头边界Γ_h上节点 j 的已知水头；Γ_{s}为潜在溢出边界。

式（5.1.19）表明，在任意 t 时刻，水头节点向量 $\boldsymbol{h}(t)$在Γ_h上满足水头边界条件，在潜在溢出边界上强制满足 $h \leqslant z$。这样，非稳定渗流问题的离散型变分不等式隐式迭代格式可以表述为，在有限维试探向量空间 $\boldsymbol{H}^n_{\text{VIS}}$ 中求一随时间变化的向量 $\boldsymbol{h}^{i+1} \in \boldsymbol{H}^n_{\text{VIS}}$，使得对 $\forall \boldsymbol{\hbar} \in \boldsymbol{H}^n_{\text{VIS}}$，都有（Chen et al.，2011a）

$$(\boldsymbol{\hbar}-\boldsymbol{h}^{i+1})^{\mathrm{T}}(\boldsymbol{C}+\Delta t\vartheta\boldsymbol{D})\boldsymbol{h}^{i+1} \geqslant (\boldsymbol{\hbar}-\boldsymbol{h}^{i+1})^{\mathrm{T}}[\boldsymbol{C}-(1-\vartheta)\Delta t\boldsymbol{D}]\boldsymbol{h}^{i}+(\boldsymbol{\hbar}-\boldsymbol{h}^{i+1})^{\mathrm{T}}\Delta t\boldsymbol{Q} \quad (5.1.20)$$

式中：$\boldsymbol{D}$ 为渗透劲度矩阵；$\boldsymbol{C}$ 为储存矩阵；$\boldsymbol{Q}$ 为节点流量列阵。$\boldsymbol{D}$、$\boldsymbol{C}$、$\boldsymbol{Q}$ 的表达式分别为

$$\boldsymbol{D}=\sum_e \int_{\Omega_e} \boldsymbol{B}^{\mathrm{T}}\boldsymbol{K}\boldsymbol{B}\mathrm{d}\Omega \quad (5.1.21\text{a})$$

$$\boldsymbol{C}=\sum_e \int_{\Omega_e} \boldsymbol{N}^{\mathrm{T}}(1-H_\lambda)S_{\mathrm{s}}\boldsymbol{N}\mathrm{d}\Omega+\sum_e \int_{\Gamma_{\mathrm{f}}} \boldsymbol{N}^{\mathrm{T}}\mu^*\boldsymbol{N}\mathrm{d}x\mathrm{d}y \quad (5.1.21\text{b})$$

$$\boldsymbol{Q}=\left(\sum_e \int_{\Omega_e} H_\lambda\boldsymbol{B}^{\mathrm{T}}\boldsymbol{K}\boldsymbol{B}\mathrm{d}\Omega\right)\boldsymbol{h}^i+\sum_e \int_{\Gamma_q} \boldsymbol{N}^{\mathrm{T}}\overline{q}\mathrm{d}S \quad (5.1.21\text{c})$$

式中：$\boldsymbol{K}$ 为渗透系数张量；S_{s} 为储水率；μ^*为给水度；$\overline{q}$ 为流量边界Γ_q上的已知流量；Γ_{f}为自由面；Ω_e为单元e的体积；$\boldsymbol{N}$为形函数向量；$\boldsymbol{B}$为几何矩阵；H_λ 为自适应罚 Heaviside 函数，其引入是为了消除自由面迭代过程中可能出现的数值不稳定性及网格依赖性（Chen et al.，2008），定义为

$$H_\lambda(h-z)=\begin{cases}1, & h-z\leqslant-\lambda_{\mathrm{a}}d_1 \\ \dfrac{\lambda_{\mathrm{a}}d_2-(h-z)}{\lambda_{\mathrm{a}}(d_1+d_2)}, & -\lambda_{\mathrm{a}}d_1<h-z<\lambda_{\mathrm{a}}d_2 \\ 0, & h-z\geqslant\lambda_{\mathrm{a}}d_2\end{cases} \quad (5.1.22)$$

其中：d_1 和 d_2 为与每一单元相关联的几何参数，d_1 定义为单元内最低积分点与最低节点的垂直距离，d_2 定义为单元内最高积分点与最高节点的垂直距离；λ_{a} 为自适应参量，其引入是为了适当放大 d_1 和 d_2 两个几何参数的值，以改善数值计算的稳定性和收敛性。

需要指出的是，式（5.1.21b）等号右端第二项的面积分是针对自由面穿过的单元进行的，该积分运算对非稳定渗流数值模拟的收敛性具有重要影响。此外，若将给水度μ^*替换为$\mu^*-\lambda_{\mathrm{ri}}I$（$I$ 为降雨强度，λ_{ri} 为降雨入渗补给系数），则可近似考虑降雨入渗对非稳定渗流过程的影响。

2）自适应罚 Heaviside 函数

自适应罚 Heaviside 函数 H_λ是确保复杂渗流场求解快速收敛的关键技术，其几何意义如图 5.1.1 所示。由式（1.3.26）可知，Heaviside 函数 H 是非连续的二值函数，因而对于自由面附近的单元高斯点，其 H 要么取 0（$h\geqslant z$），要么取 1（$h<z$），难免使自由面迭代出现数值震荡现象。解决该数值震荡问题的有效技术是引入自适应罚 Heaviside 函数 H_λ，自适应参量λ_{a}的建议取值范围为 1～10，默认取值为$\lambda_{\mathrm{a}}=1$。在自由面迭代过程中，若出现数值震荡现象，可采用如下两种方式适当调大λ_{a}：一是根据问题的收敛条件和单元网格尺寸，以 0.5～1 的增量逐步增大λ_{a}；二是一次性将λ_{a} 调至某个较大值（如$\lambda_{\mathrm{a}}=5$），再以二分法找到令自由面迭代快速收敛的最小λ_{a}，该λ_{a} 显然也是最优的。

实践表明，上述两种自适应方式都是行之有效的，但第二种方式更为高效。一般情况下，问题的非线性越强、单元网格越粗、收敛标准越严格，确保自由面迭代收敛的λ_{a}

就较大。此外，具体的渗流问题大多存在一个最优的λ_a，使渗流场求解的收敛性最佳，且求解的精度也最高。由图 5.1.1 可知，自适应罚 Heaviside 函数的几何意义是，以分段连续函数 H_λ 近似逼近二值跳跃函数 H，当自适应参量λ_a的取值达最优值时，参与自由面调整的高斯点数量就足够多，因而数值计算的稳定性和收敛性显著改善。同时，这些高斯点均集中在自由面上、下足够窄的带宽范围内（即$-\lambda_a d_1 \sim \lambda_a d_2$），$\lambda_a$的取值越小，自适应罚 Heaviside 函数 H_λ就越逼近 Heaviside 函数 H。总而言之，在λ_a的上述建议取值范围内，H_λ并没有明显改变 Heaviside 函数的性质，即随着计算网格的加密，式（5.1.22）将不断逼近非连续的 Heaviside 函数。

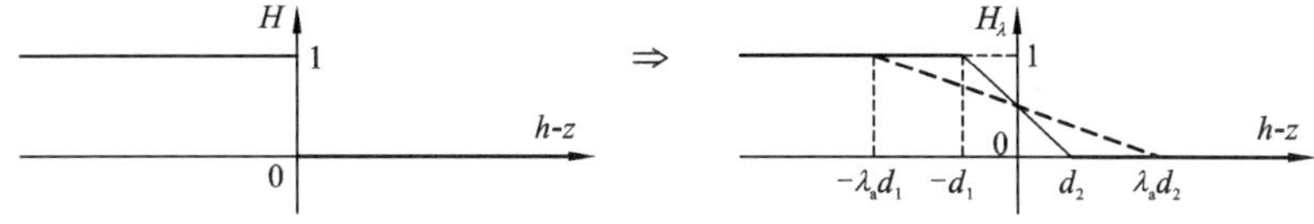

图 5.1.1　自适应罚 Heaviside 函数的几何意义

3）数值计算流程

上述离散型变分不等式[式（5.1.20）]的求解涉及自动时间步进及各时步内自由面迭代两个步骤。在自由面的迭代过程中，Signorini 型互补条件可采用郑铁生等（1995）建议的互补算法进行求解。互补算法的基本思想是根据互补条件将潜在溢出边界上的节点集划分为两个子集：一个子集满足 $q_n=0$ 的条件，另一个子集满足 $p=0$（即 $h=z$）的条件。实践表明，与自适应罚 Heaviside 函数相结合，即使渗流场极为复杂（如含有成千上万个排水孔），该互补算法也必将在很少的迭代步内快速获得渗流场的收敛解。算法的收敛条件定义为

$$\left\|\boldsymbol{h}_k^i-\boldsymbol{h}_{k-1}^i\right\| \leqslant \varepsilon\left\|\boldsymbol{h}_{k-1}^i-\boldsymbol{h}^{i-1}\right\| \tag{5.1.23}$$

式中：$\|\cdot\|$为向量的 Euclidean 范数；$\boldsymbol{h}_k^i$为 i 时步内第 k 迭代步的水头节点向量；$\boldsymbol{h}^{i-1}$ 为 $i-1$ 时步的收敛解；ε为指定的容许误差，一般可取$\varepsilon=10^{-5}\sim10^{-4}$。

基于离散型变分不等式的非稳定渗流有限元计算流程如图 5.1.2 所示（Chen et al., 2011b）。从图 5.1.2 中可见，渗透劲度矩阵 $\boldsymbol{D}$ 仅需集成一次，且自由面迭代的收敛性良好，因而该算法是具有较高计算效率的。

步骤 1：输入模拟时长 $t_{\max}$、初始步长Δt、容许误差ε；初始化时间步 $i\leftarrow0$，$t\leftarrow0$；输入初始渗流场 $\boldsymbol{h}^i\leftarrow\boldsymbol{h}_0$；按式（5.1.21a）集成渗透劲度矩阵 $\boldsymbol{D}$。

步骤 2：令 $i\leftarrow i+1$，$t\leftarrow t+\Delta t$；施加 t 时刻的水头和流量边界条件；初始化互补算法迭代步 $k\leftarrow0$。

步骤 3：令 $k\leftarrow k+1$，$\boldsymbol{h}\leftarrow\vartheta\boldsymbol{h}_k^i+(1-\vartheta)\boldsymbol{h}^{i-1}$，由 $\boldsymbol{h}$ 按式（5.1.21b）集成储存矩阵 $\boldsymbol{C}$，并按式（5.1.21c）计算等号右端项 $\boldsymbol{Q}$；令 $\boldsymbol{F}\leftarrow[\boldsymbol{C}-(1-\vartheta)\Delta t\boldsymbol{D}]\boldsymbol{h}^{i-1}+\Delta t\boldsymbol{Q}$，$\boldsymbol{G}\leftarrow\boldsymbol{C}+\vartheta\Delta t\boldsymbol{D}$。

步骤 4：求解方程组 $\boldsymbol{G}\boldsymbol{h}_k^i=\boldsymbol{F}$。

步骤 5：令 $\boldsymbol{J}_h\leftarrow\{j|(h_k^i)_j\geqslant z_j$ 且$(q_k^i)_j\leqslant0,\ j\in\Gamma_s\}$，对于$\forall j\in\boldsymbol{J}_h$，令$(h_k^i)_j=z_j$。

步骤 6：按式（5.1.23）进行收敛判别，若计算收敛，则更新渗流场 $\boldsymbol{h}^i\leftarrow\boldsymbol{h}_k^i$，并转步骤 7；否则，转步骤 3。

步骤 7：进行模拟时长判别，若 $t<t_{\max}$，则更新步长Δt，并转步骤 2；否则，计算结束。

图 5.1.2　非稳定渗流有限元计算流程

2. 稳定渗流有限元模拟方法

在上述非稳定渗流的变分不等式分析方法中，若令$\Delta t \to \infty$，则相应的有限元计算格式[式(5.1.20)]和计算流程(图 5.1.2)立即退化为稳定渗流的数值模拟方法，且与 Zheng 等（2005）建立的数值模拟方法完全一致。由此可见，式（5.1.20）给出的数值计算格式涵盖了稳定/非稳定渗流问题，稳定渗流问题仅是其中的一个特例。

对于稳定渗流的数值模拟方法，这里不妨赘述如下。在空间域Ω上定义有限维试探向量空间 $\boldsymbol{H}_{\mathrm{VIS}}^{n}$：

$$\boldsymbol{H}_{\mathrm{VIS}}^{n} = \{\boldsymbol{h} | \boldsymbol{h} \in \mathbf{R}^{n}; h_{j} = \bar{h}_{j};\ j \in \Gamma_{h};\ h_{j} \leqslant z_{j};\ j \in \Gamma_{\mathrm{s}}\} \tag{5.1.24}$$

则稳定渗流问题的离散型变分不等式隐式迭代格式可以表述为，在有限维试探向量空间 $\boldsymbol{H}_{\mathrm{VIS}}^{n}$ 中求一向量 $\boldsymbol{h}^{i+1} \in \boldsymbol{H}_{\mathrm{VIS}}^{n}$，使得对$\forall \boldsymbol{\hbar} \in \boldsymbol{H}_{\mathrm{VIS}}^{n}$，都有

$$(\boldsymbol{\hbar} - \boldsymbol{h}^{i+1})^{\mathrm{T}} \boldsymbol{D} \boldsymbol{h}^{i+1} \geqslant (\boldsymbol{\hbar} - \boldsymbol{h}^{i+1})^{\mathrm{T}} \boldsymbol{Q} \tag{5.1.25}$$

其中，

$$\boldsymbol{D} = \sum\nolimits_{e} \int_{\Omega_e} \boldsymbol{B}^{\mathrm{T}} \boldsymbol{K} \boldsymbol{B} \mathrm{d}\Omega \tag{5.1.26a}$$

$$\boldsymbol{Q} = \left(\sum\nolimits_{e} \int_{\Omega_e} H_{\lambda} \boldsymbol{B}^{\mathrm{T}} \boldsymbol{K} \boldsymbol{B} \mathrm{d}\Omega \right) \boldsymbol{h}^{i} + \sum\nolimits_{e} \int_{\Gamma_q} \boldsymbol{N}^{\mathrm{T}} \bar{q} \mathrm{d}S \tag{5.1.26b}$$

式中：i 为互补算法的迭代步。

稳定渗流的有限元计算流程如图 5.1.3 所示（Chen et al.，2008；Zheng et al.，2005），其中收敛条件改写为

$$\left\| \boldsymbol{h}^{i+1} - \boldsymbol{h}^{i} \right\| \leqslant \varepsilon \left\| \boldsymbol{h}^{i} \right\| \tag{5.1.27}$$

式中：ε为指定的容许误差，其意义与式（5.1.23）略有不同，通常取$\varepsilon = 10^{-6}$。

步骤 1：输入容许误差ε，初始化自由面迭代步 $i \leftarrow 0$；按式（5.1.26a）集成渗透劲度矩阵 $\boldsymbol{D}$，并施加水头和流量边界条件。

步骤 2：令 $i \leftarrow i+1$，按式（5.1.26b）计算等号右端项 $\boldsymbol{Q}$。

步骤 3：求解方程组 $\boldsymbol{D}\boldsymbol{h}^{i} = \boldsymbol{Q}$。

步骤 4：令 $\boldsymbol{J}_h \leftarrow \{j | h_j^i \geqslant z_j$ 且 $q_j^i \leqslant 0,\ j \in \Gamma_{\mathrm{s}}\}$，对于$\forall j \in \boldsymbol{J}_h$，令 $h_j^i = z_j$。

步骤 5：按式（5.1.27）进行收敛条件判别，若计算收敛，则计算结束；否则，转步骤 2。

图 5.1.3　稳定渗流有限元计算流程

值得一提的是，通过将问题域 Ω定义在裂隙网络上，上述稳定/非稳定渗流问题的变分不等式提法和数值计算格式即可被推广应用于裂隙网络的稳定或非稳定渗流分析(Jiang et al.，2014，2013)。

3. 非达西渗流有限元模拟方法

如图 5.1.2 和图 5.1.3 所示，对于达西渗流问题，渗透劲度矩阵 $\boldsymbol{D}$ 在稳定/非稳定渗流场求解过程中是保持不变的。然而，当渗流服从非线性的 Forchheimer 定律时，需通

过逐步线性化处理和数值迭代计算，使渗流运动规律得到满足。在迭代计算过程中，渗透劲度矩阵 $\boldsymbol{D}$ 是随渗流速度发生变化的。

由式（1.2.23）和式（1.2.28）可将 Forchheimer 定律改写为

$$\boldsymbol{v} = -\boldsymbol{K}_{\text{app}} \nabla h \tag{5.1.28}$$

式中：$\boldsymbol{K}_{\text{app}}$ 为表观渗透系数张量，其量值与渗流速度 $\boldsymbol{v}$ 的大小有关。

在各向同性情况下，$\boldsymbol{K}_{\text{app}}=K_{\text{app}}\boldsymbol{\delta}$，其中 $\boldsymbol{\delta}$ 为二阶单位张量，K_{app} 为表观渗透系数，即

$$K_{\text{app}} = \left(1 + \frac{|\boldsymbol{v}|}{K_{\text{i}}} K_{\text{v}}\right)^{-1} K_{\text{v}} \tag{5.1.29a}$$

式中：K_{v} 为黏性渗透系数（m/s）；K_{i} 为惯性渗透系数（m^2/s^2）。

在各向异性情况下，表观渗透系数张量 $\boldsymbol{K}_{\text{app}}$ 可以表达为

$$\boldsymbol{K}_{\text{app}} = (\boldsymbol{\delta} + \boldsymbol{K}_{\text{v}} \cdot \boldsymbol{K}_{\text{i}}^{-1} |\boldsymbol{v}|)^{-1} \cdot \boldsymbol{K}_{\text{v}} \tag{5.1.29b}$$

式中：$\boldsymbol{K}_{\text{v}}$ 为黏性渗透系数张量，其物理意义与前述达西渗透系数张量完全相同；$\boldsymbol{K}_{\text{i}}$ 为惯性渗透系数张量。为了降低非达西渗流参数确定的难度，常假定惯性渗透系数张量 $\boldsymbol{K}_{\text{i}}$ 为各向同性，即 $\boldsymbol{K}_{\text{i}}=K_{\text{i}}\boldsymbol{\delta}$。于是，式（5.1.29b）可改写为

$$\boldsymbol{K}_{\text{app}} = \left(\boldsymbol{\delta} + \frac{|\boldsymbol{v}|}{K_{\text{i}}} \boldsymbol{K}_{\text{v}}\right)^{-1} \cdot \boldsymbol{K}_{\text{v}} \tag{5.1.29c}$$

在数值计算过程中，只需将式（5.1.21）或式（5.1.26）中的渗透系数张量 $\boldsymbol{K}$ 替换为表观渗透系数张量 $\boldsymbol{K}_{\text{app}}$，即可通过迭代计算，求解非稳定或稳定条件下的非达西渗流场。例如，在非达西渗流条件下，渗透劲度矩阵 $\boldsymbol{D}$ 应改写为

$$\boldsymbol{D} = \sum\nolimits_e \int_{\Omega_e} \boldsymbol{B}^{\text{T}} \boldsymbol{K}_{\text{app}} \boldsymbol{B} \text{d}\Omega \tag{5.1.30}$$

非达西渗流场的有限元计算流程如图 5.1.4 所示。从图 5.1.4 中可见，非达西渗流场的求解需要在稳定渗流自由面迭代算法之外或非稳定渗流各时间步内嵌入一层迭代计算，直至相邻迭代步的水头分布满足如下控制标准：

$$\left\|\boldsymbol{h}^{l+1} - \boldsymbol{h}^{l}\right\| \leqslant \varepsilon_{\text{ND}} \left\|\boldsymbol{h}^{l}\right\| \tag{5.1.31}$$

式中：l 为非达西渗流迭代步；ε_{ND} 为指定的容许误差，一般可取 $\varepsilon_{\text{ND}}=10^{-6}\sim10^{-5}$。

步骤 1：输入非达西容许误差 ε_{ND}，初始化非达西迭代步 $l\leftarrow0$；令 $\boldsymbol{v}=\boldsymbol{0}$，即 $K_{\text{app}}=K_{\text{v}}$ 或 $\boldsymbol{K}_{\text{app}}=\boldsymbol{K}_{\text{v}}$。

步骤 2：令 $l\leftarrow l+1$，调用图 5.1.2 或图 5.1.3 给出的算法，直至自由面迭代收敛。

步骤 3：计算渗流速度 $\boldsymbol{v}$，按式（5.1.29）和式（5.1.30）更新表观渗透系数张量 $\boldsymbol{K}_{\text{app}}$ 与渗透劲度矩阵 $\boldsymbol{D}$。

步骤 4：按式（5.1.31）进行收敛条件判别，若计算收敛，则计算结束；否则，转步骤 2。

图 5.1.4　非达西渗流场有限元计算流程

4. 渗流量的计算方法

由图 5.1.2 和图 5.1.3 可知，在自由面迭代的互补算法中，是需要计算潜在溢出边界上节点集的等效节点流量的。此外，在水利工程渗流分析中，也常常需要计算通过特定

部位（如坝基、坝肩、水垫塘）、特定边界（如排水孔幕、排水廊道、集水井和地下洞室）或特定剖面（如防渗帷幕）的渗流量。渗流量的计算对于工程渗流控制成效评价、防渗排水优化设计及防渗安全性评估都是不可或缺的。

根据定义，通过某一断面 S 的渗流量 Q 可以表达为

$$Q=\int_S q_n\mathrm{d}S=\int_S(-\boldsymbol{v}\cdot\boldsymbol{n})\mathrm{d}S=\int_S K_{ij}\frac{\partial h}{\partial x_i}n_j\mathrm{d}S \tag{5.1.32a}$$

式中：q_n 为通过断面单位面积上的流量；$\boldsymbol{v}$ 为渗流速度；$\boldsymbol{n}$ 为断面上的单位外法线矢量；K_{ij} 为渗透系数张量的分量$(i, j=1, 2, 3)$；x_i 为坐标；h 为水头。

设断面 S 穿过的单元集合为 $\boldsymbol{E}$。对于$\forall e\in\boldsymbol{E}$，断面 S 与单元 e 的切割截面为 S_e，则通过断面 S 的渗流量可以改写为

$$Q=\sum_{e\in\boldsymbol{E}}\int_{S_e}q_n\mathrm{d}S=\sum_{e\in\boldsymbol{E}}\int_{S_e}K_{ij}\frac{\partial h}{\partial x_i}n_j\mathrm{d}S \tag{5.1.32b}$$

式（5.1.32）涉及水头的求导和面积分运算，不仅计算极为烦琐，而且计算精度较渗流场的基本变量 h 低一阶。对于任意的过流断面 S，若 S 恰好由有限单元的表面组成，即 $S=\{S_e|e\in\boldsymbol{E}\}$，则通过断面 S 的渗流量 Q 可方便地采用如下等效节点流量法计算。这里，过流断面 S 既可以是表面边界，如排水廊道或地下洞室表面，又可以是内部过流断面，如防渗帷幕界面。$\boldsymbol{E}$ 是与过流断面 S 关联的某一侧单元的集合。

对于$\forall e\in\boldsymbol{E}$，由单元 e 上的流量平衡方程，可得单元表面 S_e 上节点 i 的等效节点流量 Q_i^e，为

$$Q_i^e=\sum_{j=1}^{m_e}D_{ij}^e h_j^e \tag{5.1.33a}$$

式中：m_e 为单元的节点数；$\boldsymbol{D}^e$ 为单元渗透劲度矩阵；$\boldsymbol{h}^e$ 为单元节点水头列阵。

因为节点 $i\in S_e$，所以 $i\in S$。于是，通过断面 S 上节点 i 的等效节点流量 Q_i 为

$$Q_i=\sum_{e\in\boldsymbol{E}}Q_i^e=\sum_{e\in\boldsymbol{E}}\sum_{j=1}^{m_e}D_{ij}^e h_j^e \tag{5.1.33b}$$

因此，通过断面 S 的总渗流量 Q 可以表达为

$$Q=\sum_{i=1}^{n_S}Q_i=\sum_{i=1}^{n_S}\sum_{e\in\boldsymbol{E}}\sum_{j=1}^{m_e}D_{ij}^e h_j^e \tag{5.1.33c}$$

式中：n_S 为断面 S 上的节点总数。

若 S 为计算模型的表面边界，则式（5.1.33）只要求对与 S 相关联的单元中的渗透劲度矩阵 $\boldsymbol{D}^e$ 和节点水头列阵 $\boldsymbol{h}^e$ 做乘积运算；若 S 为内部过流断面，则式（5.1.33）只要求对与 S 相关联的任意一侧单元做同样的乘积运算。这样，就避免了在渗流量或节点等效流量计算中进行水头的求导和面积分运算，不仅提高了计算精度，而且简化了程序设计。

5. 排水砂槽试验与数值模拟

通过室内排水砂槽试验，验证稳定/非稳定渗流数值模拟方法的有效性（Li et al., 2014；白正雄 等，2012）。试验装置如图 5.1.5 所示，由上游水室、砂槽和下游水室组

成，外观尺寸为 1.8 m×1.2 m×0.4 m。水室和砂槽采用有机玻璃板制作，并固定在钢架内，以便于观察砂槽中的渗流场分布和变化情况。砂槽尺寸为 1.0 m×1.2 m×0.4 m，在其内部设有 5 个方形排水廊道，廊道尺寸为 0.1 m×0.1 m×0.5 m，两侧各伸出 0.05 m，以便收集廊道的排水量。上、下游水室设有溢流板，并在底部设置阀门，以控制上、下游水位及其变化过程。在砂槽中心剖面布置 34 支测压管，测压管通过砂槽一侧有机玻璃板上的钻孔与外部软管连接，以测量砂槽内的孔隙水压。在开展试验之前，作者已对该模型中的稳定和非稳定渗流过程进行了数值模拟（Chen et al.，2011a，2008），因而测压管集中布置在预测的稳定渗流自由面两侧及下部，如图 5.1.5 和图 5.1.6 所示。

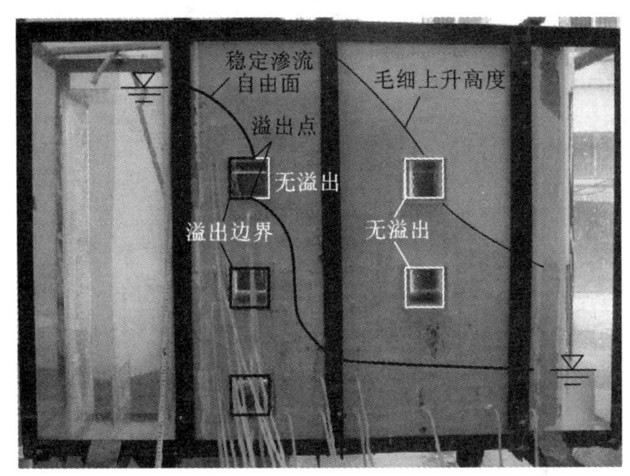

图 5.1.5　矩形排水砂槽模型及观测的自由面位置

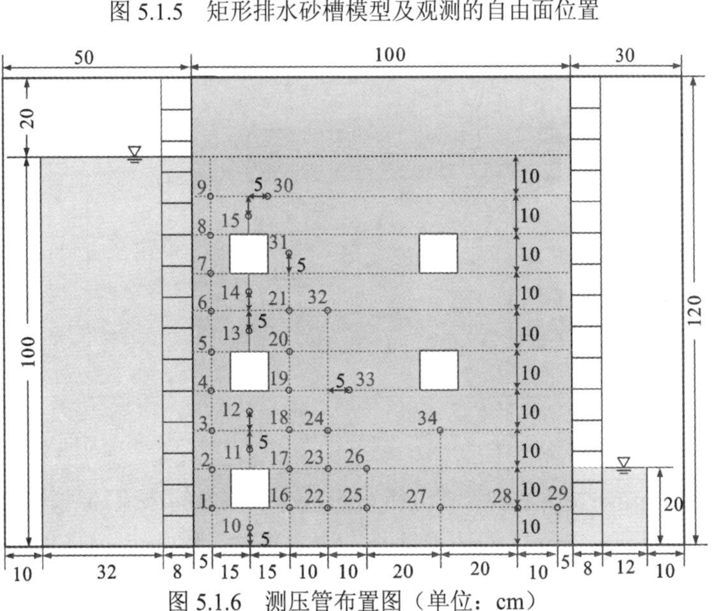

图 5.1.6　测压管布置图（单位：cm）

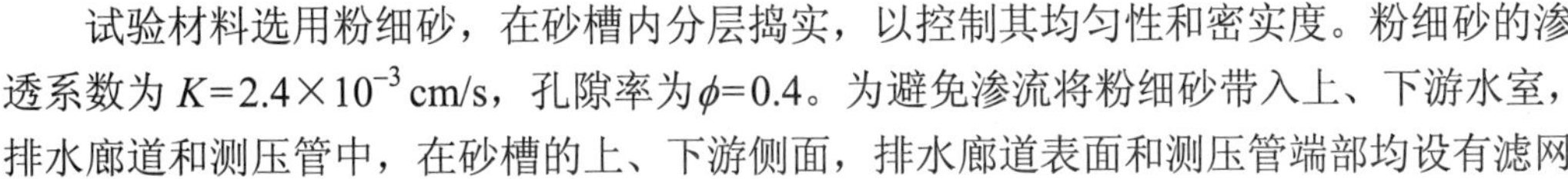
试验材料选用粉细砂，在砂槽内分层捣实，以控制其均匀性和密实度。粉细砂的渗透系数为 $K=2.4\times10^{-3}$ cm/s，孔隙率为 $\phi=0.4$。为避免渗流将粉细砂带入上、下游水室，排水廊道和测压管中，在砂槽的上、下游侧面，排水廊道表面和测压管端部均设有滤网

与土工布。通过调节上、下游水室的溢流设施，首先保持上游水位为 $h_1=1.0$ m，下游水位为 $h_2=0.2$ m，直至砂槽进入稳定渗流状态。在稳定渗流状态下，对各个测压管进行排气，记录各测压管的读数，并记录从各排水廊道和下游水室排出的流量。在稳定渗流场观测结束之后，保持下游水位 $h_2=0.2$ m 不变，以 4/3 cm/min 的速率逐渐降低上游水位 h_1，在 60 min 之内使上游水位从 1.0 m 匀速下降至 0.2 m，然后将上游水位保持在 $h_1=0.2$ m，直至达到新的稳定状态。在此过程中，记录各测压管及廊道排水量的读数。

试验观测表明，在稳定渗流状态下（$h_1=1.0$ m，$h_2=0.2$ m），下游侧两个排水廊道均位于自由面之上，廊道不起排水作用。上游侧中下部两个排水廊道的四周表面均存在渗流溢出现象，而上层排水廊道仅在上游侧部分边界存在渗流溢出，溢出点的位置清晰可见。由测压管的读数可知，在上游侧三个排水廊道的排水作用下，渗流自由面在砂槽内是急剧下降的，实测自由面位置如图 5.1.7 所示，其中 15、30～34 共计 6 支测压管没有读数，因而均位于自由面之上。

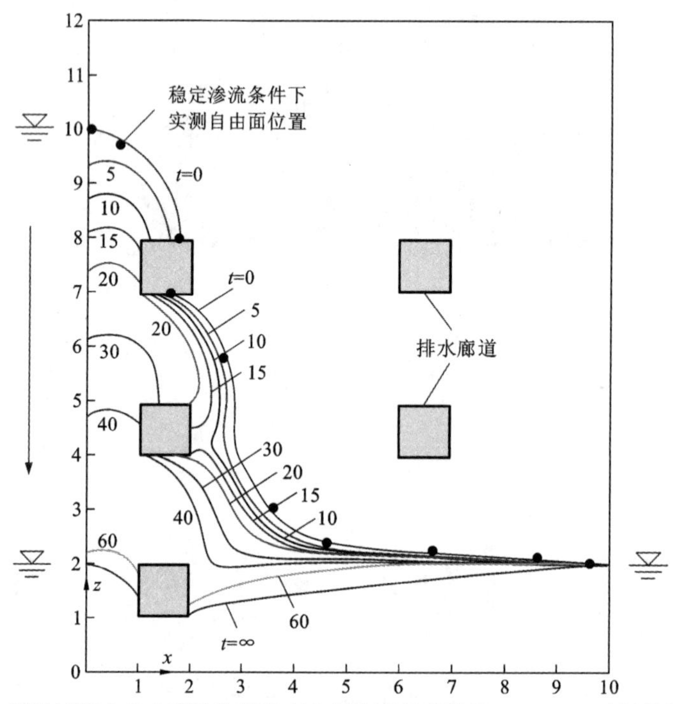

图 5.1.7　试验过程中自由面的位置及变化规律（长度单位：10 cm；时间单位：min）

采用前述 Signorini 型变分不等式分析方法，对砂槽内的渗流场进行数值模拟，计算网格采用尺寸为 2 cm×2 cm 的四边形网格，边界条件设置如下：①上游水室取水头边界条件，水头值为 1.0 m（稳定渗流）或以 4/3 cm/min 的速率匀速下降（非稳定渗流）；②下游水室也取水头边界条件，水头值恒为 0.2 m；③上、下游水位之上的边界及 5 个排水廊道的表面边界均取 Signorini 型互补条件；④底部取为隔水边界。由于模型尺寸较小，在非稳定渗流分析中，忽略储水率 S_s 的影响，给水度取 $\mu^*=0.05$。

在稳定渗流条件下，数值模拟给出的自由面位置如图 5.1.5 和图 5.1.7（即 $t=0$ 时刻位置）所示，表明数值模拟结果与实测结果吻合良好。砂槽内的渗流自由面被上游侧顶层排水廊道分成两段，在 $x<0.3$ m 范围内急剧下降，而后趋于平缓，在下游边界处受下游水位控制，不存在渗流溢出区。各测压管位置处的压力水头实测值与计算值对比如图 5.1.8 所示，两者之间吻合良好，平均绝对误差为 1.22 cm，平均相对误差为 2.94 %。此外，从上游侧三个廊道排出的流量实测值和计算值分别为 38.50 cm^3/s 与 38.49 cm^3/s，从下游边界排出的流量实测值和计算值分别为 1.24 cm^3/s 与 0.97 cm^3/s，两者也吻合良好。

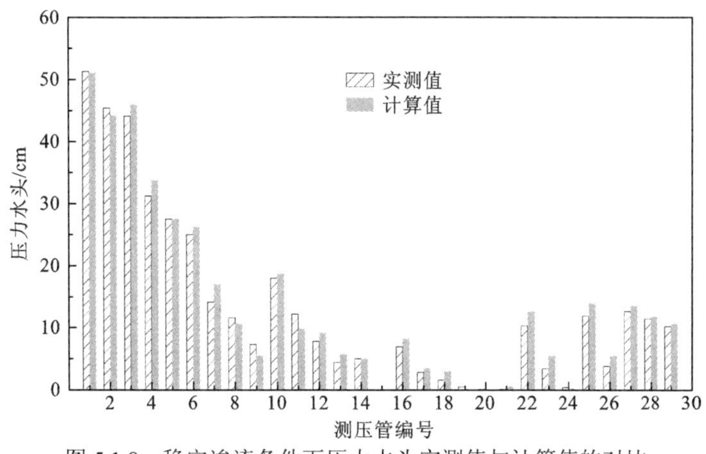

图 5.1.8　稳定渗流条件下压力水头实测值与计算值的对比

在上游水位匀速下降过程中，渗流场的变化规律如图 5.1.7 所示。从图 5.1.7 中可见，由于上游水位持续下降，砂槽内地下水的补给不断减少，故自由面的位置不断收缩，且与稳定渗流不同，非稳定渗流的自由面是允许产生回弯的。渗流自由面、压力水头及廊道排水量的数值模拟结果与试验结果总体吻合良好，但误差较稳定渗流略大，其原因与测压管的精度、砂样的均匀性及砂土的毛细效应等因素有关（白正雄 等，2012）。从图 5.1.5 可见，砂槽存在明显的干湿界限，即砂土中的地下水存在毛细上升现象。毛细上升高度 h_c 可按 Hazen 经验公式估算，即 $h_c=C_H/(ed_{10})$，其中 e 为砂土的孔隙比，$e=0.667$，d_{10} 为砂土的有效粒径，$d_{10}=0.16$ mm，C_H 为经验系数，与土颗粒形状及表面洁净状况有关，建议取值范围为 $C_H=(1\sim5)\times10^{-5}\ m^2$。由 Hazen 经验公式可知，砂样的毛细上升高度为 $h_c=0.09\sim0.45$ m，与试验结果是吻合的。

5.1.4　稳定/非稳定渗流分析的若干问题

在解决工程实践问题时，渗流场模拟结果是否符合实际，不仅取决于渗流数学模型和数值模拟方法的选用是否得当，还取决于几何模型的构建、渗流参数的取值及边界条件的确定是否符合实际。若几何模型的构建未能反映场地地质特征和工程条件，渗流参数的取值缺乏代表性，边界条件的选取不切实际，则渗流场的模拟结果也不可能符合实际。下面对这三个方面的问题进行简要讨论。

1. 几何模型的构建

构建几何模型的基本要求是客观反映场地地质特征和工程条件，其中地质特征包括地形地貌、地层岩性、地质构造、水文地质条件、岩体风化卸荷特征、岩体渗透性分区等方面，而工程条件则包括工程的主要构筑物（如地下洞室群、防渗排水系统）及其施工过程。显然，几何模型与渗流分析模型密切相关，渗流分析模型不同，对场地条件的概化程度也不同。例如，在连续介质模型中，地层岩性及地质构造的空间组合关系均是通过具有不同材料性质的连续体来表征的；而在裂隙网络模型中，构建几何模型的关键则在于生成符合场地条件的裂隙网络。另外，几何模型的构建还需要统筹考虑渗流参数的取值和边界条件的确定问题，前者涉及几何模型的材料分区，而后者则涉及几何模型的尺寸和范围。与常规的岩土力学问题不同，在人类工程活动中，地下水渗流场的变化范围较大，甚至可达水文地质单元的边界。例如，深埋洞室开挖引起的应力重分布范围一般为洞径或洞室特征尺寸的 3 倍，而引起地下水位变化的影响范围往往可达数千米至数十千米，两者之间相差 2～3 个数量级。因此，渗流计算模型的范围应足够大，以反映场址的水文地质条件。否则，计算范围的选取应与边界条件的确定统筹考虑。

即使在计算能力飞速发展的今天，连续介质模型或等效连续介质模型仍然是解决复杂工程渗流问题的主要方法。大量实践表明，这类模型尽管对局部渗流场细节的表征能力不足，但只要在计算模型中合理反映场地地质特征和工程结构，是足以在宏观上准确反映渗流场的分布和变化规律的。在连续介质模型中，地层岩组、III 级以上的大型结构面（表 1.1.2）、岩体风化卸荷分带、岩体渗透性分区（表 1.1.6）等地质特征，以及防渗帷幕、防渗墙等工程结构，均可方便地通过材料分区进行表征。对于各岩体分区内规模小但数量多的 V 级结构面，则可通过赋予等效的岩体渗流参数进行模拟（见 2.3.2 小节）；而对于规模不大的 IV 级结构面和长大裂隙，则可在三维计算网格中嵌入面单元进行模拟，面单元的渗透劲度矩阵经空间坐标变换后，通过插值集成至总体劲度矩阵中，从而降低计算网格构建的难度。有关大型排水孔幕的模拟和表征，也是水利工程渗流分析的难点之一，将在 5.3 节详述。

在稳定/非稳定渗流分析中，计算模型包括自由面之下的饱和区和自由面之上的干区两个部分。由 1.3.2 小节可知，在不考虑降雨入渗且流量边界为隔水边界的情况下，无论是稳定渗流，还是非稳定渗流，渗流场内部的水头是不可能超过上游边界上的最高水位的，因而在计算模型构建中，上游边界最高水位之上部分地形地貌的表征可予以简化，计算网格也可采用粗网格；但若考虑降雨入渗影响或存在流量补给边界，则另当别论。计算网格的疏密需要考虑如下两个因素：一是渗流场的总体精度要求，网格尺寸越小，精度越高；二是局部渗流场的安全评价要求，通常需要在防渗排水结构、重要工程建筑物及控制性结构面等部位采用细网格。稳定/非稳定渗流场的总体求解精度，在很大程度上取决于自由面位置的确定是否准确，而自由面的位置和形态又取决于溢出面，尤其是溢出点的位置。尽管互补算法（图 5.1.2 和图 5.1.3）高效地解决了潜在溢出边界条件的处理和自由面的确定问题，但溢出点的定位精度取决于潜在溢出边界上的网格尺寸，在数值上等于溢出点附近网格尺寸的 1/2。因此，潜在溢出边界上的单元，尤其是溢出点附近的单元也需要采用细网格。

2. 渗流参数的取值

由 1.3.2 小节可知，稳定渗流分析仅需确定岩土介质的渗透系数张量 $\boldsymbol{K}$，而非稳定渗流分析需确定的渗流参数较多，包括渗透系数张量 $\boldsymbol{K}$、储水率 S_{s}、给水度 μ^* 和降雨入渗补给系数 λ_{ri} 等。事实上，渗透系数张量 $\boldsymbol{K}$（各向异性情况）或渗透系数 K（各向同性情况）不仅是稳定/非稳定渗流分析的基本参数，而且是饱和-非饱和渗流分析及多相渗流分析的基本参数（见 1.3.3 小节和 1.3.4 小节）。在水利水电工程中，岩体的渗透系数主要通过钻孔压水试验确定（见 2.3.2 小节和 3.2 节），抽水试验仅针对河床覆盖层或富水地层实施（见 3.3 节）。对于相对均质的土体或构造充填物，则可通过室内渗流试验或现场注水试验确定其渗透系数。为了满足防渗设计的需要，工程区岩体渗透系数的试验值一般较为丰富。在工程渗流分析中，岩体渗透系数的取值应考虑如下重要属性。

（1）岩体渗透性的变异性：由于岩体具有强烈的非均质性，故空间变异性是岩体渗透系数的一个基本属性（见 2.4 节），但在水利水电工程实践中，渗流场分析很少采用随机分析方法。可采用如下两种方式反映岩体渗透性的空间变异性对渗流场的影响：一是综合考虑岩性、岩体结构、构造发育程度、岩体风化卸荷特征及水文地质试验结果，对岩体渗透性进行分级和分区（表 1.1.6），统计各分区岩体渗透系数 K 的均值及置信区间，将均值作为参数的代表性取值，并通过置信区间考虑参数的变异性；二是统计岩体渗透性随岩性、构造和埋深等因素的分布规律（见 2.4 节），确定相应的拟合函数和置信界限，并将其作为输入参数。上述两种方式均便于从上限和下限两个角度全面把握渗流场的分布特征、变化规律及工程渗流控制的成效。

（2）岩体渗透性的各向异性：岩体的渗透性主要受结构面控制，通常具有较强的各向异性。常规的钻孔压水试验数据只能反映岩体渗透性的量值，而无法反映其各向异性，因而需要结合岩体的构造发育特征估算并修正岩体的渗透系数张量 $\boldsymbol{K}$（见 2.3.2 小节），或者通过反演分析合理确定岩体的渗透系数张量（见 5.4 节）。

（3）岩体渗透性的演变性：在工程建设和运行过程中，受大规模岩体开挖、大体积混凝土填筑、大面积灌浆、大幅度蓄水及长历时泥沙充填淤塞等因素的影响，岩体的渗透系数将随变形、损伤、应力状态或时间的变化而发生显著的变化。由于岩体渗透系数的试验值大多是在地质勘查阶段获取的，工程渗流分析还需要考虑岩体渗透系数在工程活动过程中的演变性质。岩体渗透系数的变化规律可通过岩体应力-变形分析、渗流-变形耦合分析或反演分析确定（见 2.3 节和 5.4 节），但最简便的方法是通过工程类比估计渗透系数的变化区间和影响范围（Chen et al.，2015；Li et al.，2014），进而从上、下界限把握渗流场的可能分布特征。

（4）岩体渗透性的尺度依赖性：岩体是由岩块和结构面共同组成的，具有复杂的结构特征。对于岩块本身，其非均质性较弱，RVE 的尺度较小，约为 10 cm 量级，因而室内渗流试验即可反映岩石的渗透性；对于岩体结构面，RVE 的尺度因其规模、几何特征和充填状况而异，多在数十厘米至数米量级；而岩体的 RVE 则需包含足够多的结构面组成信息，其尺度多在 10 m 及以上量级。因此，岩体的渗透性是具有尺度效应的，通常情况下岩体的渗透性远大于岩石的渗透性，而主要取决于结构面的发育特征和空间组合关系。现场钻孔压水试验的影响范围约为 10 m 量级，而抽水试验的影响范围更大，由这些现场试验确定的渗透系数可较客观地反映岩体渗透性的量级。

（5）岩体渗透性的流态相关性：在高坝、高水头抽水蓄能电站或深埋隧洞工程中，局部或某些关键部位的岩体和地质构造可能承受较高的渗压梯度，进而使岩体中的水流流态从达西流发展为非达西流。在此情况下，岩体中的渗流应采用 Forchheimer 定律进行描述，岩体的渗流参数由达西渗透系数 K_v 和惯性渗透系数 K_i 两个部分组成，缺一不可。K_v 的物理意义与上述渗透系数 K 的意义完全相同，可通过上述方法先确定 K_v，再结合场地条件，运用 K_v-K_i 统计模型确定 K_i（见 3.4 节）；也可通过钻孔高压压水试验或抽水试验一并确定 K_v 和 K_i（见 3.2 节和 3.3 节）。若岩体中的渗流仍然采用达西定律进行描述，则岩体的渗透系数应取表观渗透系数 K_{app}，K_{app} 不仅取决于 K_v 和 K_i，而且随渗流速度或水力梯度的增大而减小（见 1.2.3 小节）。

在非稳定渗流分析中，还需确定储水率 S_s、给水度μ^*和降雨入渗补给系数λ_{ri}等参数。储水率 S_s 和给水度μ^*是重要的水文地质参数，但水利水电工程极少针对 S_s 和μ^*开展专门的水文地质试验，通常需要通过经验类比或反演分析确定其取值。对于岩体的储水率 S_s，在缺乏水文地质试验数据的情况下，可通过岩体的体积压缩系数β_s（或体积模量 $K_b=1/\beta_s$）和孔隙率ϕ按式（1.3.23）进行估算（Chen et al.，2021，2020b）。这里需要注意的是，岩体的孔隙率ϕ由岩石的孔隙率和岩体的裂隙率组成，前者可通过室内试验确定，而后者则需要根据场地地质条件估算。给水度μ^*的上限值为岩体的孔隙率ϕ，但受岩体持水特性的影响，给水度一般明显小于孔隙率，岩体中的空隙尺寸越小，持水能力越强，给水度也越小。在缺乏试验数据的情况下，可结合岩体的空隙结构特征，通过对孔隙率进行一定程度的折减，估计岩体给水度的取值。此外，当需要考虑降雨入渗对渗流场的影响时，还需确定场址区的降雨入渗补给系数λ_{ri}。降雨入渗补给系数的影响因素较多，确定难度较大，一般可通过场地条件类比、水量均衡模型（见 1.1.4 小节）或反演分析方法进行估计。

3. 边界条件的确定

由 1.3.2 小节可知，稳定/非稳定渗流分析需要指定的边界条件包括水头边界条件、流量边界条件和潜在溢出边界条件三大类。在水利水电工程中，与上游库水和下游河水等地表水体直接联系的边界及由富水断层破碎带构成的边界均为已知水头边界；由隔水层、阻水构造及不透水衬砌表面组成的边界为隔水边界；地表水体之上的地表面及由排水廊道、排水孔幕和洞室透水衬砌表面组成的边界均为潜在溢出边界。以上三种类型的边界条件都是极为明确的，无须进一步讨论。

如图 5.1.9 所示，在工程渗流分析中，通常仅截取工程区附近的一定范围来构建计算模型，其原因有二：一是受经济和技术条件的制约，每个工程均具有一定的详勘范围，详勘范围之外的区域缺乏足够的地质勘查资料和数据；二是减小计算量，提高计算分析效率。这样，渗流计算模型的范围将明显，甚至远小于水文地质单元的范围，由此带来的问题是如何合理确定计算模型截取边界上的条件。在深切峡谷地区，河流是最低排泄基准面，且两岸山体中的地下水流系统一般是相对独立的。因此，若计算模型沿河流中心线截取，则该边界可取为隔水边界。此外，若工程区附近存在局部阻水构造，则可通过调整计算模型的范围，使其成为计算模型的隔水边界。

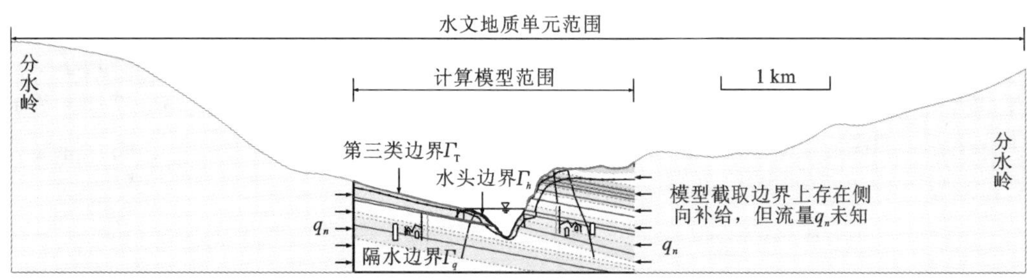

图 5.1.9　计算模型截取边界及其条件确定

多数情况下，在计算模型截取边界的内、外区域之间是存在流量交换的，但流量的大小未知，因而其上的边界条件是不确定的。这类边界条件的确定需要综合考虑地层的富水性、地下水的补给条件及工程建设的影响等方面。若山体中的地下水补给充足，富水性强，且地下水位相对稳定，则可将模型截取边界指定为水头边界，水位值可由地下水位观测数据或反演分析确定，但需要考虑边界上地下水位的分布及工程建设对地下水位的影响，如勘探平硐及地下洞室开挖引起的地下水位下降或水库蓄水引起的地下水位抬升。反之，若地层的富水性弱，地下水的赋存条件和补给条件较差，则在模型截取边界上的流量交换是有限的，且地下水可能在工程勘探和建设过程中迅速疏干，从而引起地下水位的大幅下降。在此情况下，若将模型截取边界取为水头边界，则可能显著高估边界处地下水的侧向补给。

不管计算模型截取边界上的条件如何复杂，存在如下两种极端情况：一是隔水边界条件，即完全不考虑边界处地下水的侧向补给情况；二是依据观测的地下水位推断的水头边界条件，即边界处地下水具有充足的侧向补给情况。实际的渗流场通常介于两者之间，这便于从上、下限的角度总体把握渗流场的分布特征。确定这类边界条件及其变化过程的有效途径有两种：一是采用基于地下水位和渗流量观测的多目标反演分析方法（Hong et al.，2017；Chen et al.，2016a），将在 5.4 节详述；二是采用跨尺度分析方法，即通过构建涵盖整个水文地质单元的粗网格大模型，分析工程区小模型截取边界上的水位分布及其变化规律，从而为工程区渗流场的精细模拟提供合理的边界条件。

5.1.5　工程应用实例

1. 心墙堆石坝稳定渗流分析

双江口水电站是大渡河流域梯级水电开发的控制性工程之一。枢纽建筑物由土质心墙堆石坝、洞式溢洪道、泄洪洞、放空洞、地下发电厂房、引水及尾水建筑物等组成。

堆石坝最大坝高 314 m，居世界同类坝型之首。堆石坝由上游堆石区（I、II）、下游堆石区（I、II）、过渡层、反滤层（I、II）、砾石黏土心墙和混凝土基座等组成，坝顶高程为 2 510 m，坝顶宽 16 m，坝顶长 648.66 m，如图 5.1.10 所示。坝址区河谷属高山深切曲流河谷，两岸山体雄厚，河谷深切，谷坡陡峻。坝址区基岩为燕山期可尔因花岗岩体，根据其风化程度自上而下可划分为弱风化带、微风化带和新鲜岩体三个分带。坝址区无区域性断裂切割，构造变形微弱，除了右岸坝肩发育有规模较大的 F_1 断层之外，主要由小断层、挤压破碎带和节理裂隙等次级结构面组成。河床冲积层厚度较大，最大厚度约为 67.8 m，从下到上、由老至新总体可分为 3 层：第 I 层和第 III 层为漂卵砾石层，第 II 层为（砂）卵砾石层，局部夹有砂层透镜体。大坝的防渗体系由砾石黏土心墙、帷幕灌浆和混凝土防渗墙组成，如图 5.1.10 所示。

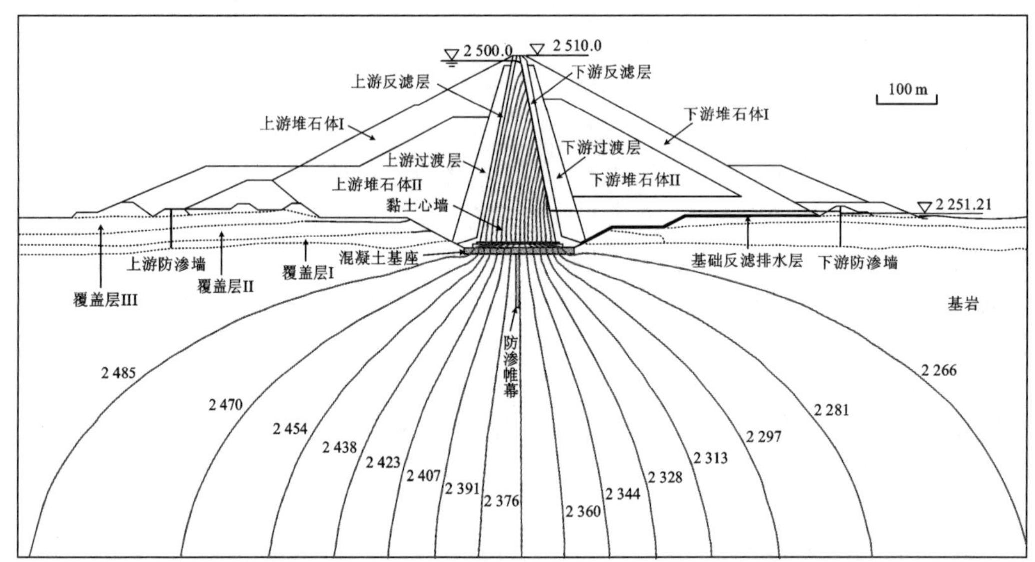

图 5.1.10　双江口砾石土心墙堆石坝在正常运行工况下的渗流场特征

为了评价大坝及河床覆盖层的渗透稳定性，采用 Signorini 型变分不等式分析方法（图 5.1.3），对大坝在正常运行工况下的稳定渗流场进行三维有限元数值模拟分析，有限元计算网格详见 Chen 等（2011c），坝体各分区及坝基覆盖层和基岩的渗透系数取值如表 5.1.1 所示。在正常蓄水位工况下，大坝上游水位为 2 500 m，下游水位为 2 251.21 m，大坝中心线剖面的渗流场分布如图 5.1.10 所示。从图 5.1.10 中可见，在稳定渗流条件下，自由面在上游堆石区、过渡层和反滤层中保持水平，穿过黏土心墙之后，沿心墙与下游反滤层之间的界面降落，而下游堆石区中的水位则受控于下游防渗墙及河道水位。自由面沿心墙与反滤层之间的界面分布是心墙堆石坝稳定渗流场的典型特征，是渗流在材料界面上发生折射后的必然结果。双江口心墙料和下游反滤料 I 的渗透系数分别为 $K_1=7.0\times10^{-6}$ cm/s，$K_2=2.0\times10^{-3}$ cm/s，两者相差 3 个数量级。由于心墙和反滤层的设计坡比为 1∶0.2，在心墙与下游反滤层的界面处，心墙中的渗流速度方向必向下倾斜并指向下游，因此其与界面法向方向的夹角 θ_1 满足 $\tan\theta_1\geqslant0.2$。根据材料界面上的渗流折射定律[式（1.3.47）]，必有$\theta_2 \to 90°$，即界面下游侧的渗流方向是指向界面切线方向的。因此，自由面穿过心墙之后将沿与下游反滤层之间的界面降落，其物理意义是心墙的渗透性弱，透过心墙的渗流量有限，下游反滤层不可能进入饱水状态，因而下游反滤层起到了坝内排水体的作用。

表 5.1.1　坝体及坝基岩土体的渗透系数及允许水力坡降

材料分区	K/（cm/s）	[J]	材料分区	K/（cm/s）	[J]
上游堆石体	3.0×10^{-1}	—	防渗帷幕	1.0×10^{-5}	—
下游堆石体	1.0×10^{-0}	—	覆盖层 III	5.0×10^{-2}	0.12～0.15
过渡层	3.0×10^{-2}	—	覆盖层 II	3.0×10^{-2}	0.12～0.15
反滤层 I	2.0×10^{-3}	—	覆盖层 I	2.0×10^{-2}	0.17～0.22
反滤层 II	2.0×10^{-2}	—	砂层	3.0×10^{-3}	0.25～0.30
砾石黏土心墙	7.0×10^{-6}	4.0	弱风化基岩	1.0×10^{-4}	—
混凝土基座	1.0×10^{-7}	—	微风化基岩	3.0×10^{-5}	—
基础反滤排水层	1.0×10^{-3}	—	新鲜基岩	1.0×10^{-5}	—

从图 5.1.10 还可以看出，大坝上、下游之间 248.79 m 的水头差主要由砾石黏土心墙承担，心墙中的最大渗透坡降约为 3.0。由表 5.1.1 可知，砾石黏土心墙的允许水力坡降为[J]=4.0，其渗透变形的类型是流土或接触流失，因而在下游反滤层的保护下，心墙的渗透稳定性是有保障的，且具有安全裕度。河床覆盖层中的渗透坡降均小于 0.1，发生管涌的风险较小。此外，在正常蓄水位工况下，通过大坝及坝基的总渗流量约为 50 L/s，对于深厚覆盖层之上规模如此巨大的堆石坝，该渗流量已严格控制在合理范围之内。

2. 面板堆石坝非稳定渗流分析

水布垭水电站位于清江中游河段，是清江流域梯级开发的龙头电站。枢纽建筑物主要包括混凝土面板堆石坝、地下厂房、左岸斜槽溢洪道和右岸水闸隧道等。堆石坝由面板（IA）、垫层（IIA）、过渡层（IIIA）、主堆石区（IIIB）、次堆石区（IIIC）和下游堆石区（IIID）6 个分区组成，如图 5.1.11 所示。坝顶高程为 409 m，坝轴线长 660 m，最大坝高为 233 m，是世界上最高的面板堆石坝之一。坝址区地层产状平缓，岩层走向与河流向近垂直，倾向上游略偏左岸，倾角为 8°～20°。坝址区出露的地层由老至新有写经寺组（D_3x）、黄龙组（C_2h）、马鞍组（P_1ma）、栖霞组（P_1q）和茅口组（P_1m）等，岩溶较为发育，并发育有断层、裂隙和层间剪切带等构造形迹。大坝防渗系统由混凝土面板、趾板和防渗帷幕等组成。

在水布垭面板堆石坝建设期间，出于施工程序、温度应力、干缩及养护等方面的原因，面板出现了一系列以水平方向为主的裂缝。尽管裂缝未贯穿面板，且工程上采取了化学灌浆等有效处理措施，但裂缝的出现毕竟在一定程度上降低了面板的防渗性能。为了评价防渗系统的安全性，并分析大坝在蓄水过程中的渗流行为，采用 Signorini 型变分不等式分析方法（图 5.1.2），对蓄水过程中坝址区的三维非稳定渗流场进行计算分析。计算网格详见 Chen 等（2011a），渗流计算参数如表 5.1.2 所示。水布垭水库蓄水始于 2006 年 10 月，因此非稳定渗流分析的时段取 2006 年 10 月 1 日～2008 年 5 月 11 日，时间步长取Δt=7 d。初始渗流场依据水库蓄水前坝址区的水文地质条件经稳定渗流分析确定，上游水位取决于水库水位变化过程曲线（图 5.1.12），下游水位受大坝下游碾压混凝土围堰上的量水堰高程及下游河道水位条件控制，其中量水堰高程为 202.5 m。

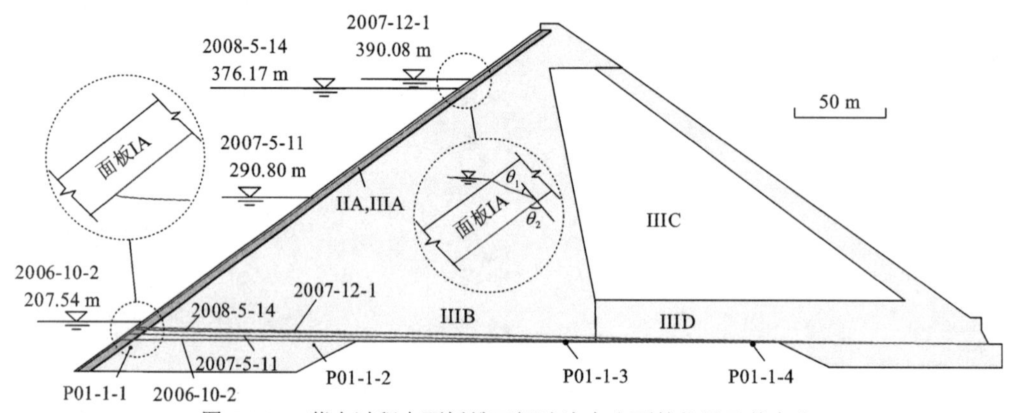

图 5.1.11　蓄水过程中面板堆石坝渗流自由面的位置及其变化

表 5.1.2　坝体及岩层的非稳定渗流参数

材料分区		K/（cm/s）		μ^*	S_s/m^{-1}
		$K_{//}$	$K_\perp$		
岩层	Q_4	5.00×10^{-3}		0.12	3.00×10^{-6}
	$P_1^{13}q$、$P_1^{12\text{-}4}q$	7.29×10^{-5}		0.09	2.30×10^{-6}
	$P_1^{12\text{-}1\sim3}q$	3.64×10^{-4}	7.29×10^{-5}	0.11	2.80×10^{-6}
	$P_1^{1\sim11}q$	3.64×10^{-4}	7.29×10^{-5}	0.09	2.30×10^{-6}
	P_1ma、C_2h、D_3x	3.64×10^{-4}	7.29×10^{-5}	0.12	3.00×10^{-6}
	断层	3.64×10^{-4}		0.10	2.60×10^{-6}
	防渗帷幕	1.00×10^{-5}		0.02	1.00×10^{-6}
坝体	面板（IA）	2.40×10^{-7}		0.008	5.00×10^{-7}
	垫层（IIA）	1.00×10^{-2}		0.15	5.00×10^{-6}
	过渡层（IIIA）	1.30×10^{-1}		0.16	8.00×10^{-6}
	主堆石区（IIIB）	4.30×10^{-1}		0.13	6.90×10^{-6}
	次堆石区（IIIC）	3.40×10^{-1}		0.13	8.90×10^{-6}
	下游堆石区（IIID）	2.20		0.16	9.80×10^{-6}

注：对于各向同性介质，渗透系数为 K；对于各向异性介质，渗透系数张量 $\boldsymbol{K}=K_{//}(\boldsymbol{\delta}-\boldsymbol{n}\otimes\boldsymbol{n})+K_\perp\boldsymbol{n}\otimes\boldsymbol{n}$，$K_{//}$为平行于层面方向的渗透系数，$K_\perp$为垂直于层面方向的渗透系数，$\boldsymbol{\delta}$为二阶单位张量，$\boldsymbol{n}$ 为层面的单位法矢量。此外，表中面板的渗透系数由反演分析确定；Q_4 为覆盖层；$P_1^{13}q$、$P_1^{12\text{-}4}q$、$P_1^{12\text{-}1\sim3}q$、$P_1^{1\sim11}q$ 为栖霞组。

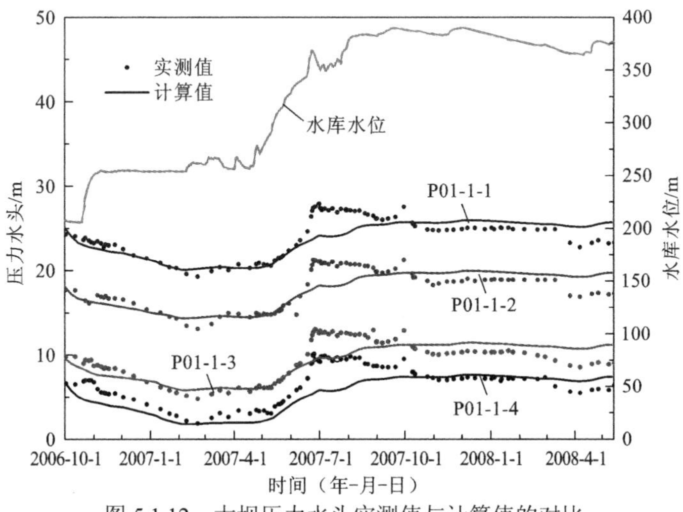

图 5.1.12　大坝压力水头实测值与计算值的对比

依据坝体内的渗压计和坝后量水堰监测数据，对面板开裂并经工程处理后的渗透系数进行了反演分析。结果表明，面板的渗透系数为 $K=2.4\times10^{-7}$ cm/s（陈益峰 等，2011；Chen et al.，2009a），较设计取值 1.0×10^{-9} cm/s 增大了近 2 个数量级。尽管如此，面板的渗透性仍然远低于大坝填料的渗透性，面板对大坝防渗仍起绝对主导作用，这正是大坝安全运行的根本保障。在大坝蓄水过程中，渗流自由面的位置及其变化如图 5.1.11 所示。从图 5.1.11 中可见，自由面沿着面板与垫层之间的界面降落，堆石体中的水位主要受下游河道水位控制。这种自由面分布特征显然也是渗流折射定律的必然结论（见 1.3.2 小节），其物理意义是面板与垫层的渗透特性相差悬殊，达 5 个数量级，垫层难以进入饱和状态（陈益峰 等，2010）。

坝体最大剖面处 4 支渗压计 P01-1-1～P01-1-4 的实测及计算压力水头过程曲线如图 5.1.12 所示，两者在变化趋势上吻合较好。由图 5.1.12 可知，在 2006 年 10 月～2007 年 2 月，尽管库水位由 205.8 m 上升至 254.8 m，但坝体中的实测及计算压力水头均随库水位的升高而减小，该异常现象与坝基初始渗流场有关。由于渗压计的埋设时间为 2003 年 3～4 月，此时由防渗帷幕及面板组成的防渗体系尚未建成，渗压计的初期读数取决于大坝和基础在防渗体系生效之前建立的水力联系。在防渗体系生效之后，大坝上、下游之间的水力联系被切断，坝体内部初始孔隙水压力的消散及水库蓄水对大坝渗流场的影响均需经历一定的时间。渗压计读数在蓄水初期的下降正是防渗帷幕生效后坝体内部孔隙水压力消散的结果，该过程持续至 2007 年 2 月之后，库水经防渗体系的渗漏抵达坝体内部，实测和计算压力水头均随库水位的升高而增大，且与库水位的变化规律基本一致，但实测压力水头的变化幅度略大，计算误差最大值不超过 3.1 m。在 2007 年 6～8 月，实测压力水头陡然增大，且与库水位的快速升高有较好的对应关系，其原因可能与坝基中局部导水裂隙在高渗压作用下的扩张变形有关。

坝后量水堰的实测及计算渗流量对比如图 5.1.13 所示。从图 5.1.13 中可见，计算渗流量与实测渗流量的变化趋势基本吻合，且与库水位变化过程具有较好的相关关系。但实测渗流量的变化幅度较大，且与库水位变化过程的对应性较差。尤其在 2007 年 9～10 月和 2008 年 1～3 月两个时段，实测渗流量与计算渗流量的差别较为显著，最大相对误差达 25%，产生误差的原因与降雨的影响及地质条件的概化有关。

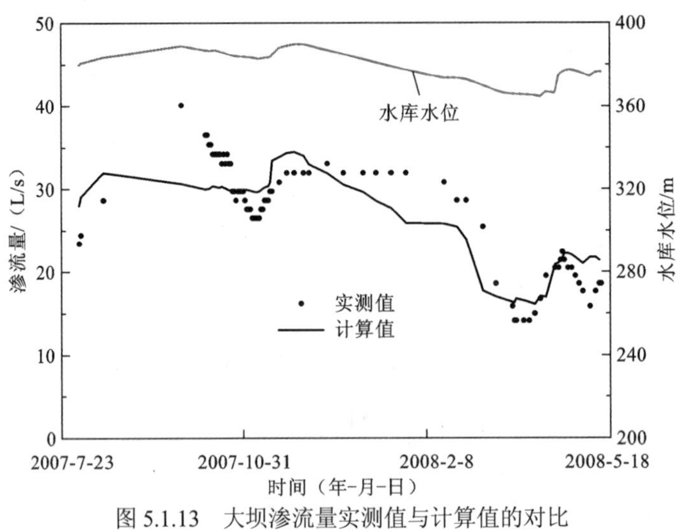

图 5.1.13　大坝渗流量实测值与计算值的对比

5.2　饱和-非饱和渗流数值模拟方法

5.2.1　概述

地表之下潜水面之上的地带称为非饱和带，又称包气带。包气带是降雨和地表水体垂向补给地下水的必经通道，包气带中的水分运移对地下水的分布和渗流场的变化往往具有重要影响。由于包气带中的空隙同时被水和气两相流体占据，包气带中的渗流本质上是水-气两相渗流。多数情况下，人们只关注包气带中的水分运移过程，而忽略气体渗流场的分布及其变化，此即非饱和渗流。饱和-非饱和渗流模型和水-气两相渗流模型在边坡渗流分析、洞室涌水预测及区域地下水模拟中均具有广泛的应用前景。

在 1.3.3 小节和 1.3.4 小节中，分别介绍了饱和-非饱和渗流模型和水-气两相渗流模型的偏微分方程提法，这两类渗流模型均需引入介质的土水特征曲线和相对渗透率曲线，因而渗流场的求解面临较为突出的材料非线性问题。此外，在饱和-非饱和渗流模型中，降雨入渗、蒸发和溢出边界上的条件均可表达为 Signorini 型互补条件[式（1.3.58）]，因而这类边界条件是非线性的，且边界之间存在较为复杂的转化关系（图 1.3.6）。正由于饱和-非饱和渗流的第三类边界均满足 Signorini 型互补条件，饱和-非饱和渗流问题也可采用 Signorini 型变分不等式分析方法求解（Chen et al.，2020b；Hu et al.，2017）。由此可见，Signorini 型变分不等式方法为稳定/非稳定、饱和-非饱和渗流场的求解提供了统一的算法框架，该方法的突出优点是有效实现了边界非线性与材料非线性的解耦，减小了第三类边界条件及其转化关系的处理难度，并改善了渗流场数值模拟的稳定性和收敛性。

5.2.2 Signorini 型变分不等式分析方法

1. Signorini 型变分不等式提法

对于饱和-非饱和渗流问题[式（1.3.51）～式（1.3.54）和式（1.3.58）]，在空间域Ω上定义如下试探函数集 $\boldsymbol{H}_{\mathrm{VIS}}$：

$$\boldsymbol{H}_{\mathrm{VIS}}=\{h(\boldsymbol{x},t)|\ h=\overline{h},x\in\Gamma_h;\varpi(h-z-h^*)\leqslant 0,\boldsymbol{x}\in\Gamma_{\mathrm{T}}\}\tag{5.2.1}$$

式中：h 为水头函数；$\overline{h}$ 为水头边界Γ_h 上的已知水头；Γ_{T} 为第三类边界，$\Gamma_{\mathrm{T}}=\Gamma_{\mathrm{s}}\cup\Gamma_{\mathrm{e}}\cup\Gamma_{\mathrm{i}}$，即包括溢出边界$\Gamma_{\mathrm{s}}$、蒸发边界$\Gamma_{\mathrm{e}}$和降雨入渗边界$\Gamma_{\mathrm{i}}$；$\varpi$为边界类型指示符号；$h^*$为边界上容许达到的压力水头值；$\boldsymbol{x}=\{x, y, z\}^{\mathrm{T}}$ 为空间坐标；z 为垂直坐标；t 为时间。

由式（5.2.1）可知，$\boldsymbol{H}_{\mathrm{VIS}}$ 上的任意试探函数强制满足水头边界条件和第三类边界上的水头条件。于是，饱和-非饱和渗流问题的 Signorini 型变分不等式提法可以表述为，在 $\boldsymbol{H}_{\mathrm{VIS}}$ 中求一随时间变化的函数 $h(\boldsymbol{x}, t)$，使得对$\forall\hbar(\boldsymbol{x}, t)\in\boldsymbol{H}_{\mathrm{VIS}}$，都有如下不等式成立（Hu et al.，2017）：

$$\left(\frac{\partial h}{\partial t},\hbar-h\right)+a(h,\hbar-h)+j(\hbar-h)\geqslant 0\tag{5.2.2}$$

其中，

$$\left(\frac{\partial h}{\partial t},\hbar-h\right)\equiv\int_{\Omega}(\hbar-h)(C+\omega S_{\mathrm{s}})\frac{\partial h}{\partial t}\mathrm{d}\Omega\tag{5.2.3a}$$

$$a(h,\hbar-h)\equiv\int_{\Omega}\nabla(\hbar-h)\cdot k_{\mathrm{r}}\boldsymbol{K}\nabla h\mathrm{d}\Omega\tag{5.2.3b}$$

$$j(\hbar-h)\equiv\int_{\Gamma_q\cup\Gamma_{\mathrm{T}}}(\hbar-h)(\boldsymbol{n}\cdot\boldsymbol{v})\mathrm{d}S\tag{5.2.3c}$$

式中：$\boldsymbol{K}$ 为渗透系数张量；k_{r} 为相对渗透率；C 为容水度；S_{s} 为储水率；ω 为饱和区指示符号；$\boldsymbol{v}$ 为渗流速度；$\boldsymbol{n}$ 为边界上的单位外法线矢量；Γ_q 为流量边界；Γ_{T} 为第三类边界。

上述变分不等式提法与非稳定渗流问题的变分不等式提法[式（5.1.1）～式（5.1.3）]极为类似，也是一种抛物型变分不等式提法，但由于水头函数 h 自然地定义在包含饱和区和非饱和区的空间域Ω上，故不存在内部边界条件。可以类似地证明，上述变分不等式提法在数学上与饱和-非饱和渗流的偏微分方程提法[式（1.3.51）、式（1.3.53）、式（1.3.54）和式（1.3.58）]是完全等价的，具体证明过程参见 Hu 等（2017），这里不再赘述。

2. 有限元计算格式

与 5.1.3 小节类似，采用 Galerkin 有限元方法对空间域进行离散，并采用有限差分法对时间域进行离散，即可直接建立饱和-非饱和渗流问题的离散型变分不等式数值计算格式。具体而言，在空间域Ω上定义如下有限维试探向量空间 $\boldsymbol{H}_{\mathrm{VIS}}^n$：

$$\boldsymbol{H}_{\mathrm{VIS}}^n=\{\boldsymbol{h}(t)|\ \boldsymbol{h}\in\mathbf{R}^n;h_j(t)=\bar{h}_j(t),j\in\Gamma_h;\varpi[h_j(t)-z_j-h_j^*]\leqslant 0,j\in\Gamma_{\mathrm{T}}\} \tag{5.2.4}$$

式中：$\boldsymbol{h}(t)$为 t 时刻的水头节点向量；$\mathbf{R}^n$ 为 n 维向量空间，n 为总节点数；h_j 和 z_j 分别为节点 j 的水头和垂直坐标；$\bar{h}_j$ 为水头边界Γ_h上节点 j 的已知水头；h_j^* 为第三类边界Γ_{T}上容许达到的压力水头。

由式（5.2.4）可知，在任意 t 时刻，水头节点向量 $\boldsymbol{h}(t)$在Γ_h上强制满足水头边界条件，在第三类边界Γ_{T}上强制满足其中的水头部分，即$\varpi(h-z-h^*)\leqslant 0$。这样，饱和-非饱和渗流问题的离散型变分不等式隐式迭代格式可以表述为，在有限维试探向量空间$\boldsymbol{H}_{\mathrm{VIS}}^n$中求一随时间变化的向量 $\boldsymbol{h}^{i+1}\in\boldsymbol{H}_{\mathrm{VIS}}^n$，使得对$\forall\boldsymbol{\hbar}\in\boldsymbol{H}_{\mathrm{VIS}}^n$，都有（Hu et al.，2017）

$$(\boldsymbol{\hbar}-\boldsymbol{h}^{i+1})^{\mathrm{T}}(\boldsymbol{C}+\Delta t\vartheta\boldsymbol{D})\boldsymbol{h}^{i+1}\geqslant(\boldsymbol{\hbar}-\boldsymbol{h}^{i+1})^{\mathrm{T}}[\boldsymbol{C}-(1-\vartheta)\Delta t\boldsymbol{D}]\boldsymbol{h}^{i}+(\boldsymbol{\hbar}-\boldsymbol{h}^{i+1})^{\mathrm{T}}\Delta t\boldsymbol{Q} \tag{5.2.5}$$

式中：ϑ为积分常数；$\boldsymbol{D}$ 为渗透劲度矩阵；$\boldsymbol{C}$ 为储存矩阵；$\boldsymbol{Q}$ 为节点流量列阵。

$$\boldsymbol{D}=\sum\nolimits_e\int_{\Omega_e}\boldsymbol{B}^{\mathrm{T}}k_{\mathrm{r}}\boldsymbol{K}\boldsymbol{B}\mathrm{d}\Omega \tag{5.2.6a}$$

$$\boldsymbol{C}=\sum\nolimits_e\int_{\Omega_e}\boldsymbol{N}^{\mathrm{T}}(C+\omega S_{\mathrm{s}})\boldsymbol{N}\mathbf{d}\Omega \tag{5.2.6b}$$

$$\boldsymbol{Q}=\sum\nolimits_e\int_{\Gamma_q}\boldsymbol{N}^{\mathrm{T}}\bar{q}\mathrm{d}S+\sum\nolimits_e\int_{\Gamma_{\mathrm{T}}}\boldsymbol{N}^{\mathrm{T}}q^*\mathrm{d}S \tag{5.2.6c}$$

式中：$\boldsymbol{K}$ 为渗透系数张量；k_{r} 为相对渗透率；S_{s} 为储水率；C 为容水度；ω为饱和区指示符号；$\bar{q}$ 为流量边界Γ_q上的已知流量；q^*为第三类边界Γ_{T}上容许达到的流量极限值；Ω_e为单元 e 的体积；$\boldsymbol{N}$ 为形函数向量；$\boldsymbol{B}$ 为几何矩阵。

上述离散型变分不等式迭代格式与非稳定渗流问题的离散型变分不等式迭代格式［式（5.1.19）～式（5.1.21）］极为类似，两者的主要区别如下：①渗透劲度矩阵 $\boldsymbol{D}$ 与相对渗透率 k_{r} 相关，因而在非饱和区是随饱和度变化的；②储存矩阵 $\boldsymbol{C}$ 通过容水度 $C(\theta)$ 反映非饱和区的持水特性，因而不存在内部边界及其产生的储存项；③节点流量列阵 $\boldsymbol{Q}$ 包含非饱和区流量边界产生的贡献，非饱和区不存在虚拟流量；④由于内部边界消失，也无须引入自适应罚 Heaviside 函数。

3. 数值计算流程

与图 5.1.2 类似，饱和-非饱和渗流问题的离散型变分不等式［式（5.2.5）］的求解也涉及自动时间步进及各时步内渗流场迭代两个步骤。在渗流场迭代过程中，同样可采用郑铁生等（1995）建议的互补算法高效地求解第三类边界上的 Signorini 型互补条件，并简便地处理入渗、蒸发、溢出边界条件之间的转化关系（图 1.3.6）。算法的收敛条件同式（5.1.23），有限元数值计算流程如图 5.2.1 所示（Hu et al.，2017）。

步骤 1：输入模拟时长 t_{max}、初始步长Δt、容许误差ε；初始化时间步 $i \leftarrow 0$，$t \leftarrow 0$；输入初始渗流场 $\boldsymbol{h}^i \leftarrow \boldsymbol{h}_0$。

步骤 2：令 $i \leftarrow i+1$，$t \leftarrow t+\Delta t$；施加 t 时刻的水头和流量边界条件；初始化互补算法迭代步 $k \leftarrow 0$。

步骤 3：令 $k \leftarrow k+1$，$\boldsymbol{\hbar} \leftarrow \vartheta \boldsymbol{h}_k^i + (1-\vartheta)\boldsymbol{h}^{i-1}$，由 $\boldsymbol{\hbar}$ 按式（5.2.6）集成渗透劲度矩阵 $\boldsymbol{D}$、储存矩阵 $\boldsymbol{C}$ 和等效节点流量列阵 $\boldsymbol{Q}$；令 $\boldsymbol{F} \leftarrow [\boldsymbol{C}-(1-\vartheta)\Delta t\boldsymbol{D}]\boldsymbol{h}^{i-1} + \Delta t\boldsymbol{Q}$，$\boldsymbol{G} \leftarrow \boldsymbol{C} + \vartheta\Delta t\boldsymbol{D}$。

步骤 4：求解方程组 $\boldsymbol{G}\boldsymbol{h}_k^i = \boldsymbol{F}$。

步骤 5：令 $\boldsymbol{J}_h \leftarrow \{j | \varpi(h_k^i - z - h^*)_j \geqslant 0$ 且 $\varpi(q_k^i - q^*)_j \leqslant 0$，$j \in \Gamma_{\mathrm{T}}\}$，对于$\forall j \in \boldsymbol{J}_h$，令$(h_k^i - z)_j = h_j^*$。

步骤 6：按式（5.1.23）进行收敛判别，若计算收敛，则更新渗流场 $\boldsymbol{h}^i \leftarrow \boldsymbol{h}_k^i$，并转步骤 7；否则，转步骤 3。

步骤 7：进行模拟时长判别，若 $t < t_{max}$，则更新步长Δt，并转步骤 2；否则，计算结束。

图 5.2.1　饱和-非饱和渗流有限元计算流程

4. 计算参数及边界条件的确定

与稳定/非稳定渗流分析模型对比可知，饱和-非饱和渗流模型的差异主要体现在如下三个方面：一是非饱和区中的渗流是具有实际物理意义的，因而在计算模型构建时，应确保地下水位面之上区域的地形地质特征得到准确表征，且计算网格的尺寸应控制在合理范围内；二是除了渗透系数张量 $\boldsymbol{K}$ 和储水率 S_s，计算参数还包括介质的土水特征曲线（S_e-h_c 曲线）和相对渗透率曲线（k_r-S_e 曲线），渗流场模拟的材料非线性问题更为突出；三是除了饱和溢出边界条件，饱和-非饱和渗流还涉及非饱和流量边界条件（即降雨入渗边界条件和蒸发边界条件），边界条件的处理难度显著增大。

因此，在饱和-非饱和渗流分析中，材料非线性与边界非线性的交织和耦合是客观存在的。尽管 Signorini 型变分不等式分析方法有效解决了饱和-非饱和渗流边界条件及其转化关系的处理问题，但缺乏代表性或不符合实际物理过程的参数输入同样可使渗流场求解失败。在 5.1.4 小节中，已经讨论了岩体渗透系数张量 $\boldsymbol{K}$、储水率 S_s 和计算模型截取边界条件的确定问题。除此之外，饱和-非饱和渗流分析还需要考虑如下参数的确定问题。

（1）土水特征曲线和相对渗透率曲线。这两个本构关系的确定是饱和-非饱和渗流分析面临的突出难题。对于土体和岩石，S_e-h_c 和 k_r-S_e 曲线可通过室内试验测定，但对于裂隙岩体，却缺乏经济可靠、简便易行的现场测试技术。Peters 和 Klavetter（1988）、Liu 等（1998）认为，VG 模型（van Genuchten，1980）对裂隙岩体也是适用的，那么剩下的问题就是如何确定岩体的代表性模型参数α和 n（见 1.2.4 小节）。解决问题的可行途径有两种：一是利用α-K 和 n-K 的相关关系，由岩体的渗透系数 K 近似估计α和 n 的取值范围及其代表性取值（见 4.1 节）；二是利用饱水带低成本、易实施的地下水观测数据反演包气带的非饱和渗流参数α和 n（Chen et al.，2020b），具体见 5.4 节。除此之外，VG 模型还包含θ_s 和θ_r 两个参数。对于岩体的饱和体积含水量θ_s，若忽略空隙中截留气体的影响，可由岩体的孔隙率ϕ近似估算，即取$\theta_s = \phi$；对于残余体积含水量θ_r，则需结合场地条件通过室内试验或经验类比确定。

（2）边界条件参数 h_p、h_d 和 R_e。坡面积水深度 h_p 与地表形态、坡度、糙率和降雨强度、历时等因素有关，在不模拟坡面径流的情况下，尤其在坡度较陡的河谷地区，通常可近似取 $h_p=0$。地表土壤的极限负压水头 h_d 与土壤的性质、温度和湿度等因素有关，通常可通过土水特征曲线由土壤的残余体积含水量θ_r估计。地表蒸发强度 R_e 的影响因素较多，包括土壤的性质、含水量、湿度、温度、风速、植被等，可由研究区域的陆面蒸发量或经验公式估算。

（3）初始水头分布 h_0。对于地下水位面之下的饱和区，可通过在一定边界条件下的稳定渗流分析确定其初始水头分布。而对于地下水位面之上的非饱和区，自地下水位面向上直至地表，通常采用如下两种方式确定其初始水头分布：一是确定地表土壤的负压水头，并直接假定非饱和区中负压水头的递减模式；二是确定地表土壤的含水量，并假定非饱和区中含水量的递减模式，再通过土水特征曲线将含水量的分布转化为 h_0 的分布。为了避免初始水头分布对渗流场分析结果的影响，可在渗流场模拟之前，先进行多年的降雨—蒸发循环模拟，直至初始渗流场随季节变化达到动态平衡（Chen et al.，2020b）。

5.2.3 水-气两相渗流的数值模拟方法

在 1.3.4 小节，给出了岩土介质水-气两相渗流问题的控制方程及定解条件。引入形函数向量 $\boldsymbol{N}$，对基本未知量孔隙水压力 p_w 和气体压力 p_a 采用相同的插值模式，则有

$$\begin{cases} p_w(t)=\boldsymbol{N}\boldsymbol{P}_w(t) \\ p_a(t)=\boldsymbol{N}\boldsymbol{P}_a(t) \end{cases} \tag{5.2.7}$$

式中：$\boldsymbol{P}_w(t)$和 $\boldsymbol{P}_a(t)$分别为 t 时刻有限单元节点的孔隙水压力向量和气体压力向量。

对控制方程组式（1.3.64）运用 Galerkin 法，并引入边界条件式（1.3.66）和式（1.3.67），可得岩土介质水-气两相渗流的有限元支配方程组：

$$\boldsymbol{C}\dot{\boldsymbol{P}}+\boldsymbol{D}\boldsymbol{P}=\boldsymbol{Q} \tag{5.2.8}$$

其中，

$$\boldsymbol{P}=\begin{Bmatrix}\boldsymbol{P}_w\\ \boldsymbol{P}_a\end{Bmatrix},\quad \boldsymbol{C}=\begin{bmatrix}\boldsymbol{C}_{ww} & \boldsymbol{C}_{wa}\\ \boldsymbol{C}_{aw} & \boldsymbol{C}_{aa}\end{bmatrix},\quad \boldsymbol{D}=\begin{bmatrix}\boldsymbol{D}_{ww} & \boldsymbol{O}\\ \boldsymbol{O} & \boldsymbol{D}_{aa}\end{bmatrix},\quad \boldsymbol{Q}=\begin{Bmatrix}\boldsymbol{Q}_w\\ \boldsymbol{Q}_a\end{Bmatrix} \tag{5.2.9}$$

式（5.2.9）中，系数矩阵 $\boldsymbol{C}$、$\boldsymbol{D}$ 及右端项向量 $\boldsymbol{Q}$ 中各元素的计算表达式如下：

$$\boldsymbol{C}_{ww}=\sum_e\int_{\Omega_e}\boldsymbol{N}^{\mathrm{T}}\rho_w\phi(S\beta_w+C)\boldsymbol{N}\mathrm{d}\Omega \tag{5.2.10a}$$

$$\boldsymbol{C}_{aa}=\sum_e\int_{\Omega_e}\boldsymbol{N}^{\mathrm{T}}\rho_a\phi[(1-S)\beta_a+C]\boldsymbol{N}\mathrm{d}\Omega \tag{5.2.10b}$$

$$\boldsymbol{C}_{wa}=-\sum_e\int_{\Omega_e}\boldsymbol{N}^{\mathrm{T}}\rho_w\phi C\boldsymbol{N}\mathrm{d}\Omega \tag{5.2.10c}$$

$$\boldsymbol{C}_{aw}=-\sum_e\int_{\Omega_e}\boldsymbol{N}^{\mathrm{T}}\rho_a\phi C\boldsymbol{N}\mathrm{d}\Omega \tag{5.2.10d}$$

$$\boldsymbol{D}_{ww}=\sum_e\int_{\Omega_e}\boldsymbol{B}^{\mathrm{T}}\frac{\rho_w k_{rw}\boldsymbol{\kappa}}{\mu_w}\boldsymbol{B}\mathrm{d}\Omega \tag{5.2.11a}$$

$$\boldsymbol{D}_{\mathrm{aa}}=\sum_{e}\int_{\Omega_e}\boldsymbol{B}^{\mathrm{T}}\frac{\rho_{\mathrm{a}}k_{\mathrm{ra}}\boldsymbol{\kappa}}{\mu_{\mathrm{a}}}\boldsymbol{B}\mathrm{d}\Omega \tag{5.2.11b}$$

$$\boldsymbol{Q}_{\mathrm{w}}=\sum_{e}\int_{\Gamma_{\mathrm{w}q}}\boldsymbol{N}^{\mathrm{T}}\rho_{\mathrm{w}}\overline{q}_{\mathrm{w}}\,\mathrm{d}S+\sum_{e}\int_{\Omega_e}\boldsymbol{B}^{\mathrm{T}}\frac{\rho_{\mathrm{w}}^{2}k_{\mathrm{rw}}\boldsymbol{\kappa}}{\mu_{\mathrm{w}}}\boldsymbol{g}\mathrm{d}\Omega \tag{5.2.12a}$$

$$\boldsymbol{Q}_{\mathrm{a}}=\sum_{e}\int_{\Gamma_{\mathrm{a}q}}\boldsymbol{N}^{\mathrm{T}}\rho_{\mathrm{a}}\overline{q}_{\mathrm{a}}\,\mathrm{d}S+\sum_{e}\int_{\Omega_e}\boldsymbol{B}^{\mathrm{T}}\frac{\rho_{\mathrm{a}}^{2}k_{\mathrm{ra}}\boldsymbol{\kappa}}{\mu_{\mathrm{a}}}\boldsymbol{g}\mathrm{d}\Omega \tag{5.2.12b}$$

式（5.2.10）～式（5.2.12）中，Ω_e 为单元 e 的体积，$\boldsymbol{B}$ 为几何矩阵，β_{w} 和 β_{a} 分别为水与气体的体积压缩系数，其余符号意义同 1.3.4 小节。

类似于式（5.1.18），对式（5.2.8）中的基本未知量 $\boldsymbol{P}$ 引入有限差分格式，即得岩土介质水-气两相渗流的有限元迭代格式：

$$(\boldsymbol{C}+\vartheta\Delta t\boldsymbol{D})\boldsymbol{P}^{i+1}=\Delta t\boldsymbol{Q}+[\boldsymbol{C}-(1-\vartheta)\Delta t\boldsymbol{D}]\boldsymbol{P}^{i} \tag{5.2.13}$$

式中：i 为时间步；Δt 为 i 时步到 $i+1$ 时步的时间步长；ϑ 为积分常数。

式（5.2.13）涉及水、气两相流体的运动过程，两者之间是存在强烈相互作用的，其求解同样涉及时步递进和时步内渗流场迭代两个步骤，具体的求解策略有双场交叉迭代和全耦合求解两类（Chen et al.，2009b）。当采用全耦合求解策略时，需要注意的是，系数矩阵 $\boldsymbol{C}$ 是非对称的。此外，水-气两相渗流的控制方程式（1.3.64）通常具有很强的非线性，非线性的来源主要有两个方面：一是土水特征曲线 $S_{\mathrm{e}}(p_{\mathrm{c}})$［或容水度曲线 $C(p_{\mathrm{c}})$］及相对渗透率曲线 $k_{\mathrm{rw}}(S_{\mathrm{e}})$ 和 $k_{\mathrm{ra}}(S_{\mathrm{e}})$；二是气体的可压缩性 $\beta_{\mathrm{a}}=1/p_{\mathrm{a}}$。因此，有限元支配方程组式（5.2.13）往往是高度病态的，其求解对算法的稳健性要求较高。

非饱和渗流本质上也是水-气两相渗流，但忽略了气体的压力分布及其变化，因而在控制方程中仅保留水分运移方程。对比分析表明，在地下水湿润锋面推进过程中，岩土介质孔隙中的气体往往难以及时排出，使气体被截留、压缩，局部气体压力显著增大，并对地下水的运动过程产生明显的阻滞和延缓作用，这种现象显然是非饱和渗流模型难以描述的（Hu et al.，2016，2011）。

5.2.4　应用示例

坡面防渗和坡体排水是最经济、有效的边坡工程治理技术，故有“治坡先治水”之说。坡体排水有浅表排水和深部排水之分，其中浅表排水的目的在于顺畅排出自边坡表面入渗的雨水或地表水，从而降低边坡浅表层的孔隙水压力，并提高边坡浅表层的稳定性。本小节以一均质土坡为例，运用基于 Signorini 型变分不等式的饱和-非饱和渗流分析方法（图 5.2.1），并结合排水孔幕的精细模拟技术（详见 5.3 节），研究降雨-蒸发过程中边坡渗流场的变化特征，并定量评价浅表排水对边坡渗流场的控制作用。

该均质土坡高 35 m，坡比为 1∶1，如图 5.2.2（a）所示。边坡浅表布置有 5 层水平排水孔，呈矩形，间排距均为 5 m，排水孔长 12 m，孔径为 15 cm。土体的土水特征曲线和相对渗透率曲线采用 VG 模型[式（4.1.1）和式（4.1.2）]进行描述，模型参数如下：α=0.28 m^{-1}，n=1.56，θ_s=0.42，θ_r=0.084。土体的饱和渗透系数为 K=4.41×10^{-4} cm/s，属弱透水。选取 5 m 宽的坡体进行数值模拟，有限元网格采用八节点六面体等参单元进行剖分，分粗、细两套网格，粗网格单元数为 5 688 个，节点数为 6 908 个；细网格单元数为 71 800 个，节点数为 78 552 个。数值模拟的总时长为 60 h，其中前 48 h 为降雨过程，后 12 h 为蒸发过程。初始时间步长和最大时间步长分别取 0.01 h 和 0.2 h，时间步长增长系数取 1.1。

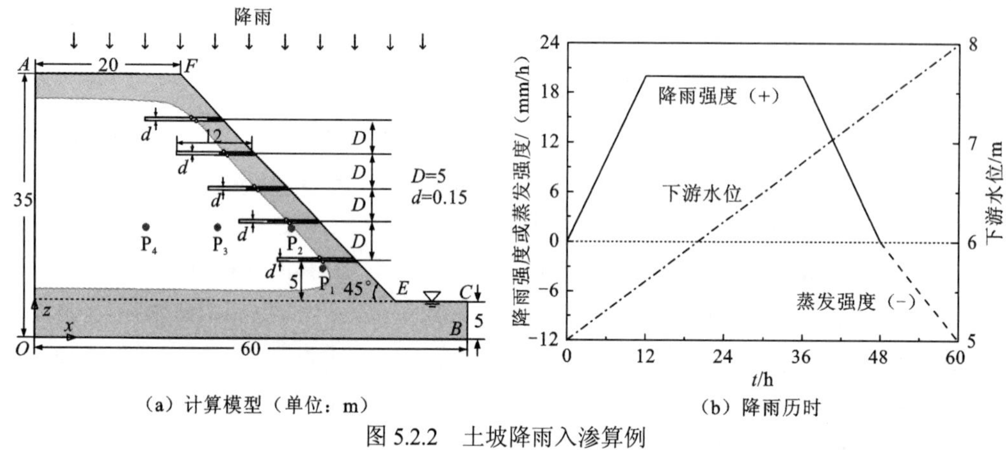

（a）计算模型（单位：m）　　（b）降雨历时

图 5.2.2　土坡降雨入渗算例

在初始时刻，假定边坡地下水位与坡脚水位齐平，在地下水位之下孔隙水压力呈线性分布，即压力水头 h_w=5−z（z 为垂直坐标）；在地下水位之上，有效饱和度 S_e 随高程的增大线性递减，在坡顶处为 0.682。边界条件如下：①坡脚水位之下的边界（BC、CE 和 EF 淹没部分）满足水头边界条件，水头从 5 m（t=0）按线性增大至 8 m（t=60 h）；②坡面（AF 和 EF 位于水位之上的部分）为入渗或蒸发边界，水平排水孔的壁面为潜在溢出边界，这两类边界均满足 Signorini 型互补条件[式（1.3.58）]，其中降雨强度和蒸发强度如图 5.2.2（b）所示，坡面积水深度取 h_p=0，土体的极限负压水头取 h_d=−10 m。

对比分析表明，网格粗细对渗流场计算结果的影响较小，说明 Signorini 型变分不等式分析方法有效克服了饱和-非饱和渗流场模拟的网格依赖性（Hu et al.，2017）。图 5.2.3 给出了两个典型时刻坡体内的孔隙水压力分布特征，表明在降雨过程中，随着湿润锋面向坡内推进，边坡浅表层逐渐形成暂态饱和区，但在水平排水作用下，边坡浅表，尤其是坡脚部位的孔隙水压力显著降低。图 5.2.4 给出了坡体内部 4 个特征点处的孔隙水压力在降雨-蒸发过程中的变化规律，特征点的位置如图 5.2.2（a）所示。从图 5.2.4 中可见，坡脚浅表部位（如 P_1 处）对降雨响应较为迅速，且与无排水情况相比，底层排水孔的排水降压效果最明显，这与以往的研究结论一致（Chen et al.，2010；Rahardjo et al.，2003）。但随着水平埋深的增大，降雨对渗流场的影响显著减弱，且存在明显的迟滞效应，如 P_3 处的孔隙水压力直至停雨之后才略有变化。

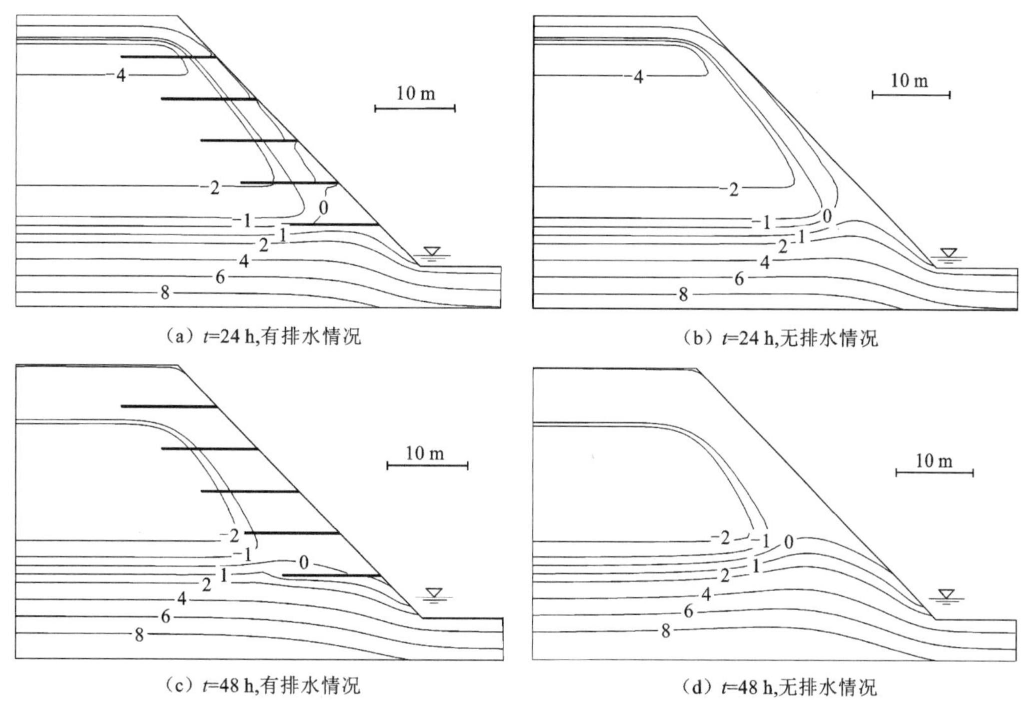

图 5.2.3　不同时刻坡体内孔隙水压力的分布特征

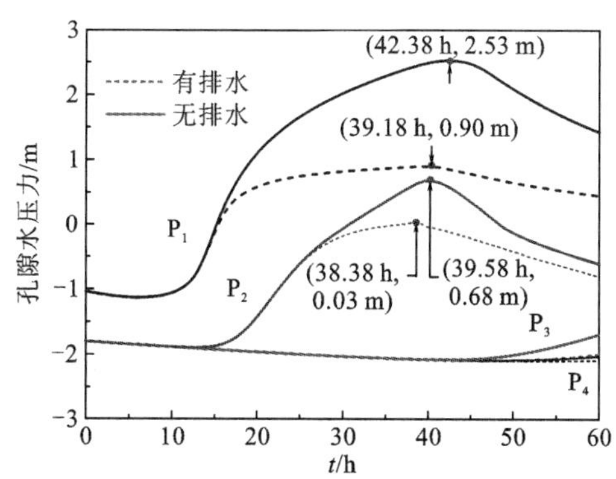

图 5.2.4　坡内特征点处孔隙水压力的变化过程

边坡降雨入渗率或蒸发率随时间的变化规律如图 5.2.5 所示，表明入渗率与降雨强度具有明显的相关性，且入渗率存在峰值，与降雨历程、坡面形态和土壤条件等因素有关。图 5.2.5 还给出了从各层排水孔排出的流量的变化过程，进一步表明底层排水孔（其流量为 Q_5）的排水作用最为显著，且在停雨之后仍持续有地下水排出，而其余各层排水孔排出的流量（Q_1～Q_4）甚少。

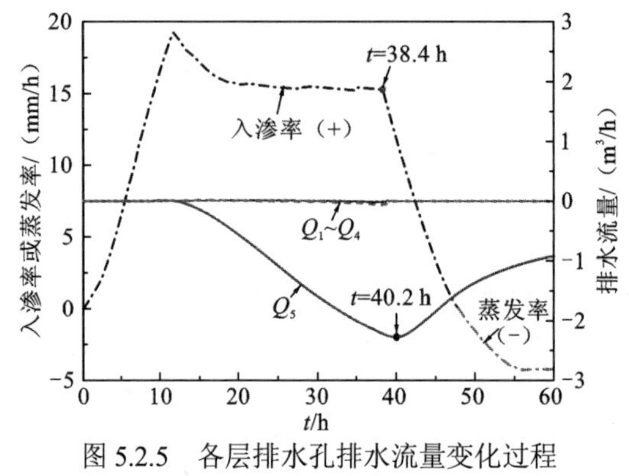

图 5.2.5　各层排水孔排水流量变化过程

5.3　大型排水孔幕的数值模拟方法

5.3.1　概述

排水是水利工程渗流控制的关键措施之一，它通过在渗流场内部或下游边界附近形成人工溢出边界，改变渗流运动的路径，并达到排水降压的目的。排水对于降低坝基的扬压力，减小洞室围岩的渗透压力，提高边坡的稳定性均具有重要意义，工程上常用的排水结构有排水孔幕、排水洞、排水廊道、排水棱体、排水沟渠、排水井等。排水常与防渗和反滤配合使用，如混凝土坝坝基排水孔均布置在防渗帷幕下游侧一定范围内，排水孔穿越软弱结构面孔段常辅以反滤保护等。

排水系统的渗流控制效应评价是渗流场分析和渗流控制优化设计的重要内容。在上述排水措施中，排水洞、排水廊道和排水沟渠等结构一般既起到排水的作用，又起到集中渗流量的作用。这类排水结构截面积较大、布置规则且数量较少，因而数值模拟的难度较小。排水孔幕是大型水利水电工程中最重要的排水降压措施，通常仅在枢纽区坝基、坝肩和地下洞室部位就布置有成千上万个排水孔，如图 5.3.1 所示。排水孔幕具有孔径小、长度大、间距密、数量多等特点，其渗流控制效应较为复杂，精细化数值模拟的难度也很大，其原因主要有如下两个方面：一是与渗流计算模型的尺寸相比，排水孔的孔径极小，在几何形态上具有一维特征，因而排水孔幕的计算网格的构建难度较大；二是排水孔幕的渗流控制效应是三维的，其对渗流场的控制作用是通过边界条件实现的，由于多数排水孔的边界条件均满足 Signorini 型互补条件，故排水孔幕显著增强了渗流场分析的非线性程度。

鉴于排水孔幕的重要性和复杂性，其数值模拟方法已得到广泛研究，代表性的有等效渗透系数法（Chen et al.，2000）、排水子结构法（朱岳明和张燎军，1997；王镭 等，1992）、半解析法（Zhan and Su，1999；Fipps et al.，1986）、“以管代孔”法（王恩志 等，2001）、复合单元法（Chen et al.，2004）等。这些方法均力图减小排水孔幕的模拟难度，但除了排水子结构法，大多数方法忽略或简化了排水孔的边界条件，不仅难以准确模拟排水孔幕的渗流控制效应，而且可能使数值模拟出现严重的收敛性问题。例如，当排水孔幕采用等效渗透系数法进行模拟时，在其空间布置方向上将有一层岩体的渗透系数被显著提高，不仅使渗流在界面上产生不符合实际的折射[式（1.3.47）]，而且当等效岩体的渗透性与排水孔幕两侧岩体的渗透性在量级上差别较大时，还将使渗流计算的数值稳定性显著恶化。因此，等效渗透系数法从根本上改变了排水孔幕附近岩体的渗透特性、渗流的边界条件和渗流场的分布特征，因而不可能合理评价排水孔幕的渗流控制效应。

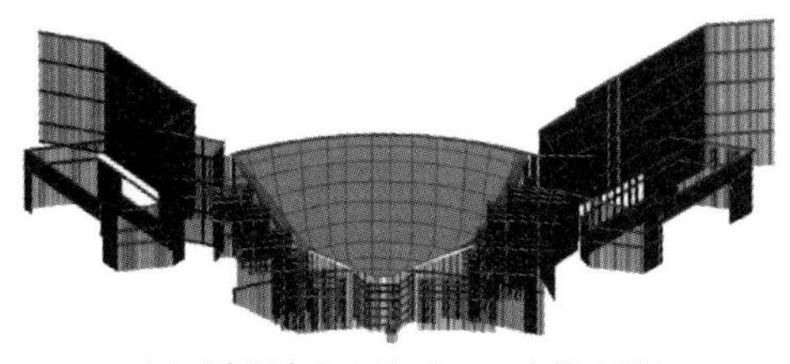

（a）溪洛渡水电站（7 980个排水孔）

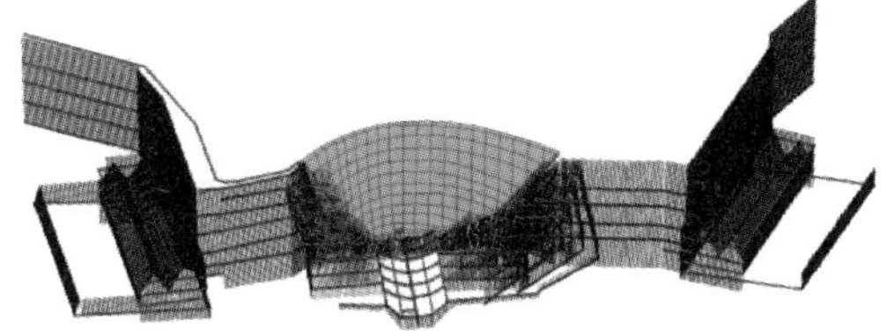

（b）白鹤滩水电站（12 300个排水孔）

图 5.3.1　大型水利水电工程枢纽区排水系统示例

在渗流场分析中，排水孔幕的模拟需要解决两个关键问题：一是排水孔幕几何结构的精细化表征；二是排水孔幕的边界条件及其严格处理。前者可采用子结构技术予以解决，后者则可通过 Signorini 型变分不等式分析方法予以处理。将子结构技术与 Signorini 型变分不等式分析方法有机结合，可以高效解决大型排水孔幕的精细化数值模拟与优化设计问题（Hu et al.，2017；Chen et al.，2011a，2008）。

5.3.2　排水孔幕的边界条件

排水孔幕在本质上是通过其排泄边界起到排水降压作用的，因此无论采用何种数值模拟方法，均应正确反映其边界条件。排水孔的边界条件主要有四类（Chen et al.，2011a，2008；陈益峰 等，2009），如图 5.3.2 所示。

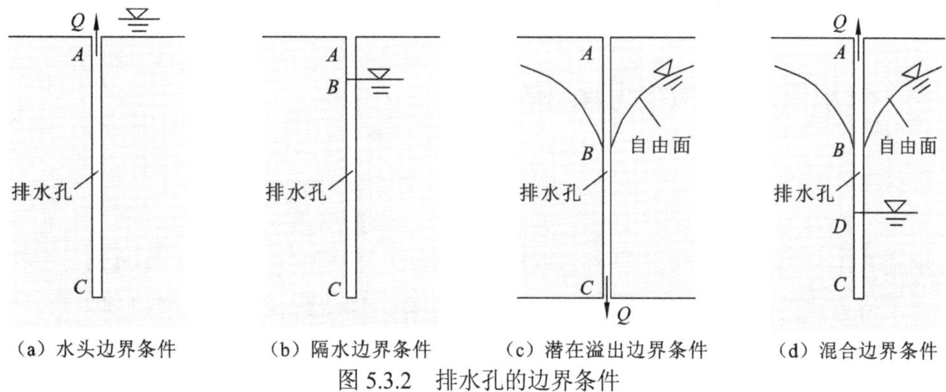

（a）水头边界条件　（b）隔水边界条件　（c）潜在溢出边界条件　（d）混合边界条件

图 5.3.2　排水孔的边界条件

第一类边界条件是水头边界条件。下端位于基岩之内且孔口有渗流溢出的排水孔均满足这类边界条件，如从坝基及地下洞室群底层排水廊道向下钻设的排水孔，其水头取决于排水孔的孔口高程或与之相连的排水廊道的底板高程，如图 5.3.2（a）所示。

第二类边界条件是隔水边界条件。同样，对于下端位于基岩之内的排水孔，当孔口无渗流溢出时，排水孔不起排水作用，其边界条件应取隔水边界条件，如图 5.3.2（b）所示。这类排水孔即使孔内存在某个地下水位，其边界条件也不能取水头边界条件，这是因为渗流场决定了孔内水位，而非孔内水位决定了渗流场。

第三类边界条件是潜在溢出边界条件。对于从排水廊道顶板或边墙向上钻设的仰孔，或者钻设于两条不同高程排水廊道之间的排水孔，其边界均满足这类边界条件，如图 5.3.2（c）所示。图 5.3.2（c）中 *BC* 段为溢出边界，但具体位置事先未知，需要通过迭代求解确定。排水孔排出的渗流量首先汇入下端的排水廊道，进而通过自流方式或集中抽排方式排走。对于这类排水孔，当其下端完全淤堵，渗流从上端孔口溢出时，其边界条件转变为水头边界条件；若上端孔口也不存在渗流溢出，则应取隔水边界条件。

第四类边界条件是由上述第一类和第三类边界条件组成的混合边界条件。这类边界条件与排水井或抽水井有关，实际上属于抽排流量 Q 已知但井内水位未知的边界条件，如图 5.3.2（d）所示。图 5.3.2（d）中 *BD* 段为溢出边界，*CD* 段为水头边界，但具体位置均事先未知，需由抽排流量 Q 经迭代计算确定。

上述四类边界条件为稳定/非稳定渗流分析模型涉及的排水孔幕边界条件，其中最常见、最重要的是水头边界条件和潜在溢出边界条件两类。对于饱和-非饱和渗流分析模型，除了上述四类边界条件，还涉及非饱和溢出边界条件（即蒸发边界条件），如图 5.3.2 中的 *AB* 段所示。由此可见，排水孔幕的边界条件相当复杂，尤其第三类和第四类边界条件具有很强的非线性。此外，当需要评价排水孔幕的长期性能时，还需考虑排水孔淤堵引起的边界条件变化。显然，在工程渗流分析中，只有正确指定每一个排水孔的边界条件，才能确保排水孔幕的渗流控制效应得到准确模拟。

工程实践表明，排水孔幕是最经济、有效的排水措施，其布置将使渗流自由面或零压面在排水系统附近急剧降落，并在排水孔幕的部分壁面上溢出，从而使渗流场求解面临突出的网格依赖性和数值稳定性问题。解决大型排水孔幕精细化模拟问题的关键是互补边界条件的处理，这正是 Signorini 型变分不等式分析方法的优势所在。

5.3.3 排水孔幕模拟的子结构技术

针对排水孔幕孔径小、长度大、间距密、数量多的特点，可采用子结构技术减小计算网格构建的难度，并正确指定其边界条件。该技术最早由王镭等（1992）提出，用于模拟排水孔不穿过自由面情况下的渗流行为。随后，朱岳明和张燎军（1997）对排水子结构技术进行了改进，并将其与节点虚流量法结合，用于解决排水孔穿过或不穿过自由面情况下的渗流场模拟问题。子结构技术的基本思路是，在计算网格构建时，首先根据排水孔幕的走向布置尺寸较大的母单元，然后对排水孔穿越的母单元划分子单元，形成子结构，进而在子结构上处理排水孔的边界条件，并凝聚内部自由度，从而减小计算网格构建的难度和方程组求解的计算量（朱岳明和张燎军，1997）。但上述子结构技术未能克服排水孔壁面上渗流溢出点的奇异性，因而也难以克服渗流场模拟的网格依赖性和数值跳越问题。Chen 等（2011a，2008）将子结构技术与 Signorini 型变分不等式分析方法结合，高效解决了大型排水孔幕的数值模拟问题。

不妨以排水孔穿越一组八节点六面体单元为例，采用等截面积的正方形截面近似代替排水孔的圆形截面，并在排水孔径向方向上对母单元划分 2～3 层子单元，即可形成子结构，如图 5.3.3 所示。从母单元表面到排水孔边界，将子结构节点集合在径向方向上划分为 3 个子集，即出口节点集 $\boldsymbol{o}$、中间节点集 $\boldsymbol{m}$ 和边界节点集 $\boldsymbol{i}$。出口节点集 $\boldsymbol{o}$ 内的节点由母单元的节点组成，其从排水孔的任意一端开始，逐次向另一端顺序编号。边界节点集 $\boldsymbol{i}$ 内的节点位于排水孔边界上，其坐标取决于排水孔的位置和延伸方向。中间节点集 $\boldsymbol{m}$ 内的节点在出口节点集 $\boldsymbol{o}$ 和边界节点集 $\boldsymbol{i}$ 之间内插产生，从母单元表面到排水孔边界采用由疏到密的模式化方式过渡，从而确保子单元具有良好的网格形态。当母单元的尺寸较大时，可通过内插 2 层或更多层的中间节点来构建形态良好的子单元，如图 5.3.4 所示。中间节点集 $\boldsymbol{m}$ 和边界节点集 $\boldsymbol{i}$ 内的节点编号次序与出口节点集 $\boldsymbol{o}$ 一致。

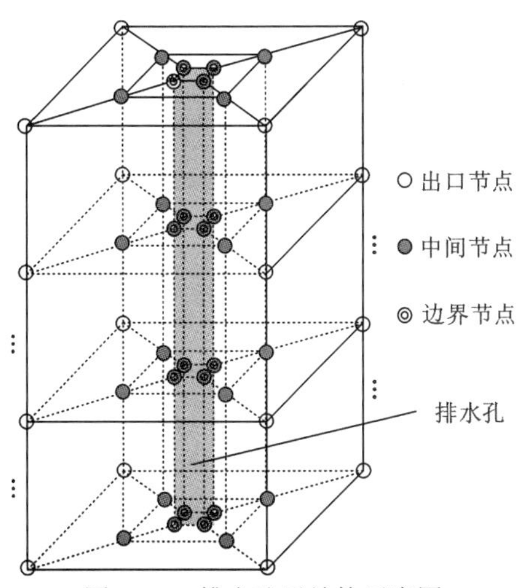

图 5.3.3 排水孔子结构示意图

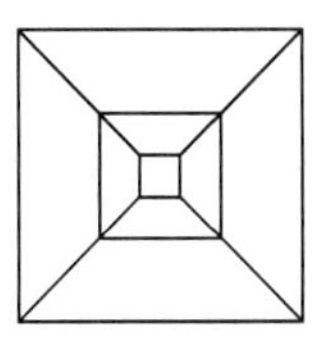

（a）单孔双层子单元

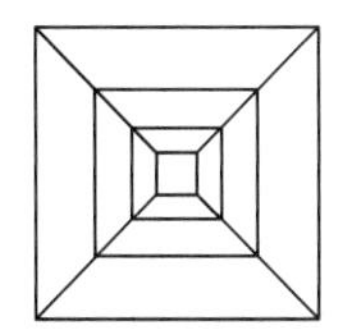

（b）单孔三层子单元

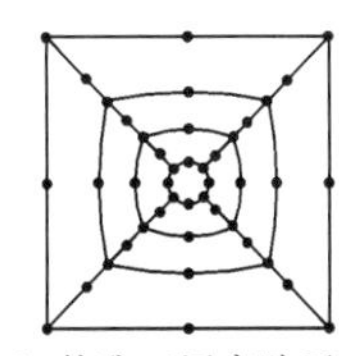

（c）单孔三层高阶子单元

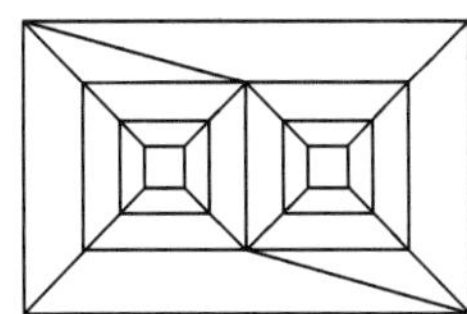
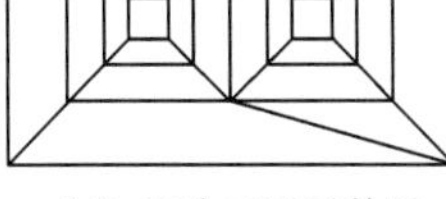

（d）双孔三层子单元

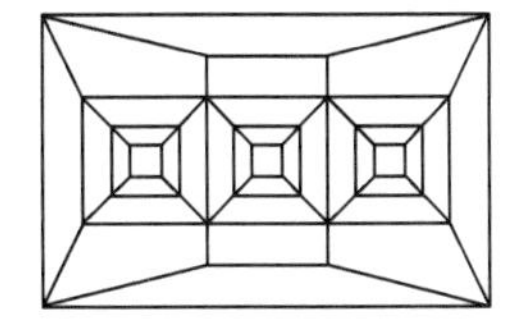

（e）三孔三层子单元

图 5.3.4 排水孔子结构的各种形式（朱岳明和张燎军，1997）

在子结构形成过程中，应考虑如下两种情况：一是对于排水仰孔或布设于两条不同高程排水洞室之间的排水孔[图 5.3.2（c）]，若中间节点集 $\boldsymbol{m}$ 内的节点位于洞室边界上，则这些节点的边界条件与边界节点集 $\boldsymbol{i}$ 相同。因此，这些节点应从中间节点集 $\boldsymbol{m}$ 转移到边界节点集 $\boldsymbol{i}$ 内。但如果洞室表面可视为隔水边界，则上述节点不需要转移。二是对于从底层排水洞室向下钻设的垂直或倾斜排水孔[图 5.3.2（a）、（b）和（d）]，与排水孔下端相连的母单元也应包含在子结构中，并采用过渡单元划分网格。也可将排水孔下端延长线穿越的所有母单元均包含到上述子结构中，并采用相同的方式划分子单元，此时这些母单元上的内插节点（排水孔底部边界上的节点除外）均应加入中间节点集 $\boldsymbol{m}$ 中。为了减小计算量，还可在上述母单元上再构建一个子结构，但两个子结构界面上的节点应从中间节点集 $\boldsymbol{m}$ 转移到出口节点集 $\boldsymbol{o}$ 内。

由 5.1.3 小节和 5.2.2 小节可知，在 $k+1$ 迭代步，排水子结构边界节点集 $\boldsymbol{i}$ 内的节点要么满足水头边界条件或隔水边界条件，要么满足 Signorini 型互补条件。而对于出口节点集 $\boldsymbol{o}$ 和中间节点集 $\boldsymbol{m}$ 内的节点，其在 $k+1$ 迭代步的流量平衡方程可以表达为

$$\begin{bmatrix} \boldsymbol{D}_{oo} & \boldsymbol{D}_{om} \\ \boldsymbol{D}_{mo} & \boldsymbol{D}_{mm} \end{bmatrix} \begin{Bmatrix} \boldsymbol{h}_o^{k+1} \\ \boldsymbol{h}_m^{k+1} \end{Bmatrix} = \begin{Bmatrix} \boldsymbol{Q}_o^k - \boldsymbol{D}_{oi}\boldsymbol{h}_i^k \\ \boldsymbol{Q}_m^k - \boldsymbol{D}_{mi}\boldsymbol{h}_i^k \end{Bmatrix} \tag{5.3.1}$$

式中：$\boldsymbol{D}_{rs}$ 为节点集 $\boldsymbol{r}$ 和节点集 $\boldsymbol{s}$ 之间的渗透劲度子矩阵($\boldsymbol{r}, \boldsymbol{s}=\boldsymbol{o}, \boldsymbol{m}, \boldsymbol{i}$)；$\boldsymbol{h}_r$ 和 $\boldsymbol{Q}_r$ 为节点集 $\boldsymbol{r}$ 中节点的水头向量和右端项向量。通过消除中间节点集 $\boldsymbol{m}$ 上的内部自由度 $\boldsymbol{h}_m^{k+1}$，式（5.3.1）可改写为

$$\tilde{\boldsymbol{D}}_{oo}\boldsymbol{h}_o^{k+1} = \tilde{\boldsymbol{Q}}_o^k \tag{5.3.2}$$

其中，

$$\tilde{\boldsymbol{D}}_{oo} = \boldsymbol{D}_{oo} - \boldsymbol{D}_{om}\boldsymbol{D}_{mm}^{-1}\boldsymbol{D}_{mo} \tag{5.3.3a}$$

$$\tilde{\boldsymbol{Q}}_o^k = \boldsymbol{Q}_o^k - \boldsymbol{D}_{om}\boldsymbol{D}_{mm}^{-1}(\boldsymbol{Q}_m^k - \boldsymbol{D}_{mi}\boldsymbol{h}_i^k) \tag{5.3.3b}$$

将式（5.3.2）代入式（5.3.1），则 $\boldsymbol{h}_m^{k+1}$ 可以表达为

$$\boldsymbol{h}_m^{k+1} = \boldsymbol{D}_{mm}^{-1}(\boldsymbol{Q}_m^k - \boldsymbol{D}_{mo}\boldsymbol{h}_o^{k+1} - \boldsymbol{D}_{mi}\boldsymbol{h}_i^k) \tag{5.3.4}$$

在式（5.3.2）中，凝聚后的出口劲度矩阵 $\tilde{\boldsymbol{D}}_{oo}$ 可直接由式（5.3.3a）计算给出。由于 $\boldsymbol{h}_i^k$、$\boldsymbol{Q}_o^k$ 和 $\boldsymbol{Q}_m^k$ 可由 5.1.3 小节和 5.2.2 小节的计算格式直接给出或在相关联的子单元上计算得到，凝聚后的出口右端项 $\tilde{\boldsymbol{Q}}_o^k$ 也将由式（5.3.3b）完全确定。式（5.3.2）的计算复杂度主要取决于子矩阵 $\boldsymbol{D}_{mm}$ 的求逆运算。采用前述方式对中间节点集 $\boldsymbol{m}$ 内的节点进行顺序编号，则 $\boldsymbol{D}_{mm}$ 为分块三对角对称矩阵。若子结构仅采用一层中间节点内插，则其分块数为 4；而当采用两层中间节点内插时，其分块数为 8。因此，$\boldsymbol{D}_{mm}$ 的求逆运算可通过 $\mathrm{LDL}^{\mathrm{T}}$ 分解快速计算得到。此外，在实际工程问题中，排水孔的长度一般在数十米范围内，排水孔穿过的大尺寸母单元的个数有限，因此 $\boldsymbol{D}_{mm}$ 的阶数不高，其求逆运算的效率较高。

在具体应用中，排水孔子结构的形式是灵活多样的，如单孔双层子单元（与图 5.3.3 一致）、单孔三层子单元、单孔三层高阶子单元、双孔三层子单元、三孔三层子单元等结构形式（朱岳明和张燎军，1997），如图 5.3.4 所示。此外，上述子结构技术不仅适用于稳定/非稳定渗流问题（Chen et al.，2011a，2008），也完全适用于饱和-非饱和渗流问题

（Hu et al.，2017）。通过引入子结构技术，在一定程度上减小了大型排水孔幕有限元计算网格的构建难度，并实现了排水孔幕几何结构的精细化表征。同时，结合 Signorini 型变分不等式分析方法，实现了排水孔幕复杂边界条件的准确表征，并确保了渗流场求解的高效性和鲁棒性。在大型水利水电工程中，排水孔幕尽管由数千个至数万个不同长度、不同倾角的排水孔组成，但采用上述算法，可实现对每一个排水孔渗流控制效应的准确和精细模拟，这显然是排水系统优化设计及渗流安全评价的重要前提。

5.3.4　工程应用实例

不妨以某典型混凝土重力坝的挡水坝段为例，说明防渗排水系统对大坝渗流场的控制效应（陈益峰 等，2009；Chen et al.，2008）。该重力坝坝高 170 m，底宽 123 m，顶宽 12 m，坝段长 30 m。大坝防渗系统由混凝土防渗层和防渗帷幕组成，混凝土防渗层设置在大坝上游迎水面上，厚 0.8 m；坝基防渗帷幕宽 2.5 m，深度为 60 m，如图 5.3.5 所示。大坝排水系统由 7 条水平排水廊道和排水孔幕组成，排水廊道布置在坝体防渗层下游侧及建基面附近，截面尺寸为 2 m×2 m；排水孔幕布置在防渗系统下游侧，间距为 5 m，孔径为 12.73 cm，坝基排水孔的深度为 40 m。

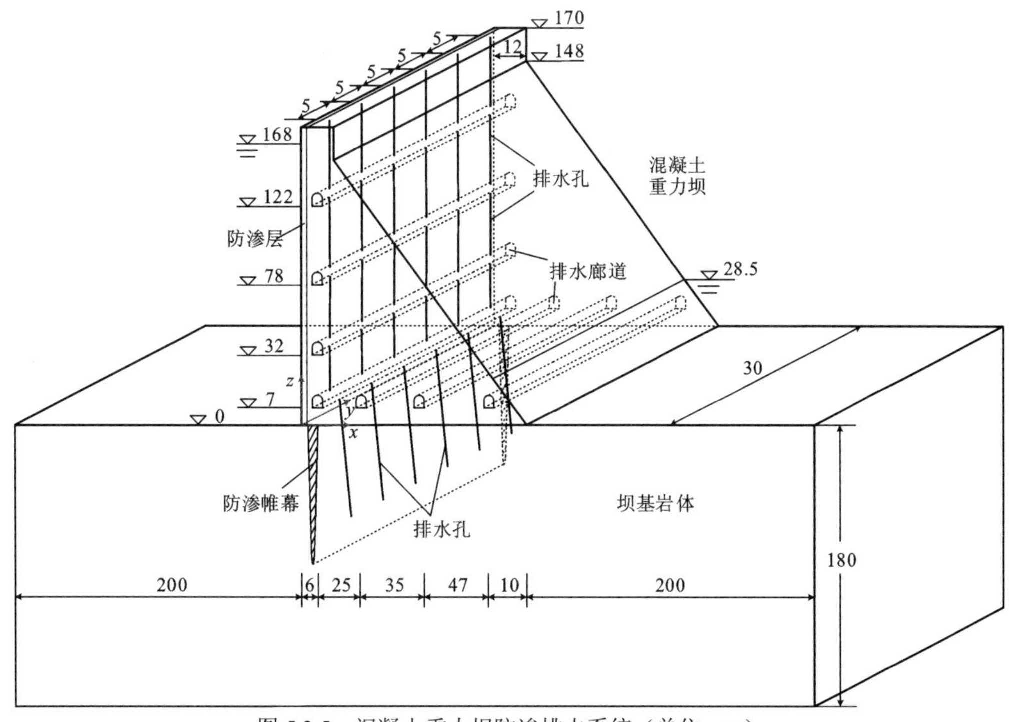

图 5.3.5　混凝土重力坝防渗排水系统（单位：m）

该坝段渗流计算模型如图 5.3.5 所示，其中上游水位为 168.0 m，下游水位为 28.5 m。坝段左、右两侧及坝基底部设为隔水边界；坝基排水孔为水头边界，水头取与之相连的排水廊道的底板高程；坝体中的竖向排水孔和水平排水廊道均视为潜在溢出边界。坝体混凝土及坝基岩体的渗透系数取值如下：混凝土防渗层为 1.9×10^{-9} cm/s，坝体混凝土为 4.7×10^{-9} cm/s，防渗帷幕为 8.3×10^{-6} cm/s，坝基岩体为 2.7×10^{-5} cm/s。有限元网格详见 Chen 等（2008），其中排水孔采用在径向方向上包含 3 层子单元的子结构进行模拟。

图 5.3.6 给出了排水孔幕剖面渗流场的分布特征，图 5.3.7 给出了大坝建基面上扬压力的分布规律。从图 5.3.6 和图 5.3.7 中可见，在排水系统作用下，坝体中的压力水头均被大幅削减至较低水平，坝基扬压力也大幅度降低，从而显著改善了大坝及坝基的抗滑稳定性。排水廊道和排水孔幕对大坝排水所起的作用是不相同的，排水廊道仅对局部渗流场产生影响，因而排水廊道自身的排水作用是有限、次要的，其主要功能在于汇集排水孔幕排出的渗水；而结构细长、分布密集的排水孔幕则对大坝及坝基的排水降压起绝对主导作用。另外，防渗系统和排水系统对渗流场的控制效应也存在显著差别，防渗系统的降压作用是有限、次要的，其主要功能在于截断潜在的集中渗漏通道，减小大坝及坝基的渗漏量。但对建于深厚覆盖层上的土石坝或闸坝，坝基防渗系统则兼有防渗和降压功能（见 6.2.4 小节）。

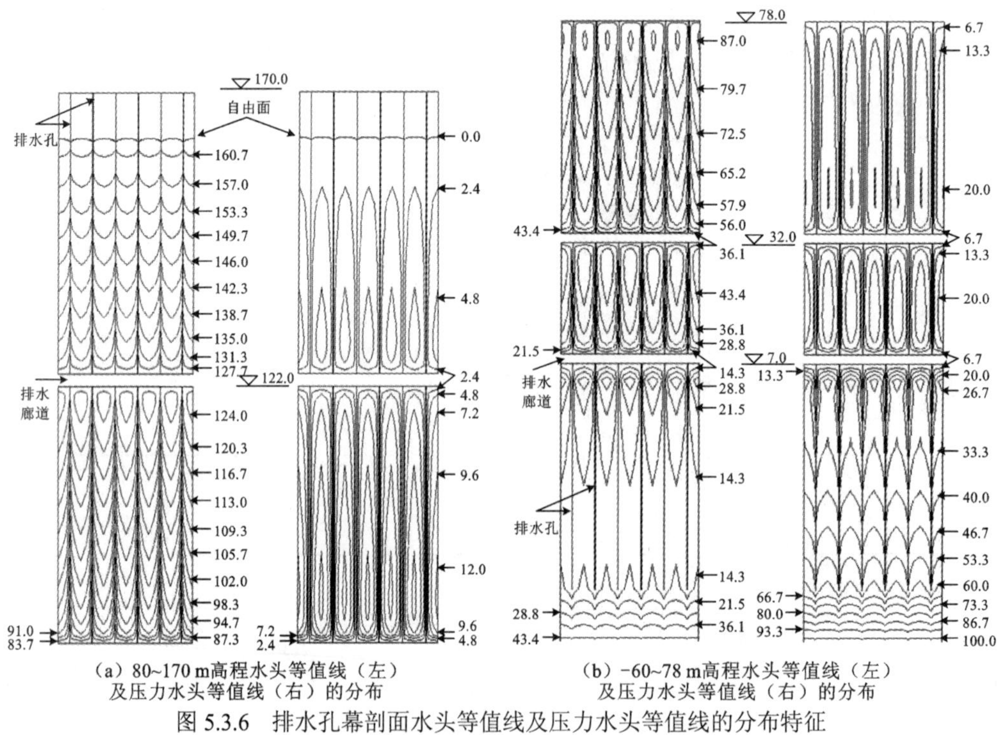

(a) 80~170 m高程水头等值线（左）及压力水头等值线（右）的分布

(b) −60~78 m高程水头等值线（左）及压力水头等值线（右）的分布

图 5.3.6　排水孔幕剖面水头等值线及压力水头等值线的分布特征

上述分析表明，将 Signorini 型变分不等式分析方法和子结构技术结合，可有效实现排水孔幕几何结构的精细表征和边界条件的准确处理，从而实现对每一根排水孔渗流控制效应的模拟。事实上，该技术已成功解决了含有数千至上万个排水孔的复杂渗流场的求解问题（Chen et al.，2021，2016a；Li et al.，2014；Chen et al.，2011a）。此外，该技术还使排水系统的优化设计成为可能，可实现排水孔幕间距、深度、孔径等参数的优化设计（Li et al.，2017a；Chen et al.，2008）。

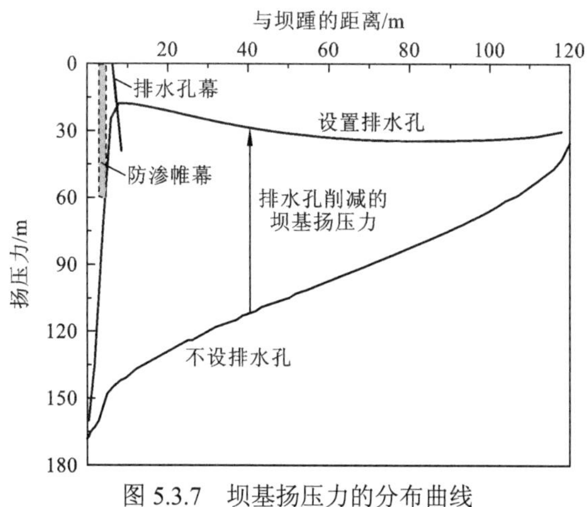

图 5.3.7　坝基扬压力的分布曲线

5.4　渗流场的多目标反演分析方法

5.4.1　概述

在工程渗流分析中，常常面临参数不确定和边界条件不确定问题。渗流参数的不确定性一方面源于岩土介质的本质属性——非均质性，但另一方面也与水文地质试验数量不足、试验数据缺乏代表性或场地条件复杂、现场试验难以实施等情形有关。例如，在水利水电工程中，当岩体的透水性极强（q>100 Lu）或极微（q<0.1 Lu）时，钻孔压水试验常因难以起压或流量过小而无法获得可靠的试验数据。此外，出于技术、经济和时间等方面的原因，在现场开展非饱和渗流试验极为困难，因而包气带的非饱和渗流参数大多是不确定的。边界条件的不确定性主要是由计算模型的截取产生的，无论是将截取边界视为水头边界还是流量边界，均存在水位或流量不确定的问题（见 5.1.4 小节）。更为复杂和普遍的情况是，在工程建设和运行过程中受各种因素的影响，岩土的渗流参数及渗流的边界条件随工程活动的进行或时间的推移是不断变化的，这无疑进一步增大了渗流参数确定和边界条件选取的难度。

岩体的渗透系数是渗流场分析最基本的参数，也是工程防渗设计的主要依据。在大型水利水电工程实践中，尽管在工程勘察、设计和施工等不同阶段开展了大量的水文地质试验，并有针对性地采取工程防渗处理措施，但由于岩体强烈的非均质性及水文地质条件的复杂性，基坑涌水、坝基渗漏、库水外渗等问题还时有发生（Chen et al.，2016a；Zhou et al.，2015）。由此可见，掌握岩体的渗透特性并确定其代表性量值，并非易事。为了及时发现并消除岩体渗透系数不确定性所带来的安全隐患，在工程的重要部位和不同阶段一般均会实施地下水观测与渗流场监测工作，并积累较为丰富的地下水位及渗流量监测数据，这不仅为岩体渗流参数和边界条件的反演分析提供了重要的基础数据，而且为工程渗漏的成因分析和工程治理方案的确定提供了关键依据。

与正演分析不同，渗流场的反演分析是以地下水位、渗流量等实测数据为已知信息，采用合理的反演分析方法，逆推渗流场中各介质的渗流参数或渗流场的边界条件。在工程实践中，有两类渗流场反演分析方法得到了广泛应用：一是单目标反演分析方法；二是静态反演分析方法。这两类方法均较为简单，但前者仅利用水头或渗压监测数据，因而难以保证渗流参数反演的唯一性；而后者则以某个相对稳定状态下的监测数据为输入，难以反映工程活动过程中水文地质条件的变化和渗流场的动态特征。在稳态条件下，当不存在除隔水边界条件之外的流量边界条件时，渗流场的有限元支配方程组为 $\boldsymbol{D}\cdot\boldsymbol{h}=\mathbf{0}$，对渗透劲度矩阵 $\boldsymbol{D}$ 或渗流场中各介质的渗透系数进行等比例缩放，解得的水头分布 $\boldsymbol{h}$ 是完全相同的。由此可知，基于水头或渗压监测数据的渗流场反演分析只能反映各介质渗透系数的比值，反演结果是不唯一的，且无法反映岩土介质的渗透系数在开挖、填筑、灌浆、蓄水等过程中的变化规律。

因此，渗流场反演分析应充分利用水头和流量这两类观测量的时间序列数据，建立渗流场的多目标反演分析方法，从而改善渗流场反演的唯一性，增强参数反演结果的代表性，并反映工程活动过程中渗流参数和边界条件的变化规律（Chen et al.，2020b；Hong et al.，2017；Chen et al.，2016a，2016b；Zhou et al.，2015）。

5.4.2 渗流反问题的数学表述

1. 待反演参数及其取值范围

在渗流场反演分析中，首先需要根据场地条件和问题性质，选择合适的渗流分析模型，进而确定待反演的参数类型及其取值范围。工程上最常用的分析模型是非稳定渗流模型，其次是饱和-非饱和渗流模型，两者均便于充分利用渗流场观测量的时间序列数据。待反演参数可划分为渗流参数和边界条件参数两大类，具体如下。

（1）渗透系数 K。渗透系数是最基本、最重要的渗流参数，在以下两种情况下常需对岩体的渗透系数进行反演：一是现场试验数据偏少，岩体的渗透系数取值缺乏代表性；二是岩体在工程活动过程中受到强烈扰动，其渗透系数随时间发生显著变化。对于各向同性介质，仅需反演一个渗透系数 K；但在各向异性条件下，则需要反演渗透系数张量 $\boldsymbol{K}$，$\boldsymbol{K}$ 含有 6 个分量，这无疑加剧了参数反演的难度和不确定性程度。解决问题的有效途径是充分利用地质勘查信息，若已知岩体发育有 n 组优势结构面（多数情况下 $n\leqslant 3$），则岩体的渗透系数张量可以表达为（见 2.3.2 小节）

$$\boldsymbol{K}=\sum_{f}K_f(\boldsymbol{\delta}-\boldsymbol{n}_f\otimes\boldsymbol{n}_f) \tag{5.4.1a}$$

式中：K_f 和 $\boldsymbol{n}_f$ 分别为第 f 组结构面的等效渗透系数和单位法向量；$\boldsymbol{\delta}$ 为二阶单位张量。

这样，渗透系数张量 $\boldsymbol{K}$ 的反演问题就转化为优势结构面等效渗透系数 $K_f(f=1, 2, \cdots, n)$ 的反演问题（Chen et al.，2016a）。此外，若需要考虑开挖扰动过程中岩体渗透系数的变化，则岩体的渗透系数张量又可以改写为（见 2.3.3 小节）

$$\boldsymbol{K}=\sum_{f}K_{0f}\left(1+\frac{s_f}{e_{0f}}\Delta\varepsilon_{zf}\right)^3(\boldsymbol{\delta}-\boldsymbol{n}_f\otimes\boldsymbol{n}_f) \tag{5.4.1b}$$

式中：K_{0f}、e_{0f}和 s_f分别为第 f 组结构面的初始等效渗透系数、初始开度和平均间距，其中 e_{0f}可由 K_{0f}直接确定；$\Delta\varepsilon_{zf}$为第 f 组结构面的法向应变增量。

由此一来，便将开挖扰动条件下渗透系数张量 $\boldsymbol{K}$ 及其变化的反演问题转化为优势结构面初始等效渗透系数 $K_{0f}(f=1, 2, \cdots, n)$的反演问题，这不仅减少了待反演未知量的数量，而且简化了反演分析的流程（Hong et al.，2017）。岩体的渗透系数 K 或结构面的等效渗透系数 K_f、K_{0f}的取值范围均可通过现场试验数据或地质条件确定。

（2）储水率 S_s 和给水度μ^*。非稳定渗流模型需要确定 S_s 和μ^*，饱和-非饱和渗流模型需要确定 S_s，这两个水文地质参数对地下水的压力传递或地下水位的变化过程具有明显影响。显然，这两个参数均可通过反演分析确定。但在工程渗流分析中，S_s 和μ^*取值的不确定性对渗流场的影响较小，常根据岩性条件和经验类比取值（见 5.1.4 小节），而不将其作为反演参数，以减少反演未知量的数量。

（3）土水特征曲线 $S_e(h_c)$与相对渗透率曲线 $k_r(S_e)$。这两个本构关系是饱和-非饱和渗流模型不可或缺的，但在工程实践中，受技术、经济、时间等因素的制约，极少通过包气带中的现场试验和观测来确定 S_e-h_c 与 k_r-S_e 曲线。包气带是地下水运移至饱水带的必经通道，且饱水带中的地下水观测不仅经济可靠，而且简便易行，因此克服 S_e-h_c 与 k_r-S_e 曲线辨识难题的一种可行途径，是利用饱水带地下水观测数据反演包气带的水分运移参数（Chen et al.，2020b）。若选用 VG 模型（van Genuchten，1980）（见 1.2.4 小节和 4.1 节），则待反演的模型参数主要有α和 n，两者的取值范围可通过与渗透系数 K 的相关性来确定（见 4.1 节）。

（4）边界条件参数。在渗流计算模型的截取边界上，至少有部分边界上的条件是不确定的。此外，在地下洞室（包括勘探平硐）开挖及水库蓄水过程中，截取边界上的地下水位还可能发生大幅度的下降或抬升。若根据现场地下水的观测数据，能够大致预估截取边界上地下水位的分布特征，则可假定边界上的水位服从某种相对简单的分布函数，并预留 2～3 个特征点的水位或地下水埋深作为待反演参数，从而克服确定计算模型截取边界条件的困难。

由以上分析可知，在实际工程渗流问题的反演分析中，待反演的未知量往往是较多的，且场地条件和渗流分析模型不同，待定的参数也有差异。但未知量越多，反演分析的难度就越大，反演结果的可靠性也越差。减小未知量的途径是充分利用先验信息，厘清主次关系，抓住主要矛盾，遴选对渗流场有决定性影响的关键未知参数。在工程实践中，通常根据场地地质条件，对岩体或地层进行分区，进而根据问题的性质，选取重要岩体分区中的关键参数作为待反演未知量。

2. 目标函数及反问题的表述

假定在计算域Ω中，待反演的未知量有 m 个，用向量 $\boldsymbol{P}$ 表示，即 $\dim(\boldsymbol{P})=m$。根据问题

的性质，$\boldsymbol{P}$ 可能仅包含渗流参数和边界条件参数中的一类，也可能同时包含这两类参数。设地下水位或渗压测点有 M 个，其实测时间序列数据记为 $\hat{\boldsymbol{h}}_i=[\hat{h}_{i1},\hat{h}_{i2},\hat{h}_{i3},\cdots]^{\mathrm{T}}$ $(i=1, 2, \cdots, M)$，流量测点有 N 个，其实测时间序列数据记为 $\hat{\boldsymbol{Q}}_j=[\hat{Q}_{j1}, \hat{Q}_{j2}, \hat{Q}_{j3},\cdots]^{\mathrm{T}}$ $(j=1, 2, \cdots, N)$，则反演分析的目标函数可以定义为

$$\begin{cases}\min f_h(\boldsymbol{P})=\sum\limits_{i=1}^{M}\dfrac{\left\|\boldsymbol{h}_i(\boldsymbol{P})-\hat{\boldsymbol{h}}_i\right\|_2}{\dim(\hat{\boldsymbol{h}}_i)}\\ \min f_Q(\boldsymbol{P})=\sum\limits_{j=1}^{N}\dfrac{\left\|\boldsymbol{Q}_j(\boldsymbol{P})-\hat{\boldsymbol{Q}}_j\right\|_2}{\dim(\hat{\boldsymbol{Q}}_j)}\end{cases}\quad(\boldsymbol{P}_{\mathrm{LB}}\leqslant\boldsymbol{P}\leqslant\boldsymbol{P}_{\mathrm{UB}})\tag{5.4.2a}$$

式中：f_h 为水头目标函数；f_Q 为流量目标函数；$\boldsymbol{h}_i(\boldsymbol{P})$为第 i 个水位或渗压测点处水头的计算时间序列数据；$\boldsymbol{Q}_j(\boldsymbol{P})$为第 j 个流量测点处流量的计算时间序列数据；$\|\cdot\|_2$ 为向量的2-范数；$\dim(\cdot)$为向量的维度；$\boldsymbol{P}_{\mathrm{LB}}$ 和 $\boldsymbol{P}_{\mathrm{UB}}$ 分别为待反演参数向量 $\boldsymbol{P}$ 的下限和上限。

式（5.4.2a）给出了水头和流量两类观测量的目标函数，因而需要采用多目标优化算法。在实际工程问题中，为了简化优化算法并避免多目标寻优中可能产生的大量非支配解，可采用线性加权方法将多目标优化问题转化为单目标优化问题，相应的目标函数改写为

$$\min f(\boldsymbol{P})=\sum_{i=1}^{M}\frac{\left\|\boldsymbol{h}_i(\boldsymbol{P})-\hat{\boldsymbol{h}}_i\right\|_2}{\dim(\hat{\boldsymbol{h}}_i)}+w\sum_{j=1}^{N}\frac{\left\|\boldsymbol{Q}_j(\boldsymbol{P})-\hat{\boldsymbol{Q}}_j\right\|_2}{\dim(\hat{\boldsymbol{Q}}_j)}\quad(\boldsymbol{P}_{\mathrm{LB}}\leqslant\boldsymbol{P}\leqslant\boldsymbol{P}_{\mathrm{UB}})\tag{5.4.2b}$$

式中：f 为目标函数；w 为权重因子，其引入是为了在目标函数寻优时，确保水位和流量两类观测量的误差项达到相对平衡，从而避免某一类观测信息绝对占优。

这样，渗流场的反演问题可以表述为：在待反演参数的取值空间$[\boldsymbol{P}_{\mathrm{LB}}, \boldsymbol{P}_{\mathrm{UB}}]$内，寻找一组最佳的参数组合 $\boldsymbol{P}$，使目标函数式（5.4.2）取最小值。目标函数式（5.4.2）具有两个特点：一是充分利用地下水位（或渗压）和流量两类物理量的观测数据；二是充分利用渗流场观测量的过程数据，从而增强参数反演结果的可靠性和代表性。但该目标函数也显著增大了渗流场反演分析的难度，需要引入高效可行的反演分析算法予以解决。

5.4.3 多目标反演分析方法

1. 基本思路

式（5.4.2）含有渗流场观测量的时间序列数据，因而该目标函数的寻优显然是以非稳定或饱和-非饱和渗流场分析为基础的。此外，在实际工程问题中，为了实现对场地地质特征、工程结构和防渗排水系统的精细模拟，有限元计算网格的规模一般较大，节点自由度往往可达数百万个至数千万个，当渗流场的模拟时长也较大时，反演分析的计算量极大。在参数寻优过程中，最耗时的环节发生在渗流场数值计算中，因此提高反演分析效率的关键在于减少对渗流场模拟算法的调用次数。

为了确保大规模、长时间尺度的渗流反演问题得到高效解决，这里介绍一种可行的

反演分析方法（Chen et al.，2021，2020b；Hong et al.，2017；Chen et al.，2016a；Zhou et al.，2015），如图 5.4.1 所示。该方法采用正交设计在待反演参数空间$[\boldsymbol{P}_{\mathrm{LB}}, \boldsymbol{P}_{\mathrm{UB}}]$内科学、合理地选取少量具有代表性的待反演参数子集$\mathbb{P}=\{\boldsymbol{P}_1, \boldsymbol{P}_2, \boldsymbol{P}_3, \cdots\}$，进而对每个待反演参数组合（即$\forall \boldsymbol{P}\in\mathbb{P}$），调用非稳定或饱和-非饱和渗流有限元数值模拟算法，进行渗流场的正演分析，获得各测点处水头或流量的计算时间序列数据。在此基础上，以待反演参数组合和水位边界条件为输入，以渗压、流量测点的计算时间序列数据为输出，构建并训练误差反向传播（back propagation，BP）神经网络模型，形成从参数空间到渗流场响应之间的隐式映射关系。最后，采用遗传优化算法在参数空间内对目标函数式（5.4.2）进行优化，获得待反演参数的最优估计。

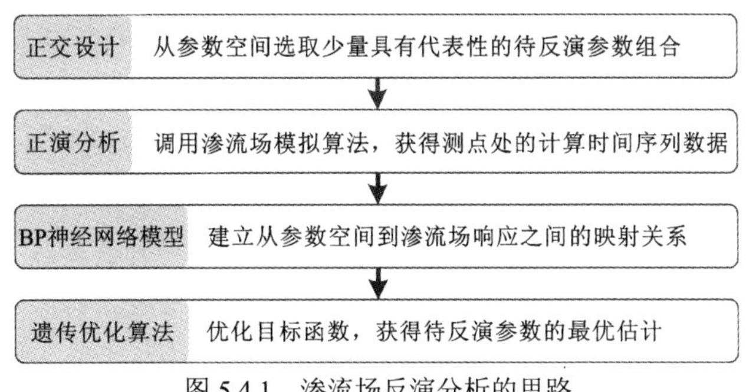

图 5.4.1　渗流场反演分析的思路

在上述反演分析方法中，渗流场的正演分析只针对正交设计给出的参数子集，其目的是为 BP 神经网络模型提供训练样本集，因而渗流场数值模拟算法的调用次数极为有限且可控。BP 神经网络模型经训练后，替代了耗时的渗流场模拟，因此在参数寻优过程中，只需调用 BP 神经网络模型，便可获得参数空间内任意参数组合对应的渗流场在测点处的输出。因此，该反演分析方法大幅减小了渗流场模拟的计算量，使大规模工程渗流反问题的求解具有较高的效率。

在工程建设和运行过程中，受开挖、填筑、灌浆、蓄水及泥沙淤塞等因素的影响，岩体的渗流参数或渗流场的边界条件往往是随时间的推移或工程活动的进行动态变化的。将反演分析的时间域$[0, t_{\max}]$划分为若干阶段，并依次对每个时段$[t_i, t_{i+1}]\in[0, t_{\max}]$开展渗流场反演分析，即可获得参数 $\boldsymbol{P}$ 随时间的变化规律，此即分阶段动态反演分析策略（Chen et al.，2021）。此外，若反演分析是追踪工程活动实施的，还可在本时段反演分析之后，预测下一时段的渗流场变化趋势，并及时调整和优化渗流场的控制措施，形成集“反演-预测-控制”为一体的渗流动态反馈分析技术。

2. 反演分析流程

1）正交设计

正交设计是利用正交表科学地安排和分析多因素试验的一种有效的数理统计方法，该方法可在众多的参数组合中安排少量具有代表性的数值计算方案，从而极大地减小反演分析的计算量。在渗流反演问题中，正交设计的试验对应于渗流场正演分析，因素对应于待反演参数，水平对应于各参数在取值范围$[\boldsymbol{P}_{LB}, \boldsymbol{P}_{UB}]$内的若干代表性取值。根据试验的因素数和因素的水平数，可选用相应的正交表，进而挑选出具有代表性的参数组合$\mathbb{P}=\{\boldsymbol{P}_1, \boldsymbol{P}_2, \boldsymbol{P}_3, \cdots\}$，从而以最少的试验次数达到与全面试验等效的结果。例如，对于 6 因素 7 水平的反演问题，采用正交设计只需进行 49 次渗流场正演分析，即可在统计上达到与 $7^6=117649$ 次正演分析等效的结果。正交设计为渗流场正演分析提供待反演参数组合方案，进而为 BP 神经网络模型提供代表性和均匀性良好的训练样本集。

2）正演分析

在目标函数式（5.4.2）的寻优过程中，无论采用何种优化算法，均需在参数空间$[\boldsymbol{P}_{LB}, \boldsymbol{P}_{UB}]$内以一定的寻优策略反复对渗流场进行求解计算。因此，渗流场的正演计算是反演分析的必要环节，同时也是最耗时的环节。反演分析的计算量主要取决于渗流场模拟算法的调用次数，若反演算法无法有效控制渗流场正演算法的调用次数，则复杂渗流场的反演分析往往难以进行。通过正交设计，渗流场模拟算法的调用次数被限制在极少的数量上，从而极大地减小了反演分析的计算量，并确保工程实践中复杂渗流场的反演问题都能得到高效求解。具体而言，对于正交设计给出的每个参数组合，即对于$\forall\boldsymbol{P}\in\mathbb{P}$，依次调用非稳定或饱和-非饱和渗流场数值模拟算法（图 5.1.2 或图 5.2.1），并输出水位（或渗压）测点处的计算水头时间序列及流量测点处的计算流量时间序列，从而获得一系列具有代表性的渗流场输入与输出之间的响应关系，为 BP 神经网络模型的构建提供训练样本。

3）BP 神经网络模型

BP 神经网络模型是按照误差反向传播算法训练的多层前馈网络模型的简称，是目前应用最为广泛的一种神经网络模型，具有较强的模式分类能力和良好的多维函数映射能力。BP 神经网络模型的结构由输入层、隐含层和输出层组成。BP 算法的实质是运用梯度下降法，通过网络训练让网络误差取最小值，具体包括信息的正向传播和误差的反向传播两个过程。在渗流场反演分析中，多采用含有两个隐含层的网络结构（Chen et al.，2020b，2016a），如图 5.4.2 所示。神经网络的输入为参数向量$\boldsymbol{P}=\{P_i, i=1, 2, \cdots, m\}$及渗流场边界上的水位或流量时间序列数据$\{\mathbf{BC}_j, j=1, 2, \cdots, n\}$，因而输入层的神经元数量为$m+n$；神经网络的输出为水位（或渗压）测点处的水头时间序列数据$\{\boldsymbol{h}'_i, i=1, 2, \cdots, M\}$及流量测点处的流量时间序列数据$\{\boldsymbol{Q}'_j, j=1, 2, \cdots, N\}$，因而输出层的神经元数量为$M+N$；隐含层的神经元数量（$p$、$q$）一般通过试探法确定。

神经网络的传递函数多采用 Sigmoid 函数$f(x)$，由于$f(x)$是值域为$(0, 1)$的渐近函数，且随着$|x|$的增大，其梯度下降并趋于零，故数据在输入神经网络之前可先进行预处理，将其归一化至区间$(0.1, 0.9)$。神经网络的训练样本集正是正交设计给出的待反演参数组合（$\forall\boldsymbol{P}\in\mathbb{P}$）及渗流场正演分析得到的计算水头时间序列数据$\{\boldsymbol{h}_i, i=1, 2, \cdots, M\}$和计算流

量时间序列数据$\{\boldsymbol{Q}_j, j=1, 2, \cdots, N\}$，但为了反映渗流场的动态特征，已知水位或流量边界上的时间序列数据也同时作为神经网络的输入数据。为了提高网络的训练速度和泛化能力，可采用 Levenberg-Marquardt 反向学习算法与 Bayesian 正则化相结合的方法（Rafiai et al.，2013）。训练后的神经网络建立了给定边界条件下渗流场输入（参数空间）与输出（测点上的计算时间序列数据）之间的隐式映射关系，在后续的目标函数寻优过程中，将直接调用 BP 神经网络模型，从而避免对渗流场模拟算法的反复调用，极大提高了复杂渗流场的反演分析效率。

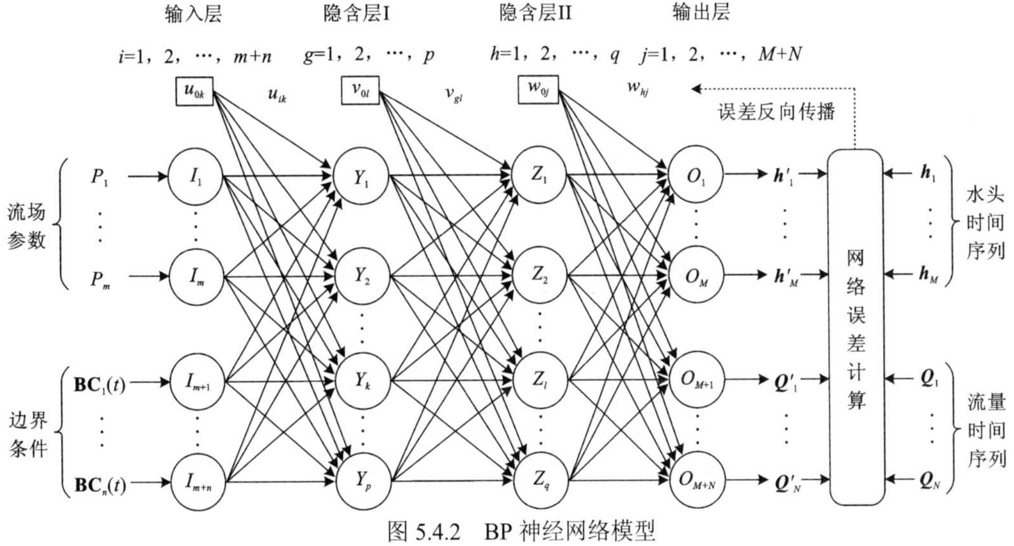

图 5.4.2　BP 神经网络模型

$I_1 \sim I_{m+n}$、$Y_1 \sim Y_p$、$Z_1 \sim Z_q$、$O_1 \sim O_{M+N}$ 为神经元；u_{0k}、u_{ik}、v_{0l}、v_{gl}、w_{0j}、w_{hj} 为权重函数

4）遗传优化算法

遗传优化算法是一种模拟自然进化过程、搜索最优解的全局优化算法，适用于目标函数具有多极值点的优化问题。遗传优化算法通过编码，将问题解空间中的每个点表达为一个个体，在随机生成由一定数量个体构成的初始种群之后，反复调用选择、交叉、变异等遗传操作产生新的种群，并使种群不断向适应度更高的方向进化，直至最优个体的适应度达到收敛控制标准。在渗流场反演分析中，问题的解空间为待反演参数的取值范围$[\boldsymbol{P}_{\mathrm{LB}}, \boldsymbol{P}_{\mathrm{UB}}]$，个体的编码方式可采用向量编码，个体的适应度函数定义为目标函数式（5.4.2）的倒数。在种群个体适应度计算过程中，直接调用训练后的 BP 神经网络模型，以之替代耗时的渗流场正演分析，从而大幅提高反演分析的计算效率。根据目标函数不同的定义形式，可分别采用多目标遗传优化算法或单目标遗传优化算法进行寻优。为避免算法陷入局部最优，可多次调用遗传优化算法，并取其中的最优解为待反演参数的最优估计。

3. 改善反问题多解性的途径

上述反演分析方法既适用于非稳定渗流过程（Chen et al.，2021；Hong et al.，2017；

Chen et al.，2016a，2016b；刘武 等，2015；Zhou et al.，2015），又适用于饱和-非饱和渗流过程（Chen et al.，2020b），取决于渗流分析模型的选用。该方法的突出优点是充分利用地下水位、渗压和渗流量的监测时间序列数据，反演结果的可靠性较高，且计算量可控，从而确保复杂条件下大规模、长时间尺度的渗流场反演问题均可得到高效求解。但该方法由于引入了 BP 神经网络模型，不可避免地对渗流场的输入-输出关系进行了一定程度的平滑近似，平滑近似的程度取决于正交设计方案和神经网络的结构。

事实上，渗流场反演分析结果的可靠性不仅与反分析算法有关，还与反问题自身的性质密切相关（Zhou et al.，2015）。假定待反演参数的理论值或真实值为 $\boldsymbol{P}^*$，则渗流反问题的唯一性可以表述为，对于$\forall \boldsymbol{P}\in[\boldsymbol{P}_{\rm LB}, \boldsymbol{P}_{\rm UB}]$，当 $\boldsymbol{P}\to\boldsymbol{P}^*$时，均有目标函数 $f_h\to 0$ 且 $f_Q\to 0$［或$f\to 0$，式（5.4.2）］。但由于渗流参数或边界条件参数敏感性的差异，以及受测点类型、数量和布置方式的影响，在实际工程问题中，对于$\forall \boldsymbol{P}(\boldsymbol{P}\to\boldsymbol{P}^*)$，目标函数值还可能存在一定的离散性，即反问题存在一定的最优解集。因此，渗流反问题唯一性的解决，不仅要依赖有效的反演分析算法，还需要通过监测系统的合理布局、监测信息的可靠获取及地质勘查资料等先验信息的充分利用，减弱反问题自身的非良定义性。

由此可见，多解性是反问题的固有属性。在复杂渗流场的反演分析中，改善多解性的途径主要有三种：①改善反演分析算法的寻优能力。在上述反演分析方法中，通过合理选取因素的水平数，可确保 BP 神经网络模型获得足够的训练样本集，并使反演分析的计算量与求解精度达到适度的平衡。②充分利用地质勘查和现场试验等方面的先验信息，合理确定岩体分区和参数取值范围，遴选反映场地条件和工程条件并对渗流场具有决定性影响的关键参数，减少反演分析的未知量数量。③优化监测系统的布局，确保测点类型多样，空间位置均匀且具有良好的代表性，监测仪器性态良好，监测数据真实可靠。

5.4.4 工程应用实例

在 2.3.4 小节，以溪洛渡水电站为例，介绍了多泥沙河流上高坝工程坝基岩体渗透系数随时间的变化规律。该规律是通过渗流场多目标反演分析获得的，这里进行详细介绍。

1. 工程概况及问题的提出

1）工程概况

溪洛渡水电站位于四川省雷波县和云南省永善县交界的金沙江上，是金沙江干流梯级开发中的第三个梯级电站。枢纽建筑物主要由混凝土双曲拱坝、泄洪消能设施及引水发电系统等组成，如图 5.4.3 所示。拱坝最大坝高 285.5 m，为世界第三高拱坝。引水发电系统近似对称布置在两岸山体内，主要由进水口、压力管道、主厂房、主变室、尾水调压室、尾水隧洞等组成。电站装机容量为 12 600 MW，开发任务以发电为主，兼具防洪和拦沙功能。

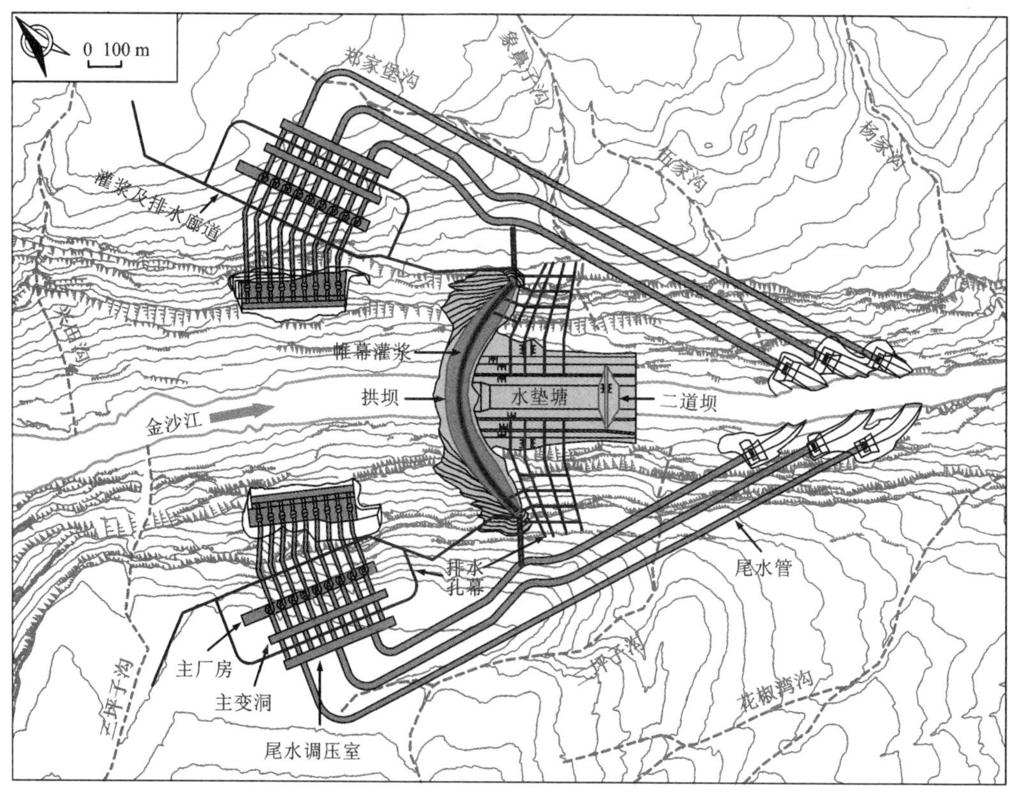

图 5.4.3　溪洛渡水电站枢纽布置图

2）工程地质条件

坝址区位于豆沙溪沟口至溪洛渡沟口之间全长约 4 km 的峡谷段，金沙江在坝址区上游豆沙溪沟口处呈近 90°拐弯，以 S50°～60°E 方向流经坝址区。坝址区河道顺直，谷底宽阔平缓，两岸山体陡峻雄厚，为较对称的 U 形河谷。坝址区出露的基岩主要为峨眉山组玄武岩（$P_2\beta$），由间歇性多期岩浆和火山喷溢形成，按喷发次序可划分为 14 个厚度不等的岩流层（$P_2\beta_1$～$P_2\beta_{14}$），在 $P_2\beta_{11}$、$P_2\beta_{13}$ 和 $P_2\beta_{14}$ 顶部发育有 1～5 m 厚的紫红色凝灰岩。岩流层总厚度为 490～520 m，地层总体产状为 N15°～50°E/SE∠3°～24°，如图 5.4.4 所示。茅口组石灰岩（P_1m）在坝址上游约 2 km 处的河床谷底出露，向下游倾伏于玄武岩之下，厚度为 260～280 m。在峨眉山组玄武岩（$P_2\beta$）与茅口组石灰岩（P_1m）之间分布一层厚度为 2～3 m 的泥页岩沉积层（$P_2\beta_n$），富含伊利石，具有阻水性。玄武岩之上为宣威组砂页岩（P_2x），厚度约为 97 m，也具有阻水性。

坝址区的主要地质构造有层间和层内错动带。层间错动带发育于岩流层之间，因构造错动而形成，坝址区发育有 12 条缓倾角层间错动带（C_1～C_{12}），如图 5.4.4 所示。错动带厚度一般为 1～2 m，产状基本与岩流层一致，主要由玄武岩角砾、碎块、岩屑等组成，错动程度随高程的增大逐渐增强。此外，在各岩流层内部还广泛发育有缓倾角层内错动带和节理裂隙，层内错动带的倾角多为 10°～25°，延伸长度一般为 20～50 m，浅表厚度为 5～20 cm，深部厚度为 2～5 cm，挤压密实，组成物质与层间错动带基本一致；优势节理裂隙主要有 6 组，其中 2 组近平行于层面，另外 4 组与层面近于垂直，但特定部位通常仅发育 1～2 组近垂向裂隙。

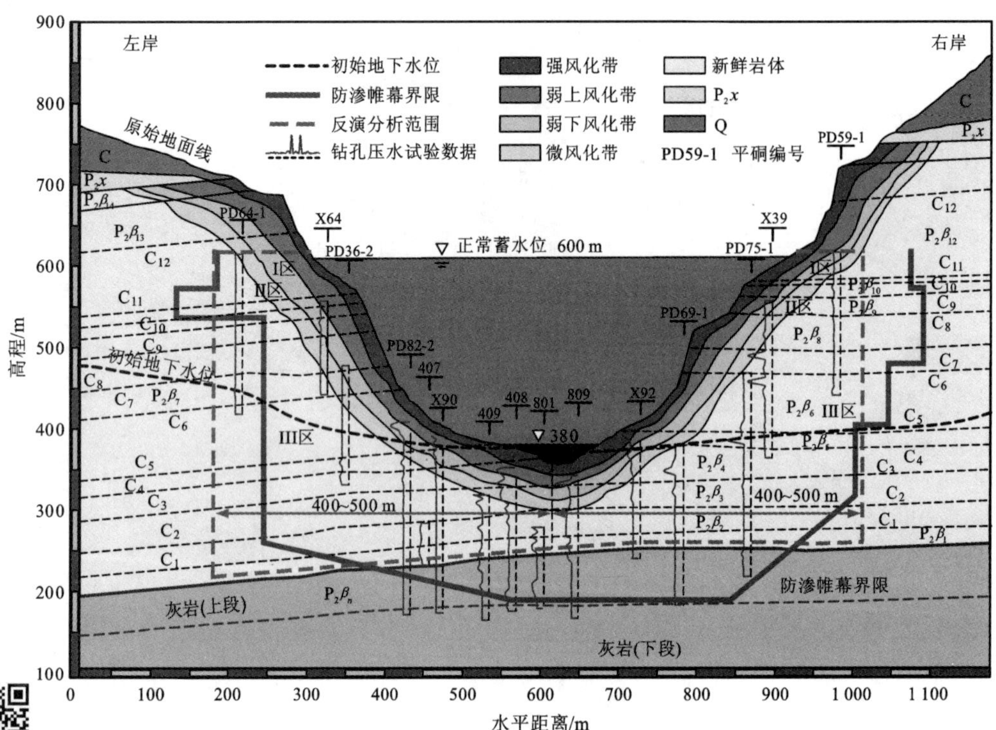

图 5.4.4　拱坝轴线地质剖面图

3）水文地质条件

坝址区位于雷波—永善向斜盆地中部，该盆地构成一个相对独立的水文地质单元（周志芳和王锦国，2002）。水文地质结构分透水结构和阻水结构两大类，其中透水结构主要由玄武岩裂隙结构和灰岩裂隙-溶隙结构组成，而阻水结构由玄武岩上覆的宣威组砂页岩（P_2x）、玄武岩与灰岩之间的泥页岩夹层（$P_2\beta_n$）及底部的志留系页岩（S）组成。相应地，地下水流系统也分玄武岩裂隙潜水和灰岩承压水两大系统。玄武岩裂隙水主要由大气降水和地表水入渗补给，但由于宣威组砂页岩（P_2x）的阻水作用，大气降水和地表水入渗补给困难，两岸地下水位均埋藏较深，且较为低缓，总体上表现为地下水补给江水。左岸的初始地下水位较高，在水平深度 500 m 范围内的平均水力坡降约为 15%；而右岸的地下水位则更为低平，在水平深度 500 m 范围内的平均水力坡降约为 1%。受泥页岩夹层（$P_2\beta_n$）的隔水作用，灰岩中的地下水具有承压性质，在向斜盆地边缘高山地带灰岩出露区接受大气降水补给，并通过豆沙溪沟口等灰岩出露地段向金沙江河谷排泄。

根据坝址区 1644 段钻孔压水试验数据，玄武岩和灰岩的渗透系数随埋深的分布规律如图 5.4.5 所示。由图 5.4.5 可知，玄武岩（$P_2\beta$）的渗透系数随埋深具有明显的减小趋势（Chen et al.，2018），每 20 m 埋深范围内的渗透系数均值 K（cm/s）与埋深 d_v（m）

的关系服从幂函数关系 $K=2.24\times10^{-3}d_v^{-0.87}$，决定系数为 $R^2=0.93$。该分布特征显然与岩体的裂隙发育特征及风化卸荷程度有关，自地表之下岩体的渗透性可按强风化带（水平埋深为 10～30 m)、弱上风化带（水平埋深为 25～60 m)、弱下风化带（水平埋深为 60～100 m)、微风化带（水平埋深为 90～120 m）和新鲜岩体划分为 5 个分区，如图 5.4.4 所示。此外，现场地质勘查还表明，玄武岩及层间错动带的渗透性具有明显的各向异性，平行于层面的渗透系数 $K_{//}$高于垂直于层面的渗透系数 $K_{\perp}$，各向异性比（$\nu_K=K_{\perp}/K_{//}$）为 0.025～0.3。玄武岩各分区岩体渗透系数的代表性取值如表 5.4.1 所示。

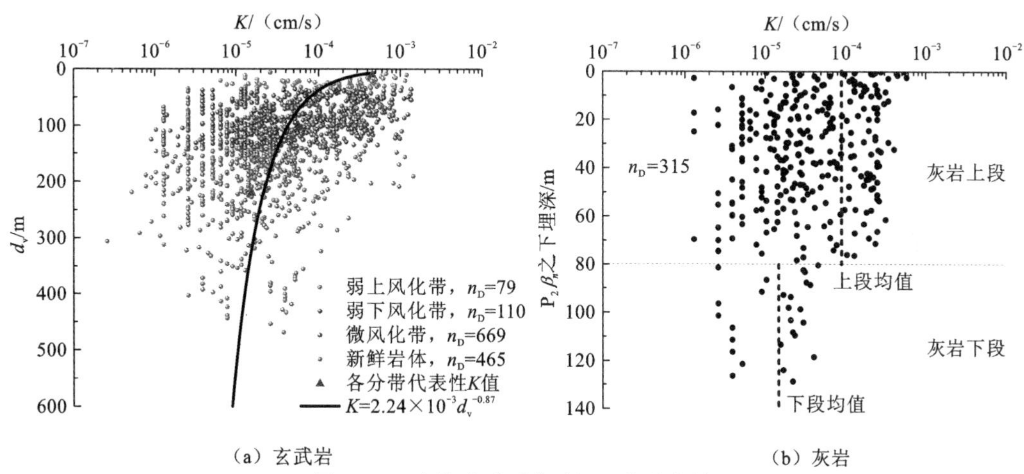

（a）玄武岩　　（b）灰岩

图 5.4.5　岩体渗透系数随埋深的分布特征

表 5.4.1　坝址区岩体及防渗体的渗流参数取值

岩体分区		$K_{//}$/（cm/s）	$K_{\perp}$/（cm/s）	$\nu_K=K_{\perp}/K_{//}$	μ^*	S_s/m^{-1}
强风化带（$P_2\beta$）		1.0×10^{-3}	3.0×10^{-4}	0.300	0.10	3.72×10^{-6}
弱上风化带（$P_2\beta$）		9.0×10^{-5}	2.0×10^{-5}	0.222	0.08	2.56×10^{-6}
弱下风化带（$P_2\beta$）	I 区	1.0×10^{-5}～2.0×10^{-4}	1.0×10^{-6}～4.0×10^{-5}	0.1～0.5	0.06	1.28×10^{-6}
	其他	3.0×10^{-5}	5.0×10^{-6}	0.167	0.06	1.28×10^{-6}
微风化带（$P_2\beta$）	II 区	4.0×10^{-6}～8.0×10^{-5}	1.0×10^{-6}～1.0×10^{-5}	0.1～0.5	0.04	1.01×10^{-6}
	其他	1.0×10^{-5}	2.0×10^{-6}	0.200	0.04	1.01×10^{-6}
新鲜岩体（$P_2\beta$）	III区	1.0×10^{-5}～4.0×10^{-5}	1.0×10^{-7}～5.0×10^{-6}	0.1～0.5	0.01	6.96×10^{-7}
	其他	3.0×10^{-6}	5.5×10^{-7}	0.183	0.01	6.96×10^{-7}
灰岩（P_1m）	上段	4.0×10^{-4}	6.0×10^{-4}	0.500	0.10	2.00×10^{-6}
	下段	2.3×10^{-5}	1.5×10^{-5}	0.652	0.01	1.20×10^{-6}
泥页岩夹层（$P_2\beta_n$）		5.0×10^{-6}	1.0×10^{-6}	0.200	0.04	4.31×10^{-6}
C_1、C_2、C_6、C_{11}、C_{12}（左岸）		1.0×10^{-4}	2.5×10^{-6}	0.025	0.06	5.55×10^{-6}
C_3、C_4、C_5、C_7（左岸）		1.0×10^{-3}	2.5×10^{-5}	0.025	0.06	5.55×10^{-6}

续表

岩体分区	$K_{//}$/（cm/s）	$K_{\perp}$/（cm/s）	$\nu_K=K_{\perp}/K_{//}$	μ^*	S_s/m^{-1}
C_8、C_9、C_{10}（左岸）	2.0×10^{-3}	2.1×10^{-4}	0.105	0.06	5.55×10^{-6}
C_1、C_2、C_3、C_4、C_5、C_6（右岸）	5.0×10^{-5}	1.5×10^{-6}	0.030	0.06	5.55×10^{-6}
C_7、C_8、C_9（右岸）	2.0×10^{-3}	5.0×10^{-5}	0.025	0.06	5.55×10^{-6}
C_{10}、C_{11}、C_{12}（右岸）	4.0×10^{-3}	1.2×10^{-4}	0.030	0.06	5.55×10^{-6}
防渗帷幕	1.0×10^{-6}	1.0×10^{-6}	1.000	0.003	5.00×10^{-7}
混凝土	1.0×10^{-7}	1.0×10^{-7}	1.000	0.002	3.00×10^{-7}

坝址区灰岩（P_1m）的渗透系数随埋深的变化趋势不明显[图 5.4.5（b）]。根据钻孔压水试验数据，灰岩的渗透性大致可分为上、下两个分段。灰岩上段位于泥页岩夹层（$P_2\beta_n$）之下 80 m 埋深范围内，地下水循环交替作用活跃，岩溶较为发育，岩体渗透性的均值和变异性均较大。考虑到灰岩地层中压水试验段数有限，且溶蚀裂隙发育具有较强的不确定性，因而灰岩的渗透系数取试验数据的大值平均值，如表 5.4.1 所示。与玄武岩相比，灰岩渗透性的各向异性程度较弱。

4）防渗排水系统

厂坝区渗流控制系统由防渗帷幕、排水孔幕和排水廊道组成，防渗面积达 87×10^4 m^2，排水孔数量为 7 980 个，如图 5.4.3、图 5.4.4 和图 5.3.1（a）所示。其中，防渗帷幕通过两岸坝肩 6 层灌浆廊道实施，灌浆廊道的高程分别为 347 m、395 m、470 m、527 m、563 m 和 610 m。坝基防渗帷幕底界按深入微透水（q<1 Lu）岩体设计，穿过玄武岩底部的泥页岩夹层（$P_2\beta_n$），并深入茅口组灰岩（P_1m）中，底界高程为 180 m。两岸坝肩防渗帷幕底界随水平埋深的增大逐渐升高（图 5.4.4）。此外，为了控制地下厂房区域的渗漏量，两岸主厂房边墙上游侧也都布置了半包围式的厂区防渗帷幕。坝基、两岸坝肩和厂区防渗帷幕相互衔接，构成完整的防渗体系，如图 5.4.3 所示。

在防渗帷幕下游侧约 6.0 m 处布置有 5 层排水廊道，排水廊道的高程分别为 341 m、395 m、470 m、527 m、563 m；两岸坝肩抗力体也布置有 5 层排水廊道，高程分别为 366 m、419 m、468 m、522 m 和 564 m。此外，在地下厂房洞室群周围还布置有 3 层排水廊道，高程分别为 345.8 m、385 m 和 425 m。排水孔幕通过各层排水廊道钻设仰孔或俯孔形成，孔径为 140 mm，间距约为 3 m，长度为 10～74.5 m。排水系统的布置如图 5.3.1（a）所示。

5）渗流监测系统

厂坝区渗流监测系统由 123 支渗压计和 52 个量水堰组成，分别用于动态监测坝基、坝肩、地下洞室、水垫塘等各部位岩体的渗透压力和渗流量。其中，在坝基建基面下方共埋设 50 支渗压计（编号为 P2-1～P29-2），各高程排水廊道与两岸坝肩衔接部位共布置 10 个量水堰，如图 5.4.6 所示。左岸厂区共安装 36 支渗压计（编号为 PZ1-PL～PZ36-PL）和 18 个量水堰；右岸厂区则布置 37 支渗压计（编号为 PZ1-PR～PZ37-PR）和 24 个量水堰，监测系统布置详见 Chen 等（2021），部分渗压计和量水堰测点的监测数据曲线如图 2.3.9 所示。此外，2018～2019 年，坝址区还新增了 17 个地下水位观测孔，其中 8 个钻孔位于玄武岩地层，9 个钻孔位于灰岩地层，用于查明蓄水运行以来坝址区地下水的分布及变化情况。

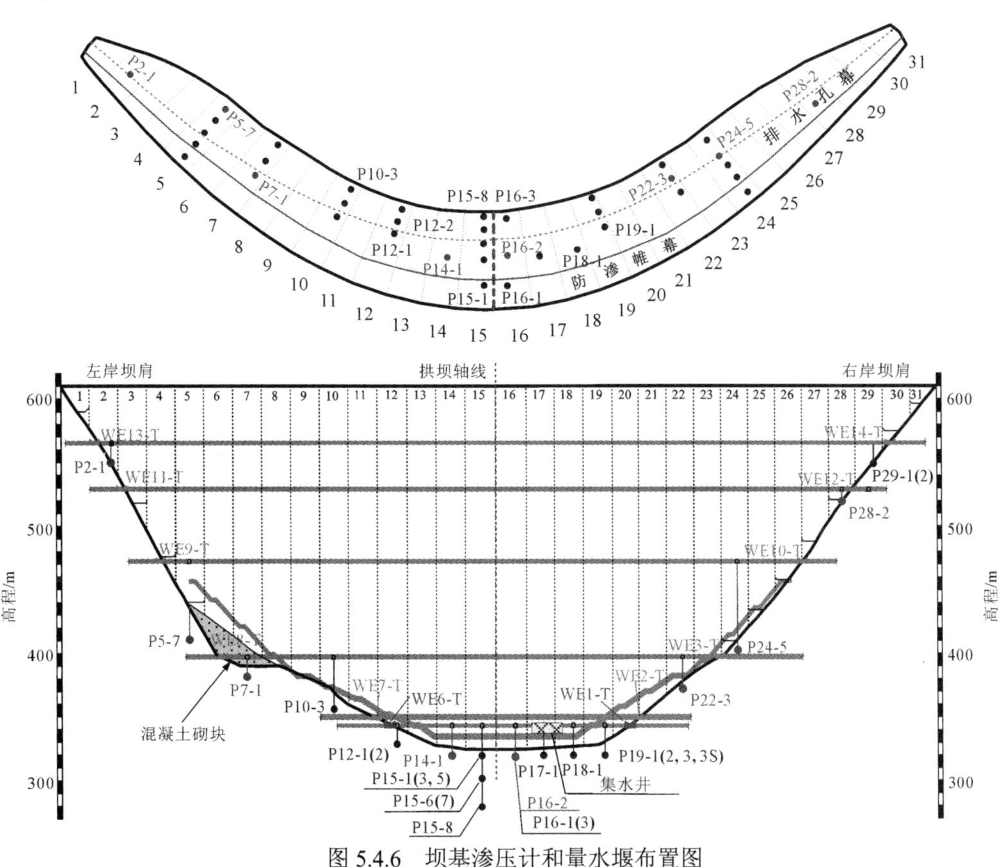

图 5.4.6　坝基渗压计和量水堰布置图

WE13-T 等为量水堰；P2-1 等为渗压计

6）问题的提出

水库蓄水始于 2012 年 11 月 16 日，至 2014 年 10 月 28 日首次达到正常蓄水位 600 m。根据水库水位的变化过程，可大致以 2014 年 5 月 30 日为界将其划分为初期蓄水和正常运行两个阶段，如图 2.3.9 所示。渗流监测资料表明，在运行过程中尽管枢纽区岩体的渗压基本保持动态稳定，但渗漏量具有明显的逐年减小趋势，其可能原因有水-力耦合作用、水库泥沙淤积在库底形成铺盖及悬移质泥沙颗粒对岩体裂隙的填充淤塞作用等。但由于渗漏量的这种减小趋势不仅发生在河床附近的低高程廊道，也发生在河床之上的中、高高程廊道（图 2.3.9），枢纽区渗漏量逐年减小的主要原因是渗流挟带的悬移质泥沙颗粒对岩体裂隙网络的填充淤塞作用（Chen et al.，2021）。需要回答的关键问题是，在高坝运行过程中，坝基岩体的渗透特性如何变化?对枢纽区渗流场的时空分布及高坝的防渗安全有何影响?本节运用非稳定渗流场的多目标逐年动态反演分析方法，研究近坝区岩体渗透特性在运行过程中的变化规律，进而分析枢纽区渗流场的时空分布特征及防渗系统的长期安全性。

2. 非稳定渗流场的反演分析

1）计算模型及定解条件

为了反映水库蓄水运行过程中枢纽区渗流场的动态特征，采用非稳定渗流模型（见5.1节）对枢纽区渗流场进行反演分析。有限元计算模型如图5.4.7所示，其中上游侧以金沙江和豆沙溪沟为界，模型尺寸约为4 000 m×3 550 m×1 000 m。模型对坝址区的地质条件（地形地貌、地层岩性、层间错动带、岩体渗透性分区）、枢纽区建筑物（拱坝、水垫塘、二道坝、引水发电系统及地下厂房洞室群）及防渗排水系统[图 5.3.1（a）]进行了精细模拟，共剖分单元1075万个，节点361万个。

（a）模型范围　　（b）有限元网格

图 5.4.7　枢纽区三维有限元计算模型

渗流分析的初始条件由初始时刻的上、下游水位条件经稳定渗流计算得到，边界条件如下：①上游水库淹没区表面按水库水位变化过程曲线设为水头边界，下游水位则取决于二道坝高程（385 m）和河道高程（约为 380 m），上、下游水位之上的地表及坝体表面均设为Signorini型潜在溢出边界。②厂坝区排水系统的边界条件按5.3.2小节确定，即底层排水廊道中溢流俯孔取水头边界，其余排水孔和排水廊道表面均设为Signorini型潜在溢出边界。③模型底部取隔水边界。④模型截取边界上的条件较为复杂，一方面由于泥页岩夹层（$P_2\beta_n$）的阻水作用，玄武岩与灰岩之间的地下水位分布不连续；另一方面，边界上的水位分布和补排关系持续变化，在蓄水过程中表现为库水补给地下水，而在稳定运行阶段则表现为地下水向河谷排泄。为了确保反演分析的可靠性，需要运用5.1.4小节介绍的跨尺度分析方法确定模型截取边界上的水位分布及其变化过程，其中粗网格模型包含雷波—永善向斜盆地整个水文地质单元，模型平面尺寸约为34 km。

2）待反演参数的选取

受防渗帷幕的拦截，悬移质泥沙颗粒对裂隙的充填淤塞作用主要发生在防渗帷幕上游侧玄武岩中。由于近坝区浅表强风化及弱风化上段玄武岩已被全部挖除，选取正常蓄水位之下、防渗帷幕上游侧近坝区玄武岩弱下风化带（记为 I 区）、微风化带（II 区）和新鲜岩体（III 区）的渗透系数作为待反演参数。这三个岩体分区的位置及范围如图 5.4.4 所示，其中 III 区岩体的范围以防渗帷幕为界，距河岸的水平深度为 400～500 m。此外，由于坝址区玄武岩的渗透性具有明显的各向异性，每个岩体分区的待反演参数有 2 个，记为 $\boldsymbol{P}=\{K_{\mathrm{I}}, \nu_{\mathrm{I}}, K_{\mathrm{II}}, \nu_{\mathrm{II}}, K_{\mathrm{III}}, \nu_{\mathrm{III}}\}$，其中 K_i 和 $\nu_i\,(i=\mathrm{I, II, III})$分别为第 i 分区岩体的水平向渗透系数和各向异性比。根据现场水文地质试验数据，这三个岩体分区的渗透系数取值范围如表 5.4.1 所示。其余岩体分区的渗透系数由水文地质试验数据的统计分析确定，储水率 S_{s} 和给水度 μ^* 由 5.1.4 小节介绍的方法及经验类比确定，如表 5.4.1 所示。

3）反演结果分析

将自 2014 年 5 月 30 日以来的水库运行过程划分为 6 个运行年度，进而采用 5.4.3 小节给出的方法逐年对近坝区玄武岩的渗透系数进行反演分析。以空间上均匀分布、量值上具有良好代表性为原则，仅选取 16 支渗压计和 8 个量水堰测点来构建目标函数［式（5.4.2b）］，其余渗压和流量测点则用于验证反演结果的可靠性。非稳定渗流分析的最大时间步长设为 3 d。

近坝区玄武岩渗透系数的反演结果见式（2.3.41）和图 2.3.10。主要结论如下：①至 2015 年 5 月，近坝区玄武岩的渗透系数与水文地质试验数据均值基本一致，表明施工期开挖扰动对岩体渗透性的影响已基本被蓄水运行初期泥沙对裂隙的填充淤塞作用所抵消；②近坝区岩体的渗透系数服从负指数衰减规律 $K/K_0=0.97\mathrm{e}^{-0.59t}+0.03$，且岩体渗透性的各向异性程度逐年减弱。目前近坝区岩体的渗透性变化已趋于稳定，预计至 2024 年将达到稳定状态。

图 5.4.8 和图 5.4.9 给出了枢纽区部分渗压计和量水堰测点实测过程曲线与计算过程曲线的对比。从图 5.4.8 和图 5.4.9 中可见，枢纽区各渗压计测点的渗压计算过程曲线与实测过程曲线吻合良好，平均绝对误差约为 2 m；各量水堰测点的实测过程曲线变幅较大，但渗流量计算过程曲线很好地反映了实测过程曲线的变化趋势，平均相对误差不超过 25%，枢纽区总渗漏量的相对误差约为 14%（Chen et al.，2021），反演结果满足工程精度要求。

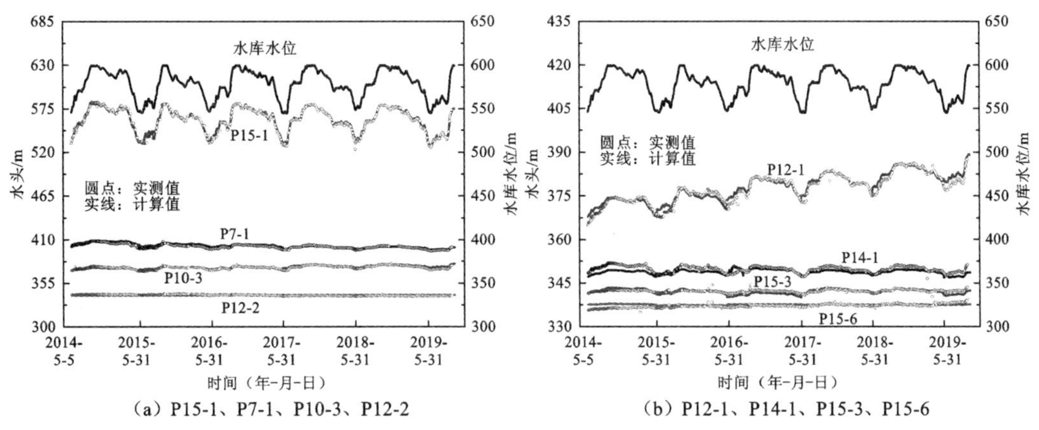

（a）P15-1、P7-1、P10-3、P12-2　　（b）P12-1、P14-1、P15-3、P15-6

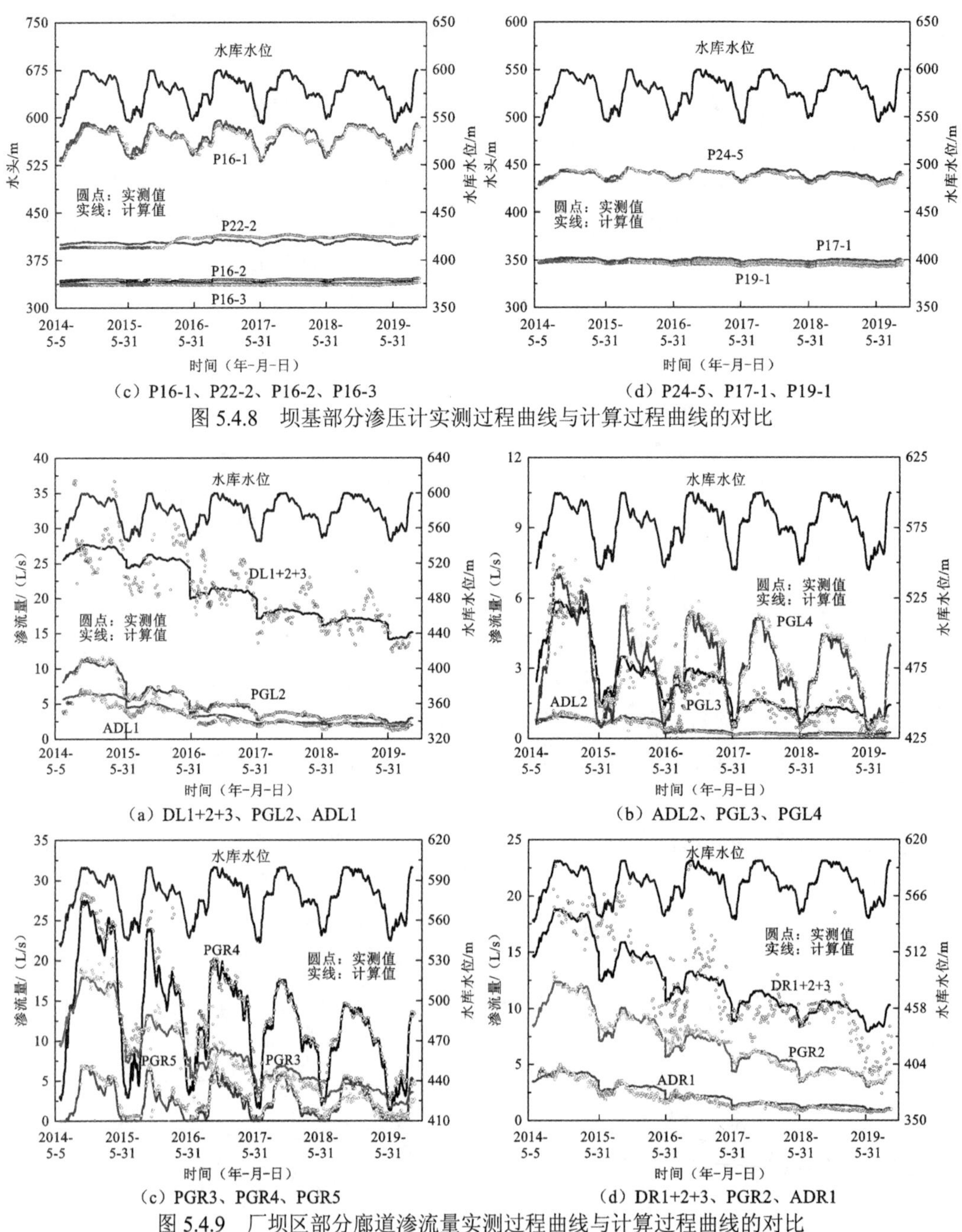

（c）P16-1、P22-2、P16-2、P16-3　（d）P24-5、P17-1、P19-1

图 5.4.8　坝基部分渗压计实测过程曲线与计算过程曲线的对比

（a）DL1+2+3、PGL2、ADL1　（b）ADL2、PGL3、PGL4

（c）PGR3、PGR4、PGR5　（d）DR1+2+3、PGR2、ADR1

图 5.4.9　厂坝区部分廊道渗流量实测过程曲线与计算过程曲线的对比

4）渗流场的动态特征

基于近坝区玄武岩渗透系数的演化模式[式（2.3.41）]，采用非稳定渗流分析方法，对枢纽区渗流场进行了数值模拟分析。在各年度正常蓄水位条件下（每年 10 月初），左、右岸厂区横剖面和坝基纵剖面渗流场的变化特征如图 5.4.10 和图 5.4.11 所示，防渗帷幕最大渗透坡降的变化规律如图 5.4.12 所示。主要结论如下：①防渗排水系统起到了良好的排水降压作用，显著降低了厂坝区岩体的渗透压力，坝基扬压力折减系数均在安全控制标准之内，且留有裕度；②泥沙的充填淤塞作用及近坝区岩体渗透特性的变化使防渗帷幕的渗透坡降逐年降低，表明高坝工程水文地质条件的变化并非总是朝着不利的方向发展；③枢纽区的渗漏量在空间分布上具有高度的非均匀性，呈现“三大一小”的显著特征，即左岸厂区外围廊道 DL1 的渗漏量较大，右岸厂区外围廊道 DR1 和 485 m 高程排水廊道 PGR4 的渗漏量较大，水垫塘区域的渗漏量大，坝基及抗力体的渗漏量小。

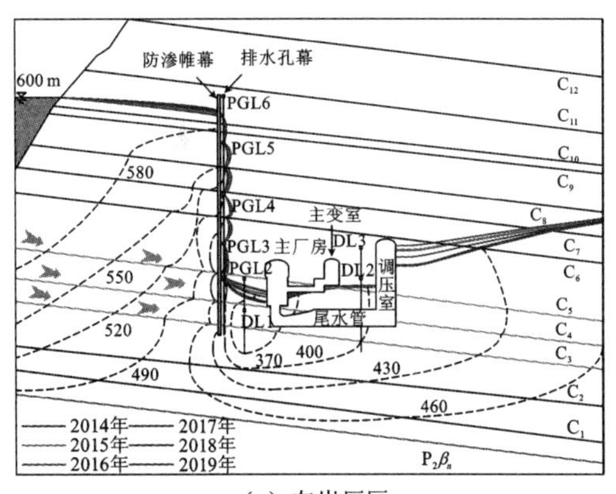

（a）左岸厂区

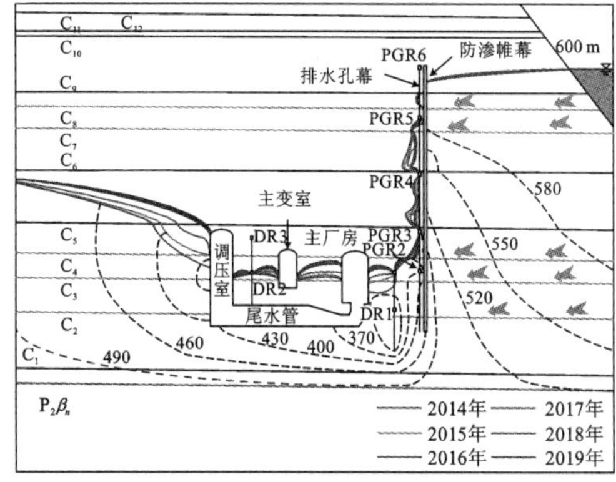

（b）右岸厂区

图 5.4.10　地下厂房围岩渗流场的变化特征

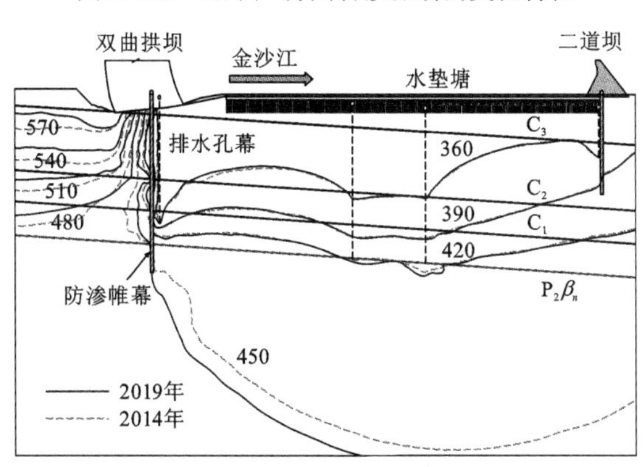

图 5.4.11　坝基渗流场的变化特征

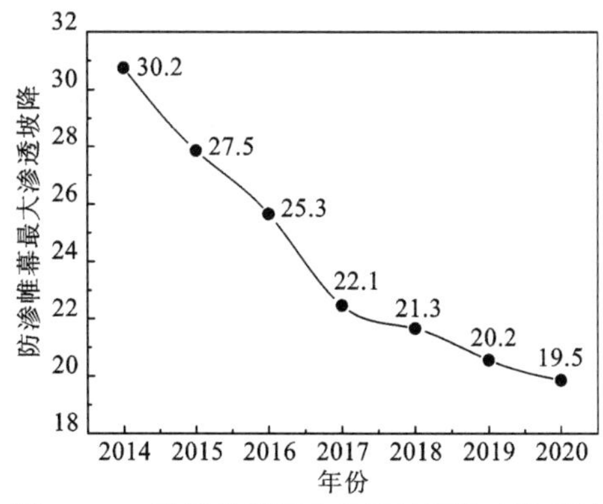

图 5.4.12　防渗帷幕最大渗透坡降的变化规律

计算分析表明，左岸厂区外围廊道 DL1 的渗漏量与层间错动带 C_3～C_5 有关，渗水主要来自库水，少量来自山体地下水；右岸厂区外围廊道 DR1 的渗漏成因与左岸类似，但主要渗漏通道为错动带 C_2～C_4；右岸厂区 485 m 高程排水廊道 PGR4 的渗漏则与穿过该廊道的错动带 C_7、C_8 及坝址上游金沙江 90° 拐弯地形有关，该地形条件有利于库水沿缓倾角错动带向廊道渗漏（Chen et al.，2021）。水垫塘区域的渗漏量约占枢纽区总渗漏量的 45.9%～74.8%，较同类工程偏大，其成因较为复杂，约有 43%的渗漏量来自下部灰岩承压水，沿未封堵的勘探钻孔渗入水垫塘；来自上游库水的绕渗量约占 30%，而另外 27%的渗水来自下游江水。

参 考 文 献

白正雄, 陈益峰, 胡冉, 等, 2012. 排水砂槽渗流试验与 Signorini 型变分不等式方法验证[J]. 岩土力学, 33(9): 2829-2836.

陈益峰, 周创兵, 郑宏, 2009. 含复杂渗控结构渗流问题数值模拟的 SVA 方法[J]. 水力发电学报, 28(2): 89-95.

陈益峰, 周创兵, 毛新莹, 等, 2010. 水布垭地下厂房围岩渗控效应数值模拟与评价[J]. 岩石力学与工程学报, 29(2): 308-318.

陈益峰, 胡冉, 周嵩, 等, 2011. 高堆石坝水力耦合模型及工程应用[J]. 岩土工程学报, 33(9): 1340-1347.

刘武, 陈益峰, 胡冉, 等, 2015. 基于非稳定渗流过程的岩体渗透特性反演分析[J]. 岩石力学与工程学报, 34(2): 362-373.

速宝玉, 朱岳明, 1991. 不变网格确定渗流自由面的节点虚流量法[J]. 河海大学学报, 19(5): 113-117.

速宝玉, 沈振中, 赵坚, 1996. 用变分不等式理论求解渗流问题的截止负压法[J]. 水利学报, (3): 22-29.

王恩志, 王洪涛, 邓旭东, 2001. “以管代孔”：排水孔模拟方法探讨[J]. 岩石力学与工程学报, 20(3): 346-349.

王镭, 刘中, 张有天, 1992. 有排水孔幕的渗流场分析[J]. 水利学报, (4): 15-20.

张有天, 陈平, 王镭, 1988. 有自由面渗流分析的初流量法[J]. 水利学报, 8: 18-26.

郑铁生, 李立, 许庆余, 1995. 一类椭圆型变分不等式离散问题的迭代算法[J]. 应用数学和力学, 16(4): 351-358.

周志芳, 王锦国, 2002. 金沙江溪洛渡水电站环境水文地质综合评价[J]. 高校地质学报, 8(2): 227-235.

朱岳明, 张燎军, 1997. 渗流场求解的改进排水子结构法[J]. 岩土工程学报, 19(2): 69-76.

BATHE K J, KHOSHGOFTAAR M R, 1979. Finite element free surface seepage analysis without mesh iteration[J]. International journal for numerical and analytical methods in geomechanics, 3(1): 13-22.

BORJA R I, KISHNANI S S, 1991. On the solution of elliptic free-boundary problems via Newton's method[J]. Computer methods in applied mechanics and engineering, 88(3): 341-361.

CHEN S H, WANG W M, SHE C X, et al., 2000. Unconfined seepage analysis of discontinuous rock slope[J]. Journal of hydrodynamics, 12(3): 75-86.

CHEN S H, XU Q, HU J, 2004. Composite element method for seepage analysis of geotechnical structures with drainage hole array[J]. Journal of hydrodynamics, 16(3): 260-266.

CHEN Y F, ZHOU C B, ZHENG H, 2008. A numerical solution to seepage problems with complex drainage systems[J]. Computers and geotechnics, 35(3): 383-393.

CHEN Y F, MAO X Y, ZHOU C B, 2009a. Prediction of coupled HM effects on the Shuibuya CFR dam safety due to cracks in concrete face slabs[C]//Proceedings of the ISRM-Sponsored International Symposium on Rock Mechanics: Rock Characterisation, Modelling and Engineering Design Methods (SINOROCK2009). Hong Kong: International Society for Rock Mechanics & University of Hong Kong.

CHEN Y F, ZHOU C B, JING L, 2009b. Modeling coupled THM processes of geological porous media with multiphase flow: Theory and validation against laboratory and field scale experiments[J]. Computers and geotechnics, 36(8): 1308-1329.

CHEN Y F, HU R, ZHOU C B, et al., 2010. A new classification of seepage control mechanisms in geotechnical engineering [J]. Journal of rock mechanics and geotechnical engineering, 2(3): 209-222.

CHEN Y F, HU R, ZHOU C B, et al., 2011a. A new parabolic variational inequality formulation of Signorini's condition for non-steady seepage problems with complex seepage control systems[J]. International journal for numerical and analytical methods in geomechanics, 35(9): 1034-1058.

CHEN Y F, HU R, LU W B, et al., 2011b. Modeling coupled processes of non-steady seepage flow and non-linear deformation for a concrete-faced rockfill dam[J]. Computers and structures, 89(13/14): 1333-1351.

CHEN Y F, HU R, ZHOU C B, 2011c. Seepage flow behaviour of a high clay core rockfill dam and its safety assessment [C]//Proceedings of the 14th Asian Regional Conference on Soil Mechanics and Geotechnical Engineering. Hong Kong: Hong Kong Geotechnical Society.

CHEN Y F, ZHENG H K, WANG M, et al., 2015. Excavation-induced relaxation effects and hydraulic conductivity variations in the surrounding rocks of a large-scale underground powerhouse cavern system[J]. Tunnelling and underground space technology, 49: 253-267.

CHEN Y F, HONG J M, ZHENG H K, et al., 2016a. Evaluation of groundwater leakage into a drainage tunnel in Jinping-I arch dam foundation in Southwestern China: A case study[J]. Rock mechanics and rock engineering, 49(3): 961-979.

CHEN Y F, HONG J M, TANG S L, et al., 2016b. Characterization of transient groundwater flow through a high arch dam foundation during reservoir impounding[J]. Journal of rock mechanics and geotechnical engineering, 8(4): 462-471.

CHEN Y F, LING X M, LIU M M, et al., 2018. Statistical distribution of hydraulic conductivity of rocks in deep-incised valleys, Southwest China[J]. Journal of hydrology, 566: 216-226.

CHEN Y F, LIAO Z, ZHOU J Q, et al., 2020a. Non-Darcian flow effect on discharge into a tunnel in karst aquifers[J]. International journal of rock mechanics and mining sciences, 130: 104319.

CHEN Y F, YU H, MA H Z, et al., 2020b. Inverse modeling of saturated-unsaturated flow in site-scale fractured rocks using the continuum approach: A case study at Baihetan dam site, Southwest China[J]. Journal of hydrology, 584: 124693.

CHEN Y F, ZENG J, SHI H T, et al., 2021. Variation in hydraulic conductivity of fractured rocks at a dam foundation during operation [J]. Journal of rock mechanics and geotechnical engineering, 13(2): 351-367.

DESAI C S, LI G C, 1983. A residual flow procedure and application for free surface in porous media[J]. Advances in water resources, 6(1): 27-35.

FIPPS G, SKAGGS R W, NIEBER J L, 1986. Drains as a boundary condition in finite elements[J]. Water resources research, 22(11): 1613-1621.

HONG J M, CHEN Y F, LIU M M, et al., 2017. Inverse modelling of groundwater flow around a large-scale underground cavern system considering the excavation-induced hydraulic conductivity variation[J]. Computers and geotechnics, 81: 346-359.

HU R, CHEN Y F, ZHOU C B, 2011. Modeling of coupled deformation, water flow and gas transport in soil slopes subjected to rain infiltration[J]. Science China technological sciences, 54(10): 2561-2575.

HU S H, CHEN Y F, LIU W, et al., 2015. Effect of seepage control on stability of a tailings dam during its staged construction with a stepwise-coupled hydro-mechanical model[J]. International journal of mining, reclamation and environment, 29(2): 125-140.

HU R, CHEN Y F, LIU H H, et al., 2016. A coupled two-phase fluid flow and elastoplastic deformation model for unsaturated soils: Theory, implementation and application[J]. International journal for numerical and analytical methods in geomechanics, 40(7): 1023-1058.

HU R, CHEN Y F, ZHOU C B, et al., 2017. A numerical formulation with unified unilateral boundary condition for unsaturated flow problems in porous media[J]. Acta geotechnica, 12(2): 277-291.

JIANG Q, YAO C, YE Z, et al., 2013. Seepage flow with free surface in fracture networks[J]. Water resources research, 49(1): 176-186.

JIANG Q, YE Z, ZHOU C, 2014. A numerical procedure for transient free surface seepage through fracture networks[J]. Journal of hydrology, 519: 881-891.

KIKUCHI N, 1977. Seepage flow problems by variational inequalities: Theory and approximation[J]. International journal for numerical and analytical methods in geomechanics, 1(3): 283-297.

LACY S J, PREVOST J H, 1987. Flow through porous media: A procedure for locating the free surface[J]. International journal for numerical and analytical methods in geomechanics, 11(6): 585-601.

LI Y, CHEN Y F, JIANG Q H, et al., 2014. Performance assessment and optimization of seepage control system: A numerical case study for Kala underground powerhouse[J]. Computers and geotechnics, 55: 306-315.

LI X, CHEN Y F, HU R, et al., 2017a. Towards an optimization design of seepage control: A case study in dam engineering[J]. Science China technological sciences, 60(12): 1903-1916.

LI Y, CHEN Y F, ZHANG G J, et al., 2017b. A numerical procedure for modeling the seepage field of water-sealed underground oil and gas storage caverns[J]. Tunnelling and underground space technology, 66: 56-63.

LIU H H, DOUGHTY C, BODVARSSON G S, 1998. An active fracture model for unsaturated flow and transport in fractured rocks[J]. Water resources research, 34(10): 2633-2646.

PETERS R R, KLAVETTER E A, 1988. A continuum model for water movement in an unsaturated fractured rock mass[J]. Water resources research, 24(3): 416-430.

RAFIAI H, JAFARI A, MAHMOUDI A, 2013. Application of ANN-based failure criteria to rocks under polyaxial stress conditions[J]. International journal of rock mechanics and mining sciences, 59: 42-49.

RAHARDJO H, HRITZUK K, LEONG E C, et al., 2003. Effectiveness of horizontal drains for slope stability[J]. Engineering geology, 69(3/4): 295-308.

VAN GENUCHTEN M T, 1980. A closed-form equation for predicting the hydraulic conductivity of unsaturated soils[J]. Soil science society of America journal, 44(5): 892-898.

WANG M, CHEN Y F, HU R, et al., 2016. Coupled hydro-mechanical analysis of a dam foundation with thick fluvial deposits: A case study of the Danba hydropower project, Southwestern China[J]. European journal of environmental and civil engineering, 20(1): 19-44.

ZHAN M L, SU B Y, 1999. New method of simulating concentrated drain holes in seepage control analysis[J]. Journal of hydrodynamics, 11(3): 27-35.

ZHENG H, LIU D F, LEE C F, et al., 2005. A new formulation of Signorini's type for seepage problems with free surfaces[J]. International journal for numerical methods in engineering, 64(1): 1-16.

ZHOU C B, LIU W, CHEN Y F, et al., 2015. Inverse modeling of leakage through a rock-fill dam foundation during its construction stage using transient flow model, neural network and genetic algorithm[J]. Engineering geology, 187: 183-195.

第6章

水利工程渗流控制及其优化设计

渗流是工程事故和地质灾害的重要诱发因素。在水利工程中，由于大埋深开挖、大幅度蓄水和高强度泄洪雨雾作用，渗流致灾问题更为突出。与地下水活动和渗流作用有关的灾害大致可分为四类：①渗漏问题，如坝基渗漏、基坑涌水、隧洞突水和突泥等，因渗漏量或涌水量过大而影响水工建筑物施工安全和运行性能；②渗透变形与破坏问题，导致堤坝基础失稳，坝体沉降、开裂、塌陷，甚至溃决；③水-力耦合问题，软弱地层及地质构造在渗流作用下产生软化或应力状态的变化，进而诱发蠕滑变形或山体滑坡；④生态环境问题，在特定条件下，深埋隧洞等工程建设可使地下水径流路径和补排关系发生显著变化，地下水位大幅下降，进而引起地表水源枯竭或生态失衡。这四类灾害在工程实践中均时有发生，典型的重大事故有法国 Malpasset 拱坝（高 66 m）溃决、意大利 Vajont 拱坝（高 262 m）库岸滑坡及美国 Teton 土坝（高 90 m）溃决等。

渗流控制是防治或减轻渗流致灾危害，确保水利工程安全建设和运行维护的关键技术。工程的类型及所处的阶段不同，渗流控制的任务也有所不同，但主要任务如下：①减少地下水的渗流量，如坝基的渗漏量和地下洞室的涌水量；②控制地下水位或其变化幅度，如土石坝的浸润线位置、混凝土坝坝基的扬压力及洞室围岩的孔隙水压力；③提高岩土介质和堤坝结构的抗渗性及渗透稳定性，防止发生渗透变形和破坏；④抑制渗流诱发的岩土变形和结构破坏，确保工程长期高效运行。渗流控制的技术措施主要有防渗、排水和反滤三大类，三者相互配合，各司其职，从而达到“减渗”“降压”“增稳”的目的。经过长期的研究和实践，水利工程渗流控制的技术原理和设计理论已日臻完善，但由于地质条件、运行环境和地下水运动规律的复杂性，在渗流控制技术方案的性能评价、优化设计和动态反馈等方面还需要进一步研究。本章介绍岩土介质在渗流作用下的变形和破坏机理，回顾水利工程渗流控制的原理及措施，并重点阐述水利工程渗流控制的优化设计方法。

6.1 渗流作用下岩土介质的变形与破坏

6.1.1 概述

在渗流作用下，岩土介质发生变形或破坏的机制主要有两类：一类是地下水对岩土介质内部的侵蚀作用，使土颗粒流失或可溶颗粒发生潜蚀，渗流通道不断扩展、塌陷，直至破坏，这类变形破坏形式统称为渗透变形；另一类是水-力耦合作用，即软弱地层在有效应力及地下水的软化作用下产生塑性滑移或蠕动变形，或者岩体结构面在高渗透压力作用下出现扩张、扩展等现象，后者称为水力劈裂。对于土体，渗透变形的类型主要有流土、管涌、接触冲刷和接触流失。对于岩体，当结构面含有未胶结的充填物时，结构面也存在渗透破坏问题，渗透破坏的类型与土体相同。但除此之外，岩体在高渗透压力作用下，还存在水力劈裂破坏问题。

岩土介质的渗透破坏是水流与介质相互作用的结果，因而其发生条件不仅与渗流状态（如水力坡降 J、水压力 p）有关，还取决于介质自身的结构特征和赋存环境。岩土介质的渗透稳定性评价是水利工程渗流分析与控制的重要研究任务，其关键则是岩土介质渗透破坏类型的判别。对于土及结构面充填物，其渗透破坏类型取决于土及充填物的粒径组成、密实程度和结构特征，尤其当土及充填物的粒径组成不均匀或级配不连续时，细粒含量对土及充填物的孔隙结构和渗透破坏类型起控制性作用。岩体的水力劈裂破坏，则受控于水压力的大小及岩体的完整性、裂隙发育特征和应力状态等因素。

实际上，岩土介质的渗透变形也是一个水-力耦合过程，表现为水流与土颗粒的相互作用，进而改变土颗粒的运动状态和水流的运动通道，或者表现为水流与裂隙的相互作用，导致裂隙扩张和扩展。随着渗透变形的发生和发展，这种颗粒尺度或裂隙尺度上的水-力耦合作用最终将使岩土介质产生宏观变形和破坏，进而危及工程安全。除此之外，地下水运动过程还通过有效应力、软化作用或边界上的水压力作用，对岩土介质变形和稳定性产生重要影响；与此同时，岩土介质的变形、损伤和破坏，将改变其渗透特性、储水或持水特性，并使渗流过程持续发生变化。因此，岩土介质的水-力耦合作用具有更广泛的内涵，在此过程中可能伴随有渗透变形的发生，也可能没有。

6.1.2 岩土介质的渗透稳定性

1. 土的渗透变形及其判别

在渗流作用下，渗流通道内部或出口处的土颗粒发生局部或整体的移动、潜蚀，进而引起土体结构松弛、破坏的现象，称为渗透变形。渗透变形发展到一定程度，即渗透破坏。土的渗透变形类型主要有流土、管涌、接触冲刷、接触流失四类。

（1）流土是指在渗流作用下，表层土体局部隆起、浮动，或者粗、细颗粒群同时移动而流失的现象。流土破坏通常始于渗流出口部位，进而向土体内部快速发展。流土既可发生在颗粒均匀的细粒土层中，又可发生在不均匀但密实度较大的粗粒土层中。

（2）管涌是指在渗流作用下，土中的细颗粒在粗颗粒构成的孔隙通道中移动而流失，进而导致渗流通道逐渐塌陷、扩展的渐进式破坏现象。管涌既可发生在渗流通道的内部，又可发生在渗流的出口部位。管涌多发生在细粒含量较低的不均匀土层中。

（3）接触冲刷是指当水流沿着两种粗细不均的土层接触面或建筑物与地基的接触面流动时，沿接触面带走细粒层中的细颗粒的现象。

（4）接触流失是指当水流垂直于两种粗细不均的土层接触面流动时，细粒层中的细颗粒被带进粗粒层而流失的现象。

在上述四种渗透破坏类型中，流土和管涌主要出现在单一土层中，而接触冲刷和接触流失则多出现在双层或互层状结构土层中。事实上，土的渗透破坏机理极为复杂，其渗透破坏类型主要取决于土的颗粒级配、结构特征及土层之间的组合关系。目前，土的渗透破坏类型判别还缺乏简单、有效的理论判据，而主要依赖由大量试验总结出来的经验判据，如表 6.1.1 所示（中华人民共和国住房和城乡建设部，2016）。这些判据的物理意义如下。

表 6.1.1　土的渗透变形判别准则

土体类型		判别准则		破坏类型	临界水力坡降的估算公式
单一土层	黏性土	—		流土	$J_{cr}=\dfrac{0.8W_L-14}{\gamma_w D_0}+1.25(G_s-1)(1-\phi)$
	无黏性土	$C_u\leqslant 5$		流土	$J_{cr}=(G_s-1)(1-\phi)$
		$C_u>5$	$P_f\geqslant 35\%$	流土	
			$25\%\leqslant P_f<35\%$	过渡型	$J_{cr}=2.2(G_s-1)(1-\phi)^2\dfrac{d_5}{d_{20}}$
			$P_f<25\%$	管涌	
双层结构	顺层流动	双层均有 $C_u\leqslant 10$	$D_{20}/d_{20}\leqslant 8$	不发生接触冲刷	$J_{cr}=\left(5+16.5\dfrac{d_{10}}{D_{20}}\right)\dfrac{d_{10}}{D_{20}}$
	向上流动	$C_u\leqslant 5$	$D_{15}/d_{85}\leqslant 5$	不发生接触流失	—
		$C_u\leqslant 10$	$D_{20}/d_{70}\leqslant 7$		

注：摘自《水力发电工程地质勘察规范》(GB 50287—2016)。C_u 为土的不均匀系数；P_f 为土的区分粒径 d_f 对应的细粒含量（见 1.1.2 小节）(%)；d_5、d_{10}、d_{20}、d_{70}、d_{85} 为占土的总质量分别为 5%、10%、20%、70%和 85%的土粒粒径；D_{15}、D_{20} 为颗粒较粗土层的土粒粒径，表示小于该粒径的土粒质量占土的总质量的 15%和 20%；G_s 为土粒密度与水的密度之比；ϕ 为孔隙率；γ_w 为水的容重（kN/m^3）；W_L 为黏性土的液限含水量（%）；D_0=1.0 m。

（1）对于黏性土和均匀的无黏性土（$C_u\leqslant 5$），土体的孔隙细小，土颗粒不可能在孔隙通道中移动，因而渗透破坏类型为流土。

（2）对于不均匀的无黏性土（$C_u>5$），渗透破坏的类型取决于细粒含量。当细粒含量足够大（$P_f \geq 35\%$）时，细颗粒可以完全填满骨架颗粒之间的孔隙，并对土体的孔隙尺寸起控制作用，因而渗透破坏的类型为流土；但当细粒含量较低（$P_f < 25\%$）时，细颗粒可以在骨架颗粒构成的孔隙通道中移动，因而渗透破坏类型为管涌。

（3）对于颗粒相对均匀的双层或互层状结构土层（$C_u \leq 10$），当水流沿层面方向运动时，若细粒层与粗粒层细粒部分的代表性粒径相差足够小（$D_{20}/d_{20} \leq 8$），则不会发生接触冲刷破坏；而当水流沿垂直于层面方向运动时，若细粒层粗粒部分的代表性粒径与粗粒层细粒部分的代表性粒径相差足够小（$D_{20}/d_{70} \leq 7$），则不会发生接触流失。

土体渗透变形的发生条件受土的组成结构和水力条件共同控制。对于特定结构的土体，仅当作用在土颗粒上的渗透力足以克服土颗粒之间的黏聚力和内摩擦力时，渗透变形才开始发生和发展。在确定土的渗透破坏类型之后，可按式（6.1.1）判别土的渗透稳定性：

$$J \leqslant [J] = \frac{J_{cr}}{F_s} \tag{6.1.1}$$

式中：J 为水力坡降；$[J]$为允许的水力坡降；J_{cr} 为土体开始发生渗透变形时的临界水力坡降；F_s 为安全系数。

土的渗透变形类型不同，其允许的水力坡降$[J]$也不相同。$[J]$一般直接通过试验确定，当缺乏试验资料时，可采用临界水力坡降 J_{cr} 除以安全系数 F_s 来估算（中华人民共和国住房和城乡建设部，2016）。临界水力坡降 J_{cr} 的估算公式见表 6.1.1，安全系数 F_s 的取值范围一般为 1.5～2.0。对于管涌，通常取 F_s=1.5；对于流土，其破坏属于整体破坏，对水工建筑物危害较大，建议取 F_s=2.0；对于特别重要的工程，可取 F_s=2.5。

2. 岩体的渗透破坏及其判别

在渗流作用下，岩体也存在渗透变形与破坏现象，其表现形式主要有两类：一类是结构面的渗透变形；另一类是岩体的水力劈裂。当岩体中的断层、夹层、错动带、岩层层面和节理裂隙等地质构造含有充填物，且充填物未胶结或胶结程度较弱时，充填物细颗粒被渗流挟带流失或可溶颗粒被水流潜蚀、掏空的现象，称为结构面的渗透变形。结构面的渗透稳定性同样取决于充填物的物质组成和水力条件，判别方法与土体类似。在水利水电工程中，常根据充填物黏粒含量从高到低，将结构面分为泥型、泥夹岩屑型、岩屑夹泥型和岩块岩屑型四类（中华人民共和国住房和城乡建设部，2016），黏粒含量越高，结构面的临界水力坡降 J_{cr} 和允许的水力坡降$[J]$越低。

水力劈裂是指在高渗透压力作用下，岩体中的节理裂隙出现扩张、扩展、贯通，甚至诱使新的裂隙形成和扩展的现象。水力劈裂常发生在高压隧洞围岩、高坝岩基等部位，或者发生在高压流体注入岩体的过程中，使岩体发生显著的不可逆变形，岩体的渗透性急剧增强。在油气工程中，水力劈裂被广泛应用于油气井的增产改造，称为水力压裂技术；水力劈裂也被广泛应用于地应力的测量，称为水压致裂法。在水利工程中，水力劈裂可导致集中渗漏通道的形成及高压水流的外渗，进而危及水工建筑物的安全运行，因而是需要予以避免和控制的。

如 3.2 节所述，岩体发生水力劈裂的机理极为复杂，其临界条件与流体压力、岩体的完整性、岩石的性质、裂隙的发育特征、地应力的水平等因素有关。岩体发生水力劈裂的临界水压力称为劈裂压力 P_c，通常可通过高压压水试验确定。作者依据琼中抽水蓄能电站高压岔管区的高压压水试验数据，发现劈裂压力 P_c 与岩体的最小主应力和完整性具有如下经验关系（Chen et al.，2015）：

$$P_c = a_1\sigma_3 + a_2\mathrm{RQD}^{a_3} \tag{6.1.2}$$

式中：P_c 为劈裂压力（MPa）；σ_3 为岩体的最小主应力（MPa）；RQD 为岩石质量指标；a_1、a_2、a_3 为拟合系数，$a_1=0.67$，$a_2=4.19$ MPa，$a_3=2.68$，如图 6.1.1 所示。

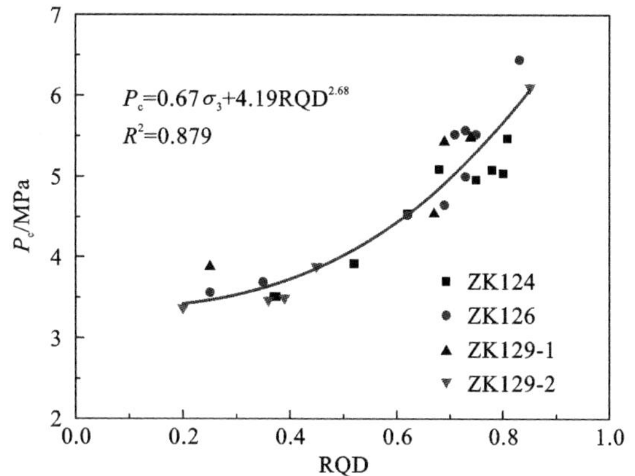

图 6.1.1　劈裂压力与岩体完整性和最小主应力之间的关系

目前，尚未形成统一的岩体水力劈裂判别准则。工程上一般认为，当流体压力 p 超过岩体的劈裂压力 P_c（即 $p>P_c$），或者流体压力 p 超过岩体的最小主应力 σ_3（即 $p>\sigma_3$）时，岩体将发生水力劈裂。因此，为了防范岩体发生劈裂破坏的风险，水工建筑物设计应确保岩体中的水压力 p 小于岩体的劈裂压力 P_c 或最小主应力 σ_3，即 $p<P_c$ 或 $p<\sigma_3$，这正是水工隧洞设计需要满足最小覆盖厚度，以及洞内最大水压力应小于围岩最小地应力的理论依据（中华人民共和国水利部，2016）。

6.1.3　岩土介质的水-力耦合效应

岩土介质在渗流作用下，因软化或有效应力变化而发生变形、损伤或破坏，进而引起渗流持续变化的现象，称为水-力耦合作用。水-力耦合又常被称为渗流-变形耦合、渗流-应力耦合、流-固耦合或水-岩耦合，尽管各术语的内涵略有差异（周创兵 等，2008）。下面不妨以非稳定渗流过程与弹塑性变形过程的耦合为例，简要介绍岩土介质的水-力耦合机理。

1. 控制方程

由式（1.3.19）可知，非稳定渗流的控制方程可以表达为

$$\nabla \cdot (\rho_w \boldsymbol{K} \nabla h) = \rho_w \left(\frac{\partial \varepsilon_v}{\partial t} + S_w \frac{\partial h}{\partial t} \right) \tag{6.1.3}$$

式中：$h=p/(\rho_w g)+z$，为总水头，p 为孔隙水压力，z 为垂直坐标；$\boldsymbol{K}$ 为岩土介质的渗透系数张量；ε_v 为介质的体积应变（以扩容为正）；$S_w=\rho_w g\phi\beta_w$，为由水的压缩性产生的储水率，ρ_w 为水的密度，β_w 为水的体积压缩系数，ϕ为介质的孔隙率，g 为重力加速度；t 为时间。

式（6.1.3）应满足的定解条件包括初始条件，以及水头边界条件、流量边界条件和潜在溢出边界条件，详见 1.3.2 小节。

另外，在准静态过程中，岩土介质的动量守恒方程可以表达为如下增量形式：

$$\nabla \cdot \dot{\boldsymbol{\sigma}} + \dot{\rho}_{\text{eff}} \boldsymbol{g} = \boldsymbol{0} \tag{6.1.4}$$

式中：$\boldsymbol{\sigma}$为总应力张量（规定以拉为正）；$\rho_{\text{eff}}=(1-\phi)\rho_s+\phi\rho_w$，为介质的有效密度，$\rho_s$ 为介质固相的密度；$\boldsymbol{g}$ 为重力加速度矢量。变量上方的圆点表示该变量对时间的偏导数。

引入 Biot（1941）有效应力原理，则有

$$\dot{\boldsymbol{\sigma}} = \dot{\boldsymbol{\sigma}}' - b\dot{p}\boldsymbol{\delta} \tag{6.1.5a}$$

式中：$\boldsymbol{\sigma}'$为有效应力张量；$b=1-K_b/K_s$ 为 Biot 有效应力系数（$\phi\leqslant b\leqslant 1$），$K_b$ 为介质的体积压缩模量，K_s 为基质颗粒的体积压缩模量；$\boldsymbol{\delta}$为 Kronecker delta 张量。

值得讨论的是，Biot 有效应力原理是针对土或孔隙介质提出的，那么该原理是否适用于裂隙岩体呢?本质上，Biot 有效应力原理是在连续性假设的基础上，通过将经典弹性理论中的势函数从干燥无水状态下的 $U(\boldsymbol{\varepsilon})$形式（$\mathrm{d}U=\boldsymbol{\sigma}:\mathrm{d}\boldsymbol{\varepsilon}$）拓展为饱和状态下的 $U(\boldsymbol{\varepsilon}, p)$ 形式（如 Gibbs 自由能函数 $\mathrm{d}U=\boldsymbol{\sigma}:\mathrm{d}\boldsymbol{\varepsilon}-\phi\mathrm{d}p$）而导出的（Coussy，2004；Biot and Willis，1957；Biot，1941）。因此，Biot 有效应力原理是定义在介质的 RVE 上的，隐含的前提是介质的孔隙网络充分连通，且介质的 RVE 存在。

由此可见，对于裂隙网络充分连通、完整性较差的岩体及断层破碎带，Biot 有效应力原理是完全适用的，但对于裂隙不发育、裂隙网络连通性差的完整岩体，Biot 有效应力理论则是近似的。在 RVE 尺度上，岩体越坚硬完整，岩体的体积压缩模量 K_b 与岩石基质的体积压缩模量 K_s 之比越接近于 1，Biot 有效应力系数 b 的值就越小；反之，岩体越软弱，Biot 有效应力系数就越大。此外，岩体具有较强的各向异性，此时 Biot 有效应力系数也是各向异性的。

在各向异性条件下，式（6.1.5a）应改写为

$$\dot{\boldsymbol{\sigma}} = \dot{\boldsymbol{\sigma}}' - \dot{p}\boldsymbol{B} \tag{6.1.5b}$$

式中：$\boldsymbol{B}$ 为 Biot 系数张量，其表达式见式（2.2.34a）。

将岩土介质的总应变$\boldsymbol{\varepsilon}$分解为弹性应变分量$\boldsymbol{\varepsilon}^e$与塑性应变分量$\boldsymbol{\varepsilon}^p$之和，则其应力-应变关系可以表达为

$$\dot{\boldsymbol{\sigma}}' = \boldsymbol{D}^e : (\dot{\boldsymbol{\varepsilon}} - \dot{\boldsymbol{\varepsilon}}^p) \tag{6.1.6}$$

式中：$\boldsymbol{D}^e$ 为介质的弹性刚度张量。在各向同性条件下，$\boldsymbol{D}^e$ 的表达式为

$$D_{ijkl}^e = \lambda\delta_{ij}\delta_{kl} + G(\delta_{ik}\delta_{jl} + \delta_{il}\delta_{jk}) \tag{6.1.7}$$

式中：λ和 G 为介质的 Lamé 常数。

根据塑性势理论，式（6.1.6）可以改写为

$$\dot{\boldsymbol{\sigma}}' = \boldsymbol{D}^{\text{ep}} : \dot{\boldsymbol{\varepsilon}} \tag{6.1.8}$$

式中：$\boldsymbol{D}^{\text{ep}}$ 为介质的弹塑性切线刚度张量，

$$\boldsymbol{D}^{\text{ep}} = \boldsymbol{D}^{\text{e}} - \frac{\boldsymbol{D}^{\text{e}} : \dfrac{\partial Q}{\partial \boldsymbol{\sigma}'} \otimes \dfrac{\partial F}{\partial \boldsymbol{\sigma}'} : \boldsymbol{D}^{\text{e}}}{\dfrac{\partial F}{\partial \boldsymbol{\sigma}'} : \boldsymbol{D}^{\text{e}} : \dfrac{\partial Q}{\partial \boldsymbol{\sigma}'} + H} \tag{6.1.9}$$

其中：F 和 Q 分别为屈服函数和塑性势函数；H 为硬化模量。

在小变形条件下，几何方程为

$$\dot{\boldsymbol{\varepsilon}} = \frac{1}{2}[\nabla \dot{\boldsymbol{u}} + (\nabla \dot{\boldsymbol{u}})^{\text{T}}] \tag{6.1.10}$$

式中：$\boldsymbol{u}$ 为介质的变形矢量。

将式（6.1.5a）、式（6.1.8）和式（6.1.10）代入式（6.1.4），可得岩土介质弹塑性变形的控制方程：

$$\nabla \cdot \left[\boldsymbol{D}^{\text{ep}} : \nabla \left(\frac{\partial \boldsymbol{u}}{\partial t} \right) - b \frac{\partial p}{\partial t} \boldsymbol{\delta} \right] + \frac{\partial \rho_{\text{eff}}}{\partial t} \boldsymbol{g} = \boldsymbol{0} \tag{6.1.11}$$

式（6.1.11）应满足如下定解条件：在全域Ω内满足初始条件 $\boldsymbol{u}(t_0)=\boldsymbol{0}$，$\boldsymbol{\sigma}(t_0)=\boldsymbol{\sigma}_0$，在位移边界$\Gamma_u$ 上满足位移边界条件 $\boldsymbol{u}=\bar{\boldsymbol{u}}$，以及在应力边界$\Gamma_\sigma$上满足应力边界条件 $\boldsymbol{\sigma}\cdot\boldsymbol{n}=\bar{\boldsymbol{t}}$。这里，$t_0$ 为初始时刻，$\boldsymbol{\sigma}_0$ 为初始地应力，$\bar{\boldsymbol{u}}$ 和 $\bar{\boldsymbol{t}}$ 为边界上的已知位移和应力，$\boldsymbol{n}$ 为边界上的单位外法线矢量。

2. 耦合机理

由式（6.1.3）可知，在水-力耦合过程中，岩土介质变形、损伤或破坏对渗流过程的影响主要体现在三个方面：一是改变介质的渗透特性（$\boldsymbol{K}$），使介质的渗流路径和渗流过程发生变化；二是产生体积变形（ε_{v}），使介质的储水能力发生变化；三是岩体开挖，形成新的排泄边界，使渗流场的边界条件发生变化。另外，由式（6.1.11）可知，渗流对岩土介质变形过程的影响，主要体现在如下三个方面：一是改变孔隙水压力 p，使介质的有效应力发生变化，或者直接通过边界上的水压力作用，引起介质的变形；二是通过水对岩土介质的软化或侵蚀作用，降低介质的刚度和强度，使力学参数（如弹性模量、黏聚力和内摩擦角）弱化，$\boldsymbol{D}^{\text{ep}}$ 减小，变形增大，甚至发生破坏；三是改变介质的有效密度ρ_{eff}，使其容重发生变化。

事实上，在更一般的情况下，岩土介质的变形和损伤对水力学性质的影响不仅仅局限于渗透系数（$\boldsymbol{K}$），还包括非达西渗流参数（K_{v}、K_{i}）及土水特征曲线（s-S_{e}）和相对渗透率曲线（k_{r}-S_{e}）等。类似地，岩土介质渗流引起的变形往往既包含与应力路径和水力路径相关的不可逆塑性或损伤变形分量，又包含率相关的时效变形分量，取决于岩土介质的性质及本构模型的选取。这两类本构模型的构建和计算参数的确定，是岩土介质水-力耦合的核心研究内容，同时也是准确预测渗流诱发变形的重要前提。相关模型可参阅第 2～4 章。

在水利工程中，典型的渗流诱发变形现象包括土石坝湿化变形、高拱坝谷幅变形、水库库盘沉降变形及水库岸坡变形和滑坡等。研究渗流诱发变形问题的方法主要有三类：一是物理模型试验，但耗时费力，较少应用；二是数值模拟，这是最常用的方法，需要对岩土介质的水-力耦合机理、本构模型、参数取值、定解条件和求解算法开展深入研究（Wang et al.，2016；Hu et al.，2016，2015，2011；Chen et al.，2011，2009；周创兵 等，2008），以确保数值模拟结果的合理性和准确性；三是反演分析，通过选用合理的水-力耦合本构模型，利用渗压、流量、变形和应力观测数据，反演确定岩土介质的水-力耦合参数。由于岩土介质水-力耦合的本构关系较为复杂，涉及的模型参数也较多，数值模拟和反演分析的难度较大，需要从岩土介质性质和场地地质条件两个方面入手，构建合理的耦合数学模型、本构模型和几何模型，才能有效解决渗流诱发变形的预测及稳定性评价问题。

6.2 渗流控制技术原理与优化设计方法

6.2.1 概述

水利工程渗流控制的主要任务是减小地下水的渗漏量，降低地下水位或孔隙水压力，并提高岩土介质的渗透稳定性。与之相对应，渗流控制的主要技术措施有防渗、排水和反滤三类。防渗通过在地层或工程结构中形成一道连续的阻水屏障，起到阻断渗漏通道，延长渗径长度，减少渗漏流量，增强软弱结构面和地层渗透稳定性的作用；也可以通过在边坡或地基表面设置防渗盖板或防渗铺盖，减少地表水体的入渗。在砂砾石地基中，防渗一般还兼有降低渗透压力的作用。排水通过在防渗体下游侧形成排泄边界，改变地下水的运动路径和渗流场的分布特征，降低岩土体中的渗透压力或混凝土建筑物的扬压力。反滤则通过在渗流出口设置一层具有一定级配和粒径要求的砂砾石料，起到滤土排水、保护渗流出口、防止渗透变形的作用。这三类渗流控制措施往往配合使用，以达到预期的渗流控制效果。

防渗排水性能及渗透稳定性评价是水利工程渗流分析的重要任务，也是渗流控制方案比选和优化设计的前提。其关键是，如何在渗流数学模型中正确表征防渗、排水和反滤的物理机制，并采用合理的数值模拟方法量化、评价其渗流控制效果。从渗流数学模型上看，渗流控制的技术途径可分为介质特性控制、边界条件控制、初始状态控制和耦合过程控制四类，防渗、排水和反滤机制在宏观上均可通过介质特性控制和边界条件控制予以表征（陈益峰 等，2010；Chen et al.，2010）。因此，防渗排水性能评价和优化设计的理论基础是成熟的，但技术上依赖灵活、高效的防渗排水精细模拟技术（见 5.3 节）。本节简要介绍水利工程渗流控制的技术原理和优化设计方法。

6.2.2 渗流控制技术及原理

1. 渗流控制技术

水利工程渗流控制措施主要根据工程类型和场地地质条件确定。在混凝土坝和地下厂房工程中，基岩的防渗多以帷幕灌浆为主，并在防渗帷幕下游侧设置排水孔幕，以降低基岩的渗透压力，并排出渗水。防渗帷幕的深度及向两岸的延伸范围取决于相对隔水层的埋深，防渗帷幕和相对隔水层的透水率 q 要求满足如下控制标准（中华人民共和国水利部，2018；国家能源局，2014）：坝高>100 m，q=1～3 Lu；坝高=50～100 m，q=3～5 Lu；坝高<50 m，q=5 Lu。当两岸坝肩的防渗帷幕深度较大时，防渗帷幕和排水孔幕一般通过灌排隧洞分层布设，并上下衔接构成整体。当基岩发育有规模较大的断层破碎带、裂隙密集带和岩溶洞穴时，还可有针对性地采用加强灌浆、防渗墙、混凝土塞等防渗处理措施。在排水孔穿过的断层破碎带、软弱结构面和夹泥裂隙等部位，可辅以反滤保护措施，防止构造充填物和软弱岩层发生渗透破坏。碾压混凝土坝上游面需设混凝土防渗层。混凝土坝坝身也需设置竖向排水孔幕，排水孔与廊道分层连通。高坝坝肩抗力体和水垫塘等部位，一般也设排水系统。下游二道坝基础也常设防渗设施，以减少下游河水向坝基的渗漏。

土石坝防渗体的类型有土质防渗体或混凝土、沥青混凝土、土工膜等非土质防渗体。土质防渗体与坝壳、坝基透水层之间，以及渗流溢出部位，需设置反滤层，即通过铺设具有一定级配、层数和厚度的砂砾石料，确保被保护土不发生渗透变形。砂砾石坝基防渗以混凝土防渗墙和防渗帷幕等垂直防渗方式为主，并辅以填土铺盖、土工膜铺盖等水平防渗方式。当覆盖层厚度较小时，常挖除覆盖层，将防渗体直接建在基岩上；当覆盖层厚度适中时，可将防渗墙嵌入基岩中；而当砂砾石层厚度较大时，可采用悬挂式防渗墙，必要时可下接帷幕灌浆。土石坝坝体排水有坝内排水、棱体排水、贴坡排水等形式，反滤层和过渡层常兼具坝内竖向排水体的作用。砂砾石坝基排水则有水平排水垫层、反滤排水沟、排水减压井、排水盖重等多种形式。必要时，排水体外缘均可设置反滤层，反滤材料可选用砂砾料或土工织物。

当高压隧洞采用钢筋混凝土衬砌时，一般采用固结灌浆或高压固结灌浆对围岩进行防渗处理，以控制内水外渗，并防止发生水力劈裂破坏。在钢筋混凝土衬砌与钢板衬护的连接段，一般设置环状防渗帷幕。边坡的防渗和排水系统通常由坡面防渗、地表排水和坡体排水组成，其中地表排水系统由边坡坡面及边坡开口线之外集水面积内的截水、排水设施组成；坡体排水又分浅表排水和深部排水，浅表排水有坡面排水孔、网状排水带、排水盲沟、贴坡排水等措施，深部排水一般采用排水洞与排水孔相结合的方式。

2. 渗流控制原理

水利工程渗流控制实际上是防渗、排水和反滤三类措施的有机配合。不管渗流控制措施如何多样，渗流运动规律如何复杂，地下水的运动过程终究是受连续性方程、初始条件和边界条件控制的。不妨以非稳定渗流过程为例，探讨渗流控制的技术途径和物理本质。由 1.3.2 小节可知，非稳定渗流的数学模型可以表述为

$$\nabla\cdot(\boldsymbol{K}\nabla h)=\frac{\partial\varepsilon_{\mathrm{v}}}{\partial t}+S_{\mathrm{w}}\frac{\partial h}{\partial t} \tag{6.2.1}$$

$$h(\boldsymbol{x},t_0)=h_0(\boldsymbol{x})\quad(\boldsymbol{x}\in\Omega) \tag{6.2.2}$$

$$h(\boldsymbol{x},t)=\overline{h}(t)\quad(\boldsymbol{x}\in\Gamma_h) \tag{6.2.3a}$$

$$q_n(\boldsymbol{x},t)=\overline{q}(t)\quad(\boldsymbol{x}\in\Gamma_q) \tag{6.2.3b}$$

$$h(\boldsymbol{x},t)\leqslant z,\quad q_n(\boldsymbol{x},t)\leqslant 0,\quad [h(\boldsymbol{x},t)-z]\cdot q_n(\boldsymbol{x},t)=0\quad(\boldsymbol{x}\in\Gamma_{\mathrm{s}}) \tag{6.2.3c}$$

式（6.2.1）～式（6.2.3）中，式（6.2.1）为控制方程，式（6.2.2）为初始条件，式（6.2.3）为边界条件。h 为水头，$\boldsymbol{K}$ 为渗透系数张量，ε_{v} 为体积应变，h_0 为初始水头分布，$\overline{h}$ 为水头边界Γ_h上的已知水头，$\overline{q}$ 为流量边界Γ_q上的已知流量，Γ_{s}为潜在溢出边界，S_{w}为由水的压缩性所产生的储水率，$\boldsymbol{x}$ 为全域Ω内的位置矢量，z 为垂直坐标，t 为时间，t_0为初始时刻。

在研究区域 Ω内，非稳定渗流场的分布和演化是受式（6.2.1）～式（6.2.3）及岩土介质的性质共同控制的。渗流控制的根本目的，就是在区域 Ω内形成一个有利于工程稳定和安全的渗流场。为了确保岩土介质不发生渗透破坏，区域 Ω内的渗流场还应满足如下渗透稳定性要求：

$$J\leqslant[J],\qquad p\leqslant\sigma_3 \tag{6.2.4}$$

式中：J 为介质的水力坡降；$[J]$为各渗透破坏类型对应的允许水力坡降；p 为水压力；σ_3为介质的最小主应力。

由式（6.2.1）～式（6.2.4）可知，渗流控制的途径可归结为如下四类（陈益峰 等，2010；Chen et al.，2010）。

（1）介质特性控制。如式（6.2.1）所示，渗流控制的有效途径之一是改变渗流域Ω内部局部岩土体的水力特性或组成结构，从而达到减少渗漏量、增强渗透稳定性的目的。从机理上看，介质特性控制的实质是通过降低介质的渗透系数张量 $\boldsymbol{K}$，或者提高被保护土体的允许水力坡降$[J]$来实现的，因而水利工程中广泛采用的防渗和反滤措施均属于介质特性控制的范畴。

（2）边界条件控制。如式（6.2.3）所示，边界条件对渗流场具有强烈的约束和控制作用，水利工程中广泛采用的各种排水措施均是通过在渗流域 Ω内部或下游侧形成新的排泄边界（包括水头、流量或溢出边界，详见 5.3.2 小节），达到排水降压的目的。此外，水库岸坡的稳定性往往对库水位涨落速率较为敏感，对于岸坡渗流及稳定性控制而言，库水位涨落速率的控制也属于边界条件控制。

（3）初始状态控制。如式（6.2.2）所示，通过改变渗流域 Ω内的初始压力分布或非饱和黏性土的初始含水量，可在一定时期和一定范围内对地下水的运动起到控制作用。例如，工程开工之前的初始抽排，或者工程抢险过程中的降水措施，可视为初始状态控制。对于土石坝黏土心墙及核废料处置库膨润土屏障，其吸湿饱水过程可通过初始含水量的控制起到一定的调节作用。

（4）耦合过程控制。如式（6.2.1）所示，地下水的运动过程不是孤立的，常受到变形、传热等过程的影响。例如，岩土介质的变形、损伤和破坏，可改变岩土介质的渗透特性（$\boldsymbol{K}$）和储水特性（ε_v），进而对渗流场产生不可忽视的影响。通过控制岩体的开挖支护方式和顺序，抑制岩体的开挖扰动效应，从而在一定程度上减小开挖对渗流场的影响，即耦合过程控制。显然，耦合过程控制是以介质特性控制和边界条件控制为纽带的。

需要指出的是，不同技术途径和机制对渗流控制的敏感性与有效性是大不相同的。介质特性控制和边界条件控制是最敏感、最有效、最经济的渗流控制策略，因而在工程实践中得到了广泛和成功的应用。初始状态控制仅在一定的时间和空间范围内有效，而耦合过程控制通常是变形及稳定性控制的副产物，两者的技术可行性和时效性均受到制约。

这样，本书就在渗流数学模型中量化、表征了渗流控制的主要技术途径和物理机制，这对于水利工程渗流控制的优化设计具有重要意义。

6.2.3　渗流控制优化设计方法

1. 优化设计目标

经过长期的探索和实践，水利工程渗流控制设计经验已较为丰富，各类水工建筑物设计规范对渗流控制均有相关规定。尽管如此，水利工程渗流控制设计仍然具有很强的经验性，这不仅与工程地质条件、水文地质条件及地下水赋存和运动规律的复杂性有关，还与防渗施工作业的隐蔽性和施工质量的不确定性有关。从理论上看，由于渗流控制的各种物理机制在数学模型中均具有对应的表征，对渗流控制设计进行一定程度的优化是可能的。优化设计的目的，一方面是在确保防渗安全的前提下，减少渗流控制系统的工程量；另一方面则是在特定的防渗排水方案下，提出合理的质量控制标准。

下面以混凝土高坝工程为例，简述渗流控制的优化设计方法。混凝土高坝及地下厂房的防渗系统一般由防渗帷幕组成，排水系统则由排水孔幕和排水廊道（或排水隧洞）组成。防渗帷幕的设计参数包括帷幕轴线方向、深度、向两岸的延伸长度及灌浆孔的排数、排距和孔距等；排水孔幕的设计参数则包括主副排水孔的排数、深度、排距、间距、延伸长度等。事实上，帷幕灌浆的机理和施工工艺流程相当复杂，灌浆效果与灌浆材料、灌浆压力、灌浆顺序、施灌方法、质量标准等因素有关。灌浆孔的排数、排距和孔距通常是根据浆液的有效扩散半径及作用在帷幕上的水头差和允许水力坡降确定的；同时，帷幕灌浆的质量是通过以检查孔压水试验为主的质量检查来进行评价的。此外，坝基副排水孔的深度通常较小。因此，可选取防渗帷幕的渗透系数 K_g、厚度 W_g、深度 d_g 和延伸长度 L_g，以及排水孔幕的深度 d_d、间距 s_d 和延伸长度 L_d 作为高坝防渗排水优化设计的主要参数，如图 6.2.1 所示。

从定性上看，渗流控制优化设计的目标是寻找一组最优的防渗排水设计参数 $\{K_g, W_g, d_g, L_g; d_d, s_d, L_d\}$，使得渗流控制的性能达到最优，且工程建设的成本最小（Li et al.，2017）。但在工程设计阶段，准确量化性能和成本这两个目标函数是相当困难的。

例如，防渗帷幕的建设成本与浆液的单位注入量有关，但由于地质条件的复杂性和不确定性，即使以现场灌浆试验为依据，单位注入量的估算也可能显著偏离实际。因此，工程上更加切实可行的优化设计目标是，在技术、经济可行的条件下，提出优化的防渗排水设计参数$\{W_g, d_g, L_g; d_d, s_d, L_d\}$或帷幕灌浆的质量标准$K_g$，使得工程区的渗漏量、渗透压力（包括坝基扬压力和洞室衬砌的外水压力）及渗透稳定性均满足工程安全要求。此外，实施渗流控制优化设计的前提是充分了解和掌握坝址区的工程地质及水文地质条件，在工程勘察、设计、施工和运行过程中，随着地质条件的揭露和监测资料的积累，渗流控制设计也需进行动态优化和反馈调整。

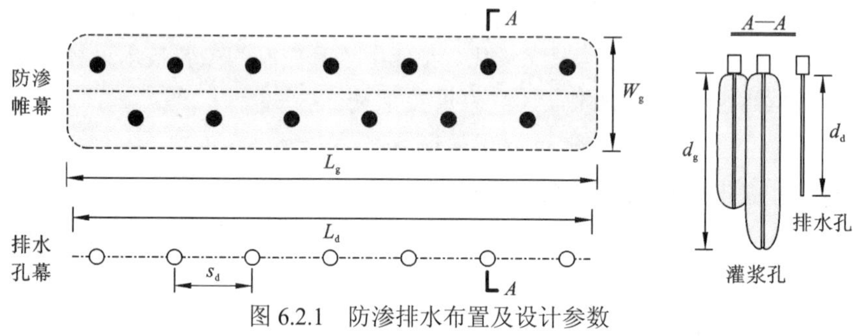

图 6.2.1　防渗排水布置及设计参数

2. 优化设计流程

从以上分析可知，渗流控制优化设计是以工程地质及水文地质条件的深入掌握和充分利用为基础，以渗流场精细模拟和防渗排水性能评价为手段，以技术、经济可行条件下的防渗安全为目标，实现防渗排水设计参数的优选和渗流场的有效控制。优化设计的实施流程如图 6.2.2 所示，具体步骤如下。

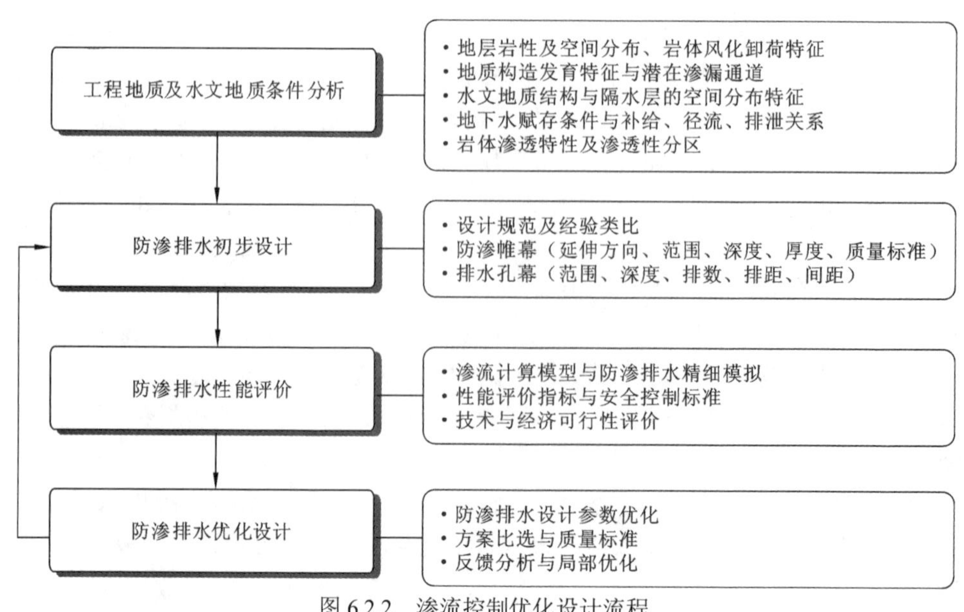

图 6.2.2　渗流控制优化设计流程

（1）工程地质及水文地质条件分析。坝址区工程地质及水文地质条件的调查、分析和利用是渗流控制优化设计的重要前提，因而需要通过现场地质勘查及水文地质试验，查明坝址区的地层岩性及分布特征、岩体风化卸荷情况及地质构造发育特征、水文地质结构及地下水的赋存条件、岩土体与结构面的渗透性及渗透稳定性等，弄清坝址区相对隔水层的空间分布及潜在的集中渗漏通道，分析地下水的动态及补给、径流、排泄关系，研究岩体渗透系数的空间分布规律及其统计特征，并划分岩体的渗透性分区。地质调查与分析工作将为防渗帷幕和排水系统的初步设计提供关键依据，也将为场地地质条件在数值计算模型中的合理表征奠定重要基础。

（2）防渗排水初步设计。综合考虑坝址区的工程地质及水文地质条件和灌浆试验资料，结合坝高、水库功能及防渗排水措施的联合作用，参照相关设计规范和工程经验，可拟定防渗和排水的布置形式及设计参数，确定防渗排水的初步设计方案。防渗排水设计方案需满足技术、经济可行性的要求。例如，当相对隔水层埋深很大或分布无规律时，采用封闭式防渗帷幕可能面临技术和经济可行性的问题，需要通过渗流计算和优化设计，论证采用悬挂式帷幕的可行性，并优化帷幕的深度和延伸范围。

（3）防渗排水性能评价。渗流控制效果的评价依赖数值模拟和反馈分析，关键是防渗帷幕和排水孔幕的精细模拟技术（见 5.3 节）。通过构建反映坝址区工程地质及水文地质条件、枢纽建筑物和防渗排水布局的计算模型，采用合理的渗流分析模型和数值模拟方法，确定符合实际的计算参数和定解条件，并选用合理的性能评价指标及安全控制标准，对防渗排水系统的渗流控制效果及安全性进行定量化评价。渗流控制的性能评价指标包括枢纽区各部位及总体的渗漏量，各部位渗透压力、坝基扬压力、地下洞室衬砌的外水压力及其分布，第四系沉积物、覆盖层、软弱结构面、断层破碎带及软弱岩层的渗透坡降等。相应的安全控制标准则是局部和整体的渗漏量足够小，渗透压力及渗透稳定性满足工程安全要求，不出现渗透破坏和水力劈裂现象。此外，还可能需要评价渗流诱发变形的量值及变化趋势，并确保其在建筑物安全容许的范围内。防渗排水性能评价的难点之一，是渗流计算模型的构建，既要准确表征复杂的场地地质条件和建筑物布局，又要适应优化设计和动态调整过程中防渗及排水精细模拟的要求。

（4）防渗排水优化设计。在技术、经济可行条件下，确定防渗排水设计参数的选择范围，进而采用一定的优化策略和算法，优选防渗排水性能最佳的设计参数；或者对若干技术、经济可行的设计方案进行比选，并确定防渗帷幕需满足的质量控制标准。后者对于工程设计和施工往往具有更直接的指导意义。在工程建设和运行过程中，优化设计需与反馈分析相结合，动态优化防渗排水系统局部的设计参数。例如，在基坑开挖或水库蓄水过程中，若坝基发生异常渗漏或涌水，则需在地质条件、监测和检测资料、渗水水质分析的基础上，通过防渗排水系统的精细模拟和渗流场的反馈分析，查明渗涌水的补给来源和渗漏通道，揭示坝基岩体的渗透特性和渗漏的成因机制，评价防渗系统的性能和地层的渗透稳定性，并提出经济、有效的工程治理方案和防渗排水补强措施（Chen et al.，2021，2016；Zhou et al.，2015）。

6.2.4 工程应用实例

1. 拱坝坝基防渗帷幕优化设计

1）工程概况及地质条件

某水电站位于雅砻江中游河段，枢纽建筑物主要由混凝土双曲拱坝、泄洪消能设施和引水发电系统等组成。混凝土双曲拱坝最大坝高 201 m，坝体宽度为 10～43 m。引水发电系统布置在左岸山体内，由引水管道和主厂房、主变室、尾水调压室等地下厂房洞室群组成，如图 6.2.3 所示。坝址区地处 V 形峡谷，岸坡较为陡峻，2 160 m 高程之下坡度为 50°～55°，之上坡度可达 70°，如图 6.2.4 所示。坝址区出露的基岩为燕山早期中粒花岗闪长岩（$\gamma\delta_5^2$），主要由中粒花岗闪长岩和少量黑云母花岗岩组成，分布有后期经受热气液蚀变的花岗岩化和黏土化蚀变岩带。第四系松散沉积物（Q_4）主要分布在峡谷及河床两岸，厚度一般为 10～25 m。

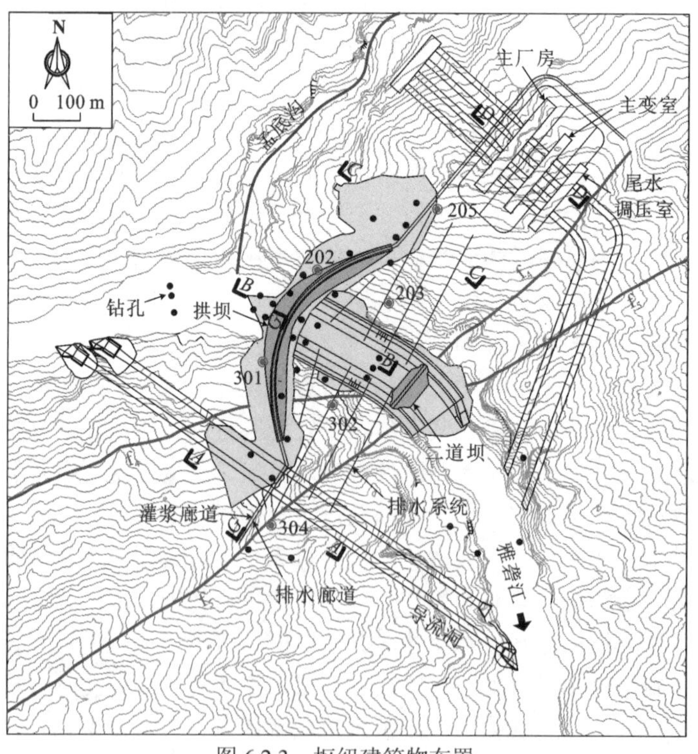

图 6.2.3 枢纽建筑物布置

205 等为钻孔编号

坝址区地质构造较为发育，规模较大的断层有 f_4 和 f_5，两者均横切雅砻江（图 6.2.3）；其余断层多沿蚀变岩带发育，规模较小，延伸在千米之内，破碎带宽 10～30 cm。断层 f_4 的产状为 N60°～70°E/SE∠55°～65°，延伸约 3 km，破碎带宽 1～2 m，主要由粉碎粒岩、碎斑岩组成，遇水易软化，渗透性较低。影响带宽度一般为 10～15 m，岩体破碎，

挤压紧密。左岸沿断层发育蚀变岩带 AZ_{03}，宽 1～3 m，岩体破碎，风化较强，黏土化蚀变明显。断层 f_5 的产状为 N55°～65°E/NW∠75°～85°，延伸约 2 km，破碎带宽 1～1.5 m，主要由碎斑岩、碎粒岩及少量碎粉岩组成。破碎带穿插于厚度较大的破碎蚀变岩带 AZ_{05} 中，影响带宽 4～5 m，裂隙发育，岩体破碎，右岸部分结构较松散，透水性较强。此外，坝址区发育的优势裂隙主要有 4 组。

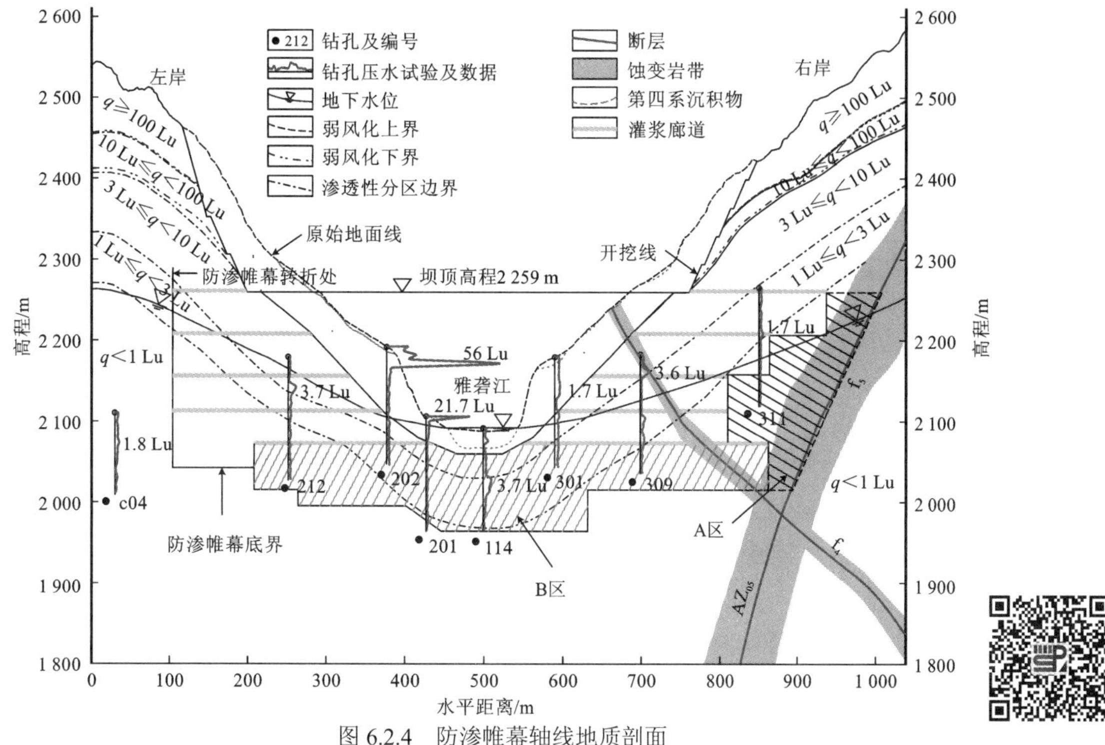

图 6.2.4　防渗帷幕轴线地质剖面

坝址区的地下水主要为基岩裂隙潜水和松散堆积层孔隙潜水，右岸地下水较丰富，左岸相对贫乏。地下水主要由大气降雨补给，向河谷排泄。近河床部位地下水位较为低平，但随着水平埋深的增大，水力坡降逐渐增大。在距离河岸 30～70 m 处，左岸水力坡降由 15%～25%增大至 40%～50%，而右岸水力坡降则基本保持在 30%～35%。钻孔地下水位观测资料表明，近河床部位地下水位的变化趋势和幅度与江水位基本一致，略具滞后性；远离河岸处地下水位较平稳，与降雨关系密切，受江水影响较小。

钻孔压水试验表明，坝址区岩体的透水性主要受岩性、风化卸荷程度及断层构造等条件控制。总体上，坝址区岩体以微透水和弱偏下透水为主，试段占比分别达 55.4%和 31.7%。此外，岩体的透水性与埋深具有明显的相关性，埋深越大，渗透性越低（Chen et al., 2018）。依据岩体的透水性，并结合岩体的风化卸荷特征，将坝址区岩体划分为微透水（q<1 Lu）、弱偏下透水（1 Lu≤q<3 Lu）、弱偏上透水（3 Lu≤q<10 Lu）、中等透水（10 Lu≤q<100 Lu）和强透水（q≥100 Lu）5 个渗透性分区，如图 6.2.4 所示。依据现场水文地质试验数据，计算各渗透性分区岩体渗透系数的算术平均值和几何平均值，如表 6.2.1 所示。从表 6.2.1 中可见，算术平均值一般明显大于几何平均值，确定各渗透

性分区岩体代表性渗透系数值的原则如下：对于微透水区，压水试段数量较多，试验数据的代表性较强，渗透系数按几何平均值取值；对于其余岩体分区和结构面，在算术平均值的基础上，考虑地质条件的不确定性，对渗透系数进行综合取值，如表 6.2.1 所示。

表 6.2.1　坝址区岩体渗透系数的统计特征及计算取值

岩体分区		渗透系数 K/（cm/s）			
		压水试验范围值	算术平均值	几何平均值	计算取值
强透水区		$8.90\times10^{-5}\sim1.19\times10^{-1}$	1.19×10^{-2}	7.12×10^{-5}	1.0×10^{-2}
中等透水区		$5.06\times10^{-6}\sim6.02\times10^{-4}$	1.45×10^{-4}	4.55×10^{-5}	4.0×10^{-4}
弱偏上透水区		$1.64\times10^{-6}\sim3.42\times10^{-4}$	3.81×10^{-5}	1.63×10^{-5}	5.0×10^{-5}
弱偏下透水区		$1.23\times10^{-7}\sim9.65\times10^{-5}$	2.06×10^{-5}	1.01×10^{-5}	2.5×10^{-5}
微透水区		$1.37\times10^{-7}\sim3.94\times10^{-5}$	1.01×10^{-5}	7.11×10^{-6}	7.5×10^{-6}
断层 f_4		$1.37\times10^{-7}\sim3.94\times10^{-5}$	3.26×10^{-5}	1.03×10^{-6}	1.0×10^{-5}
断层 f_5	左岸部分	$1.54\times10^{-6}\sim1.84\times10^{-4}$	6.50×10^{-5}	1.02×10^{-5}	6.5×10^{-5}
	右岸部分	$3.73\times10^{-5}\sim3.48\times10^{-1}$	1.00×10^{-2}	2.00×10^{-5}	1.0×10^{-2}
蚀变岩带		$9.44\times10^{-6}\sim6.42\times10^{-4}$	5.48×10^{-4}	2.22×10^{-5}	4.0×10^{-4}

2）防渗排水设计方案

坝基渗流控制系统由防渗帷幕、排水隧洞和排水孔幕组成，如图 6.2.3 和图 6.2.4 所示。由于拱坝高达 201 m，属于高坝，坝基防渗帷幕深度按嵌入微透水岩体（q<1 Lu）考虑，最低高程为 1 964 m，最大深度为 107 m。但随着水平埋深的增大，两岸坝肩防渗帷幕的深度逐次减小（图 6.2.4）。依据坝址区地质条件，并考虑作用在防渗帷幕上的水头差随高程的变化情况，防渗帷幕的透水率在 2 206 m 高程之下按 q<1 Lu 控制，在 2 206 m 高程之上则按 q<3 Lu 控制。根据上述设计标准，共布置 5 层帷幕灌浆平硐，高程分别为 2 259 m、2 206 m、2 154 m、2 111 m 和 2 071 m。2 206 m 高程之上防渗帷幕为 1 排，孔距为 2 m；2 206～2 071 m 高程防渗帷幕为 2 排，排距为 1.5 m，孔距为 2 m；2 071 m 高程之下河床坝基采用“两主一副”3 排防渗帷幕，副防渗帷幕深度按主防渗帷幕孔深的 2/3 考虑，排距为 1.3 m，孔距为 2 m。

在防渗帷幕下游侧 12 m 处共布置 4 层排水平硐，高程分别为 2 206 m、2 154 m、2 111 m 和 2 068 m。在 2 068 m 高程之下，排水孔深度大致按主防渗帷幕深度的 2/3 确定，最低高程为 1 995 m。其余排水孔为垂直仰孔，从排水平硐顶拱向上钻设，延伸至上层平硐底板下方 1 m 处。排水孔间距为 3 m，直径为 110 mm。此外，在地下厂房和二道坝及水垫塘区域布置有防渗排水系统，在坝肩抗力体部位也布置有排水系统，这里不予赘述。

上述防渗排水系统主要是依据拱坝设计规范和工程经验确定的。但有关防渗帷幕的设计，有两个关键问题需要回答：一是断层 f_5 规模较大，穿插于蚀变岩带 AZ_{05} 中，并横切雅砻江，其右岸部分岩体破碎，结构松散，具中等透水性，可构成地下水自右岸山体向水垫塘的集中渗漏通道（图 6.2.3）。对于防渗帷幕是否需要向右岸深部延伸，直至截断 f_5 断层及其蚀变岩带（即图 6.2.4 中的 A 区），需要论证。二是在坝基 2 071 m 高程之下（即图 6.2.4 中的 B 区），约 75%的压水试段呈微透水性（$q<1$ Lu）至弱偏下透水性（1 Lu$\leqslant q<3$ Lu），说明坝基岩体的透水性总体较弱，能否将 3 排防渗帷幕方案优化为 2 排防渗帷幕方案，同样需要论证。

3）渗流计算模型

采用稳定渗流模型（见 1.3.2 小节和 5.1 节）评价坝基防渗排水系统的性能。有限元计算模型如图 6.2.5 所示。模型顺河向长 1 400 m，横河向宽 2 000 m，底部高程为 1 600 m，地表最大高程为 2 930 m。该模型对坝址区地形地貌、主要地质构造、岩体渗透性分区、防渗排水系统及枢纽建筑物（包括拱坝及坝肩抗力体、水垫塘及二道坝、地下厂房及引水系统）进行了较为精细的模拟，共剖分单元 3 799 034 个，节点 1 154 165 个。其中，防渗系统采用实体单元进行模拟，排水系统采用子结构技术建模（见 5.3 节），如图 6.2.5（b）和（c）所示。

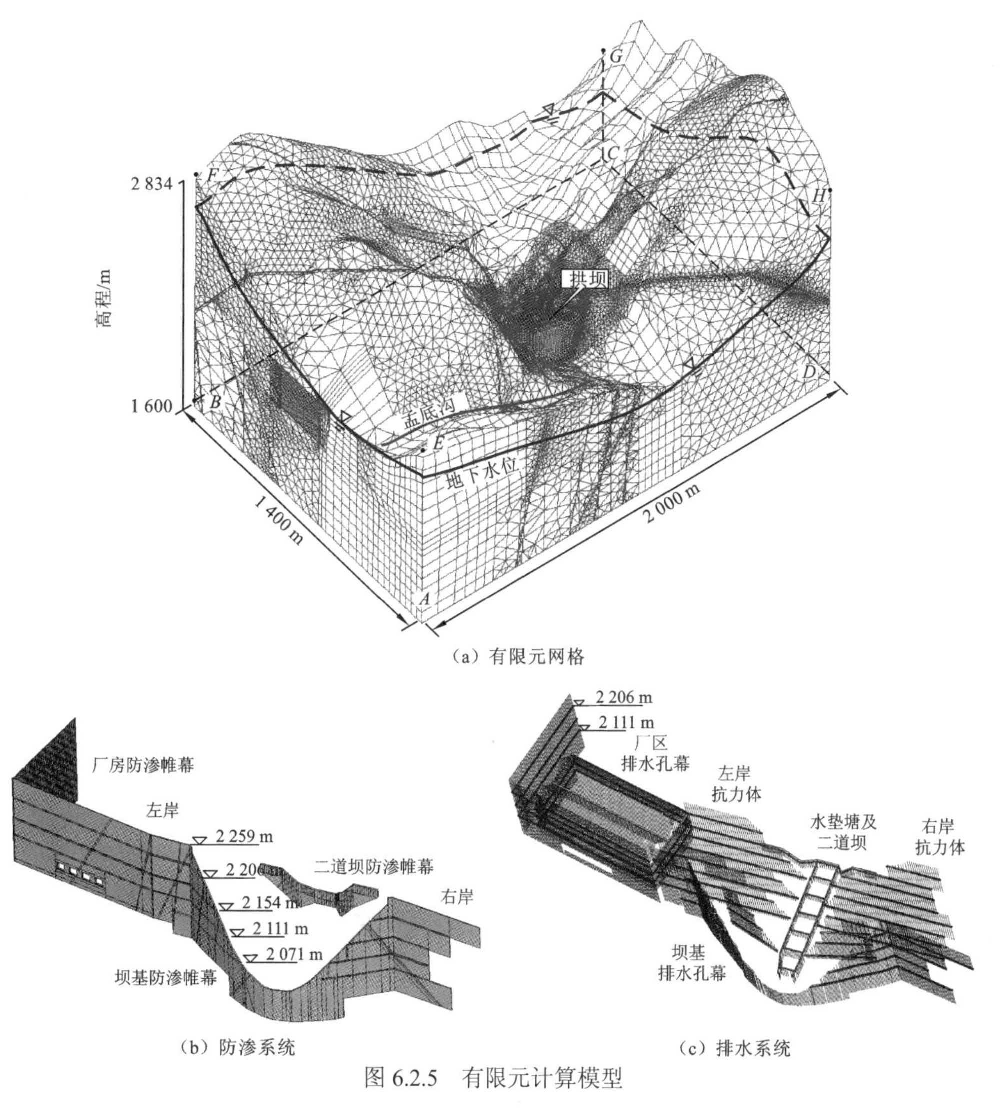

（a）有限元网格

（b）防渗系统　　（c）排水系统

图 6.2.5　有限元计算模型

各渗透性分区岩体及结构面的渗透系数按表 6.2.1 取值。在正常运行条件下，水库蓄水位为 2 254 m，对应的下游河道水位为 2 110 m。渗流计算的边界条件如下：上游水位取正常蓄水位，下游水位受二道坝高程及下游河道水位控制；模型底部边界设为隔水边界，侧面边界通过坝址区钻孔地下水位长期观测数据的反演分析确定，如图 6.2.5（a）所示。对于底层排水廊道下方的排水俯孔，当孔口存在渗流溢出时，取定水头边界，水头值取与之相连的廊道的底板高程；当无渗流溢出时，取隔水边界。其余排水孔和排水廊道表面、发电机层及以上洞室边墙、地表水位之上坡面及坝体表面均设为潜在溢出边界，满足 Signorini 型互补条件。

4）防渗帷幕优化设计

渗流计算表明，在上述防渗排水系统的作用下，枢纽区渗流场总体上得到了有效控制，拱坝坝基、水垫塘、抗力体、地下厂房等各部位的渗透压力及坝基扬压力分布均满足设计要求，如图 6.2.6 所示。在正常蓄水位条件下，枢纽区总渗漏量约为 97.72 L/s，其中坝区（包括坝基、两岸坝肩及抗力体和水垫塘）和厂区的渗漏量分别为 76.68 L/s 与 21.04 L/s，渗漏量在正常范围内。对于断层和蚀变岩带，除了与排水孔相交部位的水力坡降较大，需辅以局部反滤保护之外，渗透稳定性也满足工程安全要求。因此，防渗排水的设计方案总体上是合理的。

由于断层 f_5 和蚀变岩带 AZ_{05} 可能构成右岸的集中渗漏通道，在上述防渗排水方案的基础上，考虑在 A 区增设防渗帷幕（图 6.2.4），以截断断层 f_5 及其上盘部分的蚀变岩带 AZ_{05}，防渗帷幕后的排水孔幕也相应延伸。右岸防渗帷幕延伸后，断层 f_5 及其上盘部分的蚀变岩带将被有效截断，透过或绕过防渗帷幕的地下水将被排水系统排出，防渗帷幕后的地下水位将大幅下降，如图 6.2.7 所示。同时，右岸抗力体的渗漏量将减少 8.43 L/s，但由于右岸排水孔幕也同步延伸，右岸坝肩的渗漏量将增大 7.34 L/s，总渗漏量仅减小 1.09 L/s，变化不大。另外，由于坝基岩体的透水性总体较弱，当 B 区帷幕灌浆孔的排数

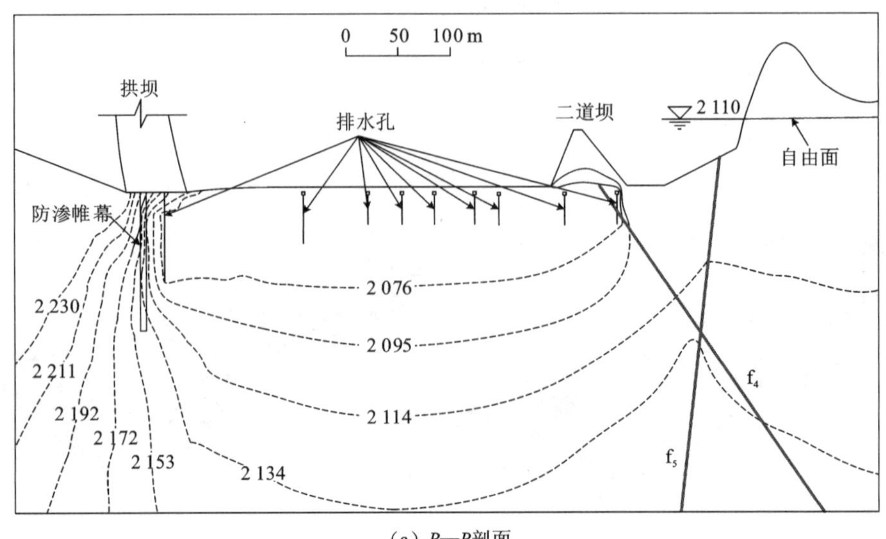

（a）*B*—*B*剖面

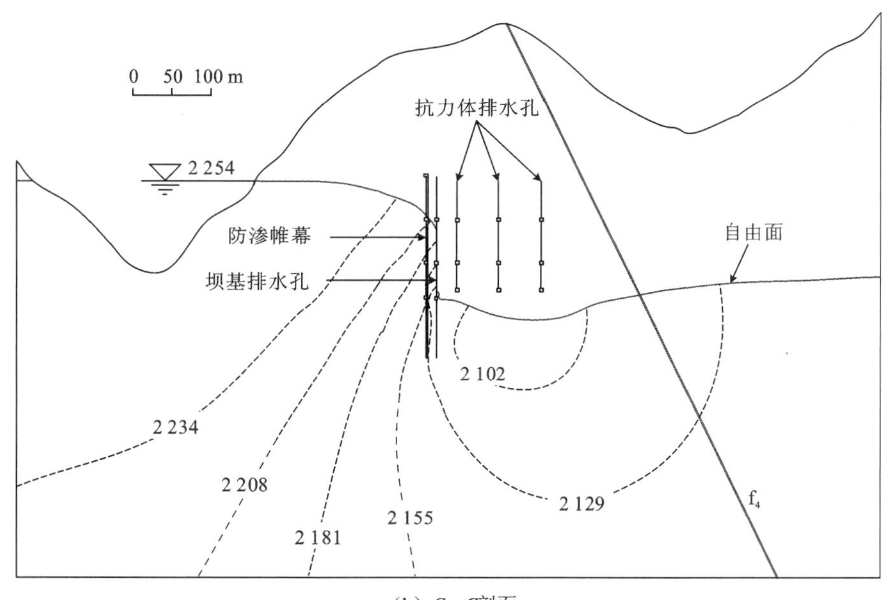

（b）*C—C*剖面

图 6.2.6　初步设计方案下典型剖面的水头等值线分布（单位：m）

剖面 *B—B* 和 *C—C* 的位置详见图 6.2.3

减少为 2 排时，坝基扬压力分布与 3 排防渗帷幕方案基本一致，坝基渗漏量仅增大 0.48 L/s，主要断层和蚀变岩带的渗透稳定性也满足要求，故将 B 区 3 排防渗帷幕方案优化为 2 排是合理的。

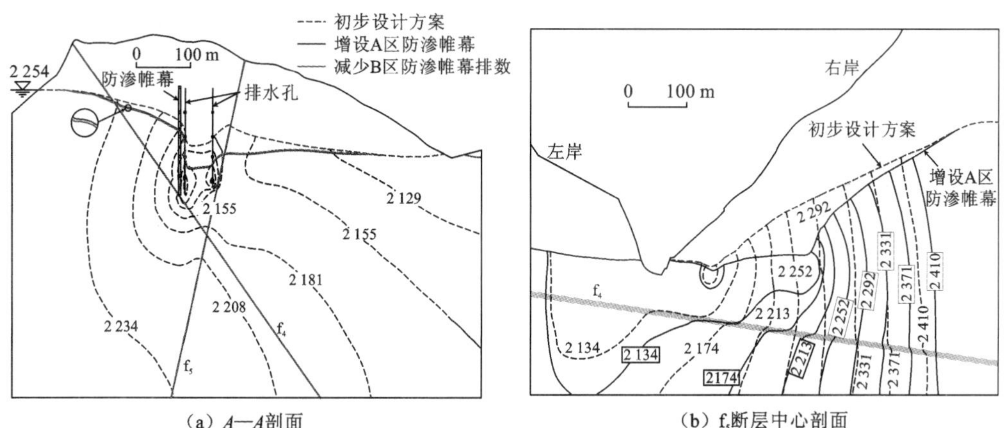

（a）*A—A*剖面　　（b）f_5断层中心剖面

图 6.2.7　不同防渗方案下典型剖面的自由面及水头等值线分布（单位：m）

通过上述计算分析，建议防渗帷幕的优化方案如下：在 A 区增设防渗帷幕和排水孔幕，并减少 B 区防渗帷幕排数为 2 排，但在防渗帷幕穿越断层和蚀变岩带部位仍采用 3 排灌浆孔，以大幅降低右岸坝肩的地下水位，确保坝基岩体的渗透稳定性和拱坝的长期安全运行。

2. 高压隧洞固结灌浆优化设计

1）工程概况

某抽水蓄能电站地处东南丘陵地带，地势北低南高。枢纽建筑物主要由上水库、输水系统、地下厂房洞室群及下水库组成。输水系统近南北向布置，采用一管三机、中部开发方式，由引水隧洞、上游调压井、高压隧洞、高压钢支管、尾水钢支管、尾水调压井和尾水隧洞组成，总长约 3 619.5 m。高压隧洞及岔管部位均采用钢筋混凝土衬砌，隧洞直径为 7.5 m，衬砌厚度为 0.8 m。岔管埋深 505～530 m，承受的静水头为 799 m，最大动水头达 1 125 m。

如图 6.2.8 所示，高压隧洞深埋于燕山三期中粗粒花岗岩[$\gamma_5^{2(3)}$]中，岩体呈微风化—新鲜，仅局部断层周围岩体呈强—弱风化，I～II 类围岩占比达 96%，岩体质量较好。地应力属中等应力水平，最小主应力为 σ_3=9.16～10.14 MPa。隧洞沿线断裂构造发育，NE 向断层规模较大，与隧洞轴线的夹角一般大于 60°，断层破碎带以 III 类围岩为主，夹少量 IV 类岩体。节理裂隙以中、陡倾角为主，近南北向节理最为发育，规模不大，延伸长度多小于 10 m，一般呈闭合或微张状态。

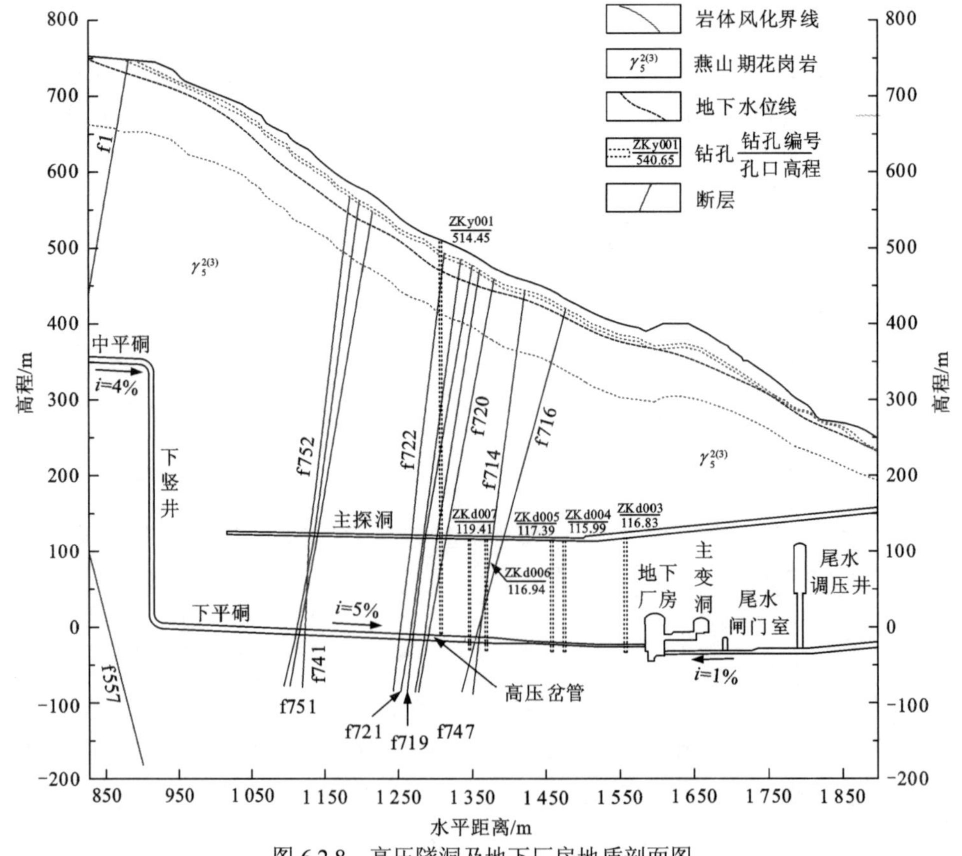

图 6.2.8　高压隧洞及地下厂房地质剖面图

i 为坡降

工程区地下水主要有孔隙水和基岩裂隙水两类。孔隙水赋存于第四系松散堆积层和全风化带中，含水层厚度为 0～50 m，以弱—中等透水为主。孔隙水以潜水形式赋存，由大气降雨补给，地下水位随季节变化。裂隙水主要赋存于地表 50 m 之下的基岩裂隙和断层带中，岩体透水性以弱—微透水为主。地下水位在剖面上连续分布，主要分布在弱风化带与强风化带的分界线附近，埋深一般为 15～40 m，地下水分水岭与地形分水岭一致，动态较稳定，水位变幅小。

2）防渗排水系统

该高压隧洞静水头高达 799 m，在如此高的内水压力作用下，钢筋混凝土衬砌将不可避免地发生开裂，因而绝大部分内水压力将直接作用在围岩上。尽管该隧洞围岩质量较好，但地质构造较为发育，部分断层穿过岔管上方的排水系统，存在内水外渗和水力劈裂的风险。与此同时，围岩中的水力梯度也较大，断层及结构面中的渗流很可能由达西流态转变为非达西流态，使断层带中的水力坡降升高，增大围岩发生劈裂破坏的风险。因此，有必要对高压隧洞围岩进行防渗处理，进而评价并优化防渗系统的性能。

高压隧洞至地下厂房的防渗排水系统如图 6.2.9 所示。其中，高压隧洞在钢筋混凝土衬砌之外采用高压固结灌浆，灌浆孔呈梅花桩形布置，每圈 12 孔，排距为 2 m，入岩深度为 6 m。灌浆压力为洞内静水头的 1.3 倍，约为 10 MPa。在高压岔管与高压钢支管连接段设置防渗帷幕，由位于岔管上方的帷幕灌浆廊道竖直向下钻设灌浆孔，孔径为 75 mm，间距为 2 m，深度约为 126 m，灌浆压力为 8 MPa。防渗帷幕与岔管高压固结灌浆衔接，构成防渗系统。排水系统利用钢支管上方的探洞和排水洞设置，排水孔孔径为 75 mm，间距为 5 m，仰角为 30°，长约 25 m。厂房排水系统由上、中、下 3 层排水洞和排水孔幕组成，排水孔间距为 3 m。

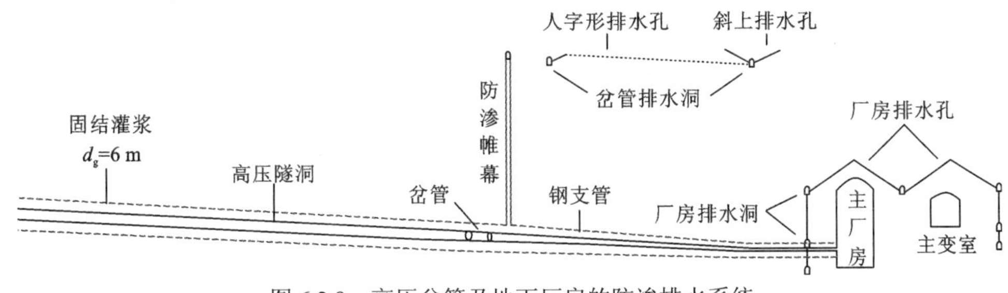

图 6.2.9　高压岔管及地下厂房的防渗排水系统

3）高压固结灌浆质量标准

采用稳定非达西渗流模型（见 1.3.2 小节和 5.1 节）评价高压隧洞防渗排水处理的渗流控制效果，重点讨论在上述防渗排水设计方案下，高压固结灌浆应达到的质量控制标准。三维渗流计算模型沿输水隧洞方向截取，长 4 000 m，宽 1 500 m，涵盖了从上水库到下水库整个输水系统，并对地形地貌、主要地质构造、枢纽建筑物和防渗排水系统进行了详细的模拟。岩体的非达西渗流参数（K_v、K_i）通过高压压水试验、K_v-K_i 统计关系和经验类比综合确定（方法见 3.2 节和 3.4 节），如表 6.2.2 所示。在 K_v-K_i 关系式 $K_i=\varpi K_v^{3/2}$ 中，根据场区地质条件率定的系数为ϖ=0.013 $m^{0.5}/s^{0.5}$。钢筋混凝土衬砌按限裂设计考虑，其达西渗透系数取 K_v=1.0×10^{-7} m/s。渗流计算的边界条件如下：上、下水库水位取正常运行工况对应的水位，岔管处的水头约为 799 m；模型侧面边界水位由钻孔地下水位观测数据的反演分析确定；排水系统的边界条件设为潜在溢出边界条件。

表 6.2.2　高压隧洞围岩及防渗结构非达西渗流参数取值

材料分区	达西渗透系数 K_v/（m/s）		惯性渗透系数 K_i/（m^2/s^2）	
	取值范围	计算取值	取值范围	计算取值
全风化岩体	7.0×10^{-7}～2.5×10^{-5}	1.0×10^{-5}	1.25×10^{-11}～1.37×10^{-10}	4.13×10^{-11}
强风化岩体	1.4×10^{-7}～1.9×10^{-6}	1.0×10^{-6}	3.95×10^{-13}～4.33×10^{-10}	1.31×10^{-11}
弱风化岩体	6.0×10^{-8}～3.6×10^{-6}	3.0×10^{-7}	6.49×10^{-14}～7.09×10^{-11}	2.15×10^{-12}
微风化岩体	1.4×10^{-8}～9.3×10^{-8}	6.0×10^{-8}	5.81×10^{-15}～6.37×10^{-12}	1.92×10^{-13}
断层及破碎带	2.0×10^{-6}～1.0×10^{-5}	2.0×10^{-6}	1.12×10^{-12}～1.22×10^{-9}	3.69×10^{-11}
混凝土衬砌	1.0×10^{-9}～1.0×10^{-7}	1.0×10^{-7}	1.25×10^{-14}～1.37×10^{-11}	4.13×10^{-13}
固结灌浆	1.0×10^{-8}～1.0×10^{-7}	6.0×10^{-8}	5.80×10^{-15}～6.36×10^{-12}	1.92×10^{-13}
防渗帷幕	3.0×10^{-8}～1.0×10^{-7}	6.0×10^{-8}	5.80×10^{-15}～6.36×10^{-12}	1.92×10^{-13}

图 6.2.10 给出了达西渗流和非达西渗流条件下高压隧洞围岩渗流场的对比。从图 6.2.10 中可见，在防渗排水联合作用下，厂房区域地下水位显著降低，地下水在厂房上方形成明显的降落漏斗，围岩的渗透压力很小。同时，高压固结灌浆有效削减了高压隧洞围岩的渗透压力，围岩及断层带中的渗透压力 p 均小于最小主应力σ_3，围岩发生水力劈裂破坏的风险很小。断层对渗流场的影响极为明显，是内水外渗的主要通道，也是防渗的薄弱部位，固结灌浆有效抑制了高压岔管段的内水外渗量，降幅达 20.4%。此外，当考虑渗流的非达西效应时，非达西渗流场水头等值线均位于达西渗流场相同数值的水

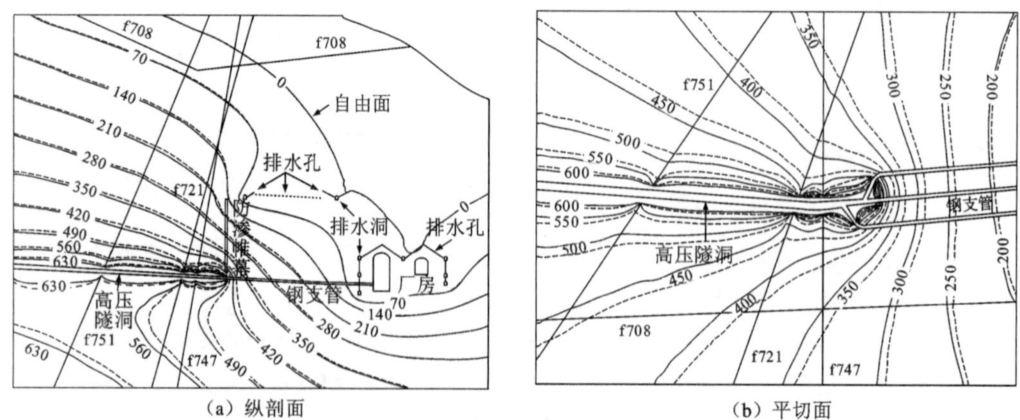

(a) 纵剖面　　(b) 平切面

图 6.2.10　高压隧洞围岩的水头等值线图（单位：m）

实线为非达西渗流计算结果，虚线为达西渗流计算结果，后者忽略水流惯性效应，即取 $1/K_i$=0

头等值线的内侧，表明当渗流呈非达西流态时，高压隧洞围岩中的压力水头削减更快，水力坡降也更大。但随着与高压隧洞的距离的增大，两种渗流场的水头等值线趋于重合，渗流的惯性效应随着渗流速度的减小逐渐消失。

如 1.2.3 小节所述，非达西渗流的发展程度可采用非线性程度因子α_{ND}或 Forchheimer 数 Fo 来衡量。选取$\alpha_{ND}=10\%$为流态转变的判据，图 6.2.11 给出了有无固结灌浆情况下，高压隧洞围岩中非达西渗流的发展范围。从图 6.2.11 中可见，经固结灌浆防渗处理后，非达西流态被抑制在灌浆圈之内，灌浆圈之外围岩中的非达西渗流效应不显著。若不采用高压固结灌浆，围岩中非达西渗流的发展范围显著增大，沿断层带的发展范围可达 37.4 m。由此可见，高压固结灌浆不仅对高压隧洞的内水外渗和围岩的水力劈裂现象具有重要的控制作用，而且对围岩中的渗流流态也具有重要的抑制作用。高压隧洞应通过防渗处理，将围岩中的渗流流态控制在达西流态范围内。

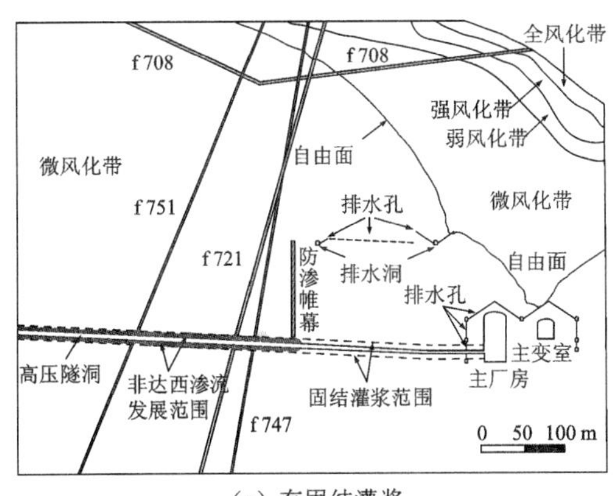

(a) 有固结灌浆

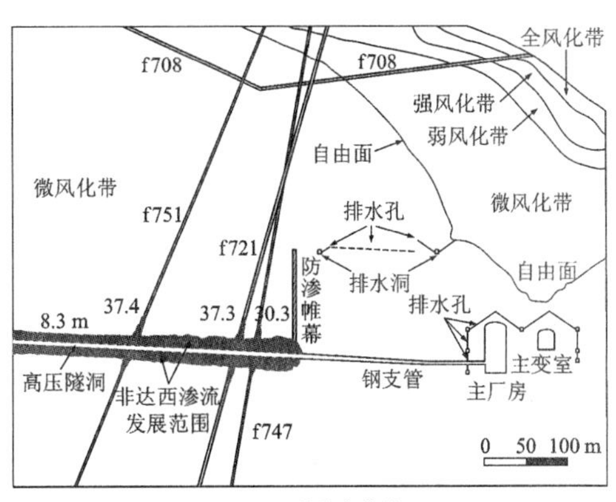

(b) 无固结灌浆

图 6.2.11　高压隧洞围岩中非达西渗流的发展范围

在水利工程中，高压隧洞防渗处理的质量通常是按透水率 $q\leqslant 1$ Lu 来控制的。该高压隧洞静水头高达 799 m，若固结灌浆深度取 $d_g=6$ m，那么从工程安全的角度看，灌浆处理应选取什么样的质量控制标准呢？为了回答这个问题，对高压固结灌浆的深度 d_g 和质量标准 q 进行敏感性分析，如图 6.2.12 所示。从图 6.2.12 中可见，当固结灌浆的质量标准为 $q\leqslant 0.6$ Lu 时，在以 f747 为代表的断层中，非达西渗流发展范围被有效抑制在灌浆圈内，灌浆圈外为达西流态。同时，断层的最大水力坡降也小于允许的水力坡降，渗透稳定性满足安全要求。综合以上分析，高压隧洞围岩固结灌浆深度采用 $d_g=6$ m 是合适的，但考虑到固结灌浆质量控制的不确定性，建议对断层带加强防渗处理，固结灌浆深度取 $d_g=12$ m。

3. 深厚覆盖层闸基防渗墙优化设计

某水电站位于大渡河干流上，挡水建筑物由重力挡水坝、泄洪闸、生态流量泄放闸、混凝土心墙土石坝和生态厂房共同组成，闸坝轴线长约 346.6 m，最大闸高为 42 m，如图 6.2.13 所示。坝址区属高山峡谷地貌，出露的地层主要为古生代志留系茂县群（SMX）

和泥盆系危关群（DWG）变质岩。河床部位第四系覆盖层深厚，最大厚度达 133 m。覆盖层成因复杂，以冲洪积（Q_4^{al+pl}）为主，堰塞河湖相沉积（Q_4^l）次之，局部具有冰水堆积（Q_3^{fgl}）和崩塌堆积（B）特征。根据其成因时代和物质组成，河床覆盖层自下而上大致可分为 6 层，各土层的主要特征如表 6.2.3 所示，颗粒级配曲线如图 6.2.14 所示。根据现场抽水试验和室内渗透试验，覆盖层各土层的渗透系数和允许水力坡降如表 6.2.3 所示，渗透破坏类型以管涌为主。

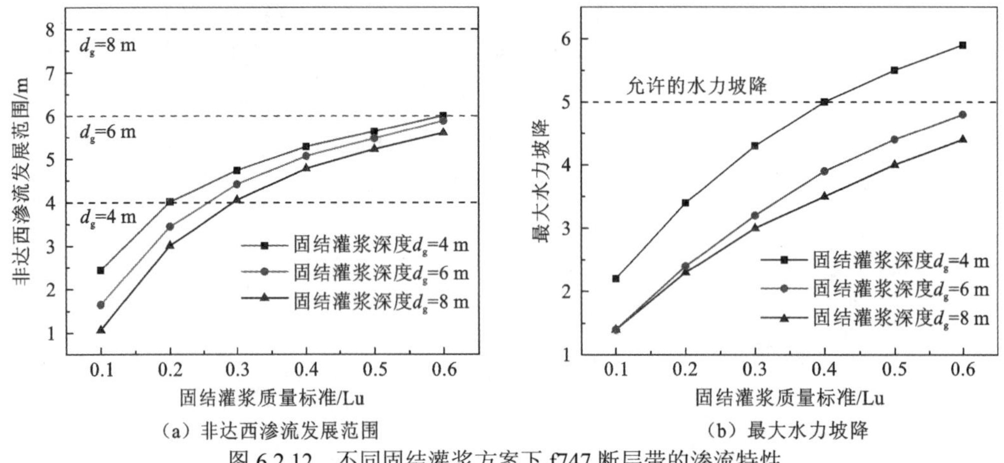

（a）非达西渗流发展范围　　（b）最大水力坡降

图 6.2.12　不同固结灌浆方案下 f747 断层带的渗流特性

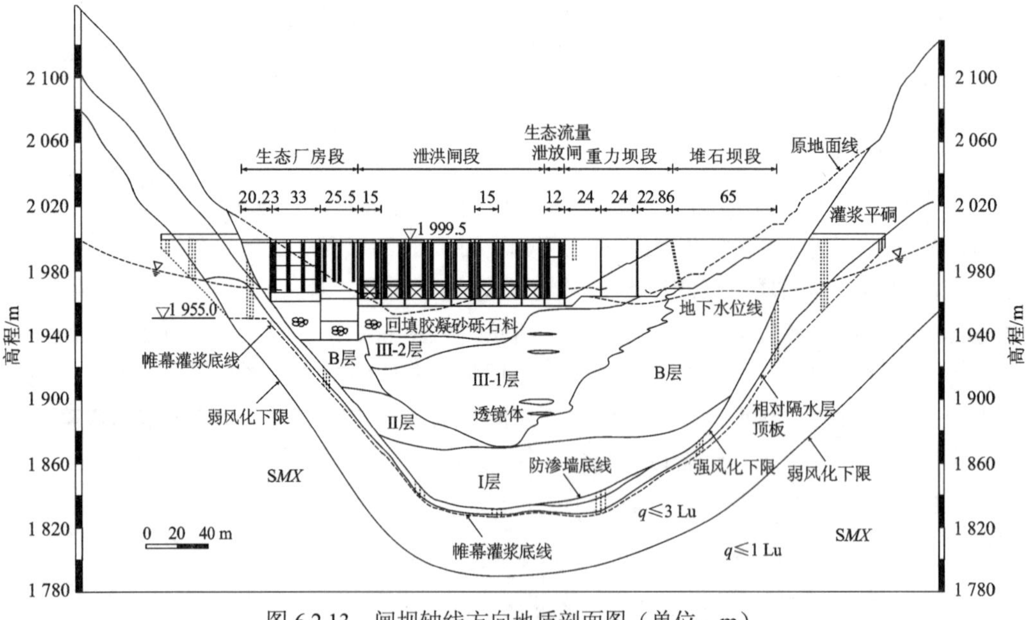

图 6.2.13　闸坝轴线方向地质剖面图（单位：m）

表 6.2.3　河床覆盖层物质组成及水力特性

土层序号	物质组成及结构特征	渗透系数 K/（cm/s）		允许水力坡降
		变化范围	计算取值	
I	混合土卵（碎）石（Q_3^{fgl}），为冰水混合堆积物，主要由漂（块）石、卵（碎）石、砾石和砂组成，呈密实状，粒径相差悬殊，分选性差	$1.0\times10^{-2}\sim5.0\times10^{-2}$	3.0×10^{-2}	0.12～0.15
II	低液限粉土（Q_4^{l}），为堰塞湖相沉积物，主要由粉土和粉砂组成，多呈中密—密实状，粉土层具有水平或交错层理	$1.0\times10^{-5}\sim1.0\times10^{-4}$	8.0×10^{-5}	0.23～0.28
III-1	混合土卵石（Q_4^{al+pl}），为河流相冲洪积物，主要由卵砾石和砂土组成，呈中密—密实状，分选性和级配较好，局部架空	$5.0\times10^{-3}\sim5.0\times10^{-2}$	2.5×10^{-2}	0.15～0.20
III-2	混合土漂（块）石（Q_4^{al+pl}），主要由漂（块）石、卵（碎）石和砂土组成，呈中密—密实状，分选性和级配较差，局部架空	$5.0\times10^{-2}\sim8.0\times10^{-2}$	6.5×10^{-2}	0.15～0.20
IV	低液限粉土（Q_4^{l}），为堰塞湖相沉积物，主要由粉土和粉砂组成，呈稍密—密实状	$5.0\times10^{-5}\sim5.0\times10^{-4}$	2.0×10^{-4}	0.25～0.30
V	混合土卵石层（Q_4^{al}），为河流相冲积物，主要由漂石、卵砾石和砂土组成，呈松散—稍密状，局部架空	$5.0\times10^{-2}\sim1.0\times10^{-1}$	7.5×10^{-2}	0.10～0.15
B	混合土碎（块）石（Q_4^{col+pl}），为崩滑堆积物，主要由巨石、块石、碎石夹砂土组成，上部稍密—中密，下部密实，局部架空	$3.0\times10^{-2}\sim1.0\times10^{-1}$	7.0×10^{-2}	0.05～0.12

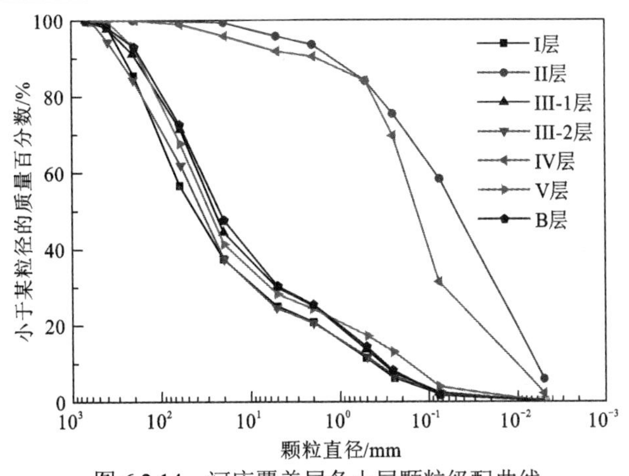

图 6.2.14　河床覆盖层各土层颗粒级配曲线

坝基防渗采用混凝土防渗墙，防渗墙厚 1.0 m，贯通所有坝段，从而减小坝基的渗漏量，降低闸基的扬压力，并确保覆盖层的渗透稳定性。防渗墙有封闭式和悬挂式两种布置形式，因而需要通过渗流计算，优选防渗墙的深度及布置形式。为此，构建了反映坝址区地形地貌、坝基覆盖层分布特征和闸坝结构的三维渗流计算模型，模型顺河向长 855 m，横河向宽 620 m，底部高程为 1 750 m。防渗性能评价采用稳定渗流分析模型，上游水位取正常蓄水位 1 997 m，相应的下游水位为 1 961.6 m。覆盖层各土层渗透系数按表 6.2.3 取值，其余材料的渗透系数取值如下：大坝混凝土为 1.0×10^{-7} cm/s，防渗墙为 3.0×10^{-6} cm/s，基岩为 1.0×10^{-5} cm/s，胶凝砂砾石料为 3.0×10^{-4} cm/s。

图 6.2.15 和图 6.2.16 给出了不同防渗墙深度 d_c 下闸基渗流场和闸坝底板扬压力的分布特征。从图 6.2.15 和图 6.2.16 中可见，当采用封闭式防渗墙（d_c=120 m）时，水头等值线在防渗墙内部密集分布，防渗墙削减的压力水头达 28 m，防渗墙下游侧的渗透压力得到有效控制；而当采用 d_c=60 m 的悬挂式防渗墙时，地下水将绕过防渗墙底部，沿其下方的覆盖层（包括 I 层、II 层、B 层和部分 III-1 层）向下游发生渗漏，防渗墙削减的压力水头仅约 10 m，闸坝底板的扬压力较大，对闸坝抗滑稳定不利。

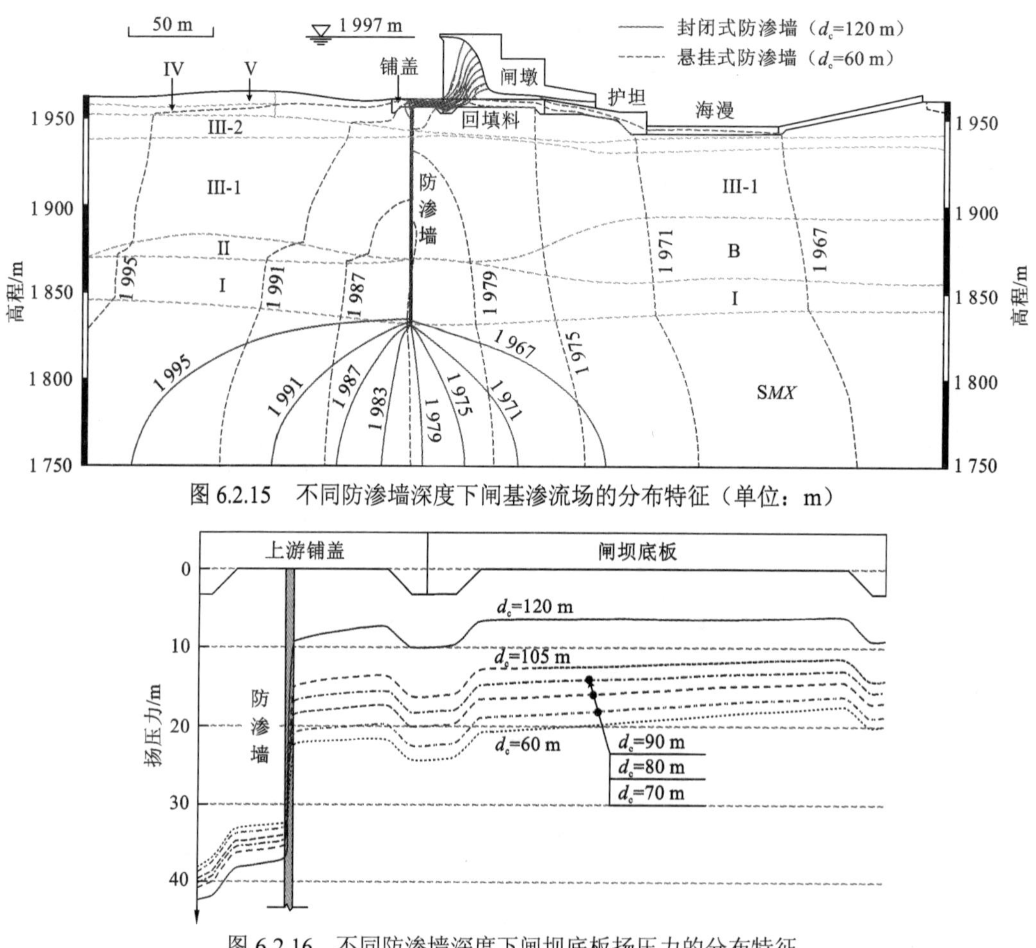

图 6.2.15　不同防渗墙深度下闸基渗流场的分布特征（单位：m）

图 6.2.16　不同防渗墙深度下闸坝底板扬压力的分布特征

如图 6.2.17 所示，当防渗墙深度从 60 m 悬挂式增大至 120 m 封闭式时，闸坝底板上的单宽扬压力从 18.9 MN 降低至 9.4 MN，通过闸基的总渗漏量从 238.6 L/s 下降至 29.6 L/s，防渗墙对于减小闸坝的扬压力和闸基的渗漏量效果十分显著。此外，在防渗墙深度从 60 m 增大至 105 m 的过程中，闸基扬压力和渗漏量基本线性减小；但当防渗墙深度从 105 m 进一步增大至全封闭时，防渗墙因截断覆盖层中具有中等偏上透水性的 I 层土层，闸基扬压力和渗漏量的减小趋势增大，表明采用封闭式防渗墙方案是必要的。

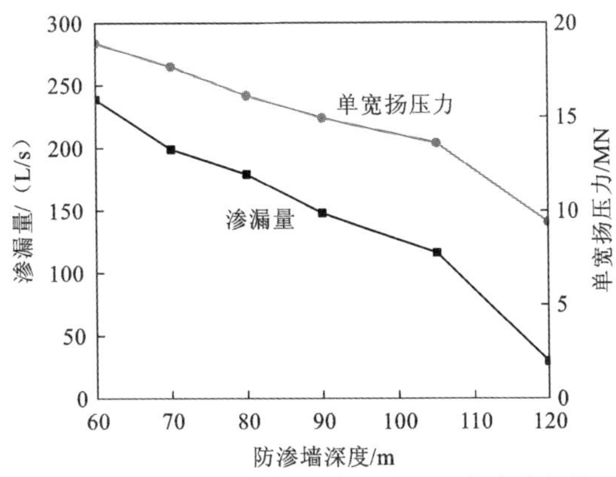

图 6.2.17　闸基单宽扬压力及渗漏量的变化规律

图 6.2.18 给出了防渗墙下游侧覆盖层各土层最大水力坡降随防渗墙深度的变化规律。从图 6.2.18 中可见，当采用封闭式防渗墙时，各土层的最大水力坡降均小于 0.1，且均控制在各土层的允许水力坡降范围内，因而覆盖层的渗透稳定性可以满足工程安全要求。

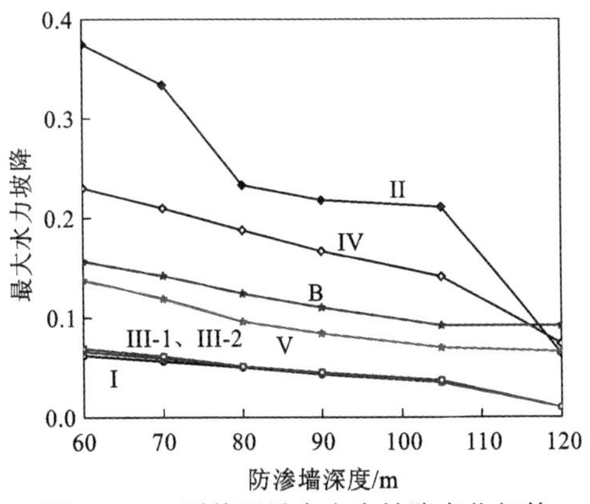

图 6.2.18　覆盖层最大水力坡降变化规律

从闸基渗流场总体分布特征、闸坝底板扬压力大小、闸基总渗漏量和覆盖层渗透稳定性等方面综合来看，该闸坝基础深厚覆盖层采用封闭式防渗墙方案是合理的，而且是必要的。为了有效截断闸基覆盖层中的渗漏，并确保闸坝抗滑稳定和防渗安全，防渗墙深度应深入基岩 1 m，并对防渗墙下方基岩进行帷幕灌浆，帷幕灌浆底线深入基岩相对隔水层（$q \leqslant 3$ Lu）3 m，如图 6.2.13 所示。

参 考 文 献

陈益峰, 周创兵, 胡冉, 等, 2010. 大型水电工程渗流分析的若干关键问题研究[J]. 岩土工程学报, 32(9): 1448-1454.

国家能源局, 2014. 混凝土重力坝设计规范: NB/T 35026—2014[S]. 北京：中国电力出版社.

中华人民共和国住房和城乡建设部, 2016. 水力发电工程地质勘察规范: GB 50287—2016[S]. 北京: 中国计划出版社.

中华人民共和国水利部, 2016. 水工隧洞设计规范: SL 279—2016[S]. 北京: 中国水利水电出版社.

中华人民共和国水利部, 2018. 混凝土拱坝设计规范: SL 282—2018[S]. 北京: 中国水利水电出版社.

周创兵, 陈益峰, 姜清辉, 等, 2008. 复杂岩体多场广义耦合分析导论[M]. 北京: 中国水利水电出版社.

BIOT M A, 1941. General theory of three-dimensional consolidation[J]. Journal of applied physics, 12(2): 155-164.

BIOT M A, WILLIS D G, 1957. The elastic coefficients of the theory of consolidation[J]. Journal of applied mechanics, 24: 594-601.

CHEN Y F, ZHOU C B, JING L, 2009. Modeling coupled THM processes of geological porous media with multiphase flow: Theory and validation against laboratory and field scale experiments[J]. Computers and geotechnics, 36(8): 1308-1329.

CHEN Y F, HU R, ZHOU C B, et al., 2010. A new classification of seepage control mechanisms in geotechnical engineering[J]. Journal of rock mechanics and geotechnical engineering, 2(3): 209-222.

CHEN Y F, HU R, LU W B, et al., 2011. Modeling coupled processes of non-steady seepage flow and non-linear deformation for a concrete-faced rockfill dam[J]. Computers and structures, 89(13/14): 1333-1351.

CHEN Y F, HU S H, HU R, et al., 2015. Estimating hydraulic conductivity of fractured rocks from high-pressure packer tests with an Izbash's law-based empirical model[J]. Water resources research, 51(4): 2096-2118.

CHEN Y F, HONG J M, ZHENG H K, et al., 2016. Evaluation of groundwater leakage into a drainage tunnel in Jinping-I arch dam foundation in Southwestern China: A case study[J]. Rock mechanics and rock engineering, 49(3): 961-979.

CHEN Y F, LING X M, LIU M M, et al., 2018. Statistical distribution of hydraulic conductivity of rocks in deep-incised valleys, Southwest China[J]. Journal of hydrology, 566: 216-226.

CHEN Y F, ZENG J, SHI H T, et al., 2021. Variation in hydraulic conductivity of fractured rocks at a dam foundation during operation[J]. Journal of rock mechanics and geotechnical engineering, 13(2): 351-367.

COUSSY O, 2004. Poromechanics[M]. New York: Wiley.

HU R, CHEN Y F, ZHOU C B, 2011. Modeling of coupled deformation, water flow and gas transport in soil slopes subjected to rain infiltration[J]. Science China technological sciences, 54(10): 2561-2575.

HU S H, CHEN Y F, LIU W, et al., 2015. Effect of seepage control on stability of a tailings dam during its staged construction with a stepwise-coupled hydro-mechanical model[J]. International journal of mining, reclamation and environment, 29(2): 125-140.

HU R, CHEN Y F, LIU H H, et al., 2016. A coupled two-phase fluid flow and elastoplastic deformation model for unsaturated soils: Theory, implementation and application[J]. International journal for numerical and analytical methods in geomechanics, 40(7): 1023-1058.

LI X, CHEN Y F, HU R, et al., 2017. Towards an optimization design of seepage control: A case study in dam engineering[J]. Science China technological sciences, 60(12): 1903-1916.

WANG M, CHEN Y F, HU R, et al., 2016. Coupled hydro-mechanical analysis of a dam foundation with thick fluvial deposits: A case study of the Danba hydropower project, Southwestern China[J]. European journal of environmental and civil engineering, 20(1): 19-44.

ZHOU C B, LIU W, CHEN Y F, et al., 2015. Inverse modeling of leakage through a rock-fill dam foundation during its construction stage using transient flow model, neural network and genetic algorithm[J]. Engineering geology, 187: 183-195.

附录　井流偏微分方程的求解

在非达西流态下，水流连续性方程经线性化近似后的一般形式为

$$\frac{\partial^2 h}{\partial r^2}+\frac{C}{r}\frac{\partial h}{\partial r}=\frac{A_c}{r^B}\frac{\partial h}{\partial t} \tag{附.1}$$

该方程的初始条件和边界条件为

$$h(r,0)=0 \tag{附.2a}$$

$$h(\infty,t)=0 \tag{附.2b}$$

$$\lim_{r\to 0} r^C\left(\frac{\partial h}{\partial r}\right)=-D \tag{附.2c}$$

式中：h 为降深；r 为距井中心的半径或距离；t 为时间；A_c、B、C、D 均为常数。

对式（附.1）进行 Laplace 变换，并应用式（附.2a），可得

$$r^2\frac{\partial^2 \overline{h}}{\partial r^2}+Cr\frac{\partial \overline{h}}{\partial r}-A_c r^{2-B}p^*\overline{h}=0 \tag{附.3}$$

式中：p^*为 Laplace 变量；$\overline{h}$ 为 h 的 Laplace 变换。

式（附.2b）和式（附.2c）的 Laplace 变换为

$$\overline{h}(\infty,p^*)=0 \tag{附.4a}$$

$$\lim_{r\to 0} r^C\left(\frac{\partial \overline{h}}{\partial r}\right)=-\frac{D}{p^*} \tag{附.4b}$$

引入标准 Bessel 方程：

$$x^2y''+xy'+(x^2-\nu^2)y=0 \tag{附.5}$$

式中：x 为自变量；y 为因变量；ν 为无量纲参数。

对式（附.5）进行变量替换

$$x=\mathrm{i}\mu r^{\beta},\quad y=r^{-\alpha}\overline{h}(r,p^*) \tag{附.6}$$

可得标准 Bessel 方程的变换形式：

$$r^2\frac{\partial^2 \overline{h}}{\partial r^2}+(1-2\alpha)r\frac{\partial \overline{h}}{\partial r}+[(\mathrm{i}\mu)^2\beta^2r^{2\beta}+(\alpha^2-\nu^2\beta^2)]\overline{h}=0 \tag{附.7}$$

式中：α、β 和μ 为无量纲参数；i 为虚数单位。

对比式（附.3）和式（附.7），可得无量纲参数的表达式为

$$\alpha=\frac{1-C}{2},\quad \beta=\frac{2-B}{2},\quad \mu=\frac{\sqrt{A_c p^*}}{\beta},\quad \nu=\frac{\alpha}{\beta} \tag{附.8}$$

由标准 Bessel 方程的解答，可得 $\overline{h}$ 的解析表达式，为

$$\overline{h}(r,p^*)=r^{\alpha}[C_1I_{\nu}(\mu r^{\beta})+C_2K_{\nu}(\mu r^{\beta})] \tag{附.9}$$

式中：$I_\nu(x)$与 $K_\nu(x)$分别为第一类修正 Bessel 函数与第二类修正 Bessel 函数；C_1 和 C_2

为与 r 无关的常数，可通过边界条件确定。将式（附.4a）代入式（附.9），得 $C_1=0$，因此式（附.9）可改写为

$$\overline{h}(r,p^*)=C_2r^{\alpha}K_{\nu}(\mu r^{\beta}) \tag{附.10}$$

对式（附.10）应用第二类修正 Bessel 函数 $K_\nu(x)$的性质 $xK'_\nu(x)+\nu K_\nu(x)=-xK_{\nu-1}(x)$ 及 $K_\nu(x)=K_{-\nu}(x)$，可得

$$\frac{\partial\overline{h}}{\partial r}=-C_2\beta\mu r^{\alpha+\beta-1}K_{1-\nu}(\mu r^{\beta}) \tag{附.11}$$

将式（附.11）代入式（附.4b），有

$$\lim_{r\to 0}r^{C}[-C_2\beta\mu r^{\alpha+\beta-1}K_{1-\nu}(\mu r^{\beta})]=-\frac{D}{p^*} \tag{附.12}$$

应用第二类修正 Bessel 函数 $K_\nu(x)$的性质 $\lim\limits_{x\to 0,\nu>0}K_{\nu}(x)\approx\frac{\Gamma(\nu)}{2}\cdot\left(\frac{x}{2}\right)^{-\nu}$，可得 C_2 的表达式：

$$C_2=\frac{D}{p^*}\left[\beta\Gamma(1-\nu)\left(\frac{\mu}{2}\right)^{\nu}\right]^{-1} \tag{附.13}$$

式中：$\Gamma(x)$为 Gamma 函数。

将式（附.13）代入式（附.10），得 Laplace 空间下 $\overline{h}$ 的解析表达式：

$$\overline{h}(r,p^*)=\frac{D}{p^*}\left[\beta\Gamma(1-\nu)\left(\frac{\mu}{2}\right)^{\nu}\right]^{-1}r^{\alpha}K_{\nu}(\mu r^{\beta}) \tag{附.14}$$

将式（附.8）代入式（附.14），可将式（附.14）简写为

$$\overline{h}(r,p^*)=Fp^{*-(\nu/2)-1}K_{\nu}(a\sqrt{p^*}) \tag{附.15}$$

式中：F 和 a 为两个与 p^*无关的量，

$$F=\frac{A_{\mathrm{c}}D}{2^{-\nu}\beta^3\Gamma(1-\nu)}\left(\frac{\sqrt{A_{\mathrm{c}}}}{\beta}\right)^{-\nu-2}r^{\alpha},\quad a=\frac{\sqrt{A_{\mathrm{c}}}}{\beta}r^{\beta} \tag{附.16}$$

对式（附.15）进行 Laplace 逆变换，可得实域空间下 h 的解析表达式：

$$h(r,t)=\frac{F}{2}\left(\frac{a}{2}\right)^{\nu}\Gamma\left(-\nu,\frac{a^2}{4t}\right) \tag{附.17}$$

式中：$\Gamma(s,x)$为互补型上不完全 Gamma 函数，s 和 x 为变量。

将式（附.8）和式（附.16）代入式（附.17），即得降深 h 的解析表达式：

$$h(r,t)=\frac{D}{(2-B)\Gamma(1-\nu)}r^{1-C}\Gamma(-\nu,u) \tag{附.18a}$$

$$u=\frac{A_{\mathrm{c}}r^{2-B}}{(2-B)^2t},\quad \nu=\frac{1-C}{2-B} \tag{附.18b}$$

对于广义非达西径向流模型，式（附.18）中的模型参数为

$$A_{\mathrm{c}}=\frac{mS_{\mathrm{s}}}{K^m}\left(\frac{Q}{\eta_n}\right)^{m-1},\quad B=(m-1)(n-1),\quad C=m(n-1),\quad D=\left(\frac{Q}{K\eta_n}\right)^{m} \tag{附.19}$$

式中：m 为非达西指数；η_n 为过流断面因子。

对于非达西线状流模型，流动维度 $n=1$，式（附.18）中的模型参数为

$$A_{\mathrm{c}}=S_{\mathrm{s}}\left(\frac{1}{K_{\mathrm{v}}}+\frac{Q}{\lambda_{\mathrm{F}}bWK_{\mathrm{i}}}\right),\quad B=0,\quad C=0,\quad D=\frac{Q}{2bWK_{\mathrm{v}}}+\frac{1}{K_{\mathrm{i}}}\left(\frac{Q}{2bW}\right)^2 \tag{附.20}$$

将式（附.20）代入式（附.18），并考虑到

$$\Gamma(-0.5,r)=2\left(\frac{\mathrm{e}^{-r}}{\sqrt{r}}-\sqrt{\pi}\,\mathrm{erfc}\sqrt{r}\right),\quad \Gamma(0.5)=\sqrt{\pi}$$

可得

$$h(r,t)=r\left[\frac{Q}{2bWK_{\mathrm{v}}}+\frac{1}{K_{\mathrm{i}}}\left(\frac{Q}{2bW}\right)^2\right]\left(\frac{\mathrm{e}^{-u}}{\sqrt{\pi u}}-\mathrm{erfc}\sqrt{u}\right) \tag{附.21a}$$

$$u=\left(\frac{1}{K_{\mathrm{v}}}+\frac{Q}{\lambda_{\mathrm{F}}bWK_{\mathrm{i}}}\right)\frac{S_{\mathrm{s}}r^2}{4t} \tag{附.21b}$$

式中：u 为无量纲参数；$\mathrm{erfc}(u)$ 为互补误差函数。